UG NX 1904 从入门到精通

高海宁◎编著

中国铁道出版社有限公司
CHINA RAILWAY PUBLISHING HOUSE CO., LTD.

内 容 简 介

UG NX 1904 是一款页面简洁大方、实用性强、功能丰富、操作逻辑简单易上手的设计软件。它在模具设计、产品设计、工业设计等领域被广泛应用。书中从软件基本操作开始讲解，详细介绍了 UG NX 1904 软件基础知识、草图设计、实体设计、曲线建模、曲面建模、装配设计、工程图设计、钣金设计、运动仿真、数控加工、有限元仿真、模具设计等内容。全书共计 100 多个实战案例，详细讲解了各种行业应用，可帮助读者在实战中掌握 UG NX 1904 的核心功能并快速提高设计水平。

配套资源提供了书中实例用到的素材文件和工程文件，同时还提供了演示实例制作过程的语音视频教学文件。

本书适用于即将和已经从事机械设计、模具设计、数控加工、产品设计、钣金设计等专业的技术人员参考学习，也可作为本科、大中专和培训学校相关专业的教材。

图书在版编目（CIP）数据

UG NX 1904 从入门到精通/高海宁编著. —北京：中国铁道出版社有限公司，2021.6
ISBN 978-7-113-27845-8

Ⅰ.①U… Ⅱ.①高… Ⅲ.①计算机辅助设计-应用软件 Ⅳ.①TP391.72

中国版本图书馆 CIP 数据核字（2021）第 054778 号

书　　名：UG NX 1904 从入门到精通
UG NX 1904 CONG RUMEN DAO JINGTONG
作　　者：高海宁

责任编辑：于先军　**编辑部电话**：（010）51873026　**邮箱**：46768089@qq.com
封面设计：MX DESIGN STUDIO Q:1765628429
责任校对：苗　丹
责任印制：赵星辰

出版发行：中国铁道出版社有限公司（100054，北京市西城区右安门西街 8 号）
印　　刷：三河市兴博印务有限公司
版　　次：2021 年 6 月第 1 版　2021 年 6 月第 1 次印刷
开　　本：787 mm×1 092 mm 1/16　**印张**：25　**字数**：639 千
书　　号：ISBN 978-7-113-27845-8
定　　价：79.80 元

配套资源下载链接：
https://pan.baidu.com/s/1-lXTaRI9XtylRK-0wC8DIg
提取码：eo4o

http://www.m.crphdm.com/2021/0420/14335.shtml

前　言

UG NX 是 Siemens PLM Software 公司推出的集 CAD/CAE/CAM 于一体的三维机械设计软件，也是当今世界应用最广泛的计算机辅助设计、分析和制造软件之一，广泛应用于汽车、航空航天、机械、消费产品、医疗器械、造船等行业。其功能包括概念设计、工程设计、性能分析和制造，可为制造业产品开发的全过程提供解决方案。

书中采用“案例驱动”的形式进行讲解，将重点放在 UG NX 1904 软件的核心功能和常用命令的使用方法及具体应用上，让读者在应用中自己去体会命令工具的功能。

本书特色

本书重点突出，讲解细致但不啰唆，实例丰富且技术实用，涉及知识面非常广，涵盖了 UG 的所有常见应用。书中所涉及的实例均是机械设计、车辆设计及模具设计等实际应用中典型的实例，而且实例数量非常大，有助于读者掌握更多的内容，让读者逐步从一个 UG 新手变成设计高手。

由浅入深，编排合理

书中按照由易到难来安排内容，先介绍命令或工具的主要功能，紧接着安排实例，让读者通过实际操作来掌握软件的使用方法和操作技巧。

讲解细致，通俗易懂

书中对每个实例都给出了详细的制作过程，读者只要按照书中的讲解一步一步地进行操作，即可顺利地完成书中的实例，并掌握其绘制方法。对读者来说学习起来更加容易，而且可以学到多个领域的知识。

重点突出，学习高效

书中将重点放在核心功能和常用命令的介绍上，让读者在有限的时间内掌握软件的核心技术，提高学习效率。

实例丰富，实用性强

本书注重应用，实例来自真实的设计项目，并且涉及多个领域，内容体现了实际应用。在实例的安排和讲解上让读者“用得上、看得懂、学得会”，并且能够学以致用，举一反三。

配套资源

为了方便读者学习本书所介绍的知识，在配套资源中提供了书中实例用到的素材文件和案例的工程文件，以及演示实例设计过程的语音教学视频文件，可帮助读者有效地提高学习效率、解决学习中遇到的困难并拓展知识。

高海宁
2021 年 4 月

NX 目录

第 1 章 UG NX 1904 入门

Unigraphics NX（简称 UG）是西门子公司推出的一款集成的 CAD/CAE/CAM 系统软件，是当今世界上最先进的计算机辅助设计、分析和制造软件之一。该软件不仅仅是一套集成的 CAX 程序，它已远远超越了个人和部门生产力的范畴，完全能够改善整体流程及该流程中每个步骤的效率，因而广泛应用于航空航天、汽车、通用机械和造船等工业领域。特别是较新版本的 UG NX 中文版软件，不仅支持中文名和路径，而且添加和增强了很多最新的功能，其中钣金、车辆设计、航空设计功能大大增强，同时提供了更为强大的实体建模技术和高效能的曲面建构能力。此外，更为人性化地增加了触屏功能，从而使设计者能够快速、准确地完成各种设计任务，大大提高了技术人员的工作效率。

1.1 UG NX 1904 工作界面

UG 界面在设计上简单、易懂，人机对话方式明显，用户只要了解各个功能部分的位置，就可以充分运用界面的功能，使设计与分析工作方便、快捷。

双击桌面上 UG NX 图标，启动 UG NX 1904 中文版。选择【文件】|【新建】命令，弹出【新建】对话框（见图 1-1），在【模板】区域有模型、装配、外观造型设计、NX 钣金、逻辑布线、机械布管、电气布线 7 种模板。在【新文件名】区域可以自定义文件【名称】及文件存放的【文件夹】。下面以【模型】为模板，介绍 UG NX 1904 中文版的工作界面。单击【新建】对话框中的“确定”按钮，进入如图 1-2 所示的工作界面。

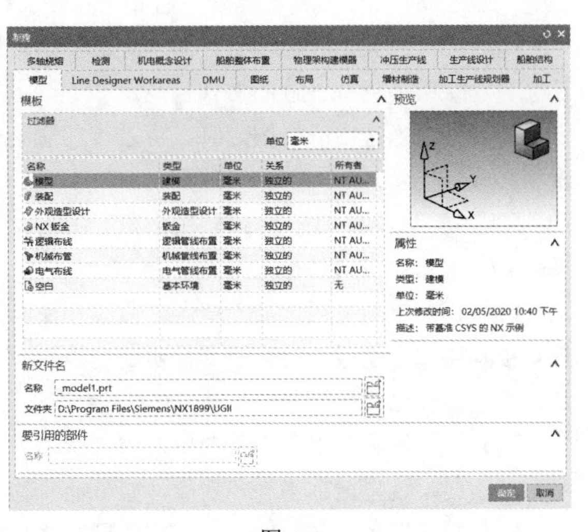

图 1-1

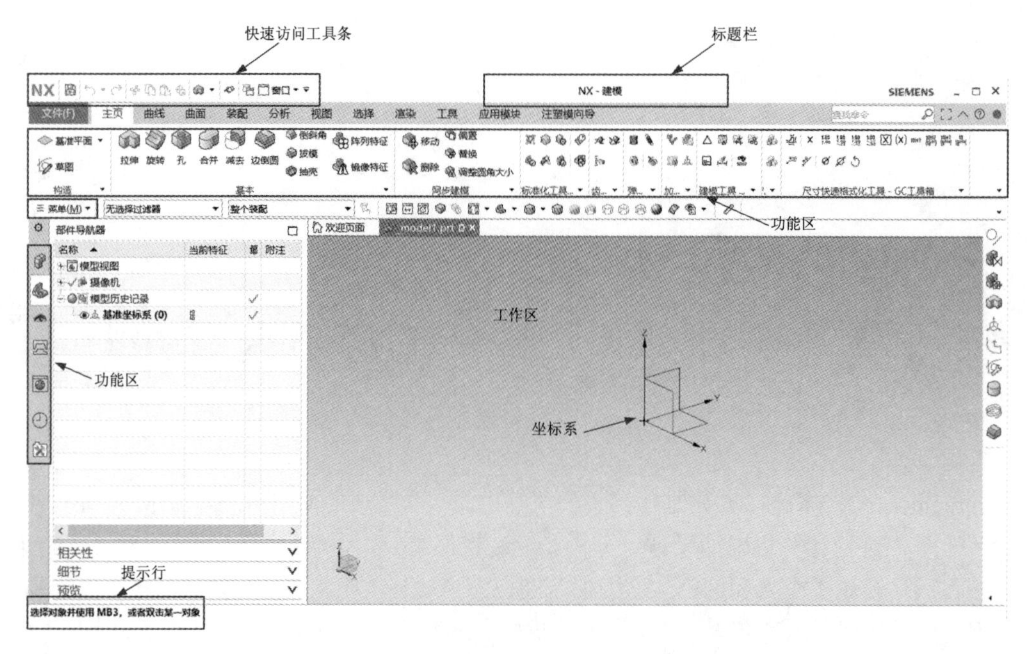

图 1-2

1. 菜单

菜单栏包含 UG 软件的大部分功能命令。菜单栏主要用来调用 UG 各功能模块和各执行命令，以及对 UG 系统的参数进行修改。

单击【菜单】下拉按钮，弹出如图 1-3 所示的菜单集合命令，包括文件、编辑、视图、插入、格式、工具、装配、运动模拟设计、PMI、信息、分析、首选项、窗口、GC 工具箱等。下面介绍其各部分功能。

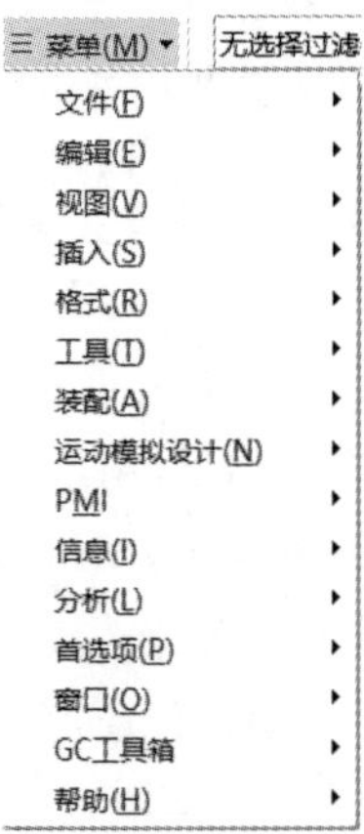

图 1-3

【文件】：该菜单栏控制文件的打开、关闭、保存和导入、导出等，程序还会自动保留最近打开过的文件目录。

【编辑】：当选中一个图元时，可以通过该菜单下的一个命令对其进行编辑和修改。

【视图】：该菜单用于控制绘图工作区中图形的视图状态，还可以使用【可视化】子菜单对图形进行渲染。

【插入】：该菜单用于插入草图、曲线及曲面等基本绘图特征，还可以进行直接建模、绘制钣金特征及零件明细表等。在此基础上，UG NX 1904 增加了许多新的功能，在曲线曲面优化设计、航空设计，CAM 数据设计等方面的功能更为强大。

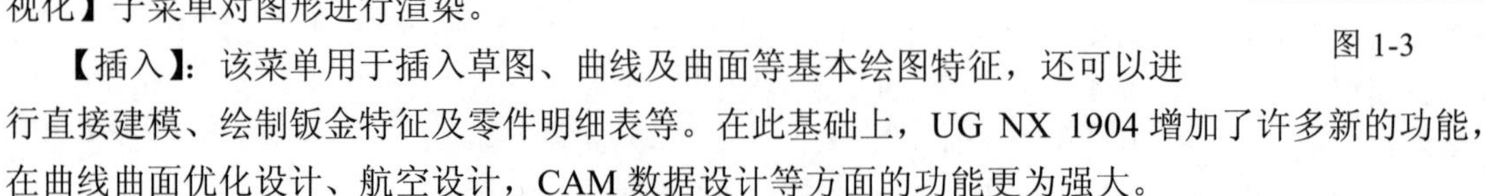

【格式】：该菜单用于设置图层，控制绘图工作区中 WCS 坐标系的显示状态，转换坐标系矢量轴的指向。这里增加了许多功能，如车辆自动化设计、人体建模、电影等功能。

【工具】：该菜单主要用于控制部件导航器和装配导航器的显示状态。

【装配】：该菜单用于控制导入装配组件，并对其进行关联控制。还可以创建爆炸视图跟踪线和装配报告。这里增加了 WAVE，替换引用集、高级等命令。

【信息】：该菜单用于显示特征、图元及装配体的信息和部分分析结果。这里值得一提的是，增加了 B 曲面功能。

【分析】：选择该菜单中的分析命令，对图形进行几何分析或对装配体进行间隙分析。

【首选项】：该菜单中的命令用于控制设计过程中模型的显示、图形界面的风格和生成特征的属性等。

【窗口】：如果同时打开的文件超过两个，则可以通过该菜单在各个文件之间进行切换。同时还可以控制各文件在绘图工作区中的显示布局形式。

【GC 工具箱】：GC 工具箱模块是基于中国机械制图 GB 标准开发的，符合大部分企业基本要求的标准化 NX 使用环境和一系列工具套件。

【帮助】：当遇到不清楚的概念或需要了解 UG 建模过程及方法时，可以选择该菜单中的相关命令，同时 UG 还有在线技术支持功能。

2．功能区

在功能区，将命令以图标的形式按不同的功能进行分类，安排在不同的选项卡和组中，如图 1-4 所示。功能区中的所有命令图标都可以在菜单中找到相应的命令，这样就避免了在菜单中查找命令的烦琐，方便操作。

3．快速访问工具栏

快速访问工具栏中含有一些最为常用的命令按钮，通过它们用户可以方便、快速地进行绘图命令。

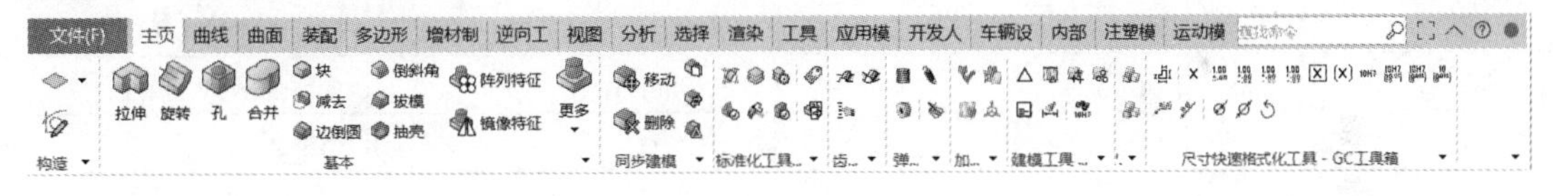

图 1-4

4．资源条

资源条包含【装配导航器】、【部件导航器】、【重用库】、【视图管理器导航器】、【设计流程导航器】、【Web 浏览器】、【历史记录】和【角色】等按钮。

5．提示行

提示行用来提示用户如何操作。执行每个命令时，系统都会在提示行中显示用户必须执行的下一步操作。对于用户不熟悉的命令，利用提示行帮助，一般都可以顺利完成操作。

1.2　鼠标与键盘操作

鼠标和键盘是主要输入工具，如果能够妥善运用鼠标按键与键盘按键，就能快速提高设计效率。因此正确、熟练地操作鼠标和键盘十分重要。

1．鼠标操作

使用 UG 时，最好选用含有 3 键功能的鼠标。在 UG 的工作环境中，鼠标的左键 MB1、中键 MB2 和右键 MB3 均含有其特殊的功能。

（1）左键（MB1）：鼠标左键用于选择菜单、选取几何体、拖动几何体等操作。

（2）中键（MB2）：鼠标中键在 UG 系统中起着重要的作用，但不同的版本其作用具有一定的差异。通常：长按，在工作区内会旋转对象视图；滚动滚轮，工作区内的对象视图会进行收缩；绘图完成后，单击鼠标中键，完成确定命令。

（3）右键：单击鼠标右键（MB3），会弹出快捷菜单（称为鼠标右键菜单），菜单内容依鼠标放置位置的不同而不同。

（4）中键+右键：移动视图。

（5）左键+中键：拉动式缩放视图。

2. 键盘操作

在设计中，键盘作为输入设备，快捷键操作是键盘主要功能之一。通过快捷键，设计者能快速提高效率。尤其是通过鼠标要反复地进入下一级菜单的情况，快捷键作用更明显。

UG 中的键盘快捷键数不胜数，甚至每一个功能模块的每一个命令都有其对应的键盘快捷键，表 1-1 列出了常用快捷键。

表 1-1　键盘常用快捷键

快捷键	功能	快捷键	功能
Ctrl+N	新建文件	Ctrl+J	改变对象的显示属性
Ctrl+O	打开文件	Ctrl+T	几何变换
Ctrl+S	保存	Ctrl+D	删除
Ctrl+R	旋转视图	Ctrl+B	隐藏选定的几何体
Ctrl+F	满屏显示	Ctrl+Shift+B	颠倒显示和隐藏
Ctrl+Z	Ctrl+Z	Ctrl+Z	Ctrl+Z

3. 键盘鼠标套用

（1）按住 Ctrl+中键：拉动式缩放。

（2）按住 Shift+中键——平移。

（3）按住 Ctrl+Shift+左键——推断式菜单 1。

（4）按住 Ctrl+Shift+中键——推断式菜单 2。

（5）按住 Ctrl+Shift+右键——推断式菜单 3。

1.3　UG NX 1904 软件的参数设置

1. 环境设置

UG NX 1904 安装以后，会自动建立一些环境变量，如 UGII_BASE_DIR、UGII_DISPLAY_DEBUG、UGII_LANG 和 UGII_ROOT_DIR 等。如果用户要添加环境变量，可以在【计算机或此电脑】图标上右击，选择【属性】命令，打开【控制面板主页】，选择【高级系统设置】，弹出【系统属性】对话框，如图 1-5 所示，单击【环境变量】按钮，弹出如图 1-6 所示的【环境变量】对话框。

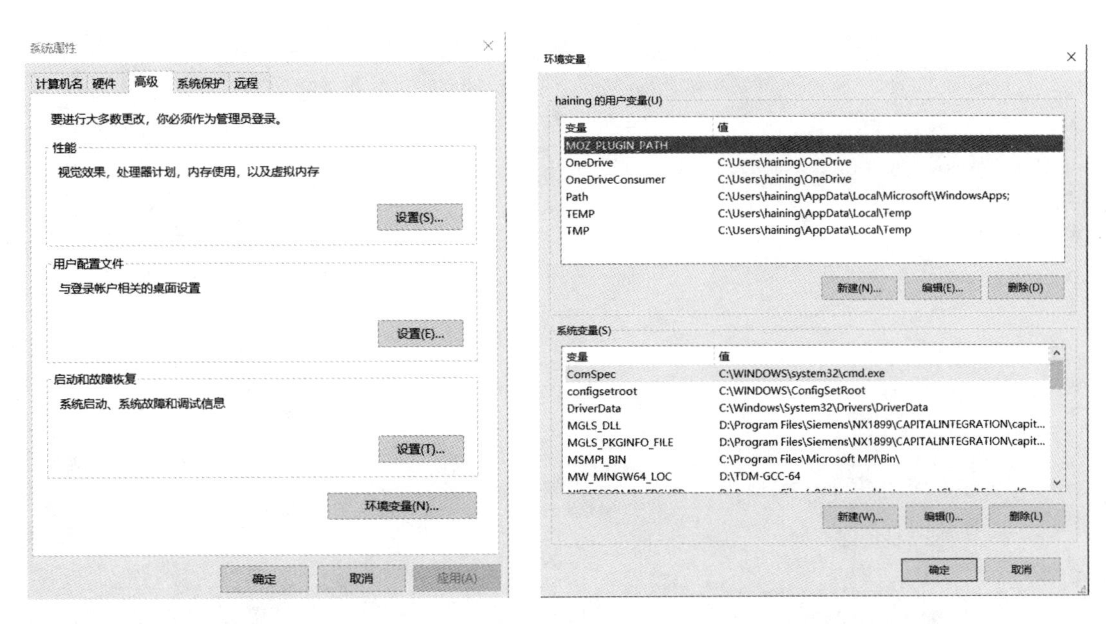

图 1-5　　　　图 1-6

如果要对 UG NX 1904 进行中英文界面的切换，在【环境变量】对话框中，选择【系统变量】区域中的【UGII_LANG】选项，单击【编辑】按钮，弹出【编辑系统变量】对话框（见图 1-17），在【变量值】中切换【simpl_chinese】或【English】，实现 UG 中英文界面的切换。

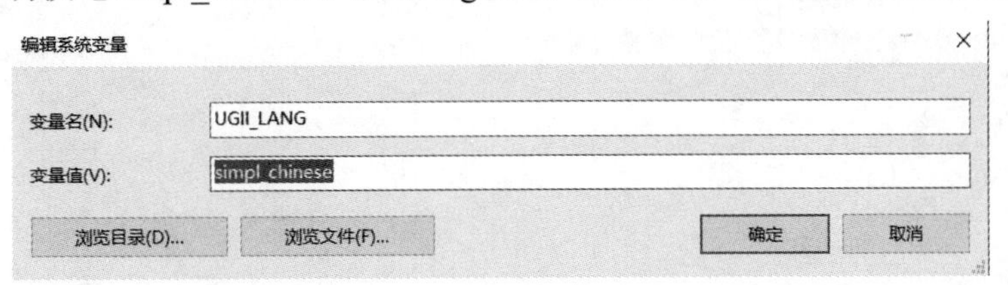

图 1-7

2. 默认参数设置

在 UG NX 1904 中，操作参数一般都可以更改。大多数的操作参数，如图形中尺寸的单位、尺寸的标注方式、字体的大小以及对象的颜色等，都有默认值。而参数的默认值都保存在默认参数设置文件中，当启动 UG NX 1904 时，会自动调用默认参数设置文件中的默认参数。UG NX 1904 允许用户根据自己的习惯修改该文件，即自定义参数的默认值，以提高设计效率。

选择【菜单】|【文件】|【实用工具】|【用户默认设置】命令，打开如图 1-8 所示的【用户默认设置】对话框。

在该对话框中可以设置参数的默认值、查找所需默认设置的作用域和版本、把默认参数以电子表格的形式输出、升级旧版本的默认设置等。

【查找默认设置】：在【查找默认设置】对话框中（见图 1-9），在【输入与默认设置关联的字符】文本框中输入要查找的默认设置，单击【查找】命令，所查找的结果显示在【找到的默认设置】列表框中。

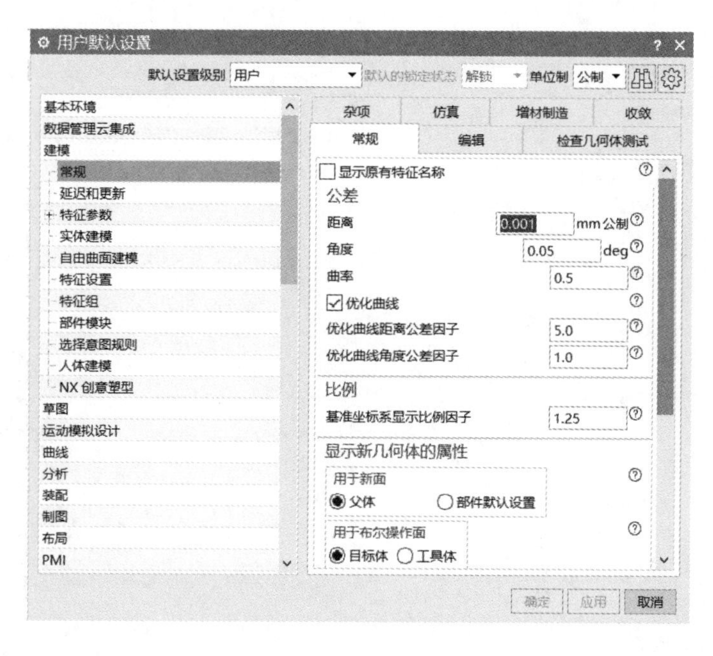

图 1-8

【管理当前设置】：在【管理当前设置】对话框中（见图 1-10）可以实现对默认设置的新建、删除、导入、导出和以电子表格的形式输出默认设置。

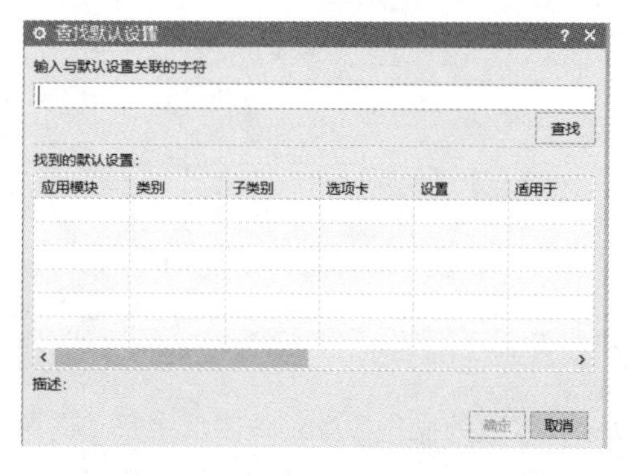

图 1-9

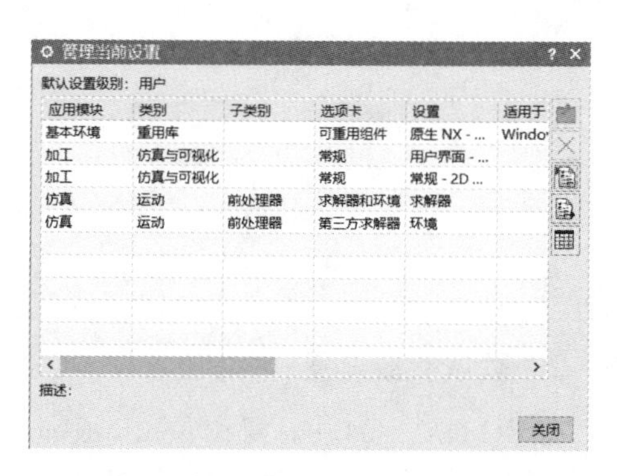

图 1-10

1.4 基本操作

这一节讲解 UG NX 的基本操作。

1.4.1 文件操作

1. 新建文件

新建文件的方法如下：单击【主页】功能区的【新建】命令，选择【菜单】|【文件】|【新建】命令，在弹出的【新建】对话框中选定模板、定好新建文件的名字和要存放的文件夹位置。

2．打开/关闭文件

选择【文件】|【打开】命令，或者【菜单】|【文件】|【打开】命令，弹出【打开】对话框，如图 1-11 所示。

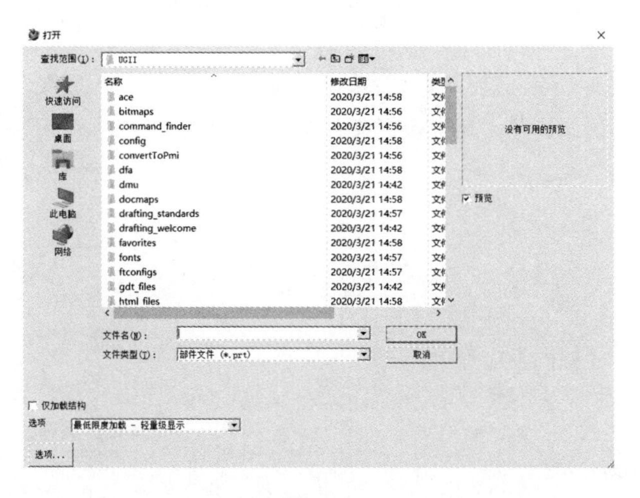

图 1-11

在该对话框中会列出当前目录下的所有有效文件以供选择，有效文件是根据用户设定的【文件类型】来确定的。选定文件后，单击【OK】按钮，即可打开。

3．导入/导出文件

选择【文件】|【导入】命令，或者选择【菜单】|【文件】|【导入】命令，在其子菜单（见图 1-12）中提供了 UG 与其他程序文件格式的接口，其中常用的有 CGM、AutoCAD DXF/DWG 等。

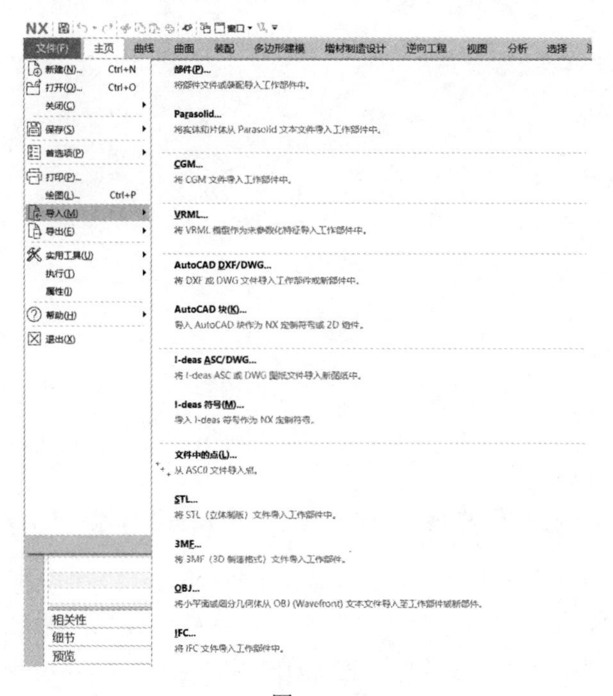

图 1-12

选择【文件】|【导出】命令，可以将 UG 文件导出为除自身外的多种文件模式，包括图片、数据文件和其他各种应用程序文件格式。

1.4.2 对象操作

UG 建模过程中的点、线、面、图层和实体等被称为对象，三维实体的创建、编辑操作过程实质上可以看作是对对象的操作过程。

1. 观察对象

在 UG 中观察对象的方法如下：在工作区右击，弹出快捷菜单，如图 1-13 所示；通过功能区中的【视图】命令，如图 1-14 所示；选择【菜单】|【视图】命令。

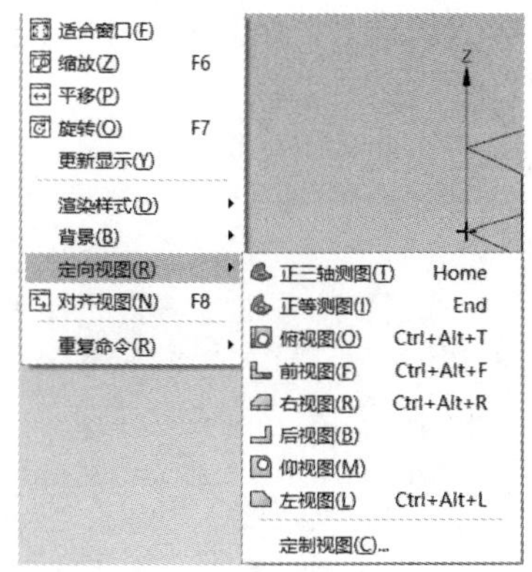

图 1-13

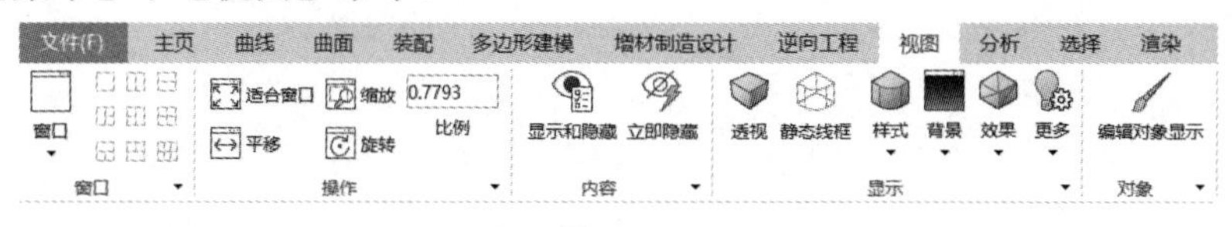

图 1-14

2. 变换对象显示模式

选择【菜单】|【编辑】|【对象显示】命令，或者使用快捷键【Ctrl+J】，打开【类选择】对话框（见图 1-15），选中要改变的对象，弹出【编辑对象显示】对话框，在常规区域中，可以改变对象所在的【图层】、调节对象的颜色、改变对象的线性和宽度。同时在【着色显示】区域，还可以调节对象的透明度，如图 1-16 所示。

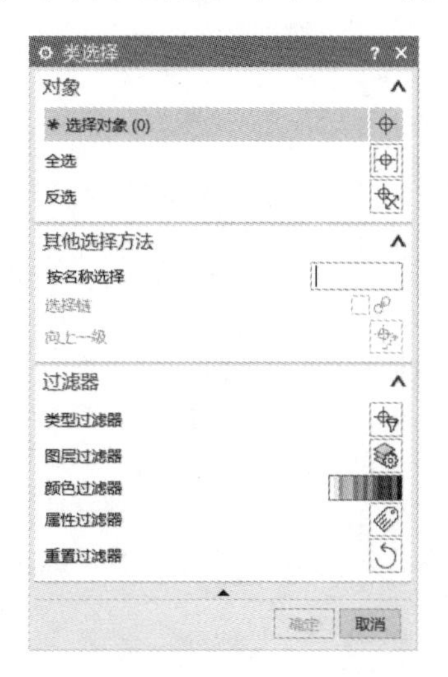

图 1-15

图 1-16

3. 隐藏/显示对象

当工作区中图形太多，不便于操作时，可将暂时不需要的对象隐藏，如模型中的草图、基准面、曲线、尺寸、坐标、平面等。选择【菜单】|【编辑】|【显示和隐藏】命令，如图 1-17 所

示，利用系统子菜单提供的显示、隐藏等命令，实现对对象的隐藏和显示。

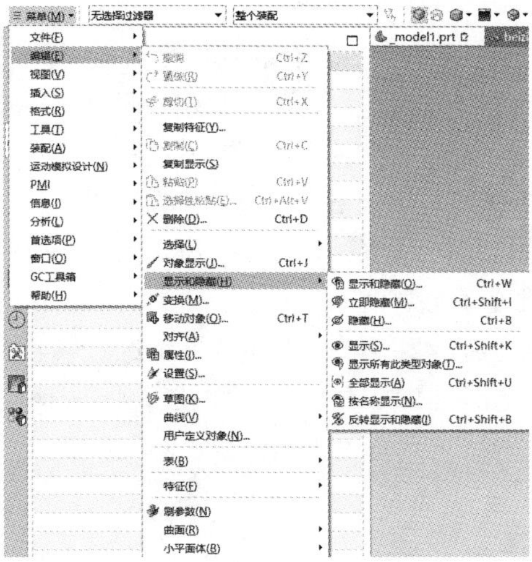

图 1-17

1.4.3 图层操作

所谓图层就是在空间中使用不同的层次来放置几何体。图层的主要功能是在复杂建模时可以控制对象的显示、编辑和状态。一个 UG 文件最多可以有 256 个图层，每层上可以含有任意数量的对象。

选择【菜单】|【格式】命令，在弹出的【格式子菜单】中可以调用有关图层的所有命令功能，如图 1-18 所示。

选择【菜单】|【格式】|【图层设置】命令，弹出如图 1-19 所示的【图层设置】对话框，利用该对话框可以对组件中所有图层或任意一个图层进行工作层、可选性、可见性等设置，也可以查询图层的信息，还可以对图层所属类别进行编辑。

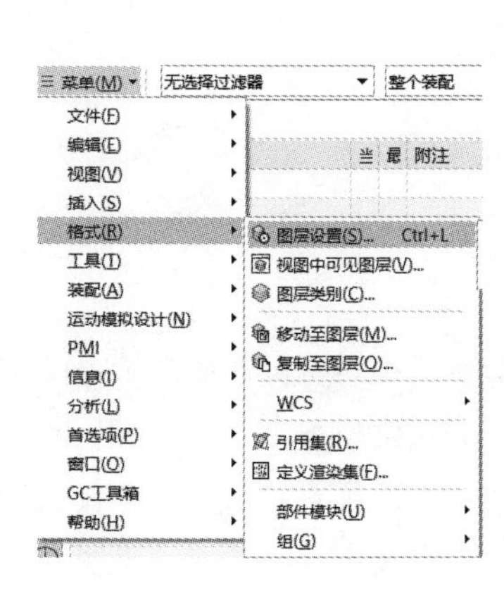

图 1-18

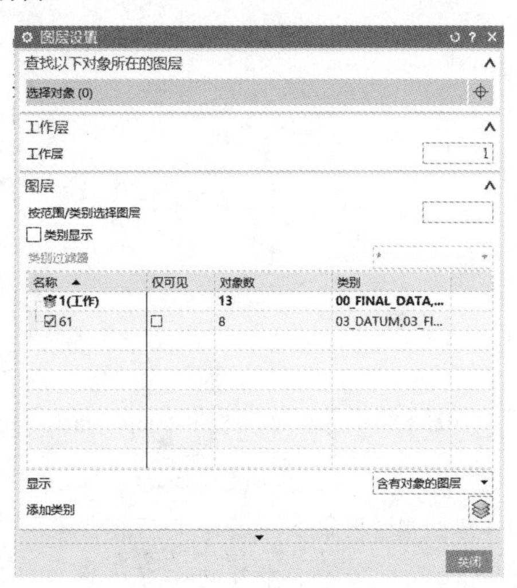

图 1-19

（1）工作层：用于输入需要设置为当前工作图层的图层号。当输入图层号后，系统会自动将其设置为工作图层。

（2）按范围/类别选择图层：用于输入范围或图层类别的名称进行筛选操作。在该文本框中输入类别名称并确定后，系统会自动选取所有属于该类别的图层，并改变其状态。

（3）名称：该列表框显示了此零件文件中的所有图层和所属种类的相关信息，如图层编号、状态、种类、对象数目等。在列表框中双击需要改变状态的图层，系统会自动切换其显示状态。

（4）仅可见：用于将指定的图层设置为仅可见状态。当图层处于仅可见状态时，该图层的所有对象仅可见，但不能被选取和编辑。

（5）显示：用于控制图层状态列表框中图层的显示情况。该下拉列表框中包含【所有图层】、【含有对象的图层】、【所有可选图层】和【所有可见图层】4 个选项。

1.4.4 坐标系操作

UG 系统中包括 3 种坐标系统，分别是绝对坐标系（ACS）、工件坐标系（WCS）和机械坐标系（MCS）。

绝对坐标系：是系统默认的坐标系，其原点位置永远不变，在用户新建文件时就产生了。

工件坐标系：用户可以根据需要任意移动其位置。

机械坐标系：该坐标系一般用于模具设计、加工和配线等向导操作中。

选择【菜单】|【格式】|【WCS】命令，弹出【WCS】子菜单，如图 1-20 所示。可以利用子菜单中的命令对坐标系进行变换。

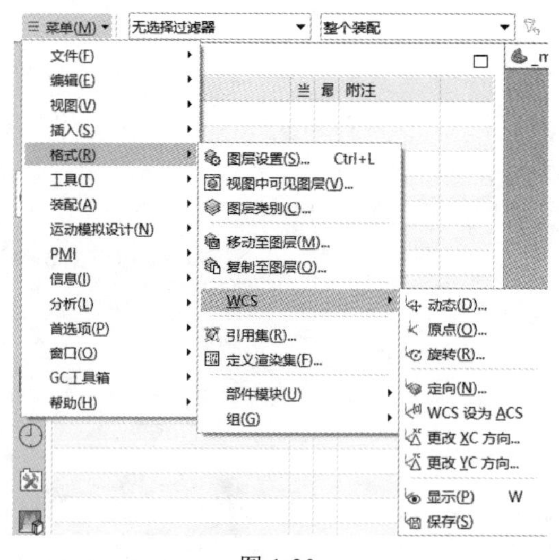

图 1-20

（1）【动态】：该命令能通过步进方式移动或旋转当前的 WCS，用户可以在绘图工作区中移动坐标系到指定位置，也可以设置步进参数，使坐标系逐步移动到指定位置。

（2）【原点】：该命令通过定义当前 WCS 的原点来移动坐标系的位置，但该命令仅仅移动坐标系的位置，而不会改变坐标轴的方向。

（3）【旋转】：选择该命令，可以实现 WCS 绕某一坐标轴进行旋转。

第2章 草图设计

在 UG NX 1904 中，草绘图形是创建三维实体模型的基础。创建实体模型时，首先在特征建模中选择草绘基准绘制草图，根据实体的截面轮廓绘制草图，或根据实体的截面轮廓绘制草图，然后利用相应的实体建模工具将草图界面转化为实体建模。

本章主要学习内容有草图工作平面、创建基准点和草图点、草图基本曲线绘制、草图编辑与操作、草图几何约束、草图尺寸约束、直接草图和草图实例等。通过本章的学习，初学者可基本掌握草图绘制的实用知识与应用技巧，为后面的学习打下扎实的基础。

2.1 草图概述

草图是与实体模型相关的二维图形，它是作为三维模型的基础，只有在草图的基本环境中才能进行草图的创建。草图模块是 UG 软件中建立参数化模型的一个重要工具。用户可以利用草图模块来创建截面曲线，并由此生成实体或片体。该环境提供了在 UG NX 中的草图绘制、操作及约束等与草图有关的工具。

1．草图模式

草图模式可以在三维空间中任何一个平面内建立草图平面，并在该平面内绘制草图。草图中提出了【约束】的概念，通过几何约束与尺寸约束控制草图中的图形，实现与特征建模模块同样的尺寸驱动，并方便地实现参数化建模。

应用草图工具，用户可以近似地绘制曲线轮廓，在相应添加精确的尺寸与位置约束，即可完成二维图形的绘制，利用实体造型工具对建立的二维草图进行拉伸、旋转等操作，生成与草图相关联的实体模型。修改草图时，与之关联的实体模型也会自动更新。

在建模环境中提供了【直接草图】工具栏。使用此工具栏上的命令可以在平面上创建草图，而无须进入草图任务环境，这使得创建和编辑草图变得更快、更容易。使用此工具栏上的命令创建点或曲线时，会创建一个草图并使其处于活动状态。和以前的版本一样，新建的草图仍然在部件导航器中显示为一个独立的特征。指定第一个点定义草图平面、方位及原点。这个点的位置可以在屏幕的任意位置，也可以在点、曲线、平面、曲面、边、指定的基准 CSYS 上。

UG NX 1904 中的直接草图如图 2-1 所示，单击【草图】进入草图环境进行图形草绘。选择【菜单】|【插入】|【草图】命令进入草图环境进行图形草绘。工具栏显示完整的草图工具栏，如图

2-2 所示。

2．曲线工具栏

UG NX 1904 使用直接草图工具栏的形式来进行草绘，使得操作更加直观和便捷，下面简要介绍这些工具栏的作用。

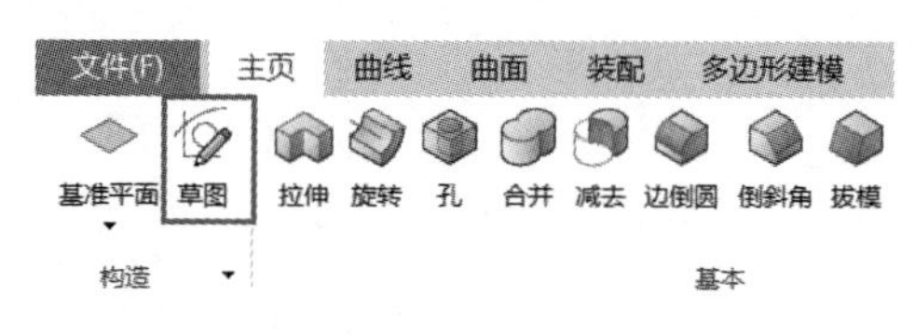

图 2-1

该工具栏用于控制建模模式下完成草绘、转换草绘平面及控制视图的方向等操作，包括定向到草图、定向到模型等选项。草绘时使用曲线库中的命令，通过这些命令来绘制草图，包括轮廓、直线等绘制直线的命令、圆、圆弧、矩形等命令，如图 2-2 所示。

- 【轮廓】：是以线串模式创建一系列连接的直线或圆弧。
- 【直线】：可以在视图区选择两点绘制直线。
- 【圆弧】：在视图区选择一点，输入半径，然后在视图区域选择另一点绘制圆弧。
- 【圆】：单击【圆】按钮，可以选择【中心和半径决定的圆】方式绘制圆，也可以三点绘制圆。
- 【派出直线】：选择一条或几条直线后，自动生成其平行线、中线或角度平分线。输入数值，可以偏置曲线。

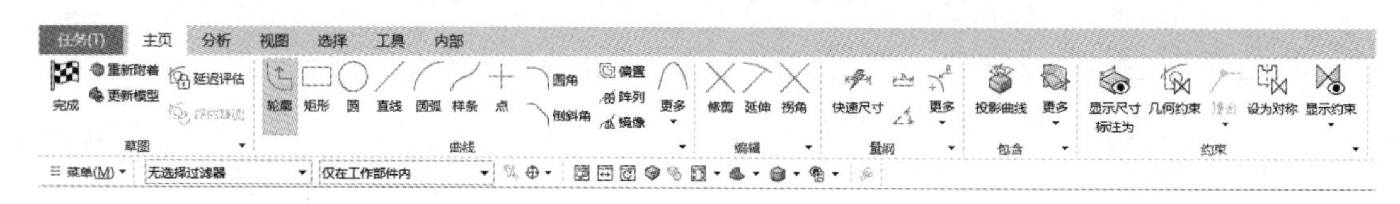

图 2-2

3．约束工具栏

约束能够精确地控制草图中的对象，草图约束有两种类型：尺寸约束和几何约束。尺寸约束建立起草图对象的大小（如直线的长度、圆弧的半径等）或两个对象之间的关系（如两点之间的距离）。几何约束建立起草图对象的几何特性、两个或更多草图对象之间的关系。

选择【菜单】|【插入】|【尺寸】命令，在【尺寸】子菜单中可以选择不同尺寸约束类型，如图 2-3 所示。

选择【菜单】|【插入】|【几何约束】命令，在弹出的【几何约束】对话框中可以选择不同尺寸约束类型，如图 2-4 所示。

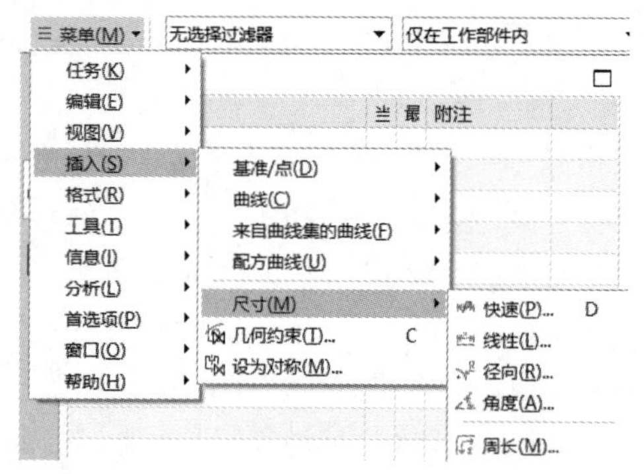

图 2-3

图 2-4

2.2 草图工作平面

绘制草图对象，首先要指定草图平面（用于附着草图对象的平面）。

2.2.1 草图的创建

用户要创建草图，必须先进入草图绘制模块，下面介绍几种进入草图的方式。

1．通过工具栏

在【主页】工具栏中的【直接草图】中单击【草图】按钮，弹出如图 2-5 所示的【创建草图】对话框，此时需要选择放置草图的位置，有两个选项：基于平面、基于路径，用户可根据需要进行选择。在【基于平面】选项中有两种方式来指定平面，即自动判断和新平面，如图 2-6 所示。

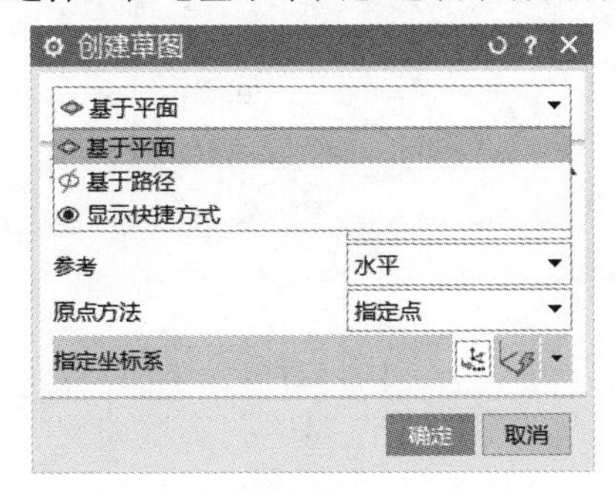

图 2-5

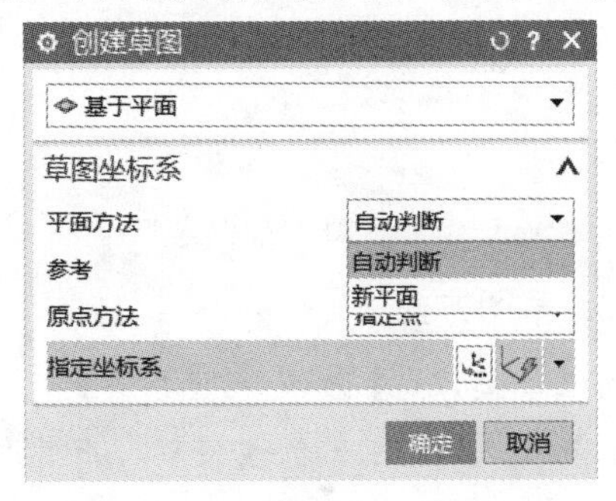

图 2-6

2．通过菜单栏

单击 UG NX 1904【菜单】，在下拉菜单中选择【插入】|【草图】命令，随即转入设置草图平面的界面。

3．选择草图

如果当前部件中已存在草图，进入草图模式后，在【草图生成器】工具栏的【草图名】下拉列表框中会出现所有草图的名称。只需选择其中一个，所有草图将被激活，此时即可在该草图中进行相关的草图操作。另外，在建模模式下双击已有的草图也可将其激活。

4．通过创建特征

如果用户要创建一个特征，如拉伸、切割等，在弹出的对话框中可以选择绘制草图，通过单击相应的按钮，也可创建草图。

2.2.2 基于平面

选择【基于平面】进行新建草图，需要定义草图平面、草图方向和草图原点等。

1．草图平面

在【草图平面】的【平面方法】下拉列表框中，有【自动判断】和【新平面】两个选项，默认为自动判断，由系统自动判断草图平面。下面介绍【新平面】选项的应用。

在【草图平面】选项组中选择【新平面】选项后，用户可以在【指定平面】下拉列表框中选择需要的创建平面方法，如图 2-7 所示。例如，在【指定平面】下拉列表框中选择【YC-ZC 平面】选项，在绘图窗口弹出【距离】文本框，输入偏置距离后，按【Enter】键，如图 2-8 所示，即创建了一个以【YC-ZC 平面】为基准面，与【YC-ZC 平面】相距指定距离的新平面作为草绘平面。

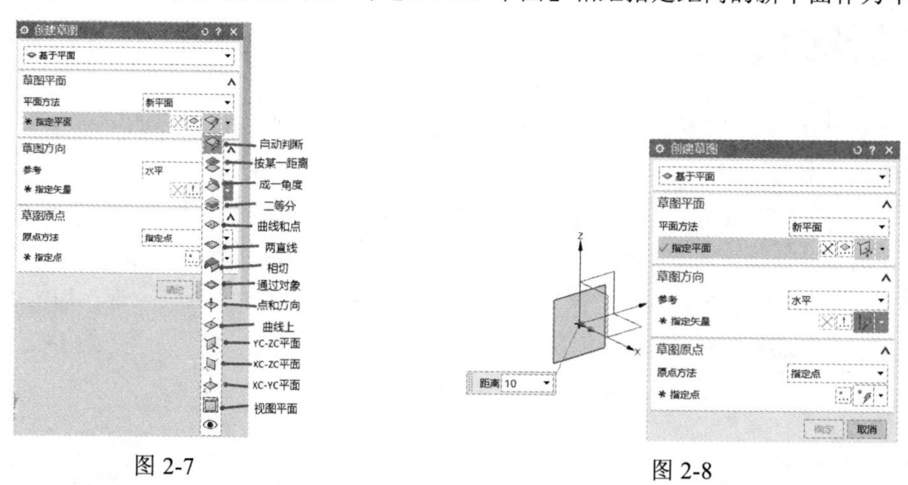

图 2-7　　　　图 2-8

2. 草图方向

在【草图方向】区域中，【参考】包含【水平】和【竖直】两种。用户可以在【指定矢量】下拉列表框中选择需要的矢量类型，如图 2-9 所示。

3. 草图原点

在【创建草图】对话框的【草图原点】选项框中，可以定义草图原点，原点方法包含指定点和使用工作部件原点两种。在使用【指定点】命令中，可以单击【点】按钮，在弹出的【点】对话框（见图 2-10）中选择自动判断点、光标位置、现有点、端点、控制点、交点、圆弧中心/椭圆中心/球心、圆弧/椭圆上的角度、象限点、曲线/边上的点、面上的点、两点之间、样条极点、样条定义点、按表达式来创建点。

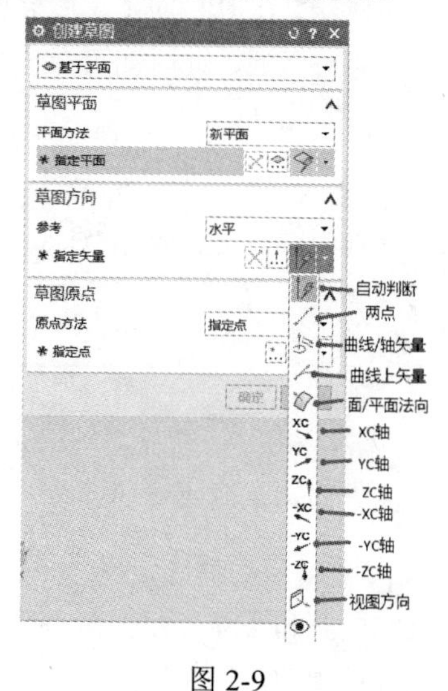

图 2-9

图 2-10

2.2.3 基于路径

在【创建草图】对话框的【草图类型】下拉列表框中选择【基于路径】选项，需要分别定义路径、平面位置、平面方位和草图方向，如图 2-11 所示。下面介绍选择【基于路径】选项时，各个选项组的功能。

1．路径

在【路径】选项组中单击【曲线】按钮，选择所需的路径。

2．平面位置

【平面位置】选项组的【位置】下拉列表框中有【弧长百分比】、【弧长】和【通过点】选项。如果选择【弧长百分比】选项，需要输入圆弧长百分比值，将位置定义在曲线长度的百分比处；如果选择【弧长】选项，需要输入弧长数值从而沿曲线的距离定义位置；如果选择【通过点】选项，则从图 2-12 所示的【指定点】下拉列表框中单击其中一个按钮，然后选择相应参照以定义平面通过的点，有多种情况时可以单击【备选解】按钮来选择所有的解。用户也可以单击【点】对话框按钮，利用图 2-10 所示的【点】对话框定义所需的点。

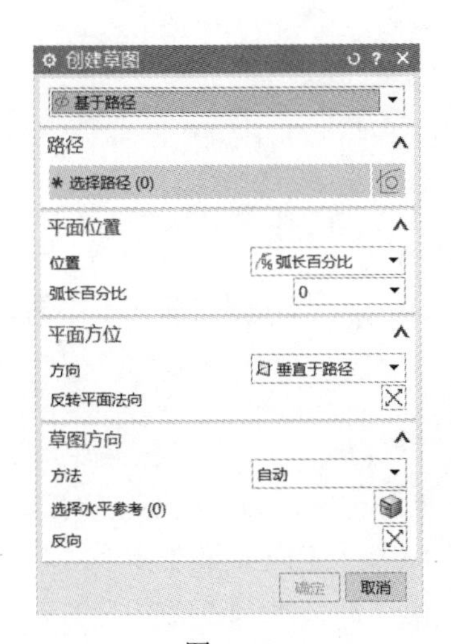

图 2-11

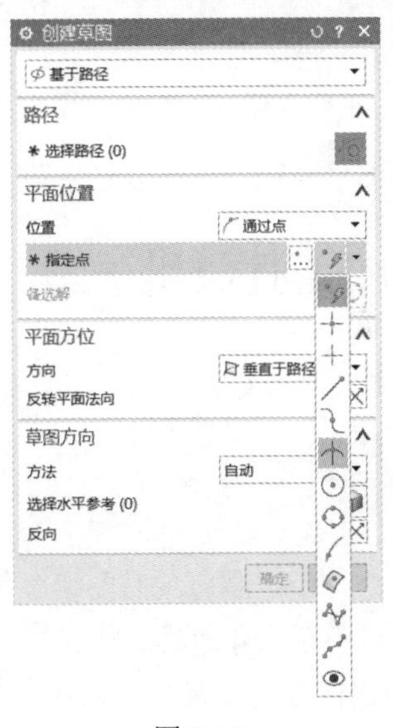

图 2-12

3．平面方位

在【平面方位】选项组的【方向】下拉列表框中，可以根据绘图选择【垂直于路径】、【垂直于矢量】、【平行于矢量】或【通过轴】选项，并可以单击【反转平面法向】按钮，使平面法向反转。

4．草图方向

【草图方向】选项组用于定义草图方向，包括方法、选择水平参考及反向。

2.2.4 重新附着草图

用户可以根据绘图情况修改草图的附着平面，即进行【重新附着草图】操作。该操作可以更改草图附着平面、基准平面或路径，或者更改草图方位。下面通过一个例子演示重新附着草图。

启动 UG NX 1904 软件，打开配套资源文件 2-1.prt，选择【菜单】|【插入】|【草图】命令，在弹出的【创建草图】对话框中选择【基于平面】选项，选择实体模型某一平面，在平面上绘制一个任意矩形，如图 2-13 所示。此时，不要单击【完成草图】命令，命令依然在草图环境下。

单击【主页】功能区中的【重新附着】按钮，或者选择【菜单】|【工具】|【重新附着】命令，弹出如图 2-14 所示的对话框，然后重新指定一个草图平面，如指定模型的一个侧面，然后草绘曲线重新附着到模型侧面所在平面，如图 2-15 所示。

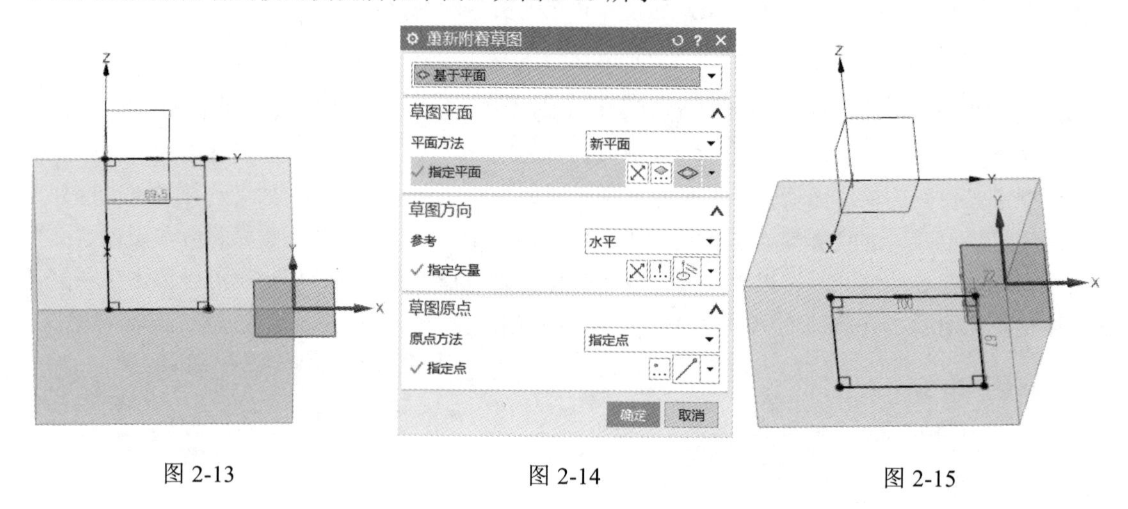

图 2-13　　图 2-14　　图 2-15

2.3 草图工具应用

在草图模式下，【草图曲线】工具栏中有部分绘制曲线的方法与在建模模式下不同。

2.3.1 轮廓

轮廓命令用于绘制连续的曲线，且这些曲线可以是不同种类的，如直线连接圆弧。在【直接草图】工具栏中单击【轮廓】按钮，或者选择【菜单】|【插入】|【曲线】命令，单击【轮廓】按钮，弹出浮动的工具栏，包括【对象类型】和【输入模式】选项。【对象类型】中有【直线】和【圆弧】两个选项，通过切换可以绘制直线和圆弧；【输入模式】包括【坐标模式】和【参数模式】选项，可以选择输入坐标或者长度等数据完成图形绘制。

实例：绘制管钳轮廓

Step 01 启动 UG NX 1904 软件，单击【主页】功能区下的【新建】命令，在弹出的【新建】对话框中模板选择【模型】，新建文件名称为【2-2.prt】，单击【确定】按钮，进入建模环境，直接单击工具栏上的【草图】按钮，进入草图环境，选择【XC-YC 平面】作为草图平面，单击【曲线】工具栏中的【轮廓】按钮。选择【对象类型】为直线，【输入模式】为【坐标模式 XY】。

Step 02 将光标移至基准 CSYS 原点，并且看到【草图原点】图标时，单击 CSYS 原点开始绘制第一条竖直线。沿 Y 轴正方向移动光标，在【长度】文本框中输入所绘制线段长度 50，回车（Enter

键)，输入线段【角度】为 90，回车，向右移动光标，在【长度】文本框中输入所绘制线段长度 14，回车，输入线段【角度】为 0，回车，将光标向右下方移动，在【长度】文本框中输入所绘制线段长度 22，回车，输入线段【角度】为 300，回车，沿 Y 轴负方向移动光标，在【长度】文本框中输入所绘制线段长度 15，回车，输入线段【角度】为 270，回车，此时图形如图 2-16 所示。

Step 03 将【对象类型】切换为【圆弧】(同时按住鼠标左键，向右移动鼠标，实现对象类型由直线向圆弧转化)，向右移动光标，在水平辅助线任意位置单击鼠标左键，将光标向左下方移动，当看到所绘圆弧与已画直线相切时（如图 2-17 所示）单击鼠标左键。

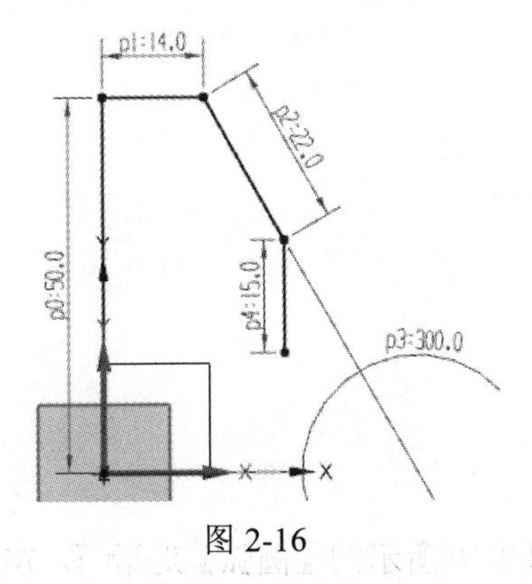

图 2-16

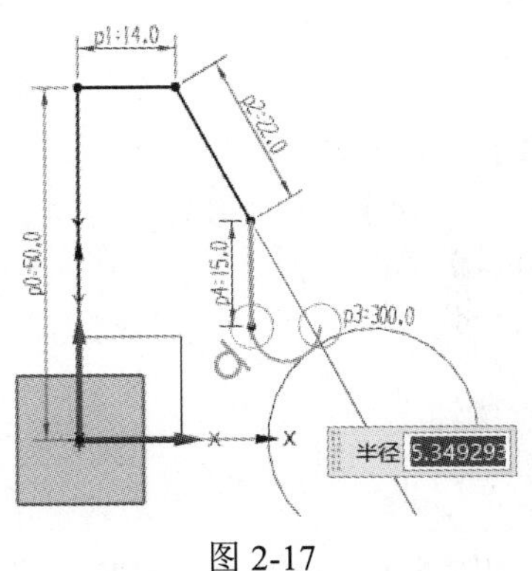

图 2-17

Step 04 沿着 Y 轴正方向移动光标，在【长度】文本框中输入所绘制线段长度 15，回车，输入线段【角度】为 90，回车，向右上方移动光标，在【长度】文本框中输入所绘制线段长度 22，回车，输入线段【角度】为 60，回车，向 X 轴方向移动光标，在【长度】文本框中输入所绘制线段长度 14，回车，输入线段【角度】为 0，回车，沿 Y 轴负方向移动光标，在【长度】文本框中输入所绘制线段长度 50，回车，输入线段【角度】为 270，回车，单击第一条直线起点，封闭轮廓，按 Esc 键停止轮廓线模式，管钳轮廓草图如图 2-18 所示，单击【完成】按钮，选择【菜单】|【文件】|【保存】命令，完成草图的保存。

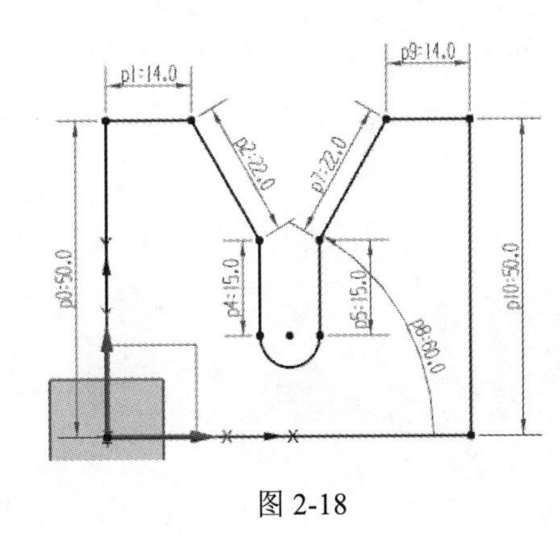

图 2-18

2.3.2 直线

在【草图】工具栏中单击【直线】按钮⁄，或者在草图环境中，选择【菜单】|【插入】|【曲线】命令，单击【直线】按钮⁄，弹出【直线】对话框。

实例：绘制表面粗糙度符号

Step 01 启动 UG NX 1904 软件，单击【主页】功能区下的【新建】命令，在弹出的【新建】对话框中模板选择【模型】，新建文件名称为【2-3.prt】，单击【确定】按钮，进入建模环境，直接单击工具栏上【草图】的按钮，进入草图环境，选择【XC-ZC 平面】作为草图平面，单击【曲线】工具栏中的【直线】按钮⁄，【输入模式】为【坐标模式】。

Step 02 将光标移至基准 CSYS 原点，并且看到【草图原点】图标时，单击 CSYS 原点开始绘制第一条直线。向右下方移动光标，在【长度】文本框中输入所绘制线段长度 10，回车，输入线段【角度】为 300，回车，单击第一条直线末端点，向右上方移动光标，在【长度】文本框中输入所绘制线段长度 30，回车，输入线段【角度】为 60，回车，单击第二条直线末端点，沿 X 轴正方向移动光标，在【长度】文本框中输入所绘制线段长度 10，回车，输入线段【角度】为 0，回车。

Step 03 单击第一条直线的起始点，沿 X 轴正方向移动光标，在【长度】文本框中输入所绘制线段长度 10，回车，输入线段【角度】为 0，回车，单击鼠标中键停止直线模式，所得粗糙度符号草图如图 2-19 所示，单击【完成】按钮，选择【菜单】|【文件】|【保存】命令，完成草图的保存。

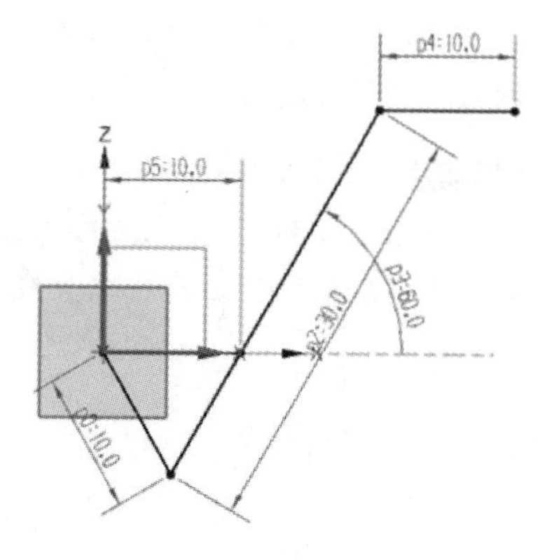

图 2-19

2.3.3 圆弧

在【曲线】工具栏中单击【圆弧】按钮，弹出如图 2-20 所示的【圆弧】对话框，在【圆弧方法】中可以选择【三点定圆弧】和【中心和端点定圆弧】两种方法。当单击【三点定圆弧】按钮时，需要指定 3 个有效点来绘制圆弧，如图 2-21 所示；单击【中心和端点定圆弧】按钮时，需要指定中心和端点绘制圆弧，如图 2-22 所示。

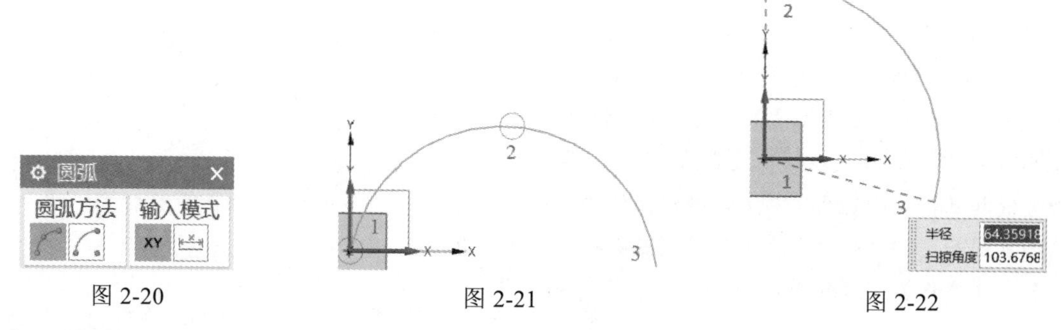

图 2-20　　图 2-21　　图 2-22

实例：绘制圆弧底座

Step 01 启动 UG NX 1904 软件，单击【主页】功能区下的【新建】命令，在弹出的【新建】对话框中模板选择【模型】，新建文件名称为【2-4.prt】，单击【确定】按钮，进入建模环境，直接单击工具栏上的【草图】按钮，进入草图环境，选择【XC-ZC 平面】作为草图平面，单击【曲线】工具栏中的【直线】按钮。选择【输入模式】为【坐标模式】。单击基准 CSYS 原点，沿 X 轴正方向移动光标，在【长度】文本框中输入所绘制线段长度 20，回车，输入线段【角度】为 0，回车，单击鼠标中键退出直线模式。

Step 02 单击【曲线】工具栏中的【圆弧】按钮，圆弧方法选择【中心和端点定圆弧】，在【XC】文本框中输入 20，回车，在【YC】文本框中-2，回车，单击第一条直线的末端点，在【半径】

文本框中输入 2，回车，在【扫掠角度】文本框中输入 90，回车，单击鼠标左键完成圆弧的绘制。

Step 03 单击【曲线】工具栏中的【直线】按钮，单击步骤 2 绘制的圆弧末端点，沿 Y 轴负方向移动光标，在【长度】文本框中输入所绘制线段长度 10，回车，输入线段【角度】为 270，回车，单击鼠标中键退出直线模式。

Step 04 单击【曲线】工具栏中的【圆弧】按钮，圆弧方法选择【中心和端点定圆弧】，在【XC】文本框中输入 20，回车，在【YC】文本框中-12，回车，单击第二条直线的末端点，在【半径】文本框中输入 2，回车，在【扫掠角度】文本框中输入 90，回车，单击鼠标左键完成圆弧的绘制。

Step 05 单击【曲线】工具栏中的【直线】按钮，单击步骤 3 绘制的圆弧末端点，沿 X 轴负方向移动光标，在【长度】文本框中输入所绘制线段长度 20，回车，输入线段【角度】为 180，回车，单击鼠标中键退出直线模式。

Step 06 单击【曲线】工具栏中的【圆弧】按钮，圆弧方法选择【中心和端点定圆弧】，在【XC】文本框中输入 0，回车，在【YC】文本框中-12，回车，单击步骤 5 绘制的直线末端点，在【半径】文本框中输入 2，回车，在【扫掠角度】文本框中输入 90，回车，单击鼠标左键完成圆弧的绘制。

Step 07 单击【曲线】工具栏中的【直线】按钮，单击步骤 6 绘制的圆弧末端点，沿 Y 轴正方向移动光标，在【长度】文本框中输入所绘制线段长度 10，回车，输入线段【角度】为 90，回车，单击鼠标中键退出直线模式。

Step 08 单击【曲线】工具栏中的【圆弧】按钮，圆弧方法选择【三点定圆弧】，单击步骤 7 得到的直线末端点，在【半径】文本框中输入 2，回车，单击基准 CSYS 原点，然后在新生成的圆弧上任意单击，完成圆弧的绘制。单击鼠标中键退出圆弧模式。绘制的圆弧底座草图如图 2-23 所示。

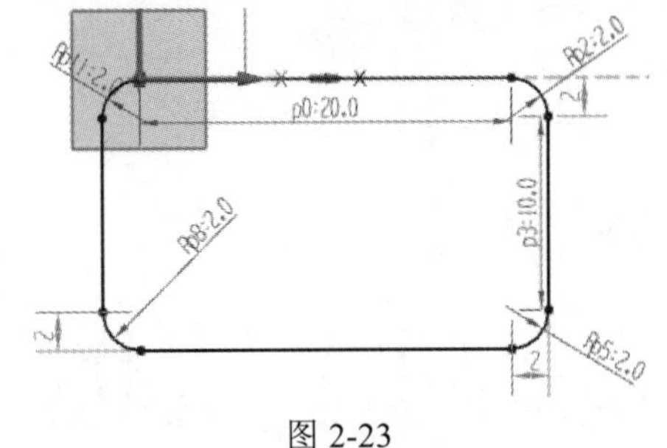

图 2-23

2.3.4 圆

在草图环境下绘制圆，单击【曲线】工具栏中的【圆】按钮，弹出如图 2-24 所示的【圆】对话框，其中【圆方法】包括【圆心】和【直径定圆】两种选项，即通过指定圆心和输入圆的直径完成圆的绘制，如图 2-25 所示；【三点定圆】，即通过三个有效点绘制圆，如图 2-26 所示。

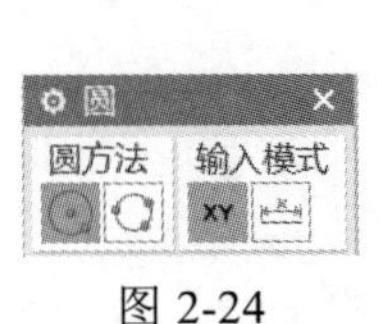

图 2-24

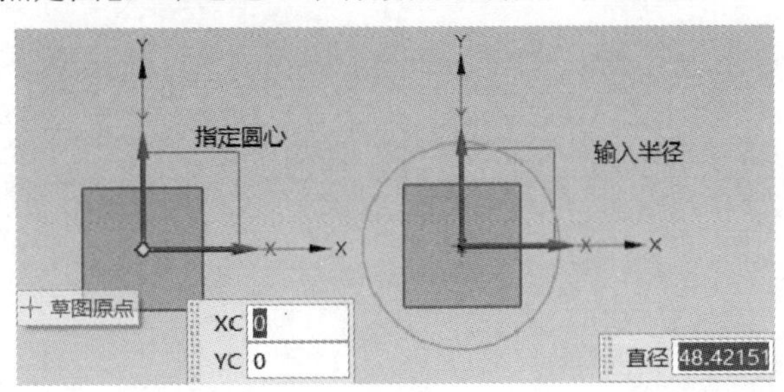

图 2-25

实例：绘制挡圈

Step 01 启动 UG NX 1904 软件，单击【主页】功能区下的【新建】命令，在弹出的【新建】对话框中模板选择【模型】，新建文件名称为【2-5.prt】，单击【确定】按钮，进入建模环境，直接单击工具栏上的【草图】按钮，进入草图环境，选择【XC-YC 平面】作为草图平面，单击【曲线】工具栏中的【圆】按钮○。选择【圆心】和【直径定圆】方法。

Step 02 将光标移至基准 CSYS 原点，并且看到【捕捉到点】图标时，单击原点开始绘制第一个圆。在直径框中输入 12，然后按 Enter 键以完成第一个圆，按 Esc 键退出定直径绘圆模式。

Step 03 重复步骤 2，分别绘制直径为 16，28，30 的三个圆。

Step 04 在【XC】文本框中输入 0，回车，在【YC】文本框中输入 12，回车，在直径框中输入 2，回车，得到挡圈草图。单击鼠标中键退出绘圆模式，挡圈草图如图 2-27 所示。

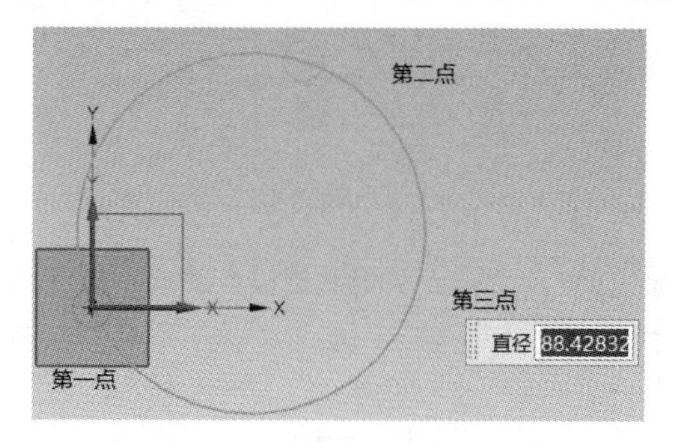

图 2-26

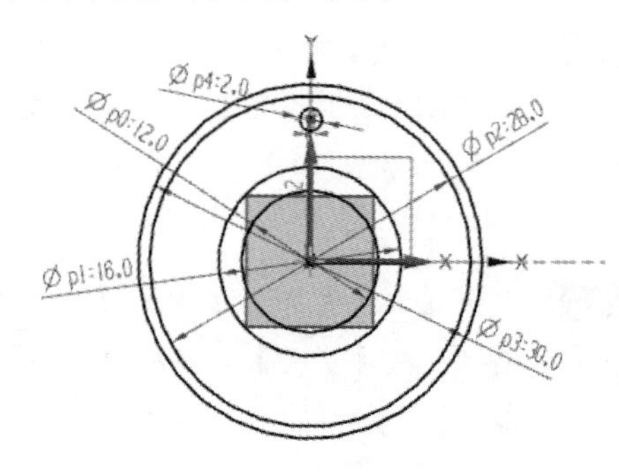

图 2-27

2.3.5 椭圆

在【曲线】工具栏中单击【椭圆】按钮，弹出【椭圆】对话框，如图 2-28 所示，然后指定椭圆中心，继续指定相应选项参数，在【限制】选项组中选择【封闭】复选框；如果要创建椭圆的弧段，则取消选择【封闭】复选框，然后分别设置起始角和终止角，如图 2-29 所示。

图 2-28

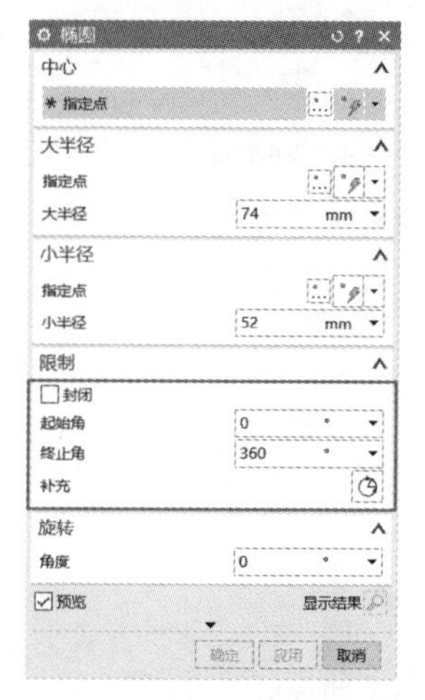

图 2-29

实例：绘制压盖俯视图

Step 01　启动 UG NX 1904 软件，单击【主页】功能区下的【新建】命令，在弹出的【新建】对话框中模板选择【模型】，新建文件名称为【2-6.prt】，单击【确定】按钮，进入建模环境，直接单击工具栏上的【草图】按钮，进入草图环境，选择【XC-ZC 平面】作为草图平面，单击【曲线】工具栏中的【椭圆】按钮。

Step 02　以基准 CSYS 原点为指定点。【大半径】为 74，【小半径】为 52，单击【确定】按钮，完成椭圆绘制。

Step 03　单击【曲线】工具栏中的【圆】按钮，以 CSYS 原点为圆心，绘制直径为 65 的圆，按 Esc 键退出定直径绘圆模式。沿 X 轴正方向移动光标，在【XC】文本框中输入为 50，回车，在【YC】文本框内输入为 0，回车，在【直径】文本框中输入 15，按 Esc 键退出定直径绘圆模式，沿 X 轴负方向移动光标，在【XC】文本框中输入为-50，回车，在【YC】文本框中输入为 0，回车，在【直径】文本框中输入 15，按 Esc 键退出定直径绘圆模式，单击鼠标中键退出绘圆模式，压盖草图如图 2-30 所示。

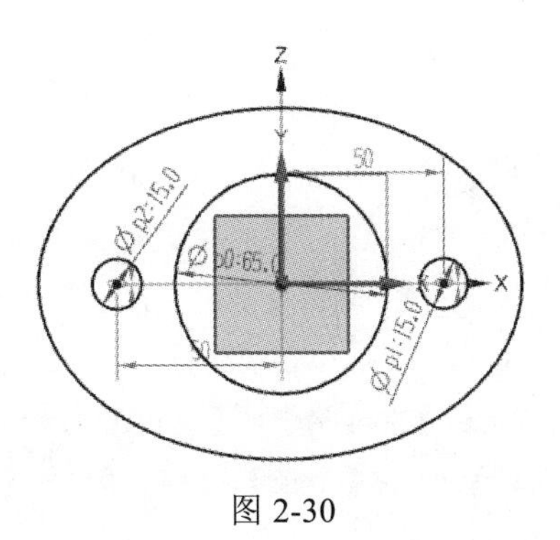

图 2-30

2.3.6 矩形

在草图模式中还提供了快速创建矩形的命令，草图模型下在【直接草图】工具栏中单击【矩形】按钮，弹出的【矩形】对话框如图 2-31 所示，共有 3 种创建方式：两点定位、三点定位、一个中心点和两角点定位，如图 2-32 所示。

图 2-31

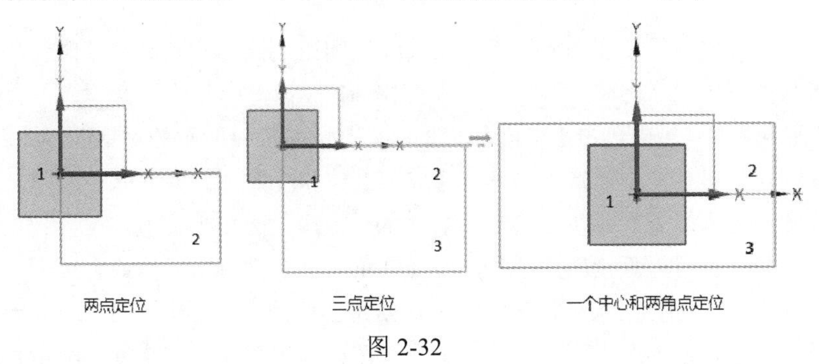

图 2-32

2.3.7 多边形

在草图任务环境中，也可以方便地创建多个多边形，在【曲线】工具栏中单击【多边形】按钮，弹出如图 2-33 所示的【多边形】对话框，需要依次指定中心点、边数和大小等，其中【大小】选项组中有【内切圆半径】、【外接圆半径】和【边长】三个选项，然后在【半径】文本中输入内切圆或者外接圆的半径，以及多边形的旋转角度，绘制好一个多边形后，可以通过鼠标在其他位置单击，创建出多个多边形。在指定点都为工作坐标系原点，半径为 41mm，旋转为 0° 的工况下通过【内切圆半径方式】和【外接圆半径方式】创建的多边形对比图，如图 2-34 所示。

图 2-33

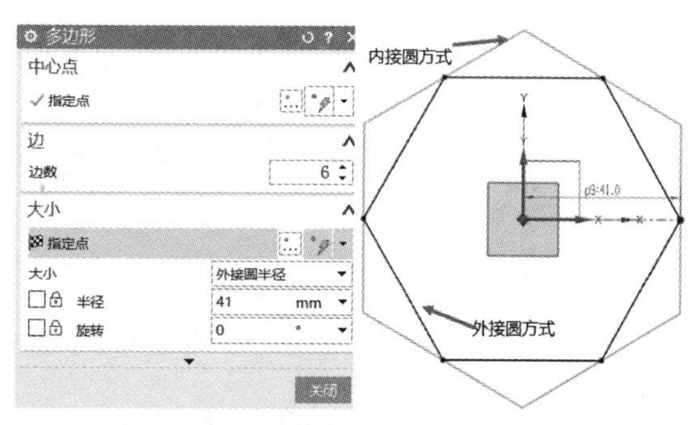

图 2-34

实例：绘制螺帽草图

Step 01 启动 UG NX 1904 软件，单击【主页】功能区下的【新建】命令，在弹出的【新建】对话框中模板选择【模型】，新建文件名称为【2-7.prt】，单击【确定】按钮，进入建模环境，直接单击工具栏上的【草图】按钮，进入草图环境，选择【XC-ZC 平面】作为草图平面，单击【曲线】工具栏中的【多边形】按钮。以基准 CSYS 原点为指定点，【边数】为 6，【半径】为 18，【旋转】为 330°，单击【确定】按钮。

Step 02 单击【曲线】工具栏中的【圆】按钮，选择【圆心】和【直径定圆】方法，以基准 CSYS 原点为圆心绘制直径为 20 的圆。按 Esc 键停止绘圆模式，得到螺帽草图，如图 2-35 所示。

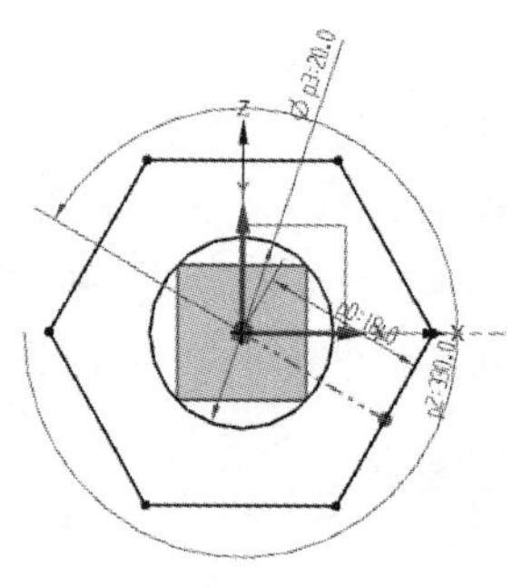

图 2-35

2.3.8 圆角

在草图绘制过程中，需要在两条或者三条曲线之间绘制圆角，那么在草图任务环境中绘制圆角的方法及步骤如下：

（1）在【曲线】工具栏中单击【圆角】按钮，弹出如图 2-36 所示的对话框。

（2）在【圆角】对话框中指定方法，有【修剪】和【取消修剪】。

（3）选择图形对象放置圆角，在【半径】文本框中输入圆角半径值。

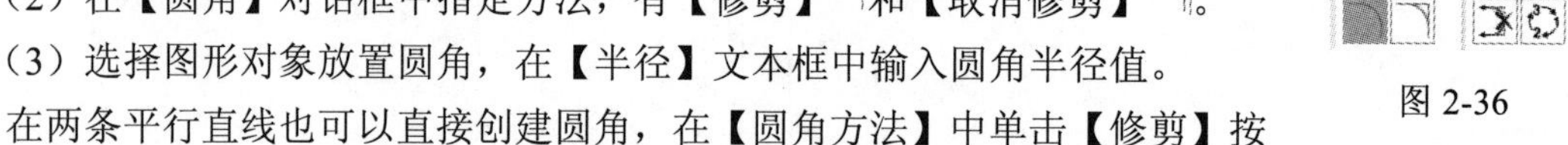

图 2-36

在两条平行直线也可以直接创建圆角，在【圆角方法】中单击【修剪】按钮，然后从上向下依次选择两条平行直线，可以创建左边的圆角如图 2-37（a）所示，若要创建右边圆角，那么选择直线的顺序为从下向上，或者在放置圆角前，在【创建圆角】对话框的【选项】选项组中单击【创建备选圆角】按钮，获得如图 3-37（b）所示的效果。

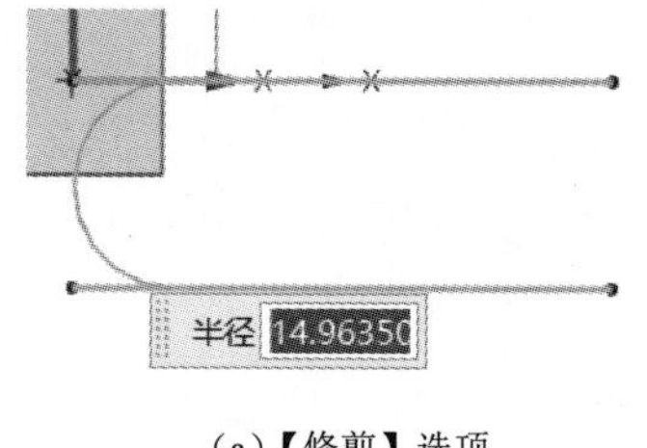

（a）【修剪】选项

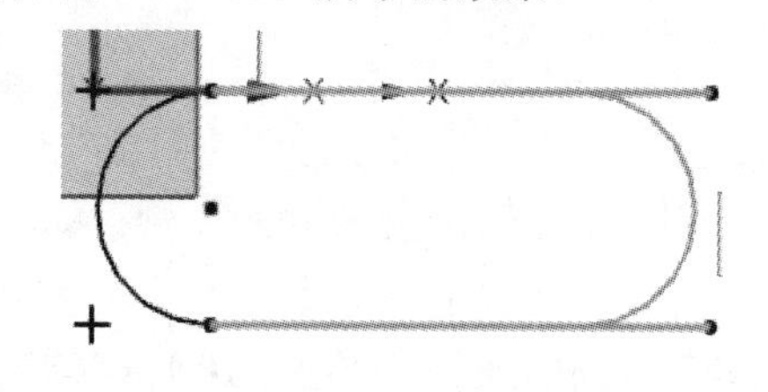

（b）【创建备选圆角】

图 2-37

在圆角创建过程中【修剪】和【取消修剪】的区别是，创建圆角后是否保留原直线。修剪命令是创建圆角后删除原直线；取消修剪命令是创建圆角后保留原直线，如图 2-38 所示。

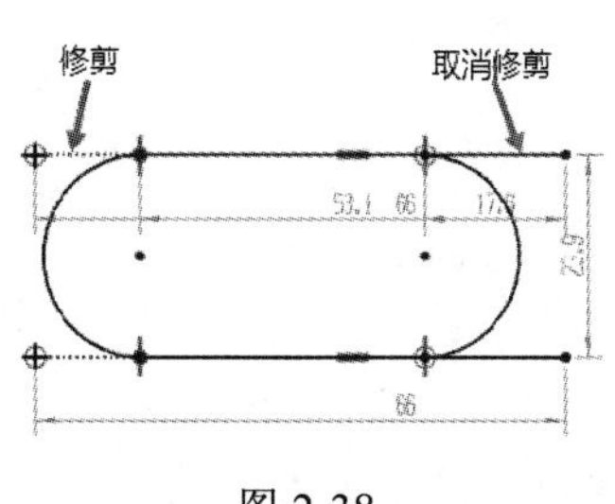

图 2-38

实例：绘制圆弧底座

Step 01　启动 UG NX 1904 软件，单击【主页】功能区下的【新建】命令，在弹出的【新建】对话框中模板选择【模型】，新建文件名称为【2-8.prt】，单击【确定】按钮，进入建模环境，直接单击工具栏上的【草图】按钮，进入草图环境，选择【XC-ZC 平面】作为草图平面，单击【曲线】工具栏中的【矩形】按钮，使用【按 2 点】绘制矩形方法，以基准 CSYS 原点为起始点，在【宽度】文本框中输入 20，回车，在【高度】文本框中输入 10，回车，单击鼠标左键，按 Esc 键停止绘矩形模式。

Step 02　单击【曲线】工具栏中的【圆角】按钮，使用光标任意选择矩形两条相邻直线，输入【半径】为 2，回车，继续选择矩形两条相邻直线，同样输入【半径】为 2，回车，直到矩形四个角完成倒圆角。单击鼠标中键退出绘制圆角模式。圆弧底座草图如图 2-39 所示。

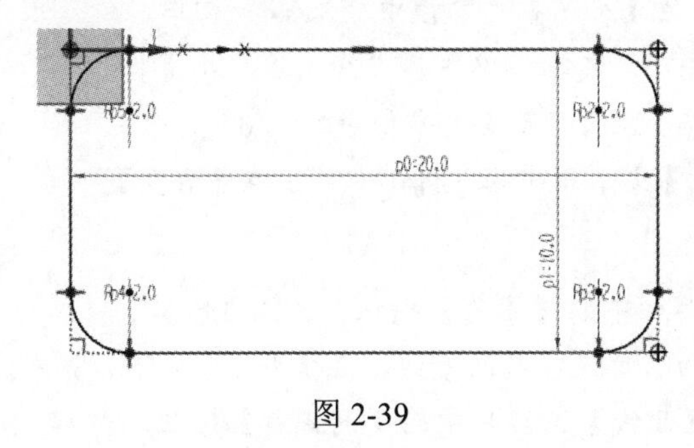

图 2-39

2.3.9　倒斜角

在【曲线】工具栏中单击【倒斜角】按钮，弹出如图 2-40 所示的【倒斜角】对话框，然后选择需要倒斜角的两条曲线，或者选择线的交点创建倒斜角，在【要倒斜角的曲线】选项组中选择【修剪输入曲线】复选框，在【偏置】选项组中选择倒斜角的方式，如【对称】、【非对称】或【偏置和角度】选项，并设置相应参数，从而创建倒斜角，三种方式创建的倒斜角如图 2-41 所示。

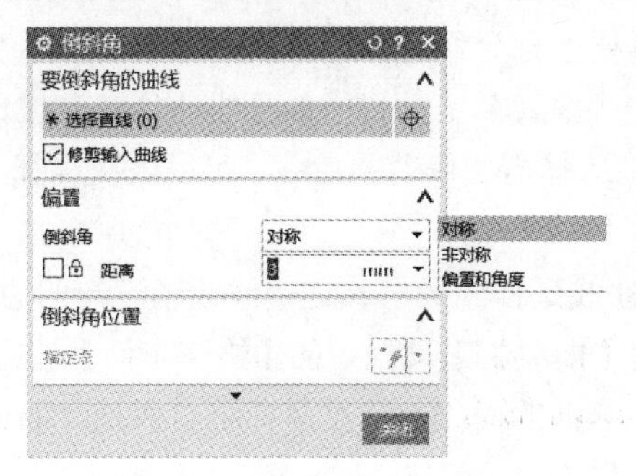

图 2-40

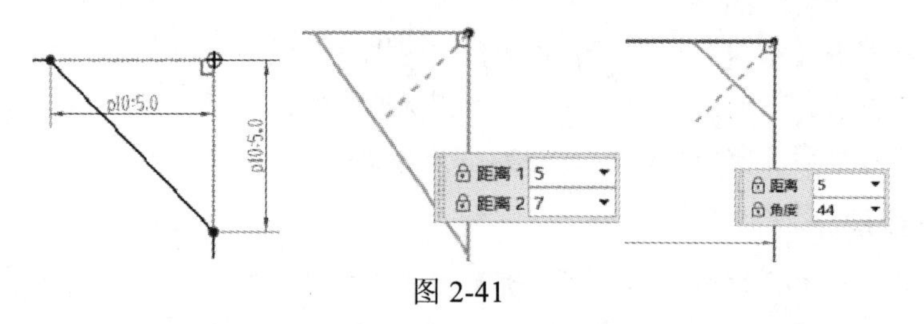

图 2-41

实例：绘制内六角螺钉

Step 01 启动 UG NX 1904 软件，单击【主页】功能区下的【新建】命令，在弹出的【新建】对话框中模板选择【模型】，新建文件名称为【2-9.prt】，单击【确定】按钮，进入建模环境，直接单击工具栏上的【草图】按钮，进入草图环境，选择【XC-ZC 平面】作为草图平面，单击【曲线】工具栏中的【矩形】按钮，使用【按 2 点】绘制矩形方法，以基准 CSYS 原点为起始点，在【宽度】文本框中输入 40，回车，在【高度】文本框中输入 14，回车，单击，按 Esc 键停止绘矩形模式。

Step 02 单击【曲线】工具栏中的【直线】按钮，在【XC】文本框中输入 15，回车，在【YC】文本框中输入-14，回车，在【长度】文本框中输入 44，回车，在【角度】文本框中输入 270，回车，单击竖直线末端，在【长度】文本框中输入 10，回车，在【角度】文本框中输入 0，回车，单击水平线末端，在【长度】文本框中输入 44，回车，在【角度】文本框中输入 90，回车。

Step 03 单击【曲线】工具栏中的【圆角】按钮，选择【修剪】圆角方法，单击矩形上端两个角连接的两直线，在【半径】文本框中输入 4，回车。单击【曲线】工具栏中的【倒斜角】按钮，选择图形下面两个角连接的直线，倒斜角选择【对称】，在【距离】文本框中输入 2，回车。按 Esc 键停止绘倒斜角模式，完成内六角螺钉草图绘制，如图 2-42 所示。

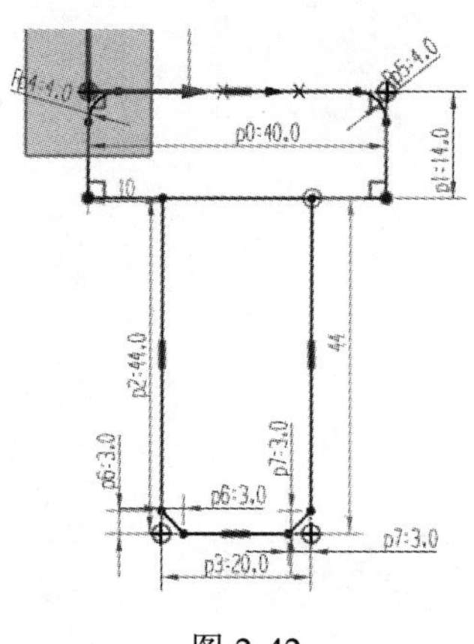

图 2-42

2.3.10 修剪和延伸

【快速修剪】命令用于以任意一个方向将曲线修剪到最近的交点或选定的边界，是常用的编辑工具命令，可以将草图中不需要的部分修剪掉。

在草图任务环境中，单击【曲线】工具栏中的【快速修剪】按钮，弹出如图 2-43 所示的【快速修剪】对话框。然后直接选择需要修剪的曲线，可以依次选择，同样可以按住鼠标左键拖动并擦除要修剪的曲线。

【快速延伸】命令可以将曲线延伸到另一临近曲线或者设定的边界。

在草图任务环境中，单击【曲线】工具栏中的【快速延伸】按钮，弹出如图 2-44 所示的对话框。默认情况下，直接选择要延伸的曲线，通过鼠标单击要延伸的曲线即可。

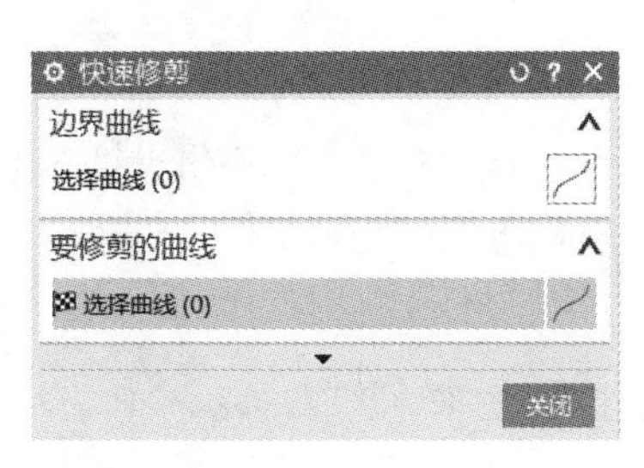

图 2-43

图 2-44

实例：绘制机械扳手

Step 01　启动 UG NX 1904 软件，单击【主页】功能区下的【新建】命令，在弹出的【新建】对话框中模板选择【模型】，新建文件名称为【2-10.prt】，单击【确定】按钮，进入建模环境，直接单击工具栏上的【草图】按钮，进入草图环境，选择【XC-ZC 平面】作为草图平面，单击【曲线】工具栏中的【多边形】按钮，在【大小】区域选择【外接圆半径】方式创建多边形，以基准 CSYS 原点为指定点，在【边数】文本框中输入 6，在大小处选择【外接圆半径】命令，在【半径】文本框中输入 24，回车，在【旋转】文本框中输入 90°，回车。按 Esc 键停止绘多边形模式。

Step 02　单击【曲线】工具栏中的【圆弧】按钮，选择【中心和端点定圆弧】的圆弧方法，单击 A 点，在【半径】文本框中输入 24，回车，单击 B 点，在【扫掠角度】文本框中输入 140，回车，单击鼠标左键，单击 D 点，在【半径】文本框中输入 24，回车，单击 C 点，在【扫掠角度】文本框中输入 170，回车，单击鼠标左键，效果如图 2-45 所示。

Step 03　单击【曲线】工具栏中的【圆弧】按钮，选择【中心和端点定圆弧】的圆弧方法，单击基准 CSYS 原点，在【半径】文本框中输入 48，回车，移动光标到上半部分半径为 24 的圆弧上，当圆弧为高亮时，单击鼠标左键，移动光标到下半部分半径为 24 的圆弧上，当圆弧为高亮时，单击鼠标左键，效果如图 2-46 所示。

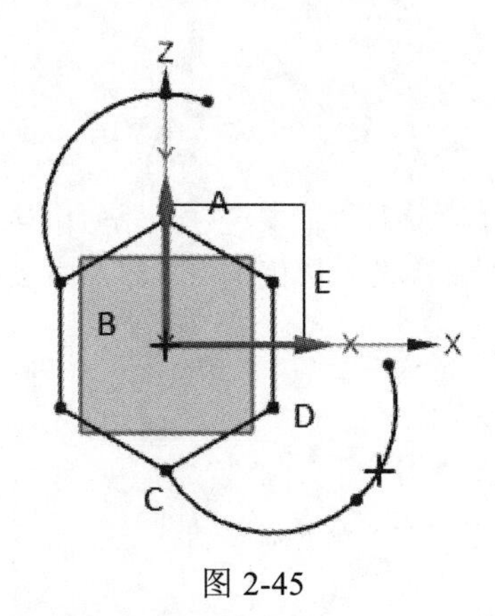

图 2-45

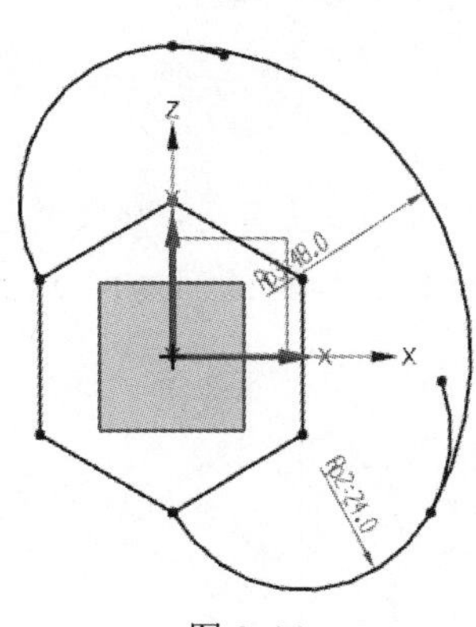

图 2-46

Step 04　单击【曲线】工具栏中的【直线】按钮，首先单击基准 CSYS 原点，依次单击 D 点和 E 点，形成两条直线段。

Step 05　单击【曲线】工具栏中的【延伸】按钮，在选择要延伸的曲线时选择步骤 4 生成的两条直线，边界曲线选择半径为 48 的圆弧，如图 2-47 所示。

Step 06 单击【曲线】工具栏中的【圆】按钮，选择【圆心】和【直径定圆】的绘圆方法，在【XC】文本框中输入 185，回车，在【YC】文本框中输入 0，回车，在【直径】文本框中输入 15，回车，按 Esc 键终止定直径绘圆模式，单击直径为 15 的圆的圆心，在【直径】文本框中输入 30，按 Esc 键退出绘圆模式。

Step 07 单击【曲线】工具栏中的【直线】按钮，单击步骤 5 得到的直线末端点，绘制直径为 30 的圆的两条切线，如图 2-48 所示。

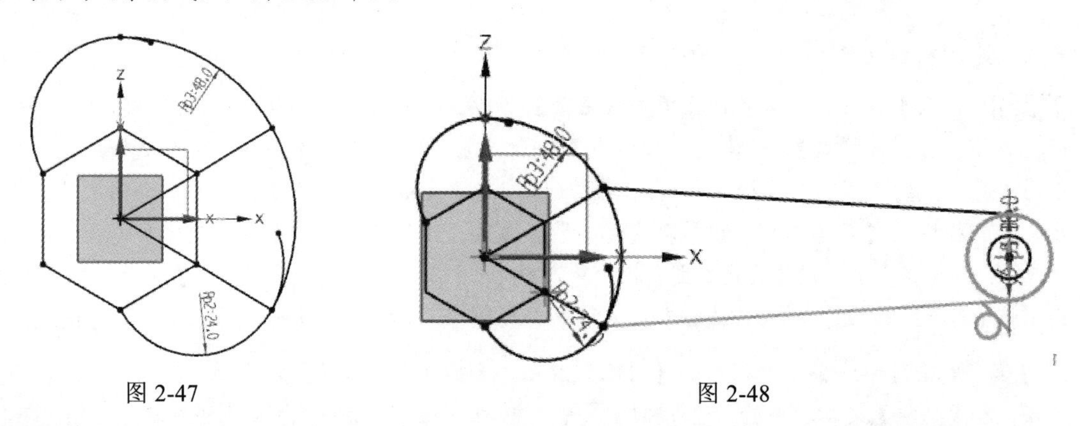

图 2-47　　　　图 2-48

Step 08 单击【曲线】工具栏中的【修剪】按钮，单击要修剪的直线，此时图形如图 2-49 所示。

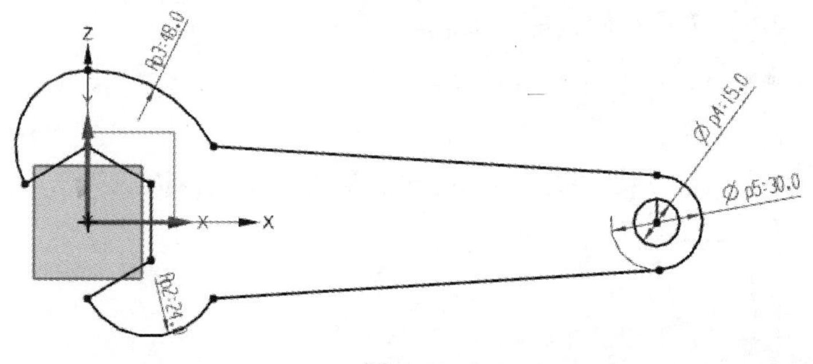

图 2-49

Step 09 单击【曲线】工具栏中的【圆角】按钮，选择【修剪】圆角方法，直线的选择如图 2-50 所示，在【半径】文本框中输入 24。单击鼠标中键停止圆角模式。机械扳手草图如图 2-51 所示。

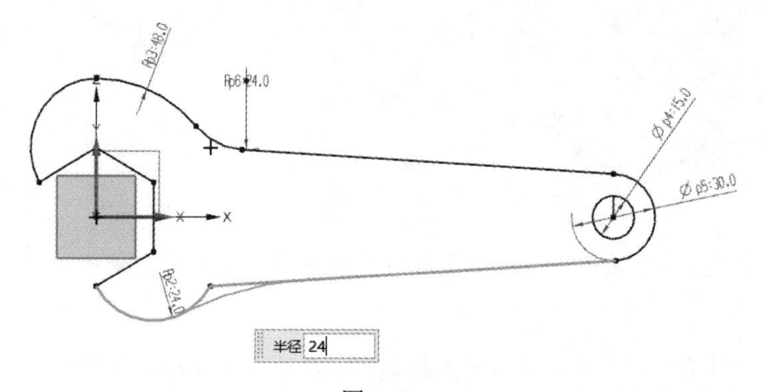

图 2-50

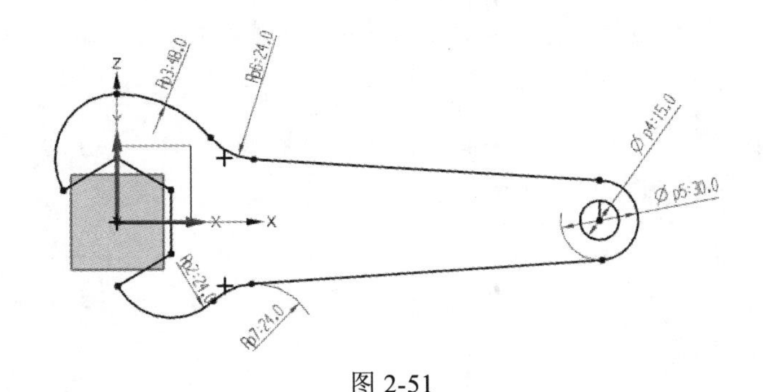

图 2-51

2.4　草图进阶操作

这一节介绍修改编辑草图的一些常用操作。

2.4.1　镜像曲线

【镜像曲线】命令通过草图中现有的任一条直线来镜像草图几何体。在草图任务环境中，单击【曲线】工具栏中的【镜像】按钮，弹出如图 2-52 所示的【镜像曲线】对话框，【要镜像的曲线】用于选择将被镜像的曲线，【中心线】用于选择一条已有直线作为镜像操作的中心线（在镜像操作过程中，该直线将成为参考直线）。

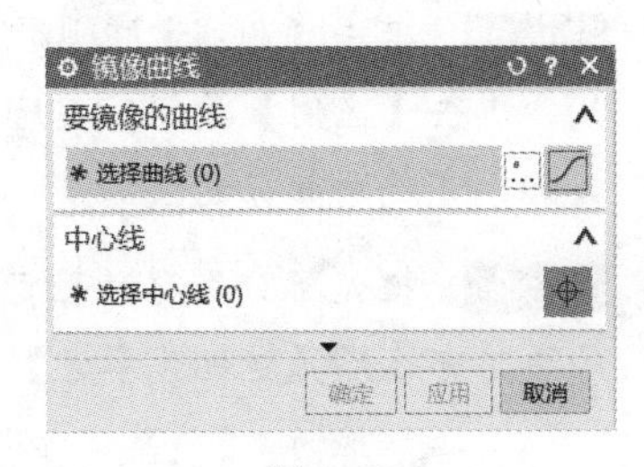

图 2-52

实例：绘制槽轮草图

Step 01　启动 UG NX 1904 软件，单击【主页】功能区下的【新建】命令，在弹出的【新建】对话框中模板选择【模型】，新建文件名称为【2-11.prt】，单击【确定】按钮，进入建模环境，直接单击工具栏上的【草图】按钮，进入草图环境，选择【XC-ZC 平面】作为草图平面，单击【曲线】工具栏中的【圆】按钮，单击基准 CSYS 原点作为圆心，在【直径】文本框中输入 64，回车，按 Esc 键停止定直径绘圆模式，单击基准 CSYS 原点作为圆心，在【直径】文本框中输入 53，回车，按 Esc 键停止定直径绘圆模式，单击基准 CSYS 原点作为圆心，在【直径】文本框中输入 28，回车，按 Esc 键停止定直径绘圆模式。

Step 02　单击【曲线】工具栏中的【直线】按钮，单击基准 CSYS 原点作为直线起始点，在【长度】文本框中输入 36，回车，在【角度】文本框中输入 0，回车，得到直线 1，单击基准 CSYS 原点作为直线起始点，在【长度】文本框中输入 36，回车，在【角度】文本框中输入 30，回车，得到直线 2，单击基准 CSYS 原点作为直线起始点，在【长度】文本框中输入 36，回车，在【角度】文本框中输入 60，回车，得到直线 3，单击基准 CSYS 原点作为直线起始点，在【长度】文本框中输入 36，回车，在【角度】文本框中输入 90，回车，得到直线 4，此时图形如图 2-53 所示。

Step 03　单击【曲线】工具栏中的【圆弧】按钮，在【对齐】选项中单击【交点】，选择【中心和端点定圆弧】的绘制圆弧方法，单击直线 1 与直径 64 圆的交点，在【半径】对话框中输入 9，回车，单击直径 64 与直径 53 圆的中间部分，在【扫掠角度】文本框中输入 140，单击鼠标左键。

Step 04 单击【曲线】工具栏中的【圆】按钮，单击直线 2 与直径 28 圆的交点，在【直径】文本框中输入 6，回车。单击【曲线】工具栏中的【直线】按钮，绘制与直线 2 相平行，与直径 6 圆相切的两条直线，效果如图 2-54 所示。

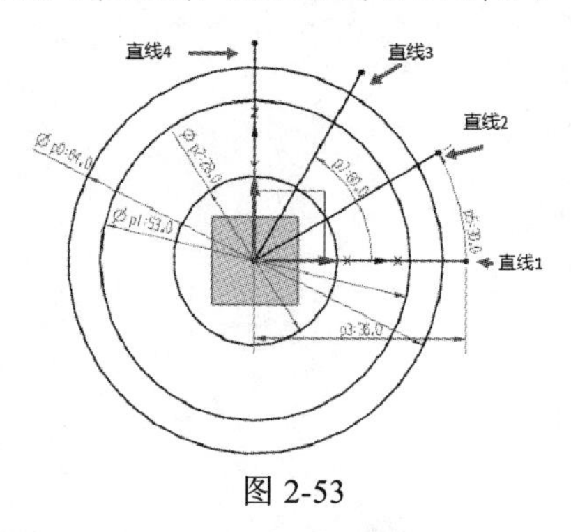

图 2-53

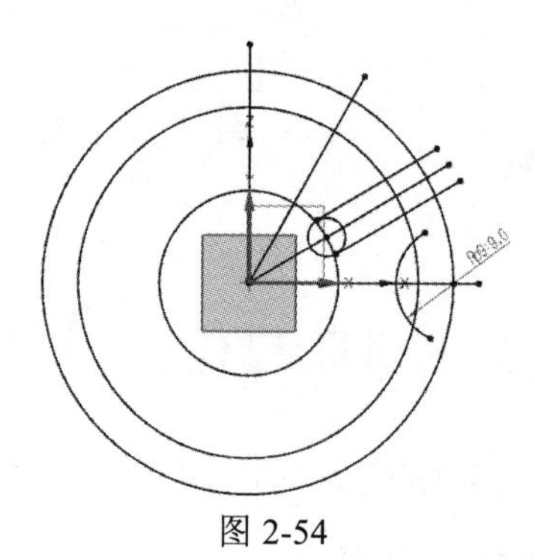
图 2-54

Step 05 单击【编辑】工具栏中的【修剪】按钮，修剪多余线段，效果如图 2-55 所示。

Step 06 单击【曲线】工具栏中的【镜像】按钮，要镜像的曲线为镜像部分 1；中心线为【直线 2】，单击【应用】按钮，然后选要镜像的曲线为镜像部分 2，中心线为【直线 3】，单击【确定】按钮，完成两部分的镜像。

Step 07 把光标分别移动至直径为 28 的圆、直径为 64 的圆、直线 1 和直线 4 上并右击，在弹出的菜单中选择【转化为参考】命令，完成两圆和两直线的转化，此时获得的图形如图 2-56 所示。

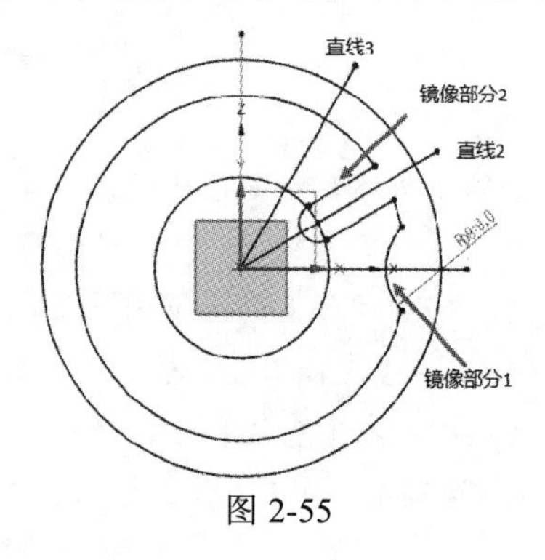

图 2-55

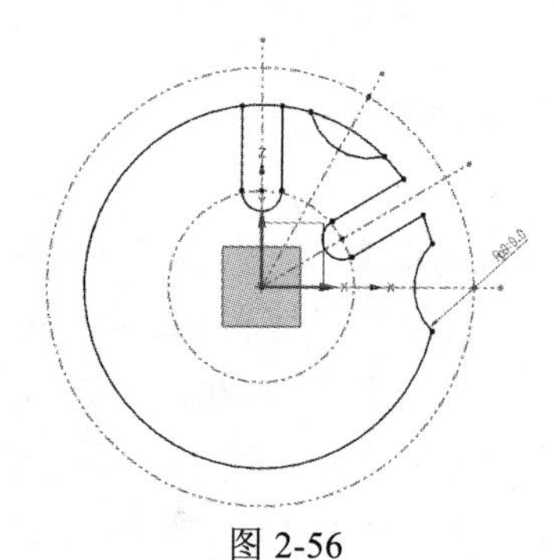
图 2-56

Step 08 单击【曲线】工具栏中的【镜像】按钮，要镜像的曲线选择图 2-54 中除直径 53 圆所有曲线，中心线选择 Z 轴，单击【确定】按钮，得到镜像曲线，

Step 09 单击【曲线】工具栏中的【镜像】按钮，要镜像的曲线选择步骤 8 除直径 53 圆所有曲线，中心线选择 X 轴，单击【确定】按钮，得到镜像曲线。

Step 10 单击【编辑】工具栏中的【修剪】按钮，修剪多余线段，按 Esc 键退出【镜像】命令，得到槽轮草图，如图 2-57 所示。

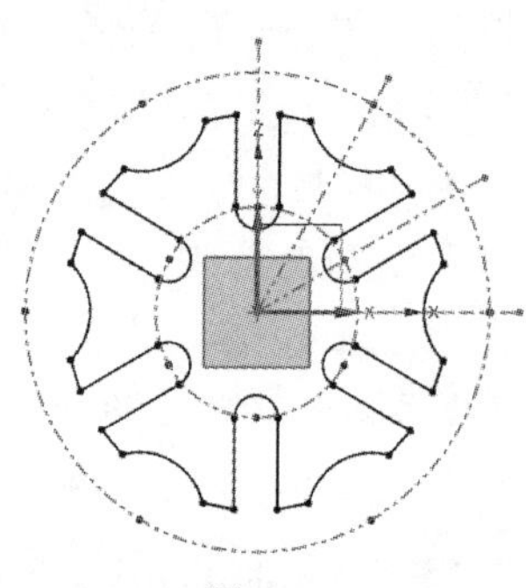
图 2-57

2.4.2 偏置曲线

图 2-58

【偏置曲线】命令可以在草图中关联性地偏置抽取的曲线，生成偏置约束。所谓关联性地偏置曲线是指，如果小改原先地曲线，将会相应地更新抽取地曲线和偏置曲线。在草图任务环境中，单击【曲线】工具栏中的【偏置】按钮 偏置 ，弹出如图 2-58 所示的【偏置曲线】对话框，该对话框中【要偏置的曲线】用于选择将被偏置的曲线，【偏置】中对称偏置将被偏置地曲线向两边对称偏置（用户可以根据自己需要，决定是否选择【对称偏置】复选框）。

实例：绘制手套箱截面草图

Step 01　启动 UG NX 1904 软件，单击【主页】功能区下的【新建】命令，在弹出的【新建】对话框中模板选择【模型】，新建文件名称为【2-12.prt】，单击【确定】按钮，进入建模环境，直接单击工具栏上的【草图】命令 草图，进入草图环境，选择【XC-ZC 平面】作为草图平面，单击【曲线】工具栏中的【矩形】命令，使用【按 2 点】绘制矩形方法，以基准 CSYS 原点为起始点，在【宽度】文本框中输入 20，回车，在【高度】文本框中输入 10，回车，单击，按 Esc 键停止绘矩形模式。

Step 02　单击【曲线】工具栏中的【圆角】按钮，圆角方法选择【修剪】，使用光标任意选择矩形两条相邻直线，输入【半径】为 2，回车，继续选择矩形两条相邻直线，同样输入【半径】为 2，回车，直到矩形四个角完成倒圆角。单击鼠标中键退出绘制圆角模式。

Step 03　单击【曲线】工具栏中的【偏置】按钮，在【偏置距离】文本框中输入 1.5mm，在【副本数】文本框中输入 1，垫盖选项为【延伸端盖】，【要偏置的曲线】为步骤 2 创建的曲线，其余参数默认系统设置，单击【确定】按钮，完成手套箱截面草图，如图 2-59 所示。

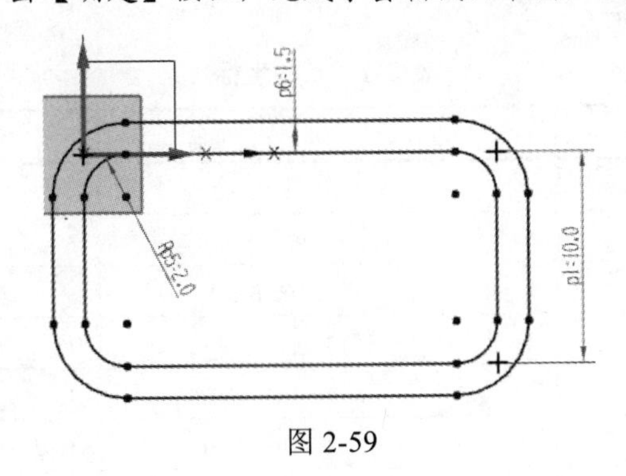

图 2-59

2.4.3 拟合曲线

通过拟合创建样条、线、圆和椭圆。在【曲线】工具栏中单击【拟合曲线】按钮，弹出如图 2-60 所示的对话框，在【类型】下拉列表框中选择【拟合样条】、【拟合直线】【拟合圆】或者【拟合椭圆】选项，然后设置相关参数。拟合曲线的实质就是利用确定的点位置，通过不同拟合命令，实现样条、直线、圆和椭圆的创建。

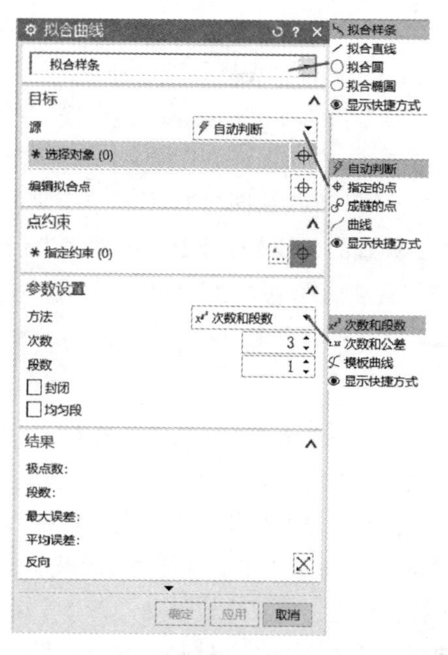

图 2-60

实例：绘制鞋子轮廓曲线

Step 01 启动 UG NX 1904 软件，单击【主页】功能区下的【新建】命令，在弹出的【新建】对话框中模板选择【模型】，新建文件名称为【2-13.prt】，单击【确定】按钮，进入建模环境，直接单击工具栏上的【草图】命令，进入草图环境，选择【XC-ZC 平面】作为草图平面。

Step 02 选择【菜单】|【插入】|【基准/点】|【点】命令，依次创建如表 2-1 所示的 19 个点，如图 2-61 所示。

表 2-1　点的坐标

点	坐标	点	坐标	点	坐标
1	0,-250,0	2	71,-250,0	3	141,-230,0
4	144,-114,0	5	92,-61,0	6	86,15,0
7	102,78,0	8	102,146,0	9	72,208,0
10	24,220,0	11	0,220,0	12	-39,-250,0
13	-126,-215,0	14	-122,-106,0	15	-96,-31,0
16	-90,43,0	17	-103,113,0	18	-78,191,0
19	-37,220,0				

Step 03 选择【菜单】|【插入】|【曲线】|【拟合曲线】命令，在弹出的【拟合曲线】对话框中类型选择【拟合样条】，在参数设置区域，方法选择【次数和段数】，次数为 8，段数为 1，选择【封闭】复选框，依次选择步骤 2 创建的点几何，单击【确定】按钮，结果如图 2-62 所示。

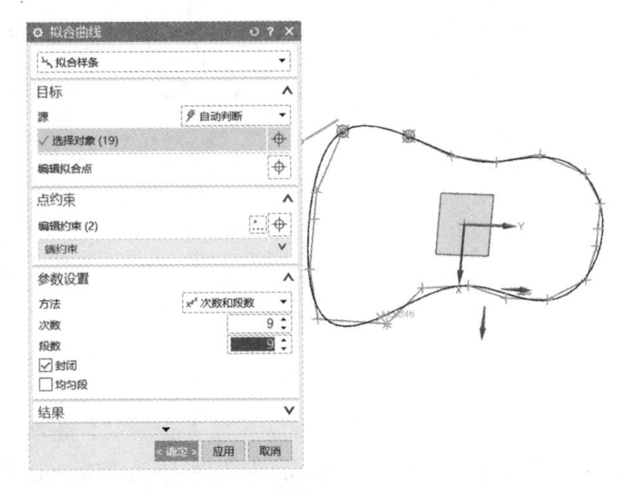

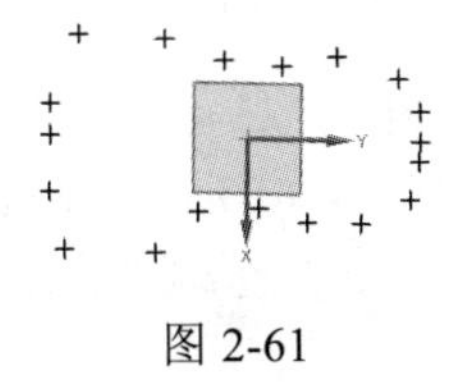

图 2-61

图 2-62

2.4.4　派生直线

使用【派生直线】命令可以根据选择的曲线为参考来生成新的直线。

在【曲线】工具栏中单击【派生直线】按钮，此时程序要求选择参考直线，根据选择直线的情况会出现不同的提示。

如果选择一条直线，那么将对该直线进行偏置，如图 2-63 所示。输入偏置值后按 Enter 键确认得到新的直线，再按鼠标中键结束命令。

如果依次选择两条平行直线，将生成两条直线的中心线。输入直线长度后按 Enter 键确认，得到设定长度的新直线，如图 2-64 所示，上下直线为选择的两条直线，中间直线为生成的中心线。

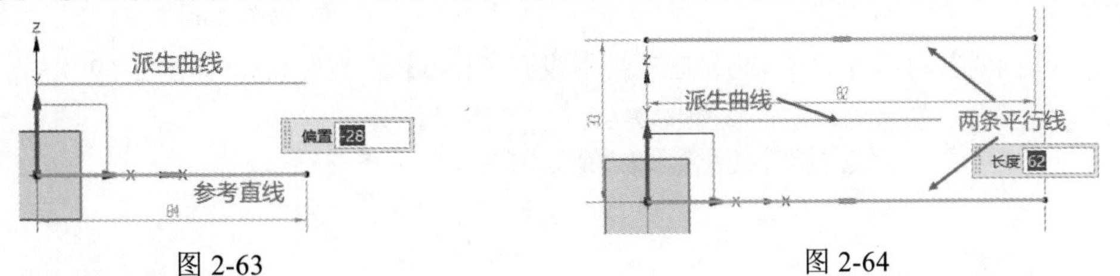

图 2-63

图 2-64

2.4.5　二次曲线

在草图任务环境中，单击【曲线】工具栏中的【二次曲线】按钮，弹出的对话框如图 2-65 所示。在【限制】选项组中单击【指定起点】中的【点构造器】按钮，弹出【点】对话框，【类型】选项为默认，在输出【坐标】选项组的【参考】下拉列表框中选择【工作坐标系】选项，设置【XC】值为 30mm，【YC】值为 30mm，【ZC】值为 0mm，如图 2-66 所示，然后单击【确定】按钮。

返回【二次曲线】对话框后，单击【限制】选项组中【指定终点】右侧的【点构造器】按钮，弹出【点】对话框。在输出【坐标】选项组的【参考】下拉列表框中选择【工作坐标系】选项，设置【XC】值为 120mm，【YC】值为 30mm，【ZC】值为 0mm，如图 2-67 所示，然后单击【确定】按钮。

图 2-65

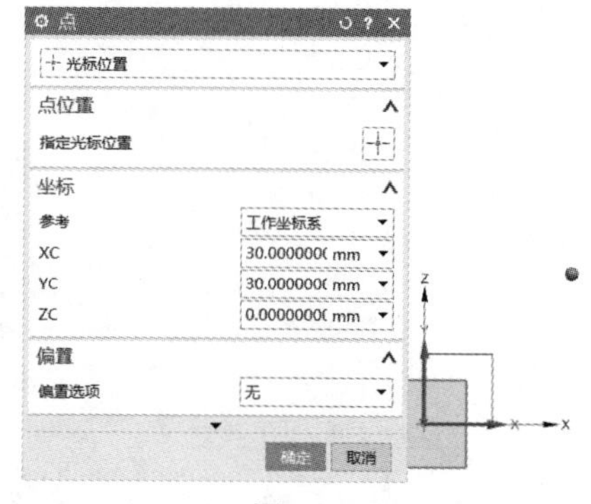

图 2-66

再返回【二次曲线】对话框后，在【控制点】选项组中单击【点构造器】按钮，弹出【点】对话框。设置【XC】值为 75mm，【YC】值为 160mm，【ZC】值为 0mm，如图 2-68 所示，然后单击【确定】按钮。

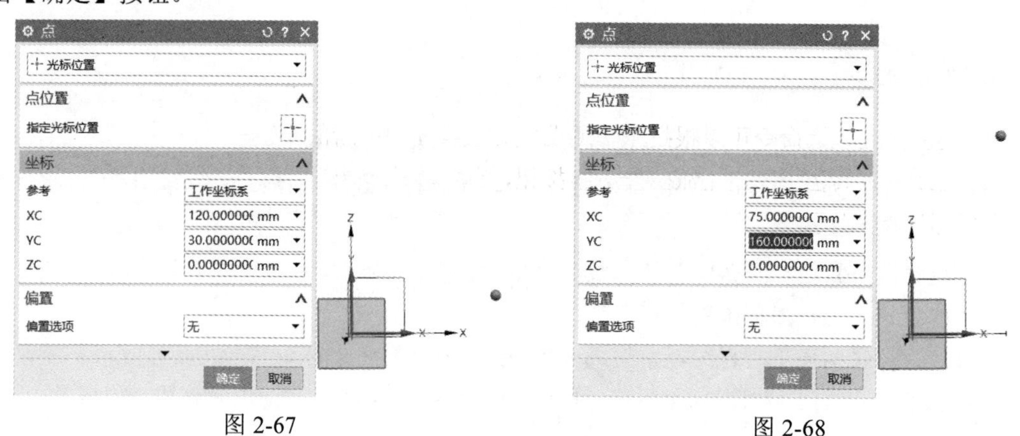

图 2-67　　　　图 2-68

在【二次曲线】对话框的【Rho】选项组中设置【Rho】的值为 0.8，如图 2-69（左）所示。单击【确定】按钮，创建的二次曲线如图 2-69（右）所示。

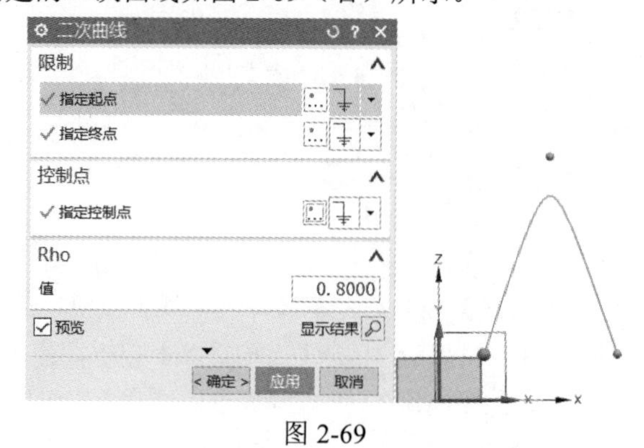

图 2-69

2.4.6　阵列曲线

在草图任务环境中，单击【曲线】工具栏中的【阵列曲线】按钮 阵列，弹出【阵列曲线】

对话框，如图 2-70 所示，在【阵列定义】选项组的【布局】下拉列表框中包含【线性】、【圆形】和【常规】三个选项。

【线性】：沿一个或两个线性方向阵列。

【圆形】：使用选择轴和可选的径向间距参数定义布局。

【常规】：使用按一个或多个目标点或者坐标系定义的位置来定义布局。

如果启用“创建自动判断约束”，即在功能区【主页】选项卡的【约束】工具栏中单击【创建自动判读约束】按钮时，上述阵列曲线选项可以相关联并进行编辑。如果未启用【创建自动判断约束】按钮，执行【阵列曲线】命令时将提供额外的布局选项，如【多边形】、【螺旋式】、【沿】和【参考】。

实例：绘制垫片草图

Step 01 启动 UG NX 1904 软件，单击【主页】功能区下的【新建】命令，在弹出的【新建】对话框中模板选择【模型】，新建文件名称为【2-14.prt】，单击【确定】按钮，进入建模环境，直接单击工具栏上的【草图】按钮，进入草图环境，选择【XC-ZC 平面】作为草图平面，单击【曲线】工具栏中的【圆】按钮，单击基准 CSYS 原点作为圆心，在【直径】文本框中输入 100，回车，按 Esc 键停止定直径绘圆模式，同时绘制直径为 60 同心圆。

Step 02 单击【曲线】工具栏中的【圆】按钮，在【XC】文本框中输入 0，在【YC】文本框中输入 50，在【直径】文本框中输入 12，回车，按 Esc 键停止定直径绘圆模式，以直径为 12 圆的圆心为圆心再绘制一个直径为 40 的圆。

Step 03 单击【曲线】工具栏中的【圆角】命令，分别单击直径为 40 的圆和直径为 90 的圆，在【半径】文本框中输入 15，回车。单击【编辑】工具栏中的【修剪】按钮，剪除多余曲线，此时图形如图 2-71 所示。

图 2-70

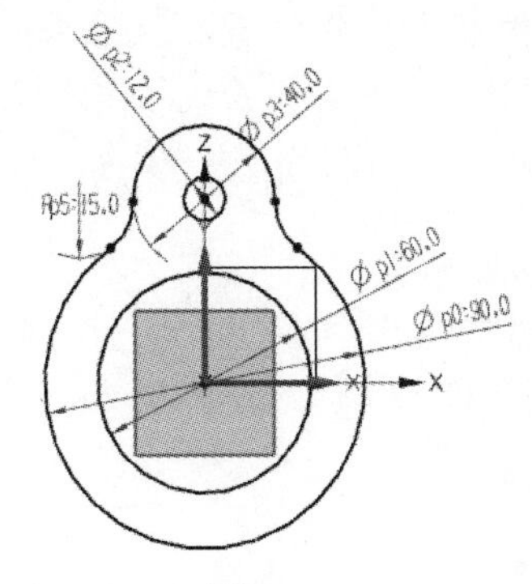

图 2-71

Step 04 单击【曲线】工具栏中的【阵列】按钮，【曲线规则】要选择单条曲线，依次选择四条曲线，【布局】选择圆形，选择基准 CSYS 原点为【指定点】，在【数量】文本框中输入 3，在【间隔角】文本框中输入为 120°，单击【确定】按钮，此时图形如图 2-72 所示。

Step 05 单击【编辑】工具栏中的【修剪】按钮，剪除多余曲线，得到垫片草图，如图 2-73 所示。

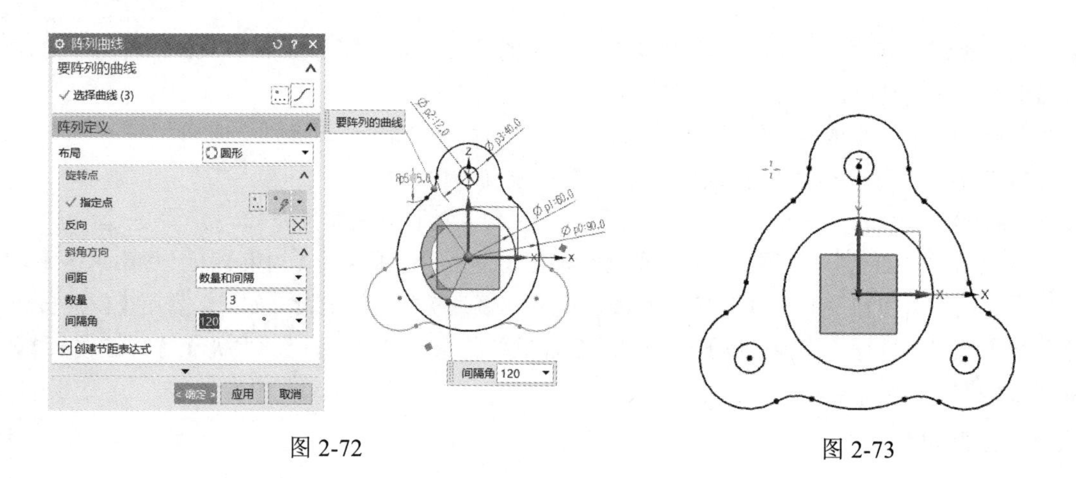

图 2-72　　　　图 2-73

2.5　尺寸约束

尺寸约束用于确定草图曲线的形状大小和放置位置，包括水平、垂直、平行、角度等 9 种标注方式。尺寸约束命令启动途径可通过【量纲】工具栏中的【快速尺寸】或【菜单】、【插入】、【尺寸】。

1．快速尺寸

【快速尺寸】命令可以通过基于选定的对象和光标位置自动判断尺寸类型来创建尺寸约束。在【约束】工具栏中单击【快速尺寸】按钮，弹出【快速尺寸】对话框，如图 2-74 所示。在【方法】下拉列表框中选择所需的测量方法，一般尺寸的测量方法为【自动判断】。当测量方法为【自动判断】时，用户选择要标注的参考对象时，软件会根据选定对象和光标位置自动判断尺寸类型，再指定尺寸原点放置位置，也可以在【原点】选项组中选择【自动放置】复选框。

2．线性尺寸

【线性尺寸】命令用于在两个对象或者点位置之间创建线性距离约束。单击【约束】工具栏中【尺寸】下拉菜单中的【线性尺寸】按钮，弹出如图 2-75 所示的对话框。然后指定测量方法，并设定相关参数，选择参考对象和指定尺寸原点放置位置。

图 2-74

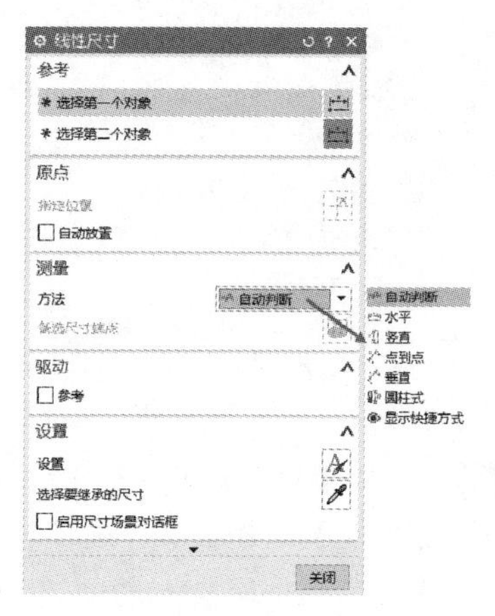

图 2-75

3．角度尺寸

【角度尺寸】命令用于在两个对象之间创建角度尺寸约束。如果选择直线时光标比较靠近两直线的交点，则标注的该角度是对顶角，且必须在草图模式中创建。

4．周长尺寸

【周长尺寸】命令用于创建周长约束以控制选定直线和圆弧的集体长度。周长尺寸将创建表达式，但默认时不在图形窗口中显示。

实例：绘制定位板

Step 01 启动 UG NX 1904 软件，单击【主页】功能区下的【新建】命令，在弹出的【新建】对话框中模板选择【模型】，新建文件名称为【2-15.prt】，单击【确定】按钮，进入建模环境，直接单击工具栏上【草图】按钮，进入草图环境，选择【XC-ZC 平面】作为草图平面，取消【显示自动尺寸】，单击【曲线】工具栏中的【矩形】按钮，按【两点】矩形方法绘制尺寸不限的矩形，单击基准 CSYS 原点，将光标向下方移动，单击。单击【量纲】工具栏中的【快速尺寸】命令，以矩形的一长边作为选择第一对象，以另一条长边作为选择第二对象，单击，在【P0】文本框中输入 49，回车，同样，以矩形两宽作为选择对象，在【P0】文本框中输入 68，回车。

Step 02 单击【曲线】工具栏中的【直线】按钮，在水平方向上绘制两条平行于矩形长度方向的直线，在竖直方向上绘制平行于矩形宽度方向的一条直线。单击【量纲】区域下的【快速尺寸】命令，对新绘制的三条直线进行尺寸约束，结果如图 2-76 所示。

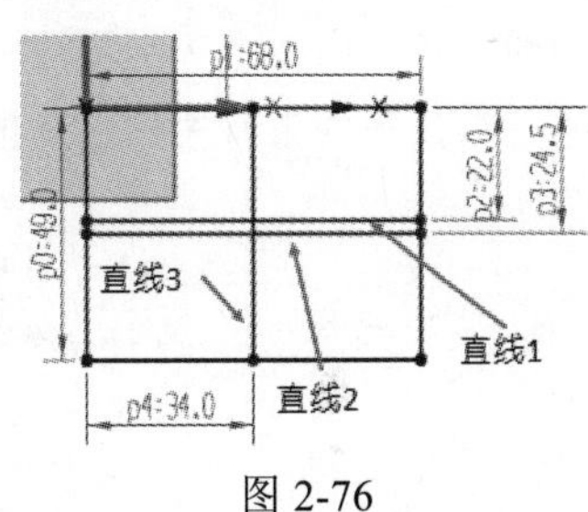

图 2-76

Step 03 单击【曲线】工具栏中的【圆】按钮，在矩形左上角位置任意绘制一个圆（圆 1）。单击【量纲】工具栏中的【快速尺寸】命令，以圆 1 的圆心作为选择第一对象，以 X 轴作为选择第二对象，单击，在【P0】文本框中输入 6，回车；以圆 1 的圆心作为选择第一对象，以 Z 轴作为选择第二对象，单击，在【P0】文本框中输入 7，回车；单击【量纲】工具栏中的【径向尺寸】命令，单击圆 1，在【P5】文本框中输入 9，回车。使用同样的方法在直线 1 上分别绘制直径为 8、14 和直径为 16、23 的两对同心圆，第一对同心圆圆心离 Z 轴的距离为 10，第二对同心圆圆心距 Z 轴的距离为 48，此时图形如图 2-77 所示。

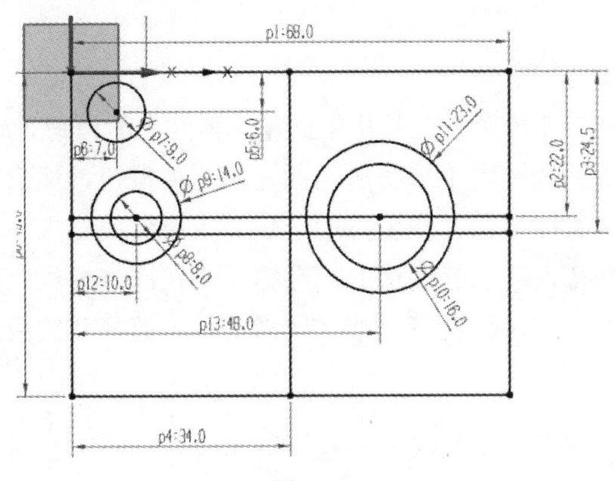

图 2-77

Step 04 单击【曲线】工具栏中的【镜像】按钮，【要镜像的曲线】选择圆 1，中心线选择图 2-76 所示的直线 2，单击【应用】按钮，然后，【要镜像的曲线】选择圆 1 及刚镜像得到的圆，中心线选择图 2-76 所示的直线 3，单击【确定】按钮。

Step 05 单击【曲线】工具栏中的【圆弧】按钮，圆弧创建的方法选择【中心】和【端点定圆弧】，以矩形下半部分两个顶点为圆心绘制半径为 16 的圆弧，扫掠的角度为从 0° 到 90° 。

Step 06 单击【曲线】工具栏中的【直线】命令，绘制直径 14 圆和直径 23 圆的两条切线，同时删除直线 1，最终获得定位板草图，如图 2-78 所示。

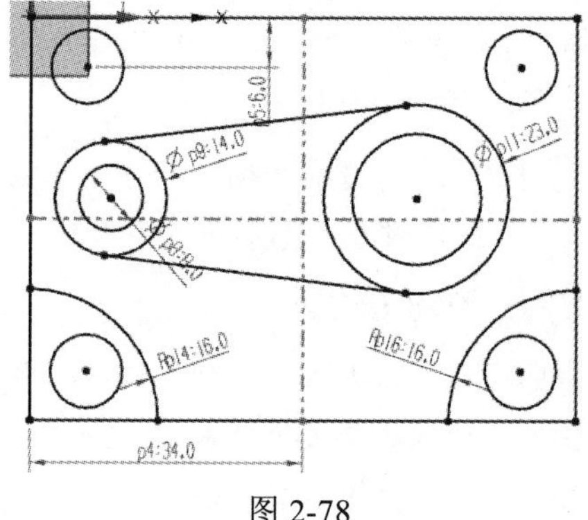

图 2-78

2.6 几何约束

草图几何约束包括几何约束和尺寸约束，其中，几何约束一般用于定位草图对象和确定草图对象间的相互关系，例如重合、平行、正交、共线、同心、竖直、相切、中点、等长、水平、等半径、点在曲线上等。草图环境下，【约束】工具栏中包括如图 2-79 所示的选项，其中添加注释的是与几何约束有关的工具按钮。

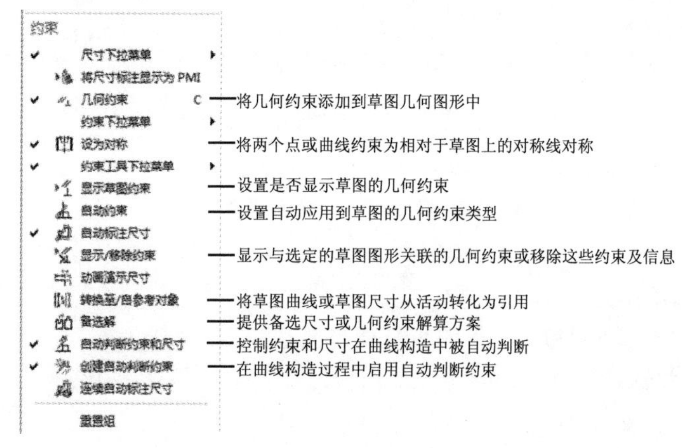

图 2-79

1．添加几何约束

在草图任务环境中，单击【约束】工具栏中的【几何约束】按钮，弹出如图 2-80 所示的【几何约束】对话框。在【约束】选项组中单击所需的几何约束按钮，然后选择要约束的几何图形，需要时单击【要约束到对象】按钮，并在窗口中选择要约束到的对象。再单击【关闭】按钮。如果在选择约束对象之前选择【自动选择递进】复选框，则在选择要约束的对象后，系统自动切换到【选择要约束到的对象】状态，因此可直接在图形窗口中选择要约束到的对象。

2．自动约束

单击【约束】工具栏中的【自动约束】按钮，弹出【自动约束】对话框，其中的各复选框用于控制自动创建约束的类型。在绘图工作区中选择要约束的草绘曲线，可以是一条或多条。选择完成后，单击【确定】按钮，程序会根据选择曲线的情况自动创建约束，如图 2-81 所示。

3．备选解

当用户对一个草图对象进行约束操作时，同一个约束条件可能存在多种解决方法，采用备选解操作可从约束的一种解决方法转换为另一种解决方法。单击【草图约束】工具栏中的【备选解】按钮，弹出【备选解】对话框，如图 2-82 所示，程序提示用户选择操作对象，此时，可在绘图工作区中选择要进行替换操作的对象。选择对象后，所选对象直接转换为同一约束的另一种约束方式。用户还可以继续选择其他操作对象进行约束。

图 2-80

图 2-81

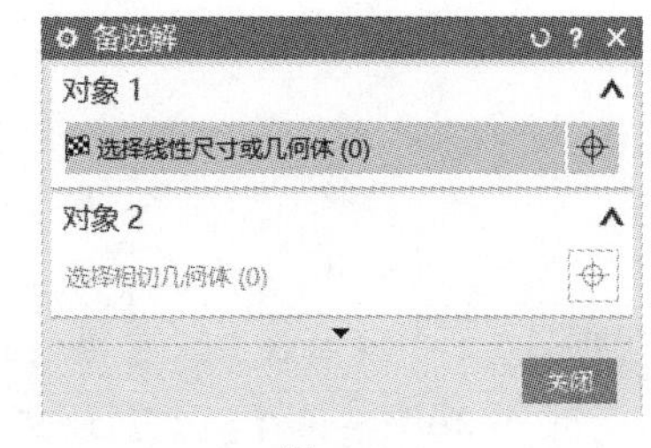

图 2-82

实例：绘制衣架草图

Step 01 启动 UG NX 1904 软件，单击【主页】功能区下的【新建】命令，在弹出的【新建】对话框中模板选择【模型】，新建文件名称为【2-16.prt】，单击【确定】按钮，进入建模环境，直接单击工具栏上的【草图】按钮，进入草图环境，选择【XC-ZC 平面】作为草图平面。

Step 02 单击【曲线】工具栏中的【轮廓】按钮，以基准 CSYS 原点为起点，绘制如图 2-83 所示的多段曲线。将光标分别移动到曲线 1、曲线 2、曲线 4、曲线 6 自动标注的尺寸上并双击，将其尺寸依次修改为 14、R10、R15、R6。

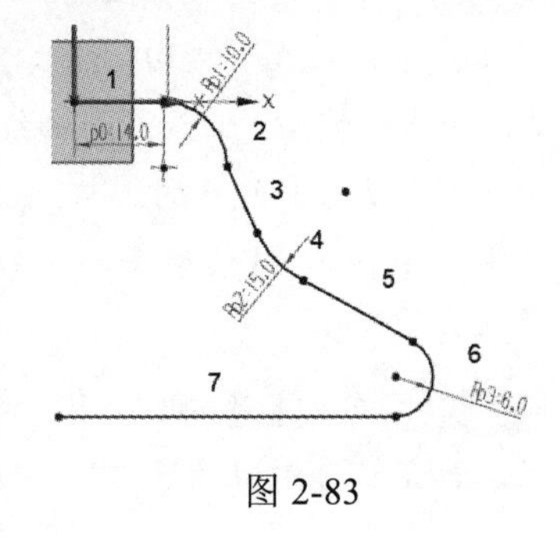

图 2-83

Step 03 单击【约束】工具栏中的【几何约束】命令，在弹出的【几何约束】对话框中，选中【点在曲线】上的约束，【选择要约束的对象】为曲线 7 末端点，【选择要约束到的对象】为 Z 轴。然后，选择【相切】约束，【选择要约束的对象】为曲线 1，【选择要约束到的对象】为曲线 2；【选择要约束的对象】为曲线 2，【选择要约束到的对象】为曲线 3；【选择要约束的对象】为曲线 3，【选择要约束到的对象】为曲线 4；【选择要约束的对象】为曲线 4，【选择要约束到的对象】为曲线 5；【选择要约束的对象】为曲线 5，【选择要约束到的对象】为曲线 6；【选择要约束的对象】为曲线 6，【选择要约束到的对象】为曲线 7，关闭【几何约束】对话框。

Step 04 单击【量纲】工具栏中的【快速尺寸】按钮，选择的第一个对象为曲线 1，选择的第二个对象为曲线 3，单击，在【角度】文本框中输入 130。单击【量纲】工具栏中的【角度尺寸】命令，选择的第一个对象为曲线 5，选择的第二个对象为曲线 7，两条线所成角度为 15° 。

Step 05 单击【量纲】工具栏中的【快速尺寸】按钮，选择的第一个对象为半径 6 的圆弧，选择的第二个对象为 Z 轴，所成的距离为 69。选择的第一个对象为“图 2-83 中的曲线 1”，选择的第二个对象为图 2-83 中的曲线 2，所成的距离为 69，此时图形如图 2-84 所示。

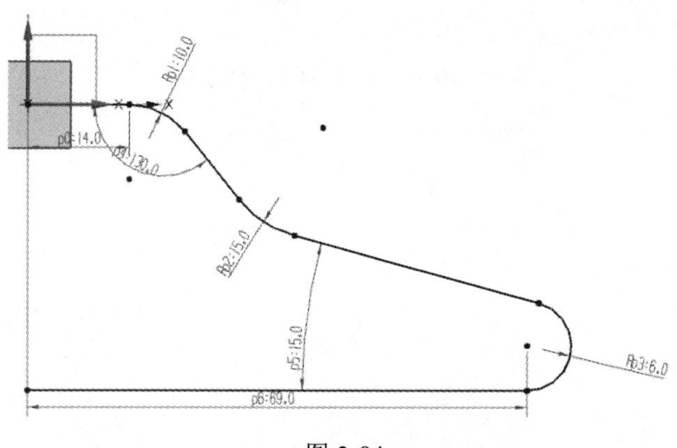

图 2-84

Step 06 单击【曲线】工具栏中的【镜像】按钮，要镜像的曲线为“步骤 5 得到的曲线”，中心线为【Z 轴】，单击【确定】按钮，完成镜像。

Step 07 单击【曲线】工具栏中的【轮廓】按钮，以基准 CSYS 原点为起点，绘制如图 2-85 所示的 6 条曲线段。将光标分别移动到曲线 2、曲线 4、曲线 5、曲线 6 自动标注的尺寸上，双击鼠标左键，对其尺寸依次修改为 R5、R5、10、R10。

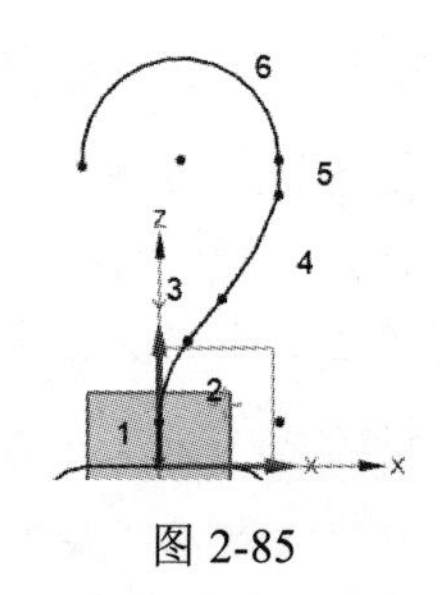

图 2-85

Step 08 单击【约束】工具栏中的【几何约束】按钮，选中【相切】约束，使曲线 1 与曲线 2 相切，曲线 2 与曲线 3 相切，曲线 3 与曲线 4 相切，曲线 4 和曲线 5 相切，曲线 5 与曲线 6 相切。选择【点在曲线】约束，【选择要约束的对象】为曲线 6 的圆心，【选择要约束到的对象】为 Z 轴。然后选择【水平对齐】约束，【选择要约束的对象】为曲线 6 的末端点，【选择要约束到的对象】为曲线 6 的圆心。

Step 09 单击【量纲】工具栏中的【角度尺寸】按钮，选择的第一个对象为图 2-80 中的曲线 1，选择的第二个对象为图 2-85 中的曲线 3，所成角度为 120。

Step 10 单击【量纲】工具栏中的【快速尺寸】按钮，选择的第一个对象为曲线 6 的顶点，选择的第二个对象为 X 轴，尺寸约束为 39。

Step 11 单击【曲线】工具栏中的【圆弧】按钮，选择【三点定圆弧】方法，绘制如图 2-86 所示的圆弧。

Step 12　单击【几何约束】下的【水平对齐】按钮，在要约束的几何体区域，选择要要约束的对象为步骤 11 曲线的始端点，选择要约束到的对象为步骤 11 曲线的末端点。

Step 13　单击【量纲】工具栏中的【快速尺寸】按钮，选择要要约束的对象为步骤 11 曲线的始端点，选择要约束到的对象为图 2-78 中的曲线 7，在【距离】文本框中输入 25，单击【确定】按钮，衣架草图如图 2-87 所示。

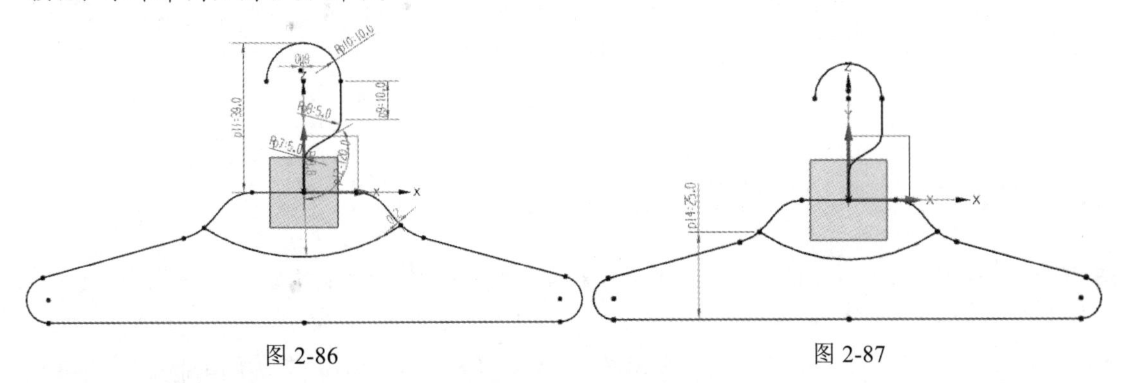

图 2-86　　图 2-87

实例：绘制连杆草图

Step 01　启动 UG NX 1904 软件，单击【主页】功能区下的【新建】命令，在弹出的【新建】对话框中模板选择【模型】，新建文件名称为【2-17.prt】，单击【确定】按钮，进入建模环境，直接单击工具栏上的【草图】按钮，进入草图环境，选择【XC-ZC 平面】作为草图平面。单击【曲线】工具栏中的【直线】按钮，以基准 CSYS 原点，绘制三条直线，使用【快速尺寸】命令约束两条竖直线的距离为 66，依次单击三条直线，选择【转换至/自参考对象】命令，将三条直线转化成参考线，如图 2-88 所示。

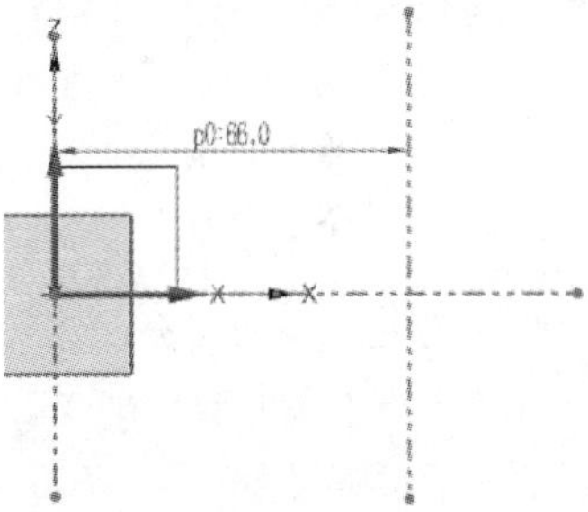

Step 02　单击【曲线】工具栏中的【圆】按钮，以两条线的交点为圆心，绘制两对同心圆，直径依次为 28、42 和 13、20。

Step 03　单击【曲线】工具栏中的【直线】按钮，绘制直径 42 圆和直径 20 圆的两条相切线。

图 2-88

Step 04　单击【曲线】工具栏中的【偏置】按钮，依次选择步骤 3 得到的两条直线，依次向 ZC 轴和-ZC 轴方向偏置距离为 5，单击【确定】按钮。

Step 05　单击【曲线】工具栏中的【直线】按钮，任意绘制三条竖直线，每条竖直线距离 Z 轴的距离依次为 18、25 和 53。在 X 轴两侧任意绘制两条水平线，每条水平线距离 X 轴的距离都为 4。单击草图工具栏上的【修剪】命令，修剪多余曲线，此时图形如图 2-89 所示。

Step 06　选中图 2-89 中的两条直线删除后，利用直线命令，将图形两点连接起来。

Step 07　单击【曲线】工具栏中的【圆角】按钮，选择圆角方法为【修剪】，分别绘制半径为 4 和 2 的圆角，单击鼠标中键退出绘图模式，最终获得的连杆草图如图 2-90 所示。

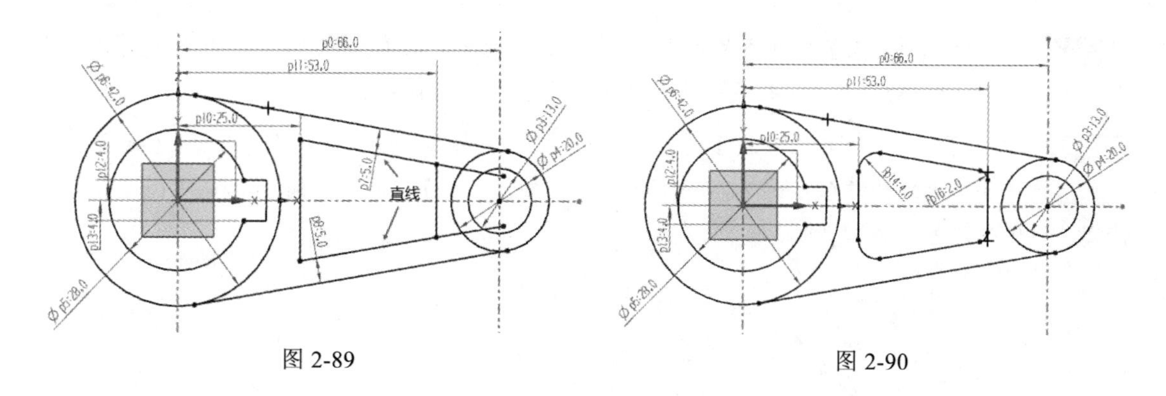

图 2-89　　　　图 2-90

2.7　综合实例 1：绘制油缸垫片草图

Step 01　启动 UG NX 1904 软件，单击【主页】功能区下的【新建】命令，在弹出的【新建】对话框中模板选择【模型】，新建文件名称为【2-18.prt】，单击【确定】按钮，进入建模环境，直接单击工具栏上的【草图】按钮，进入草图环境，选择【XC-YC 平面】作为草图平面。单击【曲线】工具栏中的【直线】按钮，以基准 CSYS 原点为直线端点绘制三条长度为 70 的直线。单击【快速尺寸】命令，使三条直线分别于 X 轴正半轴成-30° 、30° 和 135° 。

Step 02　单击【曲线】工具栏中的【圆】按钮，以基准 CSYS 原点为圆心，绘制直径分别为 68 和 58 的圆，以三条直线及 Y 轴与直径 68 的圆的交点为圆心绘制直径分别为 8、6、14、8、20、8、20 的 7 个圆；在右下方直线上距离其上第一个圆距离为 9 的地方绘制直径为 8 和 16 的同心圆，此时图形如图 2-91 所示。

Step 03　单击【曲线】工具栏中的【直线】按钮，把右下方直线上直径为 8 的圆用两条直线进行连接（两直线与两圆分别相切），同时绘制与直径 16 的圆相切且与右下方直线平行的两条直线；单击【曲线】工具栏中的【圆弧】按钮，把左上直线与 Y 轴上相同直径的以圆弧形式连接（圆弧分别于连接两圆相切）；单击【修剪】命令，修剪多余曲线，同时把直径为 68 的圆和三条直线转化为参考线，此时图形如图 2-92 所示。

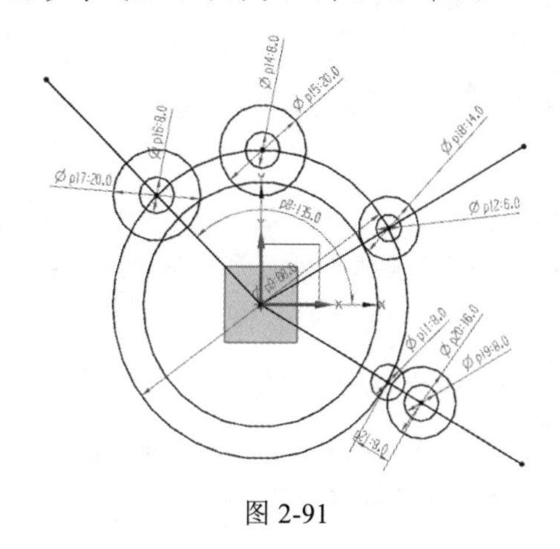

图 2-91

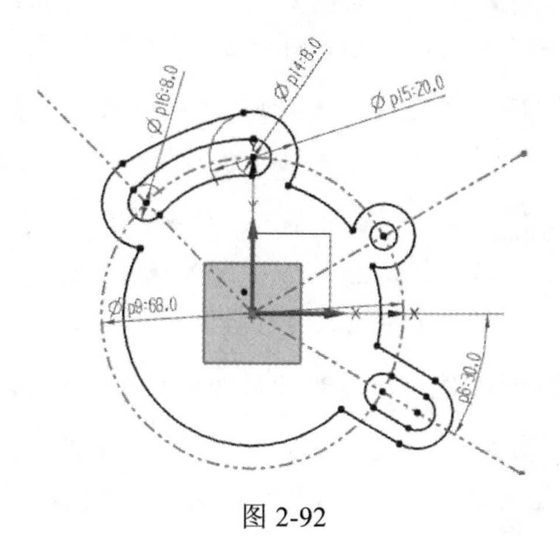

图 2-92

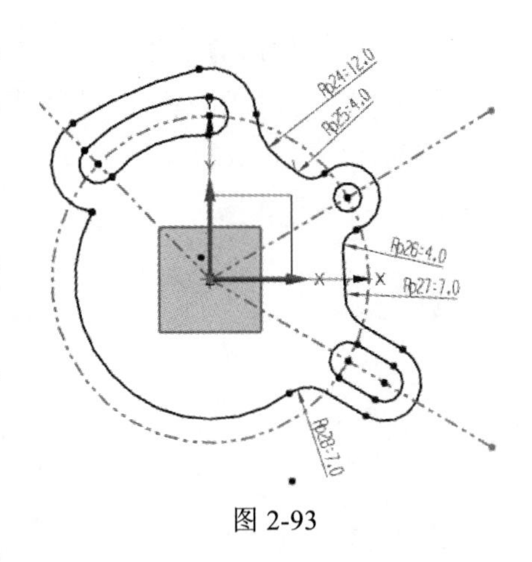

图 2-93

Step 04　单击【曲线】工具栏中的【圆角】按钮，圆角方法选择【修剪】，绘制 R7、R4、R12 圆角，此时图形如图 2-93 所示。

Step 05　单击【曲线】工具栏中的【圆】按钮，在 X 轴负方向上距离 CSYS 原点为 14 的位置为圆心绘制直径为 9 的圆。以距离 X 轴负方向和 Y 轴负方向分别为 40 和 6 的位置绘制直径为 15 的圆。单击圆弧命令【中心和端点定圆弧】，以基准 CSYS 原点为圆心绘制半径为 19 的半圆。单击【三点定圆弧】命令，绘制三段圆弧（半径分别为 2、11 和 8）把半圆连接起来，单击几何约束命令选中【相切】，保证三段圆弧互相相切。单击几何约束中的【重合】命令，选择要约束的对象为步骤 5 刚绘制半径为 9 的圆心，选择要约束到的对象为步骤 5 刚绘制圆弧 11 的圆心，此时图形如图 2-94 所示。

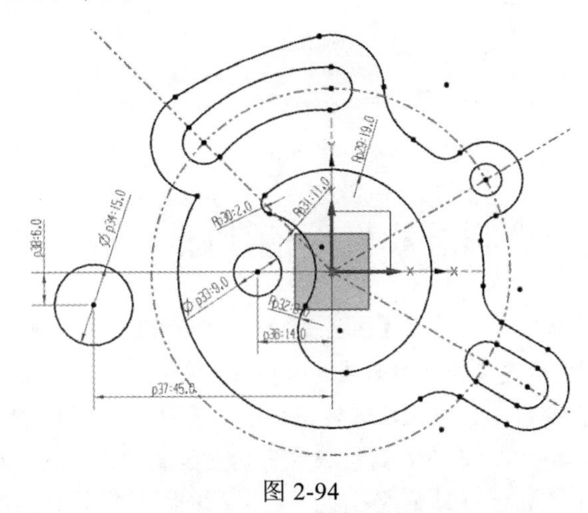

图 2-94

Step 06　单击【曲线】工具栏中的【轮廓】按钮，绘制图形。单击草图工具栏上的【快速尺寸】命令，进行如下尺寸约束。使用【修剪】命令修剪多余曲线，此时图形如图 2-95 所示。

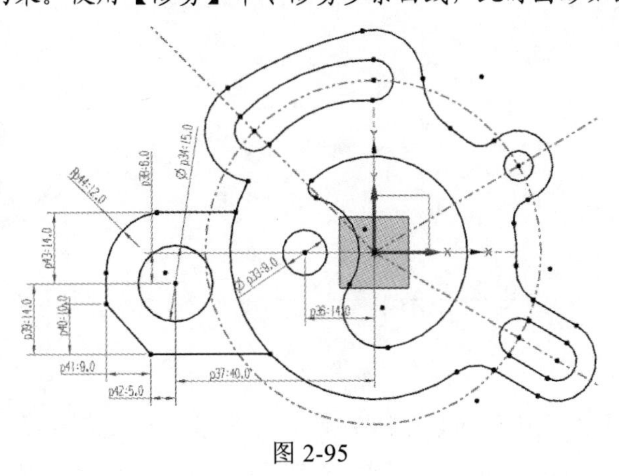

图 2-95

Step 07 单击【曲线】工具栏中的【圆角】按钮，创建圆角的方法为【修剪】，选项为【创建备选圆角】，创建两条曲线圆角，圆角半径为 3.5。使用【修剪】命令修剪多余曲线，完成油缸垫片草图绘制，如图 2-96 所示。

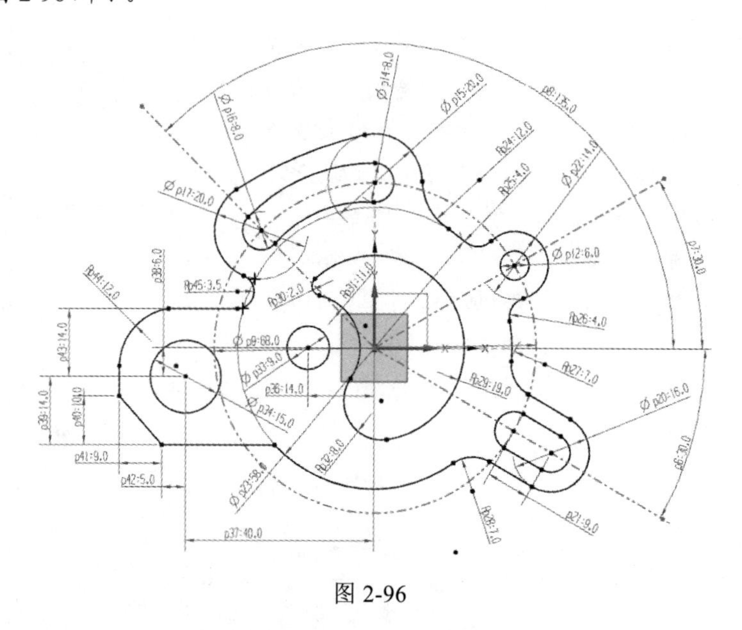

图 2-96

2.8 综合实例 2：绘制游戏机手柄草图

Step 01 启动 UG NX 1904 软件，单击【主页】功能区下的【新建】命令，在弹出的【新建】对话框中模板选择【模型】，新建文件名称为【2-19.prt】，单击【确定】按钮，进入建模环境，直接单击工具栏上的【草图】按钮，进入草图环境，选择【XC-ZC 平面】作为草图平面。单击【曲线】工具栏中的【直线】按钮，以基准 CSYS 原点为端点绘制三条直线；单击草图工具栏上的【角度尺寸】命令，单击第 1 条直线和第 2 条直线，使两直线成 29° 夹角；依次单击三条直线，单击【转换至/自参考对象】按钮把三条直线转换成参考线，如图 2-97 所示。

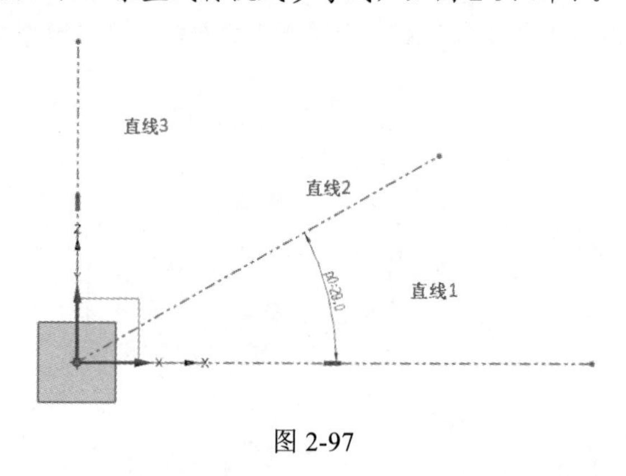

图 2-97

Step 02 单击【曲线】工具栏中的【圆】按钮，以三条直线的交点为圆心，绘制直径分别为 36 和 64 的同心圆（同心圆 1），在直线 1 方向上绘制直径分别为 36 和 60 的同心圆（同心圆 2），在直线 2 方向上绘制直径分别为 55 和 96 的同心圆（同心圆 3），在直线 3 方向上绘制直径分别为 15 和 34 的同心圆（同心圆 4）。单击草图工具栏上的【快速尺寸】命令，使同心圆 1 与同心圆 2 的直线距离为 189；使同心圆 1 与同心圆 3 的直线距离为 145；使同心圆 1 与同心圆 4 的直线距离为 55，所得图形如图 2-98 所示。

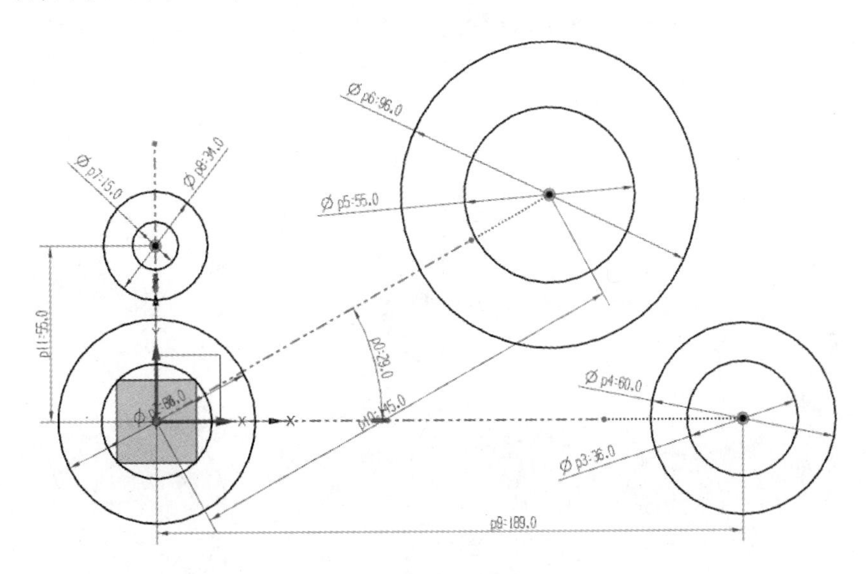

图 2-98

Step 03 单击【曲线】工具栏中的【圆弧】按钮，选择【三点定圆弧】方法，绘制如下三条圆弧，单击草图工具栏上的【几何约束】命令，选中相切约束，确保圆弧与圆都处于相切的几何约束；单击草图工具栏上的【直线】命令，把直线 1 和直线 2 上直径为 60 和 96 的圆用直线连接起来，确保直线与两圆处于相切的几何约束。单击草图工具栏上的【修剪】命令，去除多余曲线，所得图形如图 2-99 所示。

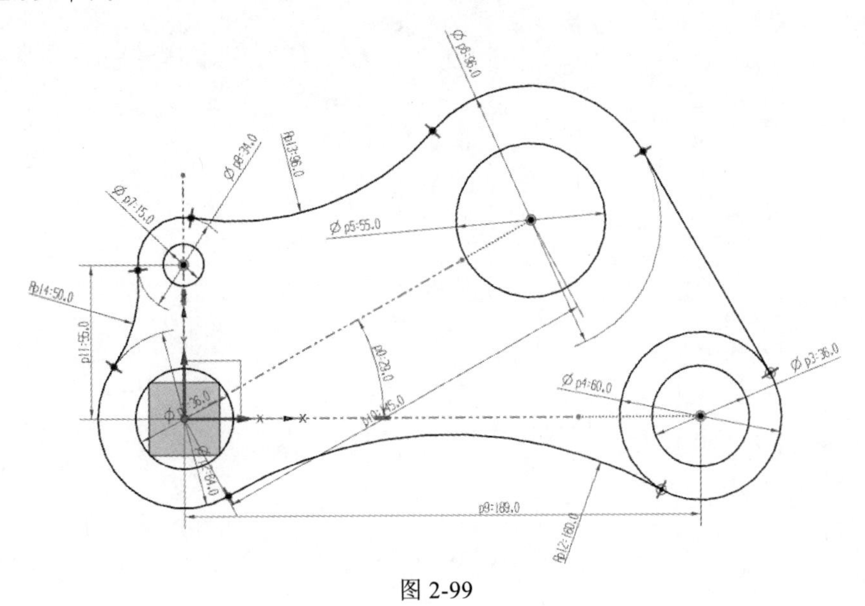

图 2-99

Step 04 单击【曲线】工具栏中的【矩形】按钮，在直线 2 上直径为 55 的圆左侧绘制任意尺寸一矩形，单击草图工具栏上的【快速尺寸】命令，使矩形左边边长距离直线 2 上直径为 55 的圆的圆心距离为 34.5，左边长的尺寸为 13，单击草图工具栏上的【几何约束】命令，选中水平对齐约束，选择要约束的对象为矩形左边边长中心，选择要约束到的对象为直线 2 上直径为 55 圆的圆心。单击草图工具栏上的【修剪】命令，去除多余曲线，得到游戏机手柄草图，如图 2-100 所示。

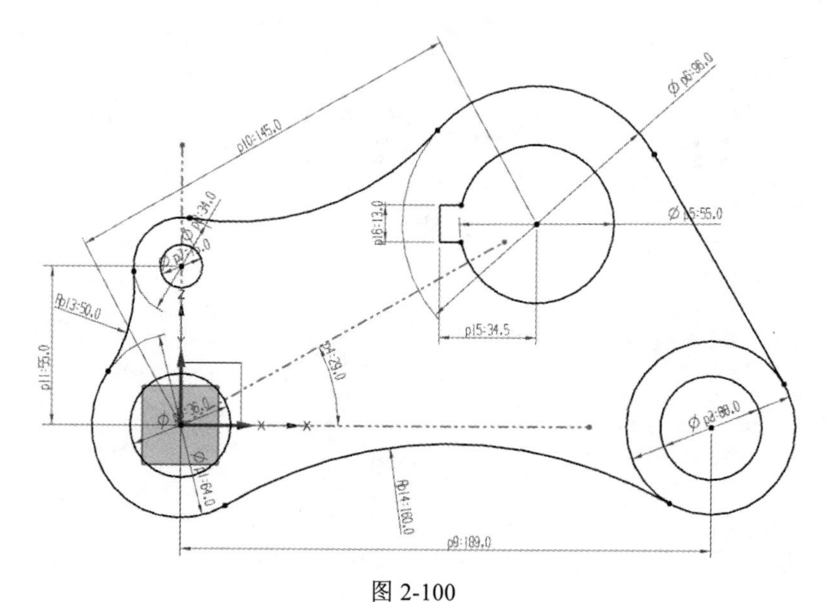

图 2-100

第3章 实体设计

UG NX 1904的实体造型功能，是一种基于特征和约束的建模技术，无论是概念设计还是详细设计，都可以自如运用。与其他一些实体造型与CAD系统相比，在建模和编辑过程中能获得更大的、更自由的创作空间，而且花费的精力和时间更少。

本章涉及的内容主要是UG NX 1904的特征造型工具，需要了解UG NX 1904建模命令的详细使用。本章将主要介绍在UG NX 1904中基本体素特征、扫描特征和设计特征的创建方法，详细介绍特征建模的操作方法和操作技巧。

3.1 实体建模概述

UG NX 1904实体造型能够方便、迅速地创建二维和三维实体模型，而且还可以通过其他特征操作，如扫描、旋转实体等，并加以布尔操作和参数化来进行更广范围的实体造型。UG NX的实体造型能够保持原有的关联性，可以引用到二维工程图、装配、加工、机构分析和有限元分析中。UG NX 1904的实体造型中可以对实体进行一系列修饰和渲染，如着色、消隐和干涉检查，并可从实体中提取几何特性和物理特性，进行几何计算和物理特性分析。

UG NX 1904的操作界面中，各实体造型功能除了通过【菜单】来实现，还可以使用工具栏上的图标来调用。在功能区【主页】选项卡的【基本】工具栏中包含用于创建基本形状的体素建模命令、拉伸及扫描特征、参数特征、成形特征、用户自定义特征、抽取几何体、由曲线生成片体、片体加厚与由边界生成的边界平面片体等工具，【基本】工具栏如图3-1所示，包括基准特征、基本体素特征、扫描特征、设计特征及其他一些特征。

图3-1

3.2 基本体素特征

体素特征是 UG 系统中最基本的特征命令，一般仅在建模起步阶段时使用一次。

3.2.1 长方体

在【特征】工具栏右下角的下拉菜单中选择【设计特征下拉菜单】选项，然后单击【块】（长方体）按钮，将【块】命令添加到【特征】工具栏的【设计特征】中，然后单击【设计特征】下拉菜单中的【块】按钮，弹出如图 3-2 所示的【块】对话框。在【类型】下拉列表框中提供了长方体创建类型，在【布尔】选项组中可根据绘图要求设置布尔选项，在【设置】选项组中可以设置是否关联原点。

图 3-2

1. 原点和边长

【原点和边长】是按照块的一个原点位置和三边的长度来创建块体的。打开【块】对话框后，默认处于此方式的状态下，【原点】选项组中只有一个提示，要求选择原点。程序默认的原点是坐标原点，用户可使用【原点】选项组中的点构造器功能来创建原点。确定原点后，在【尺寸】选项组的文本框中输入长方体的长、宽、高，单击【确定】按钮，即可创建所需的长方体。

2. 两点和高度

选择【两点和高度】创建类型，需要指定两个点定义长方体的底面，然后在【尺寸】选项组中设置长方体的高度值。

3. 两个对角点

选择【两个对角点】创建类型，需要指定长方体的两个对角点，即原点和从原点出发的点(XC,YC,ZC)。

3.2.2 圆柱体

启动【圆柱】命令，采用与【块】命令不同的路径启动。选择【菜单】|【插入】|【设计特征】命令，这里包含所有的设计特征，单击【圆柱】按钮，弹出【圆柱】对话框，如图 3-3 所示。在【类型】下拉列表框中有【轴、直径和高度】和【圆弧和高度】两种选项。

图 3-3

1. 轴、直径和高度

创建类型为【轴、直径和高度】时，需要指定轴（包括指定轴矢量方向和确定原点位置）、直径和高度来创建圆柱体，在【设置】选择组中可以选择是否关联轴。

2. 圆弧和高度

创建类型为【圆弧和高度】时，首先在对话框中的【圆弧】选项下选择圆弧，选择的圆弧将作为圆柱体的半径，圆弧的中心点作为圆柱体的原点；选择圆弧后，在【尺寸】选项组的【高度】文本框中输入圆柱体高度，单击【确定】按钮。

实例：制作轴承套

Step 01 启动 UG NX 1904 软件，单击【主页】功能区下的【新建】命令，在弹出的【新建】对话框中模板选择【模型】，新建文件名称为【3-1.prt】，单击【确定】按钮，进入建模环境，直接单击【主页】选项卡【基本】组中的【圆柱体】按钮，在【指定矢量】下拉列表框中选择【ZC 轴】，在【指定点】下拉列表框中选择基准 CSYS 原点，在【直径】文本框中输入 85，在【高度】文本框中输入 22，在【布尔】下拉列表框中选择【无】选项，单击【应用】按钮，在【指定矢量】下拉列表框中选择【ZC 轴】，在【指定点】下拉列表框中选择基准 CSYS 原点，在【直径】文本框中输入 40，在【高度】文本框中输入 30，在【布尔】下拉列表框中选择【减去】选项，单击【确定】按钮。

Step 02 直接单击【主页】选项卡【基本】组中的【圆柱体】按钮，在【指定矢量】下拉列表框中选择【-ZC 轴】，单击【指定点】中的【点构造器】按钮，在弹出的对话框中，参考选择【工作坐标系】，在【XC】文本框中输入 0，在【YC】文本框中输入 0，在【ZC】文本框中输入 22，单击【确定】按钮，在【直径】文本框中输入 60，在【高度】文本框中输入 20，在【布尔】下拉列表框中选择【减去】选项，单击【确定】按钮，轴承套实体模型如图 3-4 所示。

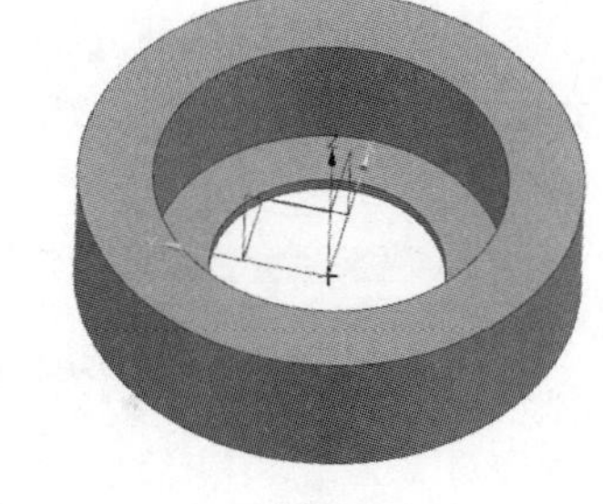

图 3-4

3.2.3 圆锥体

圆锥体造型主要用于构造圆锥和圆台实体，在【基本】工具栏中单击【圆锥】按钮，弹出如图 3-5 所示的【圆锥】对话框。该对话框中包括 5 种创建圆锥体的方式，分别介绍如下。

图 3-5

1. 直径和高度

直径和高度选项是以指定底部直径、顶部直径、圆锥体高度及生成方向的方法来创建圆锥体的。操作步骤如下：

选择【圆锥】对话框【类型】下拉列表框中的【直径和高度】选项，如图 3-5 所示，选择矢量方向为默认的【+ZC 轴】，选择系统默认的点为指定点，或者通过【点构造器】创建点，在【尺寸】选项组中输入锥体参数，在【布尔】下拉列表框中（该命令将在以后的章节中详细介绍，在此不再赘述）选择【无】选项，单击【确定】按钮，即可创建如图圆锥体造型，如图 3-6 所示。

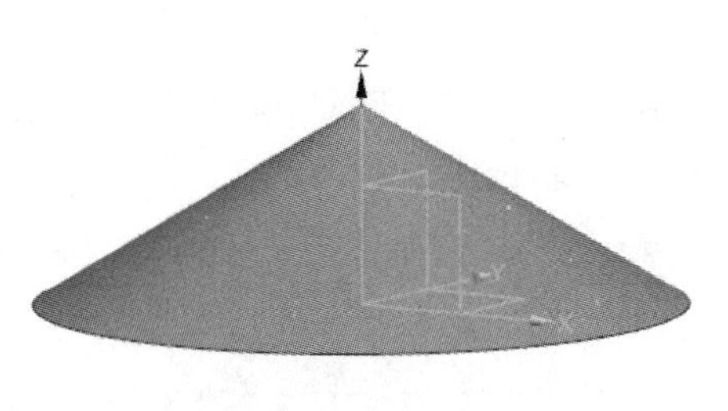

图 3-6

2. 直径和半角

直径和半角选项是通过指定底部直径、顶部直径、半角和生成方向的方式来创建圆锥体的。操作步骤如下：

选择【圆锥】对话框【类型】下拉列表框中的【直径和半角】选项，选择矢量方向为默认的【+ZC 轴】，在【尺寸】选项组中输入锥体参数，如图 3-7 所示，并默认系统给出的点为选定点，在【布尔】下拉列表框中选择【无】选项，单击【确定】按钮，即可创建如图 3-8 所示的圆锥体造型。

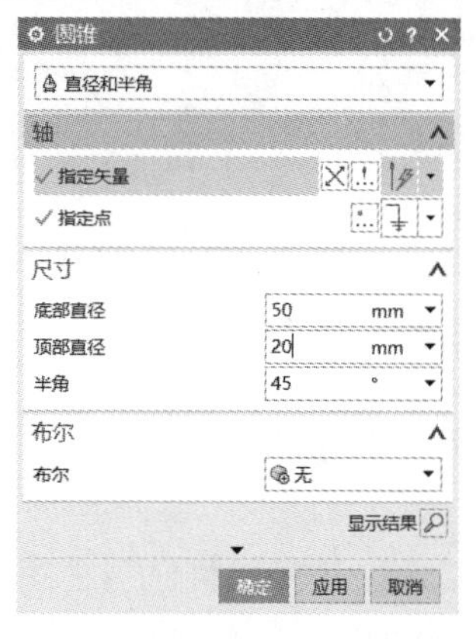

图 3-7

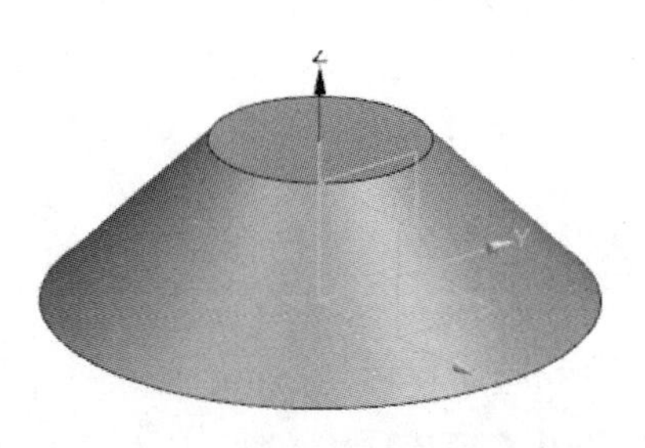

图 3-8

3. 底部直径，高度和半角

操作方法与 1 和 2 类似，在此不再赘述。

4. 顶部直径，高度和半角

操作方法与 1 和 2 类似，在此不再赘述。

5. 两个共轴的圆弧

两个共轴的圆弧选项通过指定两同轴圆弧的方式来创建锥体。操作步骤如下：

选择【圆锥】对话框【类型】下拉列表框中的【两个共轴的圆弧】选项，弹出如图 3-9 所示的对话框，选择已存在的圆弧，其半

图 3-9

径和中心点分别为锥体底圆的半径和中心点；然后以此方式再选择另一条圆弧，第二条圆弧作为圆锥体的顶部半径和圆心，同时要注意底部圆弧和顶部圆弧要共轴；圆弧选择完成后，在【布尔】下拉列表框中选择【无】选项，单击【确定】按钮。

实例：制作台灯罩

Step 01　启动 UG NX 1904 软件，单击【主页】功能区下的【新建】命令，在弹出的【新建】对话框中模板选择【模型】，新建文件名称为【3-2.prt】，单击【确定】按钮，进入建模环境，直接单击【主页】选项卡【基本】组中的【圆锥】按钮，选择【直径和高度】选项，在【指定矢量】下拉列表框中选择【ZC 轴】选项，在【指定点】下拉列表框中选择基准 CSYS 原点，在【底部直径】文本框中输入 50，在【顶部直径】文本框中输入 30，在【高度】文本框中输入 25，在【布尔】下拉列表框中选择【无】选项，单击【确定】按钮。

Step 02　直接单击“主页”选项卡【基本】组中的【圆锥】按钮，选择【直径和高度】选项，在【指定矢量】下拉列表框中选择【ZC 轴】选项，在【指定点】下拉列表框中选择基准 CSYS 原点，在【底部直径】文本框中输入 48，在【顶部直径】文本框中输入 28，在【高度】文本框中输入 23，在【布尔】下拉列表框中选择【减去】选项，单击【确定】按钮，台灯罩模型如图 3-10 所示。

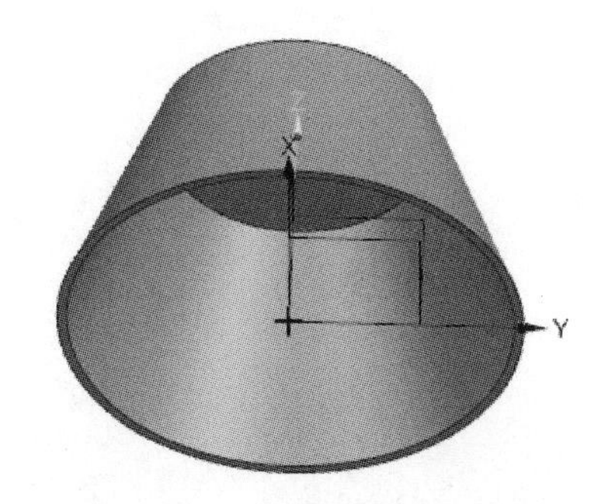

图 3-10

3.2.4　球体

在【特征】工具栏中单击【球体】按钮，或者选择【菜单】|【插入】|【设计特征】|【球体】命令，弹出【球体】对话框，在【类型】下拉列表框中可以选择【中心点和直径】或者【圆弧】选项创建类型。

1. 中心点和直径

中心点和直径选项通过指定球体直径和中心点位置的方式来创建球体。操作步骤如下：

在【球】对话框的【类型】下拉列表框中选择【中心点和直径】选项，选择一点为中心点（这里选择原点），在【尺寸】栏中输入球的直径，在【布尔】下拉列表框中选择【无】选项，单击【确定】按钮，即生成图 3-11 所示的球体。

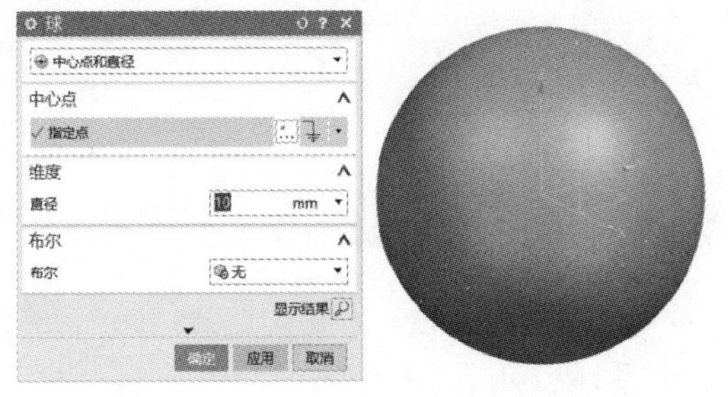

图 3-11

2. 圆弧

圆弧命令通过指定圆弧的方法来创建球体。操作步骤如下：

选择【球】对话框的【类型】下拉列表框中的【圆弧】选项，按照系统提示操作选择一条圆弧，则该圆弧的半径和中心点分别作为创建球体的半径和圆心，选择完成后，生成以该圆弧为参考的球体，如图 3-12 所示。

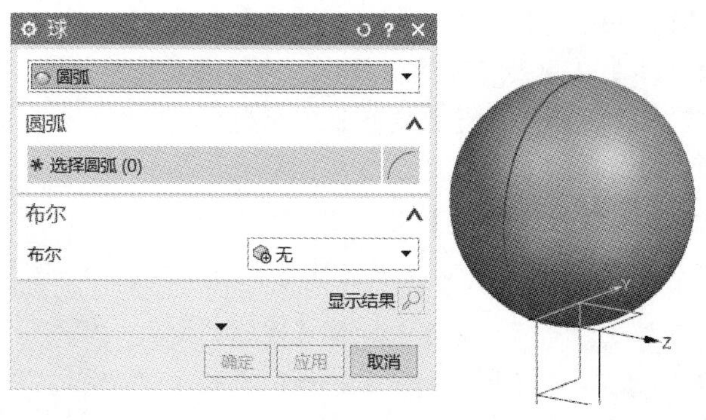

图 3-12

实例：制作球摆

Step 01 启动 UG NX 1904 软件，单击【主页】功能区下的【新建】命令，在弹出的【新建】对话框中模板选择【模型】，新建文件名称为【3-3.prt】，单击【确定】按钮，进入建模环境，直接单击【主页】选项卡【基本】组中的【圆柱】按钮，选择【直径和高度】选项，在【指定矢量】下拉列表框中选择【ZC 轴】选项，在【指定点】下拉列表框中选择基准 CSYS 原点，在【直径】文本框中输入 18，在【高度】文本框中输入 450，在【布尔】下拉列表框中选择【无】选项，单击【确定】按钮。

Step 02 直接单击【主页】选项卡【基本】组中的【球】按钮，选择【中心点和直径】选项，在【指定点】下拉列表框中选择基准 CSYS 原点，在【直径】文本框中输入 100，在【布尔】下拉列表框中选择【合并】选项，单击【确定】按钮。

Step 03 直接单击【主页】选项卡【基本】组中的【块】按钮，选择【原点和边长】选项，选择【点构造器】，再选择【工作坐标系】，在【XC】文本框中输入-4，在【YC】文本框中输入-9，在【ZC】文本框中输入 450，单击【确定】按钮，在【长度】文本框中输入 8，在【宽度】文本框中输入 18，在【高度】文本框中输入 20，在【布尔】下拉列表框中选择【合并】选项，单击【确定】按钮，球摆模型如图 3-13 所示。

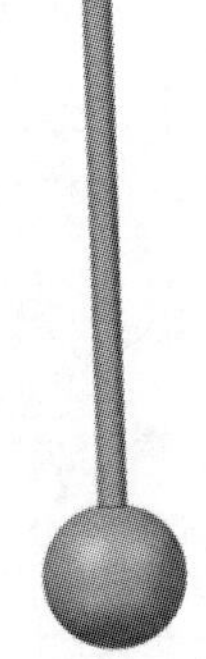

图 3-13

3.3 基本建模命令

基本建模命令包括拉伸特征、旋转特征、孔特征、凸台、腔、垫块、键槽、三角形加强筋、螺纹边倒圆、面倒圆、倒斜角、修剪体等。

3.3.1 拉伸特征

拉伸操作是将截面曲线沿指定方向拉伸指定距离建立片体或实体的命令。常用于创建界面形状不规则、在拉伸方向各截面形状保持一致的实体特征。

选择【菜单】|【插入】|【设计特征】|【拉伸】命令，或在【基本】工具栏中单击【拉伸】按钮，弹出如图 3-14 所示的【拉伸】对话框。

进行拉伸操作，首先要定义截面，在【拉伸】对话框的【截面】选项组中选择【选择曲线】选项，根据系统提示，选择草绘好的平面或者截面几何图形，作为拉伸截面曲线。如果开始没有创建截面图形，可以单击【截面】选项组中的【绘制截面】按钮，弹出【创建草图】对话框，进入内部草图环境中绘制所需的截面曲线。

然后定义方向，在【方向】选项组的【指定矢量】下拉列表框中选择矢量方向，或者单击【矢量】按钮，利用打开的【矢量】对话框创建矢量方向，如图 3-15 所示。在【拉伸】对话框的【方向】选项组中单击【反向】按钮，可以改变拉伸方向。

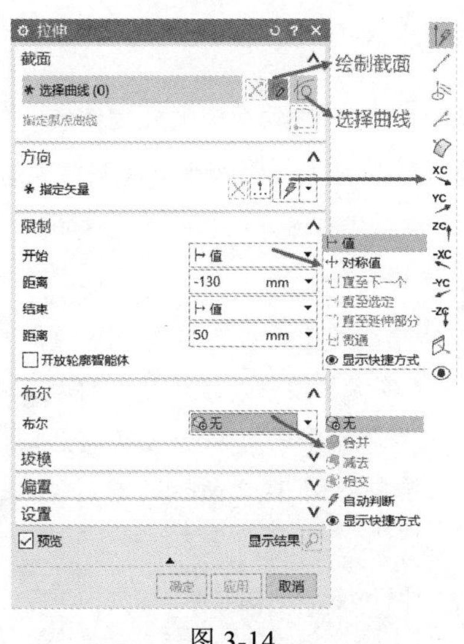

图 3-14

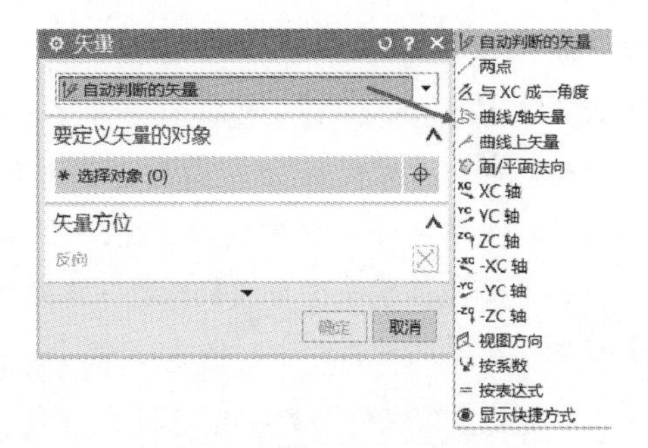

图 3-15

然后在【限制】选项组中设置拉伸限制的方式及参数。在【布尔】下拉列表框中，设置拉伸操作所创建的实体与原有实体之间的布尔运算；在【拔模】选项组中设置在拉伸时进行拔模处理。

在【偏置】选项组中定义拉伸偏置选项及相应参数，可以将拉伸的片体或者曲面改变成实体。

实例：制作电阻

Step 01　启动 UG NX 1904 软件，单击【主页】功能区下的【新建】命令，在弹出的【新建】对话框中模板选择【模型】，新建文件名称为【3-4.prt】，单击【确定】按钮，进入建模环境，单击功能区【主页】选项卡【基本】工具栏中的【拉伸】按钮，选择【XC-YC 平面】作为草图平面，单击【曲线】工具栏上的【圆】按钮，以基准 CSYS 原点为圆心绘制直径为 10 的圆，单击【完成】按钮退出草图绘制模式，【指定矢量】选择【ZC】轴，在【结束】下拉列表框中选择【对称值】选项，在【距离】文本框中输入 5，【布尔】、【拔模】和【偏置】都选择【无】选项，单击【应用】按钮。

Step 02 选择步骤 1 绘制的圆柱上表面作为草图平面，单击【曲线】工具栏上的【圆】命令，以原点位圆心绘制直径为 2 的圆，单击【完成】按钮，退出草图绘制模式，在【开始】下拉列表框中选择【值】选项，【距离】文本框中输入 0，在【结束】下拉列表框中选择【值】选项，在【距离】文本框中输入 8，【布尔】下拉列表框中选择【合并】选项，【拔模】和【偏置】都选择无，单击【应用】按钮。

Step 03 选择步骤 1 绘制的圆柱下表面作为草图平面，单击【曲线】工具栏上的【圆】命令，以原点位圆心绘制直径为 2 的圆，单击【完成】按钮，退出草图绘制模式，【指定矢量】选择【-ZC】轴，在【开始】下拉列表框中选择【值】选项，在【距离】文本框中输入 0，在【结束】下拉列表框中选择【值】选项，在【距离】文本框中输入 8，在【布尔】下拉列表框中选择【合并】选项，【拔模】和【偏置】都选择无，单击【应用】按钮，电阻三维模型如图 3-16 所示。

图 3-16

3.3.2 旋转特征

旋转特征是将实体表面、实体边缘、曲线、草图等通过绕某一轴线旋转生成实体或片体。选择【菜单】|【插入】|【设计特征】|【旋转】命令或单击【特征】工具栏中的【旋转】按钮，弹出如图 3-17 所示的【旋转】对话框。

实例：制作杯子

Step 01 启动 UG NX 1904 软件，单击【主页】功能区下的【新建】命令，在弹出的【新建】对话框中模板选择【模型】，新建文件名称为【3-5.prt】，单击【确定】按钮，进入建模环境，在【基本】工具栏中单击【旋转】按钮，选择【XC-YC 平面】作为草图平面，单击【确定】按钮，进入草图任务环境，单击【曲线】工具栏上的【轮廓】按钮，绘制如图 3-18 所示的草图，单击【确定】按钮退出草图模式。

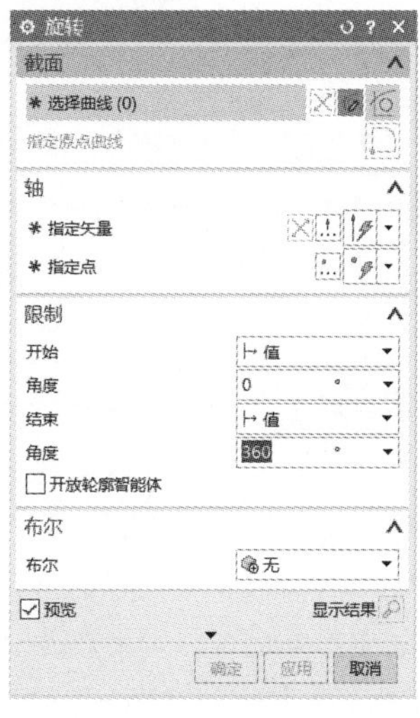

图 3-17

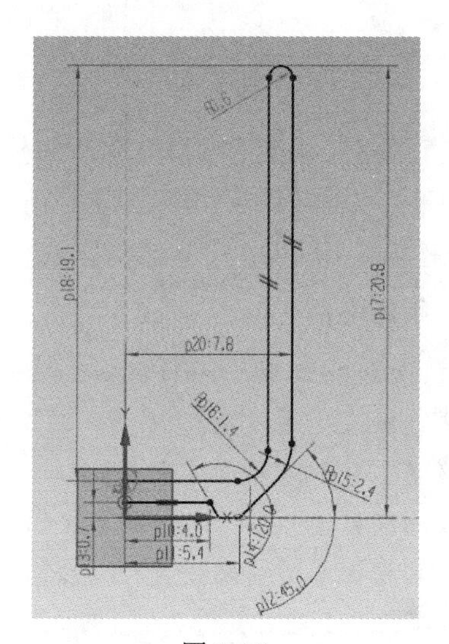

图 3-18

Step 02 返回【旋转】对话框，在【轴】选项组的【指定矢量】下拉列表框中选择【YC 轴】选项，定义旋转轴矢量。然后在【轴】选项组的【指定点】中单击【点构造器】按钮，在弹出的【点】对话框中设置点绝对坐标值为(0,0,0)，单击【确定】按钮，返回【旋转】对话框。

Step 03 在【限制】选项组中设置开始角度为 0，结束角度为 360，其他选项组设置为默认值，在【旋转】对话框中单击【确定】按钮，完成创建旋转实体如图 3-19 所示。

图 3-19

3.3.3 孔特征

在【特征】工具栏中单击【孔】按钮，弹出【孔】对话框，如图 3-20 所示。该对话框包括五大类创建孔特征的方式：常规孔、钻形孔、螺钉间隙孔、螺纹孔和孔系列。下面分别介绍各个孔特征的创建。

1．常规孔

常规孔中主要包括 4 类：简单孔、沉头孔、埋头孔和锥孔。

2．钻形孔

在【类型】下拉列表框中选择【钻形孔】选项，需要分别定义位置、方向、形状和尺寸、布尔、标准和公差。

3．螺钉间隙孔

在【类型】下拉列表框中选择【螺钉间隙孔】选项，弹出如图 3-21 所示的对话框。螺钉间隙孔的创建与上述两类孔的创建界面及选择项基本相同。【位置】与【方向】选项可参照上述孔类的创建进行，方法完全相同。以下是形状与尺寸的创建，打开【形状和尺寸】选项组中【形状】下拉列表框，下拉列表框中包含简单孔、沉头孔和埋头孔 3 类选项。

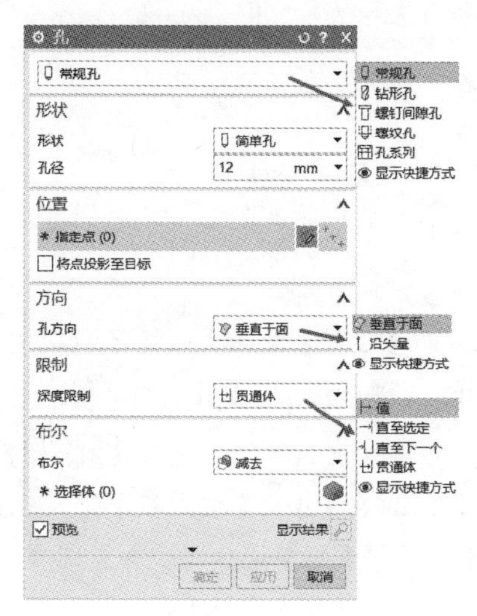

图 3-20

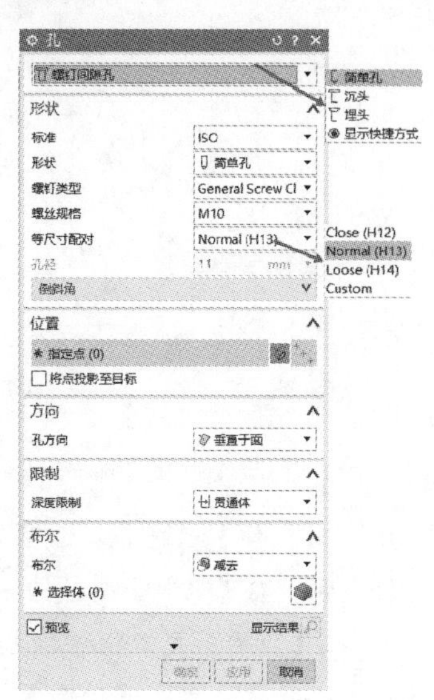

图 3-21

4．螺纹孔

在【类型】下拉列表框中选择【螺纹孔】选项，螺纹孔的创建与上述孔的创建界面及选择项相似。【位置】与【方向】选项可参照上述孔类的创建进行，方法完全相同。

5．孔系列

在【类型】下拉列表框中选择【孔系列】选项，要设置孔放置位置和方向，还需要利用【规格】选项组来分别设置【起始】、【中间】和【端点】3 个选项卡上的内容，如图 3-22 所示。

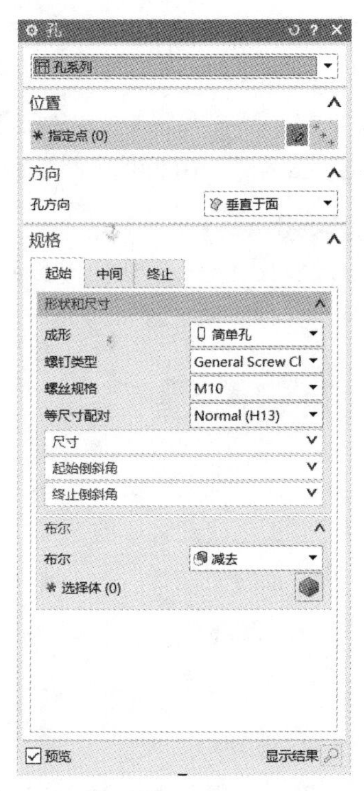

图 3-22

实例：制作定位架

Step 01 启动 UG NX 1904 软件，单击【主页】功能区下的【新建】命令，在弹出的【新建】对话框中模板选择【模型】，新建文件名称为【3-6.prt】，单击【确定】按钮，进入建模环境，单击功能区【主页】选项卡【基本】工具栏中的【拉伸】按钮，选择【XC-YC 平面】作为草图平面，单击【确定】按钮，进入草图任务环境，绘制如图 3-23 所示的草图。

Step 02 返回【拉伸】对话框，在【方向】的【指定矢量】下拉列表框中选择【ZC 轴】选项，定义旋转轴矢量。在【限制】选项组中，开始选择【值】，在【距离】文本框中输入 0，结束选择【值】，在【距离】文本框中输入 52，【布尔】、【拔模】和【偏置】都选择无，单击【确定】按钮。

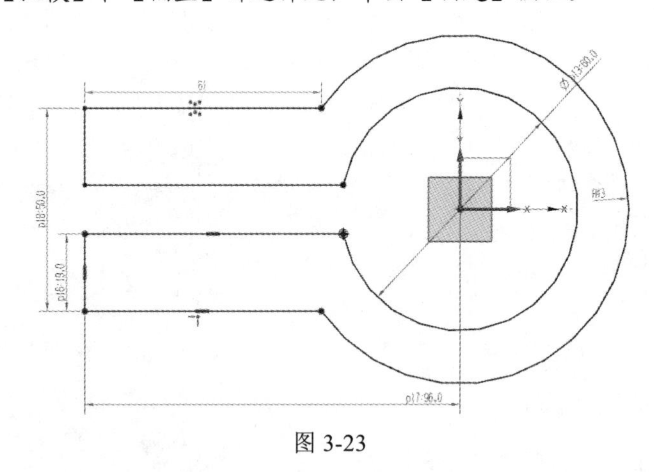

图 3-23

Step 03 单击功能区【主页】选项卡【基本】工具栏中的【拉伸】按钮，选择【XC-YC 平面】作为草图平面，单击【确定】按钮，进入草图任务环境，绘制如图 3-24 所示的草图。

Step 04 返回【拉伸】对话框，在【方向】的【指定矢量】下拉列表框中选择【ZC 轴】选项，定义旋转轴矢量。在【限制】选项组中，【开始】选择【值】，在【距离】文本框中输入 0，【结束】选择【值】，在【距离】文本框中输入 34，在【布尔】下拉列表框中选择【合并】选项、【拔模】和【偏置】都选择无，单击【确定】按钮。

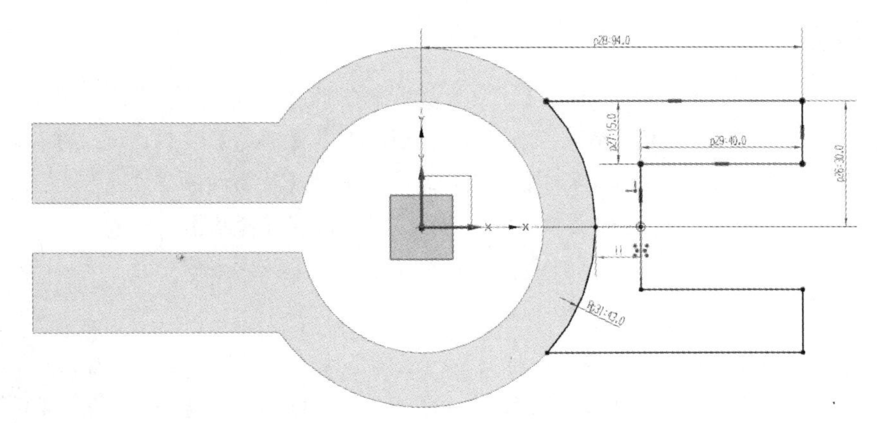

图 3-24

图 3-25

Step 05　单击功能区【主页】选项卡【基本】工具栏中的【孔】按钮，弹出【孔】对话框，在【形状】下拉列表框选择组中选择【简单孔】，在【孔径】文本框中输入 12，【指定点】选择步骤 4 拉伸的实体的任一侧边，孔距离 X 轴和 Y 轴的距离都为 17，单击【完成】按钮。

Step 06　返回【孔】对话框，在【深度限制】下拉列表框中选择【贯通体】选项，在【布尔】下拉列表框中选择【减去】选项，单击【确定】按钮，完成创建定位架实体，如图 3-25 所示。

3.3.4　凸台

凸台特征用于在实体上创建圆台，圆台是指构造在平面上的形体，选择【菜单】|【插入】|【设计特征】|【凸台】命令，弹出如图 3-26 所示的【凸台】对话框，按照操作步骤提示首先选择放置面，然后在对话框的文本框中输入与凸台相应的特征参数，确定构造方向，单击【确定】按钮，凸台定位方式与孔类似，完成凸台定位后，即可在实体指定位置处按输入的参数创建凸台，如图 3-26 所示。如果将【锥角】设置为 5deg，则创建的凸台如图 3-27 所示。

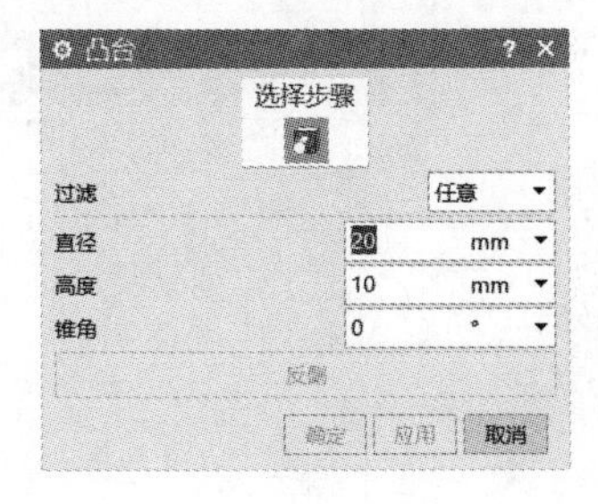

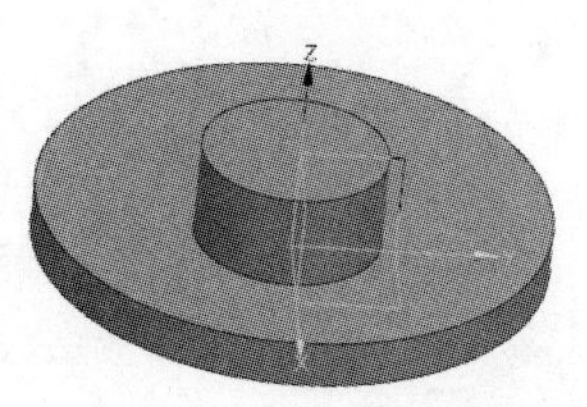

图 3-26

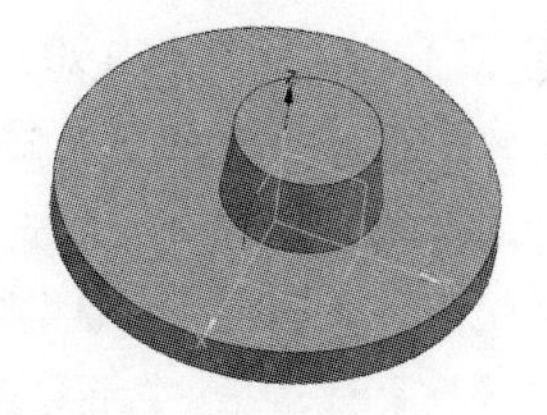

图 3-27

创建完成凸台后，单击【凸台】对话框中的【确定】按钮，弹出【定位】对话框，如图 3-28 所示。利用【定位】对话框中的定位工具进行凸台的定位，如【水平】按钮、【竖直】按钮等。

图 3-28

实例：制作滑块

Step 01 启动 UG NX 1904 软件，单击【主页】功能区下的【新建】命令，在弹出的【新建】对话框中模板选择【模型】，新建文件名称为【3-7.prt】，单击【确定】按钮，进入建模环境，在建模环境中，单击功能区【主页】选项卡【基本】工具栏中的【块】按钮，在【指定点】下拉列表框中选择基准 CSYS 原点，在【长度】文本框中输入 100，在【宽度】文本框中输入 100，在【高度】文本框中输入 50，在【布尔】下拉列表框中选择【无】选项，单击【确定】按钮。

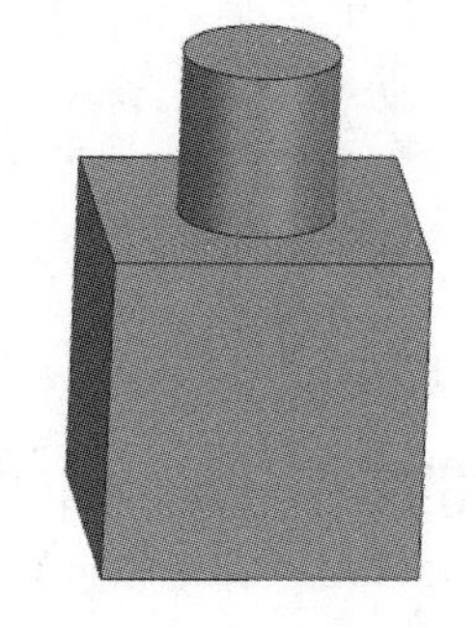

图 3-29

Step 02 选择【菜单】|【插入】|【设计特征】|【凸台】命令，选择步骤 1 生成实体的上表面作为凸台的【放置面】，在【过滤】命令组中选择【任意】选项，在【直径】文本框中输入 50，在【高度】文本框中输入 25，在【锥角】文本框中输入 0，单击【确定】按钮，在【定位】对话框中单击【垂直】按钮，然后选择凸台所在面的一个面，在【当前表达式】文本框中输入 50，单击【应用】按钮。同理，再选择另一边，在【当前表达式】文本框中输入 50，单击【确定】按钮，滑块三维图如图 3-29 所示。

3.3.5 腔

腔命令选项用于在模型表面上向实体内建立圆柱形或方形的腔，也可以建立由封闭曲线规定形状的一半腔，其类型主要包括柱面副腔体、矩形腔体和常规腔体。选择【菜单】|【插入】|【设计特征】|【腔】命令，弹出如图 3-30 所示的【腔】对话框。

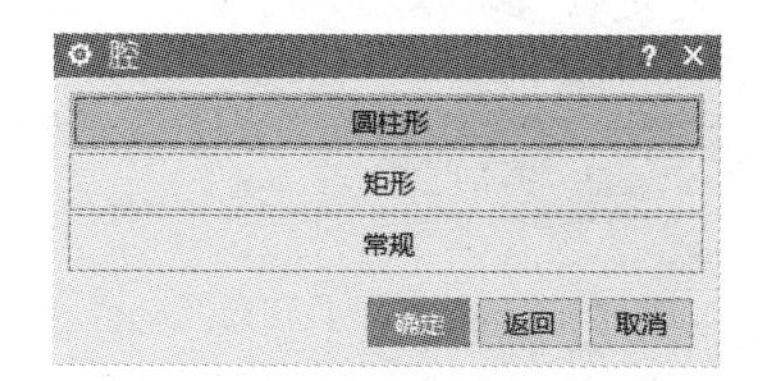

图 3-30

3.3.6 垫块

垫块是创建在实体或片体上的形体，选择【菜单】|【插入】|【设计特征】|【垫块】按钮，弹出【垫块】对话框，如图 3-31 所示。在对话框中可以选择【矩形】或【常规】垫块构造方式。

实例：制作箱体

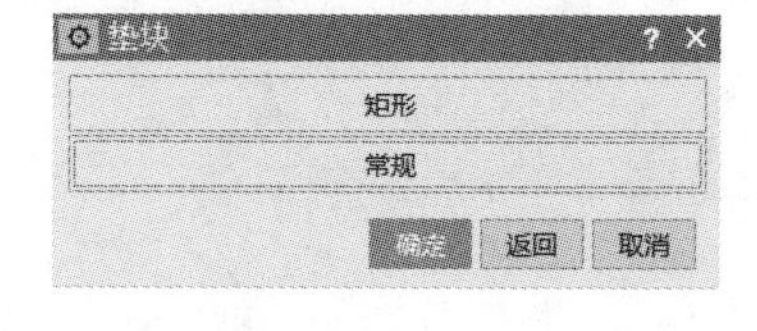

图 3-31

Step 01 启动 UG NX 1904 软件，单击【主页】功能区下的【新建】命令，在弹出的【新建】对话框中模板选择【模型】，新建文件名称为【3-8.prt】，单击【确定】按钮，进入建模环境，在建模环境中，选择【菜单】|【插入】|【设计特征】|【块】命令，弹出【块】对话框，【指定点】选择基准 CSYS 原点，在【长度】文本框中输入 80，在【宽度】文本框中输入 50，在【高度】文本框中输入 10，在【布尔】下拉列表框中选择【无】选项，单击【确定】按钮。

Step 02 在建模环境中，选择【菜单】|【插入】|【设计特征】|【块】命令，弹出【块】对话框，选择【矩形】，单击步骤 1 生成长方体上表面，在水平参考中选择长方体任一条边（实例选择长方体的长边），在【矩形垫块】命令组的【长度】文本框中输入 75，在【宽度】文本框中输入 45，

在【高度】文本框中输入25，在【角半径】文本框中输入3，【锥角】为0，单击【确定】按钮，在【定位】对话框中单击【垂直】按钮，首先选择长方体的一条宽边，然后在选择垫块临近一条宽边，弹出【创建表达式】对话框，在文本框中输入2.5，单击【确定】按钮，再次单击【定位】对话框中的【垂直】按钮，首先选择长方体的一条长边，然后在选择垫块临近一条长边，弹出【创建表达式】对话框，在文本框中输入2.5，单击【确定】按钮。

Step 03　单击功能区【主页】选项卡【基本】工具栏中的【拉伸】按钮，选择垫块长边所在平面为草绘平面，单击【确定】按钮，进入草图任务环境，单击【曲线】工具栏上的【轮廓】命令，绘制如图3-32所示的草图，单击【确定】按钮退出草图模式。

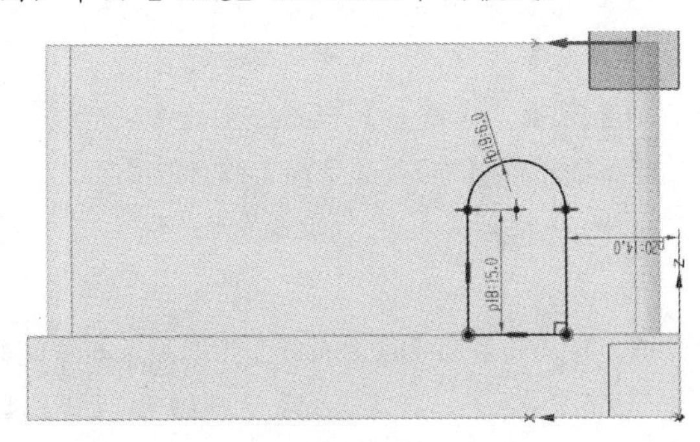

图3-32

Step 04　返回【拉伸】对话框，在【方向】的【指定矢量】下拉列表框中选择【YC轴】选项，定义旋转轴矢量。在【限制】选项组中，【开始】选择【值】，在【距离】文本框中输入0，在【结束】选择【值】选项，在【距离】文本框中输入5，在【布尔】下拉列表框中选择【合并】选项、【拔模】和【偏置】都选择无，单击【确定】按钮。

Step 05　在建模环境中，选择【菜单】|【插入】|【设计特征】|【腔】命令，弹出【腔】对话框，选择【矩形】，单击组合体的下表面，【水平参考】选择组合体的下表面的长边，在【矩形垫块】命令组中，在【长度】文本框中输入71，在【宽度】文本框中输入41，在【高度】文本框中输入32，在【角半径】文本框中输入3，在【底面半径】文本框中输入3，【锥角】为0，单击【确定】按钮，在【定位】对话框中选择【垂直】，首先选择长方体的一条宽边，然后选择垫块临近一条宽边，弹出【创建表达式】对话框，在文本框内输入4.5，单击【确定】按钮，再次单击【定位】对话框中的【垂直】按钮，首先选择长方体的一条长边，然后选择垫块临近一条长边，弹出【创建表达式】按钮，在文本框内输入4.5，单击【确定】按钮。

Step 06　单击功能区【主页】选项卡【基本】工具栏中的【孔】按钮，单击步骤4的拉伸体，使用【快速尺寸】命令，使孔中心与R6的半圆中心重合，单击【完成】按钮，【形状】为简单孔，【孔径】为8，【深度限制】为【贯通体】，在【布尔】下拉列表框中选择【减去】选项，单击【确定】按钮，箱体实体模型如图3-33所示。

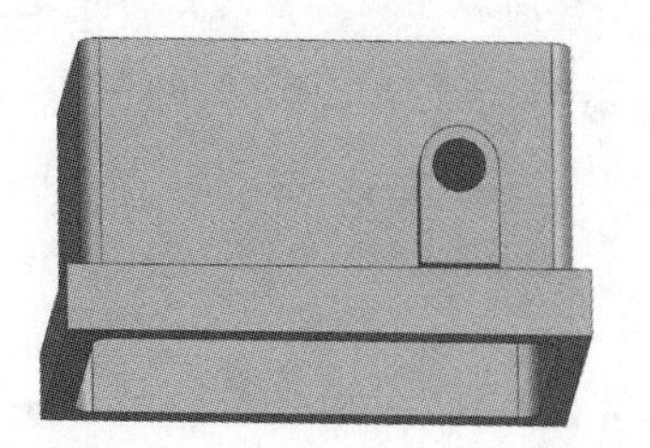

图3-33

3.3.7 键槽

各种机械零件中，经常出现各种键槽，选择【菜单】|【插入】|【设计特征】|【键槽】命令，弹出【槽】对话框，如图 3-34 所示。该对话框中包括【矩形槽】、【球形端槽】、【U 形槽】、【T 型槽】和【燕尾槽】5 种类型。

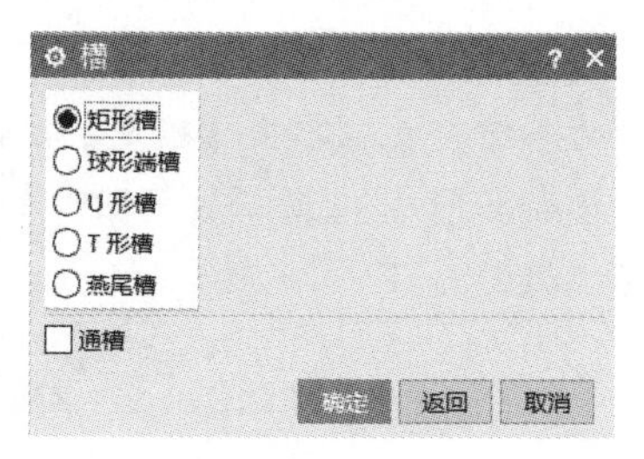

图 3-34

实例：制作阶梯轴

Step 01 启动 UG NX 1904 软件，单击【主页】功能区下的【新建】命令，在弹出的【新建】对话框中模板选择【模型】，新建文件名称为【3-9.prt】，单击【确定】按钮，进入建模环境，在建模环境中，单击功能区【主页】选项卡【基本】工具栏中的【旋转】按钮，弹出【旋转】对话框，选择【ZC-YC 平面】作为草图平面，单击【确定】按钮，进入草图任务环境，绘制如图 3-35 所示的草图。

Step 02 返回【旋转】对话框，在【轴】的【指定矢量】下拉列表框中选择【YC 轴】选项，定义旋转轴矢量。【指定点】选择基准 CSYS 原点，在【限制】选项组中，【开始】选择值，在【角度】文本框中输入 0，【结束】选择值，在【角度】文本框中输入 360，【布尔】选择无，单击【确定】按钮。

Step 03 单击功能区【主页】选项卡中的【基准平面】按钮，按【某一距离】生成基准平面，【平面参考】选择【YZ 平面】，在【偏置距离】文本框中输入 60，单击【确定】按钮，生成一基准平面。

Step 04 选择【菜单】|【插入】|【设计特征】|【键槽】命令，弹出【槽】对话框，选中【矩形槽】单选按钮，单击【确定】按钮，在矩形槽【名称】命令后选择步骤 3 生成的基准平面，选择【接受默认边】，在第一次【水平参考】时，选择直径为 120 的圆柱面，在【长度】文本框中输入 75，【宽度】文本框中输入 32，在【深度】文本框中输入 11，单击【确定】按钮，在【定位】对话框中，单击【水平】按钮，单击直径为 120 的圆柱面右端面，在【设置圆弧的位置】对话框中单击【确定】按钮，单击键槽与 Z 轴平行的中心线，在【创建表达式】文本框中输入 75，单击确定，在【定位】对话框中，单击【垂直】按钮，再次单击直径为 120 的圆柱面右端面，在【设置圆弧的位置】对话框中单击【确定】按钮，单击键槽与 X 轴平行的中心线，【创建表达式】文本框内的值为默认值，确定，再次单击【确定】按钮，生成键槽。

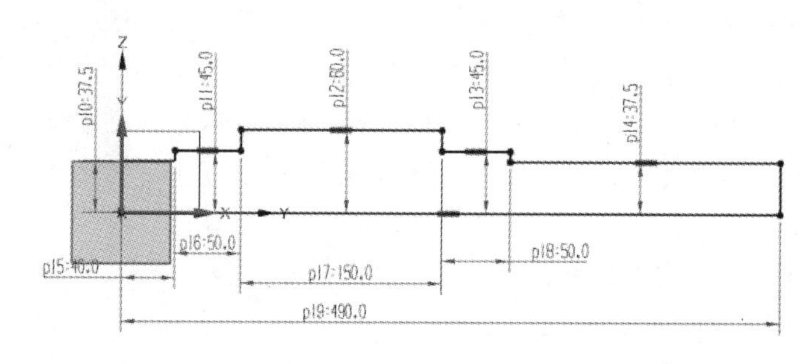

图 3-35

Step 05　重复步骤 4，得到另一个轴面上的键槽。阶梯轴实体模型如图 3-36 所示。

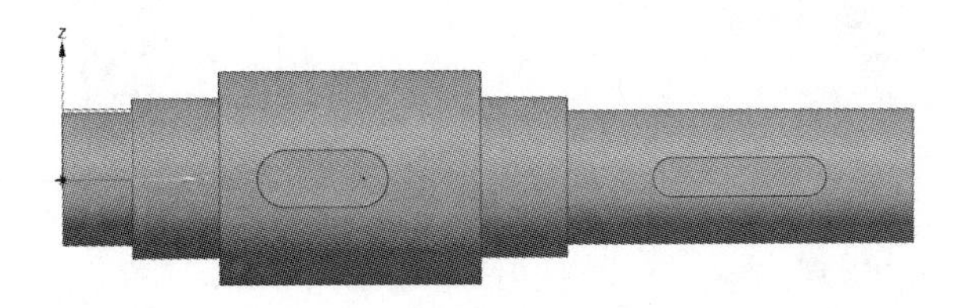

图 3-36

3.3.8　三角形加强筋

为提高产品结构强度，经常需要添加加强筋，UG NX1904 提供了创建三角形加强筋的命令，选择【菜单】|【插入】|【设计特征】|【三角形加强筋（原有）】按钮，打开如图 3-37 所示的【三角形加强筋】对话框。

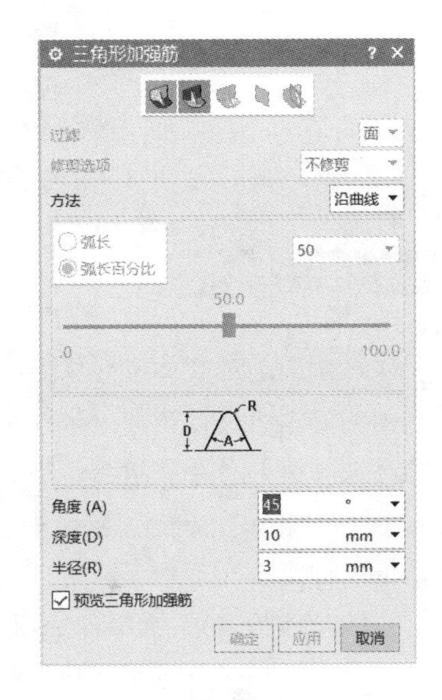

图 3-37

3.3.9　螺纹

【螺纹】命令可以将符号螺纹或者详细螺纹添加到实体圆柱面。螺纹类型包括符号螺纹和详细螺纹，前者是用符号表示螺纹，后者则在实体模型上构造真实的螺纹效果。

实例：制作螺栓

Step 01　启动 UG NX 1904 软件，单击【主页】功能区下的【新建】命令，在弹出的【新建】对话框中模板选择【模型】，新建文件名称为【3-10.prt】，单击【确定】按钮，进入建模环境。单击【主页】选项卡【基本】组中的【圆柱】按钮，弹出【圆柱】对话框，在【指定矢量】下拉列表框中选择【ZC 轴】，在【指定点】下拉列表框中选择基准 CSYS 原点，在【直径】文本框中输入 10，在【高度】文本框中输入 50，在【布尔】下拉列表框中选择【无】选项，单击【应用】按钮。在【指定矢量】下拉列表框中选择【-ZC 轴】，在【指定点】下拉列表框中选择基准 CSYS 原点，在【直径】文本框中输入 14，在【高度】文本框中输入 10，在【布尔】下拉列表框中选择【合并】按钮，单击【确定】按钮，此时得到的图形如图 3-38 所示。

Step 02　选择【菜单】|【插入】|【设计特征】|【螺纹】命令，弹出【螺纹】对话框，在【螺纹类型】选项组中选择【详细】选项，在【螺旋】选项组中选择【右旋】选项，单击圆柱 1 侧面，在【小径】文本框中输入 8.5，在【长度】文本框中输入 15，在【螺距】文本框中输入 1.5，在【角度】文本框中输入 60，单击【选择起始】命令，选择圆柱 1 的上表面（螺纹起始面的方向，若方向与螺纹方向相反，在弹出的【螺纹切削】对话框中，选择【螺纹轴反向】），单击【确定】按钮，生成螺栓实体模型如图 3-39 所示。

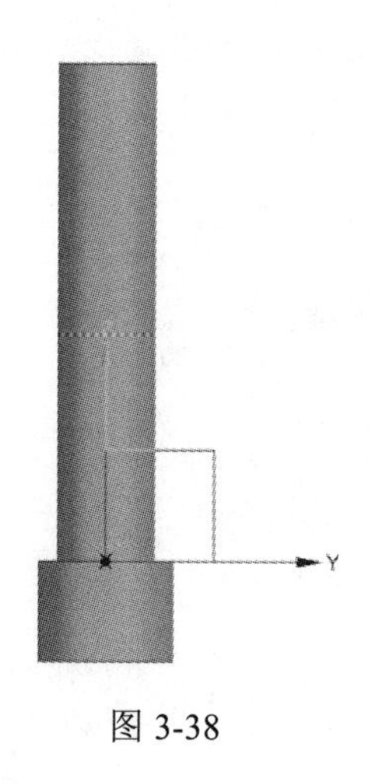

图 3-38

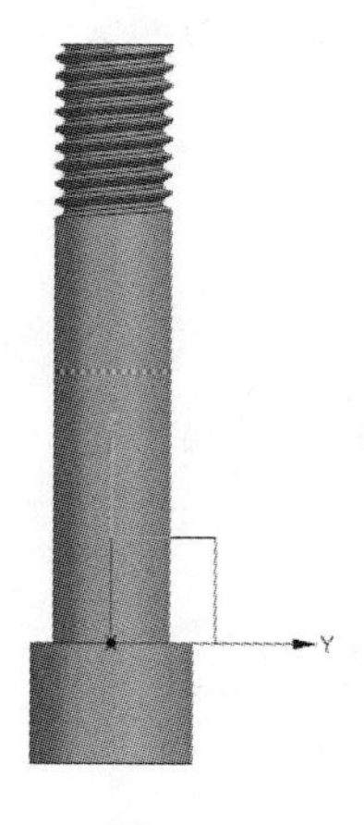

图 3-39

3.3.10 边倒圆

边倒圆是对实体或片体边缘指定半径进行倒圆角，对实体或片体进行修饰。边倒圆用来对面之间的陡峭边进行倒圆，半径可以是常量也可以是变量。当没有选择要操作的边缘时，对话框中的【选择边】命令被激活，当选择了操作对象后，根据提示进行相应操作。选择【菜单】|【插入】|【细节特征】|【边倒圆】命令，打开【边倒圆】对话框，如图 3-40 所示。

图 3-40

【边倒圆】对话框中各选项功能说明如下：

（1）【边】：选择要倒圆角的边，在【半径 1】文本框中输入想要倒圆角的半径大小，单击【确定】按钮即可。

（2）【变半径】：通过沿着选中的边缘指定多个点并输入每个点上的半径，可以生成一个可变半径圆角。

（3）【拐角倒角】：该选项可以生成一个拐角圆角，用于指定所有圆角的偏置值，从而控制拐角的形状。

（4）【拐角突然停止】：该选项通过添加中止倒角点，来限制边上的倒角范围。

（5）【溢出】：在生成边缘圆角时控制溢出的处理方法。

实例：制作游戏手柄

Step 01 启动 UG NX 1904 软件，单击【主页】功能区下的【新建】命令，在弹出的【新建】对话框中模板选择【模型】，新建文件名称为【3-11.prt】，单击【确定】按钮，进入建模环境，单击【草图】命令，选择【XC-YC 平面】作为草图平面，单击【确定】按钮，进入草图任务环境，单击【曲线】工具栏上的【圆】和【圆弧】命令，绘制如图 3-41 所示的草图，单击【确定】按钮退出草图模式。

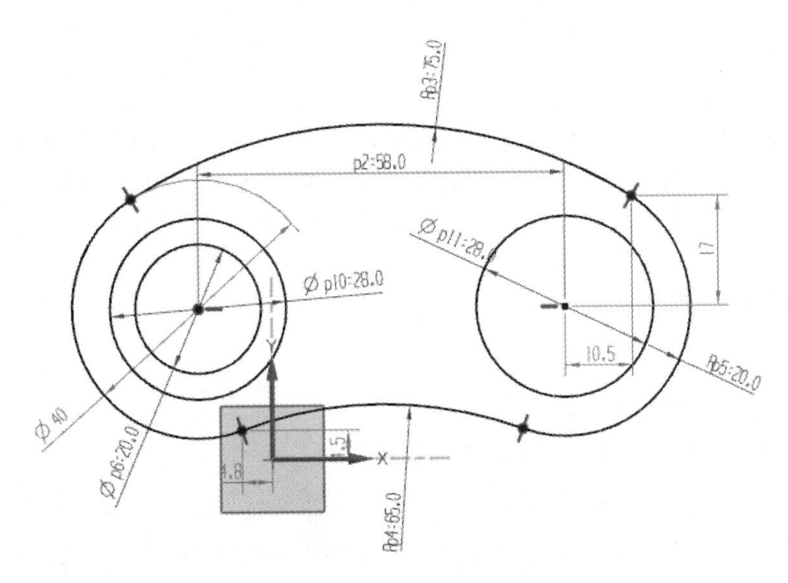

图 3-41

Step 02 在【基本】工具栏中单击【拉伸】按钮，选择步骤 1 绘制的外侧曲线，【指定矢量】选择【ZC 轴】，开始【距离】为 0，结束【距离】为 10，单击【应用】按钮。然后选择直径为 28 的圆，【指定矢量】选择【ZC 轴】，开始【距离】为 0，结束【距离】为 12，【布尔】运算选择【合并】，单击【应用】按钮。最后选择直径为 28 的圆，【指定矢量】选择【ZC 轴】，开始【距离】为 0，结束【距离】为 14，【布尔】运算选择【减去】，单击【确定】按钮，此时图形如图 3-42 所示。

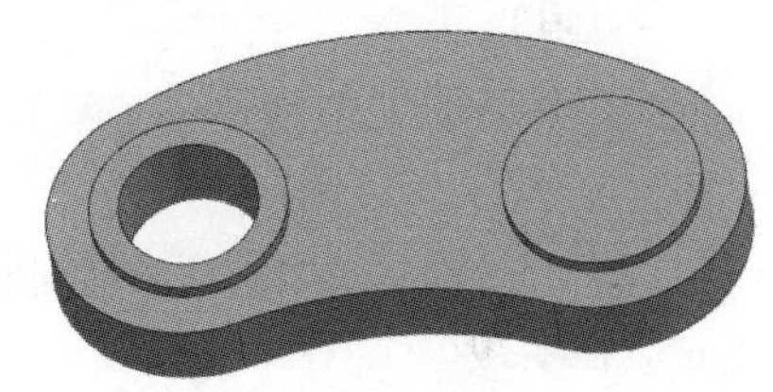

图 3-42

Step 03 单击【草图】命令，选择步骤 2 的拉伸实体上表面作为草图平面，单击【确定】按钮，进入草图任务环境，绘制如图 3-43 所示的草图，单击【确定】按钮退出草图模式。

Step 04 在【基本】工具栏中单击【拉伸】按钮，选中步骤 3 绘制的曲线，【指定矢量】选择【-ZC 轴】，开始【距离】为-16，结束【距离】为 16，【布尔】运算选择【减去】，单击【确定】按钮。

Step 05 选择【菜单】|【插入】|【细节特征】|【边倒圆】命令，弹出【边倒圆】对话框，【连续性】选择【G1（相切）】，相关圆角半径见图 3-44，最终获得的游戏手柄如图 3-44 所示。

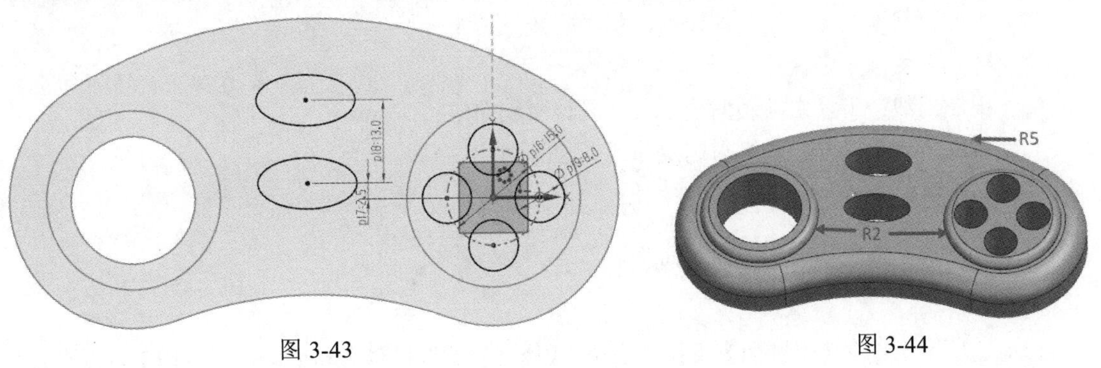

图 3-43　　图 3-44

3.3.11 面倒圆

面倒圆是通过对实体或片体指定半径进行倒圆，并且使倒圆面相切于所选择的平面。【面倒圆】命令的作用是在选定面组之间添加相切圆角面，圆角形状可以是由圆形、规律曲线或二次曲线控制的。选择【菜单】|【插入】|【细节特征】|【面倒圆】命令，弹出如图 3-45 所示的【面倒圆】对话框。

对话框中各选项的含义如下。

1. 类型

双面：选择两个面和半径来创建圆角。

三面：选择两个面和中间面来完成圆角的创建。

2. 面

（1）选择面 1：该选项用于选择面倒圆的第一个面集，选择该选项，可选择实体或片体上的一个或多个面作为第一个面集。

（2）选择面 2：该选项用于选择面倒圆的第二个面集，其操作方法与【选择面 1】相类似。

3. 方位

（1）滚球：其横截面位于垂直于选定的两组面的平面上。

（2）扫掠圆盘：和滚动球不同的是，在倒圆横截面中多了脊曲线。

4. 形状

（1）圆形：用定义好的圆盘与倒角面相切来进行倒角。

（2）对称相切：二次曲线面圆角具有二次曲线横截面。

（3）非对称相切：用两个偏置和一个 RHO 来控制横截面，同时须定义一个脊线线串来定义二次曲线截面的平面。

5. 半径方法

（1）恒定：是指用固定的倒角半径进行倒圆角。

（2）可变：根据规律类型和规律值，基于脊线上两个或多个个体点改变圆角半径。

（3）限制曲线：半径由限制曲线定义，且该限制曲线始终与倒圆保持接触，并且始终与选定曲线或边相切。

6. 宽度限制

宽度限制选项用于选择相切控制曲线。

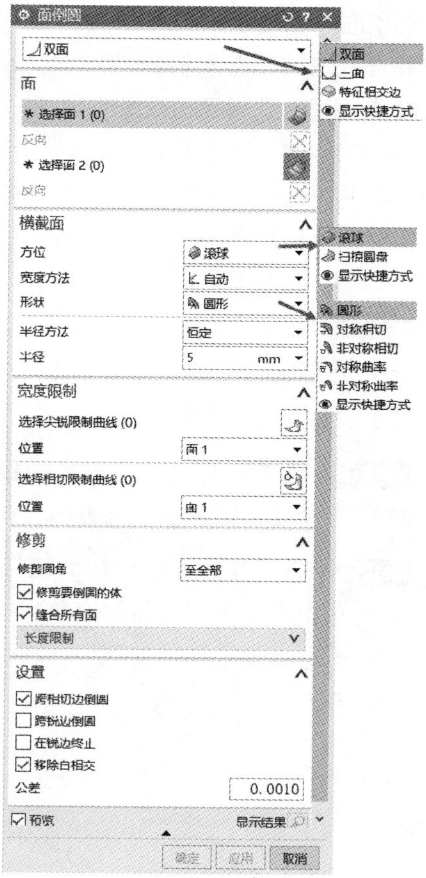

7. 修剪

修剪选项用于设置【倒圆面】下拉列表框、【修剪要倒圆的体】和【缝合所有面】复选框。其

图 3-45

中【倒圆面】下拉列表框中包括修剪所有面、短修剪倒圆、长修剪倒圆和不修剪 4 个选项。

8. 设置

设置选项用于选择陡峭边缘。可在面链 1 和面链 2 上选择一条或多条边缘作为陡峭边缘，使倒圆面在两个面链上相切到陡峭边缘。

3.3.12　倒斜角

倒斜角也是工程中常用的倒角方式，是对实体边缘指定尺寸进行倒角。在实际生产中，零件产品外围棱角过于尖锐时，为了避免划伤，可以进行倒角操作。

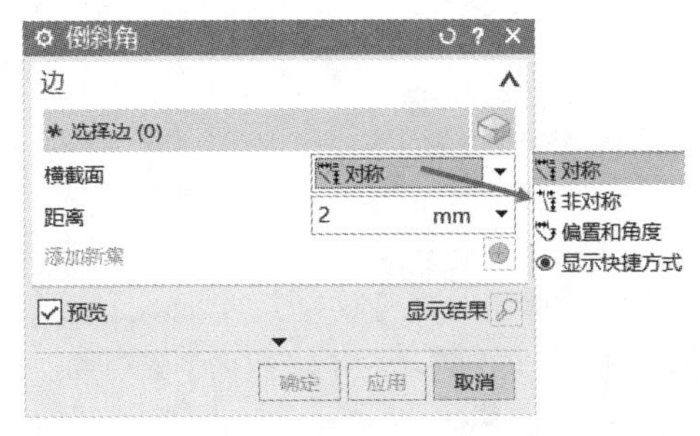

图 3-46

选择【菜单】|【插入】|【细节特征】|【倒斜角】命令，弹出如图 3-46 所示的【倒斜角】对话框。首先按照提示选择需要倒斜角的边，选择完成后在【倒斜角】对话框的【偏置】选项中设置【横截面】类型和【距离】值，设置完成后单击【确定】按钮，即可创建倒斜角特征。

系统提供了 3 种【横截面】类型，包括【对称】、【非对称】和【偏置和角度】。【对称】用于生成一个简单的倒角，它沿着两个面的偏置是相同的。【非对称】用于与倒角边邻接的两个面分别采用不同偏置值来创建倒角。【偏置和角度】可以用一个角度来定义简单的倒角。

实例：制作印章

Step 01　启动 UG NX 1904 软件，单击【主页】功能区下的【新建】命令，在弹出的【新建】对话框中模板选择【模型】，新建文件名称为【3-12.prt】，单击【确定】按钮，进入建模环境，选择【菜单】|【插入】|【设计特征】|【块】命令，弹出【块】对话框，【指定点】为工作坐标系原点，在【长度】文本框中输入 8，在【宽度】文本框中输入 8，在【高度】文本框中输入 4，单击【确定】按钮。

Step 02　选择【菜单】|【插入】|【细节特征】|【倒斜角】命令，弹出【倒斜角】对话框，【横截面】选择【非对称】，在【距离 1】文本框中输入 3，在【距离 2】文本框中输入 2，选择步骤 1 长方体的四条边，此时图形如图 3-47 所示。

Step 03　选择【菜单】|【插入】|【设计特征】|【垫块】命令，弹出【垫块】对话框，选择【矩形】选项，垫块位置选择图实体的上端面，单击上端面任意一条边，在弹出的对话框中，在【长度】文本框中输入 4，在【宽度】文本框中输入 4，在【高度】文本框中输入 2，其余为 0，单击【确定】按钮，【定位】选择垂直，使垫块边与实体上端面对齐，结果如图 3-48 所示。

Step 04　选择【菜单】|【插入】|【设计特征】|【垫块】命令，弹出【垫块】对话框，选择【矩形】选项，垫块位置选择图实体的上端面，单击上端面任意一条边，在弹出的对话框中，在【长度】文本框中输入 2，在【宽度】文本框中输入 2，在【高度】文本框中输入 3，其余为 0，单击【确定】按钮，印章实体模型如图 3-49 所示。

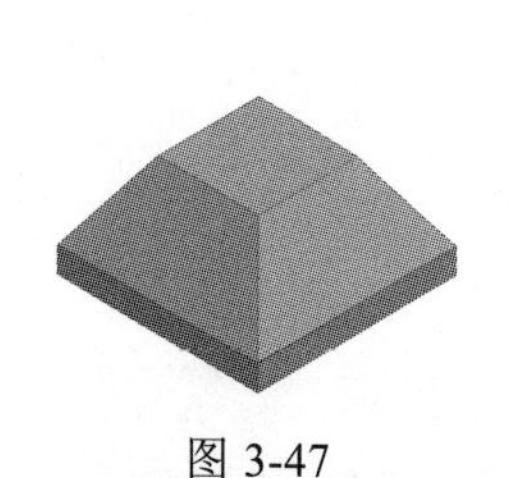
图 3-47

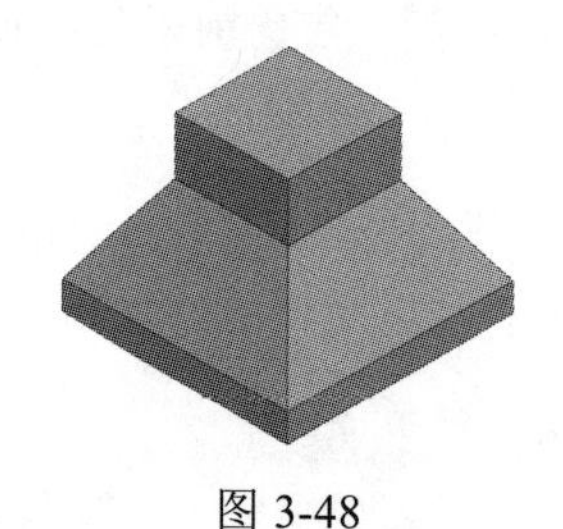
图 3-48

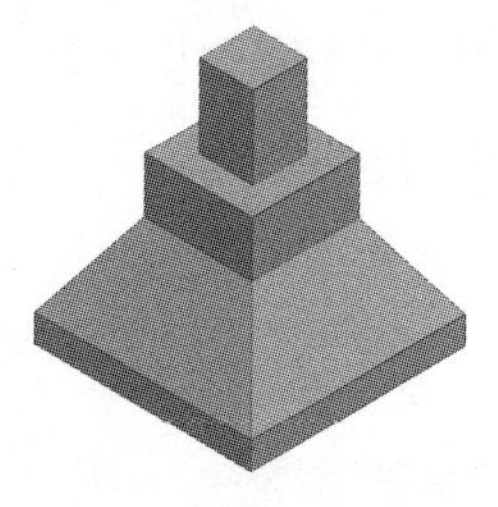
图 3-49

3.3.13 修剪体

图 3-50

修剪体可以使用一个面、基准平面或其他几何体修剪一个或多个目标体。选择【菜单】|【插入】|【修剪】|【修剪体】命令，弹出如图 3-50 所示的【修剪体】对话框。该命令是由法向矢量的方向确定目标体要保留的部分。

实例：制作瓶盖

Step 01 启动 UG NX 1904 软件，单击【主页】功能区下的【新建】命令，在弹出的【新建】对话框中模板选择【模型】，新建文件名称为【3-13.prt】，单击【确定】按钮，进入建模环境。单击【主页】选项卡中的【草图】按钮，选择【XC-ZC 平面】作为草图平面，单击【确定】按钮，进入草图任务环境，绘制如图 3-51 所示的草图。

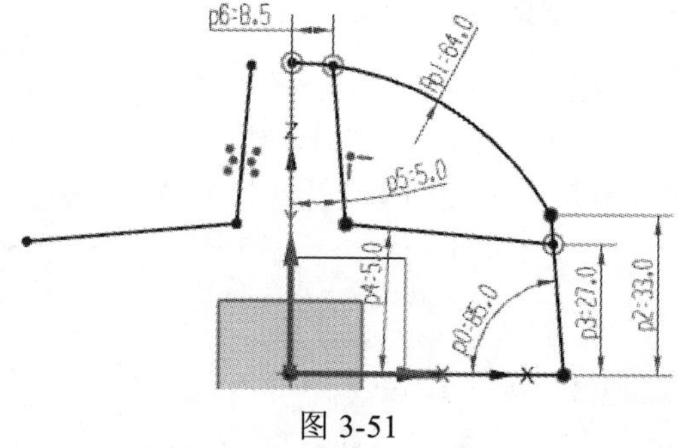

图 3-51

Step 02 单击【主页】选项卡【基本】组中的【旋转】按钮，弹出【旋转】对话框，在【轴】选项组的【指定矢量】下拉列表框中选择【ZC 轴】选项，定义旋转轴矢量。然后在【轴】选项组的【指定点】中单击【点构造器】按钮，在弹出的【点】对话框中设置点绝对坐标值为(0,0,0)，单击【确定】按钮，返回【旋转】对话框。在【限制】选项组中设置开始角度为 0，结束角度为 360，其他选项组设置为默认值，在【旋转】对话框中单击【确定】按钮，完成创建旋转实体。

Step 03 单击【主页】选项卡【基本】组中的【拉伸】按钮，选择图中 2 和 3 四条直线作为【截面选择曲线】，【开始】选择【值】，在【距离】文本框中输入-75，【结束】选择【值】，在【距离】文本框中输入 75，【布尔】、【拔模】和【偏置】都选择无，单击【确定】按钮。此时图形如图 3-52 所示。

Step 04 选择【菜单】|【插入】|【修剪】|【修剪体】命令，弹出【修剪体】对话框【目标选择体】为步骤 2 旋转获得的实体，选择步骤 3 拉伸得到的 4 个面作为【修剪工具】，单击【确定】按钮，此时获得的实体如图 3-53 所示。

Step 05 选择【菜单】|【插入】|【细节特征】|【边倒圆】按钮，实体各边倒圆半径，如图 3-54 所示。

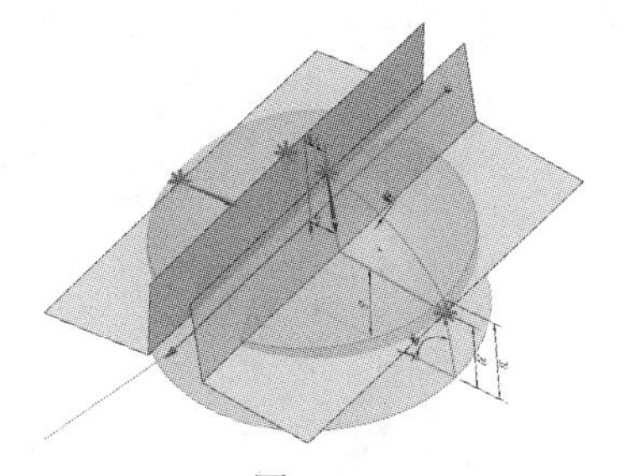

图 3-52

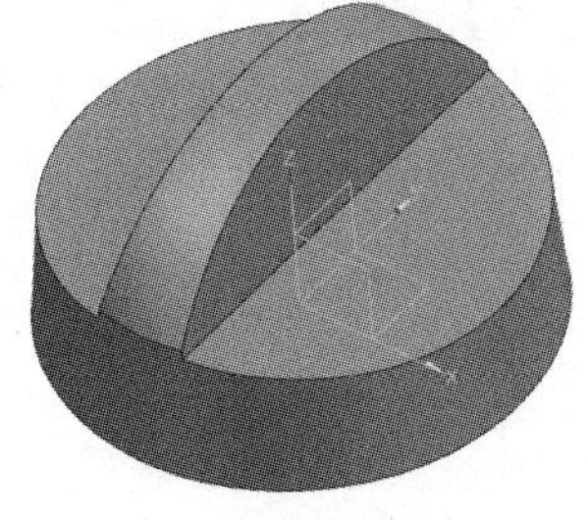

图 3-53

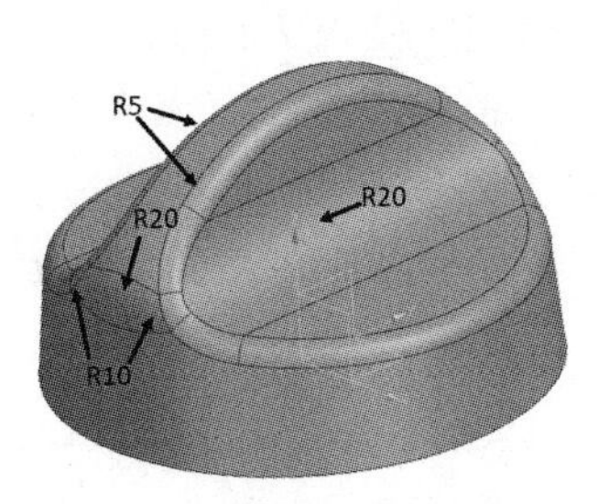

图 3-54

Step 06　选择【菜单】|【插入】|【偏置/缩放】|【抽壳】命令，弹出【抽壳】对话框，抽壳类型选择【打开】，选择步骤 2 旋转实体下表面，在【厚度】文本框中输入 1，单击【确定】按钮，完成瓶盖实体建模。

3.4　建模进阶命令

建模进阶命令主要有扫掠、管道、抽壳、拔模、阵列特征、镜像特征。

3.4.1　扫掠

【扫掠】命令可以通过沿着一个或者多个引导线扫掠创建的截面来创建特征。选择【菜单】|【插入】|【设计特征】|【扫掠】命令，弹出如图 3-55 所示的【扫掠】对话框。

首先，选择曲线定义扫掠截面，并指定引导线和设置截面选项，根据设计要求选择合适的曲线定义脊线。然后在【截面选项】选项组的【截面位置】下拉列表框中选择【沿引导线任何位置】或【引导线末端】选项来定义截面位置。

在选择多段相接的曲线作为截面或者引导线时，需要使用【选择条】的曲线规则选项，其中【单条曲线】用于选中单条的曲线段，【相连曲线】用于选中与其相连的所有有效曲线，【特征曲线】用于选中特征曲线。

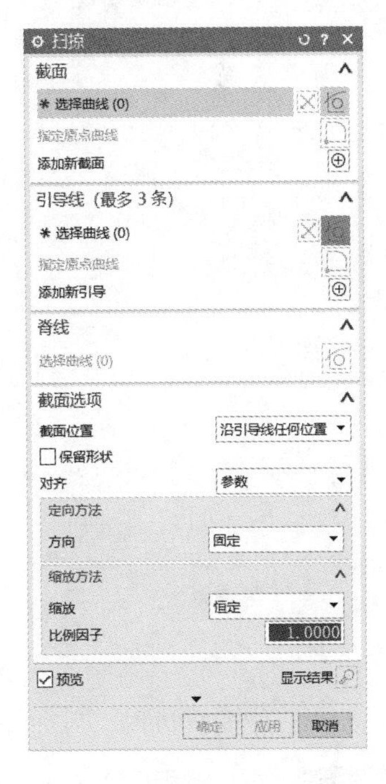

图 3-55

实例：制作叉架类零件

Step 01　启动 UG NX 1904 软件，单击【主页】功能区下的【新建】命令，在弹出的【新建】对话框中模板选择【模型】，新建文件名称为【3-14.prt】，单击【确定】按钮，进入建模环境。单击【主页】选项卡【基本】组中的【拉伸】按钮，选择【XC-YC 平面】作为草图平面，单击【确定】按钮，进入草图任务环境，绘制如图 3-56 所示的草图。返回【拉伸】对话框，在【指定矢量】下拉列表框中选择【ZC 轴】，在【限制】选项组中，【开始】选择【值】，在【距离】文本框中输入 0，【结束】选择【值】，在【距离】文本框中输入 8，【布尔】、【拔模】和【偏置】都选择无，单击【确定】按钮。

Step 02 单击【主页】选项卡【基本】组中的【孔】按钮，弹出【孔】对话框，在【形状】选项组中选择【沉头】，在【沉头直径】文本框中输入 10，在【沉头深度】文本框中输入 3，在【孔径】文本框中输入 6，【孔方向】选择【垂直于面】，【深度限制】选择【贯通体】，依次选中步骤 1 半径为 10 的圆弧，单击【确定】按钮，此时图形如图 3-57 所示。

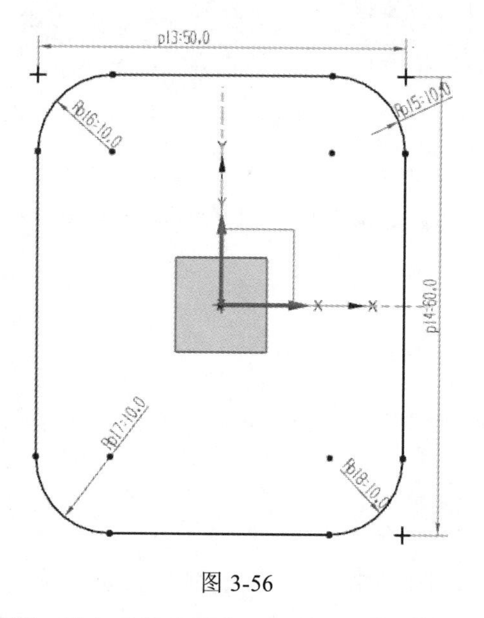

图 3-56

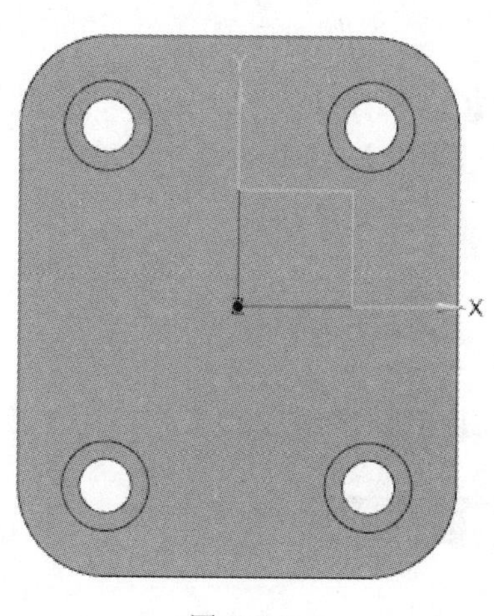

图 3-57

Step 03 单击【主页】选项卡中的【草图】按钮，选择【XC-ZC 平面】作为草图平面，单击【确定】按钮，进入草图任务环境，绘制如图 3-58 所示的草图。

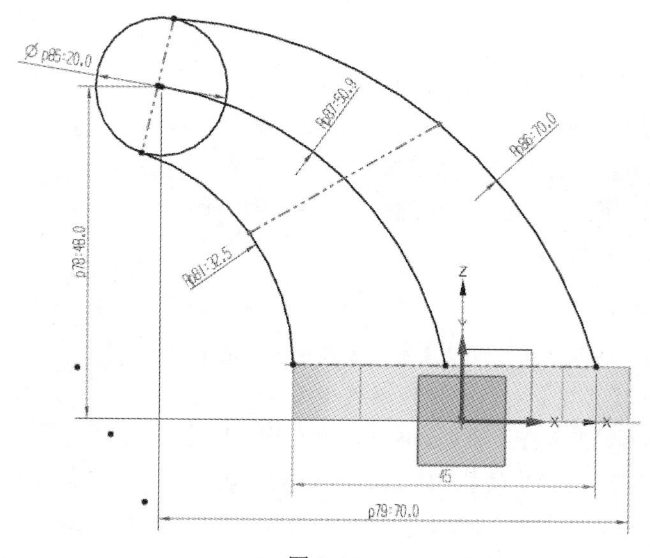

图 3-58

Step 04 单击功能区【主页】选项卡【基本】工具栏中的【拉伸】按钮，弹出【拉伸】对话框，选择直径为 20 的圆作为【选择曲线】，【指定矢量】选择【YC 轴】，在【限制】选项组中【结束】选择【对称值】，在【距离】文本框中输入 12.5，单击【应用】按钮。选择步骤 3 中生成的中间圆弧（R50.9）作为【选择曲线】，【指定矢量】选择【YC 轴】，在【限制】选项组中【结束】选择【对称值】，在【距离】文本框中输入 7.5，单击【确定】按钮，此时图形如图 3-59 所示。

Step 05　单击【主页】选项卡中的【草图】按钮，选择步骤 1 生成的实体上表面作为草图平面，单击【确定】按钮，进入草图任务环境，在【曲线】工具栏中选择【椭圆】命令，在【大半径】文本框中输入 22.5，在【小半径】文本框中输入 7.5，绘制如图 3-60 所示的草图。

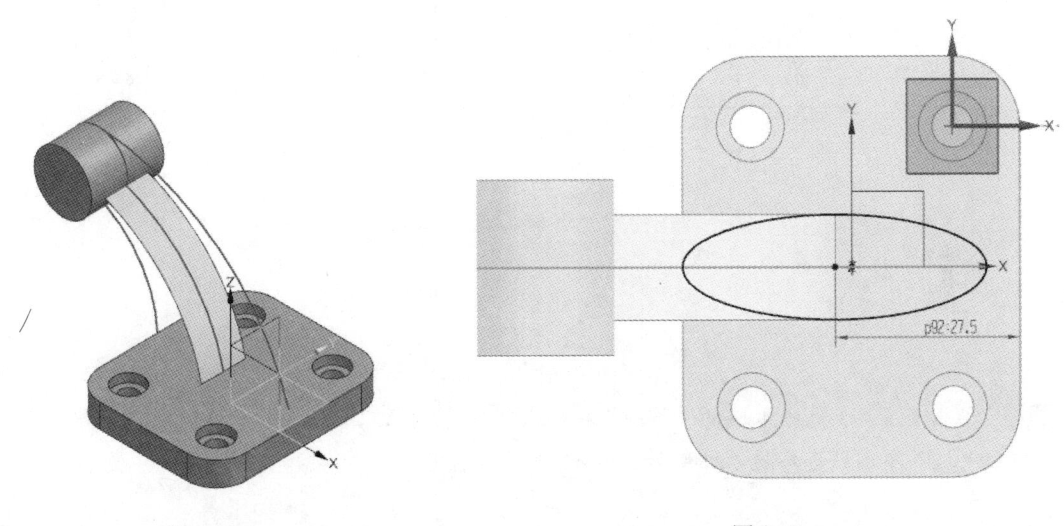

图 3-59　　　　　　　　　　图 3-60

Step 06　选择【菜单】|【插入】|【设计特征】|【扫掠】命令，弹出【扫掠】对话框，在【选择曲线】中选择步骤 5 绘制的椭圆轮廓线，单击【引导线】中的选择曲线，首先选择步骤 4 绘制曲线最下面的曲线，单击添加【新引导】按钮，然后选择由曲线拉伸的面，单击添加【新引导】按钮，最后选择步骤 4 绘制的最上面曲线，单击【确定】按钮，此时图形如图 3-61 所示。

Step 07　单击【主页】选项卡【基本】组中的【孔】按钮，弹出【孔】对话框，在【形状】选项组中选择【简单孔】选项，在【孔径】文本框中输入 12，得到叉架类零件实体模型如图 3-62 所示。

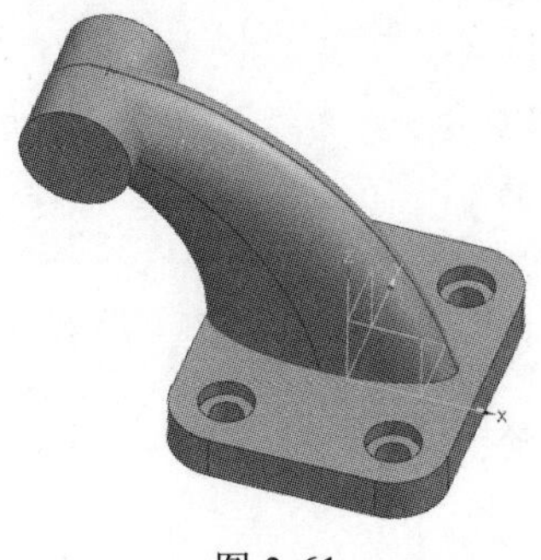

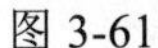

图 3-61

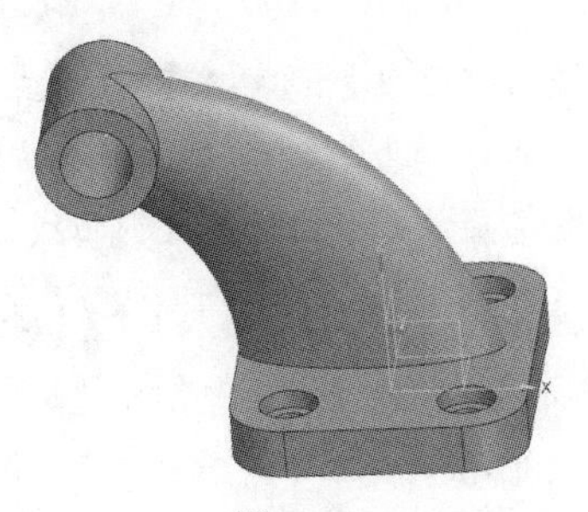

图 3-62

3.4.2　管道

管道造型主要用于构造各种管道实体，通过沿曲线扫掠圆形横截面创建实体，可设置大径和小径。

实例：制作软管模型

Step 01 启动 UG NX 1904 软件，单击【主页】功能区下的【新建】命令，在弹出的【新建】对话框中模板选择【模型】，新建文件名称为【3-15.prt】，单击【确定】按钮，进入建模环境，单击【主页】选项卡中的【草图】按钮，选择【XC-ZC 平面】作为草图平面，单击【确定】按钮，进入草图任务环境，绘制如图 3-63 所示的草图。

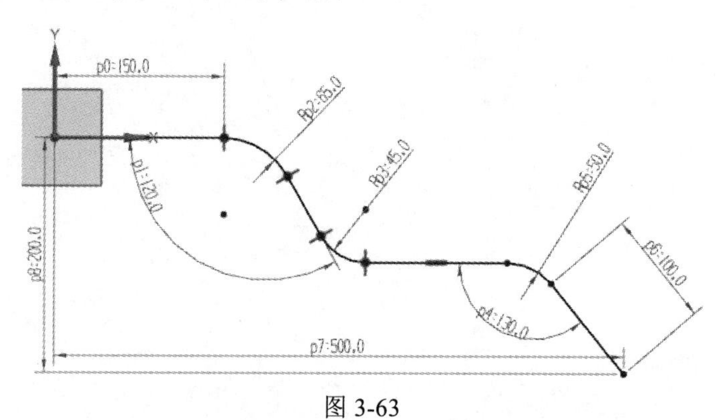

图 3-63

Step 02 单击【主页】选项卡中的【草图】按钮，选择【XC-YC 平面】作为草图平面，单击【确定】按钮，进入草图任务环境，绘制如图 3-64 所示的草图。

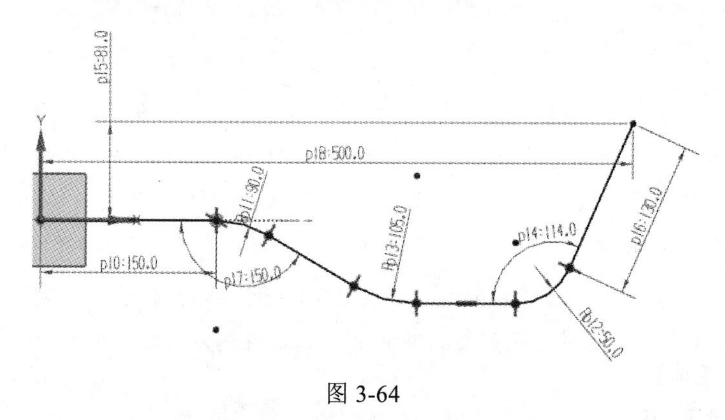

图 3-64

Step 03 选择【菜单】|【插入】|【派生曲线】|【组合投影】命令，曲线 1 的【选择曲线】选择步骤 2 绘制的曲线，曲线 2 的【选择曲线】选择步骤 1 绘制的曲线，单击【确定】按钮生成投影曲线。

Step 04 选择【菜单】|【插入】|【扫掠】|【管】命令，在【外径】文本框中输入 15，在【内径】文本框中输入 9，【路径】选择曲线选择步骤 4 的投影曲线，单击【确定】按钮，得到的软管实体模型如图 3-65 所示。

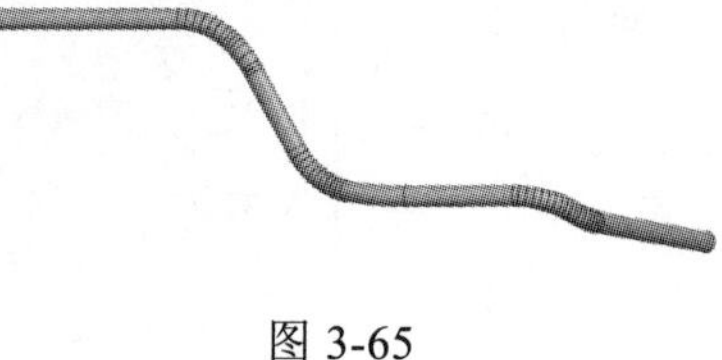

图 3-65

3.4.3 抽壳

抽壳命令用于通过指定一定的厚度将实体转换为薄壁体。选择【菜单】|【插入】|【偏置/

缩放】|【抽壳】命令或在【基本】工具栏中单击【抽壳】按钮，弹出【抽壳】对话框。利用对话框中的命令可以进行抽壳来挖空实体或在实体周围建模薄壳。该对话框中包含两种抽壳类型：【打开】和【封闭】。

【打开】：选择该方法后，所选目标面在抽壳操作后被移除，如图 3-66（b）所示。

【封闭】：选择该方法后，需要选择一个实体，系统按照设置的厚度进行抽壳，抽壳后原实体变成一个空心实体，如图 3-66（c）所示。

（a）抽壳前　　（b）使用【打开】命令　　（c）使用【封闭】命令

图 3-66

实例：制作漏斗

Step 01　启动 UG NX 1904 软件，单击【主页】功能区下的【新建】命令，在弹出的【新建】对话框中模板选择【模型】，新建文件名称为【3-16.prt】，单击【确定】按钮，进入建模环境，在【基本】工具栏中单击【旋转】按钮，选择【XC-YC 平面】作为草图平面，单击【确定】按钮，进入草图任务环境，单击【曲线】工具栏上的【轮廓】命令，绘制如图 3-67 所示的草图，单击【确定】按钮退出草图模式。

Step 02　返回【旋转】对话框，在【轴】选项组的【指定矢量】下拉列表框中选择【YC 轴】选项，定义旋转轴矢量。然后在【轴】选项组的【指定点】中单击【点构造器】按钮，在弹出的【点】对话框中设置点绝对坐标值为(0,0,0)，单击【确定】按钮，返回【旋转】对话框。在【限制】选项组中设置开始角度为 0，结束角度为 360，其他选项组设置为默认值，在【旋转】对话框中单击【确定】按钮，完成创建旋转实体如图 3-68 所示。

Step 03　选择【菜单】|【插入】|【偏置/缩放】|【抽壳】命令，在弹出的【抽壳】对话框中抽壳类型选择【打开】，在【厚度】文本框中输入 1，选择上端面作为【选择面】，单击【确定】按钮，漏斗实体模型如图 3-69 所示。

图 3-67　　图 3-68　　图 3-69

实例：制作饮料瓶

Step 01 启动 UG NX 1904 软件，单击【主页】功能区下的【新建】命令，在弹出的【新建】对话框中模板选择【模型】，新建文件名称为【3-17.prt】，单击【确定】按钮，进入建模环境，在【基本】工具栏中单击【旋转】按钮，选择【XC-ZC 平面】作为草图平面，单击【确定】按钮，进入草图任务环境，单击【曲线】工具栏上的【轮廓】命令，绘制如图 3-70 所示的草图，单击【确定】按钮退出草图模式。

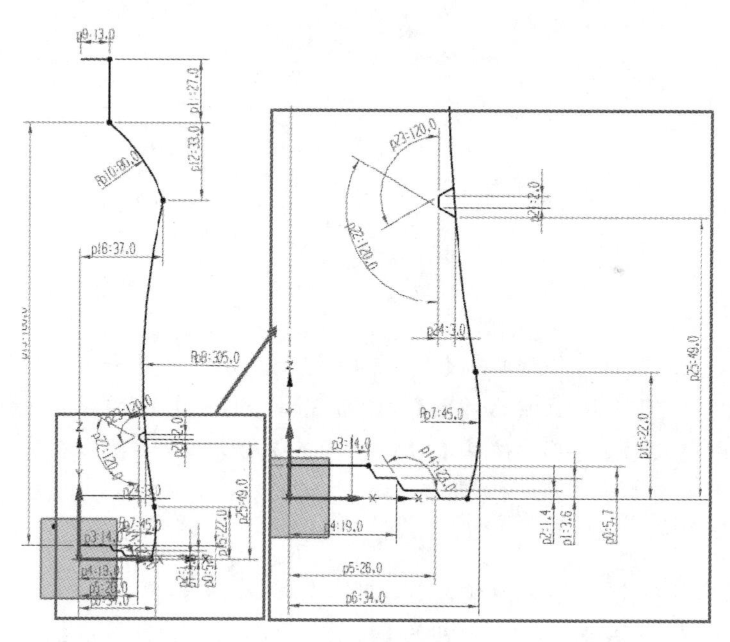

图 3-70

Step 02 返回【旋转】对话框，在【轴】选项组的【指定矢量】下拉列表框中选择【ZC 轴】选项，定义旋转轴矢量。然后在【轴】选项组的【指定点】中单击【点构造器】按钮，在弹出的【点】对话框中设置点绝对坐标值为(0,0,0)，单击【确定】按钮，返回【旋转】对话框。在【限制】选项组中设置开始角度为 0，结束角度为 360，其他选项组设置为默认值，在【旋转】对话框中单击【确定】按钮，完成旋转实体的创建，如图 3-71 所示。

Step 03 选择【菜单】|【插入】|【细节特征】|【边倒圆】命令，弹出【边倒圆】对话框，【连续性】选择【G1（相切）】命令，【形状】选择【圆形】，在【半径 1】文本框中输入 20，位置 1 处边作为【选择边】，单击【应用】按钮，在【半径 1】文本框中再次输入 2，位置 2 处边作为【选择边】，单击【确定】按钮。

Step 04 选择【菜单】|【插入】|【偏置/缩放】|【抽壳】命令，弹出【抽壳】对话框，抽壳类型选择【打开】，在【厚度】文本框中输入 0.6，选择上端面作为【选择面】，单击【确定】按钮，饮料瓶实体模型如图 3-72 所示。

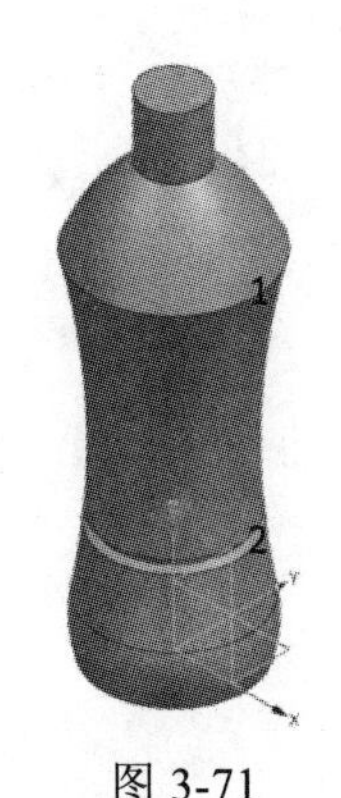

图 3-71

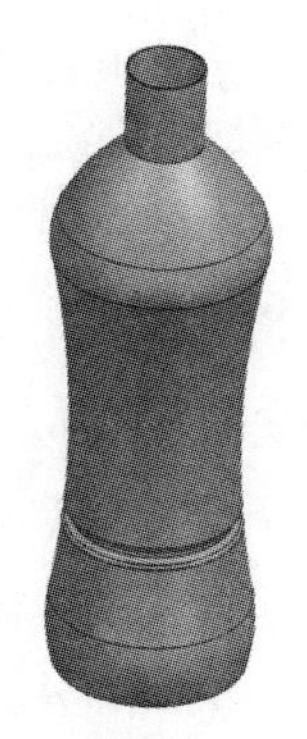

图 3-72

3.4.4　拔模

在设计注塑和压铸模具时，对于大型覆盖件和特征体积落差较大的零件，为使脱模顺利，通常都要设计拔模斜度。拔模命令提供的就是设计拔模斜度的操作。拔模对象的类型有表面、边缘、相切表面和分割线。对实体进行拔模时，应先选择实体类型，再选择相应的拔模步骤，并设置拔模参数，然后才可以对实体进行拔模。

在【基本】工具栏中单击【拔模】按钮，或选择【菜单】|【插入】|【细节特征】|【拔模】按钮，弹出如图 3-73 所示的【拔模】对话框。在【类型】下拉列表框中有 4 种拔模类型。

（1）面：该选项能将选中的面倾斜。

（2）边：能沿一组选中的边，按照指定的角度拔模，该选项能沿选中的一组边按指定的角度和参考点拔模。

（3）与面相切：能以给定的拔模角拔模，开模方向与所选面相切。该选项按指定的拔模角进行拔模，拔模与选中的面相切。

（4）分型边：从分型边起相对于固定平面拔模。

实例：制作烟灰缸

Step 01　启动 UG NX 1904 软件，单击【主页】功能区下的【新建】命令，在弹出的【新建】对话框中模板选择【模型】，新建文件名称为【3-18.prt】，单击【确定】按钮，进入建模环境，单击【草图】命令，选择【XC-YC 平面】作为草图平面，单击【确定】按钮，进入草图任务环境，单击【曲线】工具栏上的【矩形】命令，绘制如图 3-74 所示的草图，单击【确定】按钮退出草图模式。

图 3-73

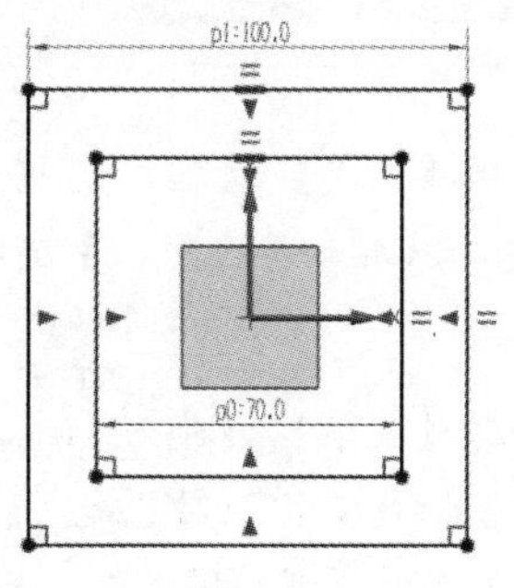

图 3-74

Step 02 在【基本】工具栏中单击【拉伸】按钮，弹出【拉伸】对话框，【选择曲线】为步骤 1 绘制最外层 4 条曲线，【指定矢量】选择【-ZC 轴】，在【限制】选项组中，【开始】选择【值】，在【距离】文本框中输入 0，【结束】选择【值】，在【距离】文本框中输入 60，【布尔】、【拔模】和【偏置】都选择无，单击【确定】按钮。

Step 03 选择【菜单】|【插入】|【细节特征】|【拔模】命令，弹出【拔模】对话框，在【类型】下拉列表框中选择【面】，【指定矢量】选择【ZC 轴】，【拔模方法】为【固定面】，选择拉伸体上表面作为【固定面】，【角度 1】选择 20 度，拉伸体 4 个侧面作为【要拔模的面】，单击【确定】按钮，此时图形如图 3-75 所示。

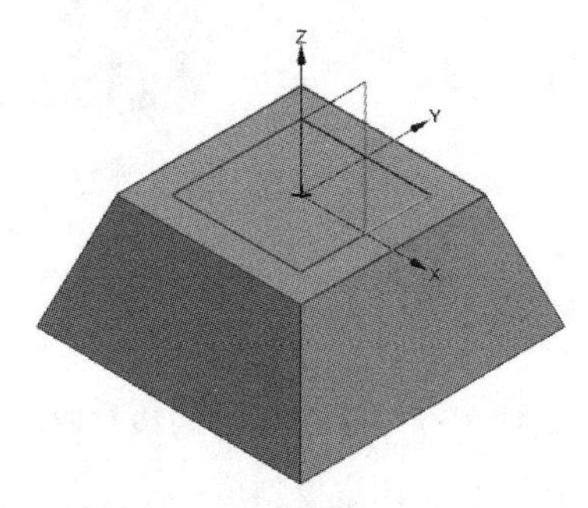

图 3-75

Step 04 在【基本】工具栏中单击【拉伸】按钮，弹出【拉伸】对话框，【选择曲线】为步骤 1 绘制最内层 4 条曲线，【指定矢量】选择【-ZC 轴】，在【限制】选项组中，【开始】选择【值】，在【距离】文本框中输入 0，【结束】选择【值】，在【距离】文本框中输入 40，在【布尔】下拉列表框中选择【减去】选项，单击【确定】按钮。

Step 05 选择【菜单】|【插入】|【设计特征】|【圆柱】命令，在弹出的【圆柱】对话框中选择【轴、直径和高度】模式，【指定矢量】选择【XC 轴】，【指定点】为工作坐标系原点，在【直径】文本框中输入 10，在【高度】文本框中输入 100，【布尔】选择无。

Step 06 选择【菜单】|【插入】|【关联复制】|【阵列特征】命令，弹出【阵列特征】对话框，阵列特征选择步骤 5 生成的圆柱体，【布局】为圆形，指定矢量为【ZC 轴】，【指定点】为工作坐标系原点，在【数量】文本框中输入 4，在【间距角】文本框中输入 90，单击【确定】按钮。

Step 07 选择【菜单】|【插入】|【组合】|【减去】命令，弹出【减去】对话框【目标】选择体为主体，【工具】选择体为步骤 5 圆柱体，此时图形如图 3-76 所示。

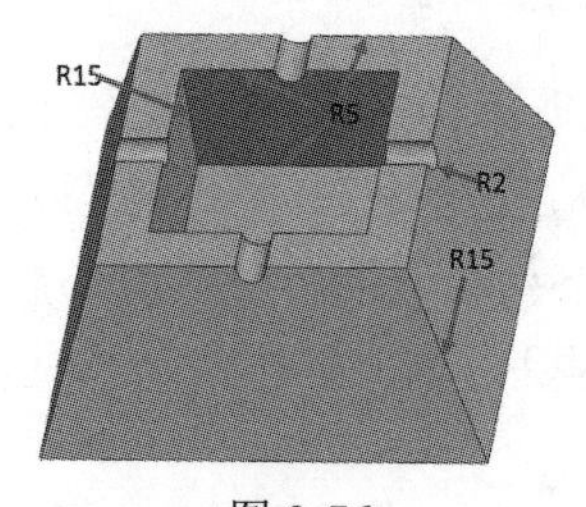

图 3-76

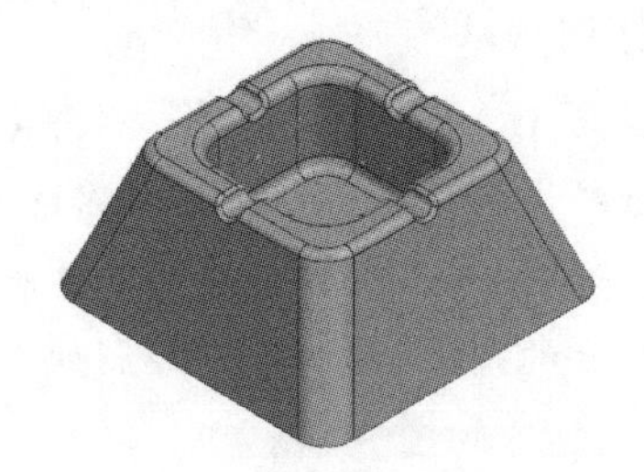
图 3-77

Step 08 选择【菜单】|【插入】|【细节特征】|【边倒圆】命令，在弹出的【边倒圆】对话框中【连续性】选择【相切】，【形状】选择【圆形】，边倒圆半径详见图 3-76。此时图形如图 3-77 所示。

Step 09 选择【菜单】|【插入】|【偏置/缩放】|【抽壳】命令，在弹出的【抽壳】对话框中选择【打开】抽壳命令，在【厚度】文本框中输入 3，选择下端面作为【选择面】，单击【确定】按钮，烟灰缸实体模型如图 3-78（a）所示，选择【菜单】|【视图】|【截面】|【剪切截面】

命令，完成烟灰缸实体的剪切，结果如图 3-78（b）所示。

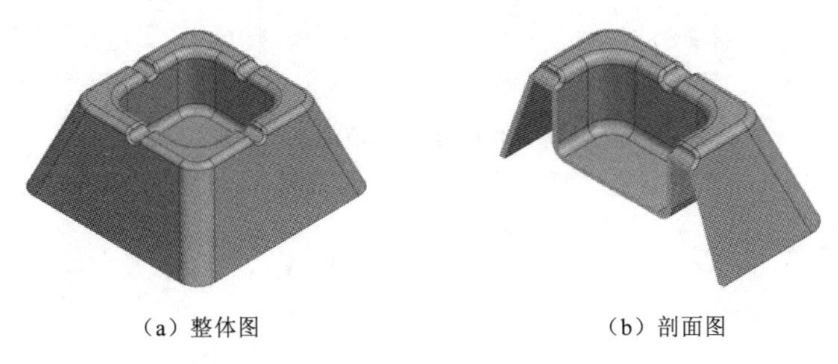

（a）整体图　　　（b）剖面图

图 3-78

3.4.5　阵列特征

选择【菜单】|【插入】|【关联复制】|【阵列特征】命令，弹出如图 3-79 所示【阵列特征】的对话框。然后选择要阵列的特征，指定参考点，进行阵列定义，设置阵列方法等。阵列方法主要有【变化】和【简单孔】两种选项。

实例：制作衬盖

Step 01　启动 UG NX 1904 软件，单击【主页】功能区下的【新建】命令，在弹出的【新建】对话框中模板选择【模型】，新建文件名称为【3-19.prt】，单击【确定】按钮，进入建模环境后，选择【菜单】|【插入】|【草图】命令，弹出【创建草图】对话框，选择【YC-ZC 平面】作为草绘平面，单击【确定】按钮，绘制如图 3-80 所示的曲线。

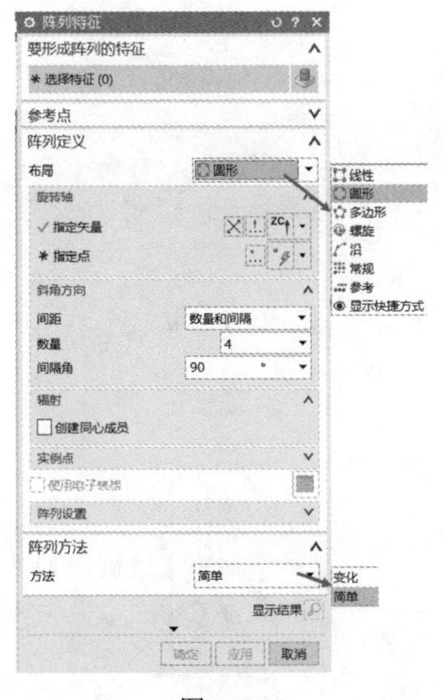

图 3-79

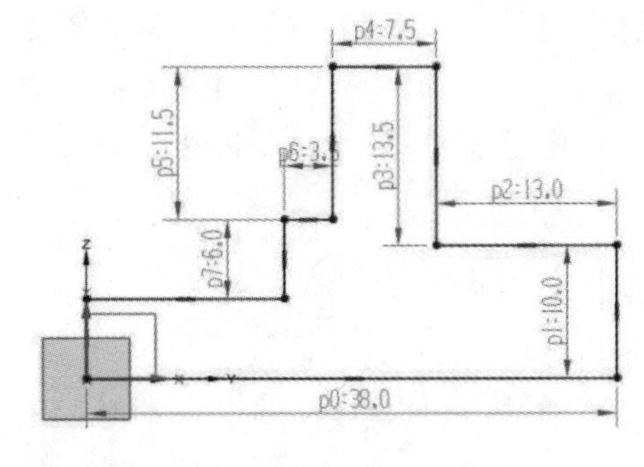

图 3-80

Step 02　创建旋转实体。在【特征】工具栏中单击【旋转】按钮，弹出【旋转】对话框。选择绘制的草图为旋转曲线，选择的旋转轴为 ZC 坐标轴。单击【确定】按钮完成旋转体创建。

Step 03 创建孔特征。在【特征】工具栏中单击【孔】按钮，弹出【孔】对话框，在【类型】下拉列表框中选择【常规孔】选项，【孔方向】选择【垂直于面】，并在【成形】下拉列表框中选择【沉头孔】选项；利用【点】对话框设置孔的位置，如图 3-81 所示；在【形状和尺寸】工具栏中输入图 3-82 所示的尺寸，【沉头直径】设置为 11mm，【沉头深度】设置为 4.6mm、【直径】设置为 6.6mm，在【深度限制】下拉列表框中选择【贯通体】选项，单击【确定】按钮完成沉头孔创建。

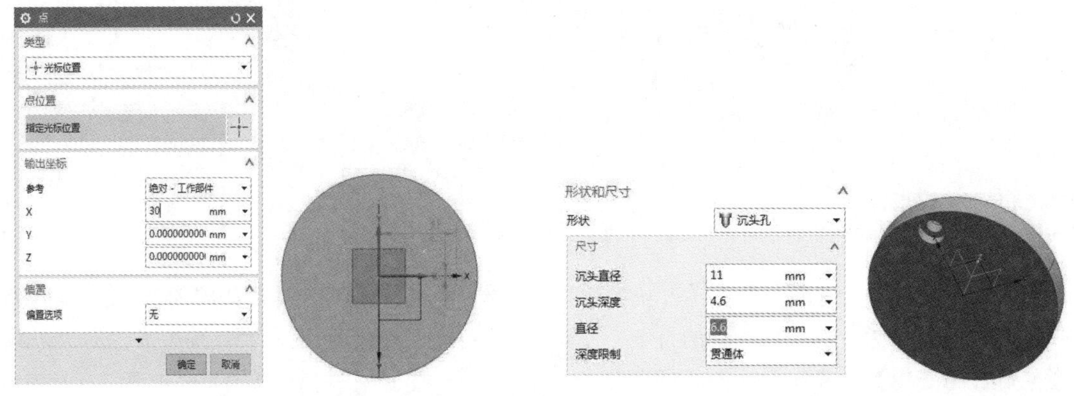

图 3-81　　图 3-82

Step 04 创建圆形阵列。选择【菜单】|【插入】|【关联复制】|【阵列特征】命令，在弹出的【阵列特征】对话框中，选择【沉头孔】特征为阵列对象，然后选择【圆形阵列】命令，【指定矢量】选择【ZC 轴】，【指定点】为坐标原点，设置参数，单击【确定】按钮，创建的圆形阵列如图 3-83 所示。

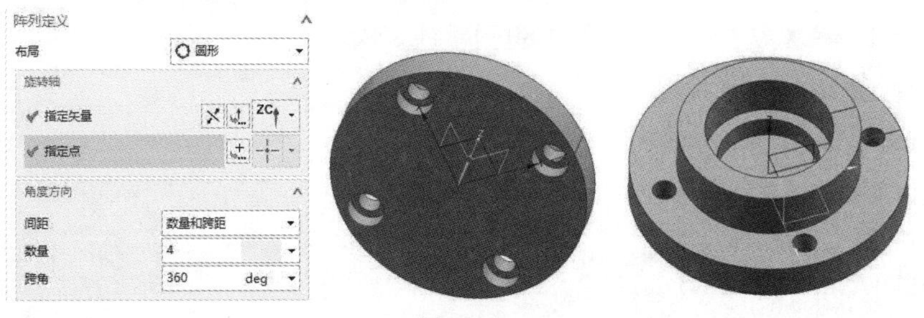

图 3-83

Step 05 边倒圆。在【特征】工具栏中单击【边倒圆】按钮，在弹出的【边倒圆】对话框中设置【半径】为 3mm，选择如图 3-84 所示的边进行边倒圆操作。单击【确定】按钮完成边倒圆操作。至此，衬盖创建完成，效果如图 3-85 所示。

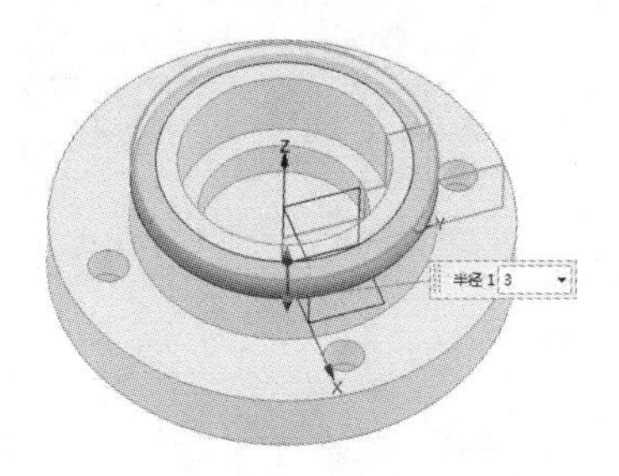

图 3-84

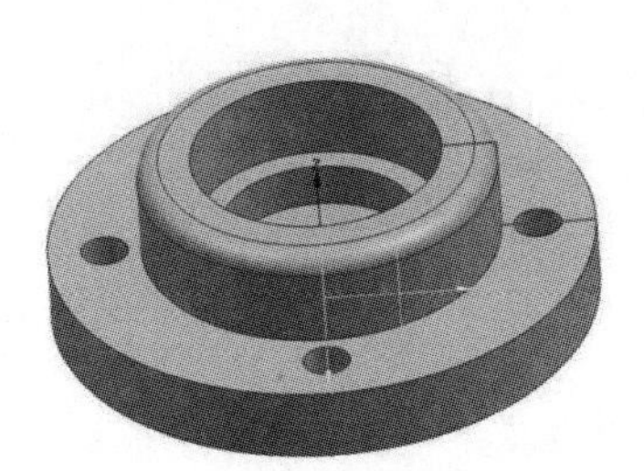

图 3-85

3.4.6 镜像特征

【镜像特征】命令可以复制特征并根据指定平面进行镜像。选择【菜单】|【插入】|【关联复制】|【镜像特征】命令，启动此命令。

实例：制作阀体

Step 01 启动 UG NX 1904 软件，单击【主页】功能区下的【新建】命令，在弹出的【新建】对话框中模板选择【模型】，新建文件名称为【3-20.prt】，单击【确定】按钮，进入建模环境后，选择菜单栏中【插入】|【在任务环境中绘制草图】命令，弹出【创建草图】对话框，选择【XC-YC 平面】作为草绘平面，单击【确定】按钮，绘制如图 3-86 所示的曲线。

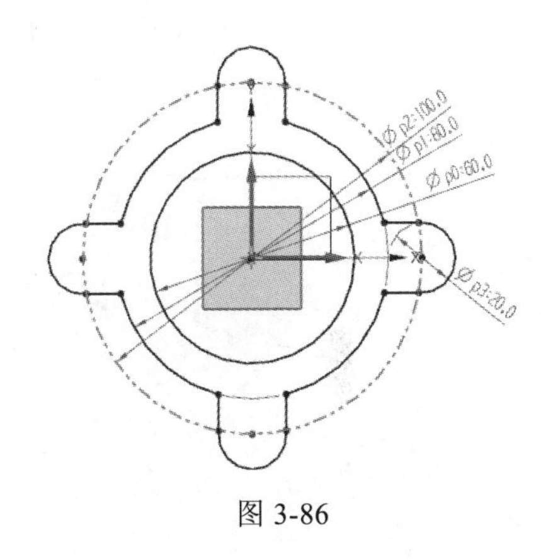

图 3-86

Step 02 在【基本】工具栏中单击【拉伸】按钮，【选择曲线】为步骤 1 绘制曲线，【指定矢量】选择【-ZC 轴】，在【限制】选项组中，【开始】选择【值】，在【距离】文本框中输入 0，【结束】选择【值】，在【距离】文本框中输入 10，其余默认，单击【确定】按钮。

Step 03 选择【菜单】|【插入】|【关联复制】|【镜像特征】命令，选择步骤 2 生成的实体作为选择特征，选择【平面】为【新平面】，选择【平面】选项，选择【按某一距离】生成新平面，【平面参考】选择【XY 平面】，在【距离】文本框中输入 40，单击【确定】按钮。此时获得的实体如图 3-87 所示。

Step 04 选择【菜单】|【插入】|【设计特征】|【圆柱】命令，在打开的【圆柱】对话框中【指定矢量】选择【ZC 轴】，【指定点】设置为"0，0，0"，在【直径】文本框中输入 80，在【高度】文本框中输入 80，单击【应用】按钮，继续绘制圆柱，【指定矢量】选择【YC 轴】，【指定点】设置为【0，0，40】，在【直径】文本框中输入 55，在【高度】文本框中输入 50，单击【确定】按钮，此时绘制的实体如图 3-88 所示。

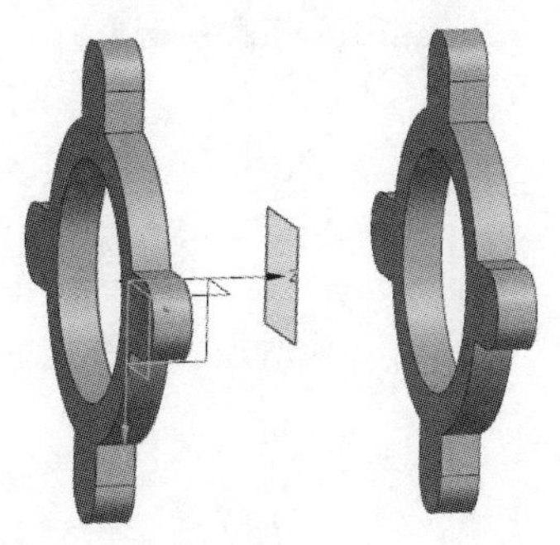

图 3-87

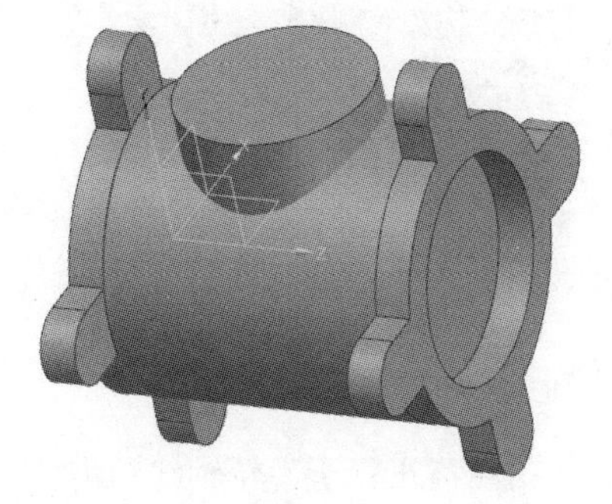

图 3-88

Step 05 选择【菜单】|【插入】|【设计特征】|【孔】命令，孔的【形状】选择简单孔，孔径如图 3-89 所示。

Step 06 选择【菜单】|【插入】|【关联复制】|【阵列特征】命令，选择孔径为 10 的孔作为要阵列的特征，【指定矢量】为【ZC 轴】,【指定点】为【0，0，80】，阵列数量为 4，单击【确定】按钮。

Step 07 选择【菜单】|【插入】|【关联复制】|【镜像特征】命令，选择步骤 6 阵列特征为要镜像的特征，选择【平面】为【新平面】，选择【平面】选项，选择【按某一距离】生成新平面，【平面参考】选择【XY 平面】，在【距离】文本框中输入 40，单击【确定】按钮，阀体实体模型如图 3-90 所示。

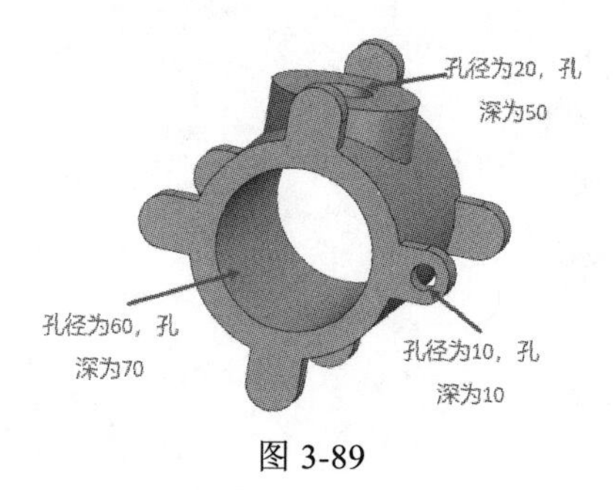

图 3-89

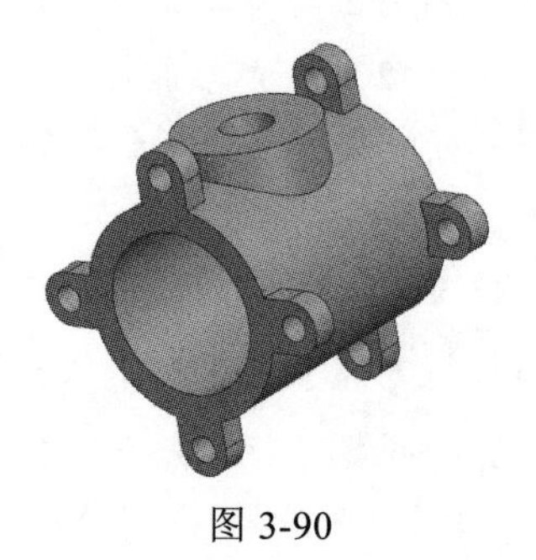
图 3-90

3.5 工具箱

本节主要学习齿轮建模和弹簧设计，通过本节的学习可以更快速地创建齿轮和弹簧等标准零件。

3.5.1 齿轮建模

选择【菜单】|【GC 工具箱】|【齿轮建模】命令，弹出子菜单，在子菜单中可以选择是要创建【圆柱齿轮】还是【锥齿轮】。本部分以圆柱齿轮为例进行建模说明，打开【渐开线圆柱齿轮建模】对话框，如图 3-91 所示。

在齿轮操作方式中选中【创建齿轮】单选按钮，单击【确定】按钮，弹出如图 3-92 所示对话框。

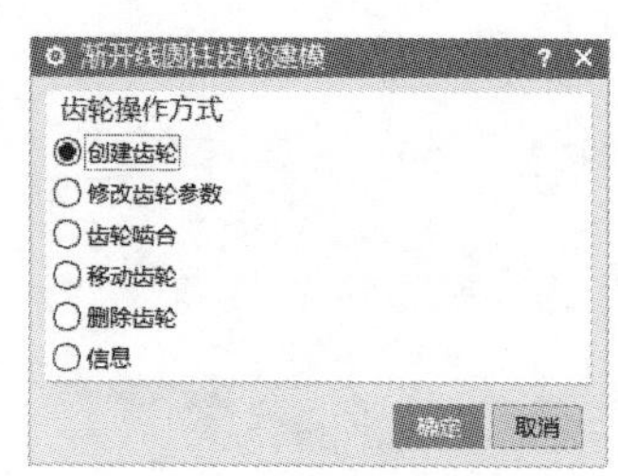

图 3-91

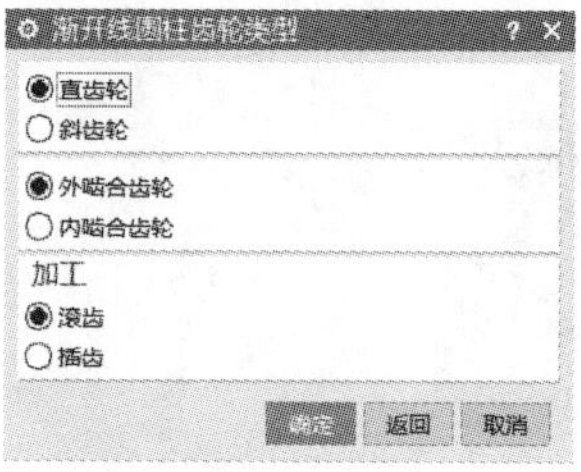

渐开线圆柱齿轮类型
直齿轮
斜齿轮
外啮合齿轮
内啮合齿轮
加工
滚齿
插齿
确定 返回 取消

图 3-92

直齿轮：指轮齿平行于齿轮轴线的齿轮。

斜齿轮：指轮齿与轴线成一角度的齿轮。

外啮合齿轮：指齿顶圆直径大于齿根圆直径的齿轮。

内啮合齿轮：指齿顶圆直径小于齿根圆直径的齿轮。

加工：滚齿是用齿轮滚刀按展成法加工齿轮的齿面；插齿是用插齿刀按展成法或成形法加工内、外齿轮或齿条等齿面。

实例：制作圆柱齿轮

Step 01　启动 UG NX 1904 软件，单击【主页】功能区下的【新建】命令，在弹出的【新建】对话框中模板选择【模型】，新建文件名称为【3-21.prt】，单击【确定】按钮，进入建模环境后，选择【菜单】|【GC 工具箱】|【齿轮建模】|【柱齿轮】|【创建齿轮】命令，在弹出的【渐开线圆柱齿轮类型】对话框中，选中【直齿轮】、【外啮合齿轮】、【滚齿】单选按钮，单击【确定】按钮，在弹出的对话框【标准齿轮】选项卡中，设置【名称】、【模数】、【牙数】、【齿宽】和【压力角】，齿轮建模精度为【中点】，单击【确定】按钮，在弹出的【矢量】选项卡中选择【YC 轴】，单击【确定】按钮，在【输出坐标】选项卡中【参考】选择【工作坐标系】，单击【确定】按钮，此时实体如图 3-93 所示。

图 3-93

Step 02　在【基本】工具栏中单击【拉伸】按钮，弹出【拉伸】对话框，【截面曲线】选择步骤 1 生成的实体任一表面，进入绘制草图环境，绘制草图，单击【完成】按钮，【指定矢量】为【YC 轴】，【开始距离】为 0，【结束距离】为 30，【布尔】运算为【减去】，单击【确定】按钮，生成圆柱齿轮实体如图 3-94 所示。

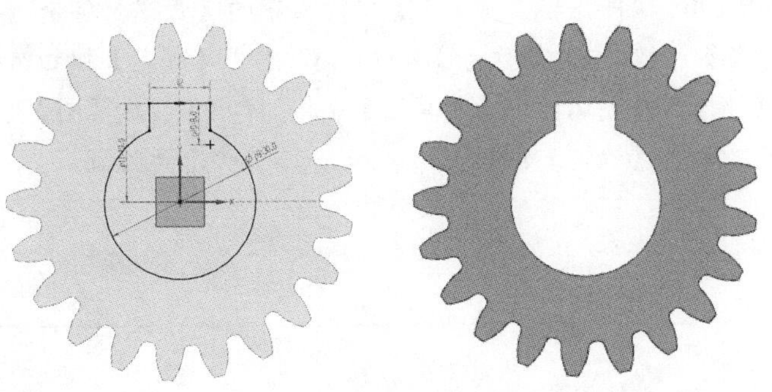

图 3-94

3.5.2　弹簧设计

选择【菜单】|【GC 工具箱】|【弹簧设计】命令，弹出子菜单，在子菜单中可以选择创建【圆

柱压缩弹簧】、【圆柱拉伸弹簧】、【碟簧】。本部分以圆柱压缩弹簧为例进行建模说明，打开【圆柱压缩弹簧】对话框，如图 3-95 所示。

类型：选择类型和创建方式。

输入参数：输入弹簧的各个参数。

显示结果：显示设计好的弹簧各个参数。

图 3-95

实例：制作圆柱拉伸弹簧

启动 UG NX 1904 软件，单击【主页】功能区下的【新建】命令，在弹出的【新建】对话框中模板选择【模型】，新建文件名称为【3-22.prt】，单击【确定】按钮，进入建模环境后，选择【菜单】|【GC 工具箱】|【弹簧设计】|【圆柱拉伸弹簧】命令，在【类型】选项卡中，【选择类型】为【输入参数】，【创建方式】为【在工作部件中】，指定矢量为【ZC 轴】，【指定点】为工作坐标系原点。在【输入参数】选项卡中设置相关参数，圆柱拉伸弹簧实体如图 3-96 所示。

图 3-96

3.6 综合实例 1：制作螺纹拉杆实体

Step 01 启动 UG NX 1904 软件，单击【主页】功能区下的【新建】命令，在弹出的【新建】对话框中模板选择【模型】，新建文件名称为【3-23.prt】，单击【确定】按钮，进入建模环境后，选择【菜单】|【插入】|【在任务环境中绘制草图】命令，弹出【创建草图】对话框，选择【XC-YC 平面】作为草绘平面，单击【确定】按钮，绘制如图 3-97 所示的曲线。

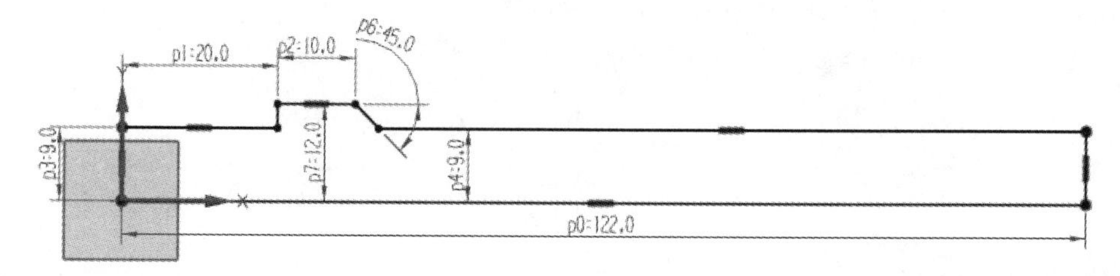

图 3-97

Step 02　在【基本】工具栏中单击【旋转】按钮，在弹出的【旋转】对话框中【指定矢量】为【XC轴】，【指定点】为工作坐标系原点，单击【确定】按钮完成旋转体的创建。

Step 03　选择【菜单】|【插入】|【设计特征】|【孔】命令，弹出【孔】对话框，孔类型为【简单孔】，在【孔径】文本框中输入8，【指定点】为上端面圆心，在【孔深】文本框中输入34，在【布尔】运算选择【减去】，单击【确定】按钮，此时创建实体如图3-98所示。

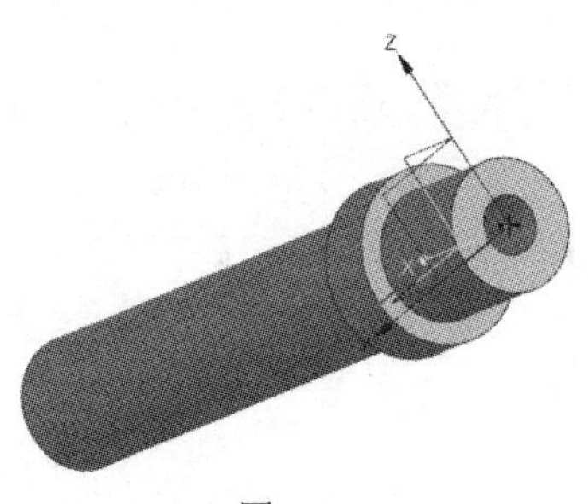

图 3-98

Step 04　选择【菜单】|【插入】|【设计特征】|【孔】命令，孔类型为【简单孔】，在【孔径】文本框中输入7.5，【指定点】为下端面圆心，在【孔深】文本框中输入22，【布尔】运算选择【减去】，单击【确定】按钮。

Step 05　在【基本】工具栏中单击【拉伸】按钮，选择【XZ平面】作为草图绘制平面，绘制如图3-99所示的草图，单击【完成】按钮，【指定矢量】为【YC轴】，【限制】选择【对称值】，【布尔】为【合并】，单击【确定】按钮。

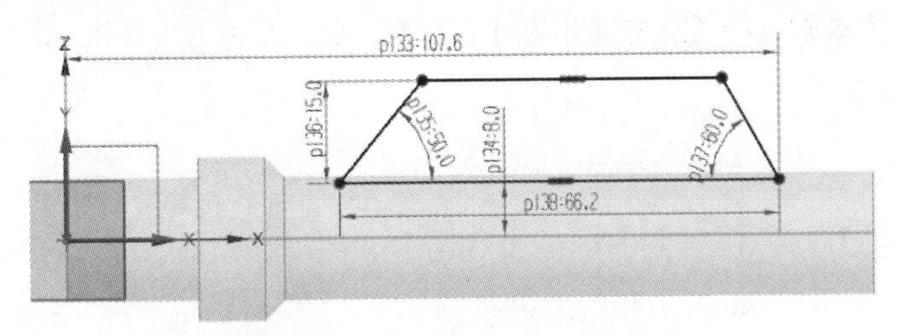

图 3-99

Step 06　选择【菜单】|【插入】|【关联复制】|【阵列特征】命令，弹出【阵列特征】对话框，【选择特征】为步骤5得到的拉伸体，【指定矢量】为【XC轴】，【指定点】为工作坐标系原点，【数量】为3，【间隔角】为120，单击【确定】按钮，此时得到的实体如图3-100所示。

Step 07　选择【菜单】|【插入】|【设计特征】|【螺纹】命令，在弹出的对话框中【螺纹类型】选择【详细】，单击上端面孔，设置相关参数，单击【应用】按钮。单击下端面孔，相关参数设置如图3-101所示，单击【确定】按钮。

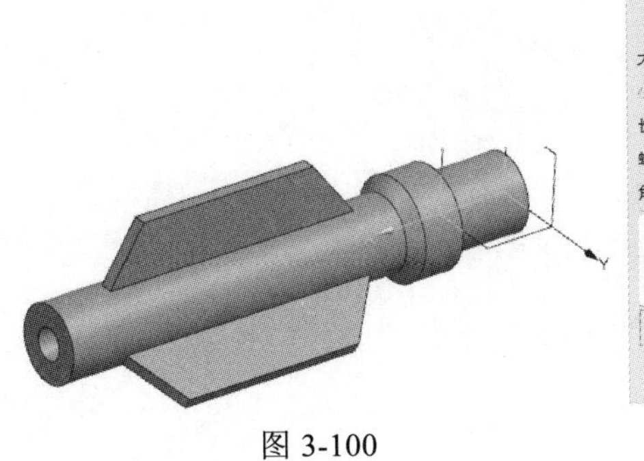

图 3-100

图 3-101

Step 08 选择【菜单】|【插入】|【细节特征】|【倒斜角】命令，弹出【倒斜角】对话框，选择【横截面】下拉列表中的【偏置和角度】选项，在【距离】文本框中输入 1，在【角度】文本框中输入 45，选择上下端面轮廓线，单击【确定】按钮。

Step 09 选择【菜单】|【插入】|【细节特征】|【边倒圆】命令，弹出【边倒圆】对话框，在【形状】下拉列表框中选择【圆形】选项，在【半径】文本框中输入 1，选择定位板和拉杆的相交线作为边倒圆边，单击【确定】按钮，螺纹拉杆实体如图 3-102 所示。

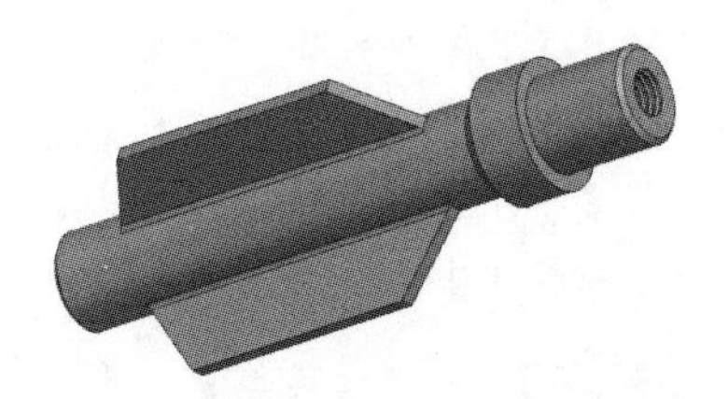

图 3-102

3.7 综合实例 2：制作凳子实体

Step 01 启动 UG NX 1904 软件，单击【主页】功能区下的【新建】命令，在弹出的【新建】对话框中模板选择【模型】，新建文件名称为【3-24.prt】，单击【确定】按钮，在【基本】工具栏中单击【拉伸】按钮，在弹出的对话框中选择【XY 平面】作为草图绘制平面，绘制如图 3-103 所示的草图，单击【完成】按钮，【指定矢量】为【-ZC 轴】，【限制】选项中【开始距离】为 0，【结束距离】为 150，【拔模】选择【从起始限制】，在【角度】文本框中输入-5，单击【确定】按钮，此时实体如图 3-103 所示。

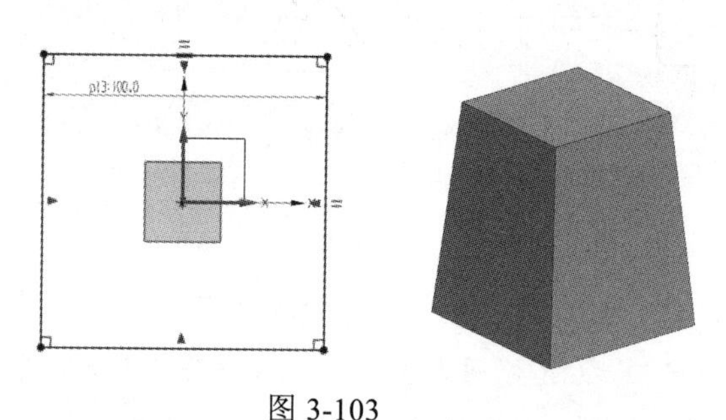

图 3-103

Step 02 选择【菜单】|【插入】|【草图】命令，弹出【创建草图】对话框，选择步骤 1 实体任一侧面作为草绘平面，单击【确定】按钮，绘制如图 3-104 所示的曲线。再次进入草绘环境，选择步骤 1 实体上端面作为草绘平面，单击【确定】按钮，绘制如图 3-104 所示的曲线。

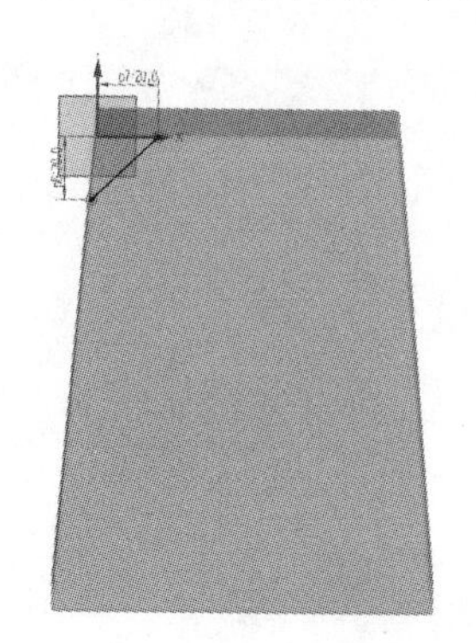

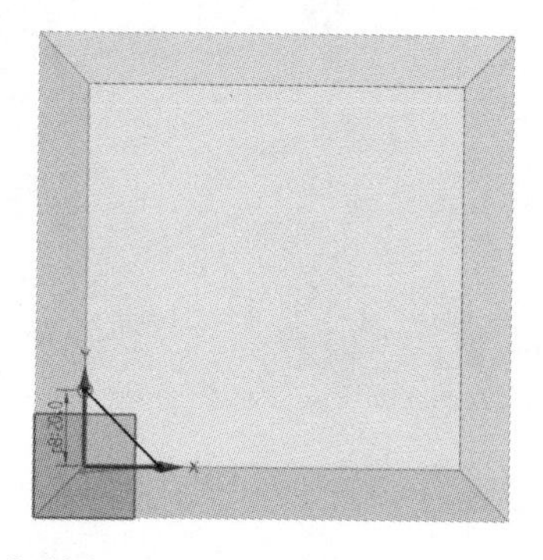

图 3-104

Step 03 单击【基准平面】命令，选择【两直线】创建基准平面，【第一条直线】选择步骤 2 绘制的第一条直线，【第二条直线】选择步骤 2 绘制的第二条直线，单击【确定】按钮。

Step 04 选择【菜单】|【插入】|【修剪】|【修剪体】命令，在弹出的对话框中【目标体】为步骤 1 拉伸实体，【修剪工具】为步骤 3 创建的基准平面，单击【确定】按钮。

Step 05 选择【菜单】|【插入】|【复制关联】|【阵列特征】命令，要阵列的特征选择步骤 4 修建体，【指定矢量】为【ZC 轴】，【指定点】坐标为“0，0，0”，在【数量】文本框中输入 4，在【间隔角】文本框中输入 90，单击【确定】按钮，此时实体如图 3-105 所示。

Step 06 选择【菜单】|【插入】|【偏置/缩放】|【抽壳】命令，在弹出的对话框中类型选择【打开】，选择步骤 1 拉伸实体的下端面，在【厚度】文本框中输入 1.5，单击【确定】按钮。

Step 07 在【基本】工具栏中单击【拉伸】按钮，选择步骤 1 拉伸实体任一侧面作为草图绘制平面，绘制如图 3-106 所示的草图，单击【完成】按钮，【指定矢量】为【-XC 轴】，【开始距离】为-10，【结束距离】为 50，【布尔】选择【减去】。

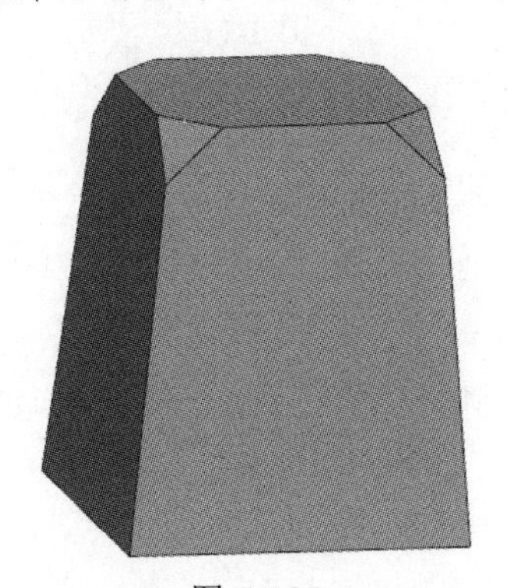

图 3-105

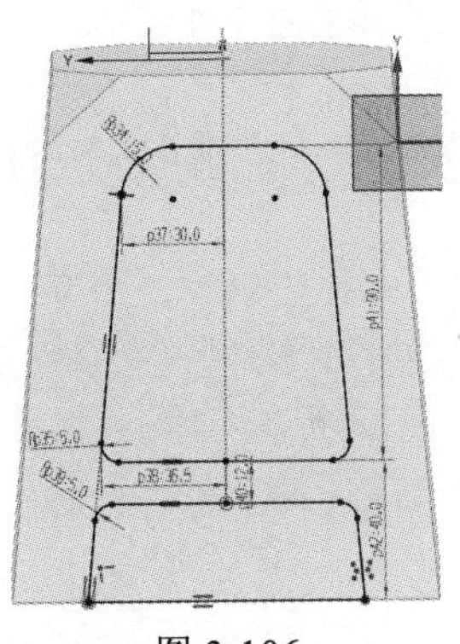

图 3-106

Step 08 选择【菜单】|【插入】|【草图】命令，草绘平面为步骤 7 绘制平面，单击【偏置】命令，偏置距离为 3，绘制如图 3-107 所示的草图。

Step 09 在【基本】工具栏中单击【拉伸】按钮，首先选择步骤 7 草绘图形边线作为拉伸截面【选择曲线】，然后选择步骤 8 绘制的曲线，拉伸参数如图 3-108 所示。

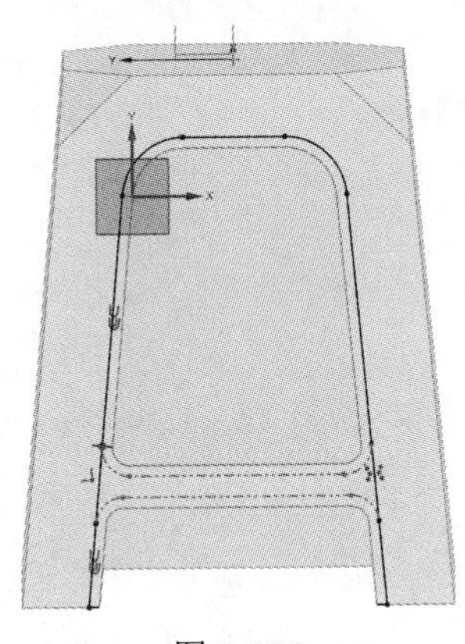

图 3-107

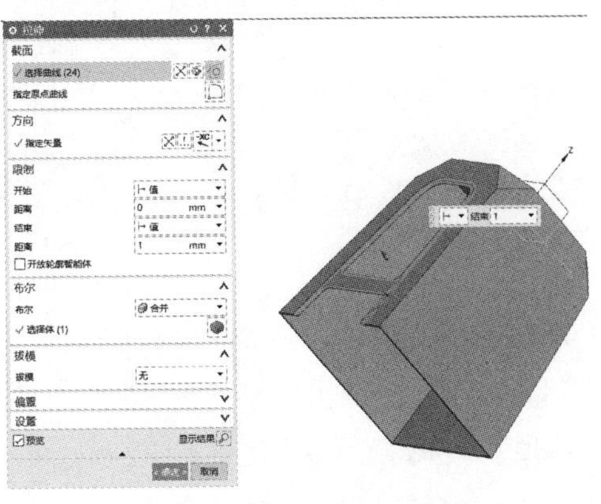

图 3-108

Step 10 选择【菜单】|【插入】|【复制关联】|【阵列特征】命令，首先选择步骤 7 拉伸实体作为【要形成阵列的特征】，然后选择步骤 9 制作的拉伸实体作为【要形成阵列的特征】，【指定矢量】为【ZC 轴】，【指定点】为工作坐标系原点，此时实体模型如图 3-109 所示。

Step 11 选择【菜单】|【插入】|【细节特征】|【边倒圆】命令，弹出【边倒圆】对话框，在【形状】下拉列表框中选择【圆形】，边倒圆半径如图 3-110 所示，最终完成凳子实体模型。

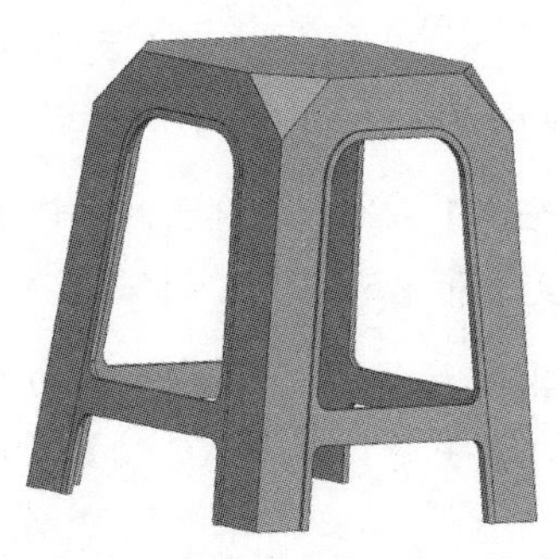
图 3-109

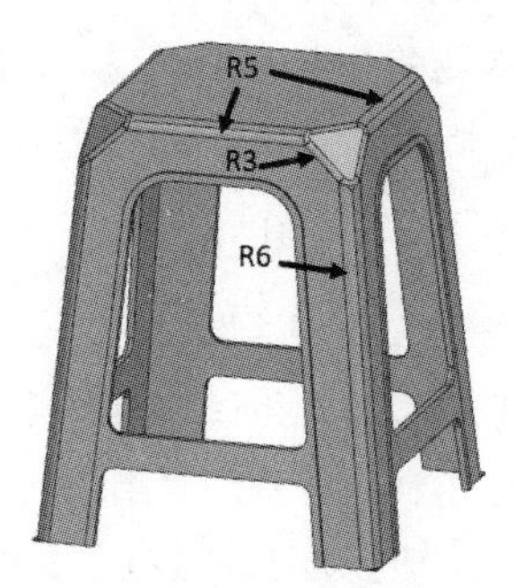

图 3-110

3.8 综合实例 3：制作方向盘

Step 01 启动 UG NX 1904 软件，单击【主页】功能区下的【新建】命令，在弹出的【新建】对话框中模板选择【模型】，新建文件名称为【3-25.prt】，单击【确定】按钮，选择【菜单】|【插入】|【草图】命令，弹出【创建草图】对话框，选择【XC-ZC 平面】作为草绘平面，单击【确定】按钮，绘制如图 3-111 所示的曲线。

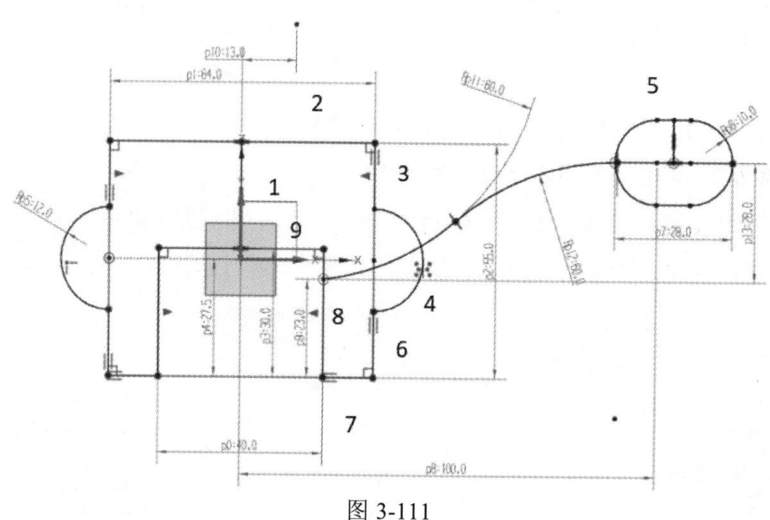

图 3-111

Step 02 在【基本】工具栏中单击【旋转】按钮，【截面曲线】选择图 3-111 所示的 9 条曲线，【指定矢量】为【ZC 轴】，【指定点】为工作坐标系原点，单击【确定】按钮完成旋转体的创建。

Step 03 选择【草图】命令，在弹出的【创建草图】对话框中选择创建草图类型为【基于路径】，相关设置参数和选择路径如图 3-112 所示。单击【确定】按钮，绘制如图 3-113 所示的草图。

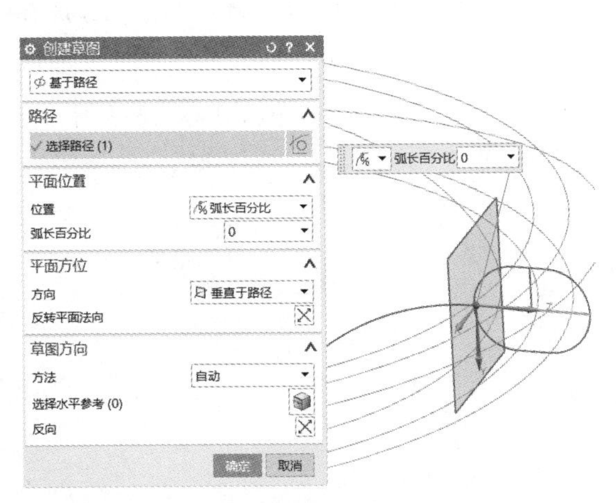

图 3-112

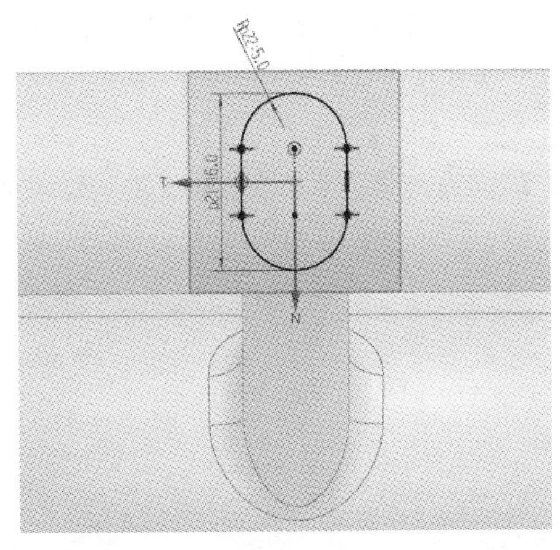

图 3-113

Step 04　选择【菜单】|【插入】|【扫掠】|【扫掠】命令，在弹出的对话框中【截面选择曲线】选择步骤 3 绘制的草图，【引导线】及相关参数设置如图 3-114 所示。注意：在选择第一条引导线时，要选择【单条曲线】且要单击【在相交处停止】命令。

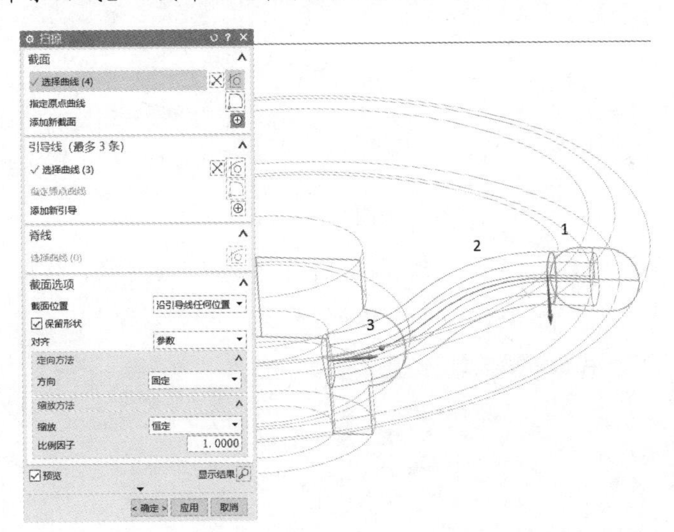

图 3-114

Step 05　选择【菜单】|【插入】|【复制关联】|【阵列特征】命令，在弹出的对话框中【要形成阵列的特征】选择步骤 3 扫掠体，【指定矢量】选择【ZC 轴】，【指定点】为工作坐标系原点，在【数量】文本框中输入 4，在【间隔角】文本框中输入 90，单击【确定】按钮，此时实体模型如图 3-115 所示。

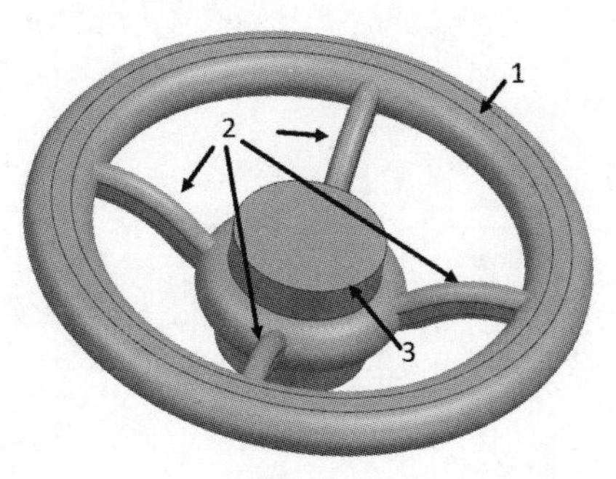

图 3-115

Step 06　选择【菜单】|【插入】|【组合】|【合并】命令，【目标体】为图 3-115 中 1，【工具体】选择图中 2，

单击【应用】按钮，【目标体】再次选择图中 3，【工具体】选择图中 2（此时 1 和 2 已经成为一体），单击【确定】按钮。

Step 07 选择【菜单】|【插入】|【细节特征】|【边倒圆】命令，弹出【边倒圆】对话框，在【形状】下拉列表框中选择【圆形】，边倒圆半径如图 3-116 所示。

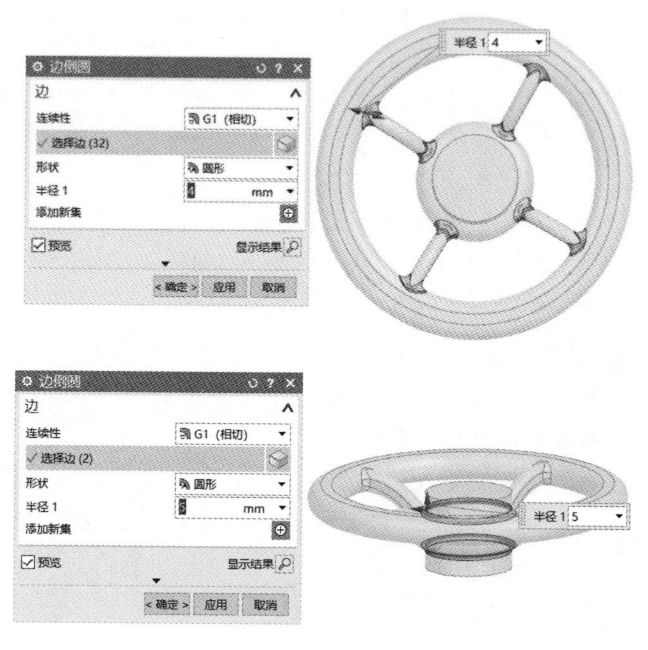

图 3-116

Step 08 选择【菜单】|【插入】|【细节特征】|【倒斜角】命令，弹出【倒斜角】对话框，相关参数设置如图 3-117 所示。最终完成方向盘的实体模型的构建。

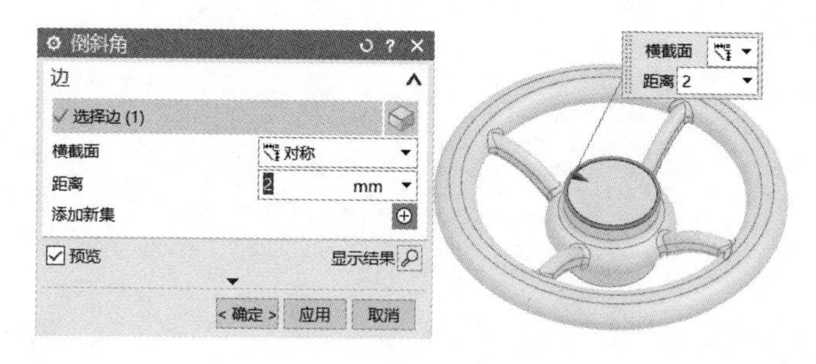

图 3-117

NX 第 4 章 曲线建模

在 UG NX 1904 中，曲线是构建模型的基础，只有构造良好的二维曲线才能保证利用二维曲线创建的实体或曲面质量好，在三维建模过程中有着不可替代的作用。任何三维模型的建立都要遵循由二维到三维，从线到面，再到实体的过程。尤其是创建高级曲面时，基础线条有时不符合建模设计的要求，利用它们很难构建高质量的三维模型，这就需要利用更高一级的线条构建高质量的三维模型。

4.1 基本曲线创建

基本曲线是非参数化建模中最常用的工具之一。它作为一种基本的构造图元，可以创建实体特征、曲面的截面，还可以用作建模的辅助参照来帮助准确定位或定形操作。具体包括直线、圆、圆弧、圆角等功能。

4.1.1 基本曲线

1. 直线

在 UG NX 1904 中，直线是指通过空间的两点产生的一条线段。直线作为组成平面图形或截面图形的最小图元，在空间中无处不在。

选择【菜单】|【插入】|【曲线】|【基本曲线（原有)】命令，弹出【基本曲线】对话框，如图 4-1 所示。包括直线、圆、圆弧等 6 种功能。在【基本曲线】对话框中单击【直线】命令，即可创建直线。

【基本曲线】对话框各项功能说明如下：

（1）无界：当选中该复选框时，不论生成方式如何，所生成的任何直线都会被限制在视图的范围内。

（2）增量：用于以增量的方式生成直线，即在选定一点后，分别在绘图区下方跟踪条的 XC、YC、ZC 文本框中（见图 4-2）输入坐标值，作为后一点相对于前一点的增量。对于大多数直线生成方式，可以通过在跟踪条的文本框中输入值并在生成直线后立即按 Enter 键，指定精确的直线角度值或长度值。

（3）点方法：能够相对于已有的几何体，通过指定光标位置或使用点构造器来指定点，其中包含的选项与【点】对话框中选项的功能相似。

（4）线串模式：能够生成未打断的曲线串。当选择该复选框时，一个对象的终点变成了下一个对象的起点。若要停止线串模式，只需选择该复选框即可。若要中断线串模式并生成下一个对象时再启动，可单击【打断线串】按钮。

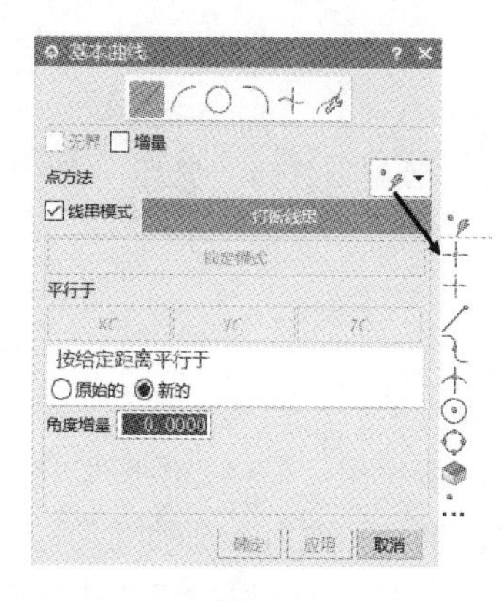

图 4-1

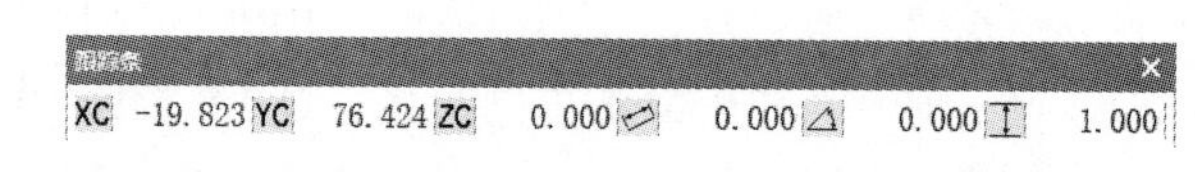

图 4-2

（5）打断线串：在所选位置处打断曲线串，但【线串模式】仍保持激活状态。

（6）锁定模式：当生成平行于、垂直于已有直线或与已有直线成一定角度的直线时，如果单击【锁定模式】按钮，则当前在图形窗口中以橡皮线显示的直线生成模式将被锁定。当下一步操作可能会导致直线生成模式发生改变，而又想避免这种改变时，单击该按钮。

（7）平行于 XC、YC、ZC：这些按钮用于生成平行于 XC、YC 或 ZC 轴的直线。指定一个点，单击所需轴的按钮，并指定直线的终点即可。

（8）原始的：选中该单选按钮后，新创建的平行线的距离由原先选择线算起。

（9）新的：选中该单选按钮后，新创建的平行线的距离由新选择线算起。

（10）角度增量：如果指定了第一点，然后在图形窗口中拖动光标，则该直线就会捕捉至该字段中指定的每个增量度数处。只有当【点方法】设置为【自动推断的点】时，【角度增量】才有效。如果使用了任何其他的【点方法】，则会忽略【角度增量】。

2. 圆弧

选择【菜单】|【插入】|【曲线】|【基本曲线（原有）】命令，弹出【基本曲线】对话框，单击【圆弧】命令，即可绘制圆弧。

（1）起点，终点，圆弧上的点：使用这种方法，可以生成通过三个点的弧，或通过两个点并选中对象相切的弧。选中的要与弧相切的对象不能是抛物线、双曲线或样条。

（2）中心点，起点，终点：使用这种方法时，应首先定义中心点，然后定义弧的起始点和终止点。

3. 圆

选择【菜单】|【插入】|【曲线】|【基本曲线（原有）】命令，弹出【基本曲线】对话框，单击【圆】命令，即可绘制圆。

多个位置：选择此复选框，每定义一个点，都会生成先前生成的圆的一个副本，其圆心位于指定点。

4．圆角

选择【菜单】|【插入】|【曲线】|【基本曲线（原有）】命令，弹出【基本曲线】对话框，单击【圆角】命令，即可创建圆角。

（1）简单圆角：在两条共面非平行直线之间生成圆角。

（2）曲线圆角：在两条曲线（包括点、线、圆、二次曲线或样条）之间构造一个圆角。

（3）曲线圆角：可在三条曲线间生成圆角，这三条曲线可以是点、线、圆弧、二次曲线和样条的任意组合。【半径】选项不可用。

实例：绘制垫片

Step 01 启动 UG NX 1904 软件，单击【主页】功能区下的【新建】命令，在弹出的【新建】对话框中模板选择【模型】，新建文件名称为【4-2.prt】，单击【确定】按钮，进入建模环境，选择【菜单】|【插入】|【曲线】|【基本曲线（原有）】命令，弹出【基本曲线】对话框，单击【圆】命令，跟踪条上参数设置详如图 4-3 所示。参数设置完成后，回车，生成直径为 21 的圆。

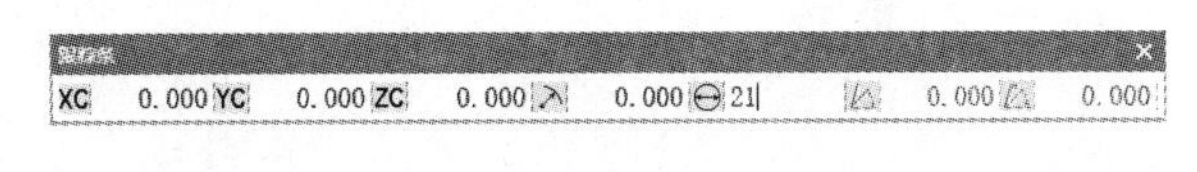

图 4-3

Step 02 在【点方法】下拉菜单中选择【圆弧中心/椭圆中心/球心】命令，单击步骤 1 绘制的圆，在跟踪条【直径】文本框中输入 34，回车，再次单击步骤 1 绘制的圆，在跟踪条【直径】文本框中输入 66，回车，此时绘制图形如图 4-4 所示。

Step 03 在打开的【基本曲线】对话框中单击【直线】命令，在【点方法】下拉菜单中选择【圆弧中心/椭圆中心/球心】命令，单击步骤 1 绘制的圆，在【平行于】选项卡中选择【YC 轴】，在跟踪条【YC】文本框中输入-40，回车。再次单击步骤 1 绘制的圆，在跟踪条【长度】文本框中输入 40，在【角度】文本框中输入-60，回车。

Step 04 在打开的【基本曲线】对话框中单击【圆】命令，在【点方法】下拉菜单中选择【交点】命令，先单击步骤 2 绘制 66 的圆，再单击步骤 3 绘制的第一条直线，在跟踪条【直径】文本框中输入 12，然后选择多个位置，再次单击步骤 2 绘制 66 的圆和步骤 3 绘制的第二条直线，此时绘制图形如图 4-5 所示。

Step 05 在打开的【基本曲线】对话框中单击【圆角】命令，相关参数设置如图 4-6 所示。分别单击步骤 4 绘制的两圆，选择【菜单】|【插入】|【曲线】|【直线和圆弧】|【圆弧（相切-相切-半径）】命令，分别单击两圆，在【半径】文本框中输入 54，单击鼠标中键。

Step 06 选择【菜单】|【插入】|【曲线】|【修剪】|命令，相关参数设置如图 4-7 所示。

Step 07 选择【菜单】|【编辑】|【派生曲线】|【偏置】|命令，相关参数设置及曲线的选择如图 4-8 所示。曲线选定及参数设置后单击【确定】按钮。

Step 08 选择【菜单】|【插入】|【曲线】|【基本曲线（原有）】命令，弹出【基本曲线】对话框，单击【圆角】命令，参数设置如图 4-9 所示。

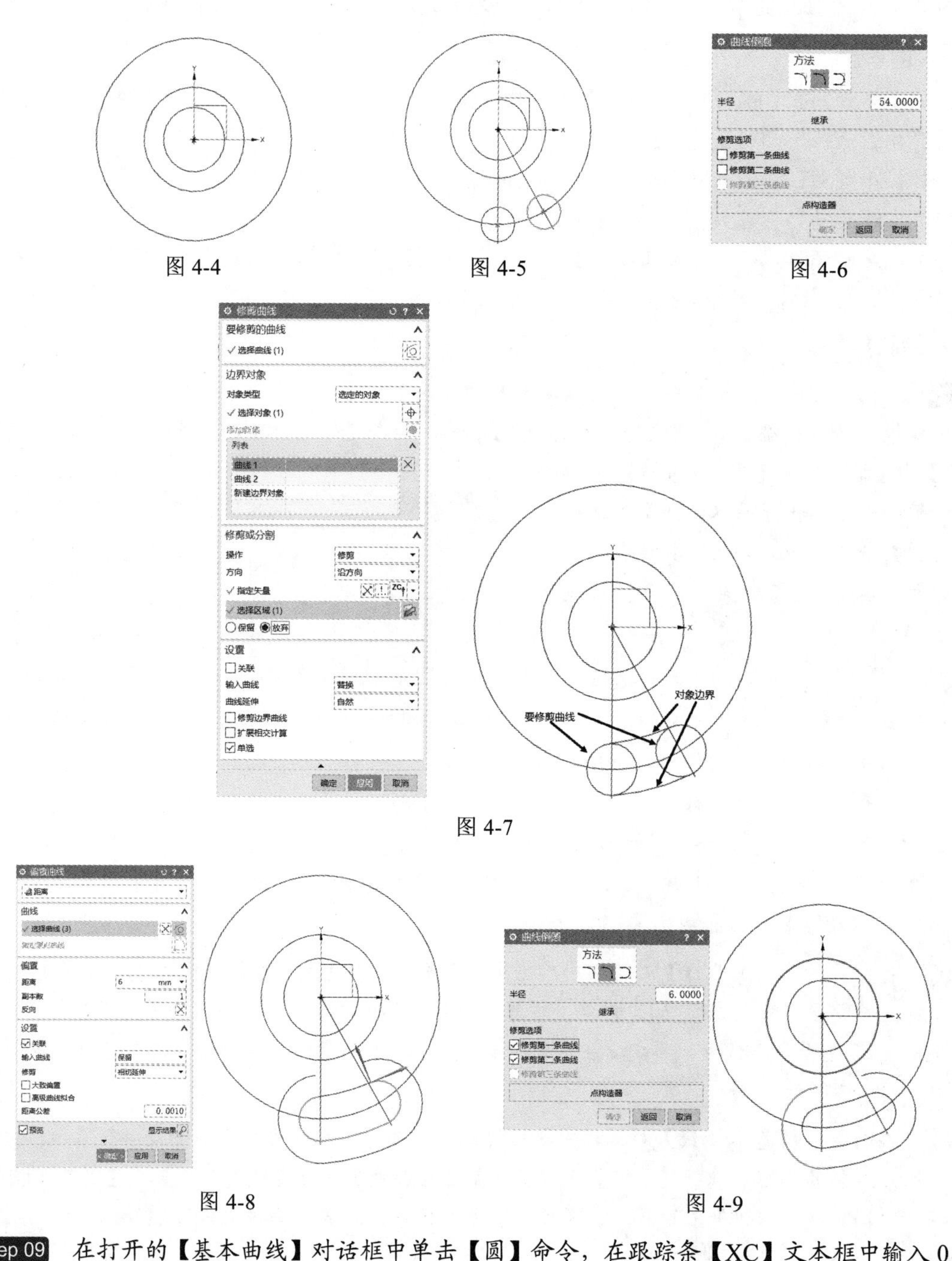

图 4-4　　图 4-5　　图 4-6

图 4-7

图 4-8　　图 4-9

Step 09　在打开的【基本曲线】对话框中单击【圆】命令，在跟踪条【XC】文本框中输入 0，在【YC】文本框中输入 31，在【直径】文本框中输入 6，回车，在【点方法】下拉菜单中选择【圆弧中心/椭圆中心/球心】命令，单击刚绘制的圆，在跟踪条【直径】文本框中输入 16，回车。在跟踪条【XC】文本框中输入 26，在【YC】文本框中输入 14，在【直径】文本框中输入 6，回车。

Step 10　在打开的【基本曲线】对话框中单击【直线】命令，在【点方法】下拉菜单中选择【自动判断点】命令，依次单击图 4-10 中所示的两条直线。在跟踪条【XC】文本框中输入 33，在【YC】

文本框中输入 21，其余为 0，回车，在【平行于】选项卡中选择【XC 轴】，在【点方法】下拉菜单中选择【端点】命令，在【平行于】选项卡中选择【YC 轴】，在【长度】文本框中输入 13，回车。在【点方法】下拉菜单中选择【端点】命令，在【角度】文本框中输入 185，回车，此时绘制图形如图 4-10 所示。

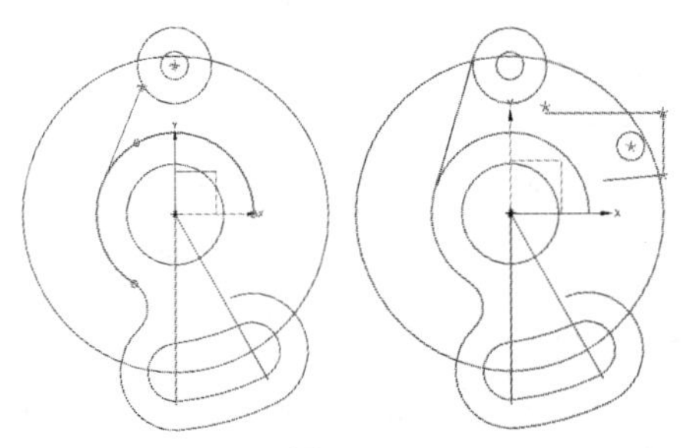

图 4-10

Step 11　在打开的【基本曲线】对话框中单击【圆角】命令，相关参数设置如图 4-11 所示。

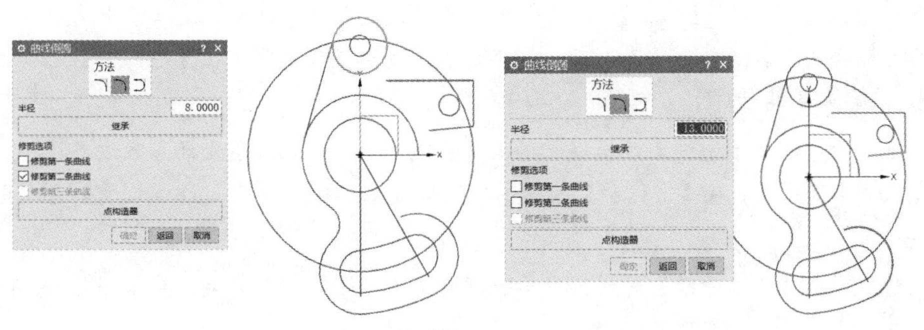

图 4-11

Step 12　在打开的【基本曲线】对话框中单击【修剪】命令，修剪后图形如图 4-12 所示。

Step 13　右击，在弹出的快捷菜单中选择【编辑显示】命令，在弹出的【编辑对象显示】对话框中，【线性】选择【点划线】，最终获得垫片图形，如图 4-13 所示。

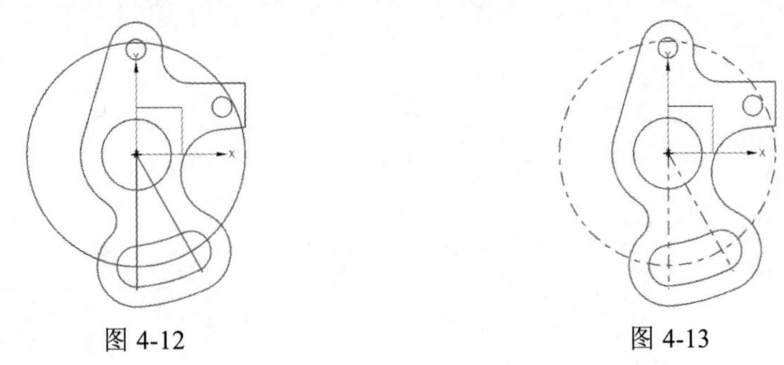

图 4-12　　　　图 4-13

实例：绘制连杆

Step 01　启动 UG NX 1904 软件，单击【主页】功能区下的【新建】命令，在弹出的【新建】对话框中模板选择【模型】，新建文件名称为【4-2.prt】，单击【确定】按钮，进入建模环境，选择【菜单】|【插入】|【曲线】|【基本曲线（原有）】命令，弹出【基本曲线】对话框，单击【圆】命令，跟踪条上的参数设置如图 4-14 所示。参数设置完成后，回车，生成直径为 100 的圆。

图 4-14

Step 02 在打开的【基本曲线】对话框中单击【圆】命令，在【点方法】下拉菜单中选择【圆弧中心/椭圆中心/球心】命令，单击步骤 1 绘制的圆，在跟踪条【直径】文本框中输入 200，回车。

Step 03 在打开的【基本曲线】对话框中单击【圆】命令，跟踪条上的参数设置【XC】为 300，其余为 0，回车，在跟踪条【直径】文本框中输入 200，回车，此时绘制图形如图 4-15 所示。

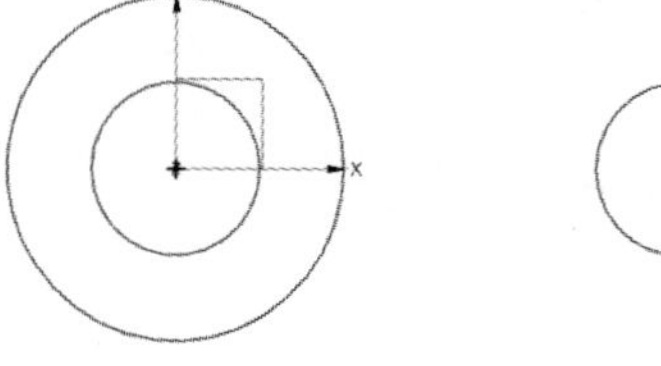

图 4-15

Step 04 在打开的【基本曲线】对话框中单击【直线】命令，跟踪条上的参数设置【XC】为 0，【YC】为 50，其余为 0，在【平行于】选项卡中选择【YC 轴】，在跟踪条【YC】文本框中输入 70，回车。【点方法】选择【端点】，单击刚生成的直线，在【平行于】选项卡中选择【XC 轴】，在跟踪条【长度】文本框中输入 20，回车。单击生成的第二条直线，在【平行于】选项卡中选择【YC 轴】，在跟踪条【长度】文本框中输入 30。

Step 05 在打开的【基本曲线】对话框中单击【直线】命令，跟踪条上的参数设置【XC】为 0，【YC】为 30，其余为 0，在【平行于】选项卡中选择【XC 轴】，在跟踪条【长度】文本框中输入 270，回车。

Step 06 在打开的【基本曲线】对话框中单击【修剪】命令，相关参数设置如图 4-16 所示。

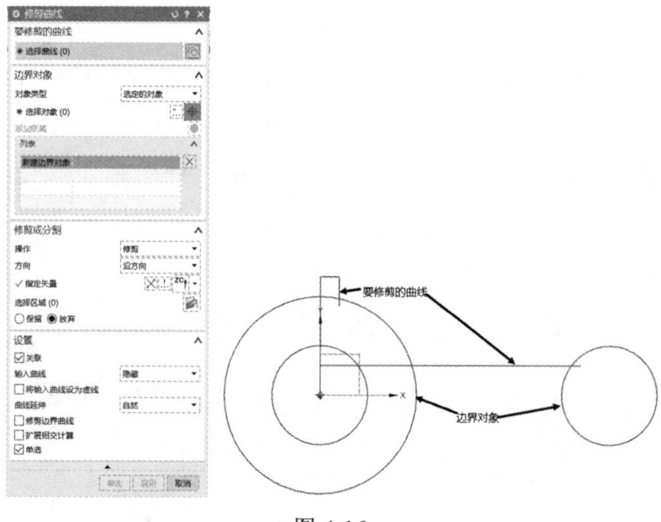

图 4-16

Step 07 选择【菜单】|【插入】|【派生曲线】|【镜像】命令，相关设置如图 4-17 所示。【镜像平面】选择【XZ 平面】，单击【确定】按钮。

Step 08 选择【菜单】|【插入】|【曲线】|【基本曲线（原有）】命令，弹出【基本曲线】对话框，单击【修剪】命令，相关设置如图 4-18 所示。连杆最终草图如图 4-19 所示。

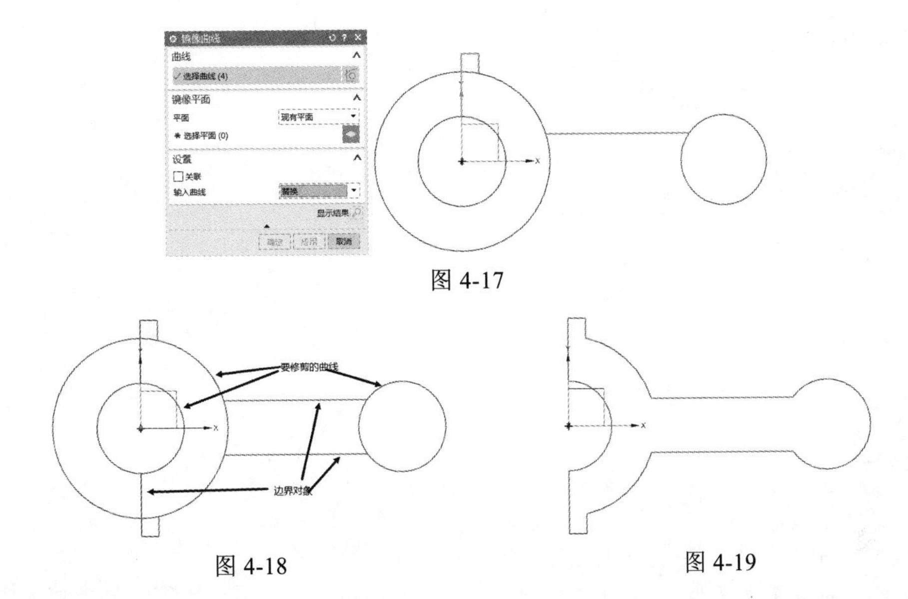

图 4-17

图 4-18

图 4-19

实例：绘制链节

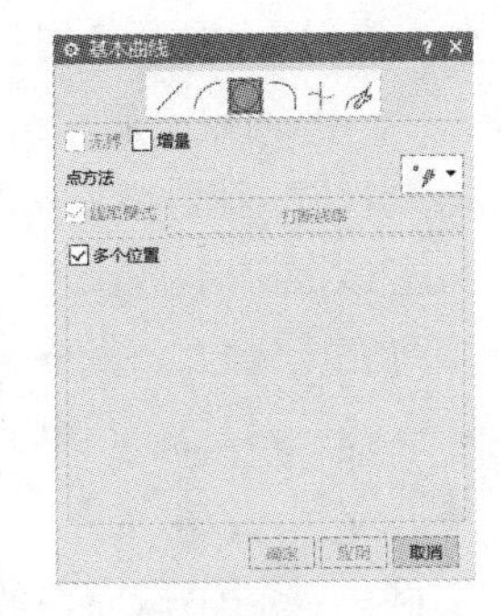

图 4-20

Step 01　启动 UG NX 1904 软件，单击【主页】功能区下的【新建】命令，在弹出的【新建】对话框中模板选择【模型】，新建文件名称为【4-3.prt】，单击【确定】按钮，进入建模环境，选择【菜单】|【插入】|【曲线】|【基本曲线（原有）】命令，弹出【基本曲线】对话框，单击【圆】命令，跟踪条上的参数设置都为 0，回车，在【直径】文本框中输入 5，回车，创建直径为 5 的圆，选择【多个位置】复选框，如图 4-20 所示，跟踪条上的参数设置【XC】为 16，其余参数为 0，回车。

Step 02　在打开的【基本曲线】对话框中单击【圆】命令，在【点方法】下拉菜单中选择【圆弧中心/椭圆中心/球心】命令，单击步骤 1 绘制的圆，在跟踪条【直径】文本框中输入 10，回车，选择【多个位置】复选框，跟踪条上的参数设置：【XC】为 16，其余参数为 0，回车。

Step 03　在打开的【基本曲线】对话框中单击【圆角】命令，相关参数设置如图 4-21 所示。依次单击直径为 10 的圆，然后在两圆之间单击，生成图形如图 4-22 所示。

图 4-21

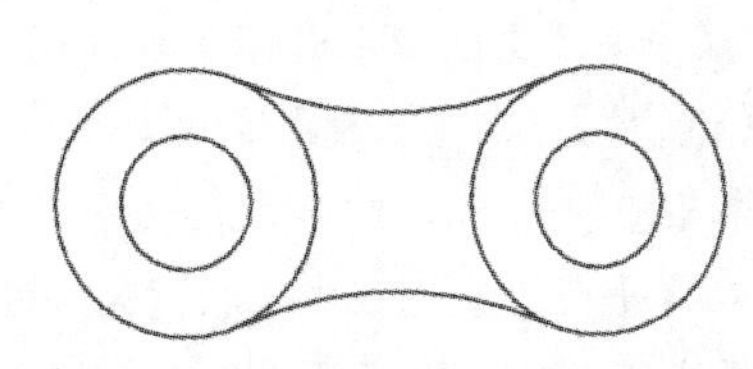

图 4-22

Step 04　在打开的【基本曲线】对话框中单击【修剪】命令，相关参数设置如图 4-23 所示。链节图形的最终效果如图 4-24 所示。

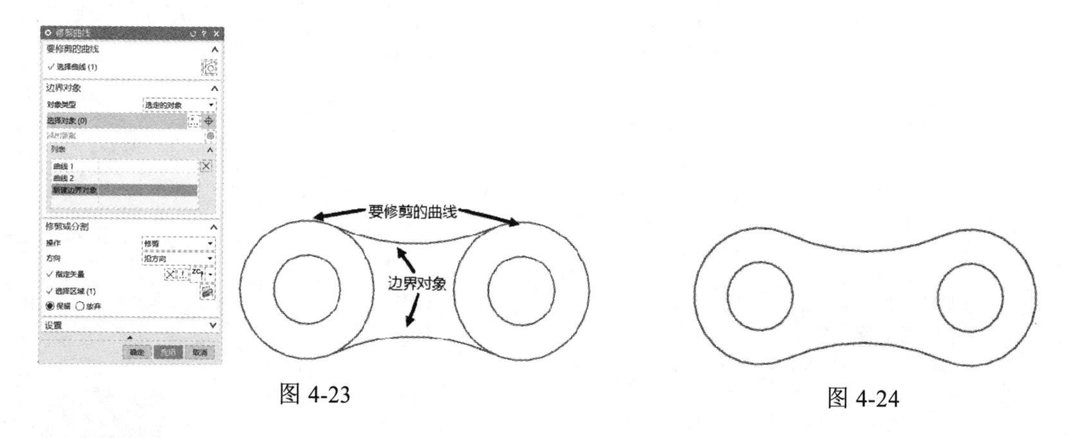

图 4-23　　　　　图 4-24

4.1.2　倒斜角

图 4-25

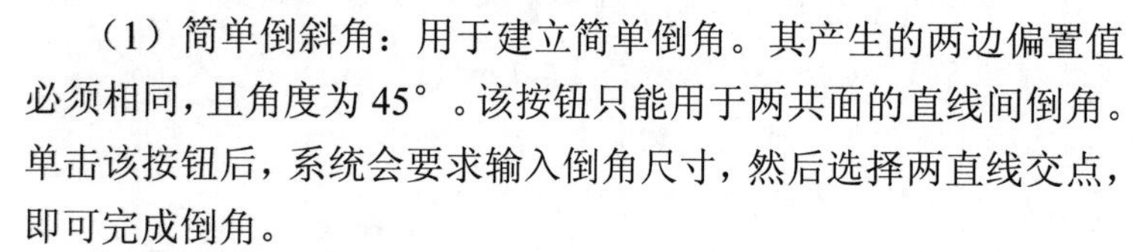

倒斜角命令用于在两条共面的直线或曲线之间生成斜角。选择【菜单】|【插入】|【曲线】|【倒斜角（原有)】命令，打开如图 4-25 所示【倒斜角】的对话框。

（1）简单倒斜角：用于建立简单倒角。其产生的两边偏置值必须相同，且角度为 45°。该按钮只能用于两共面的直线间倒角。单击该按钮后，系统会要求输入倒角尺寸，然后选择两直线交点，即可完成倒角。

（2）用户定义倒斜角：在两个共面曲线之间生成斜角。该按钮比生成简单倒角时具有更多的修剪控制。

实例：绘制轴截面曲线

Step 01　启动 UG NX 1904 软件，单击【主页】功能区下的【新建】命令，在弹出的【新建】对话框中模板选择【模型】，新建文件名称为【4-4.prt】，单击【确定】按钮，进入建模环境，选择【菜单】|【插入】|【曲线】|【基本曲线（原有)】命令，弹出【基本曲线】对话框，单击【直线】命令，跟踪条上的参数都为 0，回车，在【平行于】选项中选择【YC 轴】，在【长度】文本框中输入 37.5，回车，在【平行于】选项中选择【XC 轴】，在【长度】文本框中输入 40，回车，在【平行于】选项中选择【YC 轴】，在【长度】文本框中输入 7.5，回车，在【平行于】选项中选择【XC 轴】，在【长度】文本框中输入 50，回车，在【平行于】选项中选择【YC 轴】，在【长度】文本框中输入 15，回车，在【平行于】选项中选择【XC 轴】，在【长度】文本框中输入 150，回车，在【平行于】选项中选择【YC 轴】，在【长度】文本框中输入 15，回车，在【平行于】选项中选择【XC 轴】，在【长度】文本框中输入 50，回车，在【平行于】选项中选择【YC 轴】，在【长度】文本框中输入 7.5，回车，在【平行于】选项中选择【XC 轴】，在【长度】文本框中输入 200，回车，在【平行于】选项中选择【YC 轴】，在【长度】文本框中输入 37.5，回车，【点方法】选择【现有点】，单击第一条直线起始位置，此时图形如图 4-26 所示。

Step 02　选择【菜单】|【插入】|【曲线】|【倒斜角（原有)】命令，在弹出的【倒斜角】对话框中单击【简单倒斜角】按钮，在【偏置】文本框中输入 2，单击【确定】按钮，单击第 1

条直线（要尽量靠近直线 2），单击第 3 条直线（要尽量靠近直线 4），此时图形如图 4-27 所示。

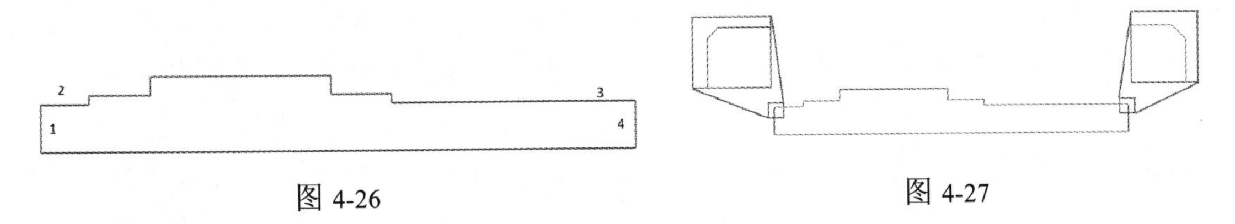

图 4-26　　　　图 4-27

4.1.3　多边形

在几何造型中，多边形主要分为规则和不规则两种类型。其中，规则的多边形就是正多边形。正多边形所有边角相等，应用非常广泛，如机械领域中的螺母、冲压锤头等各种规则零件的外形。

选择【菜单】|【插入】|【曲线】|【多边形（原有）】命令，打开如图 4-28 所示【多边形】对话框，当输入多边形的边数后，单击【确定】按钮，将打开如图 4-29 所示的对话框。在该对话框中，用户可以选择多边形创建方式。

图 4-28

图 4-29

（1）内切圆半径：通过输入内切圆的半径定义多边形的尺寸及方位角来创建多边形。

（2）多边形边：可以输入多边形一边的边长及方位角来创建多边形，该长度将应用到所有边。

（3）外接圆半径：可以通过输入外接圆半径定义多边形的尺寸及方位角来创建多边形。

实例：绘制六角扳手

Step 01　启动 UG NX 1904 软件，单击【主页】功能区下的【新建】命令，在弹出的【新建】对话框中模板选择【模型】，新建文件名称为【4-5.prt】，单击【确定】按钮，进入建模环境，选择【菜单】|【插入】|【曲线】|【多边形（原有）】命令，弹出【多边形】对话框，在【边数】文本框中输入 6，单击【确定】按钮，在弹出的对话框中单击【外接圆半径】按钮，在【圆半径】文本框中输入 10，在【方位角】文本框中输入 0，单击【确定】按钮，在【点位置】对话框中，在【XC，YC，ZC】文本框中输入 0，单击【确定】按钮，然后在【点位置】对话框中，在【XC】文本框中输入 80，在【YC，ZC】文本框中输入 0，单击【确定】按钮，退出多边形绘图模式。

Step 02　选择【菜单】|【插入】|【曲线】|【基本曲线（原有）】命令，弹出【基本曲线】对话框，单击【圆】命令，【点方法】选择【现有点】，单击工作坐标系原点，在【直径】文本框中输入 25，回车，选择【多个位置】复选框，在跟踪条【XC】文本框中输入 80，回车。

Step 03　选择【菜单】|【插入】|【曲线】|【基本曲线（原有）】命令，弹出【基本曲线】对话框，单击【直线】命令，在跟踪条【YC】文本框中输入 12.5，其余文本框中输入 0，回车，

在【平行于】选项中选择【XC】，在跟踪条【XC】文本框中输入 80，在【YC】文本框中输入 12.5，回车，单击鼠标中键。在跟踪条【YC】文本框中输入-12.5，其余文本框中输入 0，回车，在【平行于】选项中选择【XC】，在跟踪条中【XC】文本框中输入 80,在【YC】文本框中输入-12.5，回车，单击鼠标中键，此时图形如图 4-30 所示。

Step 04 在打开的【基本曲线】对话框中单击【修剪】命令，修剪后得到六角扳手截面图，如图 4-31 所示。

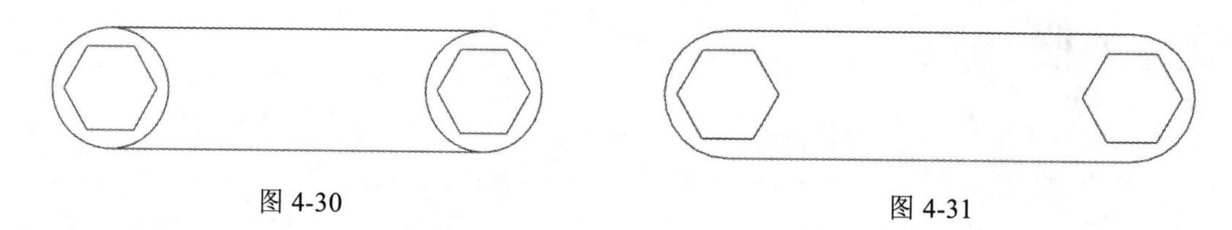

图 4-30　　图 4-31

4.1.4 椭圆

在 UG NX 1904 中，椭圆是机械设计过程中最常用的曲线对象之一，它类似圆，都是封闭的环状曲线，但它可以看作是不规则的圆。

选择【菜单】|【插入】|【曲线】|【椭圆（原有）】命令，在弹出的对话框中首先定义椭圆中心点的坐标，如图 4-32 所示。选好椭圆中心点坐标后，单击【确定】按钮，弹出如图 4-33 所示的【椭圆】对话框，输入相应椭圆参数即可创建椭圆。

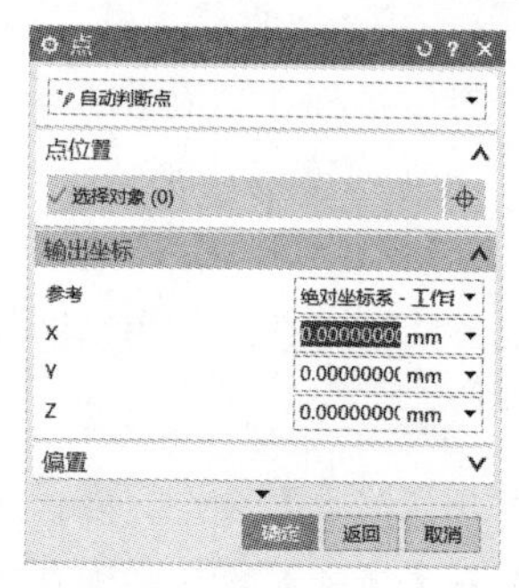

图 4-32

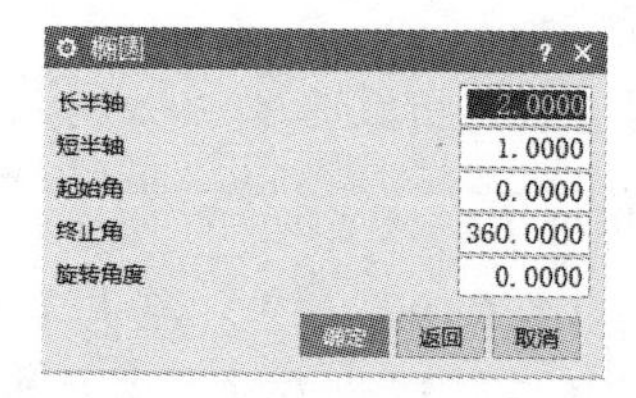

图 4-33

实例：绘制填料压杆

Step 01 启动 UG NX 1904 软件，单击【主页】功能区下的【新建】命令，在弹出的【新建】对话框中模板选择【模型】，新建文件名称为【4-6.prt】，单击【确定】按钮，进入建模环境，选择【菜单】|【插入】|【曲线】|【椭圆（原有）】命令，在弹出的对话框中椭圆中心点的坐标为工作坐标系原点，单击【确定】按钮，在【椭圆】对话框的【长半轴】文本框中输入 74，在【短半轴】文本框中输入 52，其余默认，单击【确定】按钮。

Step 02 选择【菜单】|【插入】|【曲线】|【基本曲线（原有）】命令，弹出【基本曲线】对话框，单击【圆】命令，跟踪条上的参数都为 0，回车，在【直径】文本框中输入 65，回车，创建直径为 65 的圆。

Step 03 在打开的【基本曲线】对话框中单击【圆】命令，跟踪条上的参数设置为：【XC】为 60，其余为 0，回车，在【直径】文本框中输入 15，回车，选择【基本曲线】对话框中的【多个位置】复选框，在跟踪条【XC】文本框中输入-50，回车（注意不要选择增量），填料压杆截面图如图 4-34 所示。

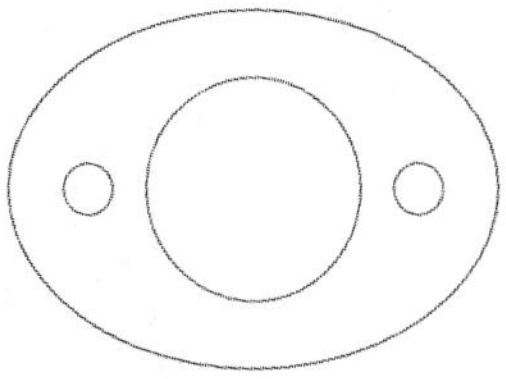

图 4-34

4.2　高级曲线的创建

UG NX 1904 软件中曲线用于建立界面轮廓线、通过拉伸、旋转等操作构造实体、辅助线、创建自由曲面等。除直线外，在 UG 中频繁用到的各种曲线包括圆、椭圆、抛物线及双曲线等简单的二次曲线、螺旋线等高级曲线。

二次曲线在 UG 中一般都能根据需要对象的不同，而直接使用相关的命令创建，但对于一般的逆向建模来说，用得最多的只有圆和圆弧，其他很少刻意去构造。

4.2.1　抛物线的创建

抛物线是指平面内到一个定点和一条直线的距离相等的点的轨迹。要创建抛物线，需要定义的参数有焦距、最大 DY 值、最小 DY 值和旋转角度。其中，焦距是焦点与顶点之间的距离；DY 值是指抛物线端点到顶点的切线方向上的投影距离。

选择【菜单】|【插入】|【曲线】|【抛物线】命令，弹出提示选择抛物线顶点的对话框，如图 4-35 所示，根据提示选择抛物线的顶点，然后在弹出的【抛物线】对话框中设置各种参数，如图 4-36 所示，单击【确定】按钮即可完成抛物线的创建。

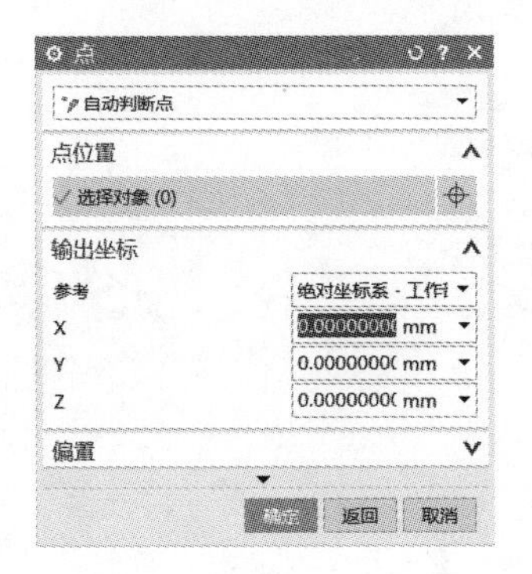

图 4-35

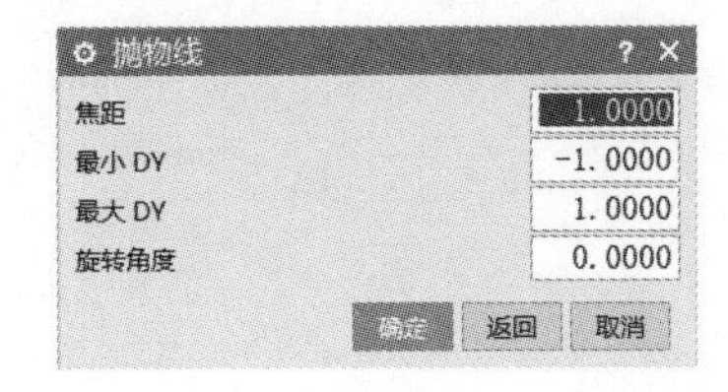

图 4-36

4.2.2　双曲线的创建

双曲线是指一动点移动于一个平面上，与平面上两个定点的差始终为一定值，此时点的轨迹就是双曲线。在 UG NX 1904 中绘制双曲线需要定义的参数有实半轴、虚半轴、DY 值等。其中，实半轴是指双曲线的顶点到中心点的距离；虚半轴是指与实半轴在同一平面内切垂直的方向上虚点到中心的距离。

选择【菜单】|【插入】|【曲线】|【双曲线】命令，弹出提示选择双曲线顶点的对话框，如图 4-37 所示，根据提示选择双曲线的顶点，然后在弹出的【双曲线】对话框中设置各种参数，

如图 4-38 所示，单击【确定】按钮即可完成双曲线的创建。

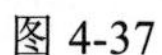
图 4-37

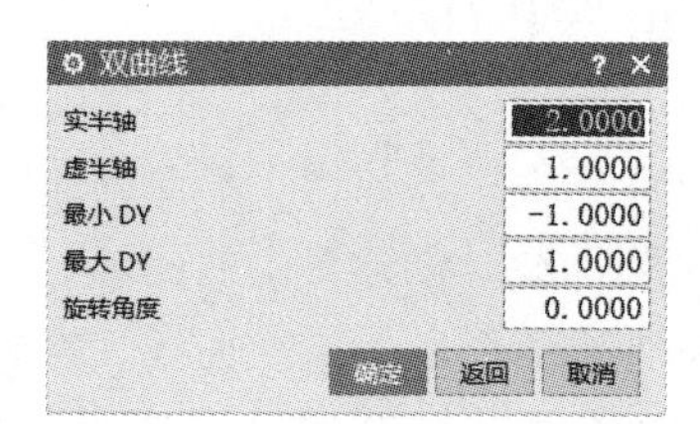

图 4-38

4.2.3 螺旋线的创建

螺旋线是一种特殊的曲线，应用比较广泛。在 UG NX 1904 中，螺旋线主要用于螺旋槽特征的扫描轨迹线，或者管道类件的轨迹线。

选择【菜单】|【插入】|【曲线】|【螺旋线】命令，弹出【螺旋】对话框，如图 4-39 所示。

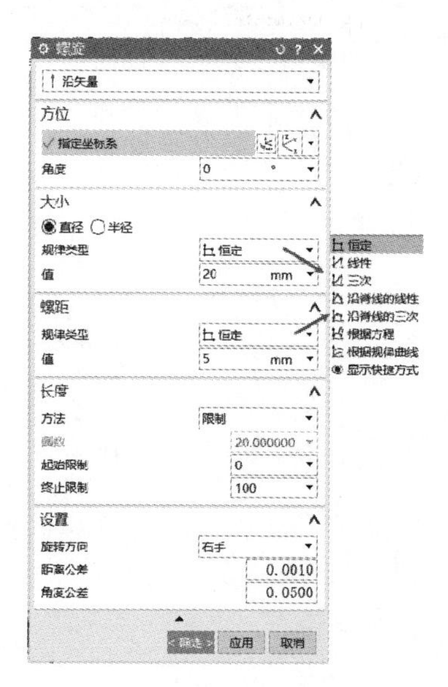

图 4-39

（1）螺距：相邻的圈之间沿螺旋线轴方向的距离。

（2）大小：指定螺旋的定义方式，可通过使用【规律类型】或半径/直径来定义。其中规律类型共有 7 种方式，如图 4-39 所示。

（3）旋转方向：用于控制旋转的方向。

4.2.4 样条曲线的创建

样条曲线是通过多项式曲线和所设定的点来拟合的曲线，是指给定一组控制点而得到一条光滑曲线，曲线的形状由这些点控制。样条曲线是一种用途广泛的曲线，它不仅能够创建自由曲线和曲面，而且还能精确表达包括圆锥曲面在内的各种几何体的统一表达式。在 UG NX 1904 中包括一般样条曲线和艺术样条曲线两种类型。

1. 创建一般样条曲线

一般样条曲线是建立自由形状曲面的基础，它拟合逼真、形状控制方便，能够满足大部分实际产品设计的要求。一般样条曲线主要用来创建高级曲面，广泛用于汽车、航空灯制造行业。

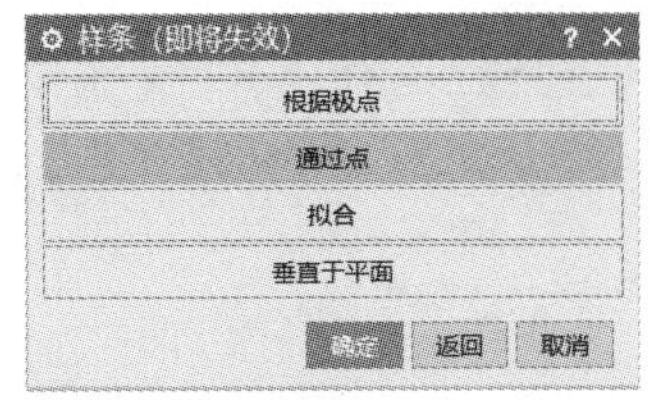

图 4-40

选择【菜单】|【插入】|【曲线】|【样条】命令，弹出如图 4-40 所示的【样条】对话框，有 4 种建立样条方式。

（1）根据极点：是通过设定样条曲线的各控制点来生成一条样条曲线。控制点的创建方法有两种：使用点构造器或从文件中读取控制点。

（2）通过点：是通过设置样条曲线的各定义点，生成一条通过各点的样条曲线。它与根据极点方式最大的区别就在于生成的样条曲线通过各个控制点。

（3）拟合：是以拟合方式生成样条曲线。

（4）垂直于平面：是以正交于平面的曲线生成样条曲线。

2. 艺术样条曲线

艺术样条曲线多用于数字化绘图或动画设计，相比一般样条曲线而言，它由更多的定义点生成。选择【菜单】|【插入】|【曲线】|【艺术样条】命令，弹出【艺术样条】对话框，如图 4-41 所示。

图 4-41

与一般样条曲线一样，创建艺术样条也包括【根据极点】和【通过点】两种方法。其操作方法与创建一般样条曲线的方法类似，这里不再赘述。

实例：制作花纹缸体

Step 01 启动 UG NX 1904 软件，单击【主页】功能区下的【新建】命令，在弹出的【新建】对话框中模板选择【模型】，新建文件名称为【4-7.prt】，单击【确定】按钮，进入建模环境，选择【菜单】|【插入】|【设计特征】|【圆柱】命令，在弹出的对话框中创建圆柱方式为【轴、直径和高度】，【指定矢量】为【ZC 轴】，【指定点】为工作坐标系原点，完成圆柱体的创建。

Step 02 选择【菜单】|【插入】|【设计特征】|【凸台】命令，单击步骤 1 生成圆柱体的上表面，在【直径】文本框中输入 72，在【高度】文本框中输入 85，【定位】分别选择【水平】和【垂直】。

Step 03 选择【菜单】|【插入】|【设计特征】|【凸台】命令，单击步骤 2 生成凸台的上表面，在【直径】文本框中输入 42，在【高度】文本框中输入 2，【定位】分别选择【水平】和【垂直】。

Step 04 选择【菜单】|【插入】|【设计特征】|【圆柱】命令，在弹出的对话框中创建圆柱方式为【轴、直径和高度】，【指定矢量】为【-ZC 轴】，【指定点】为工作坐标点位【0，0，95】，在【直径】文本框中输入 84，在【高度】文本框中输入 5，【布尔】选择【合并】，此时实体模型如图 4-42 所示。

Step 05 选择【菜单】|【插入】|【偏置/缩放】|【抽壳】命令，在弹出的对话框中设置【厚度】为 4。

Step 06 选择【菜单】|【插入】|【曲线】|【螺旋线】命令，相关参数设置如图 4-43 所示。参数设定后，单击【确定】按钮。

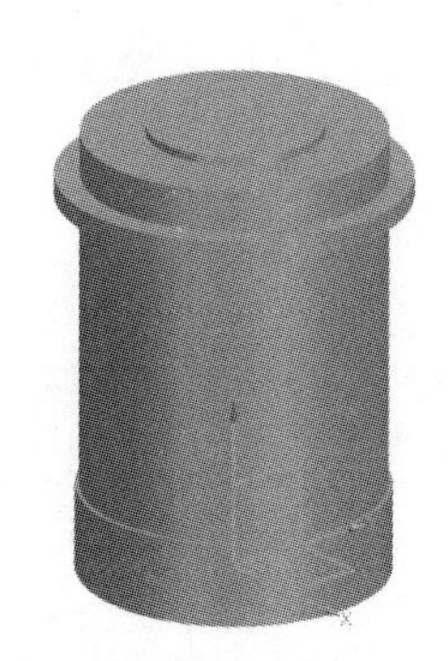

图 4-42

图 4-43

Step 07 选择【菜单】|【插入】|【扫掠】|【管道】命令，【路径曲线】选择步骤 6 螺旋线，【外径】为 5，【内径】为 0，【布尔】选择【减去】，【输出】为【多段】，单击【确定】按钮。

Step 08 选择【菜单】|【插入】|【设计特征】|【孔】命令，相关参数设置如图 4-44 所示。

Step 09 选择【菜单】|【插入】|【关联复制】|【阵列特征】命令，【要形成阵列的特征】分别为步骤 7 和步骤 8 生成的特征。【数量】为 2，【间距角】为 180，花纹缸体模型如图 4-45 所示。

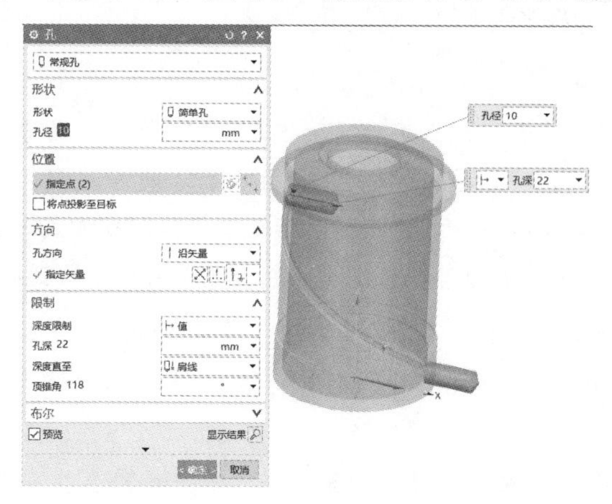

图 4-44

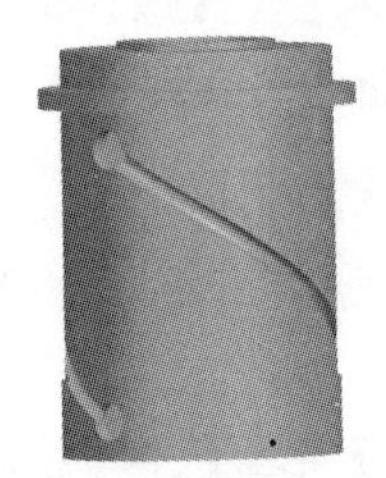

图 4-45

4.3　曲线的操作

在机械设计过程中，通常要在设计的基础上加上一系列曲线操作才能满足操作设计要求，然后根据需要还要对不满意的地方进行调整，这样才能满足设计和生产的要求。这就需要调整曲线的很多环节，通过调整这些环节可以使曲线更加光滑、美观。曲线的操作包括偏置曲线、相交曲线、镜像曲线及抽取等编辑操作方式。

4.3.1　偏置曲线

偏置曲线是指生成原曲线的偏移曲线。偏置曲线可以针对直线、圆弧等特征按照特征原有的方向，向内或向外偏置指定的距离来创建新的曲线。可选择的偏置对象包括共面或共空间的各类曲线和实体边。

选择【菜单】|【插入】|【派生曲线】|【偏置】命令，弹出【偏置曲线】对话框，该对话框中包含 4 种偏置方式，如图 4-46 所示。

图 4-46

1．距离

距离是按给定的偏移距离来偏置曲线。选择该方式后，其下方的【距离】文本框被激活，在【距离】和【副本数】文本框中分别输入偏移距离和产生偏移的数量，并设置好其他参数即可。

2．拔模

利用拔模可以将曲线按照指定的拔模角度偏置到与曲线所在平面相距拔模高度的平面上。拔模高度为原曲线所在平面与偏置后曲线所在平面的距离，拔模角度为偏移方向与原曲线所在平面的法线的夹角。

3．规律控制

规律控制是按规律控制偏移距离来偏移曲线。选择该方式后，在【规律类型】列表框中选择相应的偏移距离的规律控制方式，逐步根据系统提示操作即可。

4．3D 轴向

3D 轴向是按照三维空间内指定的矢量方向和偏置距离来偏置曲线的。用户按照生成曲线的矢量方法指定需要的矢量方向，然后输入需要的偏置距离，单击【确定】按钮即可生成偏置曲线。

4.3.2　镜像曲线

利用【镜像曲线】工具，可以根据用户选定的平面对曲线进行镜像操作。镜像的曲线包括任何封闭或非封闭的曲线，选择的平面可以是基准平面、平面或实体表面。

选择【菜单】|【插入】|【派生曲线】|【镜像曲线】命令，弹出【镜像曲线】对话框，如图 4-47 所示。

实例：绘制轴承座线框

图 4-47

Step 01　启动 UG NX 1904 软件，单击【主页】功能区下的【新建】命令，在弹出的【新建】对话框中模板选择【模型】，新建文件名称为【4-8.prt】，单击【确定】按钮，进入建模环境，选择【菜单】|【插入】|【曲线】|【基本曲线】|【圆】命令，在跟踪条【XC】、【YC】、【ZC】文本框中输入 0，回车，在【半径】文本框中输入 40，回车。

Step 02　选择【菜单】|【插入】|【基准/点】|【点】命令，在打开的【点】对话框中创建“0，65，0”和“0，-65，0”两点。

Step 03　选择【菜单】|【插入】|【曲线】|【圆弧/圆】命令，在打开的对话框中的【类型】下拉列表框中选择【三点画圆弧】选项，在工作区中选择步骤 2 创建的点为起点和终点创建 R65 的圆弧。

Step 04　选择【菜单】|【插入】|【曲线】|【直线】命令，选择步骤 3 绘制圆弧两端点绘制平行于 X 轴的长度为 70 两条直线，再以刚绘制的两条直线的终点为起点绘制平行于 Z 轴的长度为-15 两条直线，然后以刚绘制的两条直线的终点为起点绘制平行于 X 轴的长度为 70 两条直线，此时图形如图 4-48 所示。

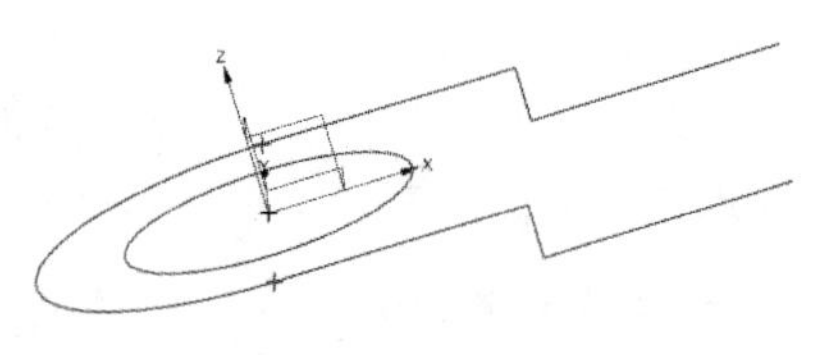
图 4-48

Step 05　选择【菜单】|【插入】|【曲线】|【圆弧/圆】命令，在打开的对话框中的【类型】下拉列表框中选择【三点画圆弧】选项，在工作区中选择步骤 4 创建两条直线终点为起点和终点创建 R65 的圆弧。

Step 06　选择【菜单】|【插入】|【曲线】|【直线和圆弧】|【圆心和半径】命令，选择步骤 5 绘制圆弧中心为圆心，在【半径】文本框中输入 40，回车，单击【确定】按钮。

Step 07　选择【基准平面】命令，弹出【基准平面】对话框，在工作区选中【XC-YC 平面】，创建向 ZC 方向偏置-36 的平面，如图 4-49 所示。

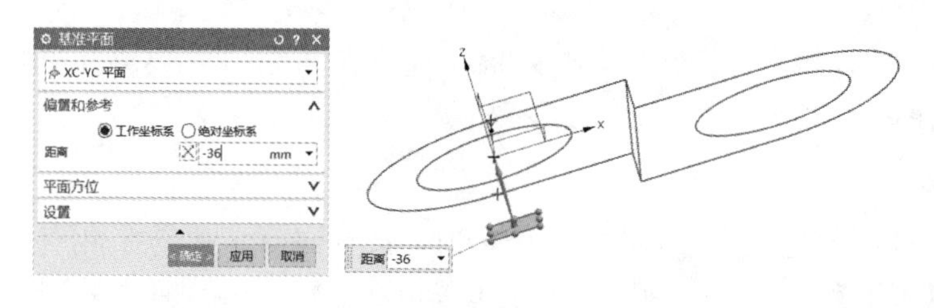

图 4-49

Step 08　选择【菜单】|【插入】|【曲线】|【派生曲线】|【镜像曲线】命令，弹出【镜像曲线】对话框，在工作区选中要镜像的曲线，选择步骤 7 所创建的平面为镜像平面，结果如图 4-50 所示。

Step 09　选择【菜单】|【插入】|【曲线】|【直线】命令，在工作区绘制如图 4-51 所示的直线段，单击【应用】按钮。

图 4-50

Step 10 选择【菜单】|【插入】|【基准/点】|【点】命令，在打开的【点】对话框中创建“-225，40，-72”“-225，-40，-72”“-165，40，-72”和“-165，-40，-72”四点，如图 4-52 所示。

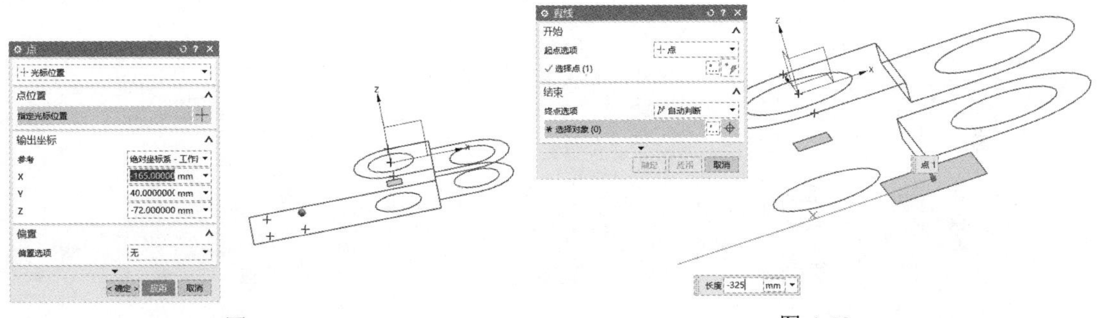

图 4-51　　　　图 4-52

Step 11 选择【菜单】|【插入】|【曲线】|【直线和圆弧】|【圆心和半径】命令，选择步骤 10 绘制的 4 个点为圆心，在【半径】文本框中输入 13，在【支持平面】中选择【选择平面】，再选择【两直线】成平面命令，回车，单击【确定】按钮，如图 4-53 所示。

Step 12 选择【菜单】|【插入】|【曲线】|【直线】命令，绘制平行于 Z 轴的长度为 25 的两条直线，再绘制平行于 X 轴的长度为 120 的两条直线，然后以刚绘制的两条直线的终点为起点绘制平行于 Z 轴的长度为-2.5 的两条直线，如图 4-54 所示。

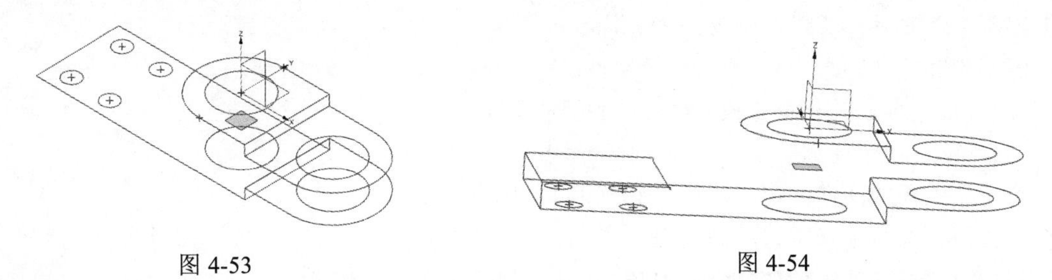

图 4-53　　　　图 4-54

Step 13 选择【菜单】|【编辑】|【移动对象】命令，弹出【移动对象】对话框，在【运动】下拉列表框中选择【距离】选项，选择步骤 11 绘制得到的 4 个圆向上偏移 25，如图 4-55 所示。

Step 14 选择【菜单】|【插入】|【派生曲线】|【偏置曲线】命令，在弹出的对话框【类型】下拉列表框中选择【3D 轴向】选项，在工作区选中 R65 的圆弧向下偏移 49.5，如图 4-56 所示。

Step 15 选择【菜单】|【插入】|【曲线】|【直线】命令，在工作区中连接上下表面的直线端点和圆的象限点，如图 4-57 所示。

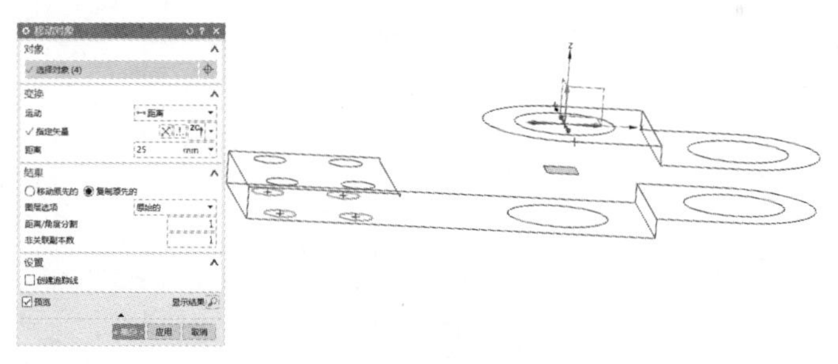

图 4-55

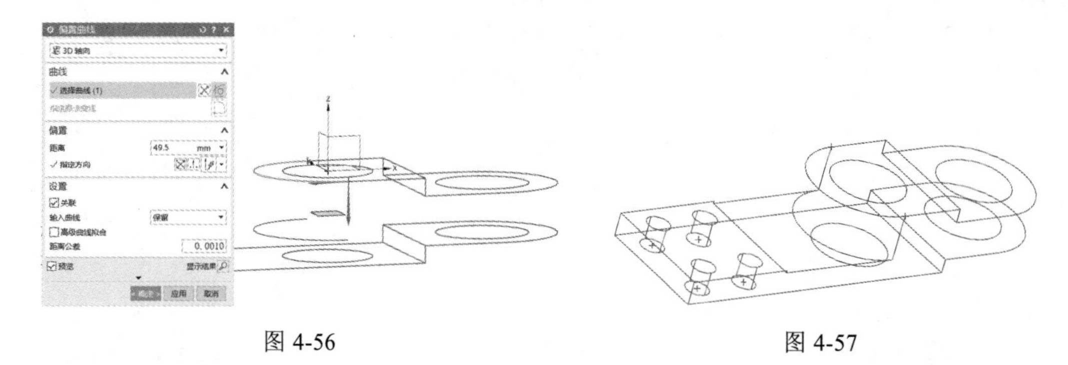

图 4-56　　　　　　　　　　　　　　图 4-57

4.3.3 投影曲线

投影曲线命令能够将曲线和点投影到片体、面、平面和基准面上。点和曲线可以沿着指定矢量方向、与指定矢量成某一角度的方向、指向特定点的方向或面法线的方向进行投影。所有投影曲线在孔或面边界处都要进行修剪。

选择【菜单】|【插入】|【派生曲线】|【投影】命令，打开如图 4-58 所示的【投影曲线】对话框。

图 4-58

（1）要投影的曲线或点：用于确定要投影的曲线和点。

（2）指定平面：用于确定投影所在的表面或平面。

（3）方向：用于指定对象投影到片体、面和平面上时所使用的方向。①沿面的法向：用于沿着面和平面的法向投影对象；②朝向点：可向一个指定点投影对象；③朝向直线：可沿垂直于一指定直线或基准轴的矢量投影对象；④沿矢量：可沿指定矢量投影选中对象；⑤与矢量成角度：可将选中曲线按与指定矢量成指定角度方向投影，该矢量是使用矢量构成器定义的。

（4）关联：表示原曲线保持不变，在投影面上生成与原曲线相关联的投影曲线。

（5）连结曲线：曲线拟合的阶次，可以选择【三次】、【五次】或者【常规】，一般推荐使用【三次】。

（6）公差：用于设置公差，其默认值是在【建模预设置】对话框中设置的。

实例：绘制锥螺纹

Step 01　启动 UG NX 1904 软件，单击【主页】功能区下的【新建】命令，在弹出的【新建】对话框中模板选择【模型】，新建文件名称为【4-9.prt】，单击【确定】按钮，进入建模环境，选择【菜单】|【插入】|【设计特征】|【圆锥】命令，在弹出的对话框中选择【直径和高度】方式创建【圆锥】，【指定矢量】为【ZC 轴】，【指定点】为工作坐标系原点，【底部直径】为 40，【顶部直径】为 20，【高度】为 25，单击【确定】按钮。

Step 02　选择【菜单】|【插入】|【曲线】|【螺旋线】命令，相关参数设置如图 4-59 所示。参数设定后，单击【确定】按钮。

Step 03　选择【菜单】|【插入】|【派生曲线】|【投影】命令，【要投影的曲线或点】选择步骤 2 生成的螺旋线，【要投影的对象】选择步骤 1 圆锥体侧面，【指定矢量】为【XC】，单击【确定】按钮，生成锥螺纹，如图 4-60 所示。

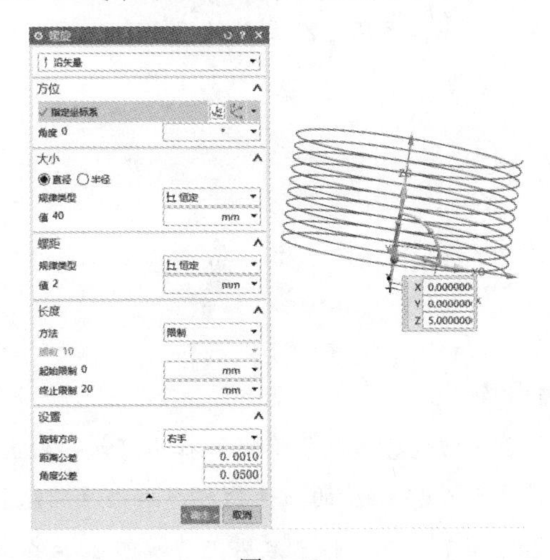

图 4-59

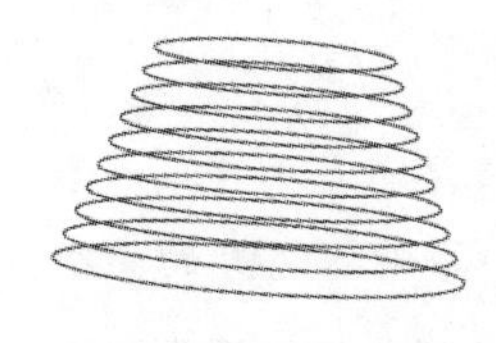

图 4-60

4.3.4　组合投影

组合投影命令用于组合两个已有曲线的投影，生成一条新的曲线。需要注意的是，这两个曲线投影必须相交。可以指定新曲线是否与输入曲线关联，以及将输入曲线进行哪些处理。

选择【菜单】|【插入】|【派生曲线】|【组合投影】命令，打开如图 4-61 所示【组合投影】对话框。

该对话框中各选项功能介绍如下：

（1）【曲线 1】：选择第一组曲线。可用【过滤器】选项帮助选择曲线。

（2）【曲线 2】：选择第二组曲线。默认的投影矢量垂直于该线串。

（3）【投影方向 1】：为第一个选定曲线链指定方向。

（4）【投影方向 2】：为第二个选定曲线链指定方向。

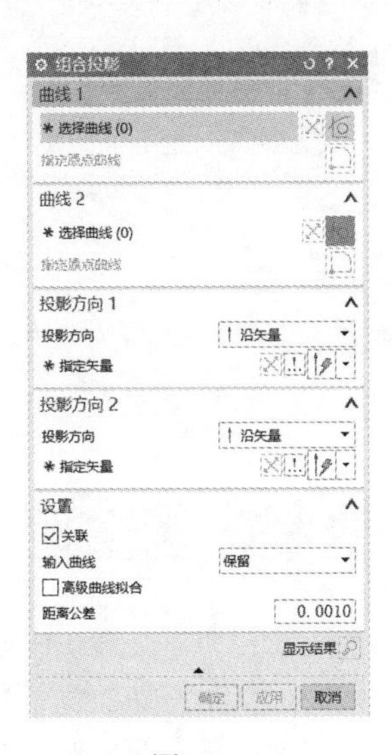

图 4-61

实例：绘制别针

Step 01 启动 UG NX 1904 软件，单击【主页】功能区下的【新建】命令，在弹出的【新建】对话框中模板选择【模型】，新建文件名称为【4-10.prt】，单击【确定】按钮，进入建模环境，选择【菜单】|【插入】|【草图】命令，选择【XY 平面】为草绘平面，绘制如图 4-62 所示的图形。

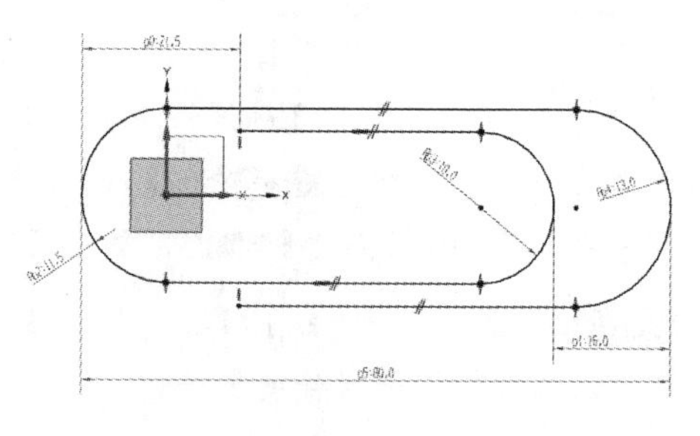

图 4-62

Step 02 选择【基准平面】命令，弹出【基准平面】对话框，在基准平面创建方式下拉菜单中选择【点和方向】，【指定点】为圆半径为 10 的圆弧中心，【指定矢量】为 YC 方向，单击【确定】按钮。

Step 03 选择【菜单】|【插入】|【草图】命令，选择步骤 2 绘制的基准平面为草绘平面，绘制如图 4-63 所示的草图。

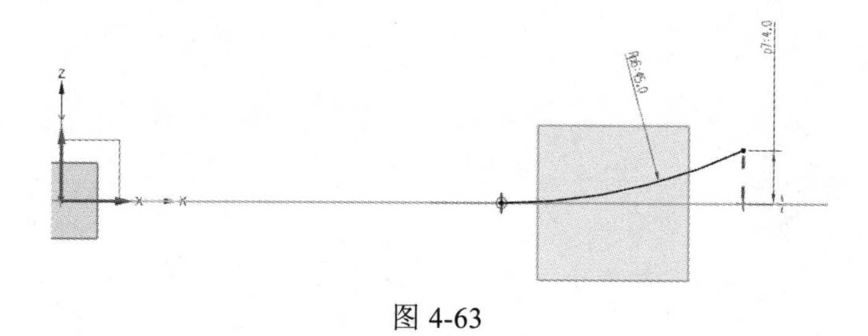

图 4-63

Step 04 选择【菜单】|【插入】|【派生曲线】|【组合投影】命令，弹出【组合投影】对话框，曲线 1 选择步骤 3 得到的曲线，曲线 2 选择如图 4-64 所示的三条曲线，单击【确定】按钮。

Step 05 选择【菜单】|【插入】|【扫掠】|【管】命令，相关参数设置如图 4-65 所示。

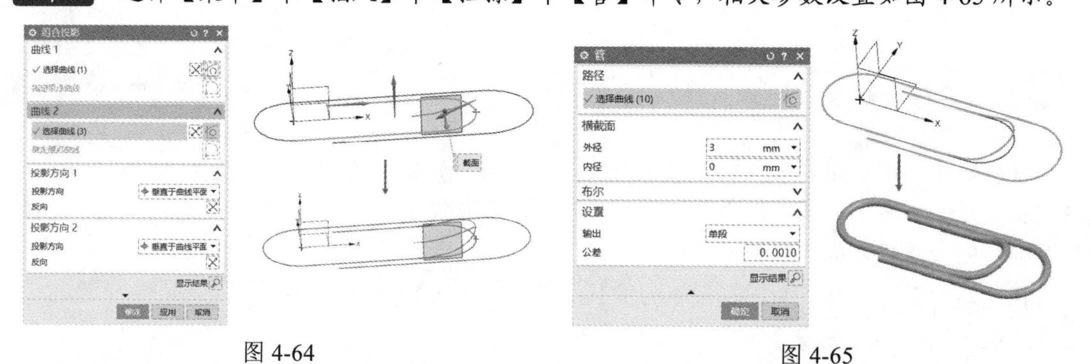

图 4-64　　图 4-65

4.3.5 桥接曲线

桥接曲线是指在两参照特征间创建曲线，曲线可以通过各种形式控制，主要用于创建两条曲线间的圆角相切曲线。在 UG NX 1904 中，桥接曲线按照用户指定的连续条件、连接部位和方向来创建，是曲线操作中常用的方法。

选择【菜单】|【插入】|【派生曲线】|【桥接】命令，打开如图 4-66 所示的【桥接曲线】对话框。此时，选择第一条欲桥接的曲线，切换至【终止对象】面板，此面板提示选择第二条曲线。最后设置桥接属性，并选择控制曲线形状的方式，单击【确定】按钮即可。

【桥接属性】可以有位置、相切、曲率和流，主要用来设置桥接的起点和终点位置、桥接方向等；【形状控制】面板主要用于设定桥接曲线的形状控制方式，包括相切幅值、深度和歪斜度、二次曲线、参考成型曲线 4 种方式。

图 4-66

实例：节能灯

Step 01　启动 UG NX 1904 软件，单击【主页】功能区下的【新建】命令，在弹出的【新建】对话框中模板选择【模型】，新建文件名称为【4-11.prt】，单击【确定】按钮，进入建模环境，选择【菜单】|【插入】|【曲线】|【螺旋】命令，在弹出的对话框中选择【沿矢量】方式创建螺旋线，【指定坐标系】为【动态坐标系】，【角度】为 180，【大小】规律类型为恒定，【直径】为 40，【螺距】规律类型为恒定，【值】为 45，【起始限制】为 20，【终止限制】为 110，单击【应用】按钮，再创建一条螺旋线，与上条螺旋线不同的地方为【角度】由 180 变为 0，单击【确定】按钮。

Step 02　选择【菜单】|【插入】|【曲线】|【直线】命令，在打开的对话框的开始【选择对象】中单击【点对话框】，输出坐标为：X 为 0，Y 为 12.5，Z 为 0，单击【确定】按钮，在【长度】文本框中输入-20（注意直线方向应与 Z 轴平行），单击【应用】按钮，重复上述步骤，将【点】对话框的输入坐标改为：X 为 0，Y 为-12.5，Z 为 0，单击【确定】按钮，在【长度】文本框中输入-20，单击【确定】按钮。

Step 03　选择【菜单】|【插入】|【派生曲线】|【桥接】命令，相关参数设置如图 4-67 所示，单击【应用】按钮，再次选中其余两条曲线，单击【确定】按钮。

Step 04　选择【菜单】|【插入】|【基准/点】|【点】命令，输出坐标为：【X】为 0，【Y】为 7.5，【Z】为 120，单击【应用】按钮，把上述【Y】为 7.5 改成-7.5，其余不变，单击【确定】按钮。

Step 05　选择【基准平面】|【基准坐标系】命令，输入坐标为：【X】和【Y】都为 0，【Z】为 115，单击【确定】按钮。

Step 06　选择【菜单】|【插入】|【草图】命令，单击步骤 5 创建的坐标系，以 XY 平面创建草图，单击【直线】命令，参数相关设计如图 4-68 所示。单击【完成】按钮。

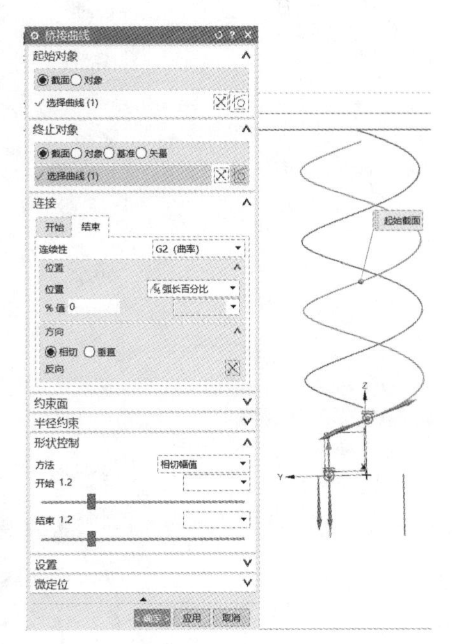

图 4-67

Step 07　选择【菜单】|【插入】|【曲线】|【艺术样条】命令，弹出【艺术样条】对话框，选择【通过点】创建艺术样条，在【约束连续类型】中选择【G2 曲率】，依次选

择指点 6 个点，此时绘制的图形如图 4-69 所示。

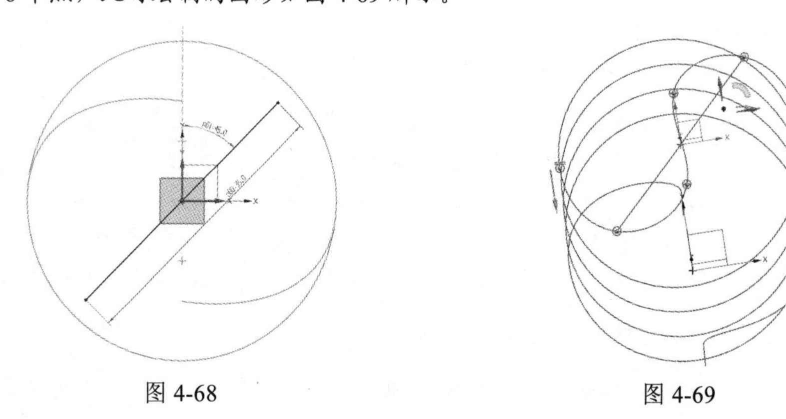

图 4-68　　　　图 4-69

Step 08 选择【旋转】命令，以【YZ】平面为草绘平面，绘制如图 4-70 所示的草图，单击【确定】按钮退出草绘环境，以【ZC 轴】为【指点矢量】进行旋转，单击【确定】按钮。

Step 09 选择【菜单】|【插入】|【扫掠】|【管】命令，选择步骤 1-7 绘制的 7 条曲线，在【横截面】选项中，在【外径】文本框中输入 10，在【内径】文本框中输入 0，【布尔】运算选择【合并】，【输出】选择【单段】，单击【确定】按钮，此时获得节能灯实体模型，如图 4-71 所示。

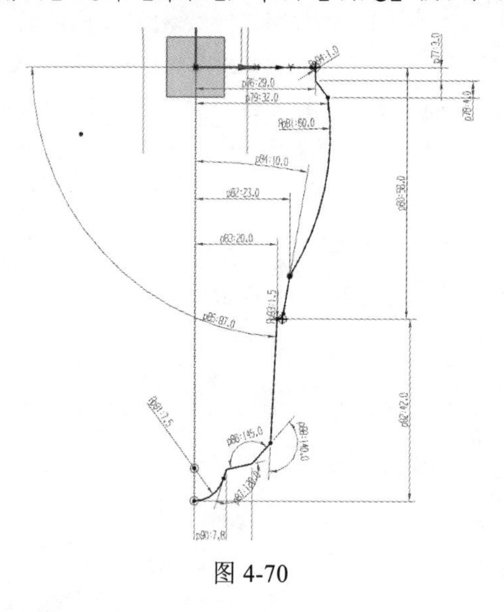

图 4-70

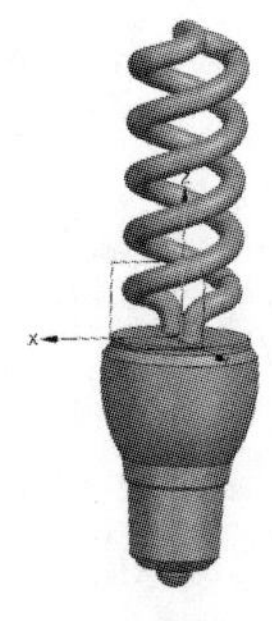

图 4-71

4.3.6 相交曲线

相交曲线是指创建两个对象集之间的相交曲线。各组对象可分别为一个表面（若为多个表面，则必须属于同一个实体）、一个参考面、一个片体或一个实体。

选择【菜单】|【插入】|【派生曲线】|【相交曲线】命令，弹出【相交曲线】对话框，如图 4-72 所示。

该对话框中包括创建相交曲线的两个重要面板和常用选项。

图 4-72

（1）第一组

第一组用于确定欲产生交叉线的第一组对象。

（2）第二组

第二组用于确定欲产生交叉线的第二组对象。

（3）保持选定

【保持选定】复选框用于单击【应用】按钮后，自动重复选择第一组或第二组对象。

（4）距离公差

【距离公差】选项用于设置距离公差，以改变在【预设置-建模】对话框中设置的默认值。

4.4　曲线编辑

当曲线创建完成后，根据设计需要还要经常对不满意的地方进行调整。特别是对由曲线构成的复杂自由曲面，需要通过对曲线多次编辑才能达到理想的效果。UG NX 1904 提供了强大的曲线编辑工具，具体包括编辑曲线参数、修剪曲线、修剪拐角、分割曲线、编辑圆角及拉长曲线等。

（1）编辑曲线参数

编辑曲线参数通过编辑曲线的有关参数值来改变曲线的长度、形状及大小。利用编辑曲线参数可以对直线、圆/圆弧和样条曲线 3 种曲线类型进行编辑。通过对曲线的参数化编辑，从而创建出理想的曲线。

选择【菜单】|【编辑】|【曲线】|【参数】命令，打开【编辑曲线参数】对话框，如图 4-73 所示。

（2）修剪曲线

修剪曲线命令可以根据边界实体和选中进行修剪的曲线的分段来调整曲线的端点，可以修剪或延伸直线、圆弧、二次曲线或样条。

选择【菜单】|【编辑】|【曲线】|【修剪】命令，弹出【修剪曲线】对话框，如图 4-74 所示。

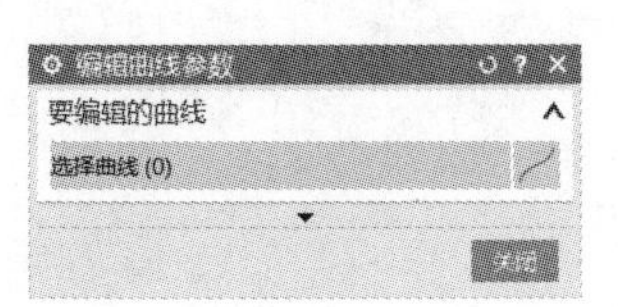

图 4-73

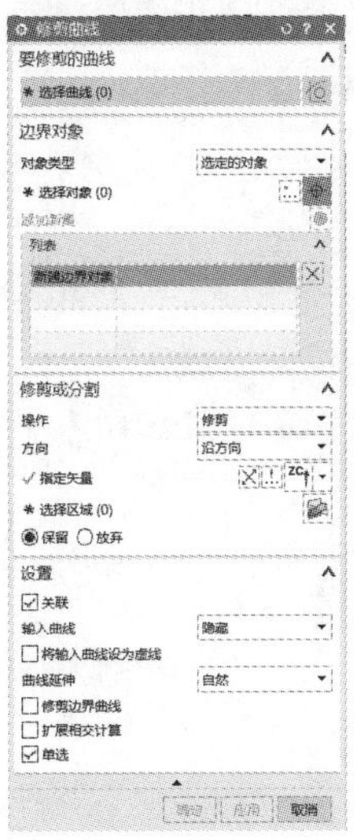

图 4-74

其中部分选项功能介绍如下：

要修剪的曲线：用于选择要修剪的一条或多条曲线。

边界对象：让用户从工作区中选择一串对象作为边界，沿着它修剪曲线。

曲线延伸：如果正在修剪一个要延伸到边界对象的样条，则可以选择延伸的形状。

关联：指定输出的已被修剪的曲线是相关联的。修剪操作会创建修剪曲线特征，其中包含原始曲线的重复且关联的修剪副本。

输出直线：指定输入曲线的被剪部分处于何种状态。

（3）修剪拐角

修剪拐角命令用于把两条曲线修剪到它们的交点，从而形成一个拐角，生成的拐角依附于选择的对象。

选择【菜单】|【编辑】|【曲线】|【修剪拐角】命令，弹出【修剪拐角】对话框，如图 4-75 所示。

（4）分割曲线

分割曲线命令把曲线分割成一组同样的段。每个生成的段都是单独的实体，并被赋予和原先的曲线相同的线型。新的对象和原来的曲线放在同一层上。

选择【菜单】|【编辑】|【曲线】|【分割】命令，弹出【分割曲线】对话框，如图 4-76 所示。

图 4-75

图 4-76

（5）编辑圆角

编辑圆角命令用于编辑已有的圆角。

选择【菜单】|【编辑】|【曲线】|【圆角】命令，弹出【编辑圆角】对话框，如图 4-77 所示。

（6）拉长曲线

拉长曲线命令用于移动几何对象，同时拉伸或缩短选中的直线。可以移动大多数几何类型，但只能拉伸或缩短直线。

选择【菜单】|【编辑】|【曲线】|【拉长】命令，弹出【拉长曲线】对话框，如图 4-78 所示。

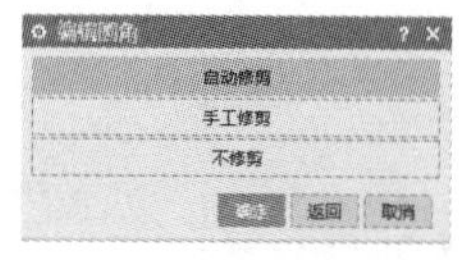

图 4-77

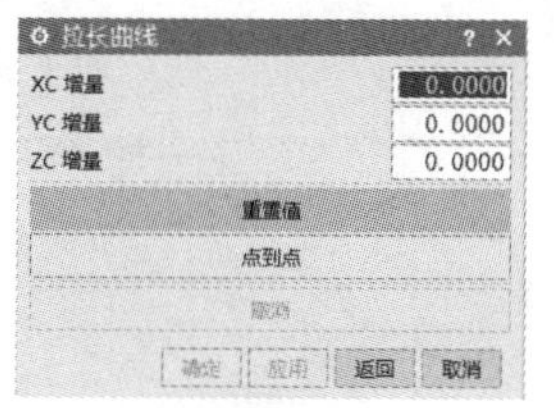

图 4-78

实例：绘制时尚碗的曲面线框

Step 01　启动 UG NX 1904 软件，单击【主页】功能区下的【新建】按钮，在弹出的【新建】对话框中模板选择【模型】，新建文件名称为【4-12.prt】，单击【确定】按钮，进入建模环境。选择【菜单】|【插入】|【曲线】|【基本曲线】|【圆】命令，在跟踪条中【XC】、【YC】、【ZC】文本框中输入 0，回车，在【半径】文本框中输入 30，回车。

Step 02　选择【菜单】|【插入】|【曲线】|【基本曲线】|【圆】命令，在跟踪条中【XC】、【YC】文本框中输入 0，在【ZC】文本框中输入 20，回车，在【半径】文本框中输入 20，回车。

Step 03　选择【菜单】|【编辑】|【曲线】|【分割】命令，选择曲线为步骤 2 绘制的圆，相关参数设置如图 4-79 所示。

Step 04　选择【菜单】|【插入】|【曲线】|【直线和圆弧】|【圆心和半径】命令，分别以步骤 3 分割点为圆心绘制半径为 54 的 3 个圆，如图 4-80 所示。

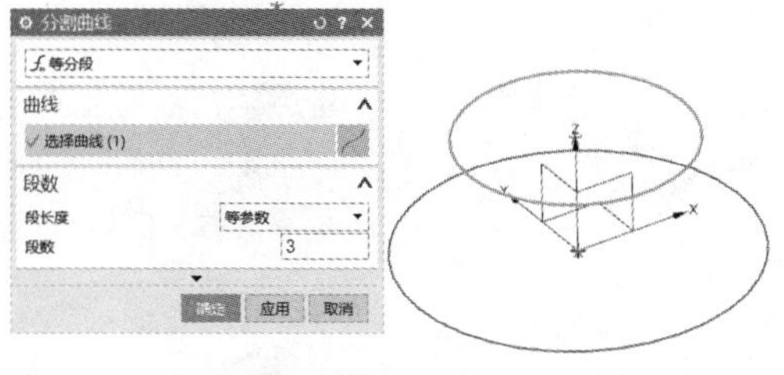

图 4-79

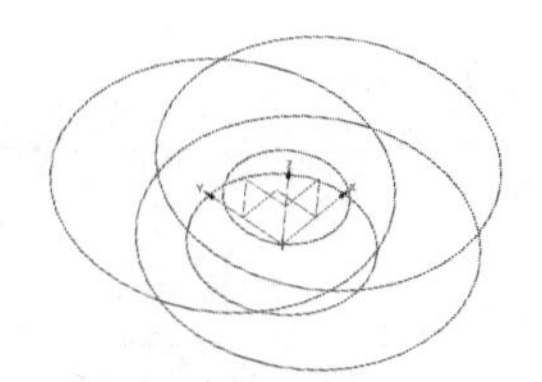

图 4-80

Step 05　选择【菜单】|【插入】|【曲线】|【直线和圆弧】|【相切-相切-半径（圆）】命令，选择步骤 4 绘制相邻的两个半径为 54 的圆，绘制半径为 163 的圆，如图 4-81 所示。

Step 06　选择【菜单】|【编辑】|【曲线】|【修剪】|命令，弹出【修剪曲线】对话框，【要修剪的曲线】为半径为 163 的圆，【边界对象】为相邻半径为 54 的圆，【选择区域】为【放弃】，单击【确定】按钮，如图 4-82 所示。

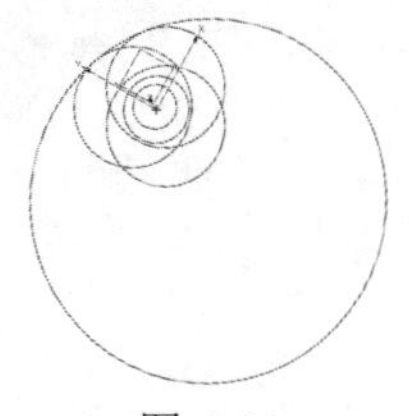

图 4-81

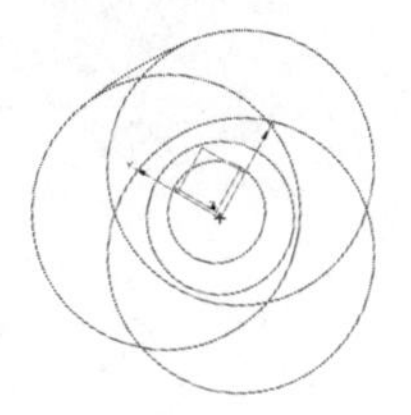

图 4-82

Step 07　重复步骤 5 和步骤 6，绘制另外两对圆的相切曲线，如图 4-83 所示。

Step 08　选择【菜单】|【编辑】|【曲线】|【修剪】|命令，修剪结果如图 4-84 所示。

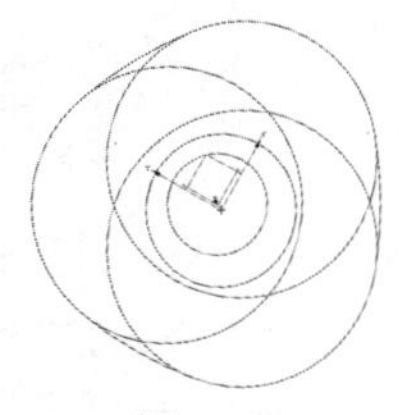

图 4-83

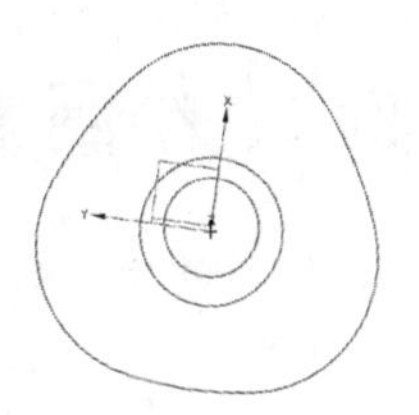

图 4-84

Step 09　选择【菜单】|【插入】|【基准/点】|【点】|命令，在图中依次选中 R54 的圆弧中点，创建 3 个点。

Step 10　选择【菜单】|【插入】|【曲线】|【基本曲线】|【圆】命令，在跟踪条中【XC】、【YC】文本框中输入 0，【ZC】文本框中输入 50，回车，在【直径】文本框中输入 125，回车，并将其三等分。

Step 11　选择【菜单】|【插入】|【曲线】|【直线和圆弧】|【圆心和半径】命令，分别以步骤 10 创建 3 个分割点为圆心绘制半径为 40 的 3 个圆，如图 4-85 所示。

Step 12　选择【菜单】|【插入】|【曲线】|【圆弧/圆】命令，在弹出的对话框中选择【三点定圆弧】选项，选择相邻的两个 R40 的圆，绘制 R180 的 3 个圆弧，并修剪多余曲线，如图 4-86 所示。

Step 13　选择【菜单】|【插入】|【基准/点】|【点】|命令，在图中依次选中 R40 的圆弧中点，创建 3 个点。

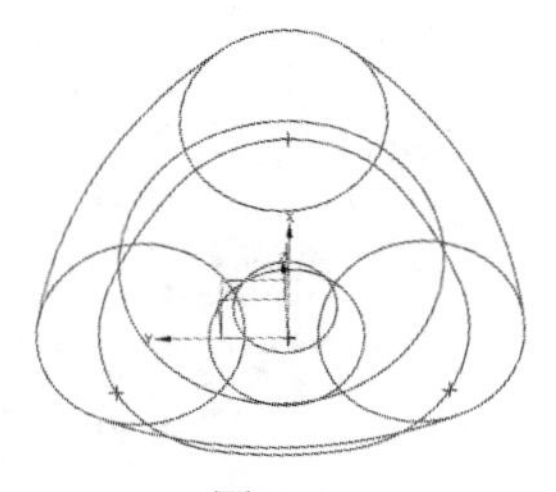

图 4-85

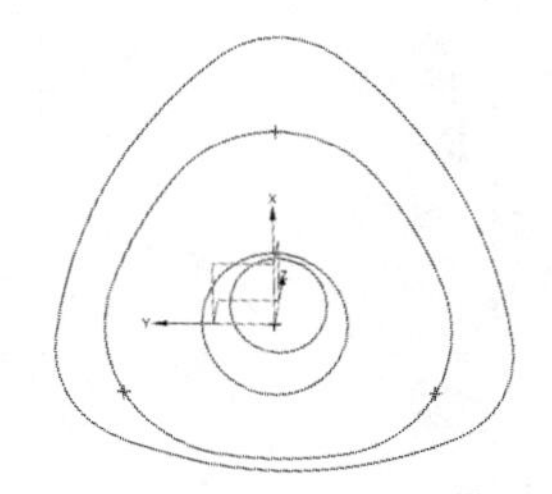

图 4-86

Step 14　选择【菜单】|【插入】|【曲线】|【圆弧/圆】命令，在弹出的对话框中选择【三点定圆弧】选项，选中工作区 3 条曲线的分割点和创建的点，依次创建 3 个连接圆弧，如图 4-87 所示。时尚碗曲面线框绘制完成，如图 4-88 所示。

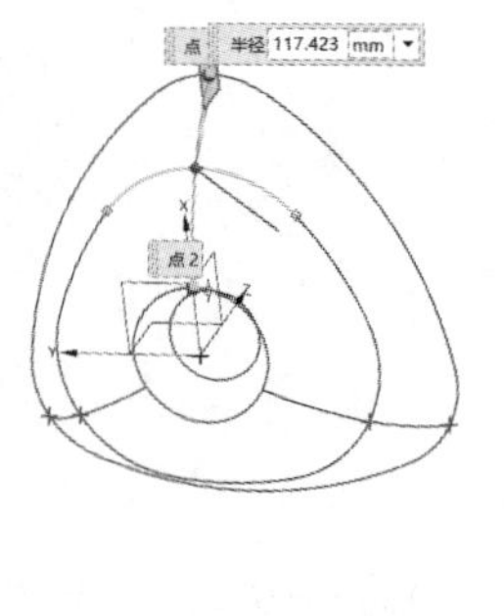

图 4-87

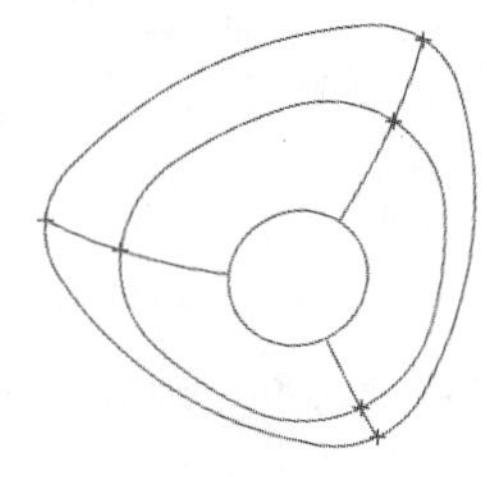

图 4-88

4.5　综合实例 1：绘制咖啡壶曲线

Step 01　启动 UG NX 1904 软件，单击【主页】功能区下的【新建】命令，在弹出的【新建】对话框中模板选择【模型】，新建文件名称为【4-13.prt】，单击【确定】按钮，进入建模环境，选择【菜单】|【插入】|【曲线】|【基本曲线】|【圆】命令，在【点方法】下拉菜单中单击【点构造器】按

钮，首先在【X】、【Y】、【Z】文本框中输入 0，回车，然后在【X】文本框中输入 100，绘制第一个圆，在【X】、【Y】、【Z】文本框中输入【0，0，-100】，回车，在【X】文本框中输入 70,，回车，绘制第二个圆，再次在【X】、【Y】、【Z】文本框中输入【0，0，-200】，回车，在【X】文本框中输入 100，回车，绘制第三个圆，在【X】、【Y】、【Z】文本框中输入【0，0，-300】，回车，在【X】文本框中输入 70，回车，绘制第四个圆，最后在【X】、【Y】、【Z】文本框中输入【115，0，0】，回车，在【Y】文本框中输入 5，回车，绘制第五个圆，如图 4-89 所示。

Step 02　选择【菜单】｜【插入】｜【曲线】｜【基本曲线】｜【圆角】命令，弹出【曲线倒圆】对话框，在【方法】中单击【曲线圆角】按钮，取消【修剪选项】的选择，在【半径】文本框中输入 15，依次单击圆 1 和圆 5，如图 4-90 所示。

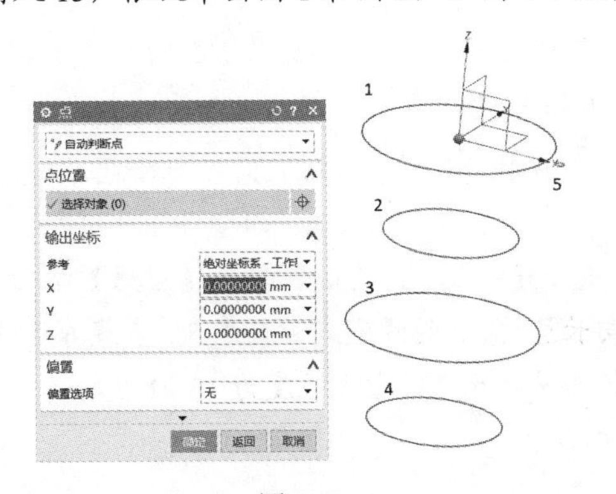

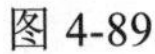
图 4-89

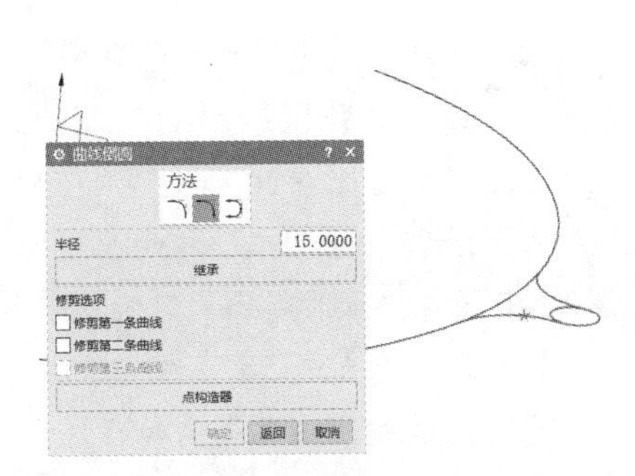

图 4-90

Step 03　选择【菜单】｜【编辑】｜【曲线】｜【修剪】｜命令，弹出【修剪曲线】对话框，【要修剪的曲线】为圆 5,【边界对象】为步骤 2 绘制的两圆弧,【选择区域】为【放弃】，单击【应用】按钮，然后【要修剪的曲线】为圆 1,【边界对象】为步骤 2 绘制的两圆弧,【选择区域】为【放弃】，如图 4-91 所示。

Step 04　选择【菜单】｜【编辑】｜【曲线】｜【艺术样条】｜命令，弹出【艺术样条】对话框，在创建艺术样条方法中选择【通过点】，依次连接圆 4 圆心及各圆的象限点，如图 4-92 所示。

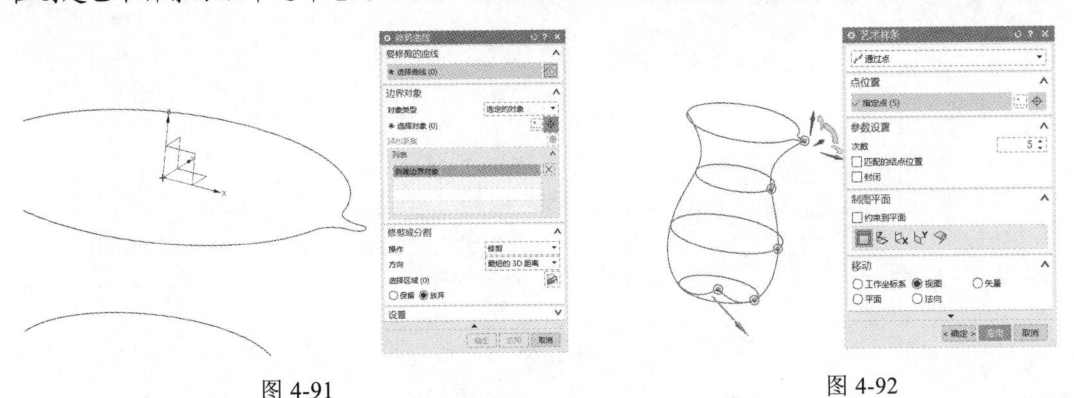

图 4-91　　图 4-92

4.6　综合实例 2：绘制销轴座线框曲线

Step 01　启动 UG NX 1904 软件，单击【主页】功能区下的【新建】命令，在弹出的【新建】对

话框中模板选择【模型】，新建文件名称为【4-14.prt】，单击【确定】按钮，进入建模环境，选择【菜单】|【插入】|【曲线】|【矩形】命令，弹出【点】对话框，在工作平面中创建如图 4-93 所示的 A，B 两点，单击【确定】按钮，完成矩形的创建。

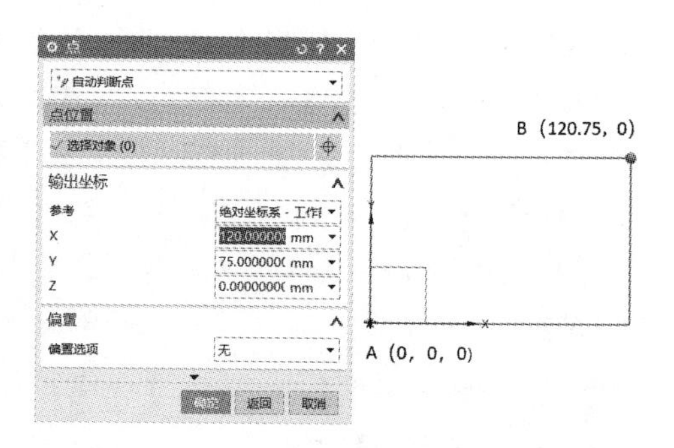

图 4-93

Step 02　按照步骤 1 同样的方法，创建另外两点，两点坐标分别为【35，20，0】和【100，55，0】。

Step 03　选择【菜单】|【插入】|【曲线】|【基本曲线】|【圆角】命令，在弹出的【曲线倒圆】对话框中【方法】选择【简单圆角】，在【半径】文本框中输入 5，取消【修剪选项】的选择，单击工作区中要倒圆角的直角内侧，即可创建圆角，如图 4-94 所示。

Step 04　选择【菜单】|【插入】|【曲线】|【直线】命令，分别选择上表面矩形顶点为起点，沿-ZC 方向绘制两端长为 20 的直线（直线 1，直线 2），单击【应用】按钮，以直线 1，直线 2 终点为起始点，绘制平行于-XC 方向长度为 136 的两直线（直线 3，直线 4），单击【应用】按钮，以直线 3，直线 4 终点为起始点，绘制平行于 YC 方向长度为 15 的两直线（直线 5，直线 6），单击【应用】按钮，以直线 5，直线 6 终点为起始点，绘制平行于 XC 方向长度为 16 的两直线（直线 7，直线 8），最后连接直线 7 和直线 8，如图 4-95 所示。

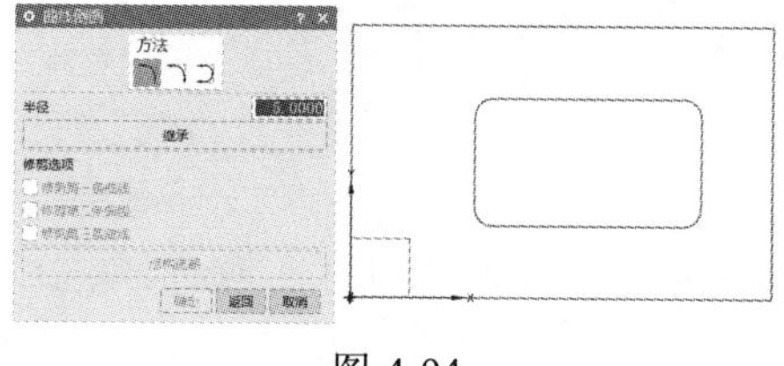

图 4-94

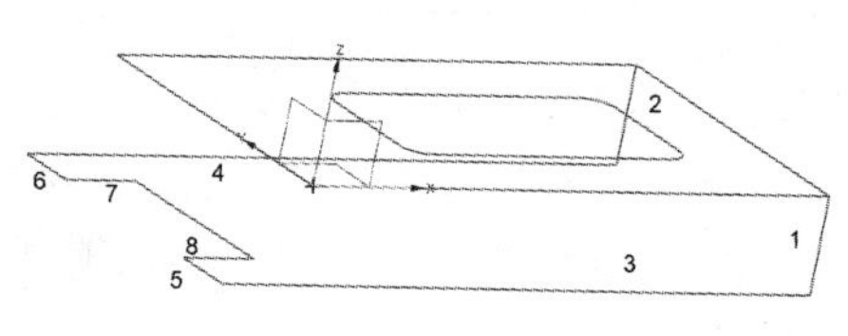

图 4-95

Step 05　选择【菜单】|【编辑】|【移动对象】命令，相关参数设置如图 4-96 所示。

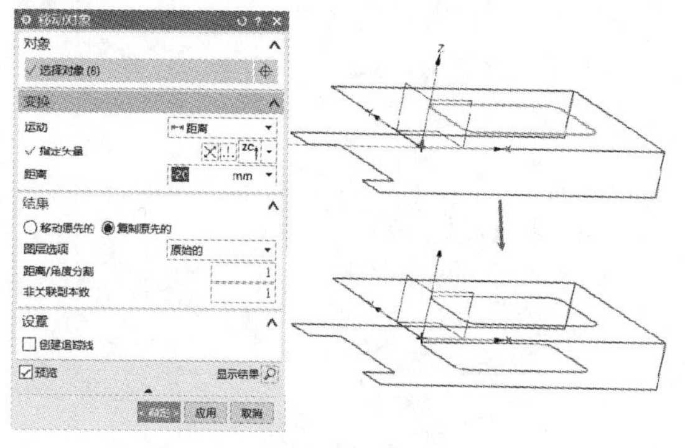

图 4-96

Step 06　选择【菜单】|【插入】|【曲线】|【直线】命令，以步骤 4 绘制的直线 4 和直线 6 的交点为要绘制直线的起始点，绘制平行于 ZC 方向长度为 90 的直线，以刚绘制的直线终点为起始点，绘制平行于 XC 方向长度为 40 的直线，如图 4-97 所示。

Step 07　选择【菜单】|【插入】|【曲线】|【圆弧/圆】命令，弹出【圆弧/圆】对话框，在【类型】下拉列表框中选择【三点画圆弧】选项，选择两个端点，在【半径】文本框中输入 18，拖动鼠标使圆弧与直线相切，如图 4-98 所示。

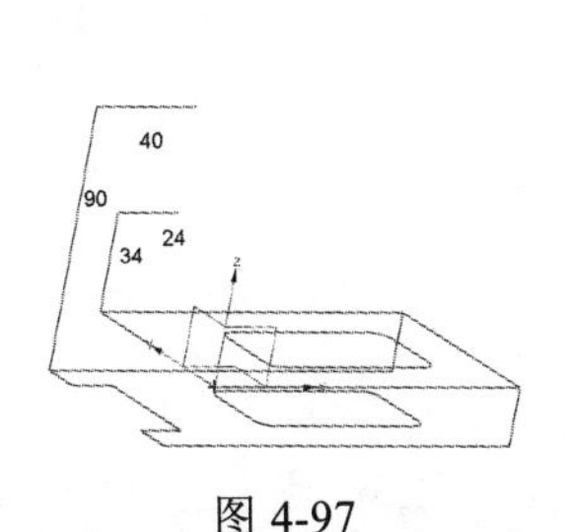

图 4-97

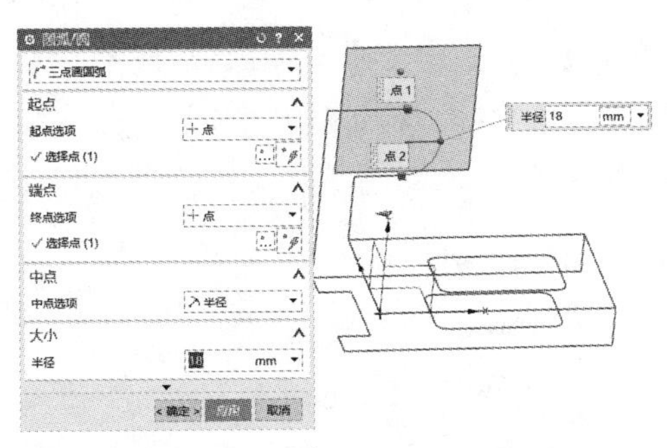

图 4-98

Step 08　选择【菜单】|【插入】|【曲线】|【直线和圆弧】|【圆（圆心和半径）】命令，在工作区中选择步骤 7 绘制圆弧的中心为圆心，绘制直径为 24 的圆。

Step 09　选择【菜单】|【编辑】|【移动对象】命令，在工作区选择步骤 6 到步骤 8 绘制的图形，沿-YC 方向分别移动 15，60，75，如图 4-99 所示。

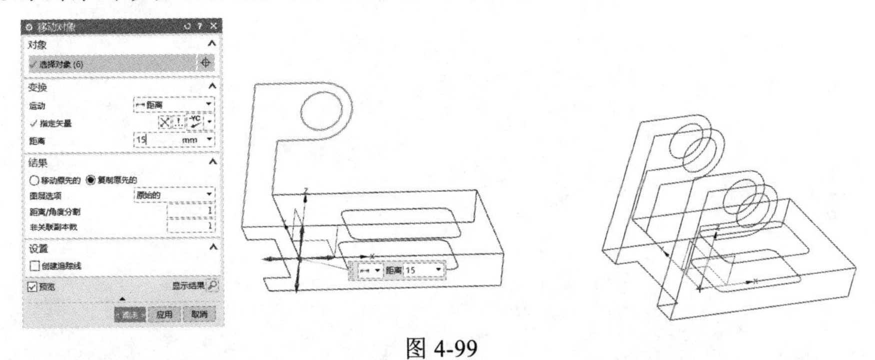

图 4-99

Step 10　选择【菜单】|【插入】|【曲线】|【直线】命令，绘制如图 4-100 所示的 5 条直线，其中直线 1 与直线 5 方向平行于 YC 方向，长度为 20，直线 2 和直线 4 方向平行于 ZC 方向，长度为 20。

Step 11　选择【菜单】|【插入】|【曲线】|【直线和圆弧】|【圆（圆心和点）】命令，选择如图 4-101 所示的直线 1 和直线 2 的交点为圆心，选择的点为直线 2 的中心，完成圆孔的绘制。

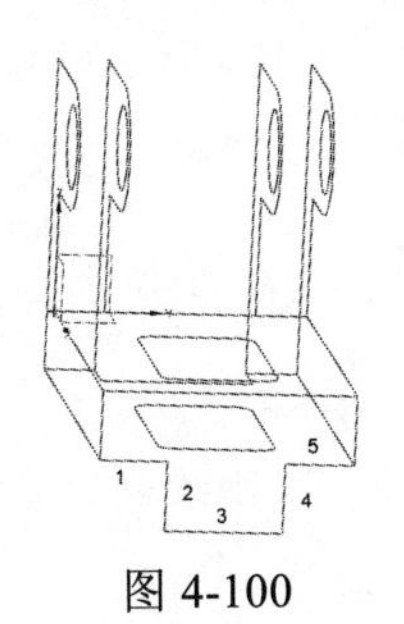

图 4-100

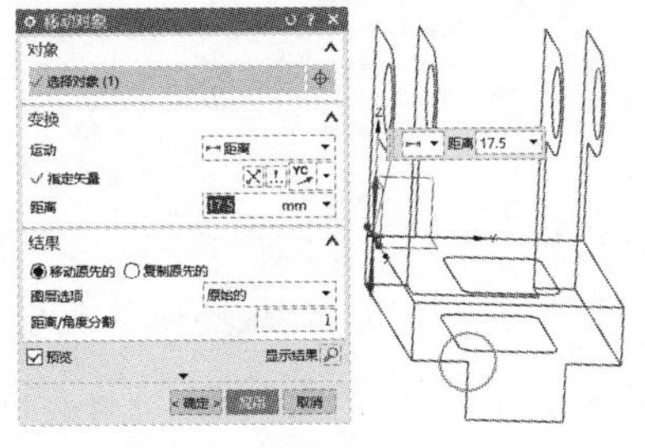

图 4-101

Step 12 选择【菜单】|【编辑】|【移动对象】命令，选择对象为步骤 11 绘制的圆孔，沿 YC 方向移动 17.5，并将原来的圆删除。

Step 13 选择【菜单】|【编辑】|【移动对象】命令，相关参数设置如图 4-102 所示。

Step 14 选择【菜单】|【插入】|【曲线】|【直线】命令，连接步骤 13 移动得到的图形，完成销轴座线框的绘制，如图 4-103 所示。

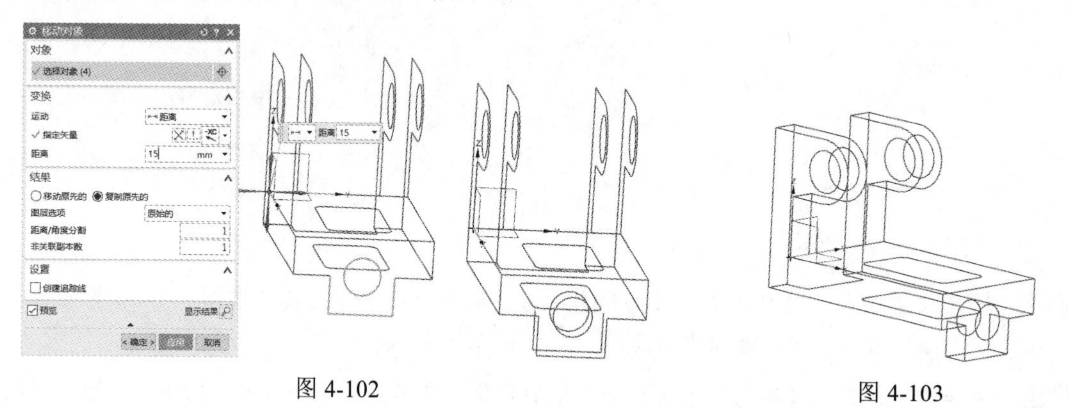

图 4-102

图 4-103

NX 第 5 章

曲面建模

自由曲面设计是 CAD 模块的重要组成部分，也是体现 CAD/CAM 软件建模能力的重要标志。自由曲面设计可以让用户设计复杂的自由曲面外形，大多数实际产品的设计都离不开自由曲面设计。自由曲面设计包括自由曲面特征建模模块和自由曲面特征编辑模块，用户可以使用前者方便地生成曲面或实体模型，再通过后者对已生成的曲面进行各种修改。利用编辑曲面功能可以重新定义曲面特征的参数，也可以通过变形和再生工具对曲面直接进行编辑操作，从而创建出风格多变的自由曲面造型，以满足不同的产品设计需求。

5.1 自由曲面创建

这一节主要讲解自由曲面的创建方法。

5.1.1 通过点

通过点命令是通过定义曲面的控制点来创建曲面的，控制点对曲面的控制是以组合为链的方式来实现的，链的数量决定了曲面的圆滑程度。

选择【菜单】|【插入】|【曲面】|【通过点】命令，弹出如图 5-1 所示的【通过点】对话框。

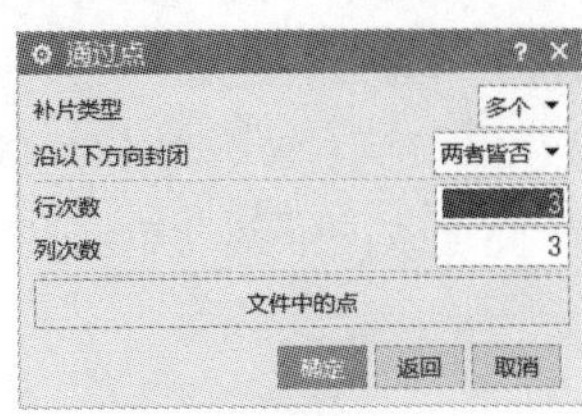

图 5-1

对话框中各选项功能说明如下。

1．补片类型

样条曲线可以由单段或者多段曲线构成，片体也可以由单个补片或多个补片构成。

单个：所建立的片体只包含单一的片体。单个补片的片体是由一个曲面参数方程来表达的。

多个：所建立的片体是一系列单补片的阵列。多个补片的片体是由两个以上的曲面方程来表达的。一般构建较精密片体采用多个补片的方法。

2．沿以下方向封闭

设置一个或多个补片片体是否封闭及封闭方式，包含如下 4 个选项。

两者皆否：片体以指定的点开始和结束，列方向与行方向都不封闭。

行：点的第一列变成最后一列。

列：点的第一行变成最后一行。

两者皆是：是指在行方向和列方向上都封闭。如果选择在两个方向上都封闭，生成的将是实体。

3. 行次数和列次数

（1）行次数：定义片体 U 方向阶数。

（2）列次数：大致垂直于片体行的纵向曲线方向 V 方向的阶数。

4. 文件中的点

可以选择包含点的文件来定义这些点。

完成【通过点】对话框设置后，系统会打开选取点信息的对话框，如图 5-2 所示，用户可利用该对话框选取定义点。

对话框中各选项功能说明如下。

（1）全部成链

全部成链用于链接窗口中已存在的定义点，单击后会打开如图 5-3 所示的对话框，用来定义起点和终点，自动快速获取起点与终点链接的点。

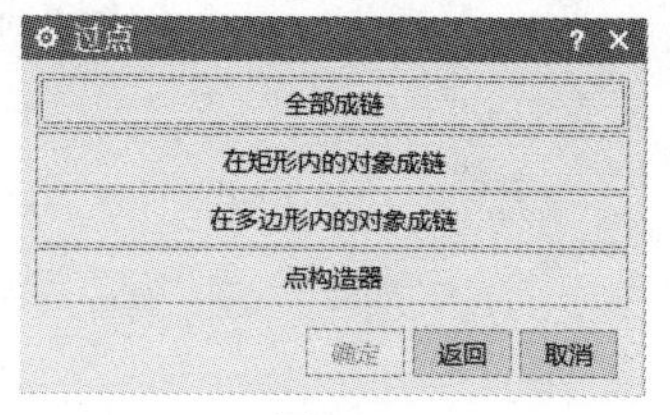

图 5-2

图 5-3

（2）在矩形内的对象成链

通过拖动鼠标形成矩形方框来选取所定义的点，矩形方框内所包含的所有点将被链接。

（3）在多边形内的对象成链

通过鼠标定义多边形框来选取定义点，多边形框内的所有点将被链接。

（4）点构造器

通过点构造器来选取定义点的位置会打开如图 5-4 所示的对话框，需要用户一点一点地选取，所要选取的点都要单击到。每指定一列点后，系统都会打开如图 5-5 所示的对话框，提示是否确定当前所定义的点。

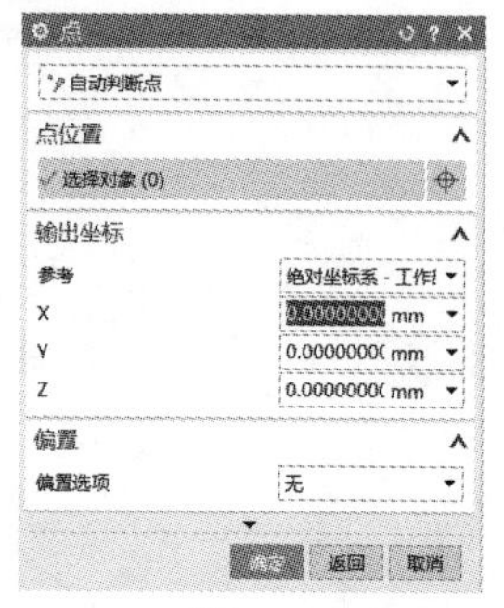

图 5-4

图 5-5

5.1.2　从极点

从极点方式与通过点方式构造曲面的方式类似，不同之处在于选择的点将成为曲面的控制极点。

选择【菜单】|【插入】|【曲面】|【从极点】命令，弹出如图 5-6 所示的对话框，使用默认设置。单击【确定】按钮，进行点的选择。

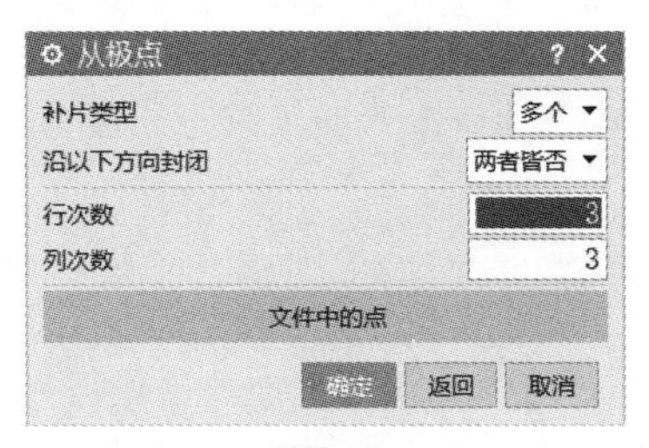

图 5-6

弹出【点构造器】对话框，要求选择定义点，在绘图工作区中依次选择要成为第 1 条链的点，选择完成后，单击【确定】按钮，弹出【指定点】对话框，单击【是】按钮，接受选择的点，完成第 1 条链的定义。

使用同样的方法，在绘图工作区中创建其他 3 条链。当定义 4 条链后，将弹出【从极点】对话框，单击【所有指定点】按钮，随即生成曲面，该曲面是由极点控制的。

5.1.3　拟合曲面

【拟合曲面】命令是将自由曲面、平面、球、圆柱和圆锥拟合到指定的数据点或小平面来创建。选择【菜单】|【插入】|【曲面】|【拟合曲面】命令，弹出如图 5-7 所示的对话框。然后选择所需的小平面体、点集或点组作为拟合目标。【类型】下拉列表框中有如图 5-7 所示的选项，不同的选项对应的参数设置不同，例如选择【拟合自由曲面】选项后，然后指定拟合方向、参数化和光顺因子，并根据情况定义边界。

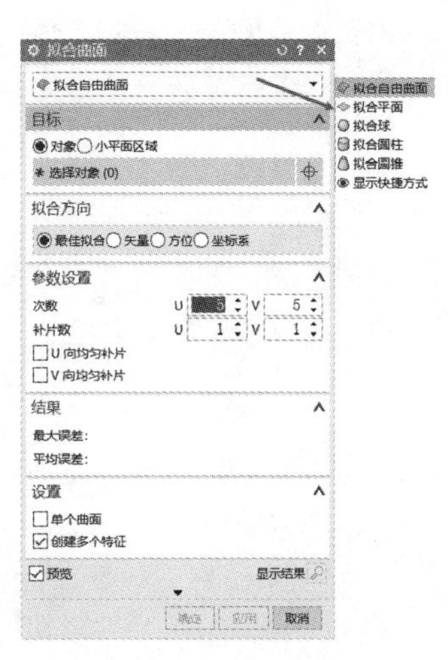

图 5-7

若选择【拟合平面】选项时，可根据需要决定是否约束平面法向和是否自动拒绝点；选择【拟合球】选项时，可根据需要决定是否约束平面法向及是否使用半径拟合条件和封闭的拟合条件。【拟合圆柱】和【拟合圆锥】也各自有相应的方向约束要求和拟合条件。

5.1.4　有界平面

使用“有界平面”工具可以将在一个平面上的封闭曲线生成片体特征，所选取的曲线其内部不能相互交叉。

选择【菜单】|【插入】|【曲面】|【有界平面】命令，打开如图 5-8 所示的【有界平面】对话框。该对话框中包含【平截面】和【预览】两个选项组，选择【平截面】选项组，在工作区中选取要创建片体的曲线对象，然后单击【确定】按钮即可生成有界平面。

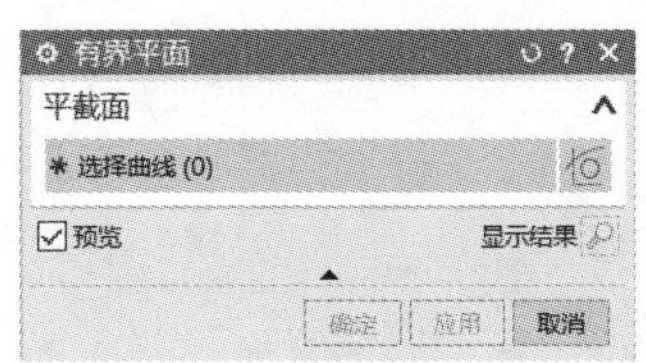

图 5-8

5.2 网格曲面

网格曲面是通过空间中已有的曲线来构建曲面，曲线的形状可以不规则排列，但是在定义生成方向或参考曲线时必须遵循一定的规则。

5.2.1 艺术曲面

【艺术曲面】命令可以用任意数量的截面和引导线串来创建曲面。

选择【菜单】|【插入】|【网格曲面】|【艺术曲面】命令，打开如图 5-9 所示的【艺术曲面】对话框。

对话框中各选项功能说明如下。

1．截面（主要）曲线

每选择一组曲线可以通过单击鼠标中键完成，如果方向相反可以单击该面板中的【反向】命令。

2．引导（交叉）曲线

在选择交叉线串的过程中，如果选择的交叉曲线方向与已经选择的交叉线串的曲线方向相反，可以通过单击【反向】命令将交叉曲线的方向反向。如果选择多组引导线曲线，那么该面板的【列表】中能够将所有选择的曲线都通过列表方式表示出来。

3．连续性

可以设定的连续性过渡方式有以下几种。

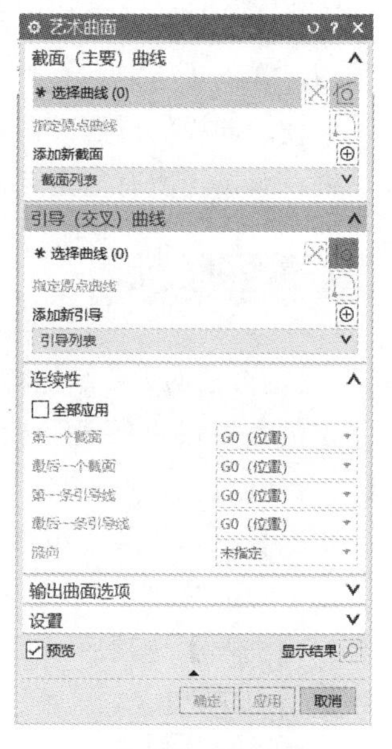

图 5-9

G0（位置）方式，通过点连接方式和其他部分相连接。

G1（相切）方式，通过该曲线的艺术曲面与其相连接的曲面通过相切方式进行连接。

G2（曲率）方式，通过相应曲线的艺术曲面预期相连接的曲面通过曲率方式逆行连接，在公共边上具有相同的曲率半径，且通过相切连接，从而实现曲面的光滑过渡。

4．对齐

在【对齐】列表中包含以下 3 个列表选项。

（1）参数：截面曲线在生成艺术曲面时，系统将根据所设置的参数来完成各截面曲线之间的连接过渡。

（2）弧长：截面曲线将根据各曲线的圆弧长度来计算曲面的连接过渡方式。

（3）根据点：可以在连接的几组截面曲线上指定若干点，两组截面曲线之间的曲面连接关系将会根据这些点来进行计算。

5．过渡控制

在【过渡控制】列表框中主要包括以下选项。

（1）垂直于终止截面：连接的平移曲线在终止截面处，将垂直此处截面。

（2）垂直于所有截面：连接的平移曲线在每个截面处，都将垂直于此处截面。

（3）三次：系统构造的这些平移曲线是三次曲线，所构造的艺术曲面即通过截面曲线组合这些平移曲线来连接和过渡。

（4）线性和圆角：系统将通过线性方式生成曲面并对连接生成的曲面进行倒角。

实例：制作座机话筒

Step 01　选择【菜单】|【插入】|【草图】命令，以【XZ 平面】为草绘平面绘制如图 5-10 所示的草图。

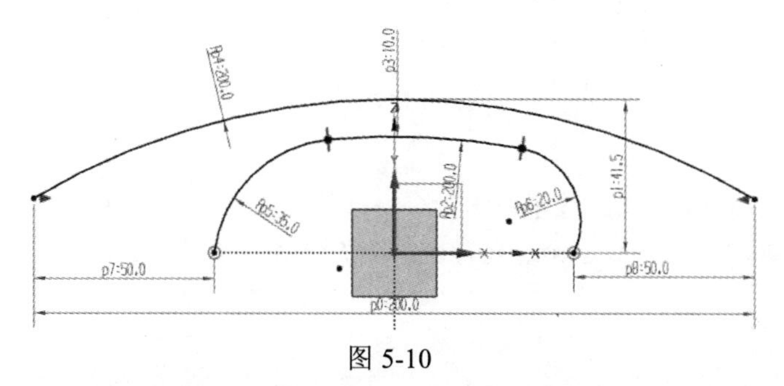

图 5-10

Step 02　选择【菜单】|【插入】|【草图】命令，以【XY 平面】为草绘平面绘制如图 5-11 所示的草图。

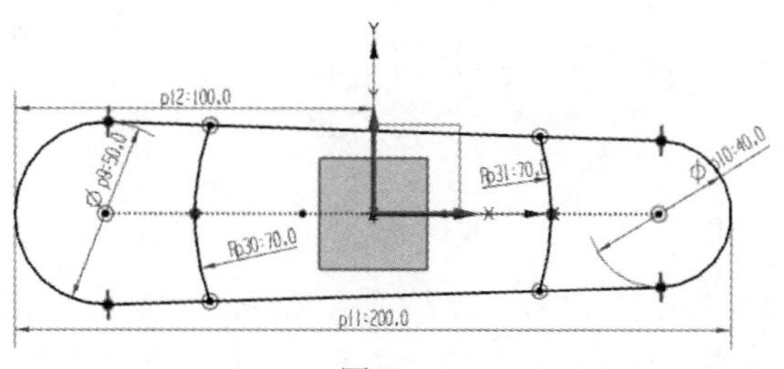

图 5-11

Step 03　选择【菜单】|【插入】|【草图】命令，在弹出的对话框中创建草图方式为【基于路径】，在平面方位中【方向】选择【垂直于矢量】，【指定矢量】为【X 轴】，相关参数设置如图 5-12 所示。绘制的草图如图 5-13 所示。

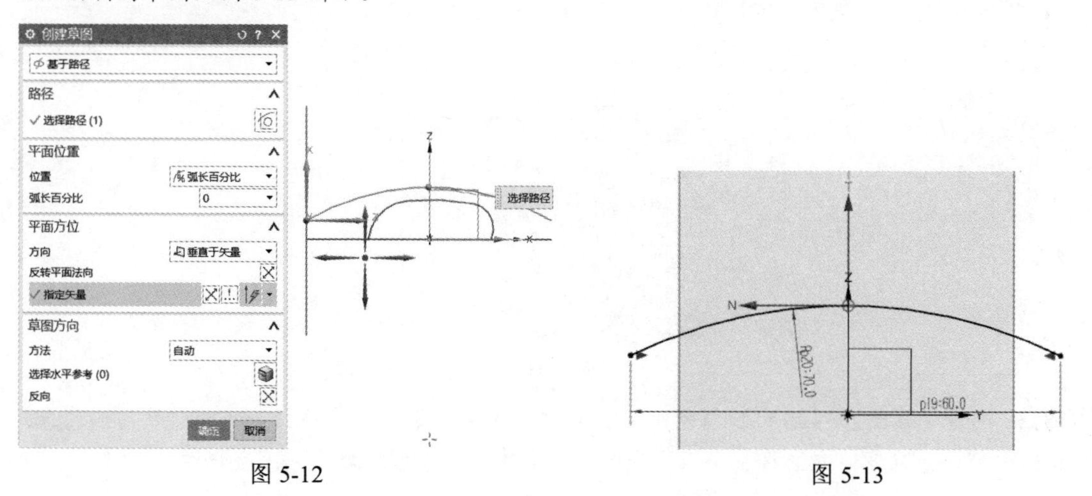

图 5-12　　图 5-13

Step 04 选择【菜单】|【插入】|【草图】命令，创建草图方式为【基于路径】，【选择路径】为步骤 3 相同直线的另一个端点，在平面方位中【方向】选择【垂直于矢量】，指定矢量为 X 轴。绘制的草图如图 5-14 所示。

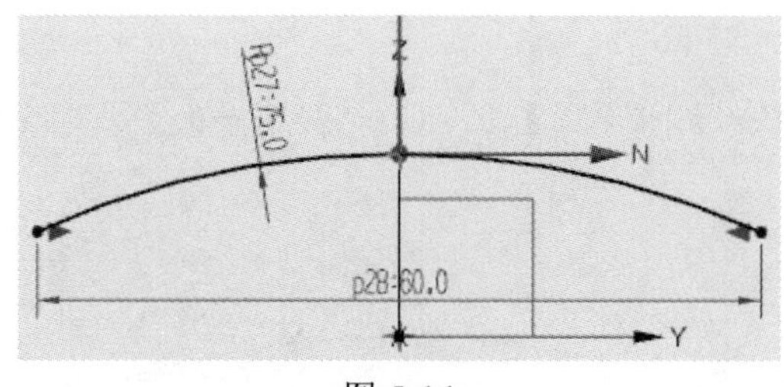

图 5-14

Step 05 选择【菜单】|【插入】|【草图】命令，选择【YZ 平面】为草绘平面，绘制如图 5-15 所示的草图。圆弧两端点与步骤 2 绘制图形所在截面对齐。

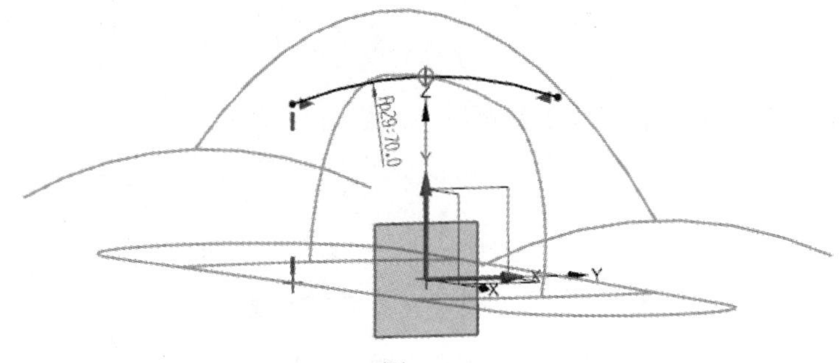

图 5-15

Step 06 选择【菜单】|【插入】|【网格曲面】|【艺术曲面】命令，截面曲线和引导曲线的选择如图 5-16 所示，在选择两条截面曲线时，要注意在选择第一条直线后，单击鼠标中键，然后在选择第二条截面曲线。

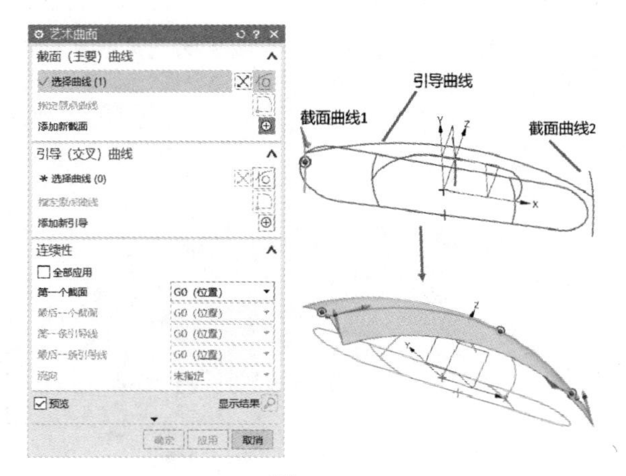

图 5-16

Step 07 选择【菜单】|【插入】|【网格曲面】|【艺术曲面】命令，截面曲线和引导曲线的选择如图 5-17 所示。注意：在选择三条引导线时一定要选中一条后，单击一次鼠标中键。

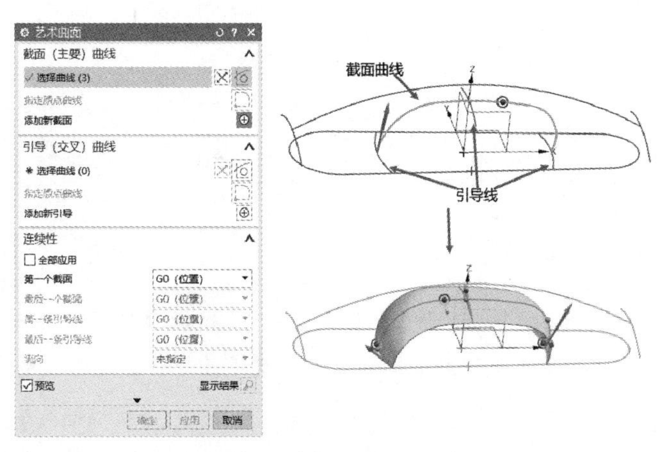

图 5-17

Step 08 选择【菜单】|【插入】|【设计特征】|【拉伸】命令，截面曲线选择步骤 2 绘制图形的外轮廓（两条圆弧和两条直线），【指定矢量】为 ZC 方向，【开始距离】为 0，【结束】选择【直至选定】，选择对象为步骤 6 生成的艺术曲面。

Step 09 选择【菜单】|【插入】|【修剪】|【修剪体】命令，【目标选择体】为步骤 8 拉伸获得的实体，【工具选项】的面为步骤 7 获得的艺术曲线，如图 5-18 所示。

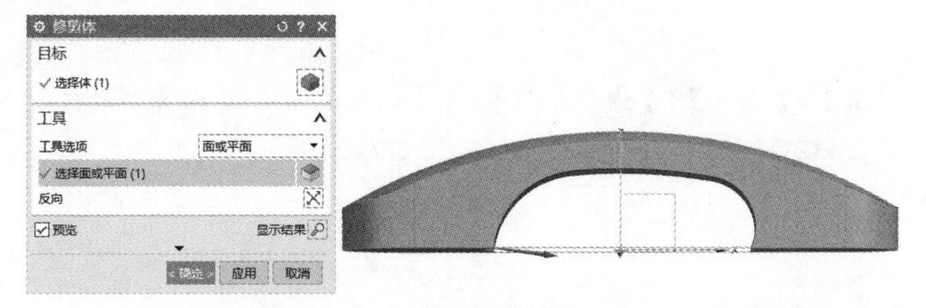

图 5-18

Step 10 选择【菜单】|【插入】|【细节特征】|【边倒圆】命令，相关参数设置如图 5-19 所示。

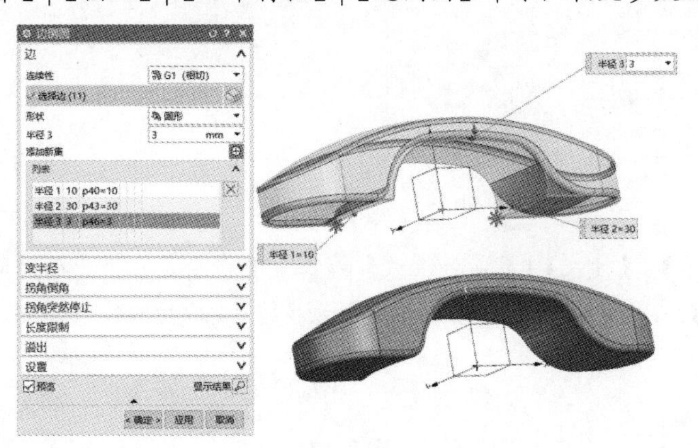

图 5-19

Step 11 选择【菜单】|【插入】|【草图】命令，以【XZ 平面】为草绘平面绘制如图 5-20 所示的图形。

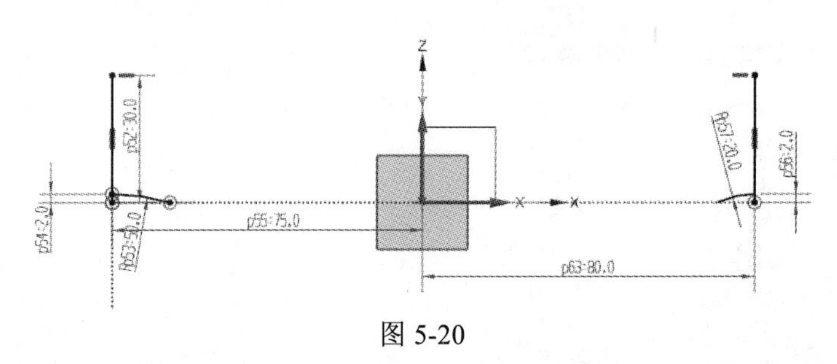

图 5-20

Step 12 选择【菜单】|【插入】|【设计特征】|【旋转】命令，【选择曲线】为图左侧弧线，【轴指定矢量】为图左侧直线，在【布尔】下拉列表框中选择【减去】选项，单击【确定】按钮。

Step 13 选择【菜单】|【插入】|【设计特征】|【旋转】命令，【选择曲线】为图右侧弧线，【轴指定矢量】为图右侧直线，在【布尔】下拉列表框中选择【减去】选项，单击【确定】按钮，如图 5-21 所示。

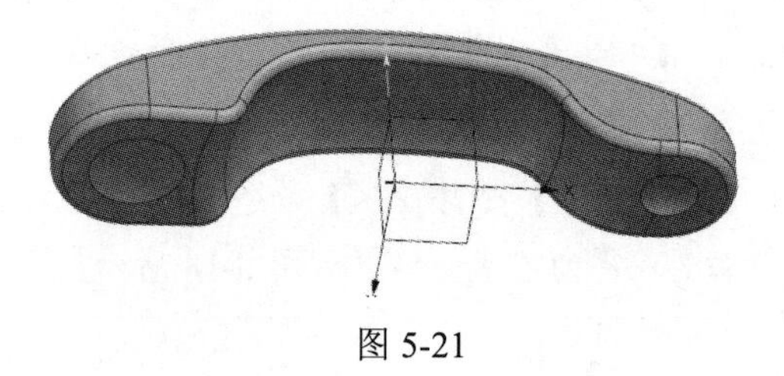

图 5-21

Step 14 选择【菜单】|【插入】|【细节特征】|【边倒圆】命令，相关参数设置如图 5-22 所示。

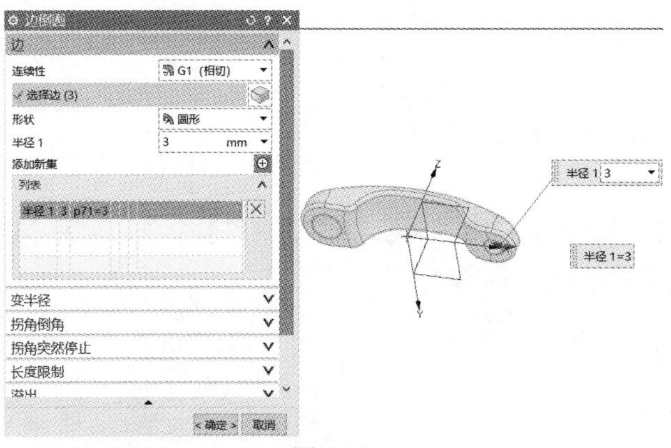

图 5-22

Step 15 选择【菜单】|【插入】|【偏置/缩放】|【抽壳】命令，在弹出的对话框中抽壳类型选择【封闭】，在【厚度】文本框中输入 1，【选择体】为步骤 14 后的实体，确定，完成座机话筒实体模型的创建。

5.2.2 通过曲线组

通过曲线组方法是通过选择曲线组的方式来创建曲面。由于控制曲面的曲线数量较多，所以拟合精度也较高。曲线组由若干条曲线组成，但大多数应在同一矢量方向上，曲线组中曲线的最少数量应有两条。

选择【菜单】|【插入】|【网格曲面】|【通过曲线组】命令，打开如图 5-23 所示的【通过曲线组】对话框。

图 5-23

对话框中各选项功能说明如下。

1. 截面

选择曲线或点：选取截面线串时，一定要注意选取次序，而且每选取一条截面线，都要单击鼠标中键依次，直到所选取线串出现在【截面线串列表框】中为止，也可对该列表线框中的所选截面线串进行删除、上移、下移等操作，已改变选取次序。

2. 连续性

（1）第一个截面：约束该实体使得它和一个或多个选定的面或片体在第一个截面线串处相切或曲率连续。

（2）最后一个截面：约束该实体使得它和一个或多个选定的面或片体在最后一个截面线串处相切或曲率连续。

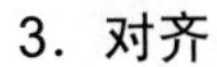

3. 对齐

用户控制选定的截面线串之间的对准。

（1）参数：沿定义曲线将等参数曲线通过的点以相等的参数间隔隔开。使用每条曲线的整个长度。

（2）弧长：定义曲线将等参数曲线通过的点以相等的弧长间隔隔开。使用每条曲线的整个长度。

（3）根据点：将不同外形的截面线串间的点对齐。

（4）距离：在指定方向上将点沿每条曲线以相等的距离隔开。

（5）角度：在指定轴线周围将点沿每条曲线以相等的角度隔开。

（6）脊线：将点放置在选定曲线与垂直于输入曲线的平面的相交处，得到体的宽度取决于这条脊线曲线的限制。

4. 补片类型

让用户生成一个包含单个面片或多个面片的体，面片是片体的一部分，使用越多的面片来生成片体则用户可以对片体的曲率进行越多的局部控制。当生成片体时，最好是将用于定义片体的面片的数目降到最小。限制面片的数目可改善后续程序的性能并产生一个更光滑的片体。

5. 公差

输入几何体和得到的片体之间的最大距离。默认值未距离公差建模设置。

实例：绘制风扇

Step 01 选择【菜单】|【插入】|【草图】命令，以【XY 平面】为草绘平面绘制如图 5-24 所示的草图。

Step 02 选择【菜单】|【插入】|【曲线】|【螺旋】命令，在【角度】文本框中输入-90，在大小

区域中，【规律类型】选择【恒定】，在【值】中输入 58，在【螺距】区域中，【规律类型】选择【恒定】，在【值】文本框中输入 30/0.2，长度方法为【圈数】，【圈数】为 0.2，旋转方向为【左手】，相关参数设置如图 5-25 所示。

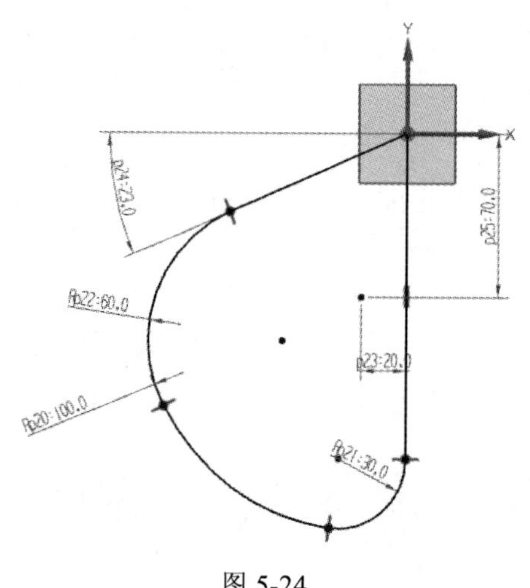

图 5-24

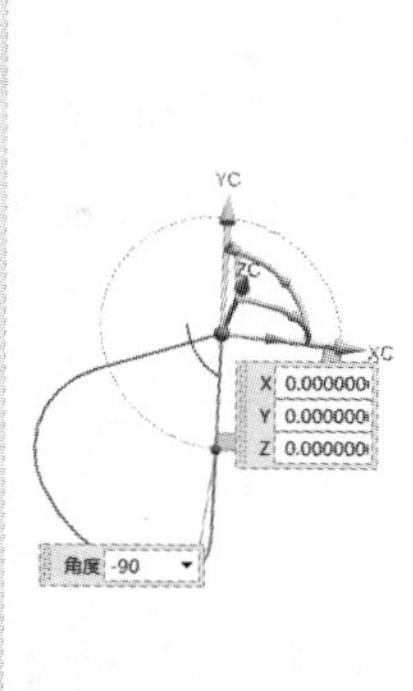

图 5-25

Step 03 选择【菜单】|【插入】|【曲线】|【螺旋】命令，在【角度】文本框中输入-90，在大小区域中，【规律类型】选择【恒定】，在【值】文本框中输入 180，在【螺距】区域中，【规律类型】选择【恒定】，在【值】文本框中输入 150，【长度方法】为【圈数】，【圈数】为 0.2，【旋转方向】为【左手】，相关参数设置如图 5-26 所示。

Step 04 选择【菜单】|【插入】|【网格曲面】|【通过曲线组】命令，相关参数设置如图 5-27 所示。

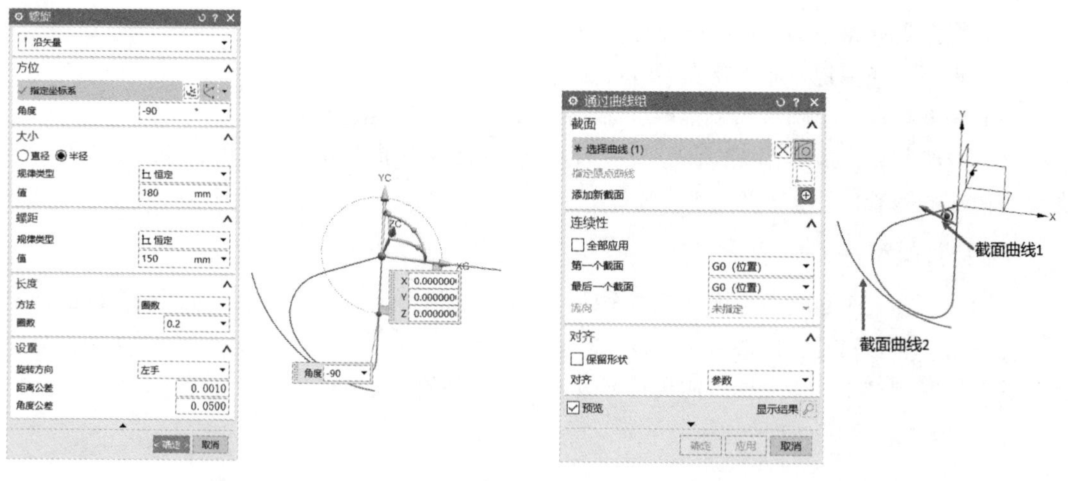

图 5-26　　　　图 5-27

Step 05 选择【菜单】|【插入】|【设计特征】|【圆柱】命令，创建圆柱方法为【轴、直径和高度】，【指定矢量】为 ZC 轴，【指定点】为工作坐标系原点，在【直径】文本框中输入 60，在【高度】文本框中输入 35，单击【确定】按钮。

Step 06 选择【菜单】|【插入】|【设计特征】|【拉伸】命令，【截面曲线】选择步骤 1 绘制的草

图，【指定矢量】为 ZC 轴，【开始距离】为 0，【结束距离】为 35，【体类型】为【片体】，单击【确定】按钮。

Step 07 选择【菜单】|【插入】|【偏置/缩放】|【加厚】命令，【选择面】为步骤 4 生成的曲面，【厚度】为 2。

Step 08 选择【菜单】|【插入】|【修剪】|【修剪体】命令，【目标选择体】为步骤 7 加厚得到的实体，【工具选项】的面为步骤 6 获得拉伸得到的片体，如图 5-28 所示。

Step 09 选择【菜单】|【插入】|【关联复制】|【阵列几何特征】命令，【选择特征】为步骤 8 修剪体，【指定矢量】为【ZC 轴】，【指定点】为工作坐标系原点，【数量】为 4，【间隔角】为 90，单击【确定】按钮，如图 5-29 所示。

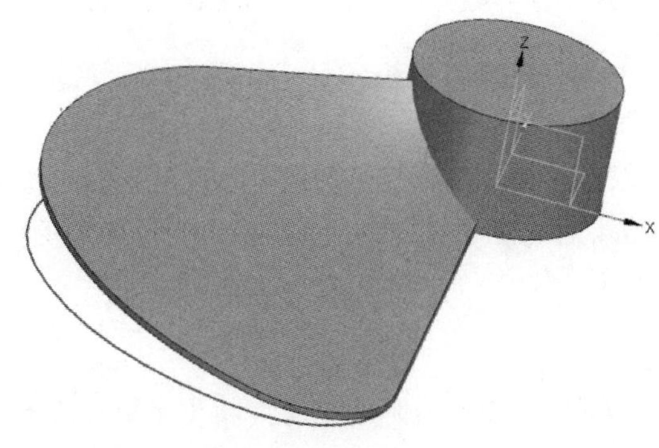

图 5-28

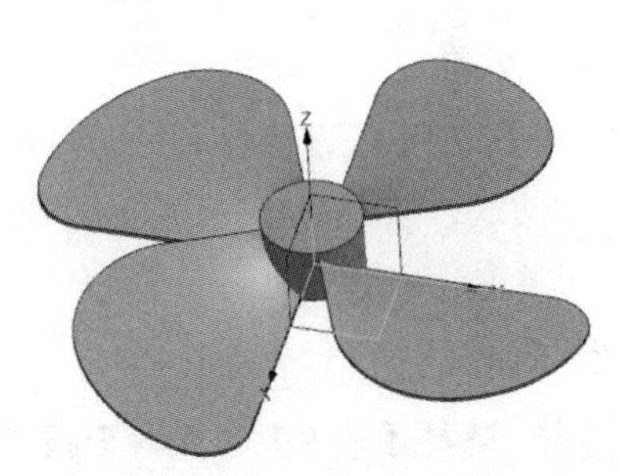

图 5-29

5.2.3　通过曲线网格

图 5-30

通过曲线网格法是用一系列在两个方向的截面线串建立片体或实体。截面线串由多段连续的曲线组成，这些线可以是曲线、实体边界或体表面等几何体。构造曲面时应将一组同方向的截面线定义为主曲线，而另一组大致垂直于主曲线的截面线则定义成横向曲线。

选择【菜单】|【插入】|【网格曲面】|【通过曲线网格】命令，打开如图 5-30 所示的【通过曲线网格】对话框。

对话框中各功能介绍如下。

1. 曲线选择

单击【主曲线】选项中的【主曲线】按钮，在绘图构造区中选择主曲线，每次选择完一条曲线后，单击鼠标中键确认。主曲线选择完成后，单击【交叉曲线】选项中的【交叉曲线】按钮，在绘图工作区中选择横向曲线。

2. 主曲线及交叉曲线列表框

用于显示所选择的主曲线及交叉曲线，并且对其进行编辑（包括删除及改变截面顺序）。

3. 连续性

（1）第一主线串：让用户约束该实体使得它和一个或多个选定的面或片体在第一主线串处相切或曲率连续。

（2）最后主线串：让用户约束该实体使得它和一个或多个选定的面或片体在最后一条主线串处相切或曲率连续。

4. 输出曲面选项

（1）着重：用于设置系统生成曲面时考虑主曲线和交叉曲线的方式。共有 3 个选项，两个皆是：选择此选项，则所产生的片体会沿着主要曲线与交叉曲线的重点创建；主线串：选择此选项，则所产生的片体会沿主要的曲线创建；叉号：选择此选项，所产生的片体会沿交叉的曲线创建。

（2）构造：用于设置生成的曲面符合各条曲线的程度，共有 3 个选项，和【通过曲面】中的选项一样。

5. 公差

公差选项用于设置交叉曲线与主曲线之间的公差。当交叉曲线与主曲线不相交时，其交叉曲线与主曲线之间的距离不得超过所设置的交叉公差值。若超过所设置的公差时，将无法生成曲面，提示重新操作。

实例：制作酒杯

Step 01 选择【菜单】|【插入】|【草图】命令，以【XY 平面】为草绘平面，以工作坐标系原点为椭圆中心指定点，在【大半径】文本框内输入 69，在【小半径】文本框中输入 48，单击【完成】按钮，完成椭圆的绘制。

Step 02 选择【基准平面】命令，创建基准平面的方法为【按某一距离】，在平面参考中选择的平面对象为【XY 平面】，沿 ZC 轴向上偏移 233，单击【确定】按钮。

Step 03 选择【菜单】|【插入】|【草图】命令，以步骤 2 创建的平面为草绘平面，绘制如图 5-31 所示的草图。

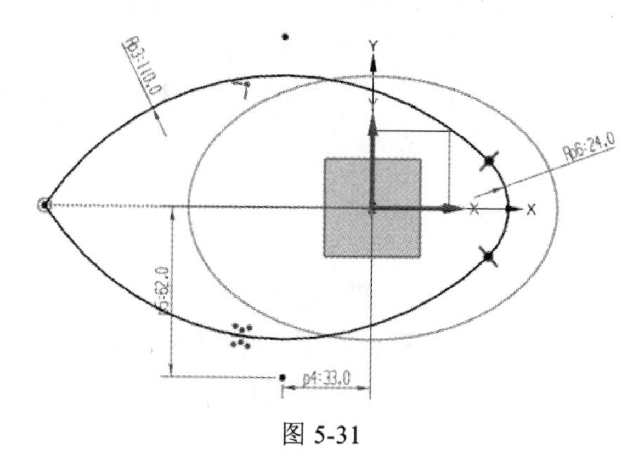

图 5-31

Step 04 选择【菜单】|【插入】|【草图】命令，以【XZ 平面】为草绘平面，绘制如图 5-32 所示的草图。

Step 05 选择【基准平面】命令，创建基准平面的方法为【按某一距离】，在平面参考中选择的平面对象为【XZ 平面】，沿-YC 轴方向偏移 50，单击【确定】按钮。

Step 06 选择【菜单】|【插入】|【草图】命令，以步骤 5 创建的平面为草绘平面，绘制如图 5-33 所示的草图，在绘制草图过程中主要使用【偏置】命令，偏置距离如图 5-33 所示。

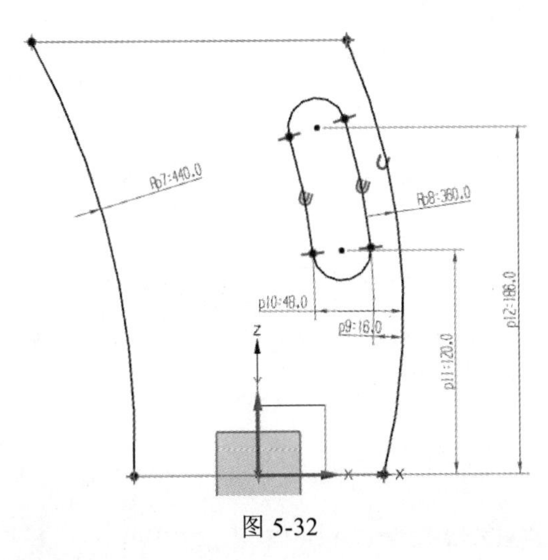

图 5-32

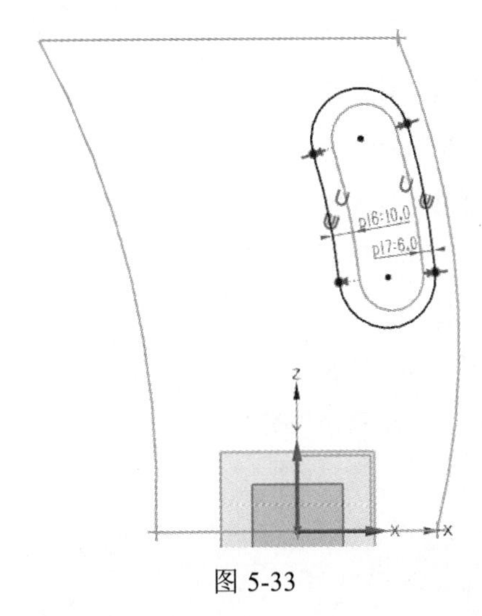

图 5-33

Step 07 选择【菜单】|【插入】|【派生曲线】|【镜像】命令，【选择曲线】为步骤 6 绘制的 4 条曲线，【镜像平面】为 XZ 平面，单击【确定】按钮。

Step 08 选择【菜单】|【插入】|【曲线】|【圆弧】命令，创建圆弧方法选择【三点画圆弧】，绘制图形如图 5-34 所示。

Step 09 选择【菜单】|【插入】|【设计特征】|【拉伸】命令，相关参数设置如图 5-35 所示。

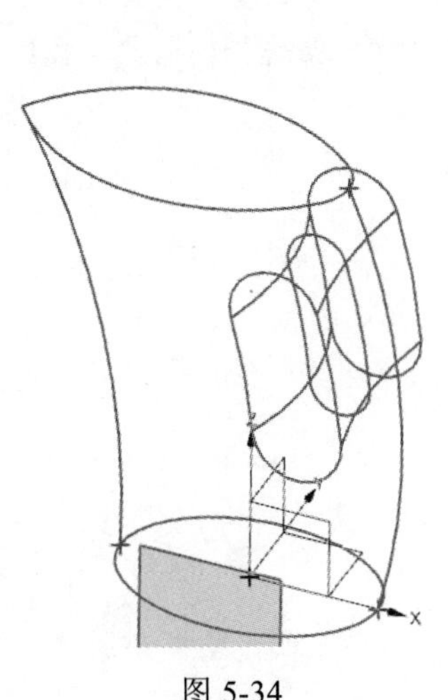

图 5-34

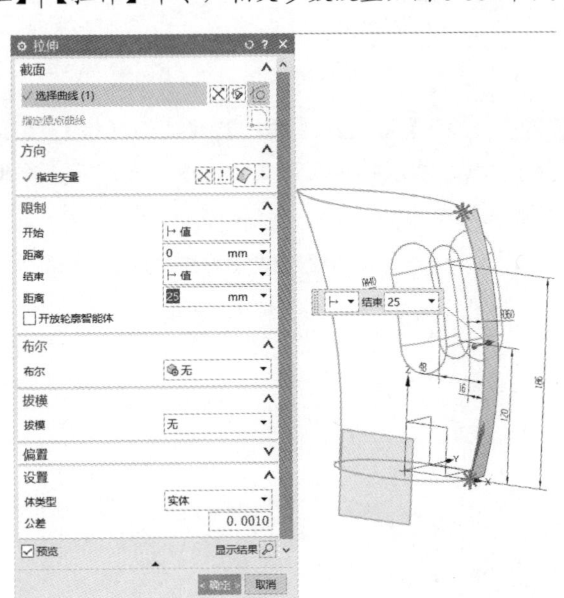

图 5-35

Step 10 选择【菜单】|【插入】|【曲面网格】|【通过曲线网格】命令，在选择主曲线之前，要

选中【单条曲线】和【在相交处停止】命令，相关参数设置如图 5-36 所示。注意：上边缘主曲线由两条直线构成，只有当选中两条直线时才可以单击鼠标中键。

Step 11 选择【菜单】|【插入】|【关联复制】|【镜像几何体】命令，要镜像的几何体为步骤 10 绘制的曲面，镜像平面为 XZ 平面，单击【确定】按钮。

Step 12 选择【菜单】|【插入】|【曲面】|【有界平面】命令，平截面选择的曲线为步骤 3 绘制的草图，单击【确定】按钮。

Step 13 选择【菜单】|【插入】|【曲面】|【有界平面】命令，平截面选择的曲线为步骤 1 绘制的草图，单击【确定】按钮。

Step 14 选择【菜单】|【插入】|【组合】|【缝合】命令，缝合的类型选择【片体】，相关参数设置如图 5-37 所示。

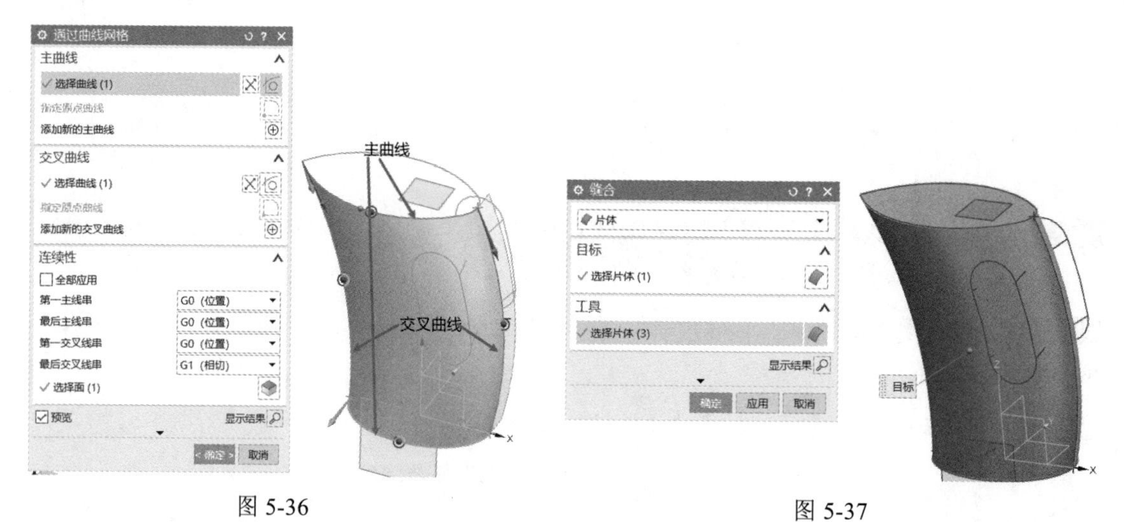

图 5-36　　　　　　　　　　　　图 5-37

Step 15 选择【菜单】|【插入】|【曲面网格】|【通过曲线网格】命令，相关参数设置如图 5-38 所示。注意：在选择交叉曲线时，依次选择完 4 条曲线后，然后选择第一条选择的曲线，最终得到 5 条交叉曲线。

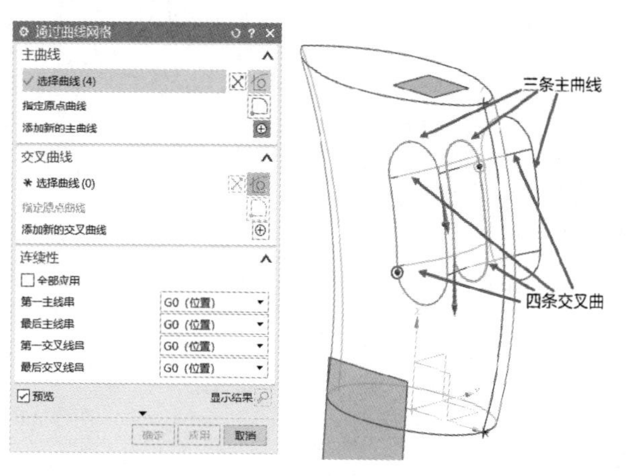

图 5-38

Step 16　选择【菜单】|【插入】|【组合】|【减去】命令，目标体为步骤 14 缝合的实体，工具体为步骤 15 生成的体。

Step 17　选择【菜单】|【插入】|【细节特征】|【边倒圆】命令，边连续性选择【G1（相切）】，形状选择【圆形】，在【半径】文本框中输入 3mm，其余参数默认系统设置，如图 5-39 所示。

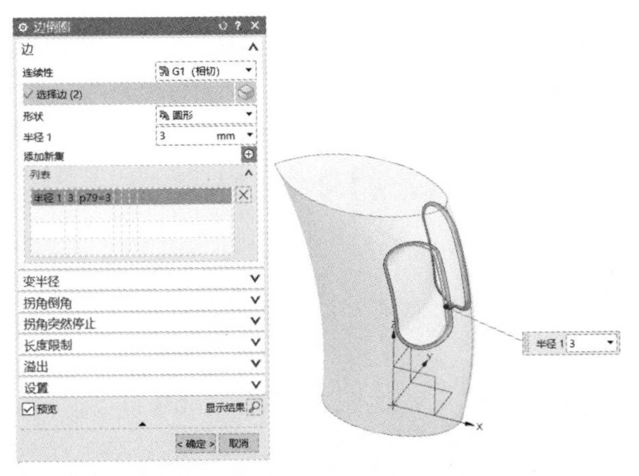

图 5-39

Step 18　选择【菜单】|【插入】|【偏置/缩放】|【抽壳】命令，抽壳的类型选择【打开】，在【厚度】文本框中输入 1.5。

Step 19　选择【菜单】|【插入】|【草图】命令，以【XZ 平面】为草绘平面，绘制如图 5-40 所示的草图。

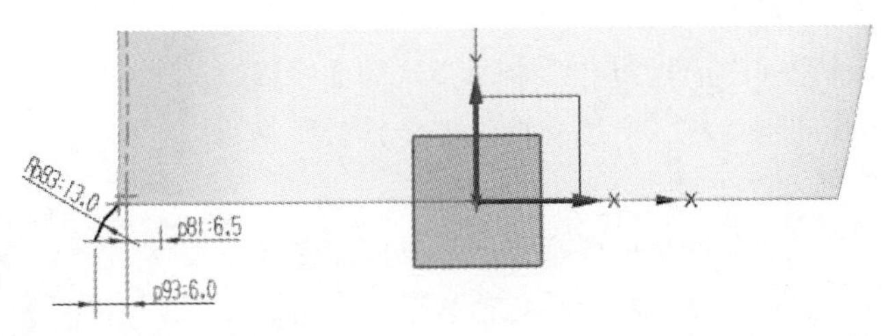

图 5-40

Step 20　选择【菜单】|【插入】|【扫掠】|【扫掠】命令，截面曲线选择步骤 19 绘制的，引导线选择步骤 1 绘制的草图，定向方法选择【固定】，其余参数默认，单击【确定】按钮，完成扫掠。

Step 21　选择【菜单】|【插入】|【偏置/缩放】|【抽壳】命令，抽壳的类型选择【打开】，选择的面为步骤 2 生成的底面，在【厚度】文本框中输入 1.5。完成酒杯实体模型的创建，如图 5-41 所示。

图 5-41

5.2.4　N 边曲面

使用【N 边曲面】命令可以创建由一组端点相连曲线封闭的曲面，在创建的过程中可以进行形状控制。

选择【菜单】|【插入】|【网格曲面】|【N 边曲面】命令，打开如图 5-42 所示的【N 边曲面】对话框。

在【类型】下拉列表框中可以进行设置，当选择【已修剪】选项时，选择用来定义外部环的曲线组不必闭合；当选择【三角形】选项时，选择用来定义外部环的曲线组必须封闭。

在创建【已修剪】类型的 N 边曲面时，可以进行 UV 方位设置，以及在【设置】选项组中选择【修剪到边界】复选框，从而将边界外的曲面修剪掉。在选择【三角形】类型的 N 边曲面，【设置】选项组中的【修剪到边界】变成了【尽可能合并面】。

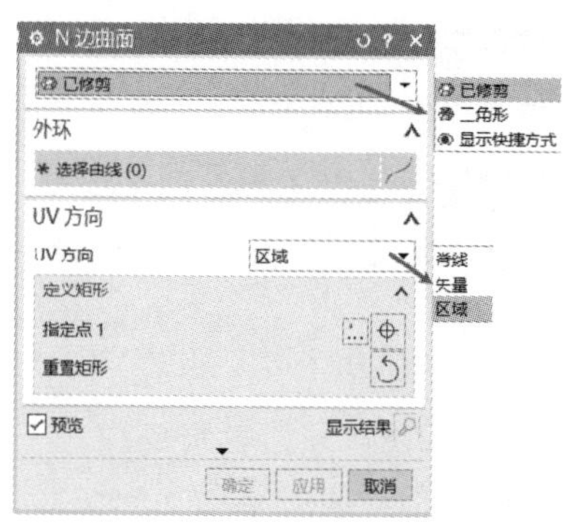

图 5-42

5.2.5 直纹

直纹方法是通过两条截面线串而生成曲面，每条截面线串可以由多条连续的曲线、体边界或多个体表面组成。

选择【菜单】|【插入】|【网格曲面】|【直纹】命令，打开如图 5-43 所示的【直纹】对话框。

【对齐】下拉列表框各选项说明如下。

（1）【参数】：表示空间中的点将会沿着所指定的曲线以相等参数的间距穿过曲线产生片体。所选择曲线的全部长度将完全被等分。

（2）【弧长】：表示空间中的点将会沿着所指定的曲线以相等弧长的间距穿过曲线产生片体。所选择曲线的全部长度将完全被等分。

（3）【根据点】：选择该选项，可以根据所选择的顺序在连接线上定义片体的路径走向，该选项用于连接线中。在所选择的形体中含有角点时使用该选项。

图 5-43

（4）【距离】：选择该选项，系统会将所选择的曲线在向量方向等间距切分。当产生片体后，若显示其 U 方向线，则 U 方向线以等分显示。

（5）【角度】：表示系统会以所定义的角度转向，沿向量方向扫过，并将所选择的曲线沿一定角度均分。当产生片体后，若显示其 U 方向线，则 U 方向线会以等分角度方式显示。

（6）【脊线】：表示系统会要求选择脊线。选择后，所产生的片体范围会以所选择的脊线长度为准，但所选择的脊线平面必须与曲线的平面垂直。

5.3 曲面操作

1. 缝合

缝合都是将多个片体修补从而获得新的片体或实体特征。该工具是将具有公共边的多个片体缝合在一起，组成一个整体的片体。封闭的片体经过缝合能够变成实体。

选择【菜单】|【插入】|【组合】|【缝合】命令，打开如图 5-44 所示的【缝合】对话框。

【缝合】对话框功能介绍如下。

片体：是指将具有公共边或具有一定缝隙的两个片体缝合在一起组成一个整体的片体。当对具有一定缝隙的两个片体进行缝合时，两个片体间的最短距离必须小于缝合的公差值。

实体：用于缝合选择的实体。要缝合的实体必须是具有相同形状、面积相近的表面。该方式尤其适用于无法用“求和”工具进行布尔运算的实体。

2. 加厚

【加厚】命令通过偏置的方法增厚片体，从而建立薄壳实体。

选择【菜单】|【插入】|【偏置/缩放】|【加厚】命令，打开如图 5-45 所示的【加厚】对话框。

在绘图工作区中选择要增厚的曲面，选择后，程序将显示自动判断增厚方向，箭头指示为第一偏置方向（也可以设置第二偏置方向的距离）。在对话框中输入厚度后，单击【确定】按钮，随即生成薄壳实体。

图 5-44

图 5-45

实例：制作耳机外壳模型

Step 01 选择【菜单】|【插入】|【草图】命令，以【XY 平面】为草绘平面，以坐标原点为圆心绘制直径为 14 的圆。

Step 02 选择【基准平面】命令，选择【按某一距离】方法创建基准平面，选择平面对象为【XY 平面】，沿 ZC 方向偏置距离为 8，然后以该平面为草图平面绘制大半径为 4，小半径为 2 的椭圆。

Step 03 选择【菜单】|【插入】|【草图】命令，以【XY 平面】为草绘平面，绘制如图 5-46 所示的草图。

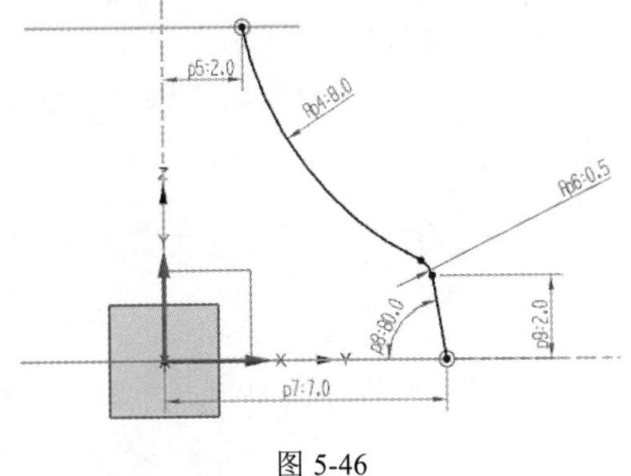

图 5-46

Step 04 选择【菜单】|【插入】|【派生曲线】|【镜像】命令，镜像曲线为步骤 3 绘制的草图，镜像平面为【XZ 平面】，单击【确定】按钮。

Step 05 选择【菜单】|【插入】|【曲面】|【通过曲线网格】命令，相关参数设置如图 5-47 所示。

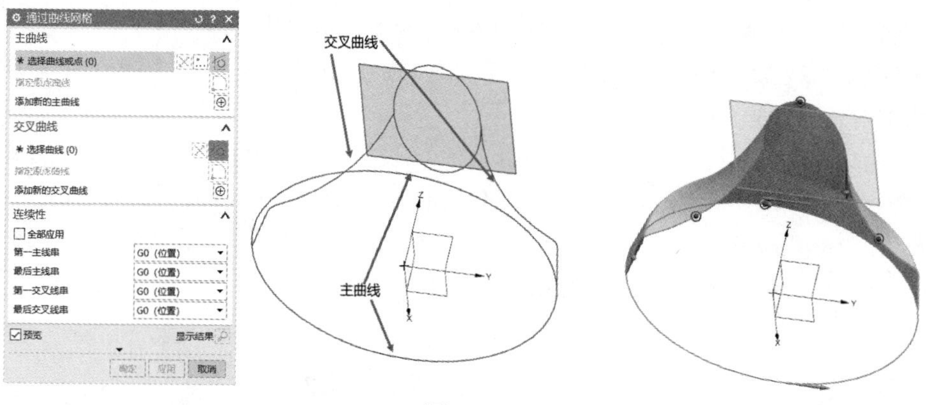

图 5-47

Step 06 选择【菜单】|【插入】|【关联复制】|【镜像几何体】命令，要镜像的几何体为步骤 4 生成的曲面，镜像平面为【YZ 平面】，单击【确定】按钮。

Step 07 选择【菜单】|【插入】|【草图】命令，以【XZ 平面】为草绘平面，在工作区绘制半个椭圆，【大半径】为 15，【小半径】为 3，【起始角】为 0，【终止角】为 180，如图 5-48 所示。

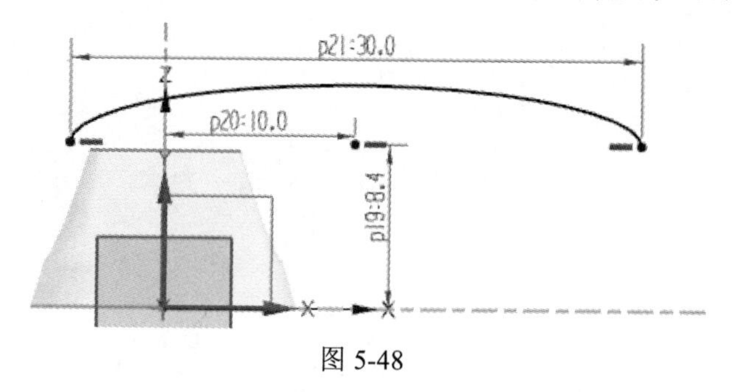

图 5-48

Step 08 选择【菜单】|【插入】|【设计特征】|【旋转】命令，截面曲线选择步骤 7 绘制的草图，指点矢量选择【两点】方式，两点选择步骤 7 绘制草图的两个端点，旋转角度为 360，【体类型】选择【片体】，单击【确定】按钮。

Step 09 选择【菜单】|【插入】|【修剪】|【修剪片体】命令，在弹出的【修剪片体】对话框中设置相关参数如图 5-49 所示。

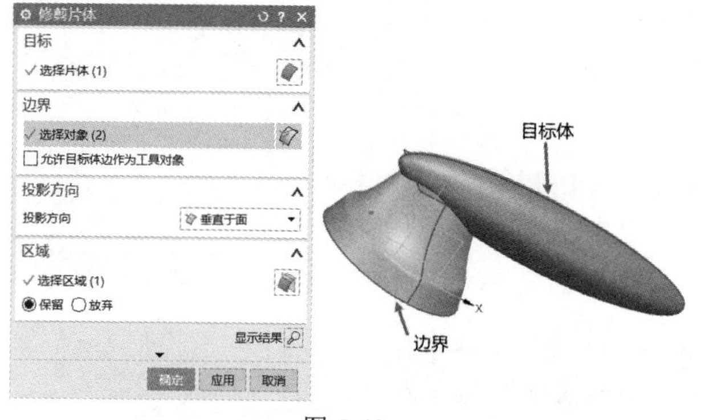

图 5-49

以图 5-49 中所示的边界为目标体，以图 5-49 中所示的目标体为边界，完成修剪后单击【确定】按钮。

Step 10　选择【菜单】|【插入】|【设计特征】|【旋转】命令，以【XZ 平面】为草绘平面，绘制如图 5-50 所示的草图，完成草图后，指定 ZC 轴为旋转轴，并设置体类型为片体。

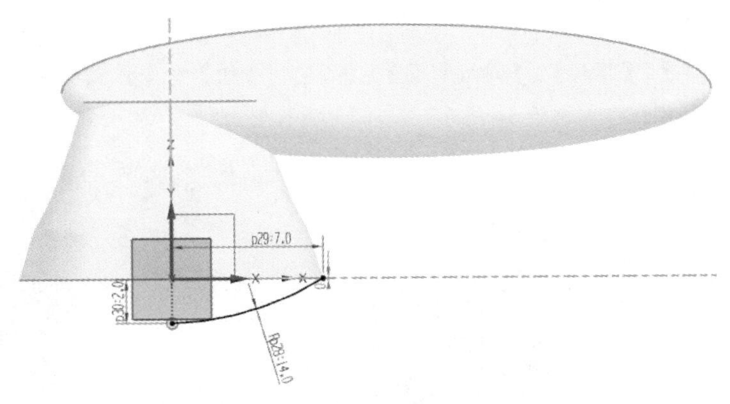

图 5-50

Step 11　选择【菜单】|【插入】|【组合】|【缝合】命令，相关参数设置如图 5-51 所示。

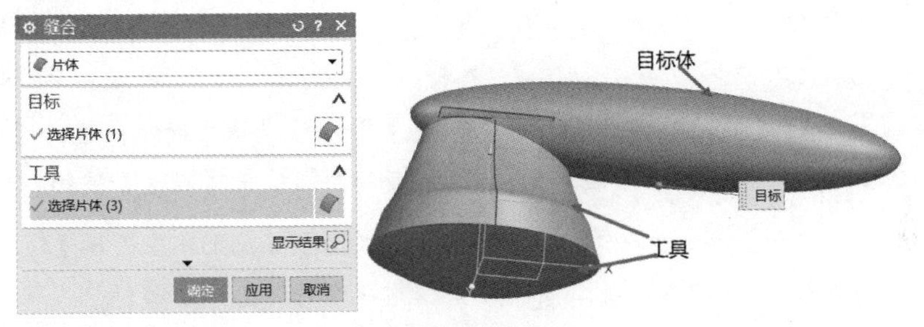

图 5-51

Step 12　选择【菜单】|【插入】|【细节特征】|【边倒圆】命令，【半径】为 0.5mm，【形状】为圆形，其他参数如图 5-52 所示，完成耳机外壳模型的创建。

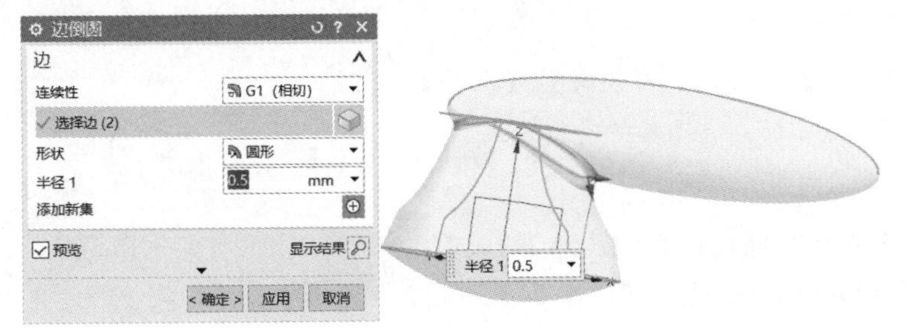

图 5-52

实例：制作吹风机壳体

Step 01　选择【菜单】|【插入】|【草图】命令，以【XY 平面】为草绘平面，以坐标原点为圆心绘制直径为 25 的圆。

Step 02 选择【基准平面】命令，选择【按某一距离】方法创建基准平面，平面参考为【XY 平面】，沿 ZC 轴方向偏置的距离分别为-10，40，50，120。分别以偏置平面为草绘平面分别绘制：大半径为 40，小半径为 14 的椭圆；大半径为 23，小半径为 11 的椭圆；直径为 50 的圆；直径为 75 的圆。

Step 03 选择【菜单】|【插入】|【网格曲面】|【通过曲线组】命令，截面曲线分别选择两椭圆曲线，其他参数设置如图 5-53 所示。

Step 04 选择【菜单】|【插入】|【网格曲面】|【通过曲线组】命令，截面曲线分别选择 3 个圆曲线，单击【确定】按钮，如图 5-54 所示。

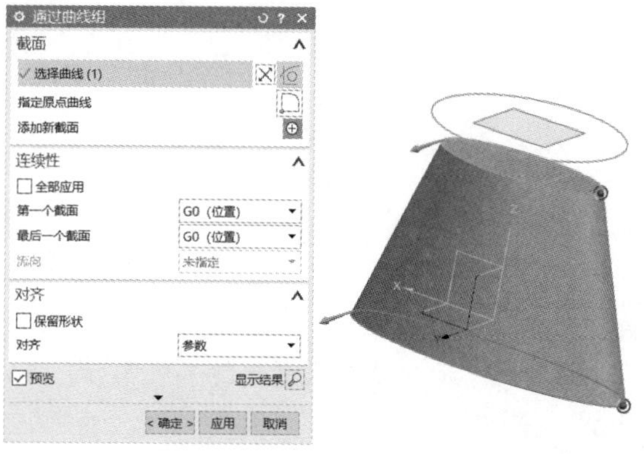

图 5-53

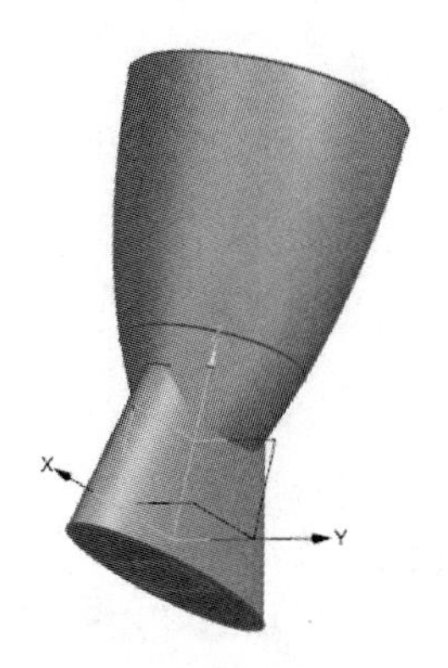

图 5-54

Step 05 选择【菜单】|【插入】|【设计特征】|【球】命令，在弹出的对话框的【类型】下拉菜单中选择【圆弧】选项，选中步骤 2 绘制的直径为 75 的圆，单击【确定】按钮。

Step 06 选择【基准平面】命令，在弹出的对话框的【类型】下拉菜单中选择【通过对象】选项，选中步骤 2 绘制的直径为 75 的圆，单击【确定】按钮即可创建基准平面。

Step 07 选择【菜单】|【插入】|【修剪】|【修剪体】命令，弹出【修剪体】对话框，选择球体为目标，选择步骤 5 生成的基准平面为工具，单击【确定】按钮，如图 5-55 所示。

Step 08 选择【菜单】|【插入】|【组合】|【合并】命令，选择半球体为目标，选择其他实体为工具，单击【确定】按钮即可完成组合。

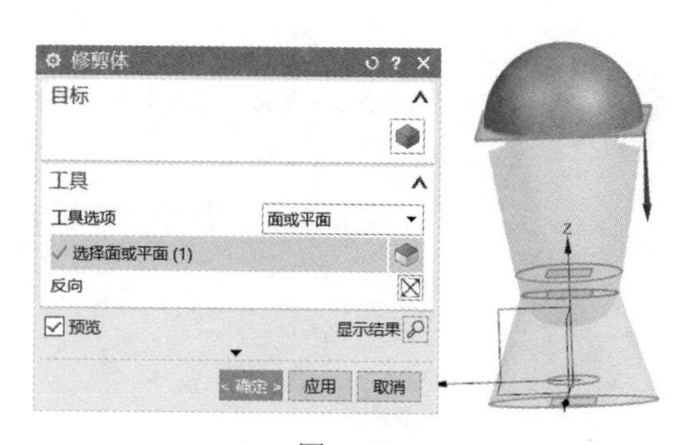

图 5-55

Step 09 选择【菜单】|【插入】|【偏置/缩放】|【抽壳】命令，在弹出的对话框的【类型】下拉菜单中选择【打开】选项，在【厚度】文本框中输入 1，选择面为实体模型底面，如图 5-56 所示。

Step 10 选择【基准平面】命令，在弹出的对话框的【类型】下拉菜单中选择【按某一距离】选项，平面参考的平面为步骤 5 创建的平面，沿 ZC 轴方向偏置的距离为 20，单击【确定】按钮。

Step 11 选择【菜单】|【插入】|【设计特征】|【拉伸】命令，选择步骤 9 创建的平面为草绘平面，绘制如图 5-57 所示的草图，返回【拉伸】对话框，【开始距离】为 0，【结束距离】为 20，

布尔运算选择【减去】，单击【确定】按钮。

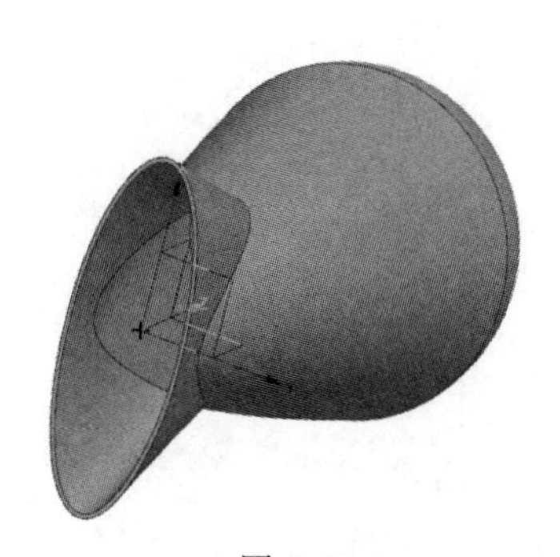

图 5-56

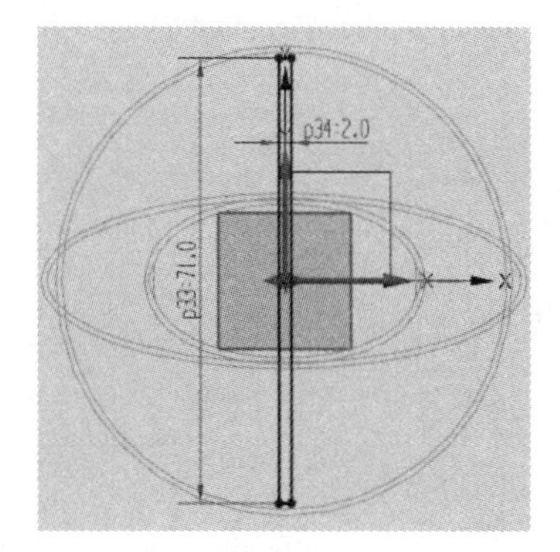

图 5-57

Step 12 选择【菜单】|【插入】|【关联复制】|【阵列特征】命令，选择布局中的【线性】选项，在工作区选择步骤 10 拉伸体，在间距中选择【数量和间隔】选项，数量为 8，节距为 4.5mm，选择 XC 方向为指定矢量，并开启【对称】选项，如图 5-58 所示。

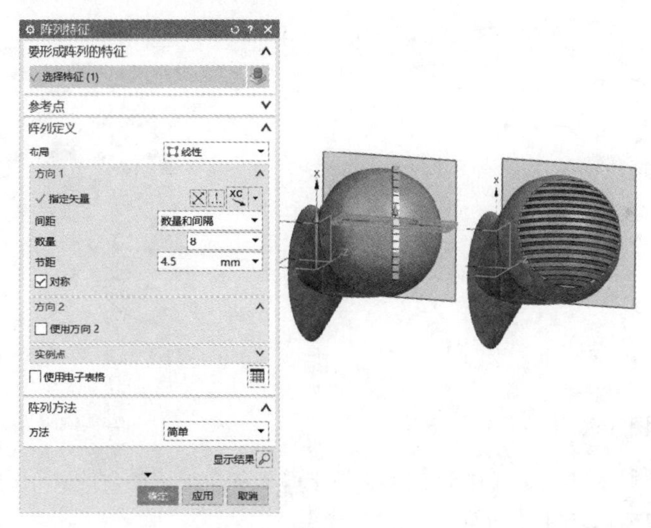

图 5-58

Step 13 选择【基准平面】命令，选择【按某一距离】方法创建基准平面，平面参考选择【XZ 平面】，分别创建偏置距离为 40，55，122 的基准平面，分别以偏置平面为草绘平面分别绘制：长为 30，宽为 26，圆角为 6 的矩形；长为 24，宽为 19，圆角为 6 的矩形；长为 40，宽为 16，圆角为 6 的矩形。

Step 14 选择【菜单】|【插入】|【派生曲线】|【投影】命令，【要投影的曲线】为偏置距离为 40 基准平面绘制的草图，【要投影的对象】为步骤创建的实体，【指定矢量】为-YC 方向，选择【沿矢量投影到最近的点】复选框，【连结曲线】为三次，单击【确定】按钮，如图 5-59 所示。

Step 15 选择【菜单】|【插入】|【草图】命令，以【YZ 平面】为草绘平面，利用艺术样条曲线绘制如图 5-60 所示的草图。

Step 16 选择【菜单】|【插入】|【扫掠】命令，相关参数设置如图 5-61 所示。

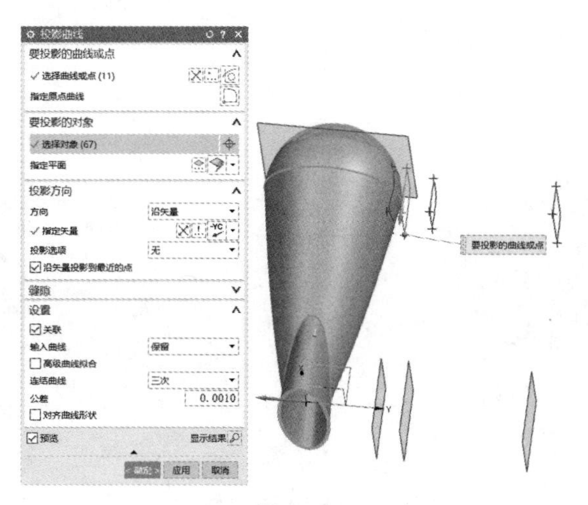

图 5-59

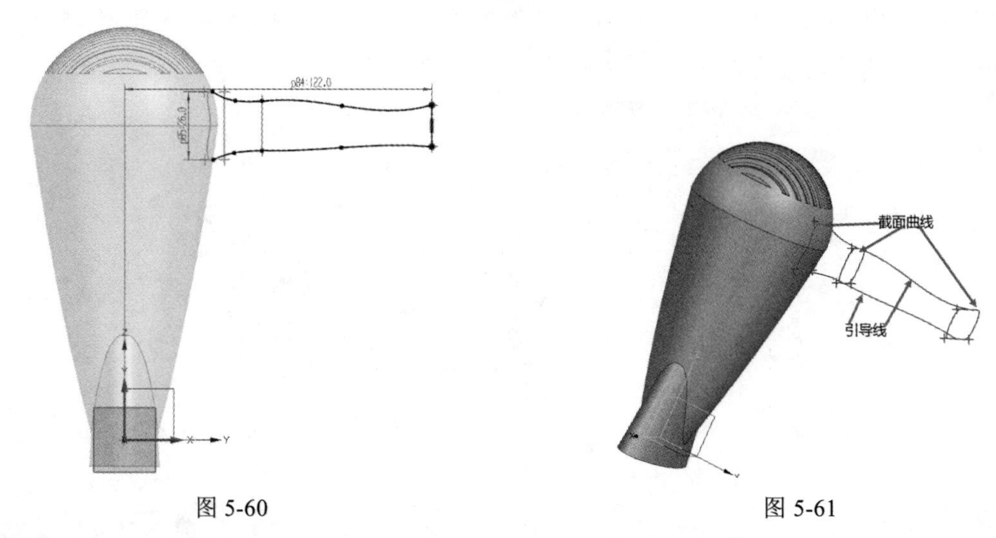

图 5-60　　　　图 5-61

Step 17　选择【菜单】|【插入】|【曲面】|【有界平面】命令，选择步骤 15 生成体的端面边缘线，单击【确定】按钮即可创建有界平面。

Step 18　选择【菜单】|【插入】|【组合】|【缝合】命令，相关参数设置如图 5-62 所示。完成吹风机壳体的创建。

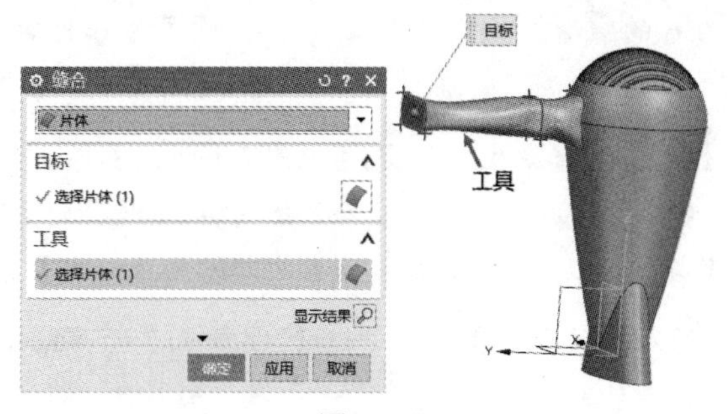

图 5-62

5.4　曲面编辑

UG 系统中，多数命令所构造的曲面都具有参数化的特征。它包括多种多样的曲面特征创建方式，可以完成各种复杂曲面、片体、非规则实体的创建。

选择菜单栏中的【编辑】|【曲面】命令，可以找到构建自由曲面的命令。

选择【菜单】|【编辑】|【曲面】|【X 型】命令，打开如图 5-63 所示的【X 型】对话框。该对话框中各选项功能如下。

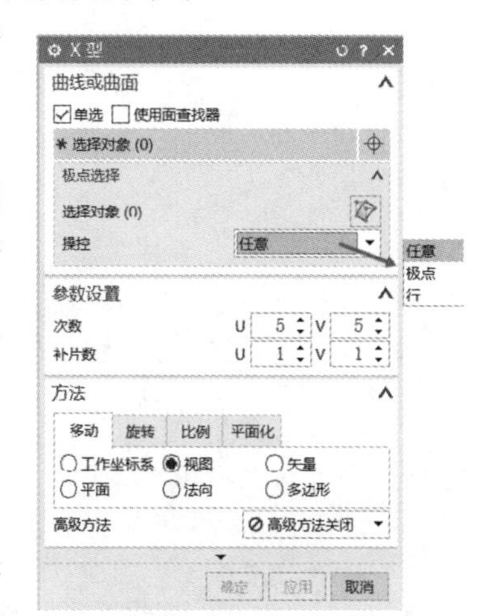

图 5-63

（1）【选择对象】：选择单个或多个要编辑的面。

（2）【操控】：任意，移动单个极点、同一行上的所有点或同一列上的所有点；极点，指定要移动的单个点；行，移动同一行内的所有点。

（3）【自动取消选择极点】：选择此复选框，选择其他极点，前一次所选择的极点将被取消。

（4）【边界约束】：允许在保持边缘处曲率或相切的情况下，沿切矢方向对成行或成列的极点进行交换。

（5）【特征保存方法】：相对，在编辑父特征时保持极点相对于父特征的位置；静态，在编辑父特征时保持极点的绝对位置。

（6）【微定位】：指定使用微调选项时动作的精细度。

5.5　综合实例 1：制作 CPU 风扇

Step 01　选择【菜单】|【插入】|【草图】命令，以【XY 平面】为草绘平面，以坐标原点为圆心绘制直径为 25 的圆。

Step 02　选择【菜单】|【插入】|【设计特征】|【拉伸】命令，以【XY 平面】为草绘平面，选择步骤 1 绘制的草图，【指定矢量】为坐标轴的 Z 轴，【拉伸距离】为从 0 开始，【结束值】设置为 5mm，单击【确定】按钮。

Step 03　选择【菜单】|【插入】|【偏置/缩放】|【偏置曲面】命令，在面规则中选择【单个面】，然后以步骤 2 拉伸体的侧面为【选择面】，在【偏置 1】文本框中输入 14.5，单击【确定】按钮。

Step 04　选择【基准平面】命令，选择【按某一距离】方法创建基准平面，平面参考为【XZ 平面】，偏置距离为 30mm，如图 5-64 所示。

Step 05　选择【菜单】|【插入】|【草图】命令，选择上一步创建的基准平面作为草绘平面，绘制如图 5-65 所示的草图。

Step 06　选择【菜单】|【插入】|【派生曲线】|【投影】命令，相关参数设置如图 5-66 所示。

Step 07　在步骤 4 创建的基准平面上绘制如图 5-67 所示的草图曲线 2。

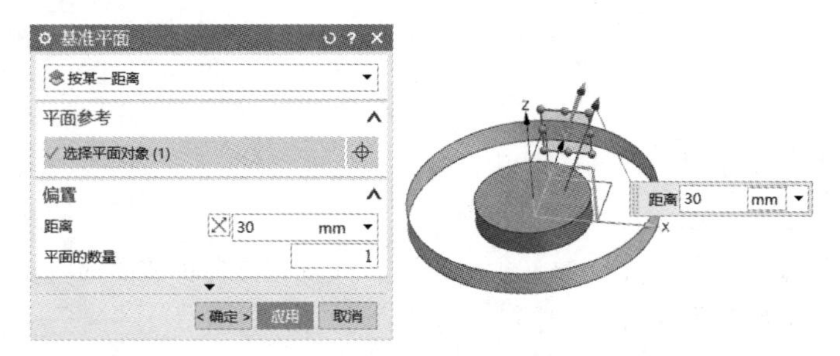

图 5-64

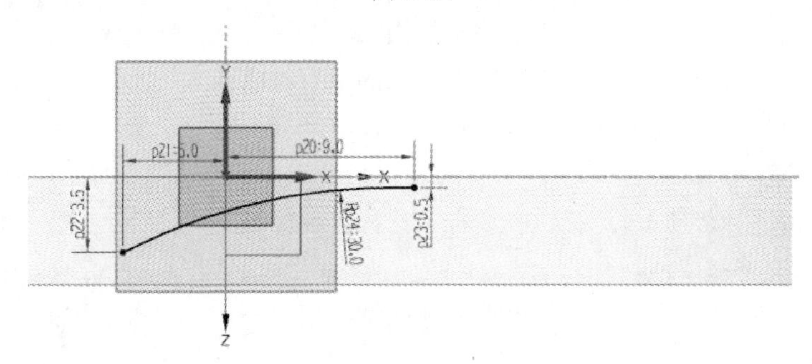

图 5-65

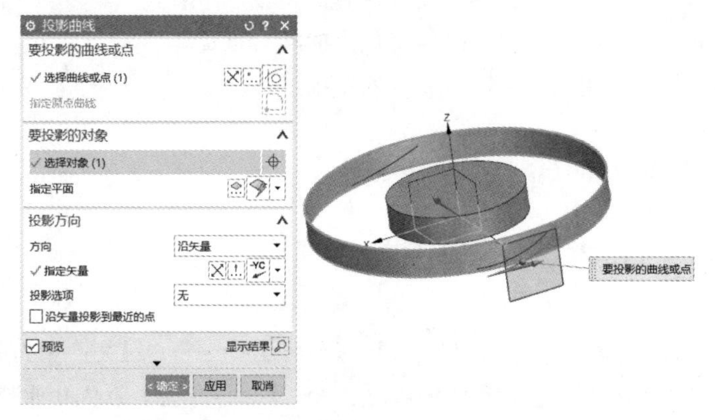

图 5-66

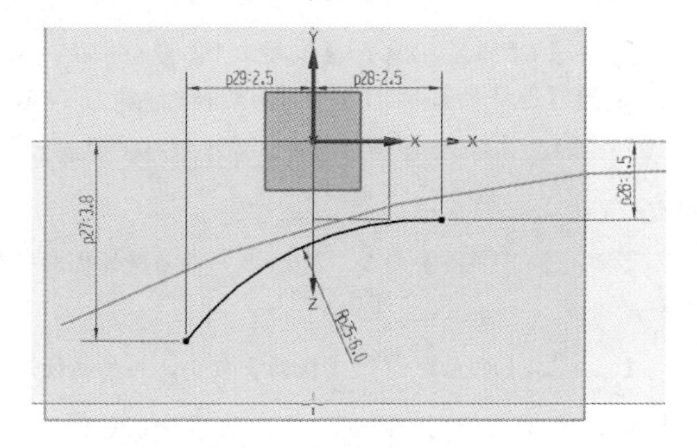

图 5-67

Step 08 选择【菜单】|【插入】|【派生曲线】|【投影】命令，相关参数设置如图 5-68 所示。

Step 09 选择【菜单】|【插入】|【网格曲面】|【通过曲线组】命令，选择投影曲线 2，单击鼠标中键，再选择投影曲线 1，注意原点方向要一致，然后在【输出曲面选项】选项组的【补片类型】下拉列表框中选择【单侧】选项，单击【确定】按钮，如图 5-69 所示。

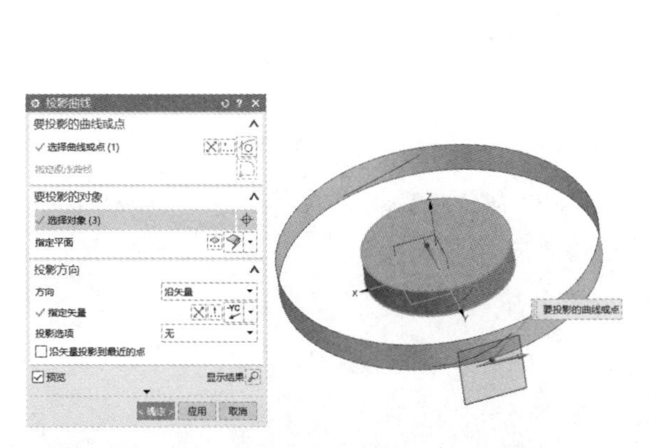

图 5-68

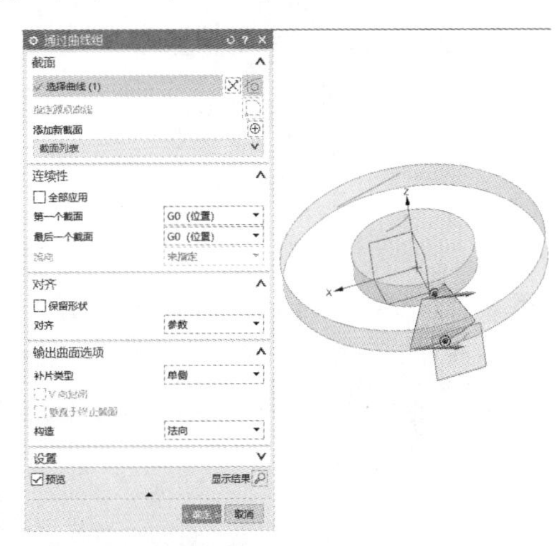

图 5-69

Step 10 选择【菜单】|【插入】|【草图】命令，在【XY 平面】选择【艺术样条】命令，绘制图 5-70 所示的草图曲线。这里没有具体尺寸，大致绘制出来即可。

Step 11 选择【菜单】|【插入】|【派生曲线】|【投影】命令，【要投影的曲线或点】选择步骤 10 绘制的两条曲线，【要投影的对象】选择步骤 9 生成的曲面，【投影方向】选择沿矢量，【指定矢量】为【ZC 轴】，单击【确定】按钮。

Step 12 选择【菜单】|【插入】|【修剪】|【修剪片体】命令，【目标片体】为步骤 9 生成的曲面，【边界对象】为步骤 11 绘制的两条投影曲线，如图 5-71 所示。

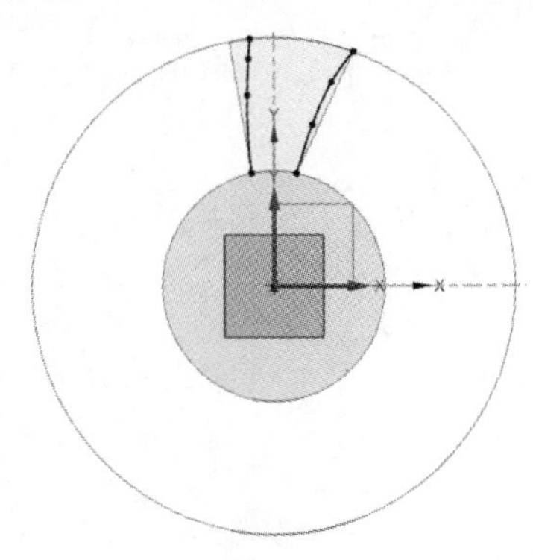

图 5-70

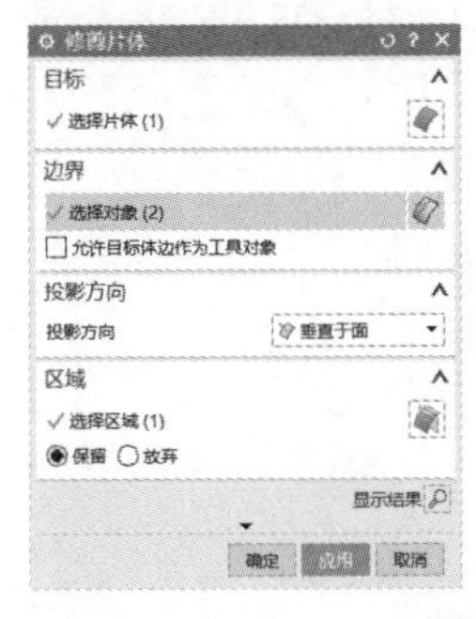

图 5-71

Step 13 选择【菜单】|【插入】|【偏置/缩放】|【加厚】命令，选择步骤 12 修剪后的叶片作为加厚对象，在【偏置 1】文本框中输入值为 0.3mm，【偏置 2】文本框默认值为 0mm，加厚方向沿 ZC 轴。

Step 14 将前面创建的基准平面、草图曲线、投影曲线等隐藏，如图 5-72 所示。

Step 15 选择【菜单】|【插入】|【细节特征】|【边倒圆】命令，弹出【边倒圆】对话框，选择

倒圆边线，并设置倒圆半径为 1mm，如图 5-73 所示。

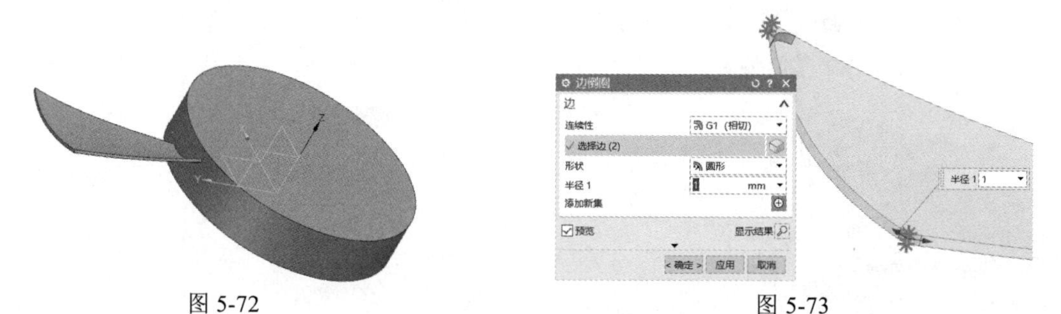

图 5-72　　　　图 5-73

Step 16　选择【菜单】|【插入】|【关联复制】|【阵列几何特征】命令，【要形成阵列的特征】为步骤 15 倒圆后的叶片，其他相关参数设置如图 5-74 所示。

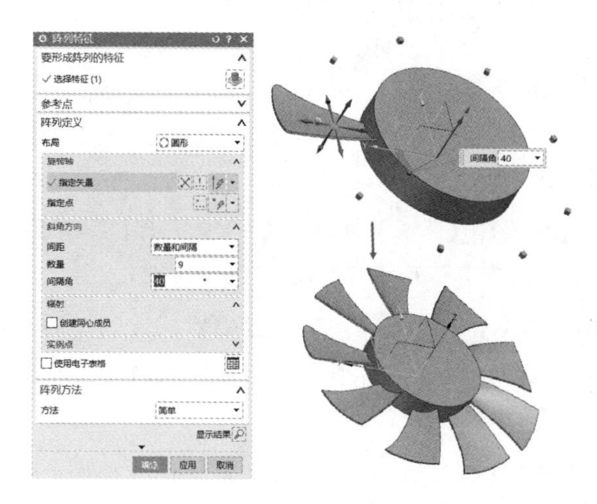

图 5-74

5.6　综合实例 2：制作雨洒头

Step 01　选择【菜单】|【插入】|【草图】命令，以【XZ 平面】为草绘平面，绘制如图 5-75 所示的草图。

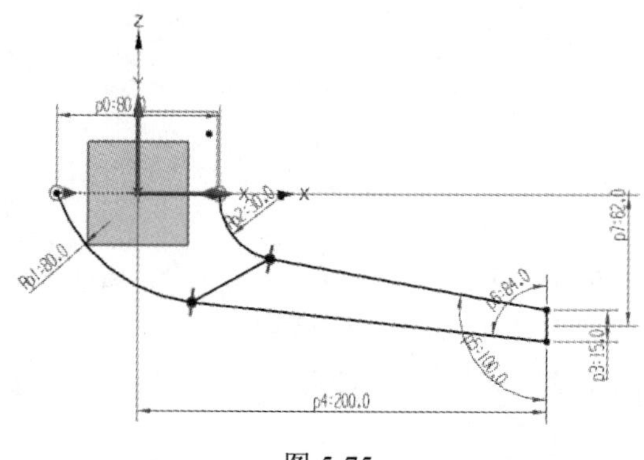

图 5-75

Step 02　选择【菜单】|【插入】|【草图】命令，以【XY平面】为草绘平面，以坐标原点为圆心绘制直径为 80 的圆。

Step 03　选择【基准平面】命令，选择【按某一距离】方法创建基准平面，选择【YZ 平面】为平面参考，【偏置距离】为 140，以创建的基准平面为草绘平面，创建如图 5-76 所示的椭圆。

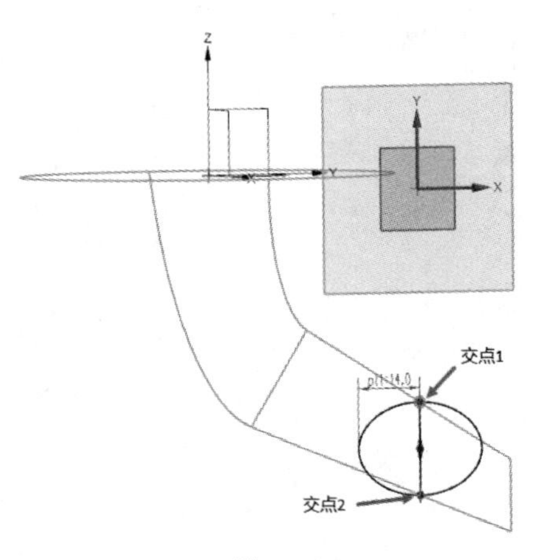

图 5-76

Step 04　选择【基准平面】命令，选择【两直线】方法创建基准平面，如图 5-77 所示。以创建的基准平面为草绘平面，以直线 1 的中心为圆心，以直线 1 和直线 2 的交点长度为半径创建圆，如图 5-78 所示。

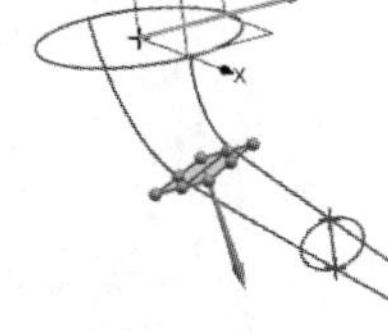

图 5-77

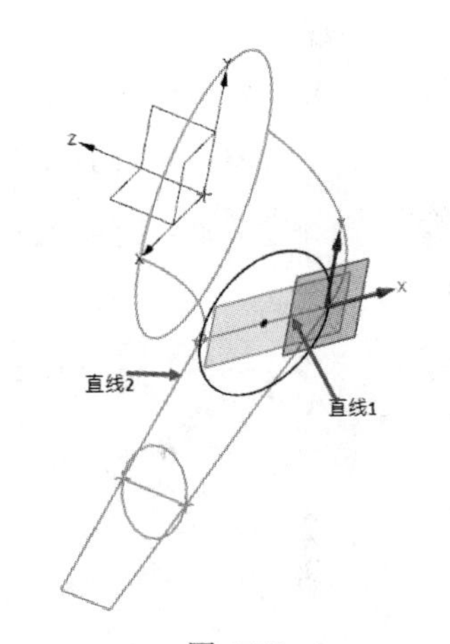

图 5-78

Step 05　选择【基准平面】命令，选择【两直线】方法创建基准平面，如图 5-79 所示。以创建的基准平面为草绘平面，绘制如图 5-80 所示的椭圆。

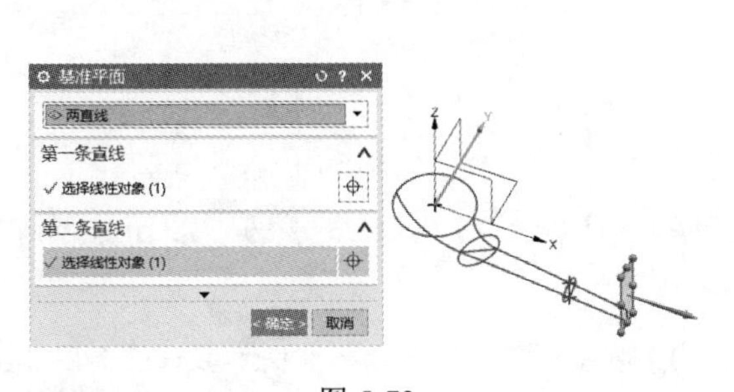

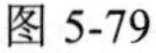

图 5-79

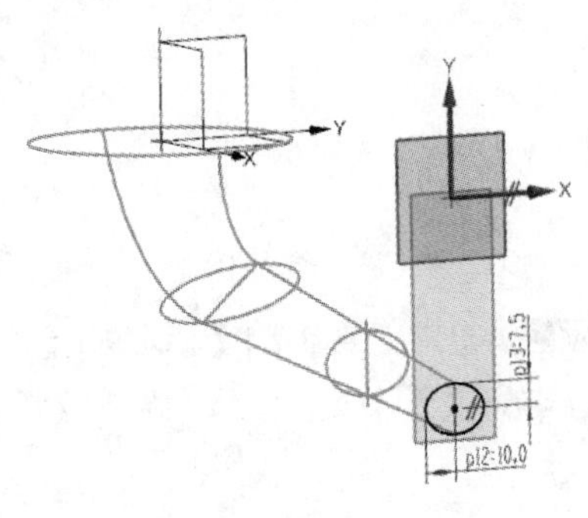

图 5-80

Step 06　选择【菜单】|【插入】|【设计特征】|【拉伸】命令，相关参数设置如图 5-81 所示。

Step 07　选择【菜单】|【插入】|【网格曲面】|【通过曲线网格】命令，相关参数设置如图 5-82 所示。

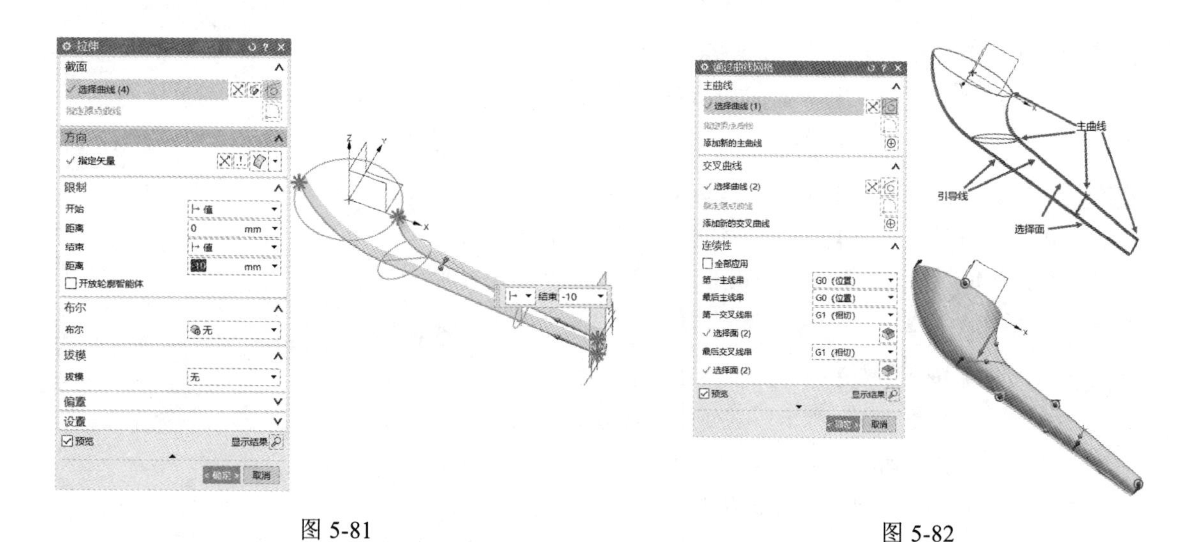

图 5-81　　　　图 5-82

Step 08　选择【菜单】|【插入】|【关联特征】|【镜像几何体】命令，【要镜像的几何体】为步骤 7 生成的曲面，【镜像平面】为【XZ 平面】，单击【确定】按钮。

Step 09　选择【菜单】|【插入】|【曲面】|【有界平面】命令，打开【有界平面】对话框，如图 5-83 所示。

Step 10　选择【菜单】|【插入】|【草图】命令，以【XZ 平面】为草绘平面，绘制如图 5-84 所示的草图。

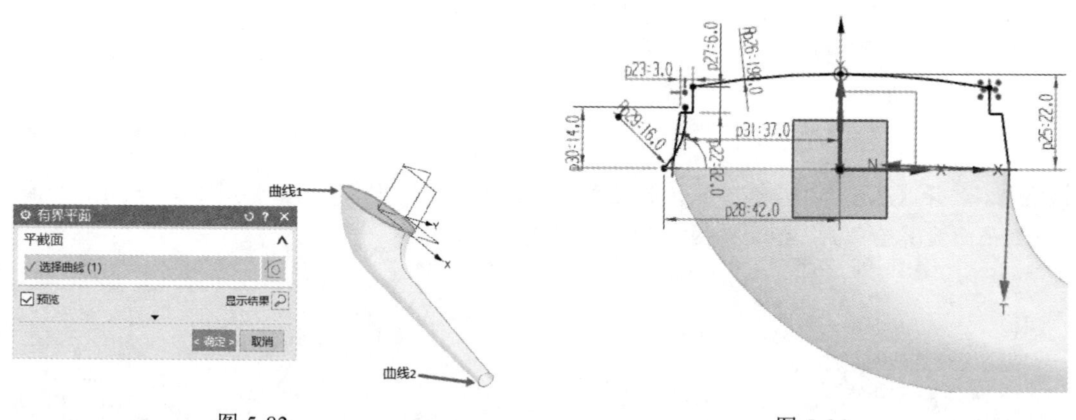

图 5-83　　　　图 5-84

Step 11　选择【菜单】|【插入】|【设计特征】|【旋转】命令，【截面曲线】为步骤 10 绘制的草图，【指定矢量】为 ZC 轴，单击【确定】按钮。

Step 12　选择【基准平面】命令，选择【点和方向】方法创建基准平面，相关参数设置如图 5-85 所示。以创建的基准平面为草绘平面，绘制如图 5-86 所示的草图。

Step 13　选择【菜单】|【插入】|【扫掠】|【扫掠】命令，【截面曲线】为步骤 12 绘制的曲线，【引导线】为步骤 10 绘制的弧线，区域参数为默认，单击【确定】按钮。

Step 14　选择【菜单】|【插入】|【修剪】|【修剪体】命令，【目标体】为步骤 11 绘制的旋转体，

【工具面】为步骤 13 扫掠得到的曲面，单击【确定】按钮。

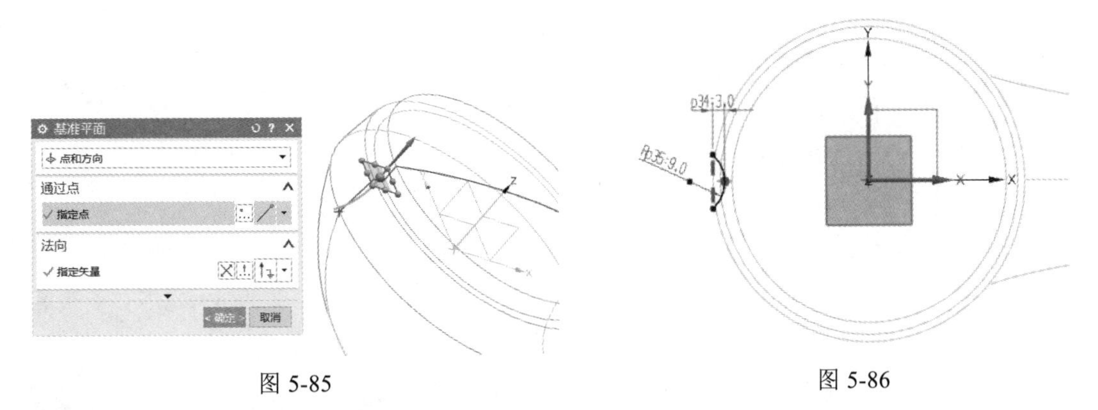

图 5-85　　图 5-86

Step 15 选择【菜单】|【插入】|【关联复制】|【阵列特征】命令，【要形成阵列的特征】为步骤 14 的修剪体，如图 5-87 所示。

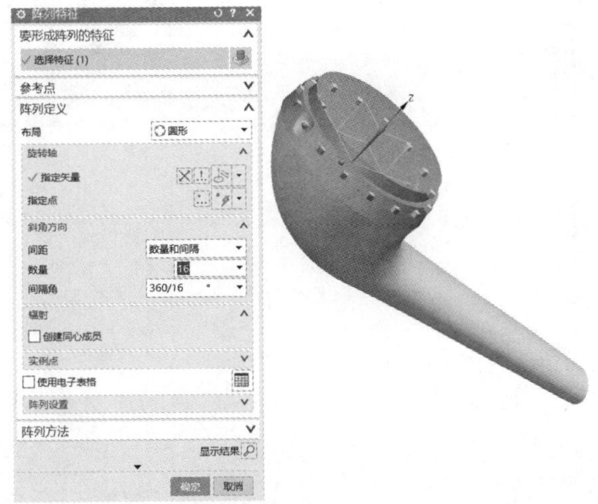

图 5-87

Step 16 选择【菜单】|【插入】|【细节特征】|【边倒圆】命令，相关参数设置如图 5-88 所示。

Step 17 选择【菜单】|【插入】|【组合】|【缝合】命令，相关参数设置如图 5-89 所示。

图 5-88　　图 5-89

Step 18 选择【菜单】|【插入】|【组合】|【合并】命令，【目标体】为步骤 17 缝合得到的实体，【工具体】为步骤 15 阵列后的实体，单击【确定】按钮。

Step 19 选择【菜单】|【插入】|【设计特征】|【拉伸】命令，拉伸草图如图 5-90 所示，【指定矢量】为 XC 轴方向，【拉伸距离】为 14，【布尔】运算为【合并】，单击【确定】按钮。

Step 20 选择【菜单】|【插入】|【偏置/缩放】|【抽壳】命令，抽壳类型为【打开】，【选择面】为步骤 19 拉伸获得的端面，【厚度】为 1.5，单击【确定】按钮。

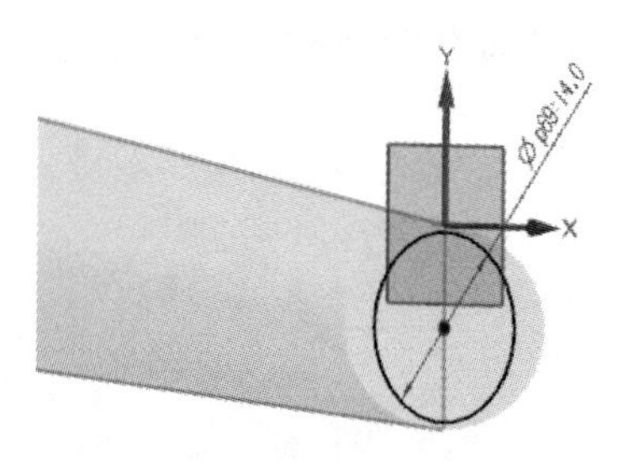

图 5-90

Step 21 选择【菜单】|【插入】|【设计特征】|【拉伸】命令，拉伸草图如图 5-91 所示，拉伸的【指定矢量】为 ZC 方向，【拉伸距离】为 39，【布尔】运算选择【减去】，单击【确定】按钮，完成雨洒头的创建，如图 5-92 所示。

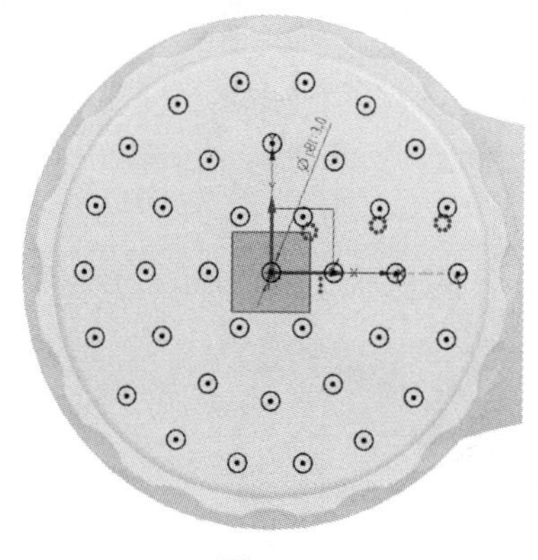

图 5-91

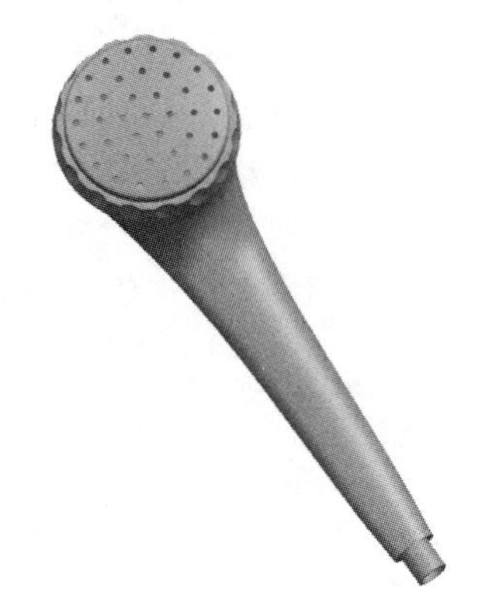

图 5-92

NX 第 6 章 装配设计

UG 装配过程是在装配中建立部件之间的链接关系。它是通过关联条件在部件间建立约束关系，进而来确定部件在产品中的位置，形成产品的整体机构。在 UG 装配过程中，部件的几何体是被装配引用，而不是复制到装配中的。因此，无论在何处编辑部件和如何编辑部件，其装配部件都保持关联性。如果某部件修改，则引用它的装配部件将自动更新。本章将在前面章节的基础上，讲述如何利用 UG NX 1904 的强大装配功能将多个部件或零件装配成一个完整的组件。

6.1 装配概述

一个产品（组件）一般是由多个部件装配而成的，装配建模用来建立部件间的相对位置关系，从而形成复杂的装配体。装配设计是将零部件通过配对条件在产品各零部件之间建立合理的约束关系，确定相互之间的位置关系和连接关系等。

在学习装配操作之前，首先要熟悉 UG NX 1904 中的一些装配术语和基本概念，以及如何进入装配模式，本节主要对这些内容进行介绍。

1. 装配术语及定义

在 UG NX 1904 中进行产品设计，主要是保证产品设计各个零部件尺寸和结构，以及整个产品整体设计符合设计要求。在完成零部件设计后，后续的工作就是产品装配，对于 UG 初学者，了解并掌握产品装配的基本概念和专业术语是学习产品装配的基础。

装配表示一个产品的零件及子装配的集合，在 UG NX 1904 中，一个装配就是一个包含组件的部件文件。UG NX 1904 中装配包括组件、部件、工作部件、子装配、引用集等。

（1）组件：在装配中按特定位置和方向使用的部件，组件可以是独立的部件，也可以是有其他较低级别的组件组合的子装配，装配中的每个组件仅包含一个指向其主几何体的指针，在修改组件的几何体时，装配体随之发生变化。

（2）部件：是指由零件和子装配构成的部件。在 UG 中可以向任何一个 prt 文件中添加部件构成装配，因此任何一个 prt 文件都可以作为装配部件。在 UG 装配中，零件和部件不必严格区分。需要注意的是，当存储一个装配时，各部件的实际几何数据并不是存储在装配部件文件中，而是存储在相应的部件或零件文件中。

（3）工作部件：可以在装配模式下编辑的部件。在装配状态下，一般不能对组件直接修改，若要修改需将该组件设为工作部件。部件被编辑后，所作的修改会反映到所有引用该部件的组件。

（4）子装配：是指在高一级装配中被用作组件的装配，子装配也拥有自己的组件。这是一个相对的概念，任何一个装配部件可在更高级装配中用作子装配。

（5）引用集：定义在每个组件中的附加信息，其内容包括组件装配时显示的信息。每个部件可以有多个引用集，供用户装配时选用。

（6）主模型：是指供 UG 模块共同引用的部件模型。同一主模型，可同时被工程图、装配、加工、机构分析和有限元分析等模块引用，当主模型修改时，相关应用自动更新。

（7）自顶向下装配：是指在上下文中进行装配，即在装配部件的顶级向下产生子装配和零件的装配方法。先在装配结构树的顶部生成一个装配，然后下移一层，生成子装配和组件。

（8）自底向上装配：自底向上装配是先创建部件几何模型，再组合成子装配，最后生成装配部件的装配方法。

（9）混合装配：是将自顶向下装配和自底向上装配结合在一起的装配方法。

2．进入装配模式

在装配前先切换至装配模式，切换装配模式有两种方法：一种是直接新建装配，另一种是在打开的部件中新建装配，下面将分别介绍。

（1）直接新建装配

单击【新建】按钮，在弹出的【新建】对话框中选择【装配】选项，如图 6-1 所示，然后单击【添加组件】按钮，弹出的对话框如图 6-2 所示。

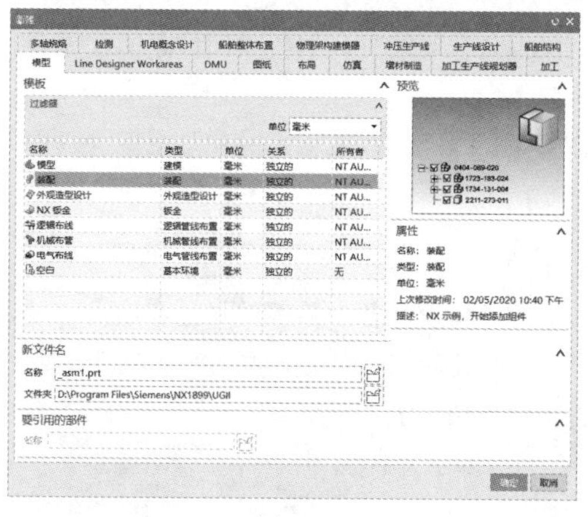

图 6-1

图 6-2

（2）在打开的部件中新建装配

在打开的模型文件环境即建模环境条件下，在工作窗口的主菜单工具栏中单击【开始】图标，并在下拉菜单中选择【装配】命令，系统自动切换到装配模式。

3．部件工作方式

在一个装配中部件有两种不同的工作方式：显示部件和工作部件。显示部件是指在屏幕图形窗口中显示的部件、组件和装配。工作部件是指正在创建或编辑的几何对象的部件。工作部件可以是显示部件，也可以是包含在显示部件中的任一部件。如果显示部件是一个装配部件，工作部件是其中一个部件，此时工作部件以其自身颜色加强，其他显示部件变灰以示区别。

6.2　装配导航器

为了便于用户管理装配组件，UG NX 1904 提供了装配导航器功能。装配导航器是一种装配结构的图形显示界面，又称装配树。在装配树形结构中，每个组件作为一个节点显示。它能清楚地反映装配中各个组件的装配关系，而且能让用户快速、便捷地选择和操作各个部件。例如，用户可以在装配导航器中改变显示部件和工作部件、隐藏和显示组件。下面介绍装配导航器的功能及操作方法。

在 UG NX 1904 装配环境中，【装配导航器】是完成装备建模的重要工具。单击⚙资源条选项可以设置【装配导航器】在窗口左侧或右侧等设置。单击资源栏左侧的【装配导航器】命令图标，打开【装配导航器】，如图 6-3 所示。其中包含部件名、信息、数量等。

图 6-3

1．组件右击操作

在装配导航器中任意组件上右击，可对装配导航树的节点进行编辑，并能够执行折叠或展开相同的组件节点，以及将当前组件转换为工作组件等操作。

具体操作方法是：将鼠标定位在装配模型树的节点处右击，弹出如图 6-4 所示的快捷菜单。该菜单中的命令随着组件和过滤模式的不同而不同，同时还与组件所处的状态有关，通过这些选项对所选的组件进行各种操作。例如选组件名称，选择【设为工作部件】命令，则该组件将转换为工作部件，其他所有的组件将以灰显方式显示。

2．空白区域右击操作

在装配导航器的任意空白区域右击，将弹出一个快捷菜单，如图 6-5 所示。该快捷菜单中的命令与【装配导航器】工具栏中的按钮是一一对应的。

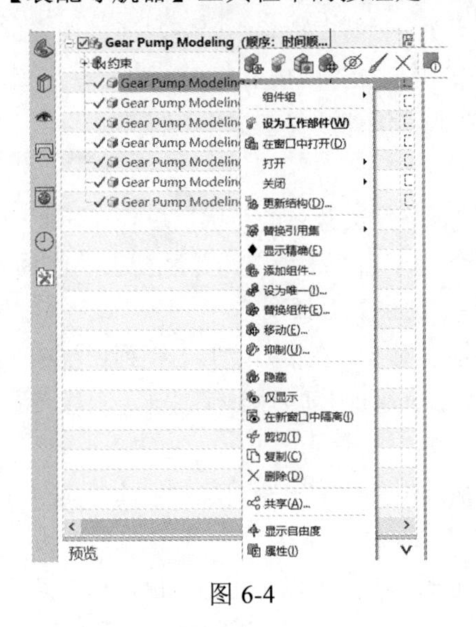

图 6-4

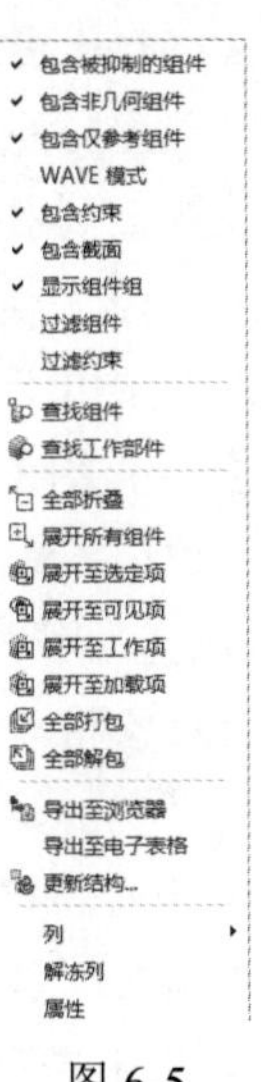

图 6-5

在该快捷菜单中选择指定的命令，即可执行相应的操作，如选择【列】|【配置】命令，在弹出的【装配导航器属性】对话框中可设置隐藏或显示指定选项，并允许修改项目的显示顺序。

6.3 装配方法

这一节将详细介绍两种常用的装配方法。

6.3.1 自底向上装配设计

自底向上装配是指先设计好装配中的部件，再将该部件的几何模型添加到装配中。所创建的装配体将按照组件、子装配体和总装配的顺序进行排列，并利用关联约束条件进行逐级装配，最后完成总装配模型。

（1）添加组件

在装配过程中，一般需要添加其他组件，将所选组件调入装配环境中，再在组件与装配体之间建立相关约束，从而形成装配模型。

一般添加组件的操作如下：单击【装配】工具栏中的【添加组件】按钮或通过选择【菜单】|【装配】|【添加组件】命令，弹出【添加组件】对话框，如图 6-6 所示。如果要进行装配的部件还没有打开，可以选择【打开】按钮，从磁盘目录中选择；已经打开的部件名字会出现在【已加载的部件】列表框中，可以从中直接选择。

部分选项功能说明如下：

① 保持选定：选择此复选框，维护部件的选择，可以在下一个添加操作中快速添加相同的部分。

② 组件锚点：坐标系来自用于定位装配中组件的组件，可以通过在组件内创建产品接口来定义其他组件系统。

③ 装配位置：即装配中组件的目标坐标系。该下拉列表框中提供了【对齐】、【绝对坐标系-工作部件】、【绝对坐标系-显示部件】和【工作坐标系】4 种装配位置。对齐，通过选择位置来定义坐标系；绝对坐标系-工作部件，将组件放置于当前工作部件的绝对原点；绝对坐标系-显示部件，将组件放置于显示装配的绝对原点；工作坐标系，将组件放置于工作坐标系。

（2）装配约束

装配约束选项用于定义或设置两个组件之间的约束条件，其目的是确定组件在装配中的相对位置。选择【菜单】|【装配】|【组件位置】|【装配约束】命令，或单击【装配】功能区【位置】组中的【装配约束】命令，打开如图 6-7 所示的【装配约束】对话框。

① 接触对齐：用于约束两个对象，使其彼此接触或对齐。在【方位】下拉列表框中，【接触】定义两个同类对象相一致；【对齐】对齐匹配对象；【自动判断中心/轴】使圆锥、圆柱和圆环面的轴线重合。

② 同心：用于将相配组件中的一个对象定位到基础组件中的一个对象中心上，其中一个对象必须是圆柱或轴对称实体。

③ 距离：用于指定两个相配对象间的最小三维距离，距离可以是正值，也可以是负值，正负

号确定相配对象是在目标对象的哪一边。

④ 固定：用于将对象固定在其当前位置。

⑤ 角度：用于在两个对象之间定义角度尺寸，约束相配组件到正确的方位上。角度约束可以在两个具有方向矢量的对象间产生，角度是两个方向矢量间的夹角。这种约束允许配对不同类型的对象。

⑥ 平行：用于约束两个对象的方向矢量彼此平行。

⑦ 中心：用于约束两个对象的中心，使其中心对齐。

⑧ 垂直：用于约束两个对象的方向矢量彼此垂直。

⑨ 对齐/锁定：用于对齐不同对象中的两个轴，同时防止绕公共轴旋转，通常当需要将螺栓完全约束在孔中，这将作为约束条件之一。

⑩ 胶合：用于将对象约束在一起，使它们作为刚体移动。

⑪ 拟合：约束具有等半径的两个对象，例如圆边或椭圆边，或者圆柱面或球面。

图 6-6

图 6-7

实例：铣床台虎钳装配设计

Step 01　新建一个名称为练习虎钳装配.prt 装配的文件，进入【装配】模块后，选择【菜单】|【插入】|【基准/点】|【基准坐标系】，弹出【基准坐标系】对话框，参数保持默认，单击【确定】按钮。选择【菜单】|【装配】|【组件】|【添加组件】命令，打开【添加组件】对话框，在该对话框中单击【打开】图标，打开配套资源文件钳座.prt，组件锚点选择【绝对坐标系】，装配位置选择【对齐】，放置选择【约束】，约束类型选择【接触对齐】，接触面 1 与 YZ 面接触，接触面 2 与 XY 面接触，接触面 3 与 XZ 面接触，具体参数设置如图 6-8 所示，单击【确定】按钮，完成钳座的添加及固定。

Step 02　单击【添加组件】图标，选择配套资源文件大螺母.prt，放置选择【移动】，其余参数设置与步骤 1 相同，单击【确定】按钮。单击【装配约束】图标，弹出【装配约束】对话框。在该对话框中选择【类型】为【接触对齐】，方位设置为【首选接触】，并选择大螺母轴线 1 和钳座的轴线 2。再选择【类型】为【平行】，选择大螺母底面 1 和钳座的底面 2，单击【确定】按钮完成大螺母的添加，如图 6-9 所示。注意，装配后大螺母可以前后移动。

Step 03　单击【添加组件】图标，选择配套资源文件活动钳身.prt，放置选择【移动】，其余参数设置与步骤 1 相同，单击【确定】按钮。单击【装配约束】图标，弹出【装配约束】对话框。

在该对话框中选择【类型】为【接触对齐】,【方位】为【首选接触】，并选择活动钳口的接触面 1 和钳座的接触面 1。再选择【类型】为【接触对齐】，选择活动钳口的接触轴线 1 和大螺母的接触轴线 2。选择【类型】为【接触对齐】，选择活动钳口底面 1 和钳座的接触面 2，单击【确定】按钮完成活动钳口的添加，如图 6-10 所示。

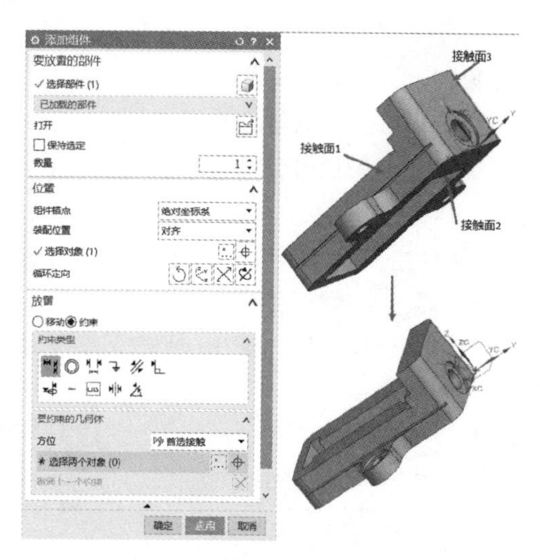

图 6-8

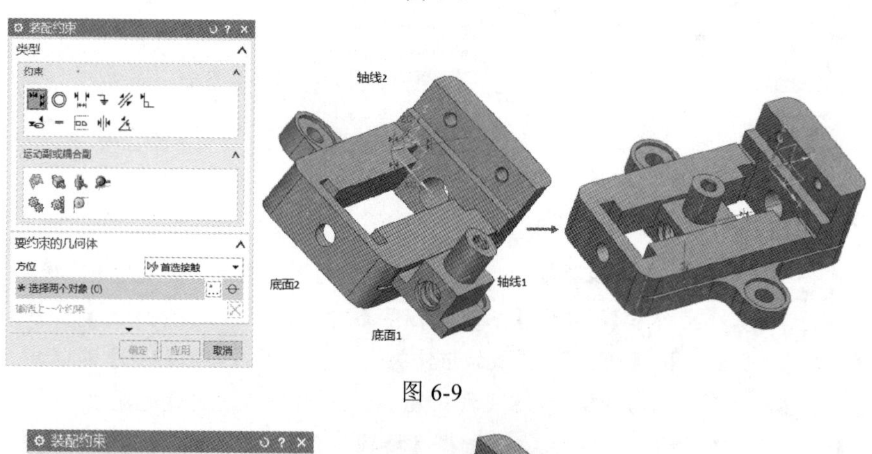

图 6-9

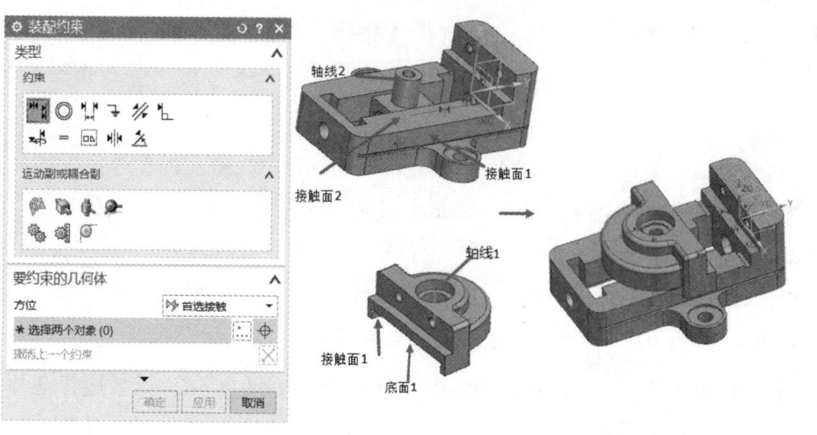

图 6-10

Step 04　单击【添加组件】图标，选择配套资源文件螺钉.prt，放置选择【移动】，其余参数设置与步骤 1 相同，单击【确定】按钮。单击【装配约束】图标，弹出【装配约束】对话框。在该对话框中选择【类型】为【接触对齐】，方位为【首选接触】，并选择螺钉的接触面 1 和活动钳口的接触面 2。再选择【类型】为【接触对齐】，【方位】为【首选接触】，选择螺钉的对齐轴线 1 和活动钳口的对齐轴线 2，单击【确定】按钮完成螺钉的添加，如图 6-11 所示。

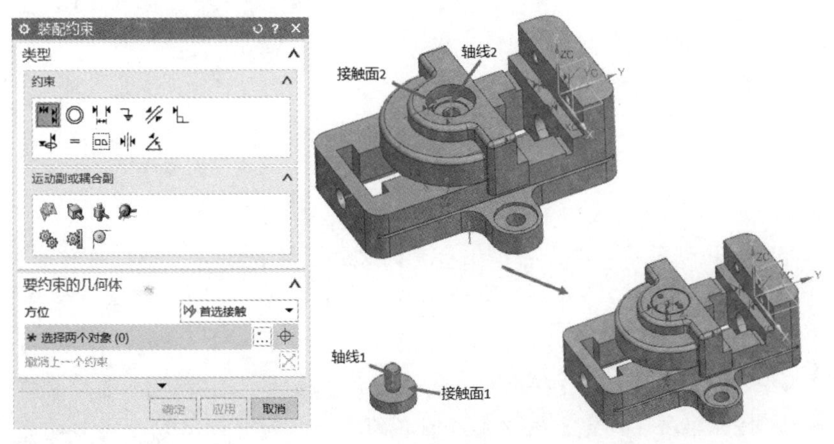

图 6-11

Step 05　单击【添加组件】图标，选择配套资源文件垫圈_20190813_193912.prt，放置选择【移动】，其余参数设置与步骤 1 相同，单击【确定】按钮。单击【装配约束】图标，弹出【装配约束】对话框。在该对话框中选择【类型】为【接触对齐】，【方位】为【首选接触】，并选择垫圈的接触面 1 和钳座的接触面 2。再选择【类型】为【接触对齐】，【方位】为【对齐】，选择垫圈的对齐轴线 1 和虎钳体的对齐轴线 2，单击【确定】按钮完成垫圈的添加，如图 6-12 所示。

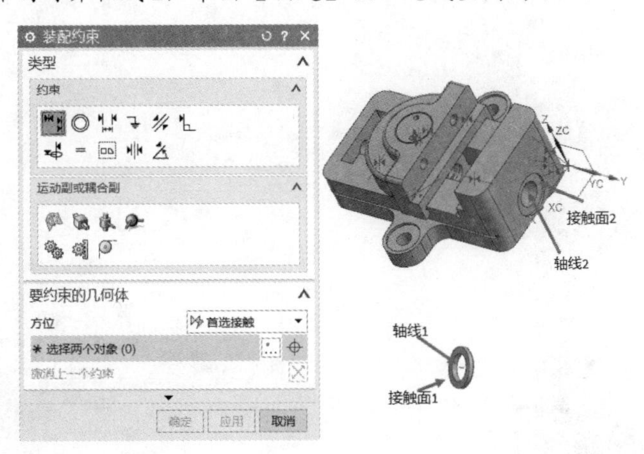

图 6-12

Step 06　单击【添加组件】图标，选择配套资源文件螺杆.prt，放置选择【移动】，其余参数设置与步骤 1 相同，单击【确定】按钮。单击【装配约束】图标，弹出【装配约束】对话框。在该对话框中选择【类型】为【接触对齐】，方位为【首选接触】，并选择螺杆的接触面 1 和垫圈的接触面 2。再选择【类型】为【接触对齐】，方位为【首选接触】，选择螺杆的对齐轴线 1 和钳座的对齐轴线 2，单击【确定】按钮完成螺杆的添加，如图 6-13 所示。

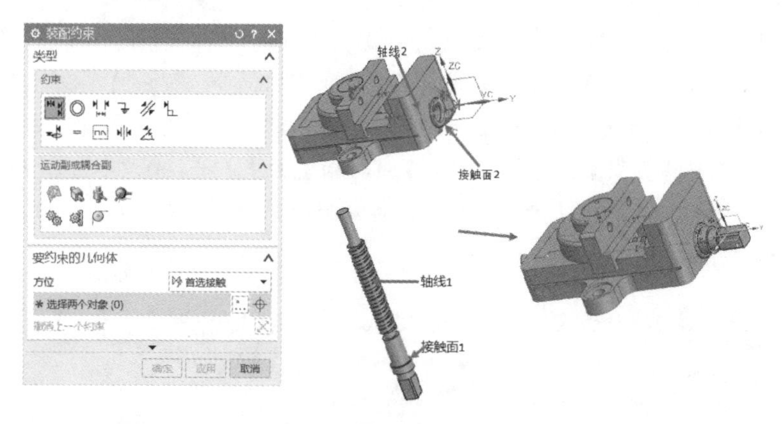

图 6-13

Step 07 单击【添加组件】图标，选择配套资源文件圆环.prt，放置选择【移动】，其余参数设置与步骤 1 相同，单击【确定】按钮。单击【装配约束】图标，弹出【装配约束】对话框。在该对话框中选择【类型】为【接触对齐】,【方位】为【首选接触】，并选择圆环的接触面 1 和钳座的接触面 2。再选择【类型】为【接触对齐】,【方位】为【首选接触】，选择圆环的对齐轴线 1 和螺杆的对齐轴线 2，单击【确定】按钮完成圆环的添加，如图 6-14 所示。

Step 08 单击【添加组件】图标，选择配套资源文件护口板.prt，放置选择【移动】，其余参数设置与步骤 1 相同，单击【确定】按钮。单击【装配约束】图标，弹出【装配约束】对话框。在该对话框中选择【类型】为【接触对齐】,【方位】为【首选接触】，并选择护口板的接触面 1 和钳座的接触面 2。再选择【类型】为【接触对齐】,【方位】为【首选接触】，选择护口板的对齐轴线 1 和钳座的对齐轴线 3，选择【类型】为【接触对齐】,【方位】为【首选接触】，选择护口板的对齐轴线 2 和钳座的对齐轴线 4，单击【确定】按钮完成护口板的添加，如图 6-15 所示。

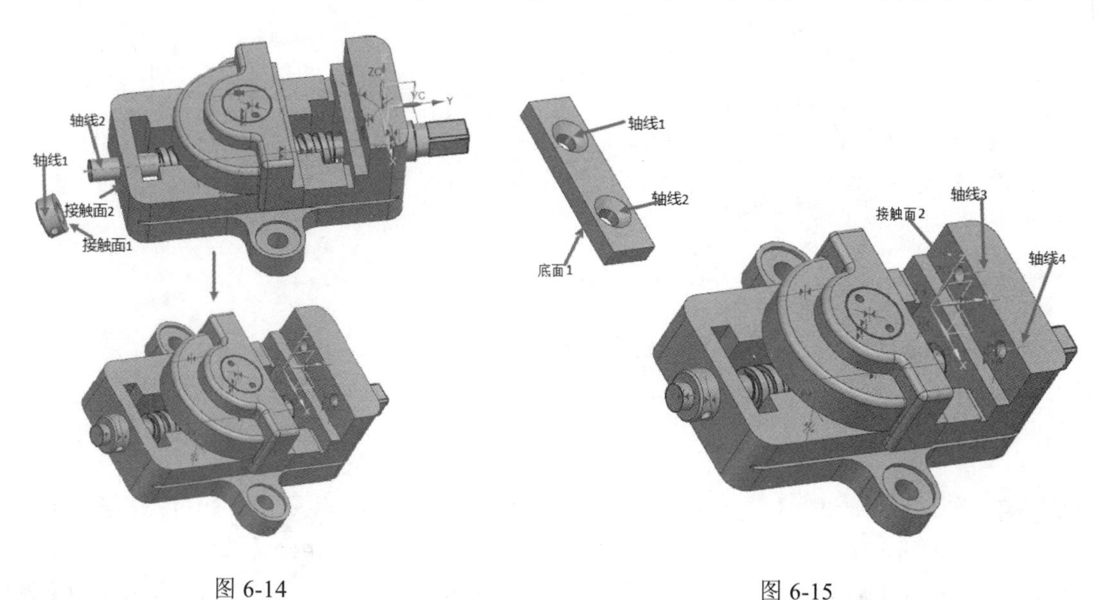

图 6-14　　图 6-15

Step 09 重复步骤 7，把护口板装配到活动钳口上。

Step 10　单击【添加组件】图标，选择配套资源文件小螺钉.prt，放置选择【移动】，其余参数设置与步骤 1 相同，单击【确定】按钮。单击【装配约束】图标，弹出【装配约束】对话框。在该对话框中选择【类型】为【接触对齐】，【方位】为【首选接触】，并选择小螺钉的接触面 1 和护口板的接触面 2。再选择【类型】为【接触对齐】，【方位】为【首选接触】，选择小螺钉的对齐轴线 1 和护口板的对齐轴线 2，单击【确定】按钮完成小螺钉的添加，如图 6-16 所示。

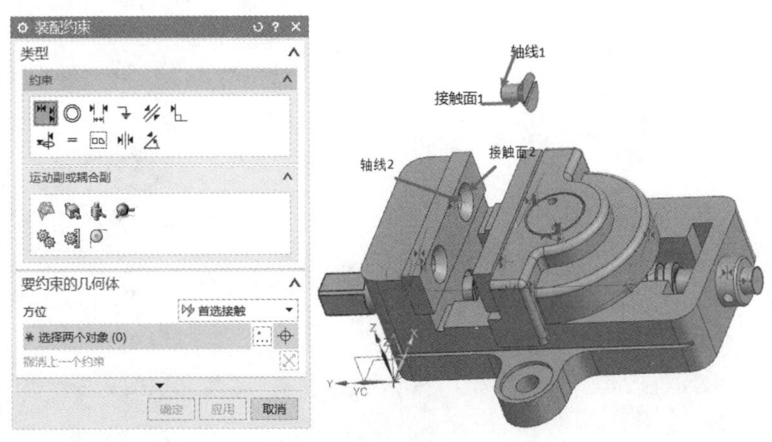

图 6-16

Step 11　重复步骤 10，把其余 3 个小螺钉装配分别装配到护口板上的孔中。完成铣床台虎钳的装配。

6.3.2　自顶向下装配设计

自顶向下装配建模是工作在装配上下文中，建立新组件的方法。上下文设计是指在装配中参照其他零部件对当前工作部件进行设计。在进行上下文设计时，其显示部件为装配部件，工作部件为装配中的组件，所做的工作发生在工作部件上，而不是在装配部件上，利用链接关系建立其他部件到工作部件的关联。利用这些关联，可链接复制其他部件几何对象到当前部件中，从而生成几何体。UG NX 1904 支持多种自顶向下的装配方式，其中最常用的装配方法有以下两种。

（1）第一种设计方法

该方法首先建立装配结构即装配关系，但不建立任何几何模型，然后使其中的一个组件成为工作部件，并在其中建立几何模型，即在上下文中进行设计，边设计边装配。

其详细设计过程如下：

① 建立一个新装配件，如 asm1.prt.

② 选择【菜单】|【装配】|【组件】|【新建组件】命令。

③ 在【新组件文件】对话框中输入新组件的路径和名称，单击【确定】按钮。

④ 在弹出的如图 6-17 所示的【新建组件】对话框，单击【确定】按钮，新建组件即可被装到装配件中。

⑤ 重复步骤 2 至 4，用上述方法建立新组件 P2。

⑥ 打开装配导航器查看，如图 6-18 所示。

⑦ 以下要在新的组件中建立几何模型，先选择 P1 成为工作部件，建立实体。

图 6-17

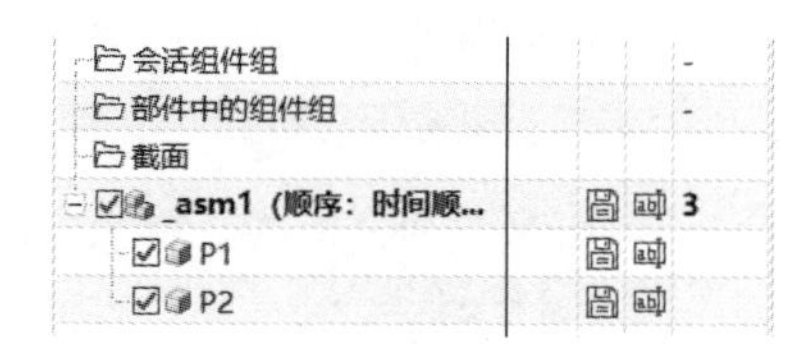

图 6-18

⑧ 然后使得 P2 为工作部件，建立实体。

⑨ 使装配件 asm1.prt 成为工作部件。

⑩ 选择【菜单】|【装配】|【组件】|【装备约束】命令，给组件 P1 和 P2 建立装配约束。

（2）第二种设计方法

该方法首先在装配件中建立几何模型，然后建立组件，即建立装配关系，并将几何模型添加到组件中。

其详细设计过程如下：

① 打开一个包含几何体的装配件或者在打开的装配件中建立一个几何体。

② 选择【菜单】|【装配】|【组件】|【新建组件】命令，打开【新建组件】对话框，如图 6-19 所示。在装配件中选择需要添加的几何模型，单击【确定】按钮。在【选择部件】对话框中，选择新组件的路径，并输入名字，单击【确定】按钮。

③ 在【新建组件】对话框中选择【删除原对象】复选框，则几何模型添加到组件后删除装配件中的几何模型，单击【确定】按钮，新组件就装到装配件中了，并添加了几何模型。

④ 重复步骤②到③，直至完成自顶向下装配设计为止。

图 6-19

6.4 组件编辑

组件添加到装配以后，可对其进行抑制、阵列、镜像和移动等编辑操作。通过上述方法来实现编辑装配结构、快速生成多个组件等功能。本节主要介绍常用的几种编辑组件方法。

6.4.1 抑制组件

【抑制组件】选项用于从视图显示中移除组件或子装配，以便装配。

选择【菜单】|【装配】|【组件】|【抑制组件】命令，弹出【类选择】对话框，如图 6-20 所示。选择需要抑制的组件或子装配，单击【确定】按钮，即可将选中的组件或子装配从视图中移除。

图 6-20

6.4.2　阵列组件

图 6-21

在装配过程中，除了重复添加相同组件可以提高装配效率外，对于按照圆周或线性分布的组件，以及沿一个基准面对称分布的组件，可使用【阵列组件】工具一次获得多个特征，并且阵列的组件将按照原来的约束进行定位，可极大提高产品装配的准确性和设计效率。

在装配中阵列组件是一种对应装配约束条件快速生成多个组件的方法。选择【菜单】|【装配】|【组件】|【阵列组件】命令，弹出【阵列组件】对话框，如图 6-21 所示。

6.4.3　镜像装配

组件镜像功能是 UG NX 6.0 版本以后增加的功能，该功能主要用于处理左右对称的装配情况，类似对单个实体特征的镜像。因此特别适合像汽车底座等对称的组件装配，仅仅需要完成一边的装配即可。

在装配过程中，如果窗口有多个相同的组件，可通过镜像装配的形式创建新组件。选择【菜单】|【装配】|【组件】|【镜像装配】命令，弹出【镜像装配向导】对话框，如图 6-22 所示。在该对话框中单击【下一步】按钮，在打开的对话框中选择待镜像的组件，其中组件可以是单个或多个，然后单击【下一步】按钮，并在打开的对话框中选择基准面为镜像平面，也可以单击【创建基准面】按钮来创建镜像平面。按照系统提示操作，最后即可完成镜像操作，如图 6-23 所示。镜像装配如同创建组件阵列一样，都可以大大提高设计的效率和准确性。

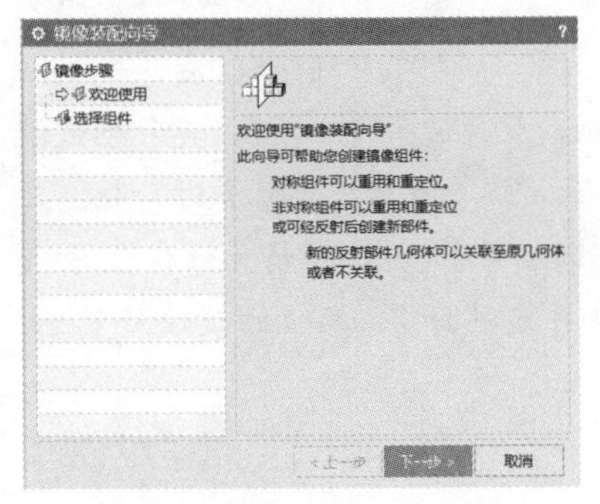

图 6-22

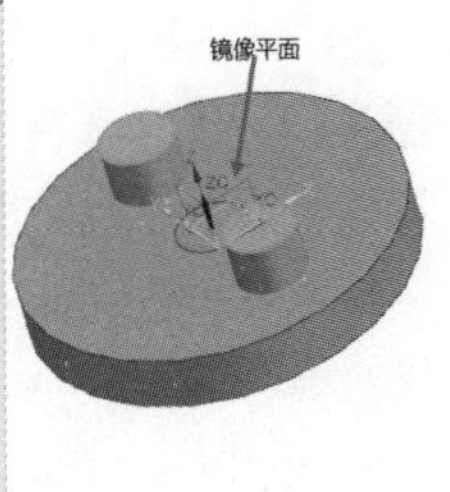

图 6-23

6.4.4　移动组件

在装配过程中，如果之前的约束关系并不是当前所需的，可对组件进行移动。重新定位包括点到点、平移、绕点旋转等多种方式。

选择【菜单】|【装配】|【组件位置】|【移动组件】命令（或单击【装配】工具栏中的【移动组件】按钮），弹出【移动组件】对话框，如图 6-24 所示，若进行移动操作时，有其他部件跟随移动，则可以先取消原来的装配约束，再进行移动，单击【确定】按钮。

实例：蜗杆减速器装配设计

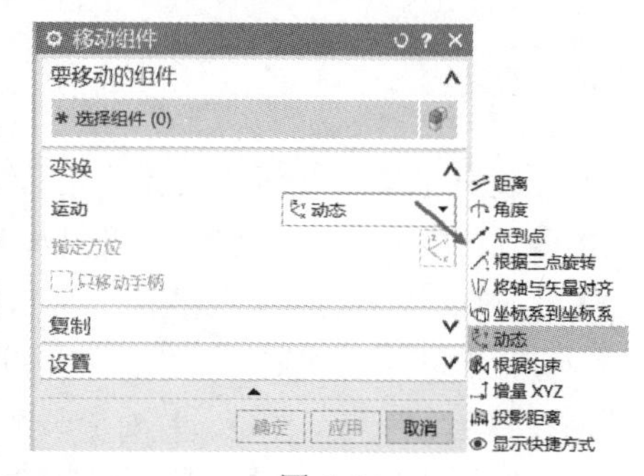

图 6-24

Step 01 新建一个名称为练习蜗杆减速器.prt 装配的文件，进入【装配】模块后，选择【菜单】|【插入】|【基准/点】|【基准坐标系】，设置参数默认，单击【确定】按钮。打开【添加组件】对话框，在该对话框中单击【打开】图标，打开配套资源文件箱体.prt，组件锚点选择【绝对坐标系】，装配位置选择【对齐】，放置选择【约束】，约束类型选择【接触对齐】，接触面 1 与 YZ 面接触，接触面 2 与 XY 面接触，接触面 3 与 XZ 面接触，具体参数设置如图 6-25 所示，单击【确定】按钮，完成箱体的添加及固定。

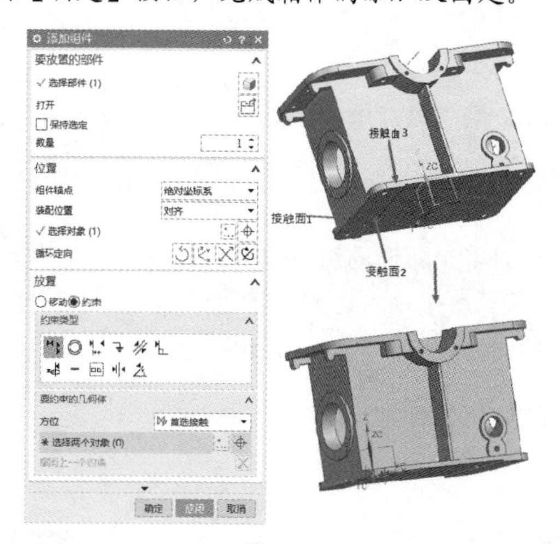

图 6-25

Step 02 单击【添加组件】图标，选择配套资源文件垫片.prt，放置选择【移动】，其余参数设置与步骤 1 相同，单击【确定】按钮。单击【装配约束】图标，弹出【装配约束】对话框。在该对话框中选择【类型】为【接触对齐】，【方位】设置为【首选接触】，并选择垫片轴线 1 和箱体的轴线 1；然后选择垫片轴线 2 和箱体的轴线 2；最后选择垫片接触面 1 和箱体的接触面 1，如图 6-26 所示，单击【确定】按钮。

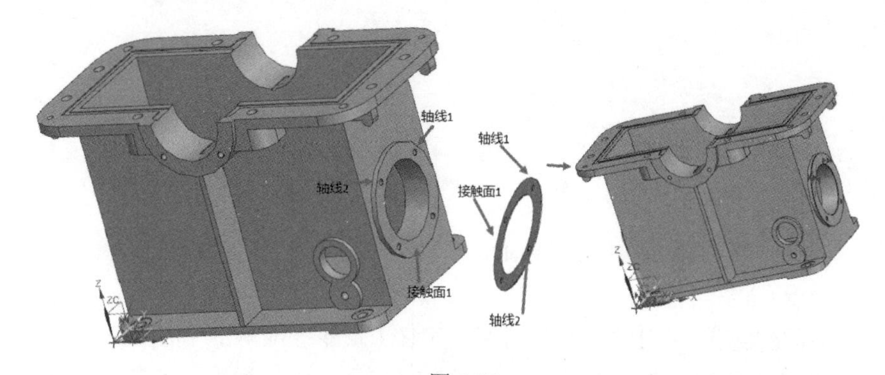

图 6-26

Step 03　单击【添加组件】图标，选择配套资源文件下端盖 1.prt，放置选择【移动】，其余参数设置与步骤 1 相同，单击【确定】按钮。单击【装配约束】图标，弹出【装配约束】对话框。在该对话框中选择【类型】为【接触对齐】，【方位】设置为【首选接触】，并选择下端盖轴线 1 和垫片的轴线 1；然后选择下端盖轴线 2 和垫片的轴线 2；最后选择下端盖接触面 1 和垫片的接触面 1，如图 6-27 所示，单击【确定】按钮。

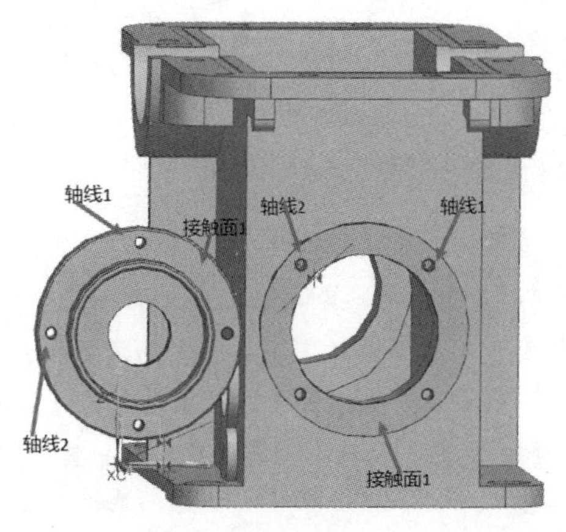

图 6-27

Step 04　选中装配导航器箱体右击，在弹出的快捷菜单中选择【隐藏】命令，完成箱体隐藏。单击【添加组件】图标，选择配套资源文件轴承 30207.prt，放置选择【移动】，其余参数设置与步骤 1 相同，单击【确定】按钮。单击【装配约束】图标，弹出【装配约束】对话框。在该对话框中选择【类型】为【接触对齐】，方位设置为【首选接触】，并选择下端盖轴线 1 和轴承的轴线 2；然后选择下端盖接触面 1 和轴承的接触面 2，如图 6-28 所示，单击【确定】按钮。

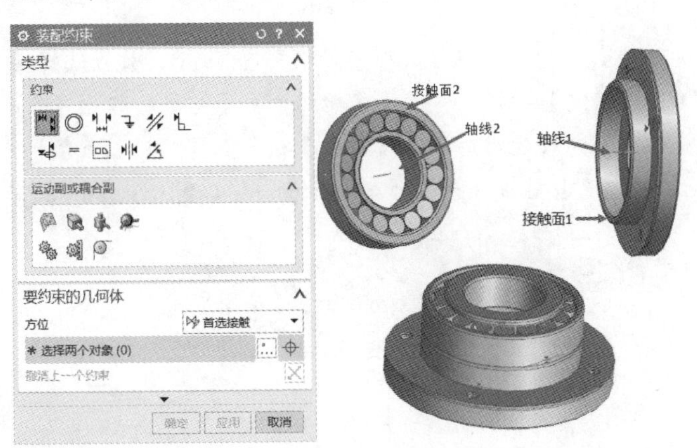

图 6-28

Step 05　单击【添加组件】图标，选择配套资源文件 wogan.prt，放置选择【移动】，其余参数设置与步骤 1 相同，单击【确定】按钮。单击【装配约束】图标，弹出【装配约束】对话框。在该对话框中选择【类型】为【接触对齐】，【方位】设置为【首选接触】，并选择轴承轴线 1 和蜗杆的轴线 2；然后选择轴承接触面 1 和蜗杆的接触面 2，如图 6-29 所示，单击【确定】按钮。

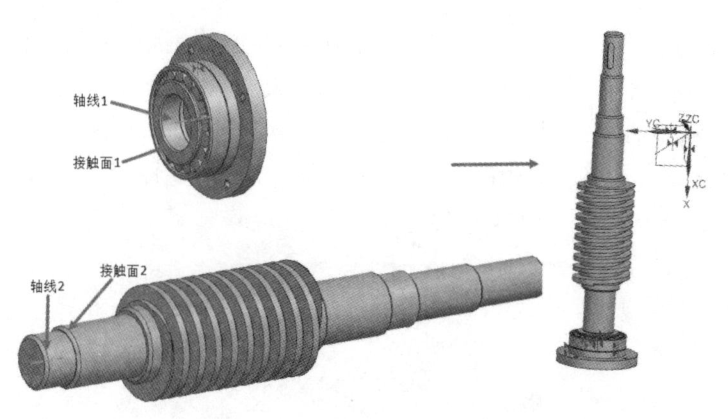

图 6-29

Step 06 单击【添加组件】图标，选择配套资源文件轴承 30207.prt，放置选择【移动】，其余参数设置与步骤 1 相同，单击【确定】按钮。单击【装配约束】图标，弹出【装配约束】对话框。在该对话框中选择【类型】为【接触对齐】，【方位】设置为【首选接触】，并选择蜗杆轴线 1 和轴承的轴线 2；然后选择蜗杆接触面 1 和轴承的接触面 2，如图 6-30 所示，单击【确定】按钮。

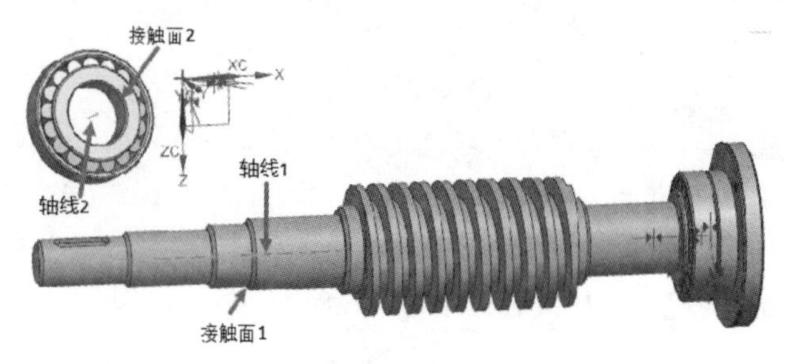

图 6-30

Step 07 单击【添加组件】图标，选择配套资源文件垫圈.prt，放置选择【移动】，其余参数设置与步骤 1 相同，单击【确定】按钮。单击【装配约束】图标，弹出【装配约束】对话框。在该对该话框中选择【类型】为【接触对齐】，【方位】设置为【首选接触】，并选择垫圈轴线 1 和轴承的轴线 2；然后选择垫圈接触面 1 和轴承的接触面 2，如图 6-31 所示，单击【确定】按钮。

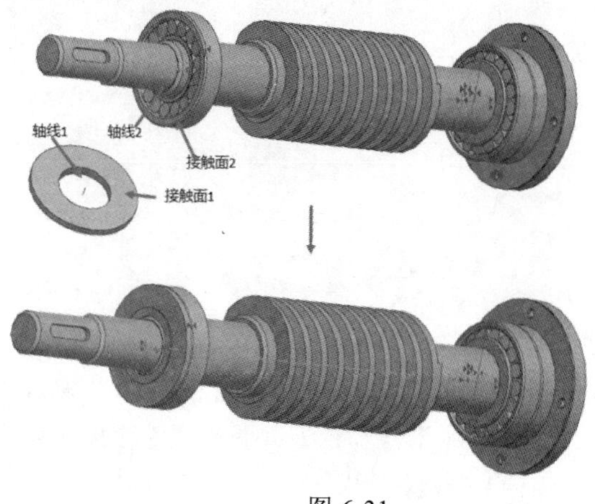

图 6-31

Step 08　单击【镜像装配】图标，单击【下一步】按钮选择步骤 2 和步骤 3 装配的垫片和下端盖，单击【下一步】按钮，选择【使用按钮创建一个平面】命令，选择【二等分】方法创建基准平面（注意：要把工作模式切换到【整个装配】），第一个平面为箱体右侧面，第二个平面为箱体左侧面，单击【确定】按钮，单击【下一步】按钮，再次单击【下一步】按钮，确定，完成垫片和下端盖的镜像，如图 6-32 所示。

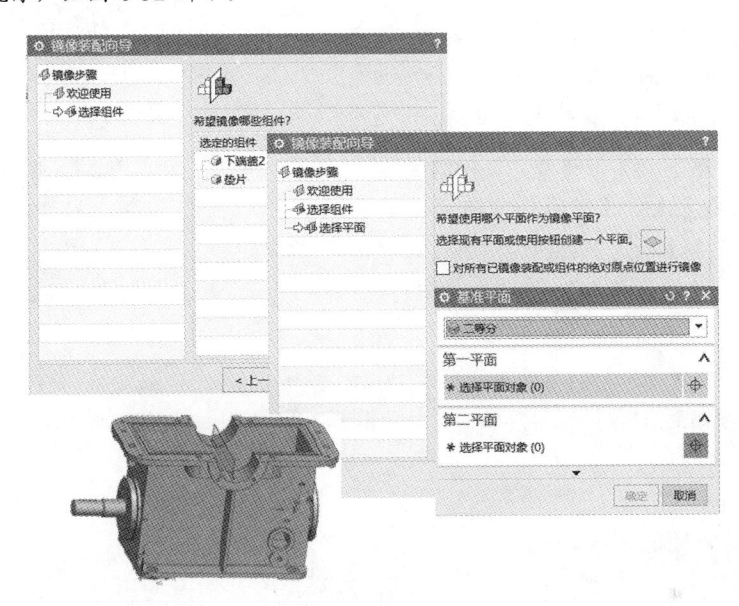

图 6-32

Step 09　单击【添加组件】图标，选择配套资源文件上端盖 2.prt，放置选择【移动】，其余参数设置与步骤 1 相同，单击【确定】按钮。单击【装配约束】图标，弹出【装配约束】对话框。在该对话框中选择【类型】为【接触对齐】，【方位】设置为【首选接触】，并选择上端盖 2 轴线 1 和箱体的轴线 1；然后选择上端盖 2 轴线 2 和箱体的轴线 2；最后选择上端盖接触面 1 和箱体的接触面 1，如图 6-33 所示，单击【确定】按钮。

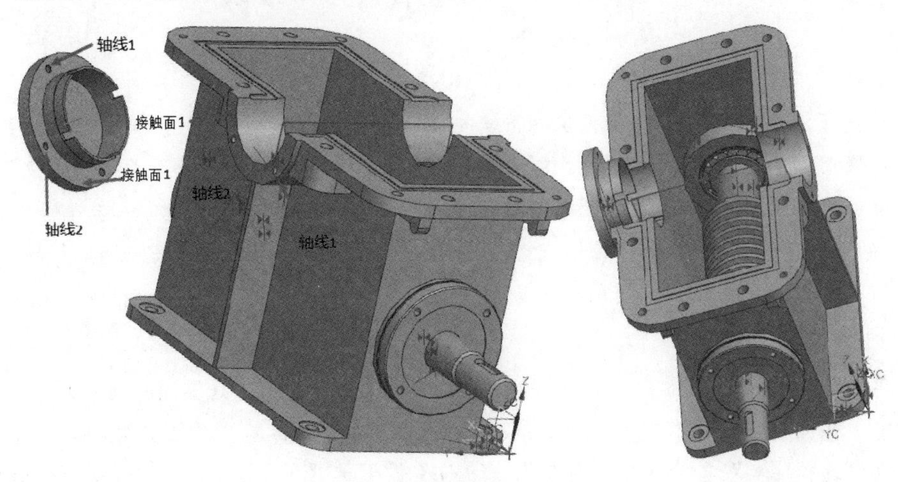

图 6-33

Step 10 单击【添加组件】图标，选择配套资源文件轴承 30207.prt，放置选择【移动】，其余参数设置与步骤 1 相同，单击【确定】按钮。单击【装配约束】图标，弹出【装配约束】对话框。在该对话框中选择【类型】为【接触对齐】，【方位】设置为【首选接触】，并选择上端盖 2 轴线 2 和轴承的轴线 1；然后选择上端盖接触面 2 和轴承的接触面 1，如图 6-34 所示，单击【确定】按钮。

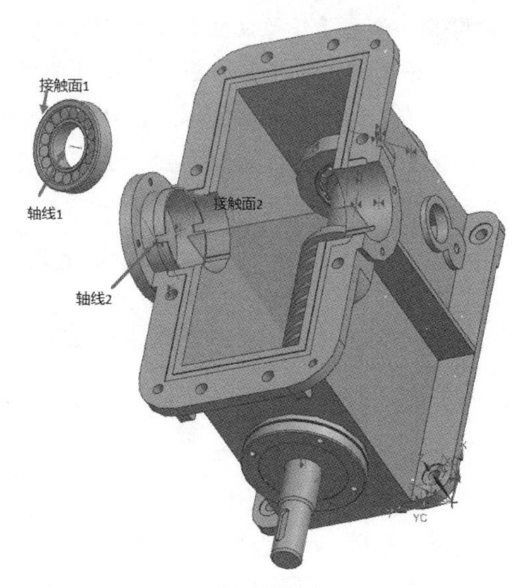

图 6-34

Step 11 单击【添加组件】图标，选择配套资源文件蜗轮轴.prt，放置选择【移动】，其余参数设置与步骤 1 相同，单击【确定】按钮。单击【装配约束】图标，弹出【装配约束】对话框。在该对话框中选择【类型】为【接触对齐】，【方位】设置为【首选接触】，并选择蜗杆轴轴线 1 和轴承的轴线 2；然后选择蜗杆轴接触边 1 和箱体的接触面 2，如图 6-35 所示，单击【确定】按钮。

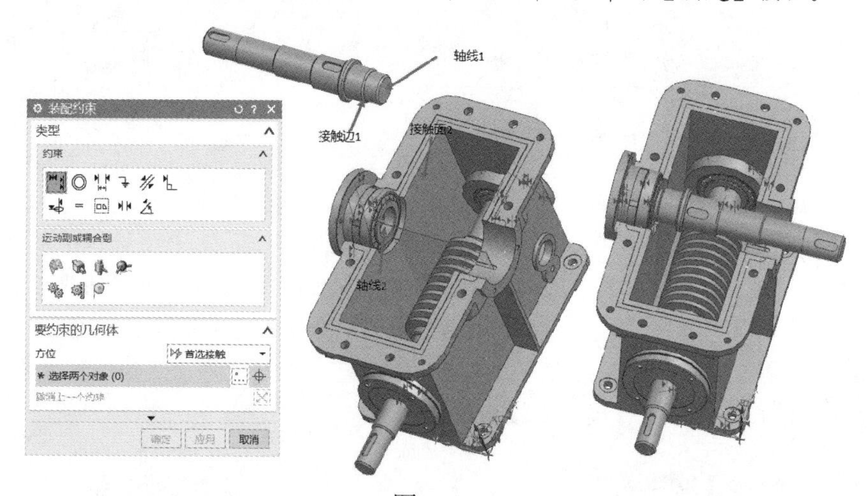

图 6-35

Step 12 单击【添加组件】图标，选择配套资源文件键 10.25.prt，放置选择【移动】，其余参数设置与步骤 1 相同，单击【确定】按钮。单击【装配约束】图标，弹出【装配约束】对话框。在该对话框中选择【类型】为【接触对齐】，【方位】设置为【首选接触】，并选择蜗杆轴轴线 1 和键 10.25 的轴线 1；然后选择蜗杆轴轴线 2 和键 10.25 的轴线 2；最后选择蜗杆轴接触面和键 10.25 的下底面，单击【确定】按钮。用同样的方法，把配套资源文件键 10.28.prt 和键 8.32 进行装配，如图 6-36 所示。

Step 13 单击【添加组件】图标，选择配套资源文件 wolun.prt，放置选择【移动】，其余参数设置与步骤 1 相同，单击【确定】按钮。单击【装配约束】图标，弹出【装配约束】对话框。在该对话框中选择【类型】为【接触对齐】，【方位】设置为【首选接触】，并选择 wolun 接触面 1 和键 10.25 的接触面 1；然后选择 wolun 的接触面 2 和涡轮轴的接触面 2；最后选择 wolun 的接触面 3 和涡轮轴的接触面 3，单击【确定】按钮，如图 6-37 所示。

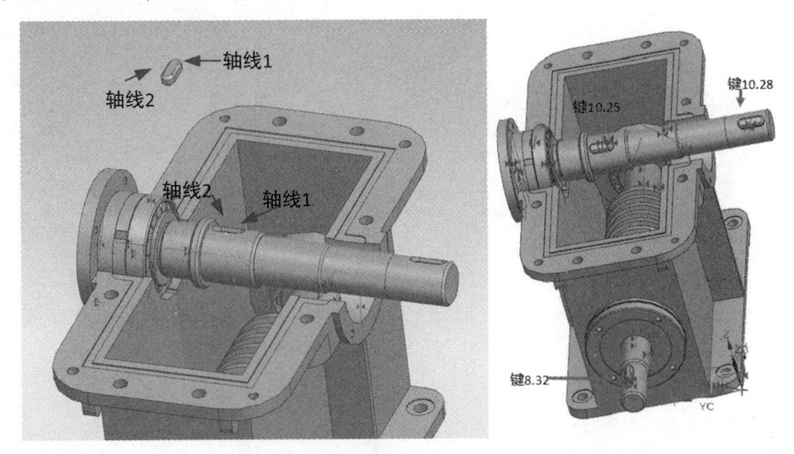

图 6-36

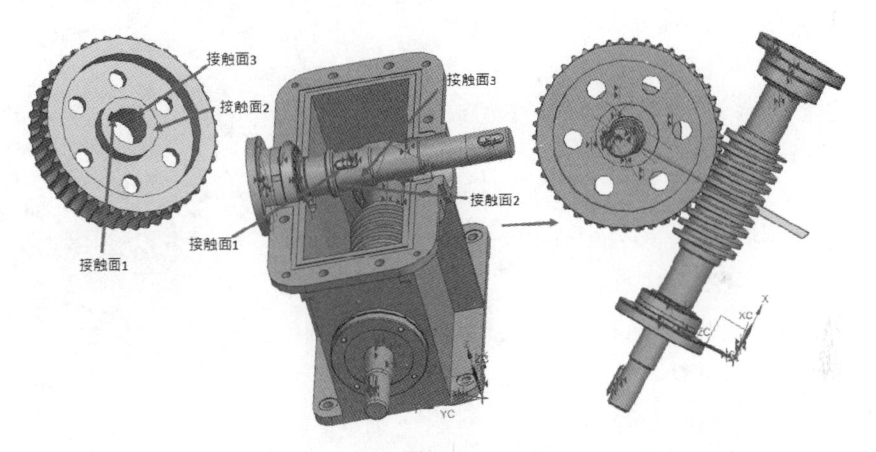

图 6-37

Step 14 单击【添加组件】图标，选择配套资源文件杯套.prt，放置选择【移动】，其余参数设置与步骤 1 相同，单击【确定】按钮。单击【装配约束】图标，弹出【装配约束】对话框。在该对话框中选择【类型】为【接触对齐】，【方位】设置为【首选接触】，并选择杯套接触面 1 和 wolun 的接触面 2；然后选择杯套的轴线 1 和涡轮轴的轴线 2，单击【确定】按钮，如图 6-38 所示。

Step 15 单击【添加组件】图标，选择配套资源文件轴承 30207.prt，放置选择【移动】，其余参数设置与步骤 1 相同，单击【确定】按钮。单击【装配约束】图标，弹出【装配约束】对话框。在该对话框中选择【类型】为【接触对齐】，【方位】设置为【首选接触】，并选择轴承的轴线 1 和涡轮轴的轴线 2，然后选择轴承的接触面 1 和杯套的接触面 2；单击【确定】按钮，如图 6-39 所示。

Step 16 单击【添加组件】图标，选择配套资源文件垫圈.prt，放置选择【移动】，其余参数设置与步骤 1 相同，单击【确定】按钮。单击【装配约束】图标，弹出【装配约束】对话框。在该对话框中选择【类型】为【接触对齐】，【方位】设置为【首选接触】，并选择垫圈的轴线 1 和涡轮轴的轴线 2，然后选择垫圈的接触面 1 和轴承的接触面 2；单击【确定】按钮，如图 6-40 所示。

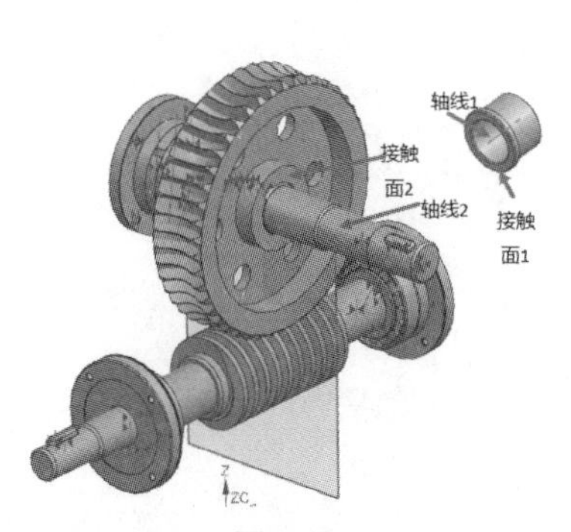

图 6-38

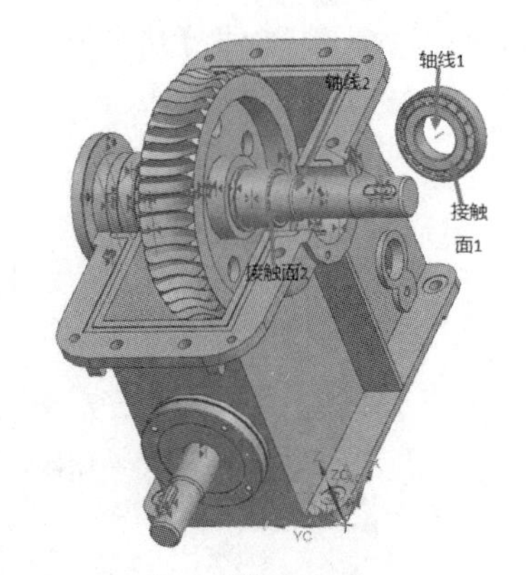

图 6-39

Step 17 单击【添加组件】图标，选择配套资源文件垫片.prt，放置选择【移动】，其余参数设置与步骤 1 相同，单击【确定】按钮。单击【装配约束】图标，弹出【装配约束】对话框。在该对话框中选择【类型】为【接触对齐】,【方位】设置为【首选接触】，并选择垫片的轴线 1 和箱体的轴线 1，然后选择垫片轴线 2 和箱体的轴线 2，最后选择垫片的接触面 1 和箱体的接触面 2；单击【确定】按钮，如图 6-41 所示。

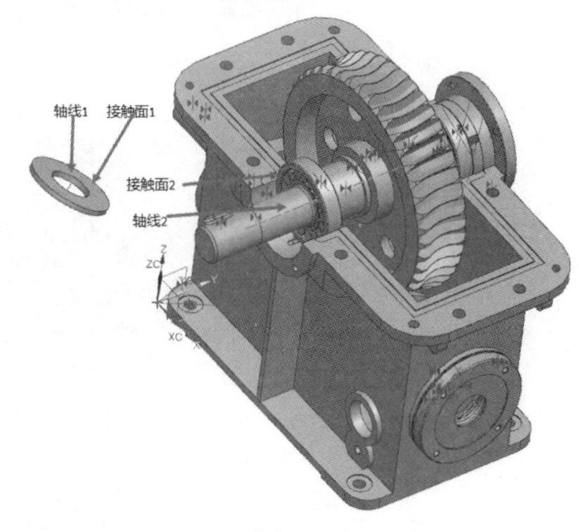

图 6-40

Step 18 单击【添加组件】图标，选择配套资源文件上端盖 1.prt，放置选择【移动】，其余参数设置与步骤 1 相同，单击【确定】按钮。单击【装配约束】图标，弹出【装配约束】对话框。在该对话框中选择【类型】为【接触对齐】,【方位】设置为【首选接触】，并选择垫片的轴线 1 和上端盖 1 的轴线 1，然后选择垫片轴线 2 和上端盖 1 的轴线 2，最后选择垫片的接触面 1 和上端盖 1 的接触面 2；单击【确定】按钮，如图 6-42 所示。

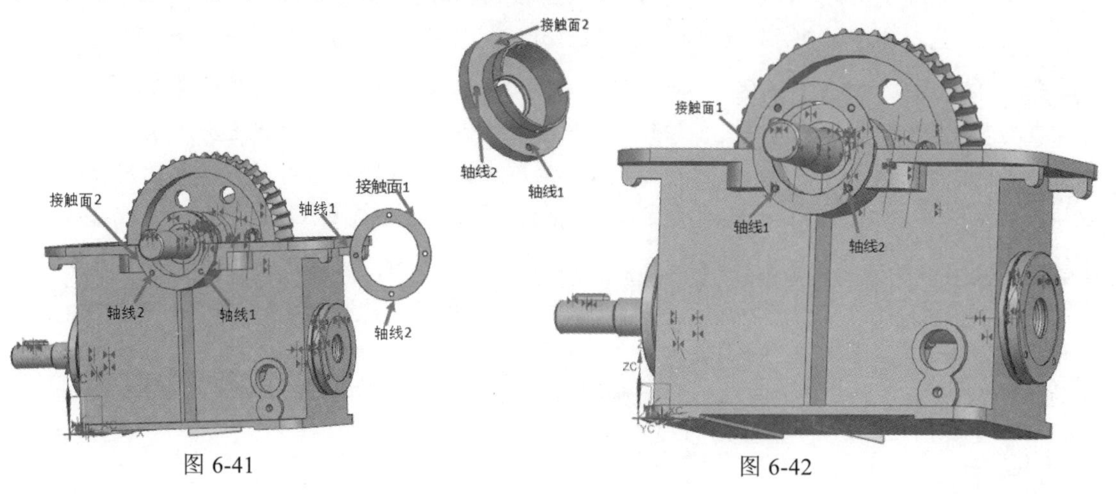

图 6-41　　图 6-42

Step 19　单击【添加组件】图标，选择配套资源文件箱盖.prt，放置选择【移动】，其余参数设置与步骤 1 相同，单击【确定】按钮。单击【装配约束】图标，弹出【装配约束】对话框。在该对话框中选择【类型】为【接触对齐】，【方位】设置为【首选接触】，并选择垫片的轴线 1 和上端盖 1 的轴线 1，然后选择垫片轴线 2 和上端盖 1 的轴线 2，最后选择垫片的接触面 1 和上端盖 1 的接触面 2；单击【确定】按钮，如图 6-43 所示。

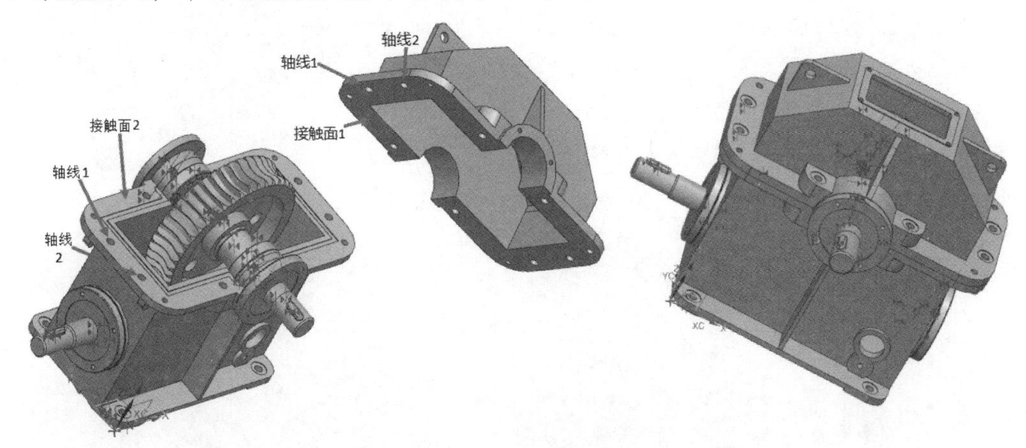

图 6-43

Step 20　单击【添加组件】图标，选择配套资源文件窥视孔盖.prt，放置选择【移动】，其余参数设置与步骤 1 相同，单击【确定】按钮。再单击【添加组件】图标，选择配套资源文件窥视盖螺母.prt 和窥视盖螺塞.prt。单击【装配约束】图标，弹出【装配约束】对话框。在该对话框中选择【类型】为【接触对齐】，【方位】设置为【首选接触】，并选择窥视盖螺塞的轴线 1 和窥视孔盖的轴线 2，然后选择窥视盖螺塞的接触面 1 和窥视孔盖的接触面 2，再次选择窥视盖螺母的轴线 3 和窥视盖螺塞的轴线 1，最后选择窥视盖螺母的接触面 3 和窥视孔盖的接触底面 2，单击【确定】按钮，如图 6-44 所示。

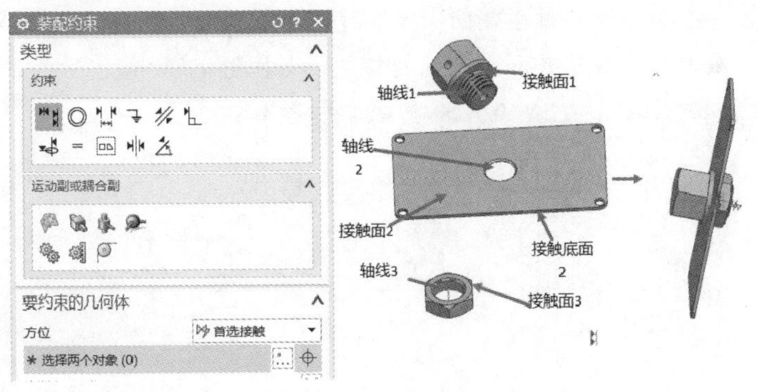

图 6-44

Step 21　单击【装配约束】图标，弹出【装配约束】对话框。在该对话框中选择【类型】为【接触对齐】，方位设置为【首选接触】，并选择窥视孔盖的轴线 1 和上端盖 1 的轴线 1，然后选择窥视孔盖的轴线 2 和上端盖 1 的轴线 2，最后选择窥视孔盖的接触面 1 和上端盖 1 的接触面 2；单击【确定】按钮，如图 6-45 所示。

Step 22 单击【添加组件】图标，选择配套资源文件螺栓螺母垫圈 M10.40.prt、螺栓螺母垫圈 M10.80.prt、螺栓 M6.20.prt 和螺栓 M6.12.prt，放置选择【移动】，其余参数设置与步骤 1 相同，单击【确定】按钮。单击【装配约束】图标，弹出【装配约束】对话框。在该对话框中选择【类型】为【接触对齐】，方位设置为【首选接触】，并选择 M10.40 的轴线 1 和箱盖的轴线 2，然后选择 M10.40 的接触面 1 和箱盖的接触面 2；单击【确定】按钮，用同样的方法把螺栓螺母垫圈 M10.80.prt、螺栓 M6.20.prt 和螺栓 M6.12.prt 安装到箱体，如图 6-46 所示。

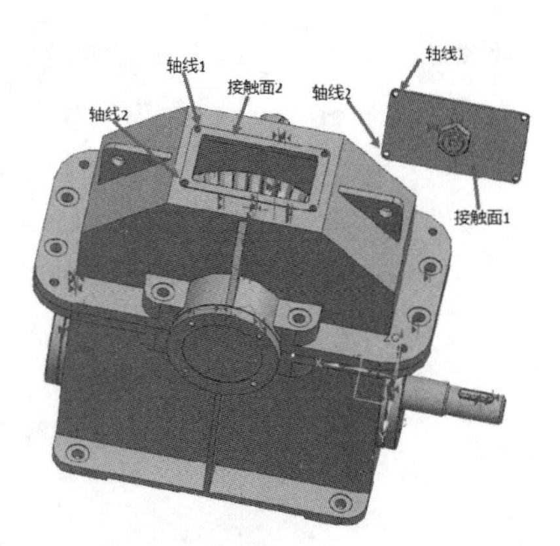

图 6-45

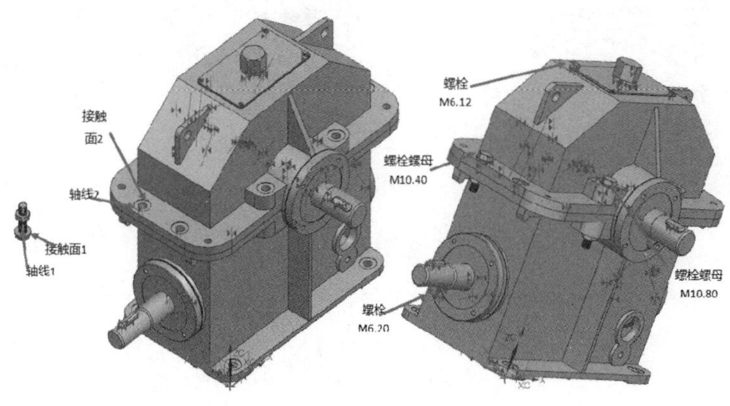

图 6-46

Step 23 单击【镜像装配】图标，单击【下一步】按钮，选择螺栓螺母垫圈 M10.40.prt、螺栓螺母垫圈 M10.80.prt 和螺栓 M6.12.prt，单击【下一步】按钮，选择【使用按钮创建一个平面】命令，选择【二等分】方法创建基准平面（注意：要把工作模式切换到【整个装配】），第一个平面为箱盖右侧面，第一个平面为箱盖左侧面，单击【确定】按钮，单击【下一步】按钮，再次单击【下一步】按钮，确定，完成垫片和下端盖的镜像，如图 6-47 所示。

图 6-47

Step 24 单击【镜像装配】图标，单击【下一步】按钮，选择 mirror_螺栓螺母垫圈 M10.40.prt、mirror_螺栓螺母垫圈 M10.80.prt 和螺栓 M6.12.prt，单击【下一步】按钮，选择【使用按钮创建一个平面】命令，选择【二等分】方法创建基准平面（注意：要把工作模式切换到【整个装配】），第一个平面为箱盖前侧面，第一个平面为箱盖后侧面，单击【确定】按钮，单击【下一步】按钮，再次单击【下一步】按钮，确定，完成垫片和下端盖的镜像，如图 6-48 所示。

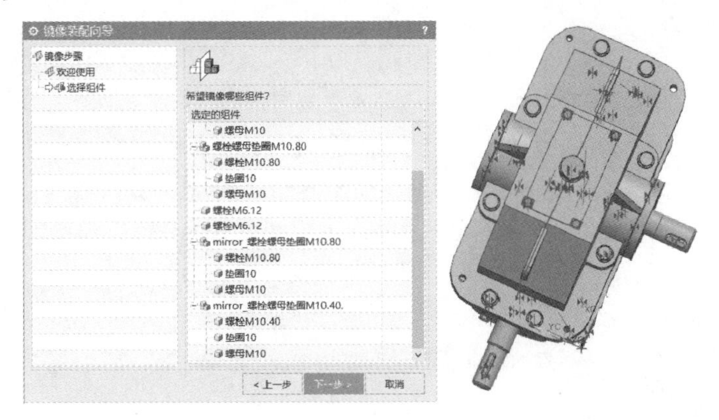

图 6-48

Step 25　单击【阵列组件】图标，在弹出的对话框中【要形成阵列的组件】选择螺栓 M6.20.prt，【布局】选择【圆形】，【指定矢量】选择【曲线/轴矢量】，然后单击 wogan 最外侧曲线，【数量】选择 4，【间隔角】选择 90°，相关参数设置如图 6-49 所示。单击【确定】按钮，完成蜗杆减速器装配。

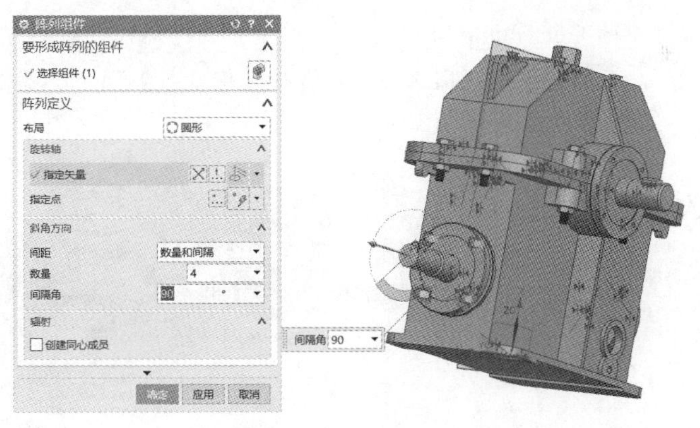

图 6-49

6.5　装配爆炸图

装配爆炸图是指在装配环境下，将装配体中的组件拆分开来，目的是为了更好地显示整个装配的组成情况，进而可以清晰地显示装配组件的相互关系。同时可以通过对视图的创建和编辑，将组件按照装配关系偏离原来的位置，以便观察产品内部结构以及组件的装配顺序。

6.5.1　新建爆炸图

要查看装配体内部结构特征及其之间的相互装配关系，需要创建爆炸图。通常，创建爆炸图

的方法如下：选择【装配】|【爆炸图】|【新建爆炸】命令，弹出【新建爆炸】对话框，如图 6-50 所示。不允许重复使用爆炸图名。

图 6-50

6.5.2 编辑爆炸图

在创建新的爆炸图后，需要对组件进行移动或更改爆炸效果，通常需要对爆炸图进行编辑。选择【菜单】|【装配】|【爆炸图】|【编辑爆炸】命令，弹出【编辑爆炸】对话框，如图 6-51 所示。首先选择需要编辑的组件，然后选择需要的编辑方式，再次选择点选择类型，确定组件的定位方式。最后直接用鼠标选取屏幕中的位置，移动组件位置。

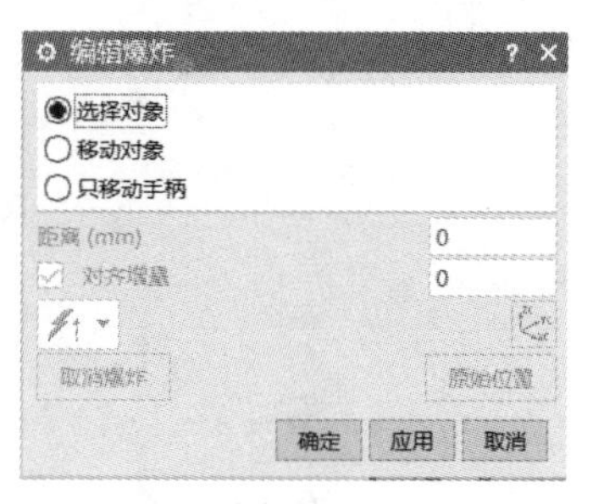

图 6-51

6.5.3 自动爆炸组件

【自动爆炸组件】选项用于按照指定的距离自动爆炸所选的组件。选择【菜单】|【装配】|【爆炸图】|【自动爆炸组件】命令，弹出自动爆炸【类选择】对话框，如图 6-52 所示。在【距离】文本框中输入偏置距离，单击【确定】按钮，将所选的对象按指定的偏置距离移动。

实例：制作齿轮泵装配爆炸图

Step 01 打开配套资源中的 Gear Pump Modeling.prt 文件。选择部件导航器，在模型视图上右击，选择【添加视图】命令，在新创建的视图上右击，选择【重命名】命令，名称为【齿轮泵爆炸视图】，如图 6-53 所示。

图 6-52

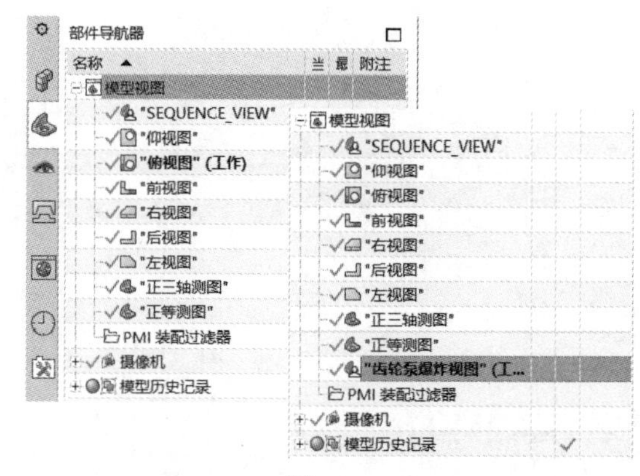

图 6-53

Step 02 选择【菜单】|【装配】|【爆炸图】|【新建爆炸】命令，新建爆炸名称为默认，单击【确定】按钮。

Step 03 选择【菜单】|【装配】|【爆炸图】|【编辑爆炸】命令，弹出如图 6-54 所示的对话框，在【选择对象】模式下选中【带轮】，然后把编辑爆炸模式改为【移动对象】，单击 Y 轴，在【距离】文本框中输入 70，单击【确定】按钮，如图 6-54 所示。

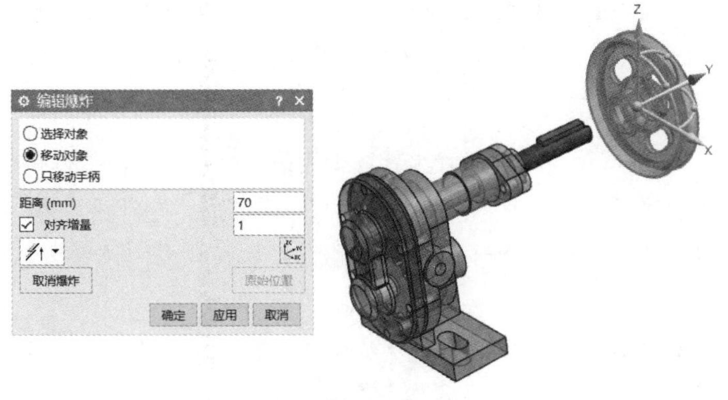

图 6-54

Step 04 选择【菜单】|【装配】|【爆炸图】|【编辑爆炸】命令，在【选择对象】模式下选中【键】，然后把编辑爆炸模式改为【移动对象】，单击 Z 轴，在【距离】文本框中输入-30，单击【确定】按钮。

Step 05 选择【菜单】|【装配】|【爆炸图】|【编辑爆炸】命令，在【选择对象】模式下选中【泵盖】，然后把编辑爆炸模式改为【移动对象】，单击 Y 轴，在【距离】文本框中输入-200，单击【确定】按钮，如图 6-55 所示。

Step 06 选择【菜单】|【装配】|【爆炸图】|【编辑爆炸】命令，在【选择对象】模式下选中【主动齿轮】，然后把编辑爆炸模式改为【移动对象】，单击 Y 轴，在【距离】文本框中输入-180，单击【确定】按钮。

Step 07 选择【菜单】|【装配】|【爆炸图】|【编辑爆炸】命令，在【选择对象】模式下选中【从动齿轮】，然后把编辑爆炸模式改为【移动对象】，单击 Y 轴，在【距离】文本框中输入 80，单击【确定】按钮，如图 6-56 所示。

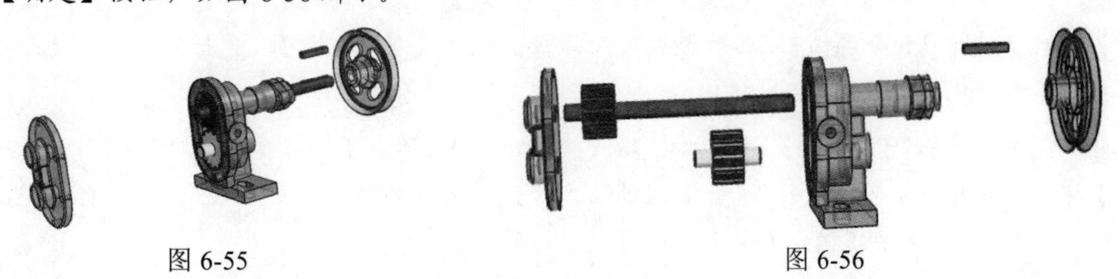

图 6-55　　　　图 6-56

Step 08 选择【菜单】|【装配】|【爆炸图】|【编辑爆炸】命令，在【选择对象】模式下选中【填料压盖】，然后把编辑爆炸模式改为【移动对象】，单击 Y 轴，在【距离】文本框中输入-50，单击【确定】按钮，完成齿轮泵的爆炸图，如图 6-57 所示。

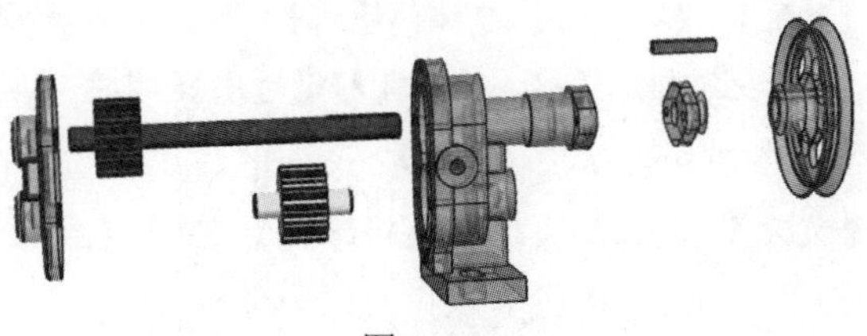

图 6-57

Step 09 选择【菜单】|【视图】|【操作】|【保存】命令，完成齿轮爆炸图的保存，为以后工程图做准备。

实例：制作鼓风机装配爆炸图

Step 01 打开配套资源中的 Air Blower.prt 文件。选择部件导航器，在模型视图上右击，选择【添加视图】命令，在新创建的视图上右击，选择【重命名】命令，名称为【鼓风机爆炸视图】。

Step 02 选择【菜单】|【装配】|【爆炸图】|【新建爆炸】，新建爆炸名称为默认，单击【确定】按钮。

Step 03 选择【菜单】|【装配】|【爆炸图】|【编辑爆炸】，弹出【编辑爆炸】对话框，在【选择对象】模式下选中【垫片】，然后把编辑爆炸模式改为【移动对象】，单击 Z 轴，在【距离】文本框中输入-300，单击【确定】按钮。

Step 04 选择【菜单】|【装配】|【爆炸图】|【编辑爆炸】，弹出【编辑爆炸】对话框，在【选择对象】模式下选中【机架】，然后把编辑爆炸模式改为【移动对象】，单击 Y 轴，在【距离】文本框中输入 280，单击【确定】按钮，如图 6-58 所示。

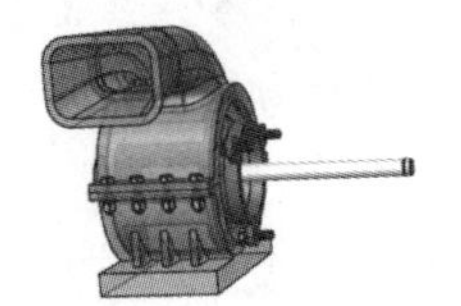
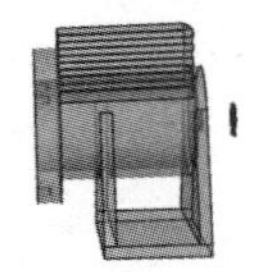

图 6-58

Step 05 选择【菜单】|【装配】|【爆炸图】|【编辑爆炸】，弹出【编辑爆炸】对话框，在【选择对象】模式下选中【8 个螺杆】，然后把编辑爆炸模式改为【移动对象】，单击 Z 轴，在【距离】文本框中输入 50，单击【确定】按钮。

Step 06 选择【菜单】|【装配】|【爆炸图】|【编辑爆炸】，弹出【编辑爆炸】对话框，在【选择对象】模式下选中【8 个螺帽】，然后把编辑爆炸模式改为【移动对象】，单击 Z 轴，在【距离】文本框中输入-50，单击【确定】按钮。

Step 07 选择【菜单】|【装配】|【爆炸图】|【编辑爆炸】，弹出【编辑爆炸】对话框，在【选择对象】模式下选中【8 个垫片】，然后把编辑爆炸模式改为【移动对象】，单击 Z 轴，在【距离】文本框中输入-40，单击【确定】按钮，如图 6-59 所示。

Step 08 选择【菜单】|【装配】|【爆炸图】|【编辑爆炸】，弹出【编辑爆炸】对话框，在【选择对象】模式下选中【上壳体】，然后把编辑爆炸模式改为【移动对象】，单击 Z 轴，在【距离】文本框中输入 100，单击【确定】按钮。

Step 09 选择【菜单】|【装配】|【爆炸图】|【编辑爆炸】，弹出【编辑爆炸】对话框，在【选择对象】模式下选中【架帽】，然后把编辑爆炸模式改为【移动对象】，单击 Z 轴，在【距离】文本框中输入-260，单击【确定】按钮，如图 6-60 所示。

Step 10 选择【菜单】|【装配】|【爆炸图】|【编辑爆炸】，弹出【编辑爆炸】对话框，在【选择对象】模式下选中【上壳体】，然后把编辑爆炸模式改为【移动对象】，单击 Y 轴，在【距离】文本框中输入 80，单击【确定】按钮。

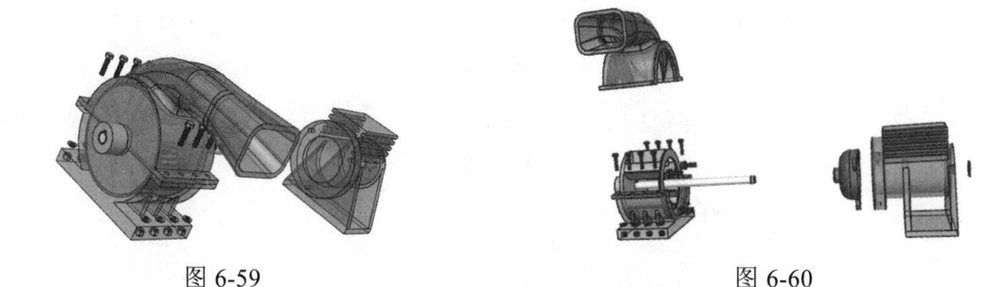

图 6-59　　　　图 6-60

Step 11　选择【菜单】|【装配】|【爆炸图】|【编辑爆炸】，弹出【编辑爆炸】对话框，在【选择对象】模式下选中【连杆】，然后把编辑爆炸模式改为【移动对象】，单击 Y 轴，在【距离】文本框中输入-100，单击【确定】按钮。

Step 12　选择【菜单】|【装配】|【爆炸图】|【编辑爆炸】，弹出【编辑爆炸】对话框，在【选择对象】模式下选中【键和垫片】，然后把编辑爆炸模式改为【移动对象】，单击 Y 轴，在【距离】文本框中输入 100，单击【确定】按钮。

Step 13　选择【菜单】|【装配】|【爆炸图】|【编辑爆炸】，弹出【编辑爆炸】对话框，在【选择对象】模式下选中【键】，然后把编辑爆炸模式改为【移动对象】，单击 Z 轴，在【距离】文本框中输入-40，单击【确定】按钮，完成鼓风机爆炸图，如图 6-61 所示。

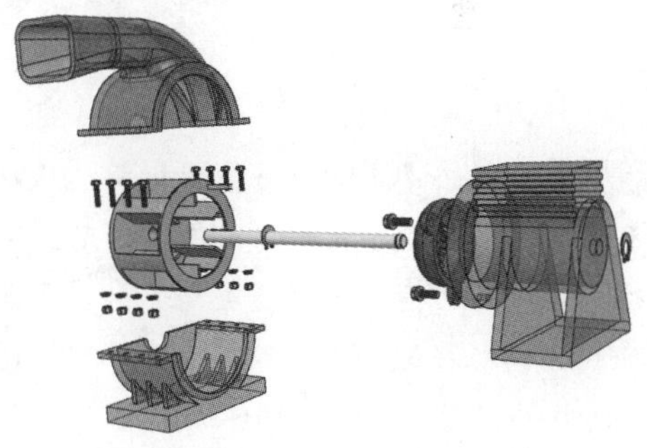

图 6-61

Step 14　选择【菜单】|【视图】|【操作】|【保存】，完成齿轮爆炸图的保存，为以后工程图做准备。

6.6　综合实例：制作狙击步枪装配及爆炸图

Step 01　新建一个名称为练习狙击步枪装配 1.prt 装配的文件，进入【装配】模块后，选择【菜单】|【插入】|【基准/点】|【基准坐标系】，设置参数默认，单击【确定】按钮，打开【添加组件】对话框，在该对话框中单击【打开】图标，打开配套资源中的文件枪托.prt，组件锚点选择【绝对坐标系】，装配位置选择【对齐】，放置选择【约束】，约束类型选择【接触对齐】，接触面 1 与 XY 面接触，接触面 2 与 YZ 面接触，接触面 3 与 XZ 面接触，具体参数设置如图 6-62 所示，单击【确定】按钮，完成枪托的添加及固定。

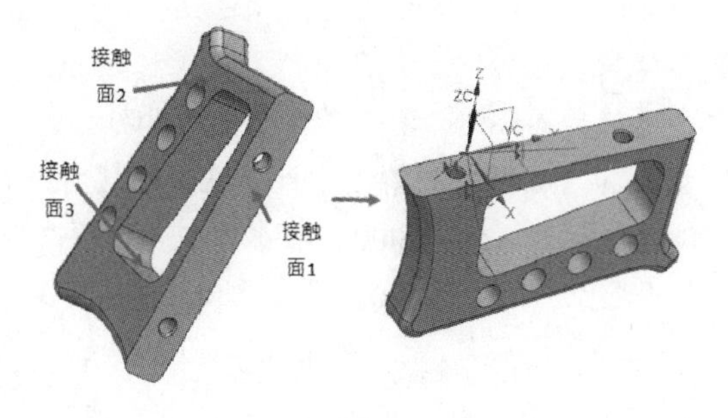

图 6-62

Step 02 单击【添加组件】图标，选择配套资源中的文件支脚.prt，放置选择【移动】，其余参数设置与步骤1相同，单击【确定】按钮。单击【装配约束】图标，弹出【装配约束】对话框。在该对话框中选择【类型】为【接触对齐】，【方位】设置为【首选接触】，并选择支脚轴线1和枪托的轴线2；然后选择支脚接触面1和枪托的接触面2，如图6-63所示，单击【应用】按钮。

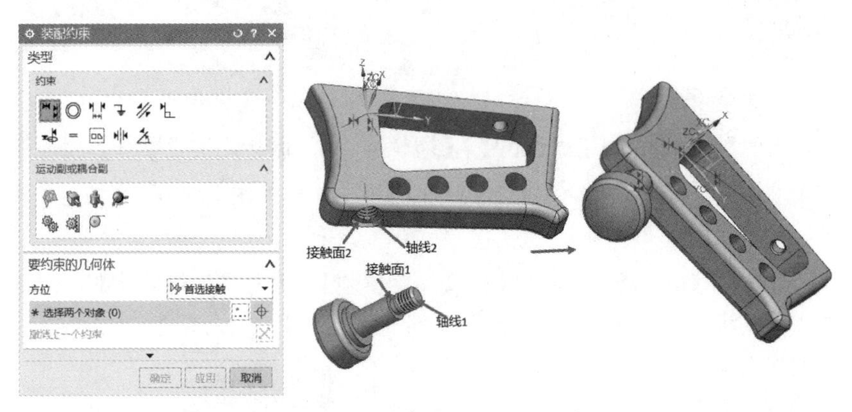

图 6-63

Step 03 单击【添加组件】图标，选择配套资源中的文件下机匣.prt，放置选择【移动】，其余参数设置与步骤1相同，单击【确定】按钮。单击【装配约束】图标，弹出【装配约束】对话框。在该对话框中选择【类型】为【接触对齐】，【方位】设置为【首选接触】，并选择下机匣的轴线1和枪托的轴线1；然后选择下机匣的轴线2和枪托的轴线2；最后选择下机匣的接触面1和枪托的接触面2，如图6-64所示，单击【应用】按钮。

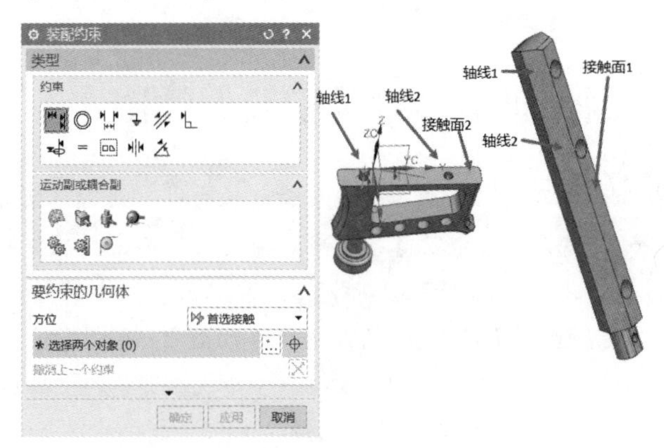

图 6-64

Step 04 单击【添加组件】图标，选择配套资源中的文件上机匣.prt，放置选择【移动】，其余参数设置与步骤1相同，单击【确定】按钮。单击【装配约束】图标，弹出【装配约束】对话框。在该对话框中选择【类型】为【接触对齐】，【方位】设置为【首选接触】，并选择上机匣轴线1和下机匣的轴线2；上机匣接触面1和下机匣的接触面2。然后选择【平行】装配约束，选择上机匣平行面1和下机匣的平行面2，如图6-65所示，单击【应用】按钮。

Step 05 单击【添加组件】图标，选择配套资源中的文件支架.prt，放置选择【移动】，其余参数设置与步骤1相同，单击【确定】按钮。单击【装配约束】图标，弹出【装配约束】对话框。在该对话框中选择【类型】为【对齐/锁定】，选择支架的轴线 1 和上机匣的轴线 2；装备约束模式切换到【接触对齐】，方位设置为【首选接触】，选择支架的接触面 1 和上机匣的接触面 2，如图 6-66 所示，单击【确定】按钮。

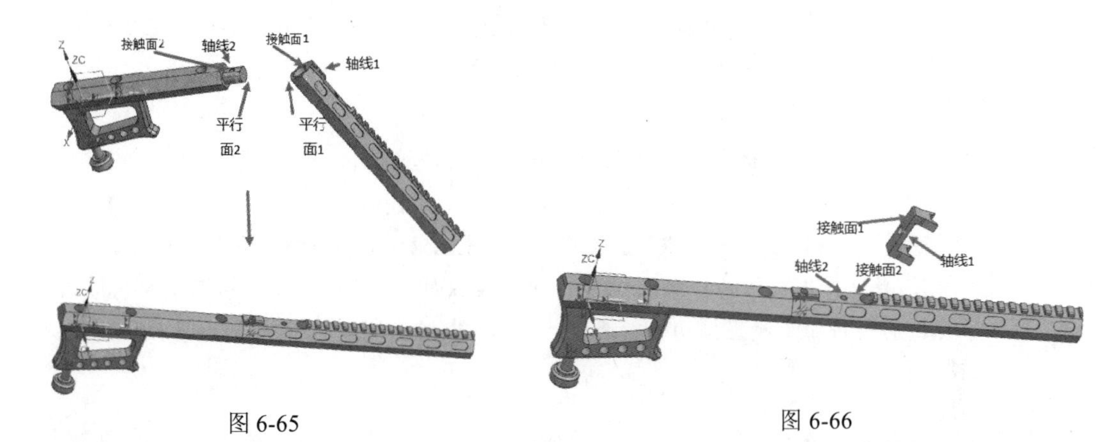

图 6-65　　图 6-66

Step 06 单击【添加组件】图标，选择配套资源中的文件瞄准镜.prt，放置选择【移动】，其余参数设置与步骤 1 相同，单击【确定】按钮。单击【装配约束】图标，弹出【装配约束】对话框。在该对话框中选择【类型】为【接触对齐】，【方位】设置为【首选接触】，并选择瞄准镜的轴线 1 和支架的轴线 1；然后选择瞄准镜的轴线 2 和支架的轴线 2；最后选择瞄准镜的接触面 1 和支架的接触面 2，如图 6-67 所示，单击【确定】按钮。

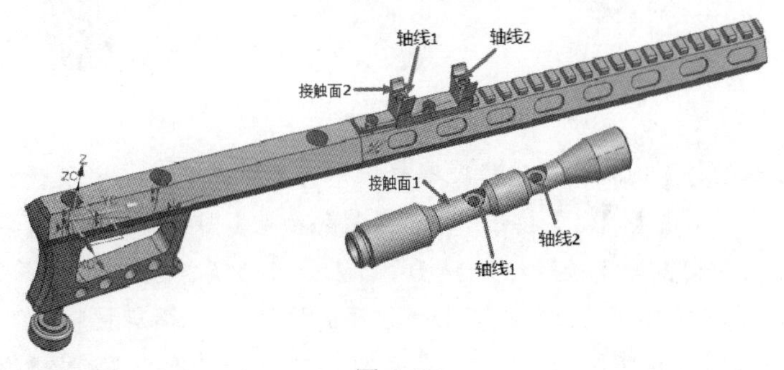

图 6-67

Step 07 单击【添加组件】图标，选择配套资源中的文件调整钮.prt，放置选择【移动】，其余参数设置与步骤 1 相同，单击【确定】按钮。单击【装配约束】图标，弹出【装配约束】对话框。在该对话框中选择【类型】为【接触对齐】，【方位】设置为【首选接触】，并选择瞄准镜的轴线 1 和调整钮的轴线 1；然后选择瞄准镜的接触面 1 和调整钮的接触面 2，如图 6-68 所示，单击【确定】按钮。

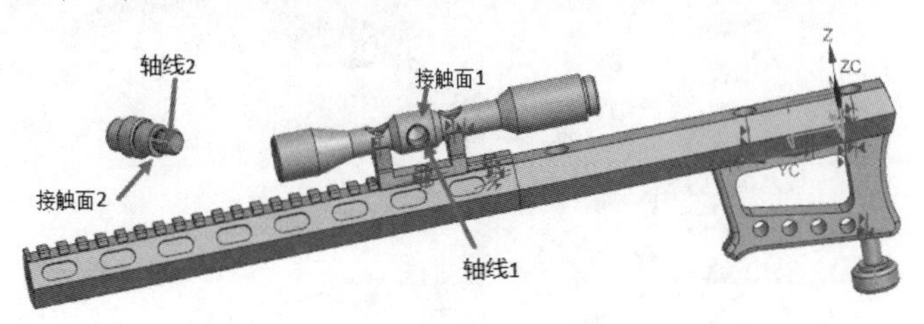

图 6-68

Step 08　单击【添加组件】图标，选择配套资源中的文件目镜.prt，放置选择【移动】，其余参数设置与步骤 1 相同，单击【确定】按钮。单击【装配约束】图标，弹出【装配约束】对话框。在该对话框中选择【类型】为【接触对齐】，【方位】设置为【首选接触】，并选择瞄准镜的轴线 1 和目镜的轴线 2；然后把装配约束模式切换到【平行】，选择下机匣的平行面和目镜的平行线 1；最后把装配约束模式切换到【接触对齐】，选择瞄准镜的接触面 1 和目镜的接触线 1，如图 6-69 所示，单击【确定】按钮。

Step 09　单击【添加组件】图标，选择配套资源中的文件握把.prt，放置选择【移动】，其余参数设置与步骤 1 相同，单击【确定】按钮。单击【装配约束】图标，弹出【装配约束】对话框。在该对话框中选择【类型】为【接触对齐】，【方位】设置为【首选接触】，并选择下机匣的轴线 1 和握把的轴线 2；再选择下机匣的接触面 1 和握把的接触面 2；然后把装配约束模式切换到【平行】，选择下机匣的平行面 1 和握把的平行面 2，如图 6-70 所示，单击【确定】按钮。

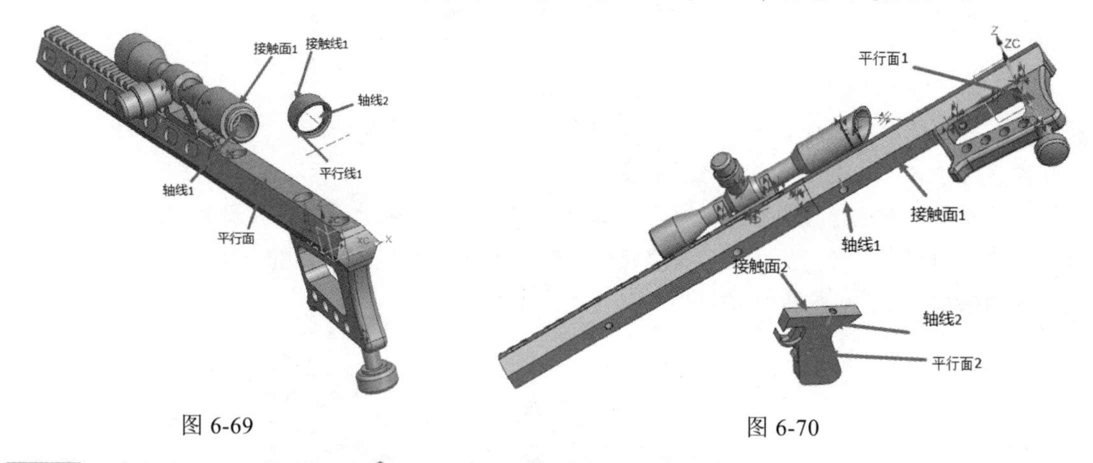

图 6-69　　图 6-70

Step 10　单击【添加组件】图标，选择配套资源中的文件弹匣.prt，放置选择【移动】，其余参数设置与步骤 1 相同，单击【确定】按钮。单击【装配约束】图标，弹出【装配约束】对话框。在该对话框中选择【类型】为【接触对齐】，【方位】设置为【首选接触】，并选择弹匣的轴线 1 和上机匣的轴线 2；再选择弹匣的接触面 1 和上机匣的接触面 2；然后把装配约束模式切换到【平行】，选择弹匣的平行面 1 和握把的平行面 2，如图 6-71 所示，单击【确定】按钮。

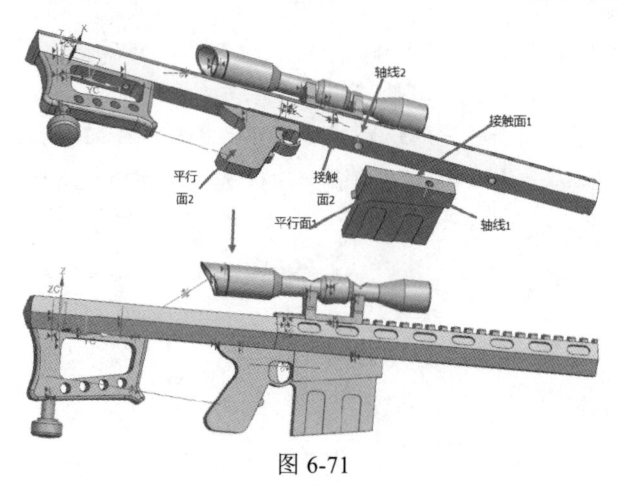

图 6-71

Step 11 单击【添加组件】图标，选择配套资源中的文件枪管.prt，放置选择【移动】，其余参数设置与步骤1相同，单击【确定】按钮。单击【装配约束】图标，弹出【装配约束】对话框。在该对话框中选择【类型】为【接触对齐】，【方位】设置为【首选接触】，并选择枪管的轴线1和上机匣的轴线2；再选择枪管的接触面1和上机匣的接触面2；然后把装配约束模式切换到【平行】，选择枪管的平行轴线1和握把的平行轴线2，如图6-72所示，单击【确定】按钮。

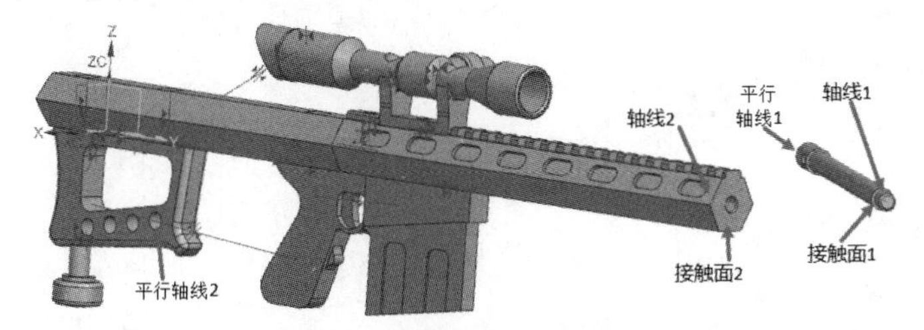

图 6-72

Step 12 单击【添加组件】图标，选择配套资源中的文件制退器.prt，放置选择【移动】，其余参数设置与步骤1相同，单击【确定】按钮。单击【装配约束】图标，弹出【装配约束】对话框。在该对话框中选择【类型】为【接触对齐】，【方位】设置为【首选接触】，并选择枪管的轴线1和制退器的轴线1；再选择枪管的轴线2和制退器的轴线2，如图6-73所示，单击【确定】按钮。

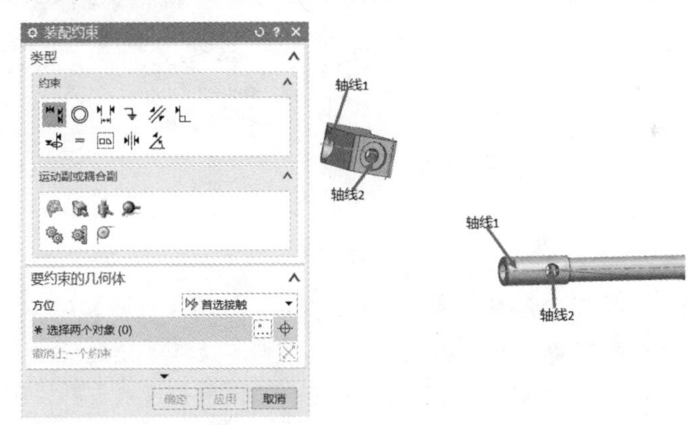

图 6-73

Step 13 单击【添加组件】图标，选择配套资源中的文件连接块.prt，放置选择【移动】，其余参数设置与步骤1相同，单击【确定】按钮。单击【装配约束】图标，弹出【装配约束】对话框。在该对话框中选择【类型】为【对齐/锁定】，并选择连接块的轴线1和上机匣的轴线2；再把装配约束模式改为【接触对齐】，选择连接块的接触面1和上机匣的接触面2，如图6-74所示，单击【确定】按钮。

Step 14 单击【添加组件】图标，选择配套资源中的文件脚架.prt，放置选择【移动】，其余参数设置与步骤1相同，单击【确定】按钮。单击【装配约束】图标，弹出【装配约束】对话框。在该对话框中选择【类型】为【接触对齐】，【方位】设置为【首选接触】，并选择连接块的轴线1和脚架的轴线2；然后选择连接块的接触面1和脚架的接触面2，如图6-75所示，单击【确定】按钮。

Step 15 单击【添加组件】图标，选择配套资源中的文件销.prt，放置选择【移动】，其余参数设置与步骤1相同，单击【确定】按钮。单击【装配约束】图标，弹出【装配约束】对话框。

在该对话框中选择【类型】为【接触对齐】，方位设置为【首选接触】，并选择销的轴线 1 和制退器的轴线 2；然后选择销的接触面 1 和制退器的接触面 2，如图 6-76 所示，单击【确定】按钮。

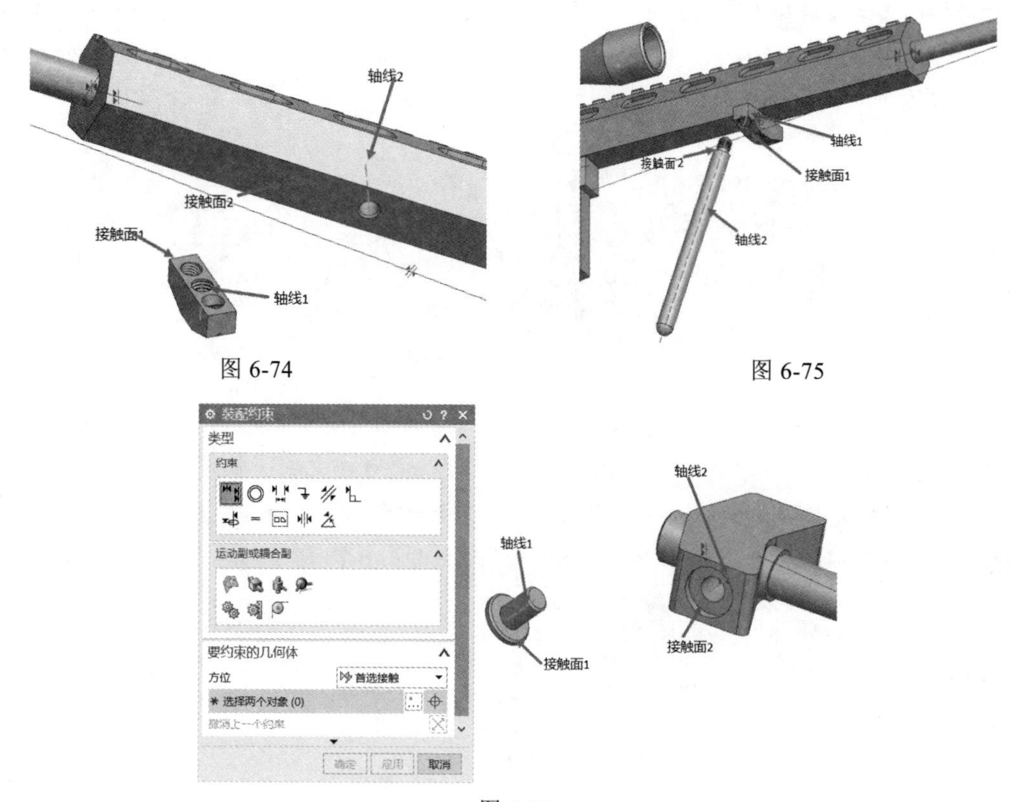

图 6-74

图 6-75

图 6-76

Step 16 单击【镜像装配】命令，单击【下一步】按钮，选择【脚架】，单击【下一步】按钮，单击【使用按钮创建一个平面】，在创建的基准平面方式中选择【二等分】，第一平面选择为【连接块】的任意右侧面，第二平面选择为【连接块】的任意左侧面，单击【确定】按钮，如图 6-77 所示。

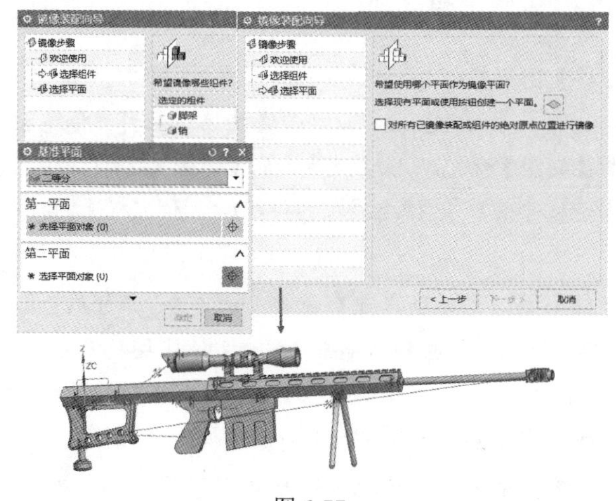

图 6-77

Step 17　单击【镜像装配】命令，单击【下一步】按钮，选择【销】，单击【下一步】按钮，单击【使用按钮创建一个平面】，在创建的基准平面方式中选择【二等分】，第一平面选择为【制退器】的任意右侧面，第二平面选择为【制退器】的任意左侧面，单击【确定】按钮。

Step 18　单击【添加组件】图标，选择配套资源中的文件螺钉.prt，放置选择【移动】，其余参数设置与步骤 1 相同，单击【确定】按钮。单击【装配约束】图标，弹出【装配约束】对话框。在该对话框中选择【类型】为【接触对齐】，方位设置为【首选接触】，并选择螺钉的轴线 1 和上机匣的轴线 2；然后选择螺钉的接触面 1 和上机匣的接触面 2，单击【确定】按钮，使用同样方法把螺钉装配到不同位置，完成狙击步枪的装配，如图 6-78 所示。

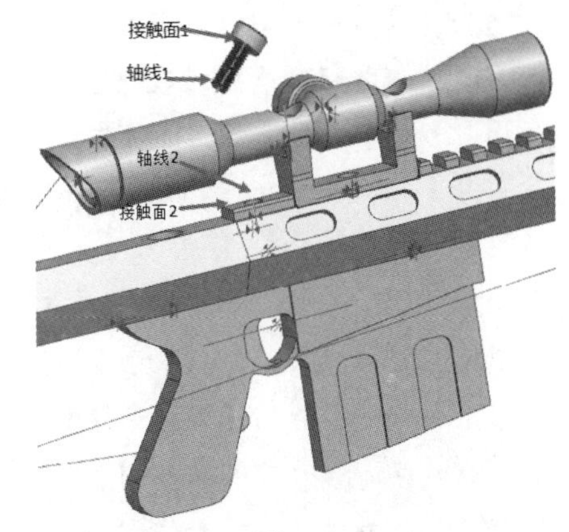

图 6-78

Step 19　选择部件导航器，在模型视图上右击，选择【添加视图】命令，在新创建的视图上右击，选择【重命名】命令，名称为【狙击步枪爆炸图】。

Step 20　选择【菜单】|【装配】|【爆炸图】|【新建爆炸】命令，新建爆炸名称为默认，单击【确定】按钮。

Step 21　选择【菜单】|【装配】|【爆炸图】|【编辑爆炸】命令，弹出【编辑爆炸】对话框，在【选择对象】模式下选中【销】，然后把编辑爆炸模式改为【移动对象】，单击 X 轴，在【距离】文本框中输入-20，单击【确定】按钮。然后选择另外一个销钉进行同样的操作，完成两个销钉的移动设置，如图 6-79 所示。

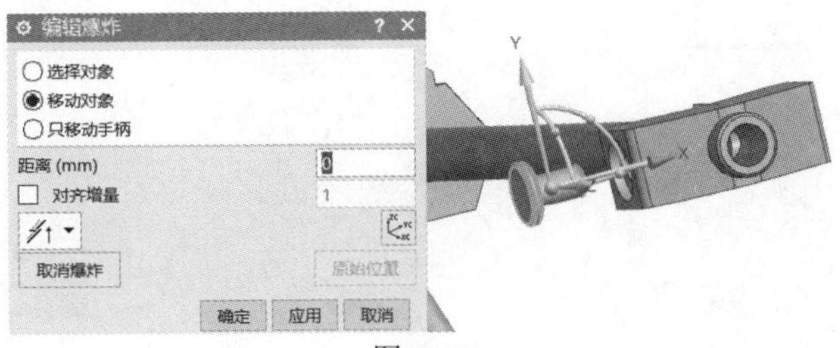

图 6-79

Step 22　选择【菜单】|【装配】|【爆炸图】|【编辑爆炸】命令，弹出【编辑爆炸】对话框，在【选择对象】模式下选中【7 个螺钉】，然后把编辑爆炸模式改为【移动对象】，单击 Z 轴，在【距离】文本框中输入 30，如图 6-80 所示，单击【确定】按钮。

图 6-80

Step 23 选择【菜单】|【装配】|【爆炸图】|【编辑爆炸】命令，弹出【编辑爆炸】对话框，在【选择对象】模式下选中【调整钮、目镜、瞄准镜】，然后把编辑爆炸模式改为【移动对象】，单击Z轴，在【距离】文本框中输入20，单击【确定】按钮。

Step 24 选择【菜单】|【装配】|【爆炸图】|【编辑爆炸】命令，弹出【编辑爆炸】对话框，在【选择对象】模式下选中【目镜】，然后把编辑爆炸模式改为【移动对象】，单击Z轴，在【距离】文本框中输入30，如图6-81所示，单击【确定】按钮。

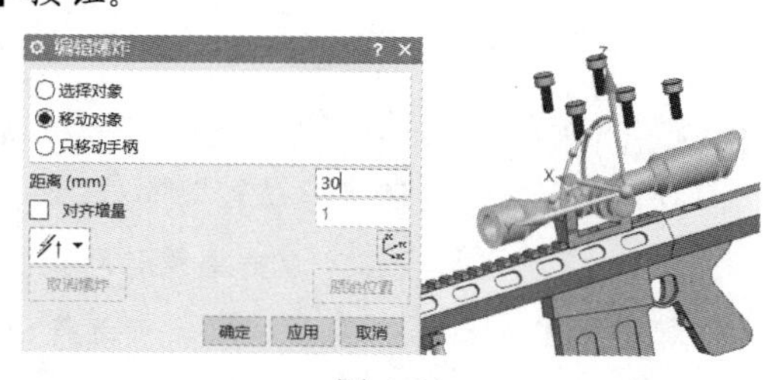

图 6-81

Step 25 选择【菜单】|【装配】|【爆炸图】|【编辑爆炸】命令，弹出【编辑爆炸】对话框，在【选择对象】模式下选中【调整钮】，然后把编辑爆炸模式改为【移动对象】，单击X轴，在【距离】文本框中输入-20，单击【确定】按钮。

Step 26 选择【菜单】|【装配】|【爆炸图】|【编辑爆炸】命令，弹出【编辑爆炸】对话框，在【选择对象】模式下选中【制退器】，然后把编辑爆炸模式改为【移动对象】，单击Z轴，在【距离】文本框中输入-50，如图6-82所示，单击【确定】按钮。

Step 27 选择【菜单】|【装配】|【爆炸图】|【编辑爆炸】命令，弹出【编辑爆炸】对话框，在【选择对象】模式下选中【枪管】，然后把编辑爆炸模式改为【移动对象】，单击Z轴，在【距离】文本框内输入-30，单击【确定】按钮。

Step 28 选择【菜单】|【装配】|【爆炸图】|【编辑爆炸】命令，弹出【编辑爆炸】对话框，在【选择对象】模式下选中【脚架】，然后把编辑爆炸模式改为【移动对象】，单击Z轴，在【距离】文本框中输入-30，单击【确定】按钮，如图6-83所示。

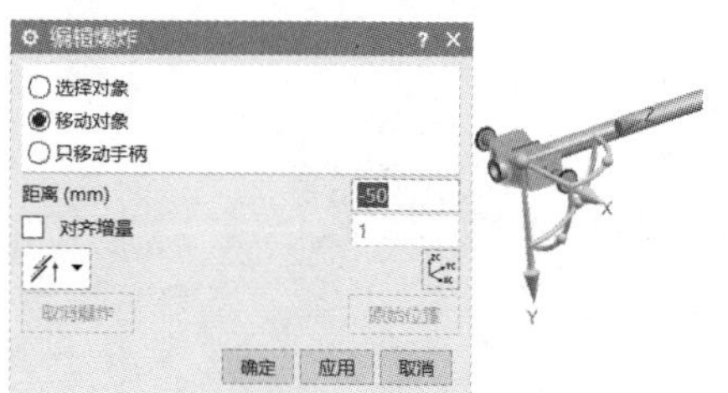

图 6-82

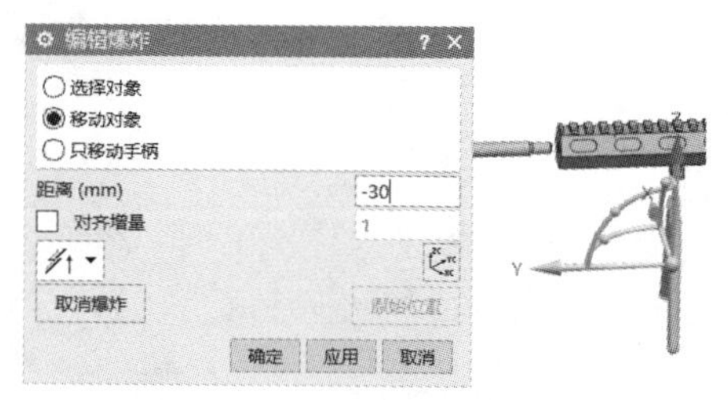

图 6-83

Step 29 选择【菜单】|【装配】|【爆炸图】|【编辑爆炸】命令，弹出【编辑爆炸】对话框，在【选择对象】模式下选中【枪托、下机匣、支脚、握把】，然后把编辑爆炸模式改为【移动对象】，单击Y轴，在【距离】文本框中输入-70，单击【确定】按钮，如图6-84所示。

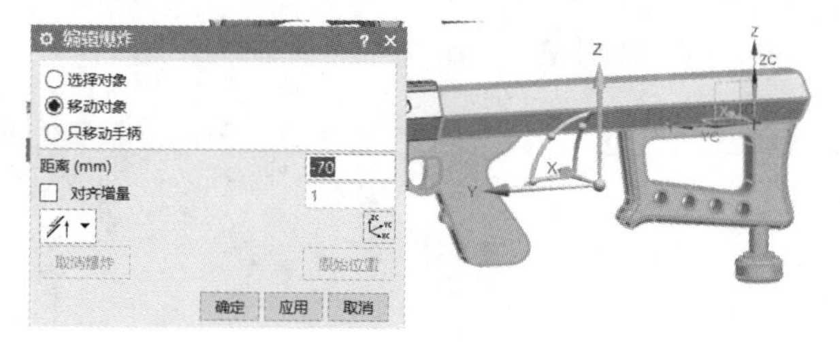

图 6-84

Step 30 选择【菜单】|【装配】|【爆炸图】|【编辑爆炸】命令，弹出【编辑爆炸】对话框，在【选择对象】模式下选中【枪托、支脚、握把】，然后把编辑爆炸模式改为【移动对象】，单击 Z 轴，在【距离】文本框中输入-30，单击【确定】按钮，如图 6-85 所示。

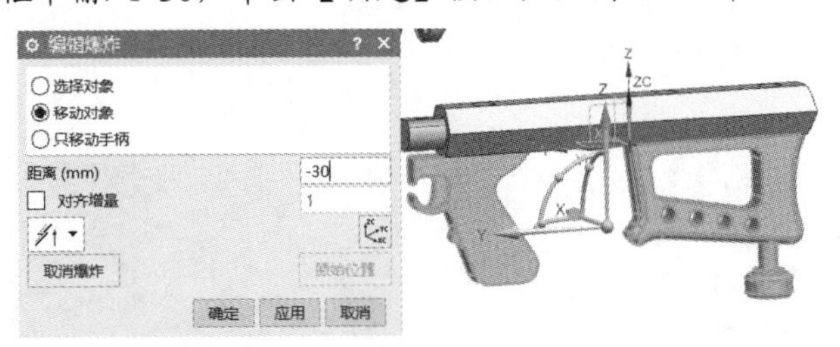

图 6-85

Step 31 选择【菜单】|【装配】|【爆炸图】|【编辑爆炸】命令，弹出【编辑爆炸】对话框，在【选择对象】模式下选中【支脚】，然后把编辑爆炸模式改为【移动对象】，单击 Y 轴，在【距离】文本框中输入-20，单击【确定】按钮。

Step 32 选择【菜单】|【装配】|【爆炸图】|【编辑爆炸】命令，弹出【编辑爆炸】对话框，在【选择对象】模式下选中【连接块、弹匣】，然后把编辑爆炸模式改为【移动对象】，单击 Z 轴，在【距离】文本框中输入-15，单击【确定】按钮，如图 6-86 所示。

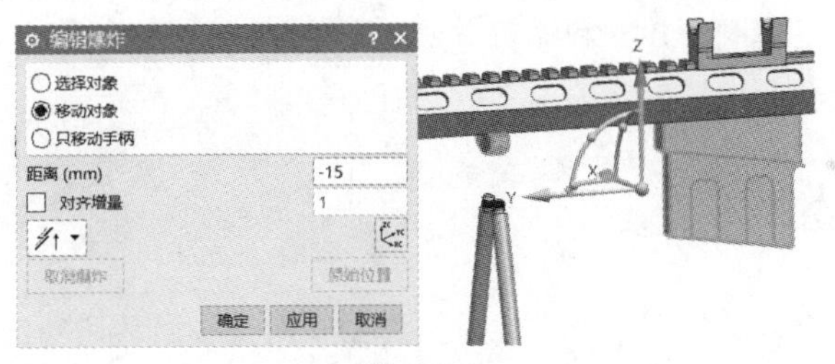

图 6-86

Step 33 选择【菜单】|【装配】|【爆炸图】|【编辑爆炸】命令，弹出【编辑爆炸】对话框，在【选择对象】模式下选中【支架】，然后把编辑爆炸模式改为【移动对象】，单击 Y 轴，在【距离】文本框中输入 15，单击【确定】按钮，完成狙击步枪装配爆炸图，如图 6-87 所示。

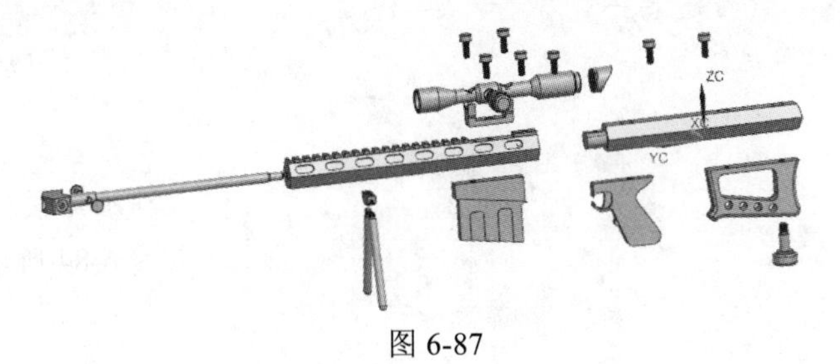

图 6-87

Step 34 选择【菜单】|【视图】|【操作】|【保存】命令，完成齿轮爆炸图的保存，为以后工程图做准备。

NX 第 7 章 工程图设计

在实际工作过程中，零件的加工和制造一般都是以二维工程图为标准来完成的。因此，零件在三维建模环境中设计完成后，一般要为零件模型创建二维工程图并为其添加标注，来作为加工部门传递工程信息的标准。在 UG NX 1904 中，利用工程制图模块可以方便地得到与实体模型一致的二维工程图。工程图尺寸会随着实体模型的改变而自动更新，这样就可以减少因三维模型改变而引起的二维工程图更新所需的时间，而且正确性也可以得到保证。

本章重点介绍 UG 工程图的建立和编辑方法，具体包括工程图管理、添加视图、编辑视图、标注尺寸、形位公差和表面粗糙度及输出工程图等内容。

7.1 工程图概述

本节主要介绍如何进入工程图界面，并对工程图中常见工具栏进行简单介绍。

选择【文件】|【新建】命令，在弹出的【新建】对话框中选择【图纸】选项卡，选择适当模板（注意：要在过滤器关系选项中选择【全部】，单位为【毫米】），在【要创建图纸的部件】中单击【打开】按钮，选择要绘制工程图的实体模型，单击【确定】按钮，即可启动 UG 工程制图模块，进入工程制图界面，如图 7-1 所示。

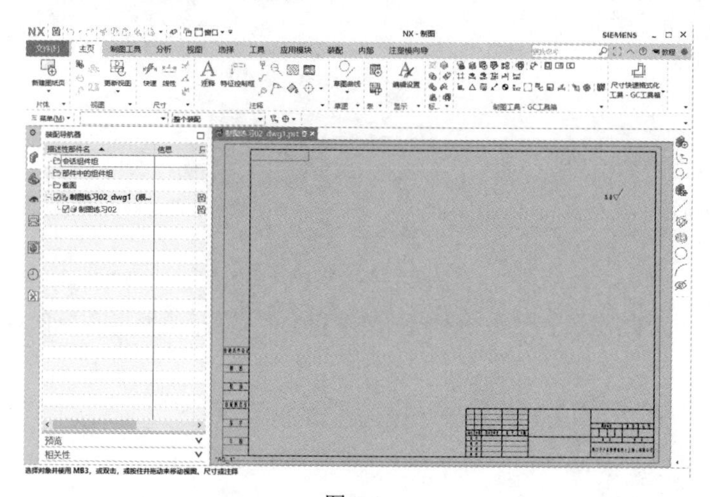

图 7-1

UG 工程绘图模块提供了自动视图布置、剖视图、各向视图、局部放大图、局部剖视图、手工尺寸标注、形位公差、表面粗糙度符号标注、支持 GB、标准汉字输入、视图手工编辑、装配图剖视、爆炸图、明细表自动生成等工具。

具体各操作说明如下。

（1）功能区

主页功能区如图 7-2 所示。

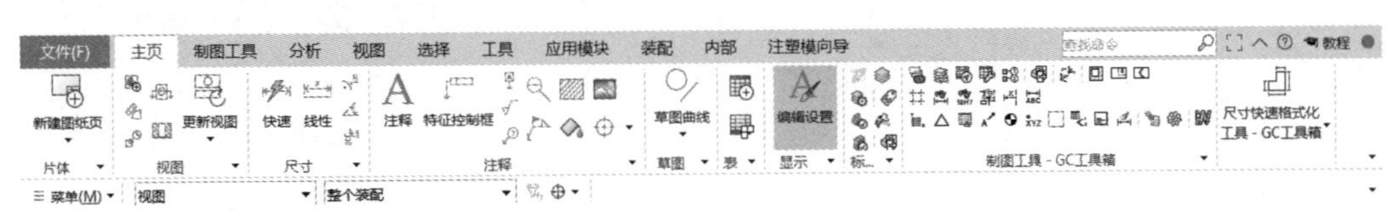

图 7-2

（2）部件导航器操作

部件导航器操作（见图 7-3）和建模环境一样，用户同样可以通过图纸导航器来操作图纸。对应于每一幅图纸，也会有相应的父子关系和细节窗口可以显示。在图纸导航器上同样有很强大的快捷菜单命令功能（右击即可实现）。对于不同层次，右击后打开的快捷菜单功能是不一样的。

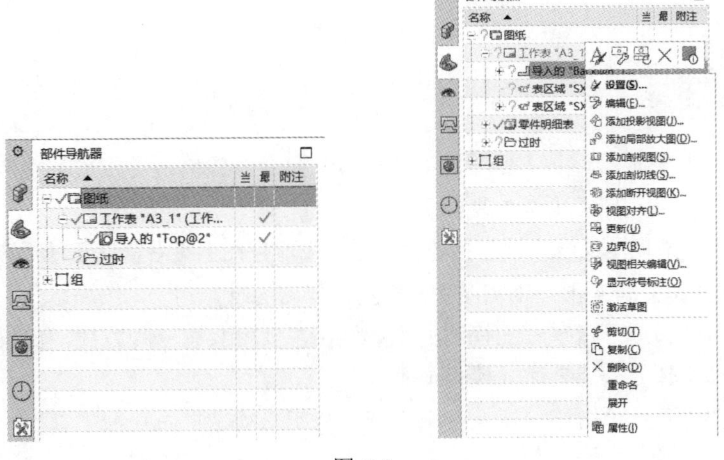

图 7-3

7.2　工程图参数的首选项

进入制图模块后，为了提高制图的效率，还要对制图进行参数首选项设置，选择【菜单】|【首选项】|【制图】命令，将弹出如图 7-4 所示的【制图首选项】对话框，该对话框中包括【公共】、【维度】、【注释】、【符号】、【表】、【图纸常规/设置】、【图纸格式】、【图纸视图】、【展开图样视图】、【图纸比较】、【图纸自动化】、【船舶制图】12 个选项卡，下面分别介绍主要选项卡的含义。

另外，对于制图的预设置操作，在 UG NX 1904 中选择【文件】|【实用工具】|【用户默认设置】中可以统一设置默认值。打开的【用户默认设置】对话框如图 7-5 所示。

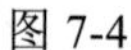
图 7-4

图 7-5

7.3 创建视图

生成各种投影视图是创建工程图最核心的问题，在建立的工程图中可能会包含许多视图，UG 的制图模块中提供了各种视图管理功能，如添加视图、移出视图、移动或复制视图、对齐视图和编辑视图等视图操作。

7.3.1 基本视图

选择【菜单】|【插入】|【视图】|【基本】命令，或单击【主页】功能区【视图】组中的【基本视图】按钮，打开【基本视图】的对话框，如图 7-6 所示。

（1）要使用的模型视图：该选项包括【俯视图】、【前视图】、【右视图】、【后视图】、【仰视图】、【左视图】、【正等视图】和【正三轴测图】8 种基本视图的投影。

（2）比例：该选项用于指定添加视图的投影比例，其中共有 9 种方式，如果是表达式用户可以指定视图比例和实体的一个表达式保持一致。

（3）定向视图工具：单击该按钮，打开如图 7-7 所示的【定向视图工具】对话框，用于定向视图的投影方向。

图 7-6

图 7-7

7.3.2 投影视图

选择【菜单】|【插入】|【视图】|【投影】命令，或单击【主页】功能区【视图】组中的【投影视图】按钮，打开【投影视图】对话框，如图 7-8 所示。

图 7-8

（1）父视图：该选项用于在绘图工作区选择视图作为基本视图（父视图），并从它投影出其他视图。

（2）铰链线：选择父视图后，定义折页线图标会被自动激活，所谓折页线就是预投影方向垂直的线。用户也可以单击该图标来定义一个指定的、相关联的折页线方向。如果不满足要求，用户还可以使用【方向】图标进行调整。

实例：绘制链节

Step 01 选择【文件】|【新建】|【图纸】命令，在过滤器选项框中，关系选择【全部】，单位选择【毫米】，名称选择【A3-无视图】，新文件名的名称为链节.prt，要创建图纸的部件为第 7 章\01\制图练习 01.prt，单击【确定】按钮，进入制图模式。

Step 02 选择【菜单】|【插入】|【视图】|【基本】命令，放置方法选择【自动判断】，【要使用的模型视图】选择【俯视图】，比例选择【1∶2】，移动光标到合适位置单击，完成模型的俯视图的绘制。

Step 03 竖直移动光标到合适位置单击，完成模型的投影视图，单击【关闭】按钮。

Step 04 选择【菜单】|【插入】|【视图】|【基本】命令，放置方法选择【自动判断】，【要使用的模型视图】选择【正等测图】，比例选择【1∶2】，移动光标到合适位置单击，完成模型的正等测图的绘制，单击【关闭】按钮，如图 7-9 所示。

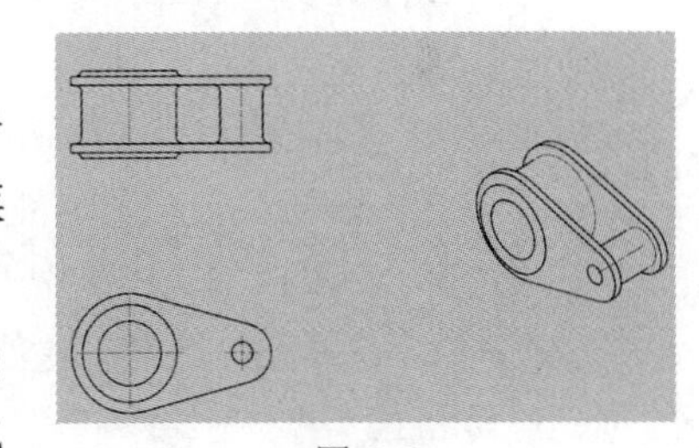

图 7-9

Step 05 选中【正等测图】右击，选择【设置】命令，在弹出的【设置】对话框中选择【着色】选项，【渲染样式】选择【完全着色】，选择【使用两侧光】复选框，【光亮度】选择 7，单击【确定】按钮，如图 7-10 所示。

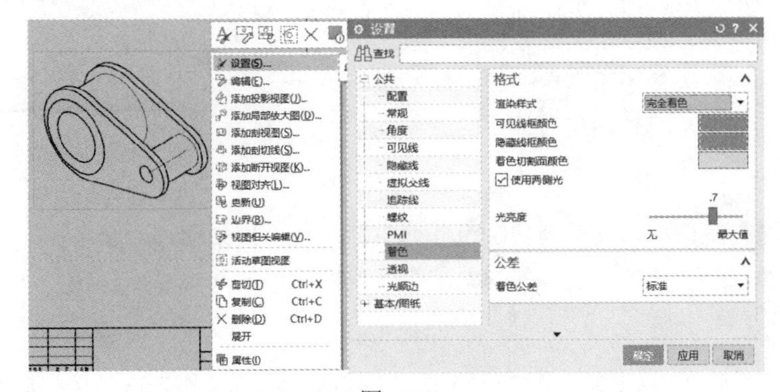

图 7-10

Step 06 单击【保存】按钮，完成链节工程图的绘制，如图 7-11 所示。

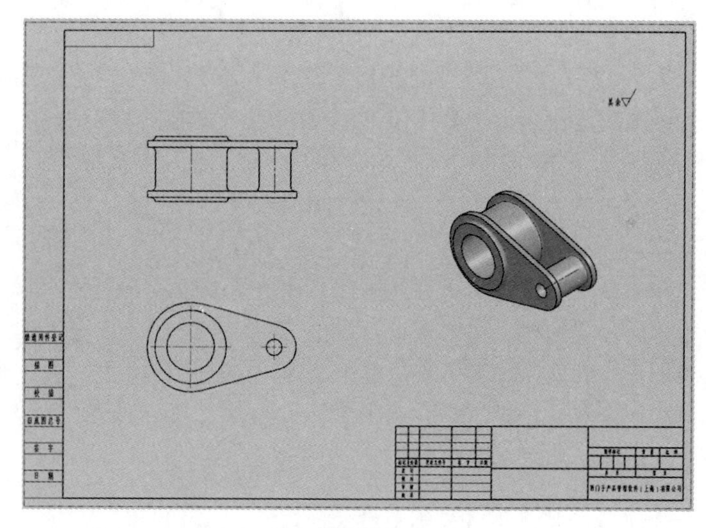

图 7-11

7.3.3 剖视图

选择【菜单】|【插入】|【视图】|【剖视图】命令，或单击【主页】功能区【视图】组中的【剖视图】按钮，打开【剖视图】对话框，如图 7-12 所示。对话框中各功能选项如下。

图 7-12

1. 剖切线

（1）定义：包含动态和选择现有的两种。如果选择【动态】选项，根据创建方法，系统会自动创建剖切线，将其放置在适当位置即可；如果选【选择现有的】选项，根据剖切线创建剖视图。

（2）方法：在列表中选择创建剖视图的方法，包括简单剖/阶梯剖、半剖、旋转和点到点。

2. 铰链线

矢量选项：包括自动判断和已定义。

（1）自动判断：为视图自动判断铰链线和投影方向。

（2）已定义：允许为视图手工定义铰链线和投影方向。

（3）反转剖切方向：反转剖切线箭头的方向。

3. 设置

（1）非剖切：在视图中选择不剖切的组件或实体，做不剖处理。

（2）隐藏的组件：在视图中选择要隐藏的组件或实体，使其不可见。

实例：绘制轴承座

Step 01 打开配套资源中的文件第 7 章\22\制图练习 22.prt，其模型如图 7-13 所示，选择【应用模块】|

【制图】，进入【制图】模块，单击【新建图纸页】按钮，在工作表中【大小】选择使用模板，选择【A3-无视图】。单击【确定】按钮。

Step 02 选择【菜单】|【插入】|【视图】|【基本】命令，放置方法选择【自动判断】，【要使用的模型视图】选择【俯视图】，比例选择【1∶1】，移动光标到合适位置单击，完成模型的俯视图的绘制。注意：在绘制基本视图前，要将模型历史记录中【基准坐标系】和【草图】隐藏。

Step 03 竖直移动光标到合适位置单击，完成模型的投影视图，单击【关闭】按钮。

Step 04 选择【菜单】|【插入】|【视图】|【基本】命令，放置方法选择【自动判断】，【要使用的模型视图】选择【正等测图】，比例选择【1∶1】，移动光标到合适位置单击，完成模型的正等测图的绘制，单击【关闭】按钮。

Step 05 选中【正等测图】右击，选择【设置】命令，在弹出的【设置】对话框中选择【着色】，【渲染样式】选择【完全着色】，选择【使用两侧光】复选框，【光亮度】选择 7，单击【确定】按钮。

Step 06 选择【菜单】|【插入】|【视图】|【剖视图】命令，相关参数设置都为默认值，单击步骤 3 得到的投影视图中心点，向右拖动鼠标到合适位置后单击，完成剖视图，如图 7-14 所示。

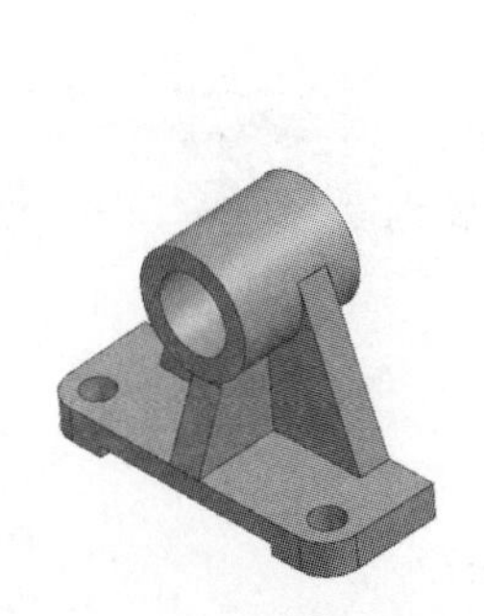

图 7-13

图 7-14

Step 07 选中剖视图下方文字右击，选择【设置】命令，单击截面下的【标签】，在【前缀】文本框中输入剖面，单击【确定】按钮，完成文本注释修改，如图 7-15 所示。

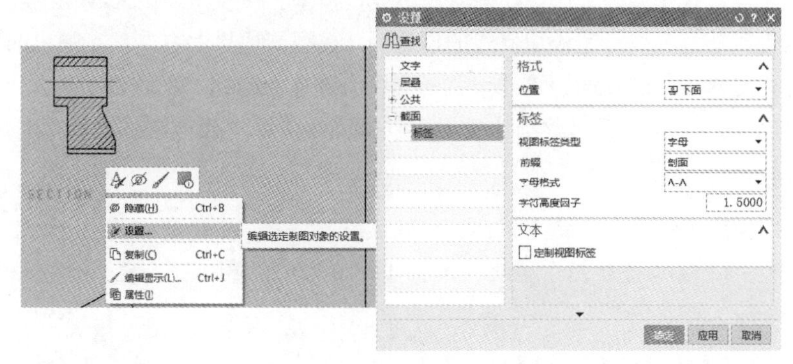

图 7-15

Step 08 单击【保存】按钮，完成轴承座的工程图，如图 7-16 所示。

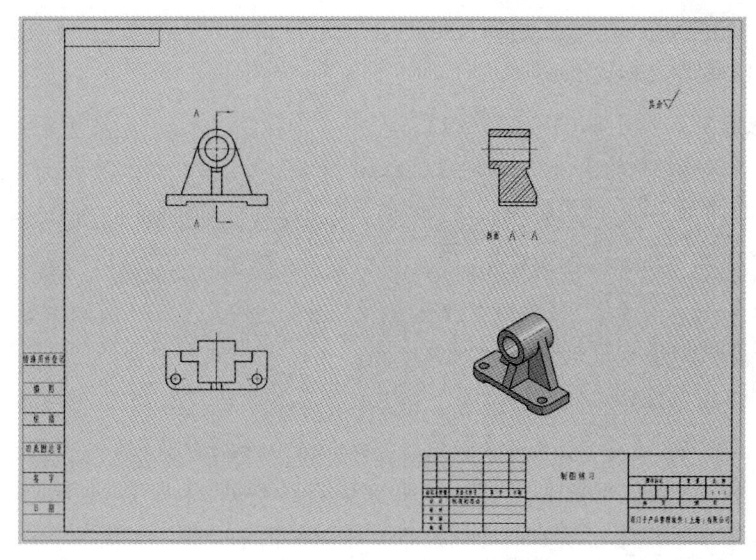

图 7-16

7.3.4 局部剖视图

图 7-17

选择【菜单】|【插入】|【视图】|【局部剖视图】命令，或单击【主页】功能区【视图】组中的【局部剖视图】按钮，打开【局部剖】对话框，如图 7-17 所示。

（1）选择视图：用于选择要进行局部剖切的视图。

（2）指定极点：用于确定剖切区域沿拉伸方向开始拉伸的参考点，该点可通过【捕捉点】工具栏指定。

（3）指出拉伸矢量：用于指定拉伸方向，可用矢量构造器指定，必要时可使拉伸反向或指定为视图方向。

（4）选择曲线：用于定义局部剖切视图剖切边界的封闭曲线。当选择错误时，可单击【取消选择上一个】按钮，取消上一个选择。定义边界曲线的方法是：在进行局部剖切的视图边界上右击，在弹出的快捷菜单中选择【展开】命令，进入视图成员模型工作状态。用曲线功能在要产生局部剖切的位置创建局部剖切边界线。完成边界线的创建后，在视图边界上右击，在弹出的快捷菜单中选择【扩大】命令，进入工程图界面。这样，就建立了与选择视图相关联的边界线。

（5）修改边界曲线：用于修改剖切边界点，必要时可用于修改剖切区域。

实例：绘制联轴件

Step 01 打开配套资源中的文件第 7 章\02\制图练习 02.prt，其模型如图 7-18 所示，选择【应用模块】|【制图】，进入【制图】模块，单击【新建图纸页】按钮，在工作表中【大小】选择使用模板，选择【A3-无视图】，单击【确定】按钮。

Step 02 选择【菜单】|【插入】|【视图】|【基本】命令，放置方法选择【自动判断】，【要使用的模型视图】选择【俯视图】，比例选择【1：1】，移动光标到合适位置单击，完成模型的俯视图的绘制。注意：在绘制基本视图前，要将模型历史记录中的【基准坐标系】和【草图】隐藏。

Step 03 竖直移动光标到合适位置单击，完成模型的投影视图，单击【关闭】按钮。

Step 04 选择【菜单】|【插入】|【视图】|【基本】命令，放置方法选择【自动判断】，【要使用的模型视图】选择【正等测图】，比例选择【1∶1】，移动光标到合适位置单击，完成模型的正等测图的绘制，单击【关闭】按钮，如图 7-19 所示。

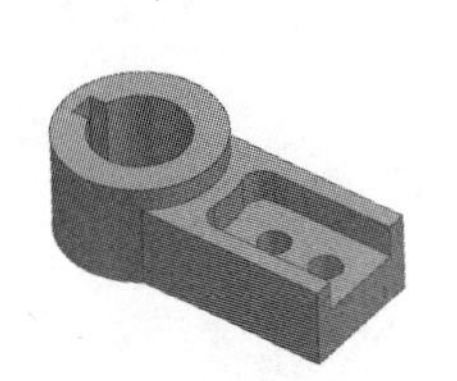

图 7-18

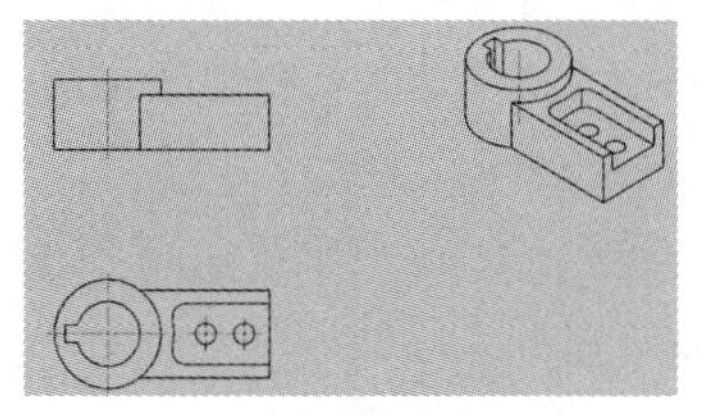

图 7-19

Step 05 选中【正等测图】右击，选择【设置】命令，在弹出的【设置】对话框中选择【着色】，【渲染样式】选择【完全着色】，选择【使用两侧光】复选框，【光亮度】选择 7，单击【确定】按钮。

Step 06 选中步骤 3 得到的投影视图右击，选择【激活草图】命令，绘制如图 7-20 所示的圆，单击【完成】按钮，选择【菜单】|【插入】|【视图】|【局部剖视图】命令，选中草图圆绘制后的视图，首先选择基点，选择步骤 2 绘制的俯视图的一条边中点为基点，然后选择局部剖命令中的【选择曲线】命令，最后选择刚绘制的圆形，单击【应用】按钮，完成局部剖视图，如图 7-21 所示。

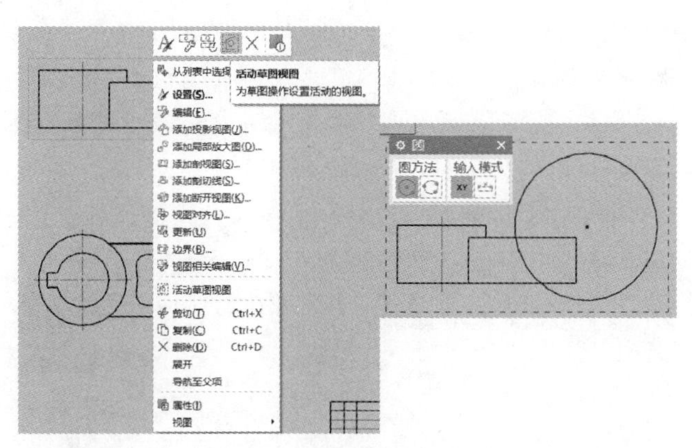

图 7-20

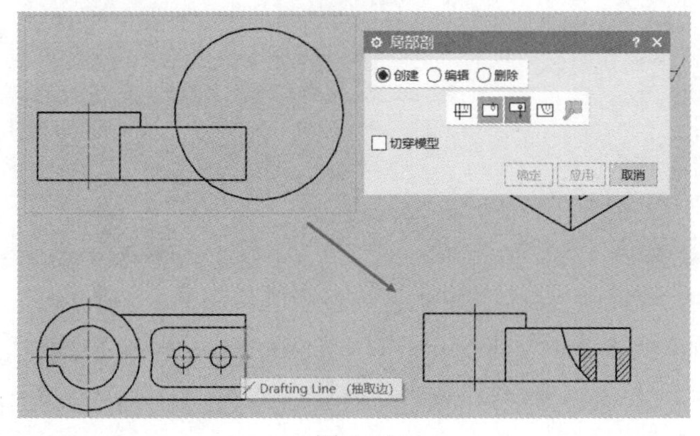

图 7-21

Step 07 单击【保存】按钮，完成联轴件的工程图。

7.3.5 局部放大图

选择【菜单】|【插入】|【视图】|【局部放大图】命令，或单击【主页】功能区【视图】组中的【局部放大图】按钮，打开【局部放大图】对话框，如图 7-22 所示。

（1）矩形：在父视图中选择局部放大部位的中心点后，拖动鼠标来定义矩形视图边界的大小。

（2）圆形：在父视图中选择局部放大部位的中心点后，拖动鼠标来定义圆周视图边界的大小。

图 7-22

实例：绘制衬盖

Step 01 打开配套资源中的文件第 7 章\23\制图练习 23.prt，其模型如图 7-23 所示，选择【应用模块】|【制图】，进入【制图】模块，单击【新建图纸页】按钮，在工作表中【大小】选择使用模板，选择【A3-无视图】，单击【确定】按钮。

Step 02 选择【菜单】|【插入】|【视图】|【基本】命令，放置方法选择【自动判断】，【要使用的模型视图】选择【右视图】，比例选择【1∶1】，移动光标到合适位置单击，完成模型的俯视图的绘制。注意：在绘制基本视图前，要将模型历史记录中【基准坐标系】和【草图】隐藏，单击【关闭】按钮。

Step 03 选择【菜单】|【插入】|【视图】|【剖视图】命令，选择步骤 2 右视图的中心点，向右移动光标到合适位置单击，完成剖视图。选中剖视图下方文字右击，选择【设置】命令，单击截面下的【标签】，在【前缀】文本框中输入剖面，单击【确定】按钮，完成文本注释的修改，如图 7-24 所示。

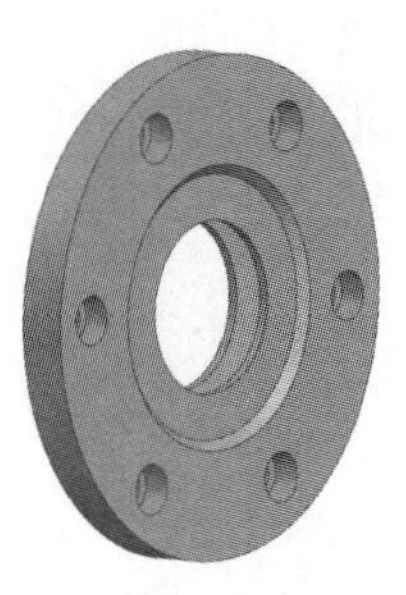

图 7-23

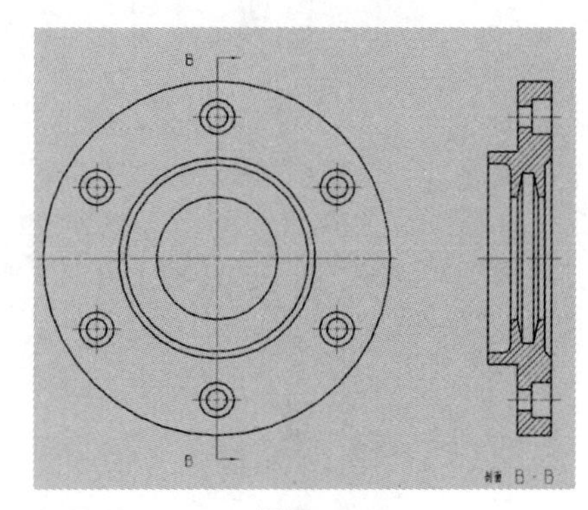

图 7-24

Step 04 选择【菜单】|【插入】|【视图】|【局部放大图】命令，在弹出的对话框中选择【圆形】方式创建局部放大图，父视图选择步骤 3 得到的剖视图，比例选择【2∶1】，标签为【内嵌】，指定的中心点如图 7-25 所示。

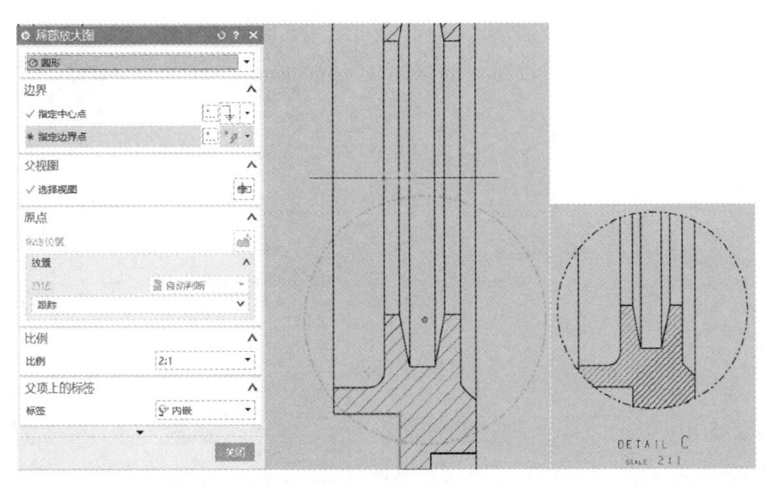

图 7-25

Step 05　选中步骤 4 得到局部放大图的下方文字右击，选择【设置】命令，在弹出的对话框中选择详细下的【标签】，首先删除标签下的【前缀】文本框中的文字，然后在比例下的【前缀】文本框中输入【<A>】，单击【确定】按钮。

Step 06　单击【保存】按钮，完成衬盖的工程图，如图 7-26 所示。

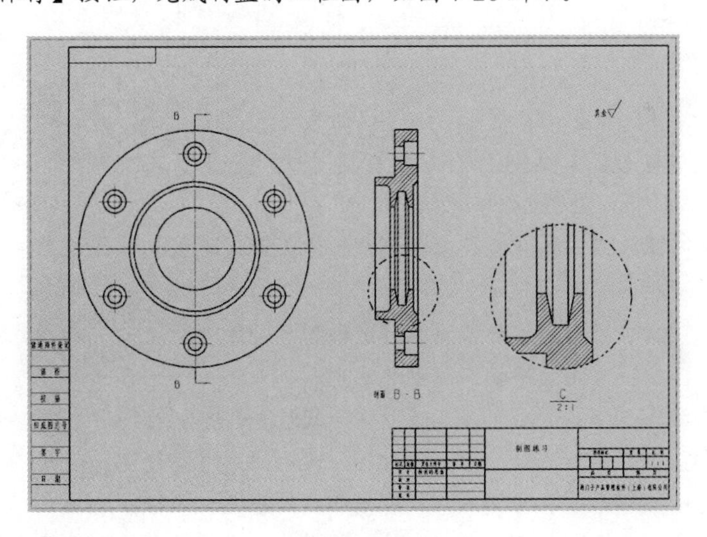

图 7-26

7.4　编辑视图

选择需要变价的视图右击，打开快捷菜单（见图 7-27），可以更改视图样式、添加各种投影视图等。

视图编辑的详细编辑命令集中在【菜单】|【编辑】|【视图】的子菜单下，如图 7-28 所示。

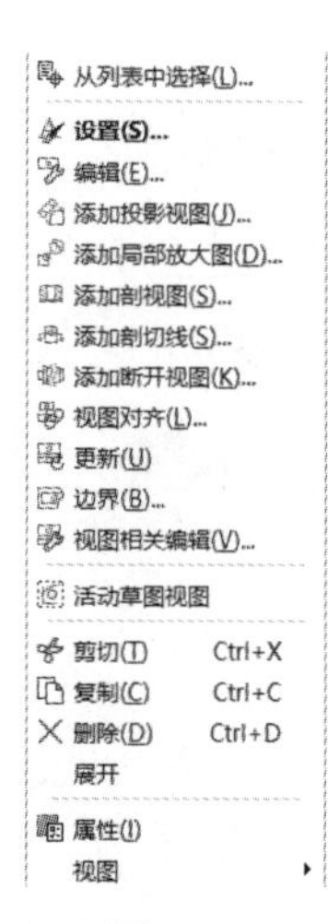

图 7-27

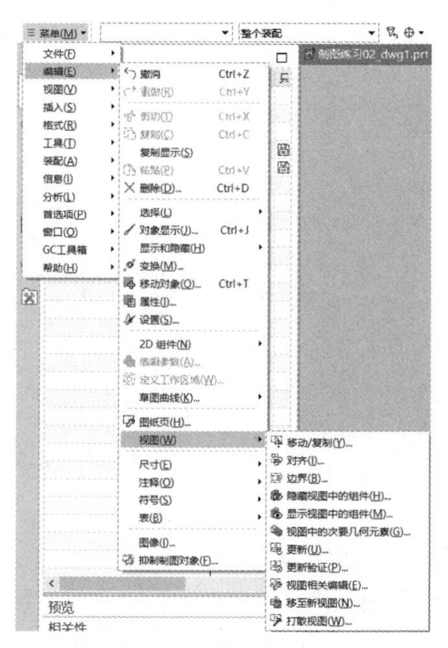

图 7-28

7.4.1 移动和复制视图

选择【菜单】|【编辑】|【视图】|【移动/复制视图】命令，或单击【主页】功能区【视图】组中的【移动/复制视图】按钮，打开【移动/复制视图】对话框，如图 7-29 所示。

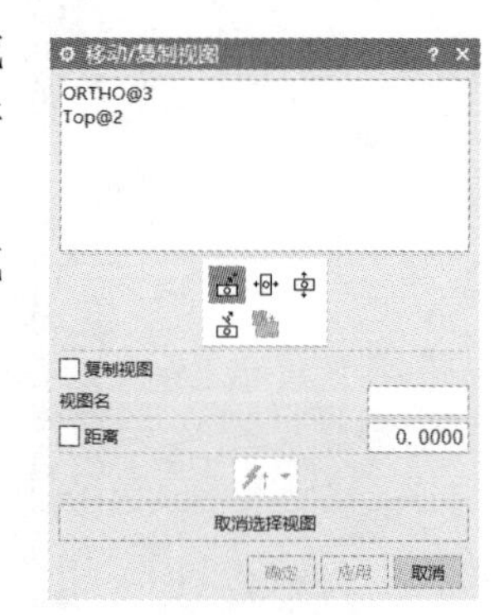

图 7-29

（1）至一点：移动或复制选定的视图到指定点，该点可用光标或在跟踪条中输入坐标指定。

（2）水平：在水平方向上移动或复制选定视图。

（3）竖直：在竖直方向上移动或复制选定视图。

（4）垂直于直线：在垂直于直线方向上移动或复制视图。

（5）复制视图：选择该复选框，可复制视图，否则只能移动视图。

（6）距离：选中该复选框，可输入移动或复制后的视图与原视图之间的距离值。若选择多个视图，则以第一个选定的视图作为基准，其他视图将与第一个视图保持指定的距离。若取消选择该复选框，则可移动光标或输入坐标值来指定视图位置。

7.4.2 对齐视图

一般而言，视图之间应该对齐，但 UG 在自动生成视图时是可以任意放置的，需要用户根据需要进行对齐操作，在 UG 制图中，用户可以拖动视图，系统会自动判断用户意图（包括中心对齐、边对齐多种方式），并显示可能的对齐方式，基本上可以满足用户对于视图放置的要求。

选择【菜单】|【编辑】|【视图】|【对齐视图】命令，或单击【主页】功能区【视图】

组中的【对齐视图】按钮，打开【视图对齐】对话框，如图 7-30 所示。

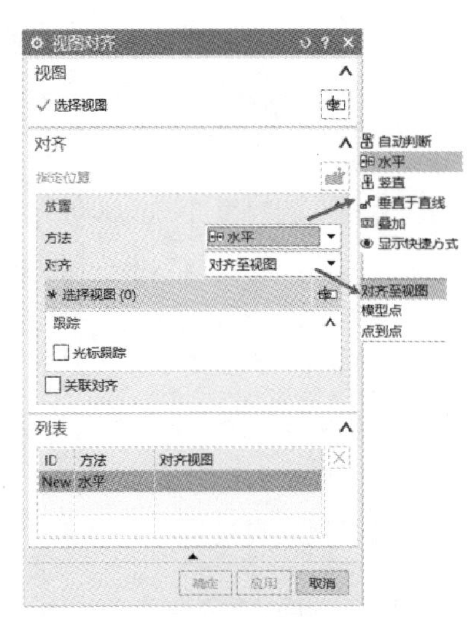

图 7-30

1．方法

（1）自动判断：自动判断所选视图可能的对齐方式。

（2）叠加：将所选视图叠加放置。

（3）水平：将所选视图以水平方向对齐。

（4）竖直：将所选视图以竖直方向对齐。

（5）垂直于直线：将所选视图与一条指定的参考直线垂直对齐。

2．对齐

（1）对齐至视图：用于选择视图中心点对齐视图。

（2）模型点：用于选择模型上的点对齐视图。

（3）点到点：用于分别在不同的视图上选择点对齐视图。

以第一个视图上的点为固定点，其他视图上的点以某一对齐方式向该点对齐。

7.4.3　视图的相关编辑

选择【菜单】|【编辑】|【视图】|【视图相关编辑】命令，或单击【主页】功能区【视图】组中的【视图相关编辑】按钮，打开【视图相关编辑】对话框，如图 7-31 所示。

图 7-31

1．添加编辑

（1）擦除对象：擦除选择的对象，如曲线、边等。擦除并不是删除，只是使被擦除的对象不可见，使用【删除所有的擦除】命令可使被擦除的对象重新显示。若要擦除某一视图中的某个对象，则先选择视图；而若要擦除所有视图中的某个对象，则先选择图纸，再选择此功能，然后选择要擦除的对象，并单击【确定】按钮，则所选择的对象即被擦除。

（2）编辑完整对象：编辑整个对象的显示方式，包括颜色、线宽和线型，单击该按钮，设置颜色、线型和线宽后，单击【应用】按钮，打开【类选择】对话框，选择要编辑的对象，并单击【确定】按钮，则所选对象就会按照设置的颜色、线型和线宽显示。若要隐藏选择的视图对象，只需将所选择对象的颜色设置为与视图背景色相同即可。

（3）编辑着色对象：编辑着色对象的显示方式。单击该按钮设置颜色后，单击【应用】按钮，打开【类选择】对话框。选择要编辑的对象并单击【确定】按钮，则所选的着色对象就会按照设置的颜色显示。

（4）编辑对象段：编辑部分对象的显示方式，用法与编辑整个对象相似，在选择编辑对象后，可选择一个或两个边界，则只编辑边界内的部分。

（5）编辑剖视图背景：在建立剖视图时，可以有选择的保留背景线，而使用背景线编辑功能，不但可以删除已有的背景线，还可以添加新的背景线。

2. 删除编辑

（1）删除选定的擦除：恢复被擦除的对象，单击该按钮，将高显已被擦除的对象，从中选择要恢复显示的对象并确认即可。

（2）删除选定的编辑：恢复部分编辑对象在原视图中的显示方式。

（3）删除所有编辑：恢复所有编辑对象在原视图中的显示方式，单击该按钮，在打开的【警告】对话框中单击【是】按钮则恢复所有，单击【否】按钮则不恢复。

3. 转换相依性

（1）模型转换到视图：将模型中单独存在的对象转换到指定视图中，且对象只出现在该视图中。

（2）视图转换到模型：将视图中单独存在的对象转换到模型视图中。

7.4.4 显示与更新视图

选择【菜单】|【编辑】|【视图】|【更新】命令，或单击【主页】功能区【视图】组中的【更新视图】按钮，打开【更新视图】的对话框，如图 7-32 所示。

图 7-32

（1）显示图纸中的所有视图：该选项用于控制在列表框中是否列出所有的视图，并自动选择所有过期视图。选取该复选框之后，系统会自动的在列表框中选取所有过期的仕途，否则需要用户自己更新过期的视图。

（2）选择所有过时视图：用于选择当前图纸中的过期视图。

（3）选择所有过时自动更新视图：用于选择每一个在保存时选择【自动更新】的视图。

实例：绘制曲连杆

Step 01 打开配套资源中的文件第 7 章\24\制图练习 24.prt，其模型如图 7-33 所示，选择【应用模块】|【制图】，进入【制图】模块，单击【新建图纸页】按钮，在工作表中【大小】选择使用模板，选择【A3-无视图】。单击【确定】按钮。

Step 02 选择【菜单】|【插入】|【视图】|【基本】命令，放置方法选择【自动判断】，【要使用的模型视图】选择【俯视图】，比例选择【1：1】，移动光标到合适位置单击，完成模型的俯视图的绘制。注意：在绘制基本视图前，要将模型历史记录中【基准坐标系】和【草图】隐藏，单击【关闭】按钮。

Step 03 选择【菜单】|【插入】|【视图】|【剖视图】命令，在剖切线中选择【旋转剖】方法，指定旋转点、指定支线 1 位置和指定支线 2，如图 7-34 所示，向下移动光标，在合适位置单击，完成剖视图。

Step 04 选中步骤 3 绘制的剖视图下方文字右击，选择【设置】命令，单击截面下的【标签】，在【前缀】文本框中输入剖面，单击【确定】按钮，完成文本注释的修改。

图 7-33

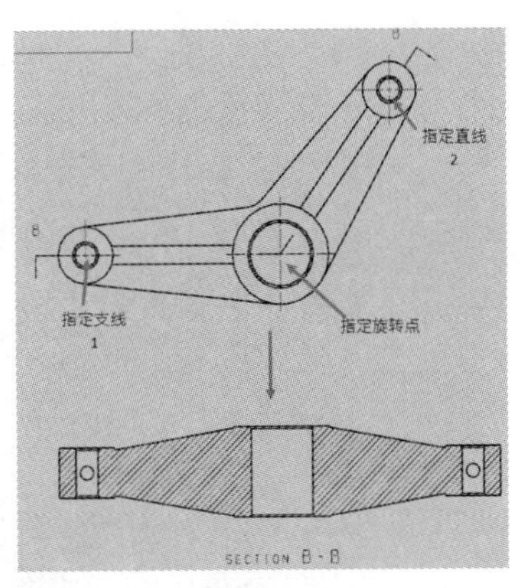

图 7-34

Step 05　选择【菜单】|【插入】|【视图】|【剖视图】命令，在剖切线中选择【简单剖/阶梯剖】方法，完成 C 位置处的剖视图。注意：双击 C 位置标记，可以修改剖视图的图形。在剖视图下方文字右击，选择【设置】命令，单击截面下的【标签】，在【前缀】文本框中输入剖面，单击【确定】按钮，完成文本注释的修改，此时图形如图 7-35 所示。

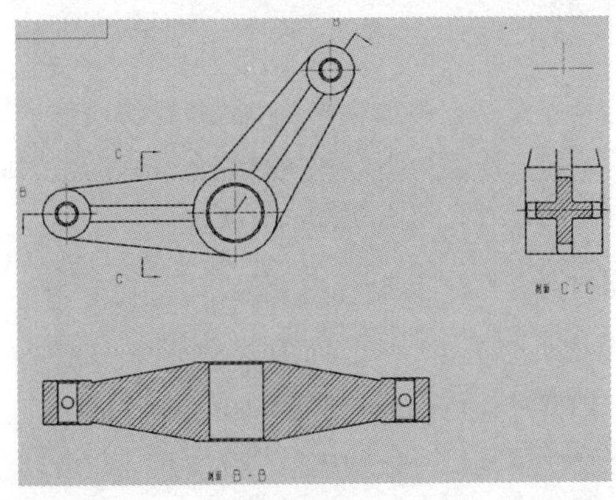

图 7-35

Step 06　选择【菜单】|【编辑】|【视图】|【视图相关编辑】命令，首先选中 C-C 剖面，单击添加编辑中的【擦除对象】按钮，弹出【类选择】对话框，单击 C-C 剖面多余曲线，如图 7-36 所示。

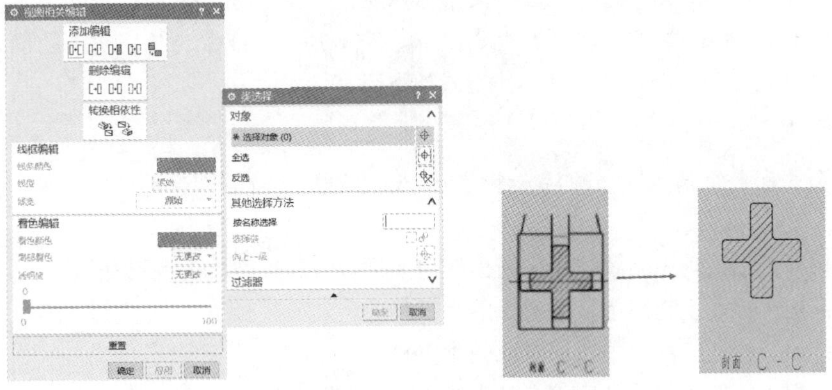

图 7-36

Step 07 单击【保存】按钮，完成衬盖的工程图，如图 7-37 所示。

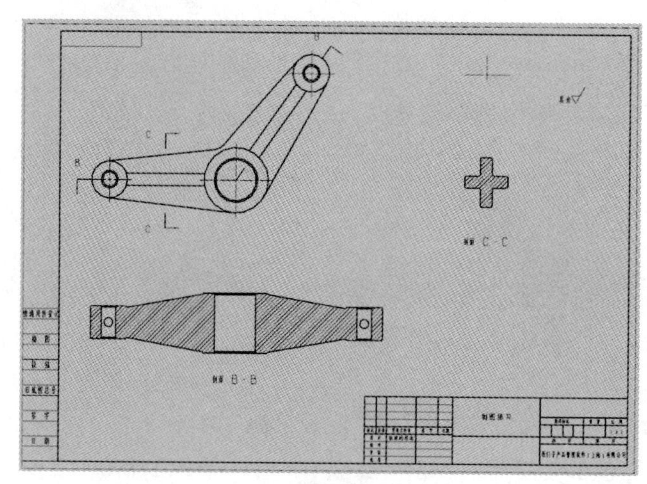

图 7-37

7.5 尺寸标注与注释

图建立完成后需要进行尺寸标注、添加注释、插入符号等操作，尺寸标注用于表示对象的尺寸大小。由于 UG 工程图模块和三维实体造型模块是完全关联的，因此，在工程图中进行标注尺寸就是直接引用三维模型真实的尺寸，具有实际的含义。

7.5.1 尺寸标注

尺寸标注用于表达实体模型尺寸值的大小。在 UG NX 1904 中，工程图模块和建模模块是相关联的，在工程图中标注的尺寸就是所对应的模型的真实尺寸，所以在工程图环境中无法任意修改尺寸，只有在实体模型中将某些参数修改才能将对应的工程图的尺寸更新，它们相互对应，相互关联，具有一致性。

在对工程图标注之前，首先应对标注时的相关参数进行设置，如标注时的样式、尺寸公差以及标注的文本注释等。然后即可进行尺寸、文本等标注。

选择【菜单】|【插入】|【尺寸】命令，如图 7-38 所示，或单击【主页】功能区【尺寸】组，其中包含 9 种尺寸类型，各种尺寸标注方式如下。

1．快速尺寸

可用单个命令和一组基本选择项从一组常规、好用的尺寸类型创建不同的尺寸，如图 7-39 所示。

（1）自动判断：该选项由系统自动推断出选用哪种尺寸标注类型进行尺寸标注。

（2）水平：用于标注工程图中所选对象的水平尺寸。

（3）垂直：用于标注工程图中所选对象的垂直尺寸。

（4）竖直：用于标注工程图中所选点到直线（或中心线）的垂直尺寸。

（5）圆柱式：用于标注工程图中所选圆柱对象之间的直径尺寸。

（6）点到点：用于标注工程图中所选点间的平行尺寸。

（7）直径：用来标注工程图中所选圆或圆弧的直径尺寸。

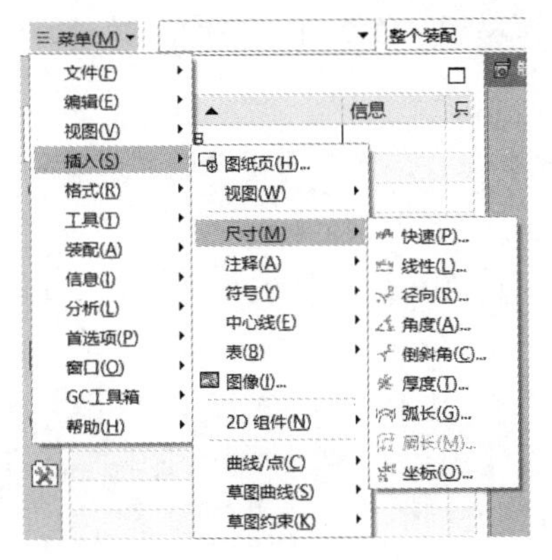

图 7-38

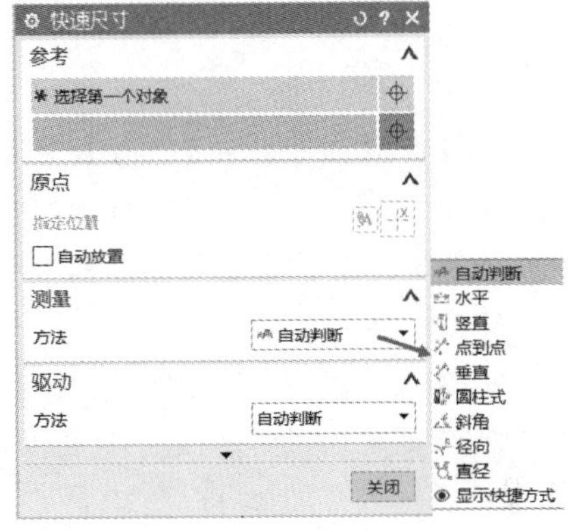

图 7-39

2．倒斜角

倒斜角选项用于国标 45° 倒角的标注。目前不支持对于其他角度倒角的标注。

3．线性

可将 6 种不同线性尺寸中的一种创建为独立尺寸，或者创建为一组链尺寸或基线尺寸。可以创建下列尺寸类型（其中常见尺寸、快速尺寸中都提到，这里就不再重复）。

孔标注：用来标注工程图中所选孔特征的尺寸。

4．角度

角度选项用来标注工程图中所选两直线之间的角度。

5．弧长

创建弧长尺寸来测量圆弧的周长。

6．厚度

创建厚度尺寸来测量两条曲线之间的距离。

7.5.2　注释

从机械制图到机械 CAD 中了解到，一张完整的工程图纸，不但包括表达实体零件的基本形状及尺寸的各类视图和基本尺寸，还需要技术说明等有关文本标注，以及用于表达特殊结构尺寸、各装配及定位部分的有关文本和技术要求等。

1．注释

选择【菜单】|【插入】|【注释】|【注释】命令，或单击【主页】功能区【注释】按钮A，打开【注释】对话框，如图 7-40 所示。

（1）原点：用于设置和调整文字的放置位置。

（2）指引线：用于为文字添加指引线，可以通过类型下拉列表指定指引线的类型。

（3）文本输入：编辑文本用于编辑注释，其功能与一般软件的工具栏相同。具有复制、剪切、加粗、斜体及大小控制等功能；格式设置，编辑窗口是一个标准的多行文本输入区，使用标准的系统位图字体，用于输入文本和系统规定的控制符。用户可以在字体选项下拉菜单中选择所需字体。

2. 符号标注

选择【菜单】|【插入】|【注释】|【符号标注】命令，或单击【主页】功能区【符号标注】按钮，打开【符号标注】对话框，如图 7-41 所示。

（1）类型：系统提供了多种符号类型供用户选择，每种符号类型可以配合该符号的文本选项，在 ID 符号中放置文本内容。

（2）文本：如果选择了上下型的标示符号类型，可以在【上部文本】和【下部文本】中输入两行文本的内容，如果选择的是独立 ID 符号，则只能在【上部文本】中输入文本内容。

（3）大小：各标示符号都可以通过【大小】来设置其比例值。

（4）指引线：为 ID 符号指定引导线。单击该按钮，可以指定一条引导线的开始端点，最多可指定 7 个开始端点，同时每条引导线还可以指定多达 7 个中间点。根据引导线类型，一般可选择尺寸线箭头和注释引导线箭头等作为引导线的开始端点。

图 7-40

图 7-41

7.5.3 中心线

选择【菜单】|【插入】|【中心线】命令，其中包含 6 种中心线命令，如图 7-42 所示。

（1）中心标记：创建中心标记，用于对已创建的视图加上各种中心线。

（2）螺栓圆：创建完整或部分螺栓圆中心线。

（3）圆形：创建完整或不完整圆中心线。

（4）对称：创建对称中心线。

（5）2D 中心线：创建 2D 中心线。

（6）3D 中心线：基于面或曲线输入创建中心线，其中产生的中心线是真实的 3D 中心线。

实例：绘制叉架件

Step 01 打开配套资源中的文件第 7 章\06\制图练习 06.prt，其模型如图 7-43 所示，选择【应用模块】|【制图】，进入【制图】模块，单击【新建图纸页】按钮，在工作表中【大小】选择使用模板，选择【A3-无视图】，单击【确定】按钮。

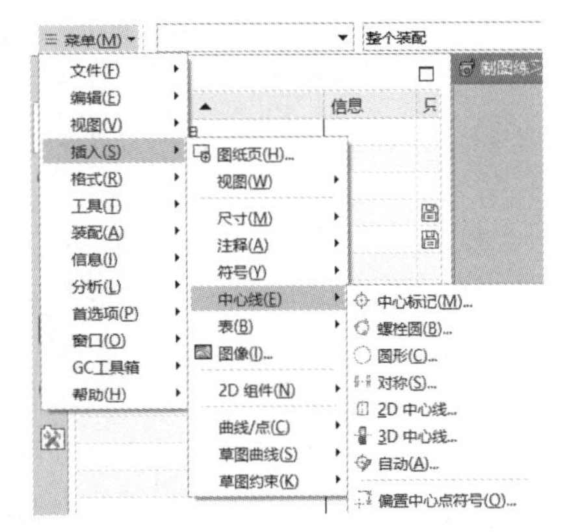

图 7-42

Step 02 选择【菜单】|【插入】|【视图】|【基本】命令，放置方法选择【自动判断】，【要使用的模型视图】选择【附视图】，比例选择【1：1】，移动光标到合适位置单击，完成模型的俯视图的绘制。注意：在绘制基本视图前，要将模型历史记录中【基准坐标系】和【草图】隐藏，单击【关闭】按钮。

Step 03 竖直移动光标到合适位置单击，完成模型的投影视图，单击【关闭】按钮，然后移动投影视图，其结果如图 7-44 所示。

图 7-43

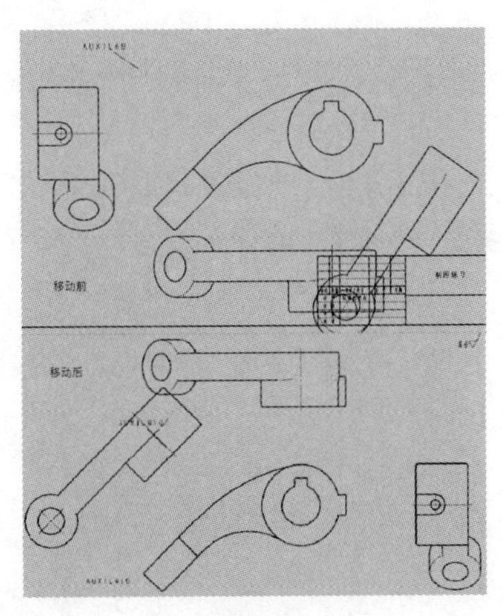

图 7-44

Step 04 依次选中 4 个视图，单击【设置】，在弹出的对话框中选择【查看方向箭头】，选择【始终】选项，然后选择投影下的【标签】，选择【显示视图标签】，位置选择【上面】，【视图标签类型】选择【字母】，字母前缀依次改为 A,B,C，如图 7-45 所示。

图 7-45

Step 05 选中步骤 3 移动后的左边投影视图右击，选择【激活草图】命令，绘制如图 7-46 所示的草图，单击【完成草图】命令。选择【菜单】|【编辑】|【视图】|【边界】命令，单击绘制完草图的投影，在【视图边界】对话框中选择【断裂线/局部放大图】选项，依次选择刚绘制草图的边界线，单击【确定】按钮。

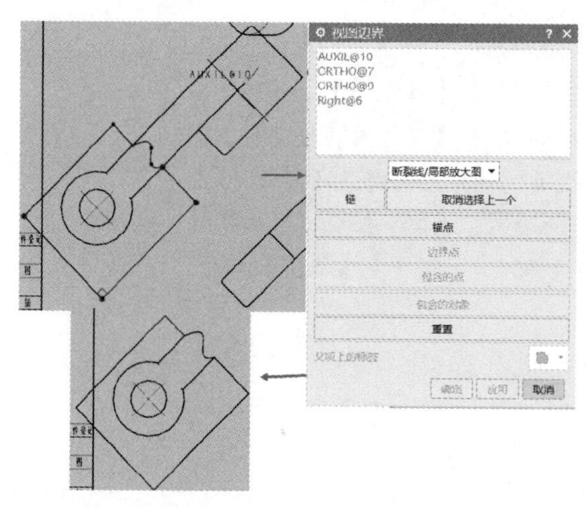

图 7-46

Step 06 选择【菜单】|【编辑】|【视图】|【视图相关编辑】命令，选择【添加编辑】中的【擦除对象】，进入【类选择】模式，然后依次选择步骤 5 草绘的曲线，结果如图 7-47 所示。

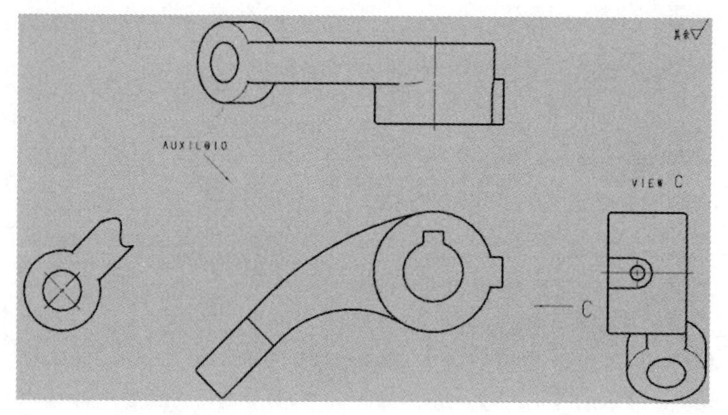

图 7-47

Step 07 选中步骤 3 移动后的上方投影视图右击，选择【激活草图】命令，绘制草图，选择【菜单】|【编辑】|【视图】|【边界】命令，单击绘制完草图的投影，在【视图边界】对话框中选择【断裂线/局部放大图】选项，依次选择刚绘制草图的边界线，单击【确定】按钮。选择【菜单】|【编辑】|【视图】|【视图相关编辑】命令，选择【添加编辑】中的【擦除对象】，进入【类选择】模式，然后依次选择草绘的曲线。

Step 08 选择【菜单】|【编辑】|【视图】|【视图相关编辑】命令，选中步骤 3 移动后的右边投影视图，选择【添加编辑】中的【擦除对象】，进入【类选择】模式，依次选择要去除的曲线，单击【确定】按钮，如图 7-48 所示。

Step 09　依次选中右视图和上方的投影图，单击【设置】，选择公共下的【隐藏线】，在处理隐藏线下把【不可见】改为【虚线】，单击【确定】按钮。

Step 10　选择【菜单】|【插入】|【尺寸】|【快速】命令，在测量方法中选择【直径】，标注直径尺寸。

Step 11　选择【菜单】|【插入】|【中心线】|【2D 中心线】命令，选择两条曲线，结果如图 7-49 所示。

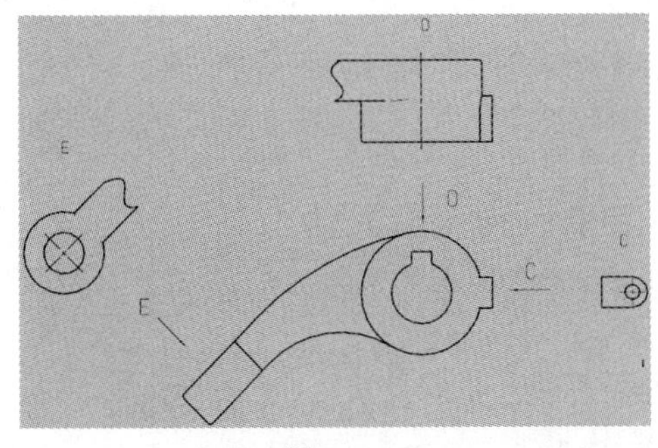

图 7-48

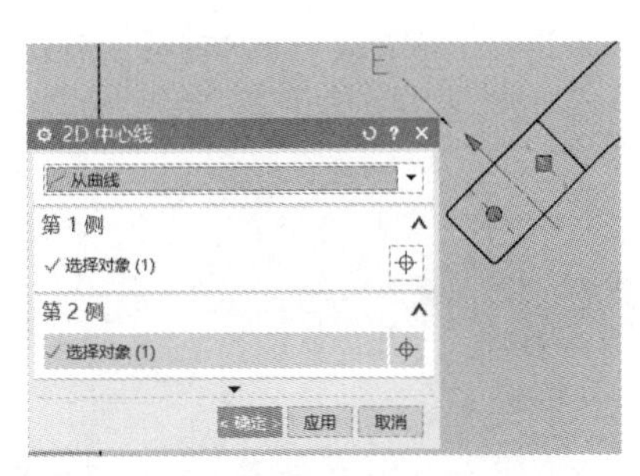

图 7-49

Step 12　选择【菜单】|【插入】|【尺寸】|【快速】命令，在测量方法中选择【自动判断】，标注水平、垂直和角度。

Step 13　选中右视图，激活草图命令，插入两个草图点，单击完成草图。依次双击 R150 和 R50，打开【径向尺寸】对话框，选择【创建带折线的半径】复选框，在选择偏置中心点时依次选择新创建的草图点，在合适的位置单击【选择折叠位置】按钮，单击【关闭】按钮，如图 7-50 所示。

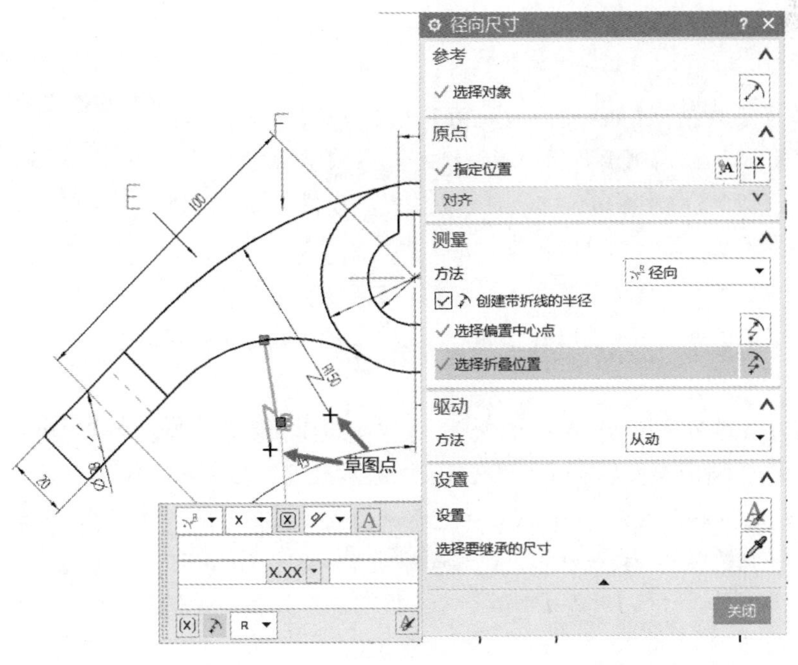

图 7-50

Step 14 单击【保存】按钮，完成叉架件的工程图，如图 7-51 所示。

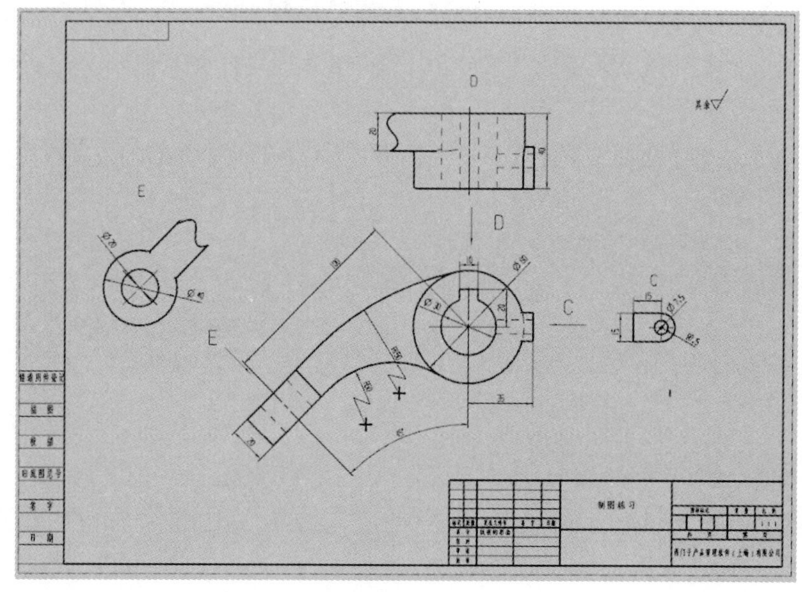

图 7-51

7.6 综合实例 1：绘制定位板

Step 01 打开配套资源中的文件第 7 章\13\制图练习 13.prt，其模型如图 7-52 所示，选择【应用模块】|【制图】，进入【制图】模块，单击【新建图纸页】按钮，在工作表中【大小】选择使用模板，选择【A3-无视图】，单击【确定】按钮。

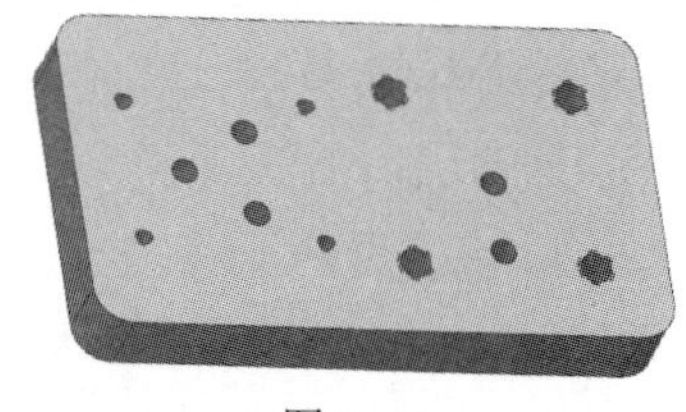

图 7-52

Step 02 选择【菜单】|【插入】|【视图】|【基本】命令，放置方法选择【自动判断】，【要使用的模型视图】选择【俯视图】，比例选择【1：1】，移动光标到合适位置单击，完成模型的俯视图的绘制。注意：在绘制基本视图前，要将模型历史记录中的【基准坐标系】和【草图】隐藏，单击【关闭】按钮。

Step 03 选择【菜单】|【插入】|【视图】|【基本】命令，放置方法选择【自动判断】，【要使用的模型视图】选择【正等测图】，比例选择【1：2】，移动光标到合适位置单击，完成模型的正等测图的绘制。

Step 04 选择【菜单】|【插入】|【视图】|【剖视图】命令，弹出【剖视图】对话框，在剖切线中选择【简单剖/阶梯剖】方法，铰链线矢量选项为【自动判断】，截面线段为图中的 1，2，3 点（注意：在选择第 2 和第 3 个点时，要先单击指定位置在选择 2，3 点），再单击截面线段下【指定位置】，移动鼠标到合适位置单击，完成剖视图。选中剖视图下方文字右击，选择【设置】命令，单击截面下的【标签】，在【前缀】文本框中输入剖面，单击【确定】按钮，完成文本注释的修改，如图 7-53 所示。

Step 05　选中【正等测图】右击，选择【设置】命令，在弹出的【设置】对话框中选择【着色】，【渲染样式】选择【完全着色】，选择【使用两侧光】复选框，【光亮度】选择 7，单击【确定】按钮。

Step 06　选择【菜单】|【插入】|【注释】|【相交符号】命令，在弹出的【相交符号】对话框中选择两组对象，生成交点，如图 7-54 所示。

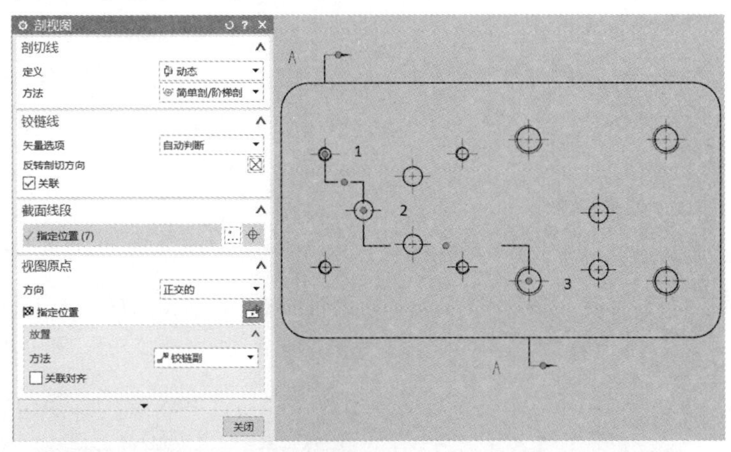

图 7-53

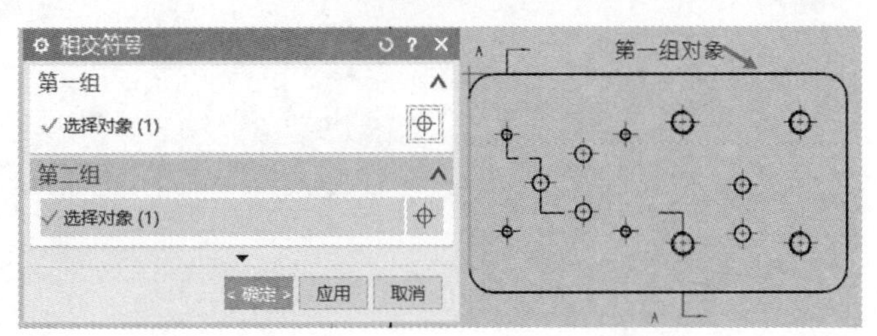

图 7-54

Step 07　选择【菜单】|【插入】|【尺寸】|【坐标】命令，在弹出的对话框中选择【单个尺寸】方法创建坐标尺寸，参考中选择原点为步骤 6 生成的交点，首先选择基线选项下【激活垂直的】复选框，不选择【激活基线】复选框，选中第一个孔，然后选择原点下【自动放置】复选框，依次选择定位板上的横排孔。然后选择基线选项下【激活基线】复选框，不选择【激活垂直的】复选框，结果如图 7-55 所示。

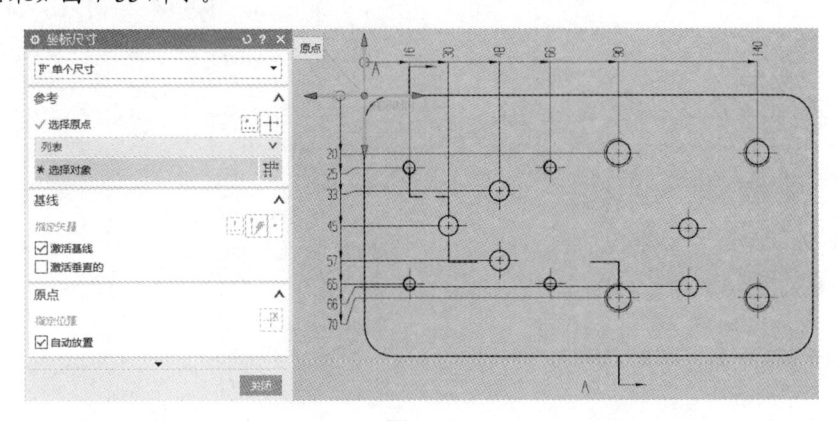

图 7-55

Step 08 选择【菜单】|【插入】|【尺寸】|【快速】命令，在测量方法中选择【自动判断】，标注孔径，如图 7-56 所示。依次选择标注的 3 个孔径尺寸右击，选择文本下【方向和位置】选项，【方位】选择【水平文本】，位置选择【文本在短划线之上】。

Step 09 选中图中直径为 10 和 5 的圆右击，选择【设置】命令，在弹出的对话框中选择【前缀/后缀】选项，直径符号选择【用户自定义】，在要使用的符号文本框中输入 M，在【文本间隙】文本框中输入 0.5，单击【关闭】按钮。

Step 10 双击 M5，在【特定】文本框中输入 4-，选中 M5 右击，选择【设置】命令，单击文本下的【附加文本】，相关参数设置如图 7-57 所示。

Step 11 双击 M10，在特定文本框内输入 4-，选中 M10 右击，选择【设置】命令，单击文本下【附加文本】，相关参数设置与步骤 10 一致。

Step 12 双击直径为 7 的标注，在【特定】文本框中输入 5-，选中直径为 7 的标注右击，选择【设置】命令，单击文本下【附加文本】，相关参数设置与步骤 10 一致。

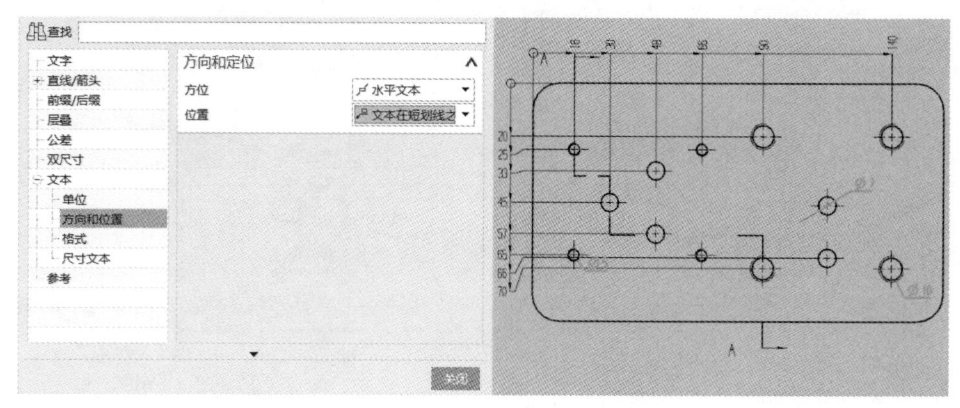

图 7-56

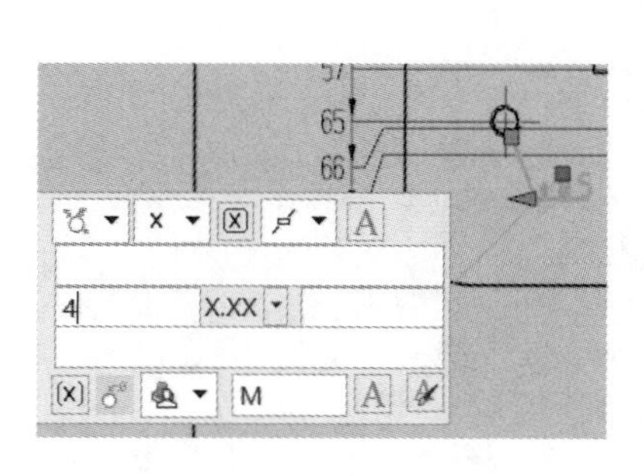

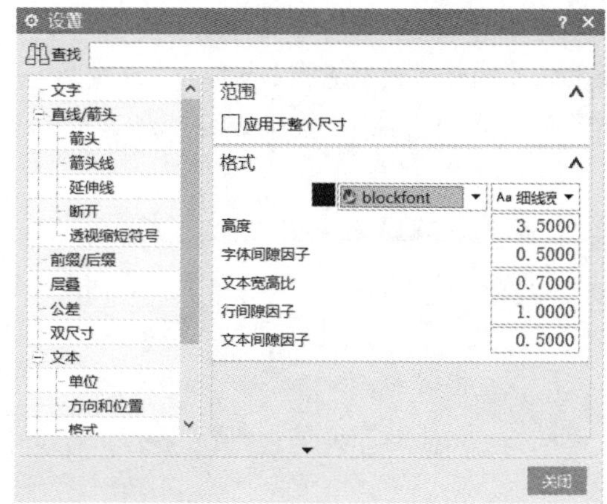

图 7-57

Step 13 单击【保存】按钮，完成定位板的工程图，如图 7-58 所示。

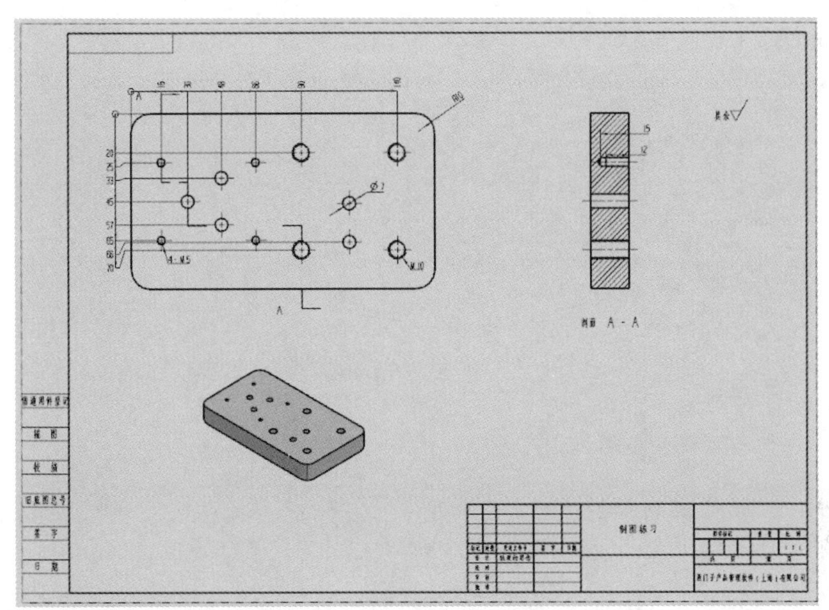

图 7-58

7.7　综合实例 2：绘制轴

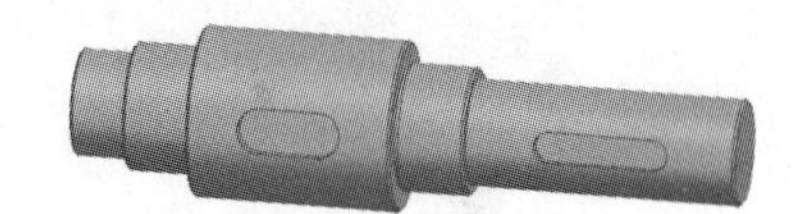

图 7-59

Step 01　打开配套资源中的文件第 7 章\20\制图练习 20.prt，其模型如图 7-59 所示，选择【应用模块】|【制图】，进入【制图】模块，单击【新建图纸页】按钮，在工作表中【大小】选择使用模板，选择【A3-无视图】，单击【确定】按钮。

Step 02　选择【菜单】|【插入】|【视图】|【基本】命令，放置方法选择【自动判断】，【要使用的模型视图】选择【前视图】，比例选择【1：2】，移动光标到合适位置单击，完成模型的前视图的绘制。注意：在绘制基本视图前，要将模型历史记录中的【基准坐标系】和【草图】隐藏，单击【关闭】按钮。

Step 03　选择【菜单】|【插入】|【视图】|【剖视图】命令，在剖切线中选择【简单剖/阶梯剖】方法，铰链线矢量选项为【自动判断】，截面线段【指定位置】选择图 7-60 所示的 B、C 两位置。依次移动 B、C 截面剖视图到合适位置。选中剖视图下方文字右击，选择【设置】命令，单击截面下的【标签】，在【前缀】文本框中输入剖面，单击【确定】按钮，完成文本注释的修改，如图 7-60 所示。

Step 04　选择【菜单】|【插入】|【尺寸】|【快速】命令，在测量方法中选择【圆柱式】，依次模型标注轴径。然后【测量方法】选择【自动判断】，标注轴模型中的长度尺寸，如图 7-61 所示。

Step 05　依次双击图中轴径标注，选择【双向公差】，如图 7-62 所示，完成公差标注。

Step 06　选择【菜单】|【插入】|【注释】|【表面粗糙度】命令，弹出【表面粗糙度】对话框，在【除料】下拉列表框中选择【需要除料】选项，在【下部文本】文本框中依次输入 1.6、3.2 和 6.3，完成轴的粗糙度标注，如图 7-63 所示。注意：当标注垂直方向的表面粗糙度时，可

以在设置中通过角度的调节来设定。

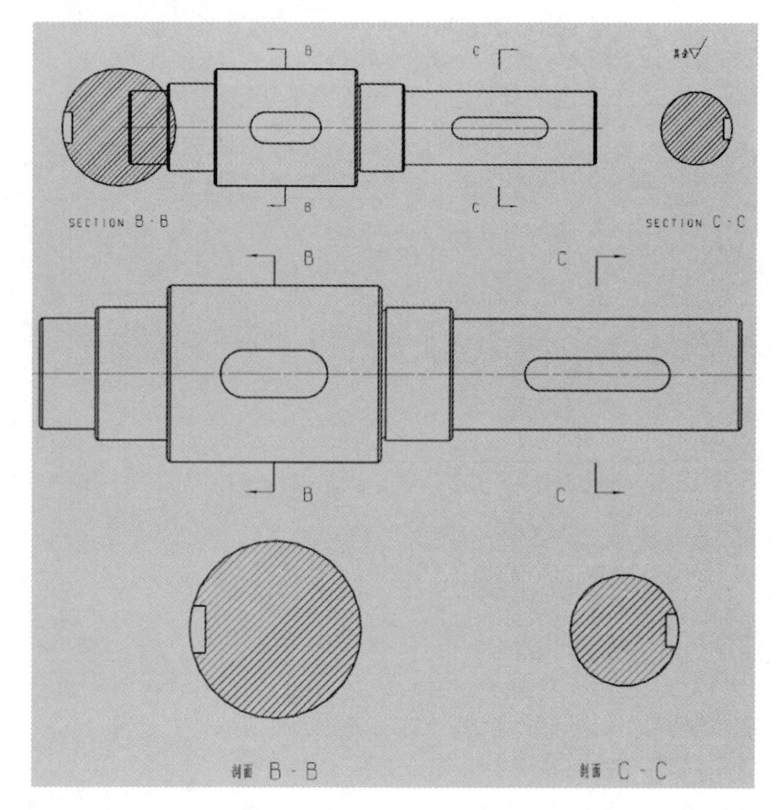

图 7-60

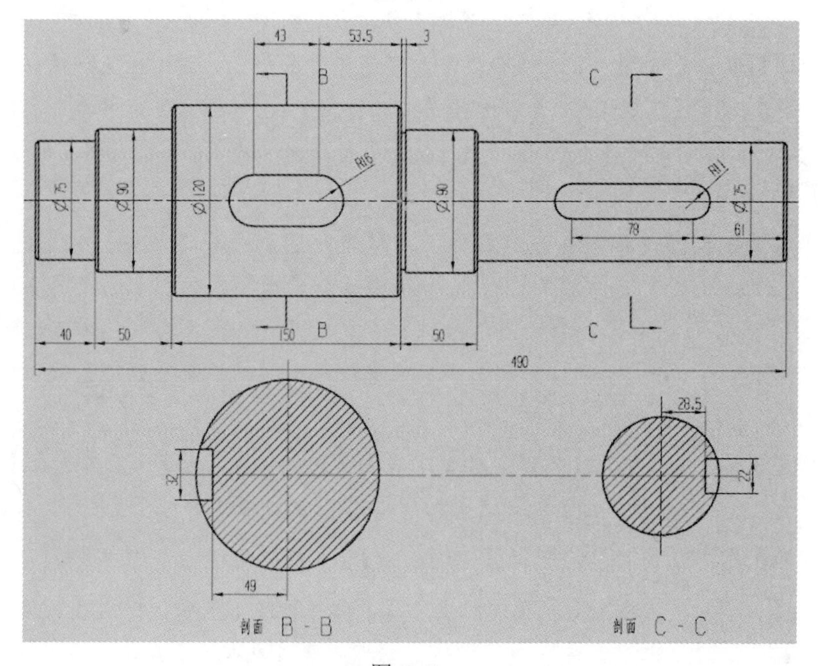

图 7-61

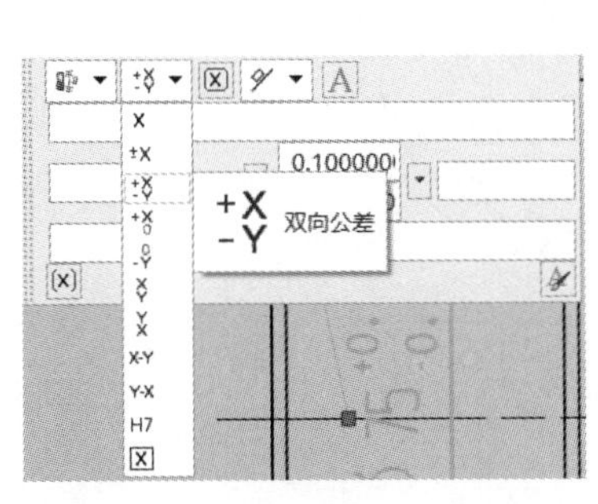

图 7-62

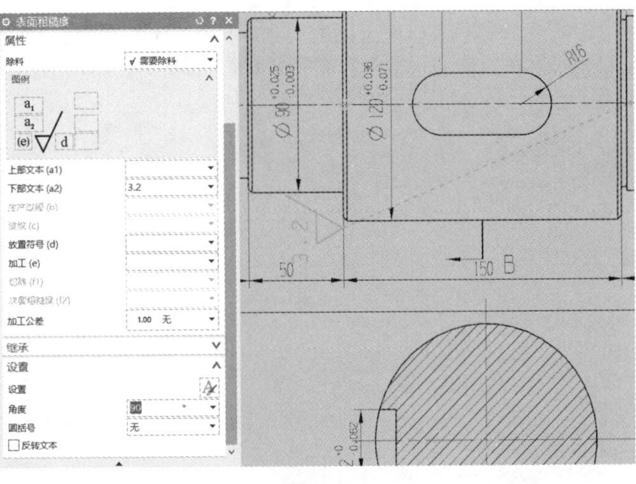

图 7-63

Step 07　选择【菜单】|【插入】|【注释】|【特征控制框】命令，弹出【特征控制框】对话框，在框特性中选择【圆轴度】选项，在【公差】文本框中输入 0.03，选择放置位置（选中位置后，按住鼠标左键不要放开），单击【确定】按钮。然后在框特性选择【垂直度】选项，在【公差】文本框中输入 0.05，然后单击【复合基准参考】按钮，弹出【复合基准参考】对话框，如图 7-64 所示。在基准参考中选择【A】，然后单击【添加新集】命令，在基准参考中选择【B】，单击【确定】按钮。选择放置位置，单击【确定】按钮。

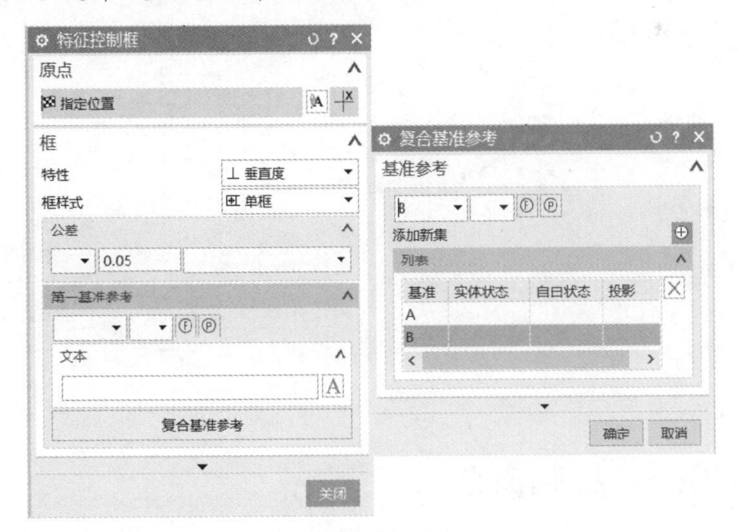

图 7-64

Step 08　选择【菜单】|【插入】|【注释】|【特征控制框】命令，在框特性中选择【同轴度】选项，在【公差】文本框中输入 0.05，同时选择【直径命令】，在第一基准参考中选择【A】，选择放置位置（选中位置后，按住鼠标左键不要放开），单击【确定】按钮，如图 7-65 所示。

Step 09　选择【菜单】|【插入】|【注释】|【注释】命令，在文本框中输入【技术要求 1、经调质处理，HRC50~60；2、去除毛刺飞边】，放置在合适位置，单击【关闭】按钮。

Step 10　单击【保存】按钮，完成轴的工程图，如图 7-66 所示。

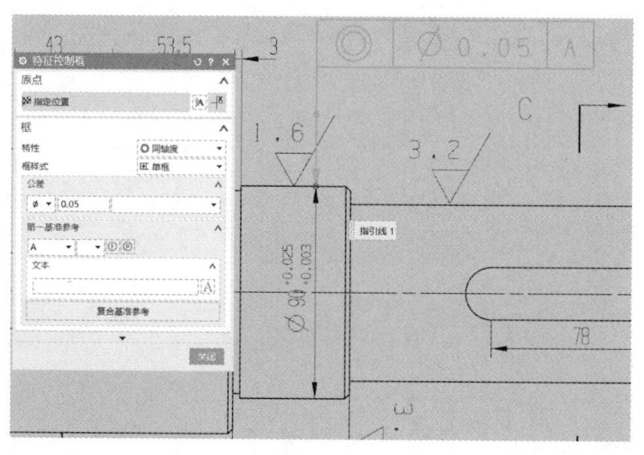

图 7-65

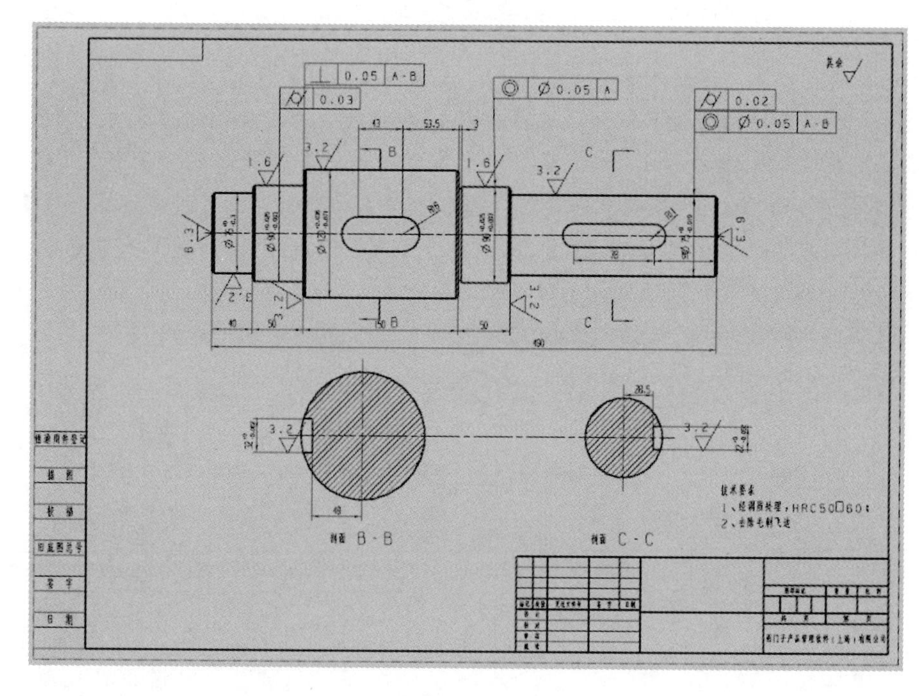

图 7-66

7.8 综合实例 3：绘制离合器

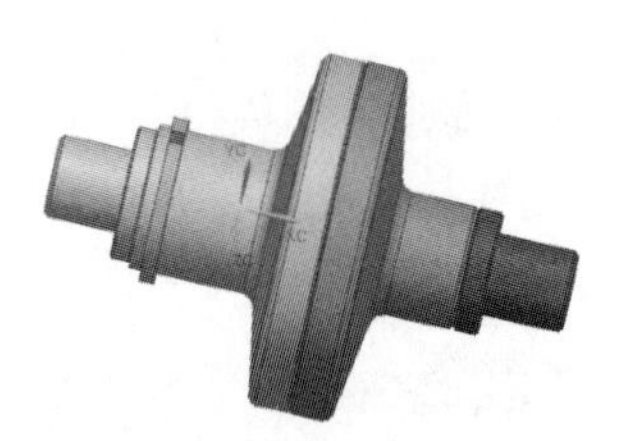

图 7-67

Step 01 打开配套资源中的文件第 7 章\27\制图练习\asm_clutch.prt，其模型如图 7-67 所示，选择【应用模块】|【制图】，进入【制图】模块，单击【新建图纸页】按钮，在工作表中【大小】选择使用模板，选择【A3-无视图】，单击【确定】按钮。

Step 02 选择【菜单】|【插入】|【视图】|【基本】命令，放置方法选择【自动判断】，【要使用的模型视图】选择【后视图】，比例选择【1∶1】，移动光标到合适位置单击，完成模型的前视图的绘制。

注意：在绘制基本视图前，要将模型历史记录中的【基准坐标系】和【草图】隐藏，单击【关闭】按钮。

Step 03　选择【菜单】|【插入】|【视图】|【剖视图】命令，在剖切线中选择【简单剖/阶梯剖】方法，铰链线矢量选项为【自动判断】，截面线段【指定位置】选择图 7-68 所示的 B、C 两位置。依次移动 B、C 截面剖视图到合适位置。选中剖视图下方文字右击，选择【设置】命令，单击截面下的【标签】，在【前缀】文本框中输入剖面，单击【确定】命令，完成文本注释的修改，如图 7-68 所示。

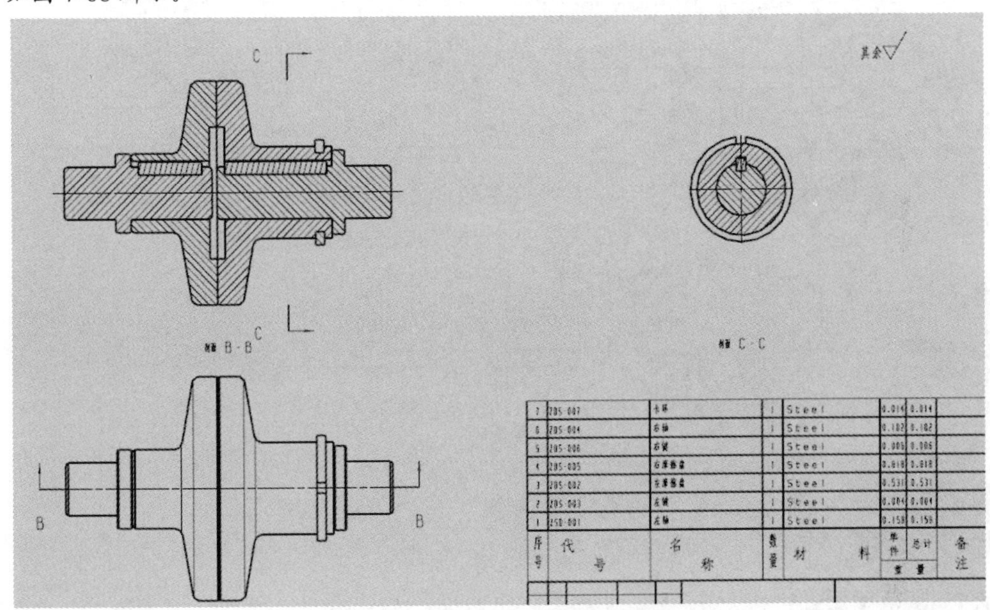

图 7-68

Step 04　选中剖面 C-C 右击，选择【编辑】命令，在【非剖切】的选择对象中选择装配导航器中【left_shaft;left_key;right_shaft;right_key】的 4 个模型文件（在依次选择 4 个模型是要按住 Ctrl），单击【关闭】按钮。

Step 05　选中剖面 D-D，单击鼠标右键，选择【编辑】命令，在【非剖切】的选择对象中选择装配导航器中【left_shaft;left_key;right_shaft;right_key】4 个模型文件（在依次选择 4 个模型时要按住 Ctrl 键），单击【关闭】按钮，如图 7-69 所示。

Step 06　选中后视图右击，选择【激活草图视图】命令，利用【艺术样条】命令，绘制如图 7-70 所示的草图，单击【确定】按钮，完成草图。

Step 07　选择【菜单】|【插入】|【视图】|【局部剖】命令，选中【后视图】，选择剖面 B-B 中心线为【指出基点】，然后单击【选择曲线】命令，选择步骤 6 绘制的草图，单击【应用】按钮，完成局部剖。

Step 08　选中后视图右击，选择【编辑】命令，在【非剖切】的选择对象中选择装配导航器中【left_shaft;left_key;right_shaft;right_key】4 个模型文件（在依次选择 4 个模型时要按住 Ctrl 键），单击【关闭】。

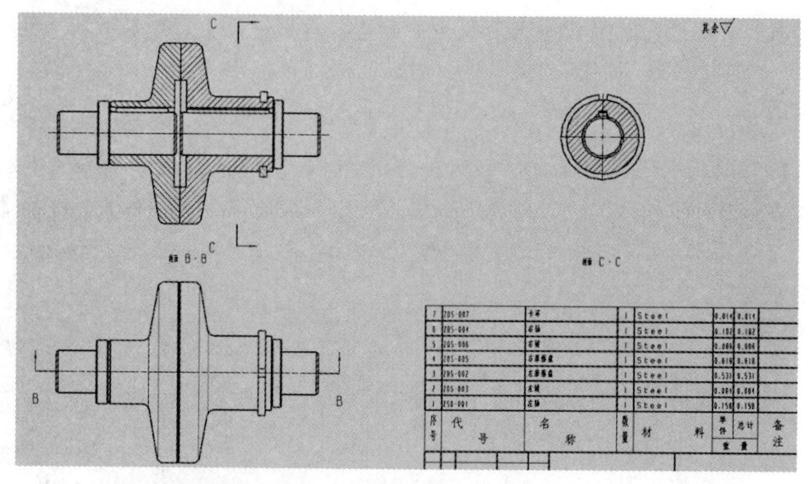

图 7-69

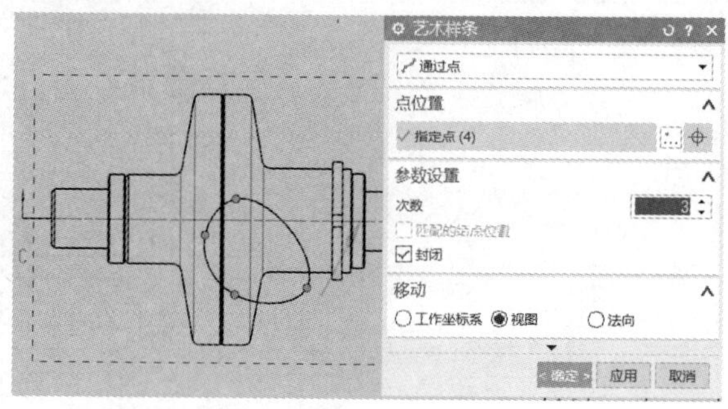

图 7-70

Step 09 选择【菜单】|【插入】|【尺寸】|【快速】命令，在测量方法中选择【圆柱式】，依次模型标注轴径。然后【测量方法】选择【自动判断】，标注轴模型中的长度尺寸。选中剖面 D-D 中直径 40 和直径 20 的标注右击，选择【设置】命令，然后选择文本下【方向和位置】，在方位中选择【水平文本】，位置选择【文本在短划线之上】，单击【关闭】按钮，图形如图 7-71 所示。

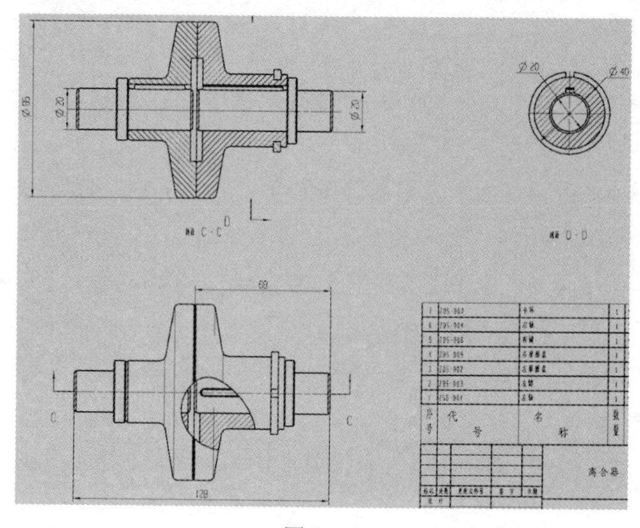

图 7-71

Step 10 选择【菜单】|【格式】|【图层设计】命令，选择图层 170，然后选中【剖面 C-C】右击，选择【显示符号标注】命令，完成剖面 C-C的符号标注。

Step 11 单击【保存】按钮，完成轴的工程图，如图 7-72 所示。

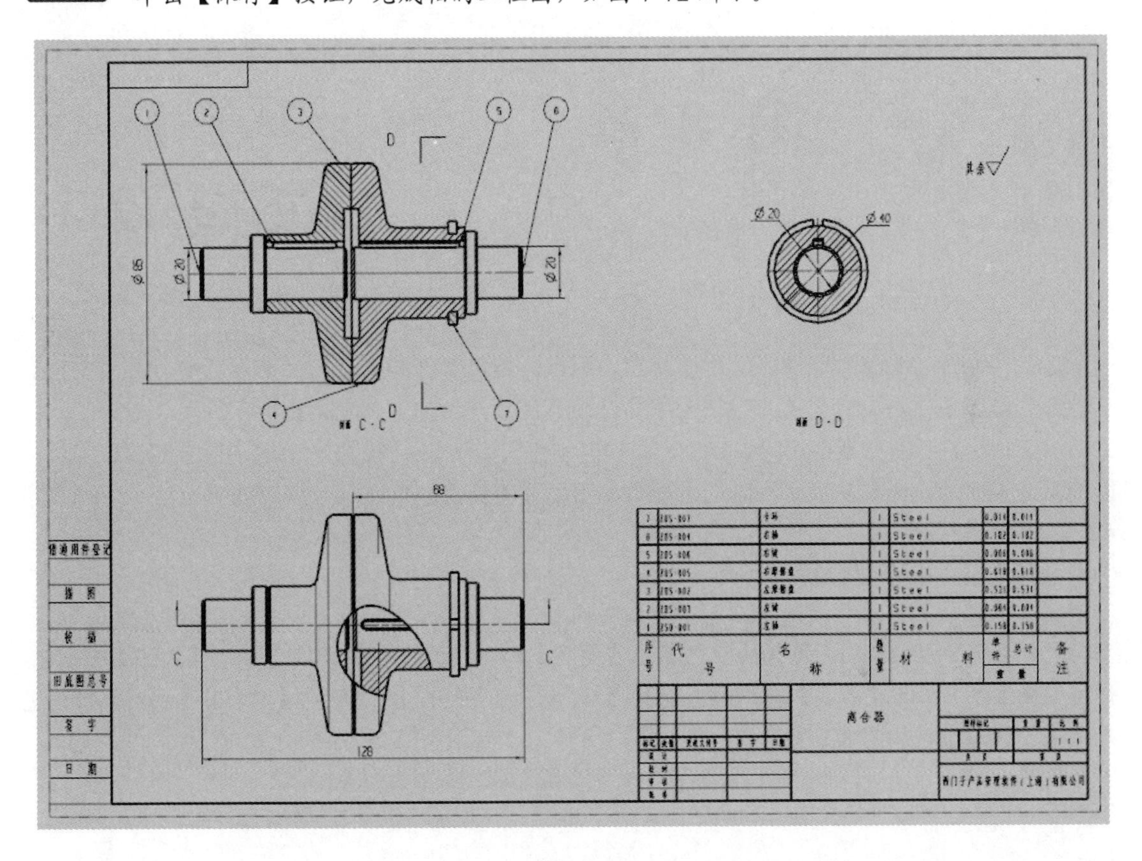

图 7-72

第 8 章 钣金设计

钣金（Sheet Metal）零件广泛用于航空、汽车、电气器件和轻工产品的设计中。其主要特点是各部分厚度相同，通常加工的方法采用冷冲模具进行冲压加工，包括折弯、冲压、成形等。

由于钣金件具有广泛的用途，UG NX 1904 设置了钣金设计模块，专用于钣金的设计工作，可使钣金零件的设计非常快捷，制造装配效率得以显著提高。

8.1 钣金设计概述

打开 UG NX 1904 后，选择【文件】|【新建】命令，或在主页功能上单击【新建】按钮，弹出如图 8-1 所示的【新建】对话框，选择【模型】选项中的【NX 钣金】，单击【确定】按钮进入钣金设计环境，如图 8-2 所示。

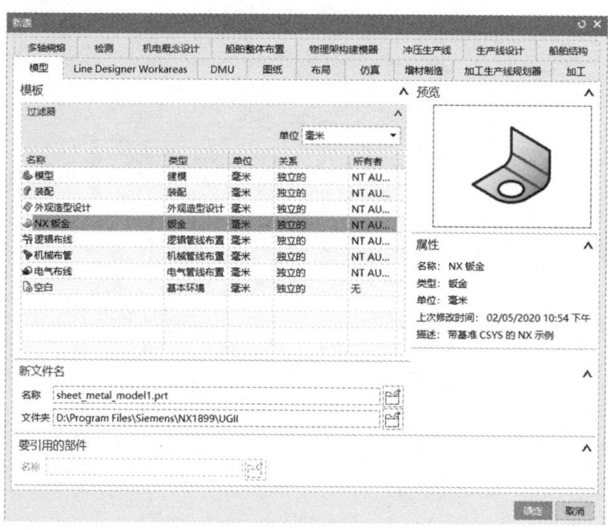

图 8-1

或者单击【应用模块】功能区中的【钣金】命令，进入钣金设计环境，如图 8-3 所示。

图 8-2

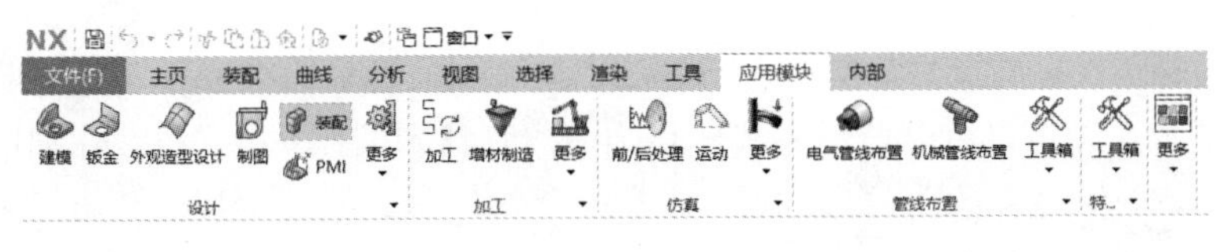

图 8-3

典型的钣金流程如下：

（1）设置钣金属性的默认值。

（2）草绘基本特征形状，或者选择已有的草图。

（3）创建基本特征。创建钣金零件的典型工作流程一开始就是创建基本特征，基本特征是要创建的第一个特征，典型地定义零件形状。在钣金中，常使用突出块特征来创建基本特征，但也可以使用轮廓弯边和放养弯边来创建。

（4）添加特征如弯边、凹坑和使用进一步定义已经成形的钣金零件的基本特征。在创建了基本特征之后，使用 NX 钣金和成形特征命令来完成钣金零件，这些命令有弯边、凹坑、折弯、孔、腔体等。

（5）根据需要采用取消折弯展开区域，在钣金零件上添加孔、除料、压花和百叶窗特征。

（6）重新折弯展开的折弯面来完成钣金零件。

（7）生成零件平板实体，便于图样和以后加工。平板实体在时间次序表总是放在最后。每当有新特征添加到父特征上时，将平板实体都放在最后，更新父特征来考虑更改。

钣金首选项设置可以在设计零件之前定义某些参数，用以提高设计效率，减少重复的参数设置。设置了首选项参数后，如果在设计过程中或完成后再更改参数设置，可能会导致参数错误。选择【菜单】|【首选项】|【钣金】命令，弹出【钣金首选项】对话框，如图 8-4 所示，其中主要包含如下几个选项卡。

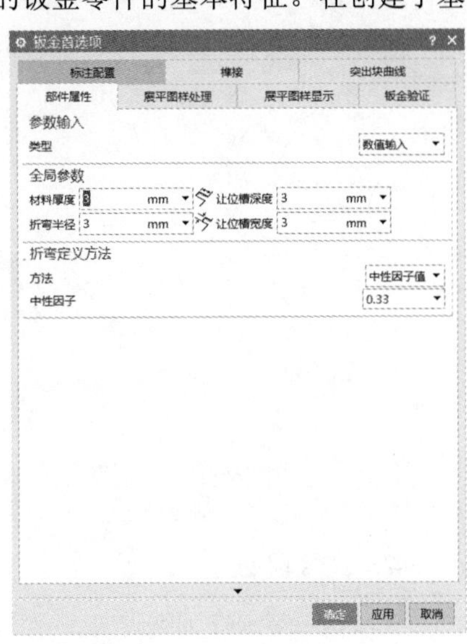

图 8-4

1．部件属性

（1）材料厚度：钣金零件默认厚度，可以在【钣金首选项】对话框中设置材料厚度。

（2）弯曲半径：折弯默认半径，其是基于折弯时发生断裂的最小极限来定义。

（3）让位槽深度和让位槽宽度：从折弯边开始计算折弯缺口延伸的距离称为折弯深度，跨度称为宽度。

（4）折弯定义方法：中心轴是指折弯外侧拉伸应力等于内侧挤压应力处，用来表示平面展开处理的折弯需要公式。由折弯材料的机械特性决定，用材料厚度的百分比来表示，从内侧折弯半径来测量，默认为 0.33，有效范围为 0～1。

2．展平图样处理

单击【展平图样处理】选项卡，可以设置平面展平图处理参数，如图 8-5 所示。

（1）处理选项：对于平面展平图处理的内拐角和外拐角进行倒角和倒圆。在后面的竖直框内输入倒角的边长或倒圆半径。

（2）展平图样简化：对圆柱表面或者折弯线上具有裁剪特征的钣金零件进行平面展开时，生成 B 样条曲线，该选项可以将 B 样条曲线转化为简单直线和圆弧。用户可以在如图 8-5 所示的对话框中定义最小圆弧和偏差的公差值。

（3）移除系统生成的折弯止裂口：当创建没有止裂口的封闭拐角时，系统在 3-D 模型上生成一个非常小的折弯止裂口。在如图 8-5 所示的对话框中设置在定义平面展平图实体时，是否移除系统生成的折弯止裂口。

3．展平图样显示

单击【展平图样显示】选项卡，可以设置平面展平图显示参数，如图 8-6 所示，包括各种曲线的显示颜色、线性、线宽和标注。

图 8-5

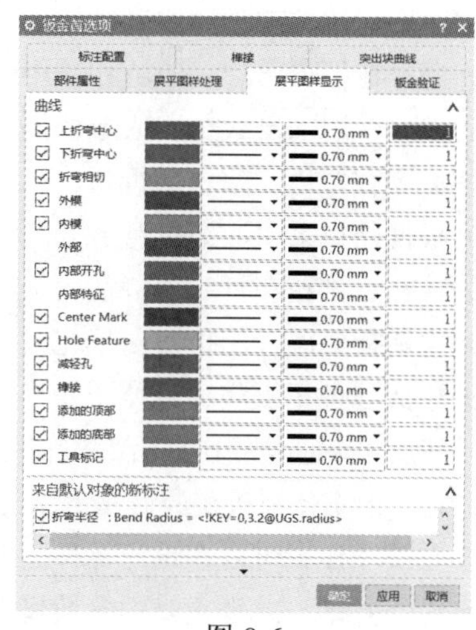

图 8-6

4．钣金验证

在【钣金验证】选项卡中设置最小工具间间隙和最小腹板长度的验证参数。

8.2　钣金基本特征

NX 钣金包括基本的钣金特征，如弯边、垫板、凸凹、钣金角条件、轮廓边以及改进生产力的自动折弯缺口。在钣金设计中系统也提供了通用的典型建模特征如孔、槽和其他基本编辑方法，如复制、粘贴和镜像。

8.2.1　突出块特征

在钣金环境中，选择【菜单】｜【插入】｜【突出块】命令，弹出【突出块】对话框，如图 8-7 所示，类似 UG 实体建模中的拉伸命令，是创建钣金特征的基础。

图 8-7

8.2.2　弯边特征

在钣金环境中，选择【菜单】｜【插入】｜【折弯】｜【弯边】命令，或单击【钣金】工具栏中的【弯边】图标，弹出如图 8-8 所示的【弯边】对话框。

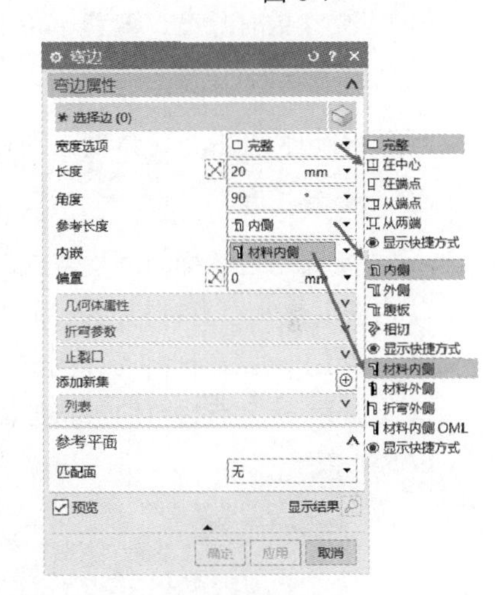

图 8-8

1．宽度选项

设置定义弯边宽度的测量方式。宽度选项包括【完整】、【在中心】、【在端点】、【从两端】和【从端点】共 5 种方式。

【完整】：沿着所选择折弯边的边长来创建弯边特征，当选择该选项创建弯边特征时，弯边的主要参数有长度、偏置和角度，如图 8-9 所示。

【在中心】：在所选择的折弯边中部创建弯边特征，可以编辑弯边宽度值和使弯边居中，默认宽度是所选择折弯边长的 1/3。当选择该选项创建弯边特征时，弯边的主要参数有长度、偏置、角度和宽度（两宽度相等），如图 8-10 所示。

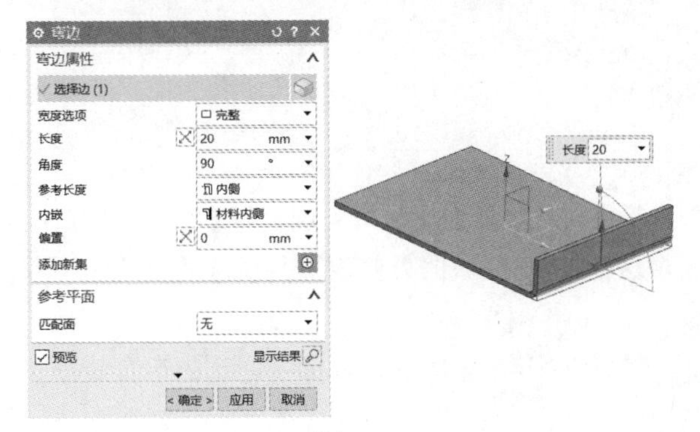

图 8-9

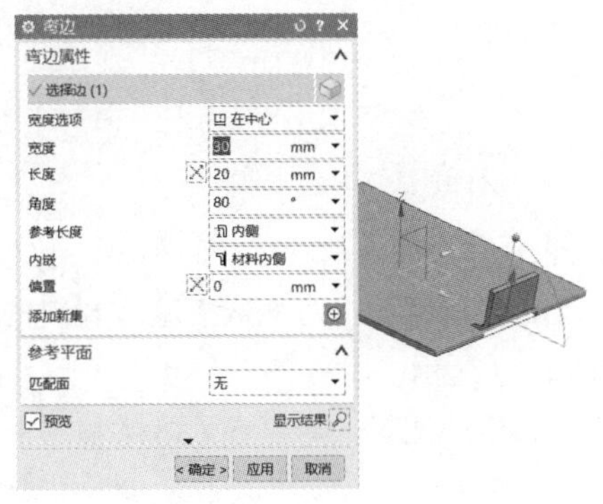

图 8-10

【在端点】：从所选择的端点开始创建弯边特征，当选择该选项创建弯边特征时，弯边的主要参数有长度，如图 8-11 所示。

【从两端】：从所选择折弯边的两端定义距离来创建弯边特征。默认宽度是所选择折弯边长的 1/3，当选择该选项创建弯边特征时，弯边的主要参数有长度，如图 8-12 所示。

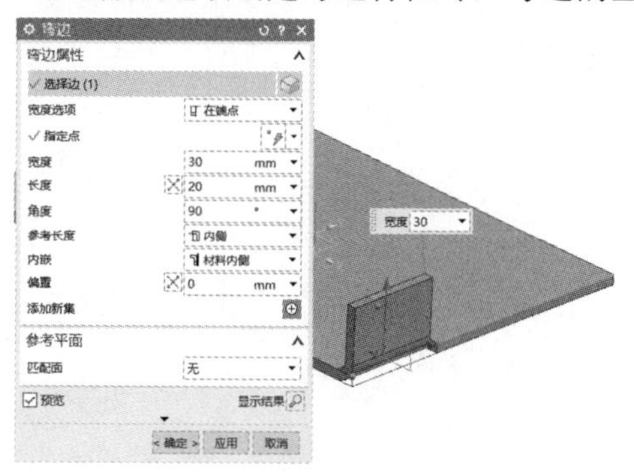

图 8-11

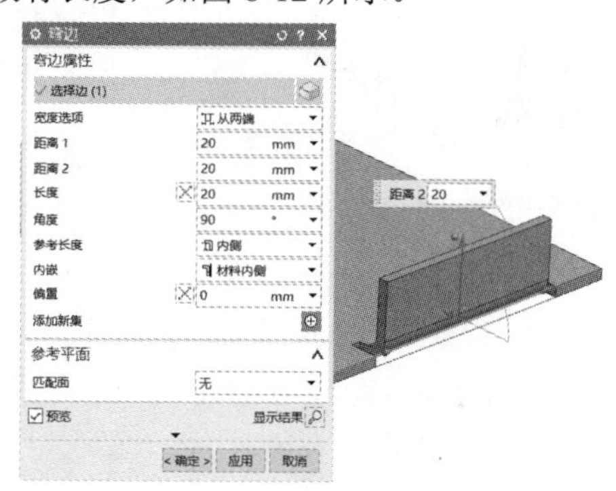

图 8-12

【从端点】：从所选折弯边的端点定义距离来创建弯边特征，当选择该选项创建弯边特征时，弯边的主要参数有长度、偏置、角度、从端点（从端点到弯边的距离）和宽度，如图 8-13 所示。

2. 角度

创建有边特征的折弯角度，在视图区动态更改角度值。

3. 参考长度

这里定义弯边长度的度量方式，包括【内部】和【外部】两种方式。

【内侧】：从已有材料的内侧测量弯边长度，如图 8-13（a）所示。

【外侧】：从已有材料的外侧测量弯边长度，如图 8-13（b）所示。

【腹板】：从已有材料的折弯处测量弯边长度，如图 8-13（c）所示。

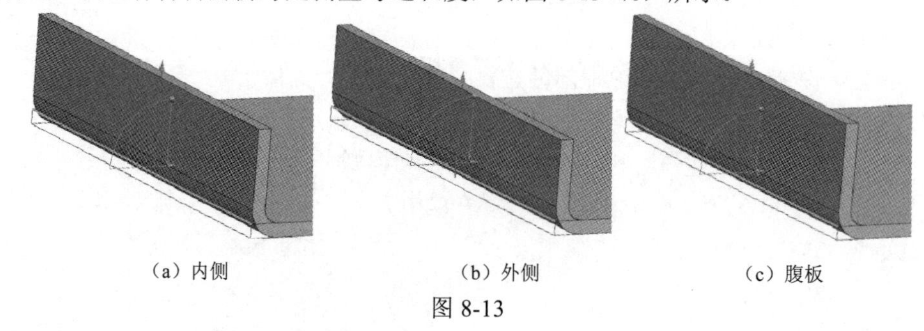

（a）内侧　　（b）外侧　　（c）腹板

图 8-13

4. 内嵌

表示有边嵌入基础零件的距离。嵌入类型包括【材料内侧】、【材料外侧】和【折弯外侧】3 种。

【材料内侧】：弯边嵌入基本材料的里面，这样 Web 区域的外侧表面与所选的折弯边平齐，如图 8-14 所示。

【材料外侧】：弯边嵌入基本材料的里面，这样 Web 区域的内侧表面与所选的折弯边平齐，如图 8-15 所示。

【折弯外侧】：材料添加到所选中的折弯边上形成弯边，如图 8-16 所示。

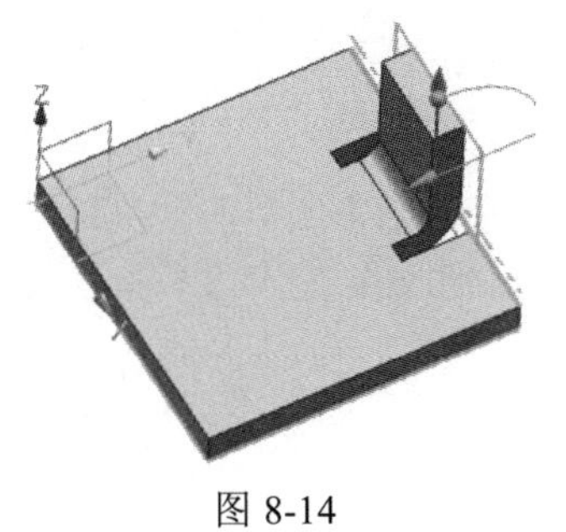

图 8-14

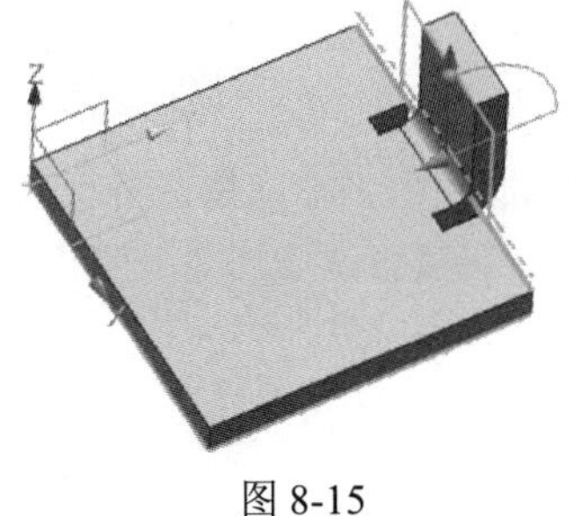

图 8-15

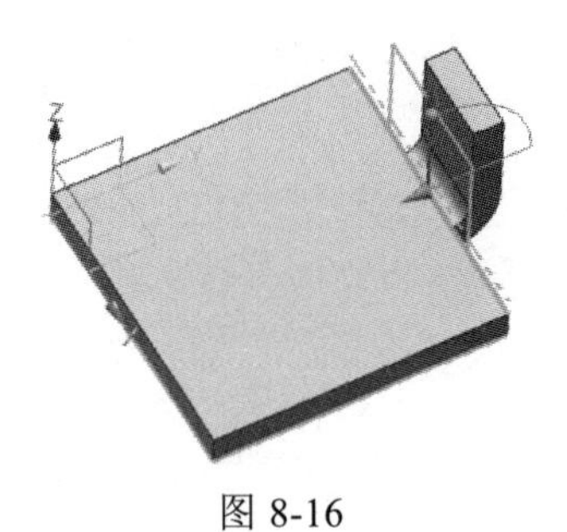

图 8-16

5．折弯止裂口

定义是否延伸折弯缺口到零件的边，包括正方形和圆形两种止裂口，分别如图 8-17 和图 8-18 所示。

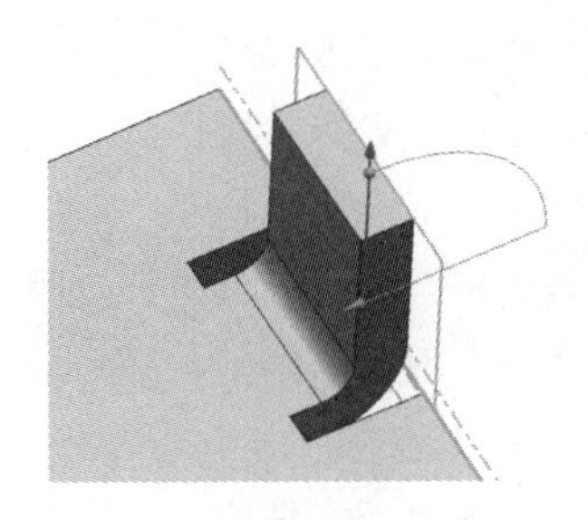

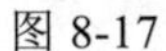

图 8-17

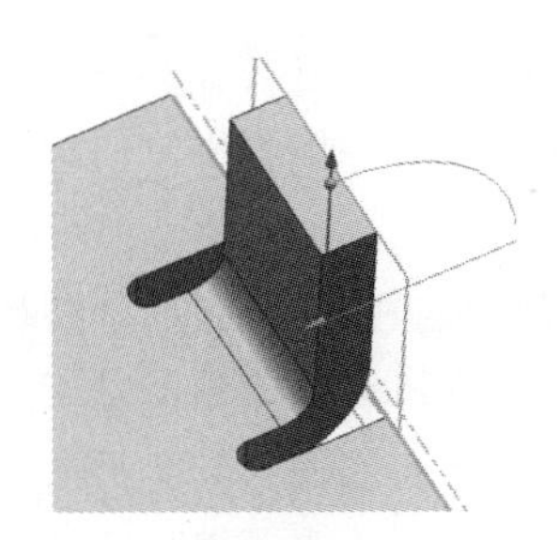

图 8-18

6．拐角止裂口

定义创建的弯边特征所邻接的特征是否要采用拐角缺口。

【仅折弯】：仅对邻接特征的折弯部分应用拐角缺口。

【折弯/面】：对邻接特征的折弯部分和平板部分应用拐角止裂口。

【折弯/面链】：对邻接特征的所有折弯部分和平板部分应用拐角止裂口。

8.2.3　轮廓弯边

轮廓弯边特征是将不封闭的多段轮廓同时进行拉伸形成的弯边特征。在菜单栏中选择【插入】|【折弯】|【轮廓弯边】命令，弹出如图 8-19 所示的对话框。

【轮廓弯边】对话框的【类型】下拉列表中只有一个选项：即基本轮廓弯边，在没有基础钣金壁或不选择附着边时直接创建轮廓弯边。相比以前版本去掉了次要轮廓弯边。

在【宽度】选项组中有以下两个选项。

- 【有限】：创建有限宽度的轮廓弯边的方法。
- 【对称】：指用 1/2 的轮廓弯边宽度值来定义轮廓距离。

【斜接】选择组中的斜接角：设置轮廓弯边开始端和完成端的斜接角度。

图 8-19

8.2.4 放样弯边

【放样弯边】是以两条开放的截面线串来形成钣金特征的，可以在两组不相似的形状和曲线直接作出光滑过渡连接。选择【菜单】|【插入】|【折弯】|【放样弯边】命令，可以启动【放样弯边】命令。

8.2.5 二次折弯特征

二次折弯就是在钣金件上指定面创建两个 90° 折弯，在菜单栏中选择【插入】|【折弯】|【二次折弯】命令，或单击【钣金特征】工具栏中的【二次折弯】图标按钮，可以启动【二次折弯】命令，弹出如图 8-20 所示的【二次折弯】对话框。

（1）高度：创建二次折弯特征时可以在视图区中动态地更改高度值。

（2）参考高度：包括内侧和外侧两种选项，内侧指定义选择放置面到二次折弯特征最近的高度；外侧定义选择放置面到二次折弯特征最远的高度。

（3）内嵌：包括材料内侧、材料外侧和折弯外侧 3 种选项。材料内侧是指凸凹特征垂直于放置面的部分在轮廓面内侧。材料外侧是指凸凹特征垂直于放置面的部分在轮廓面外侧。折弯外侧是指凸凹特征垂直于放置面的部分和折弯部分都在轮廓面外侧。

（4）延伸截面：选择该复选框，定义是否延伸直线轮廓到零件的边。

8.2.6 折弯

折弯就是在钣金件的平面上根据指定的折弯线创建折弯。选择【菜单】|【插入】|【折弯】|【折弯】命令，弹出如图 8-21 所示的【折弯】对话框。

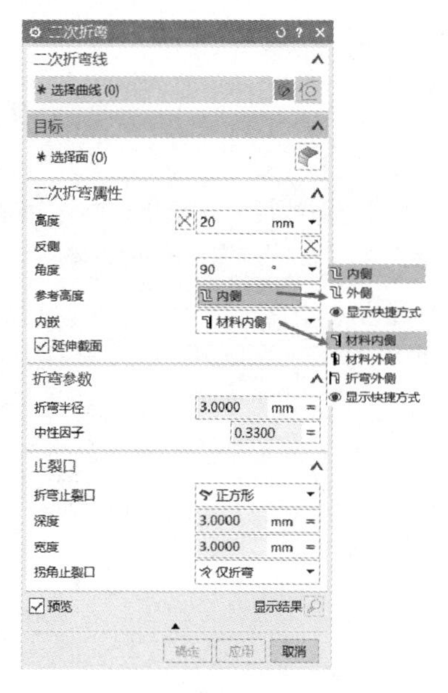

图 8-20

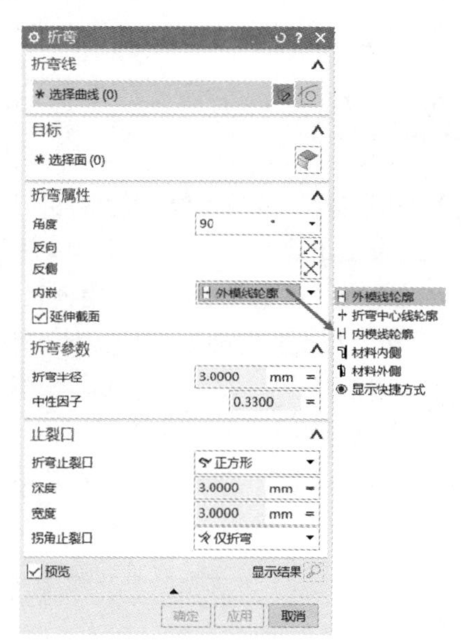

图 8-21

（1）【内嵌】包括外模线轮廓、折弯中心线轮廓、内模线轮廓、材料内侧、材料外侧共 5 种。

① 外模线轮廓：轮廓线表示在展开状态时平面静止区域和圆柱折弯区域之间连接的直线。

② 折弯中心线轮廓：轮廓线表示折弯区域之间连接的直线。

③ 内模线轮廓：轮廓线表示在展开状态时的平面 Web 区域和圆柱折弯区域之间连接的直线。

④ 材料内侧：在成型状态下轮廓线在 Web 区域中外侧平面内，采用【材料内侧】选项创建折弯特征。

⑤ 材料外侧：在成型状态下轮廓线在 Web 区域中内侧平面内，采用【材料外侧】选项创建折弯特征。

（2）延伸截面：定义是否延伸截面到零件的边。

8.2.7　凹坑

凹坑是指用一组连续的曲线作为成形面的轮廓线，沿着钣金零件体表面的法向成形，同时在轮廓线上建立成形钣金部件的过程，它和冲压开孔有一定的相似之处，主要不同是浅成形不裁剪由轮廓线生成的平面。

选择【菜单】|【插入】|【冲孔】|【凹坑】命令，弹出如图 8-22 所示的【凹坑】对话框。

8.2.8　法向开孔

法向开孔是指用一组连续的曲线作为裁剪的轮廓线，沿着钣金零件体表面的法向进行裁剪。

选择【菜单】|【插入】|【切割】|【法向开孔】命令，弹出如图 8-23 所示的【法向开孔】对话框。

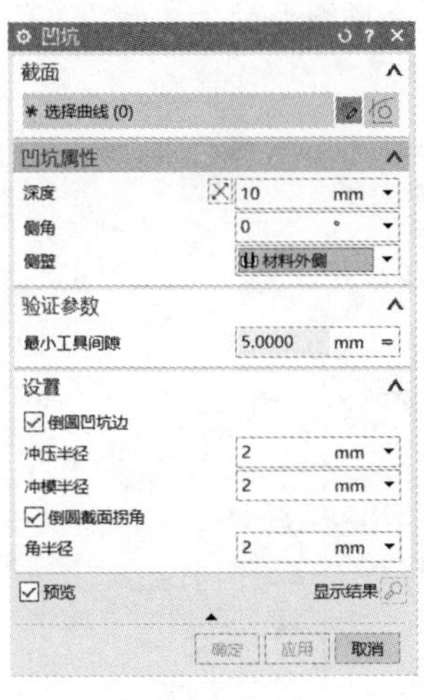

图 8-22

图 8-23

（1）切割方法：主要包括厚度、中位面和最近的面 3 种方法。

① 厚度：是指在钣金零件体放置面沿着厚度方向进行裁剪。

② 中位面：是指在钣金零件体放置面的中间面向钣金零件体的两侧进行裁剪。

③ 最近的面：是指在钣金零件体放置面最近的面向钣金零件体的另一侧进行裁剪。

（2）限制：主要包括值、所处范围、直至下一个和贯通全部 4 种方法。

① 值：是指沿着法向，穿过至少指定一个厚度的深度尺寸的裁剪。

② 所处范围：是指沿着法向从开始面穿过钣金零件的厚度，延伸到指定结束面的裁剪。

③ 直至下一个：是指沿着法向穿过钣金零件的厚度，延伸到最近面的裁剪。

④ 贯通：是指沿着法向，穿过钣金零件所有面的裁剪。

实例：绘制餐盘

Step 01 启动 UG NX 1904 软件，在模型中选择【NX 钣金】，新建文件名为【餐盘】，单击【确定】按钮，进入钣金建模模块。

Step 02 选择【菜单】|【插入】|【突出块】命令，单击【截面】选项中的【绘制截面】按钮，弹出【创建草图】对话框，选择【XC-YC 平面】，单击【确定】按钮。创建如图 8-24 所示的草图曲线。单击【完成】按钮，在弹出的【突出块】对话框中输入【厚度】值为 0.6mm，单击【确定】按钮。

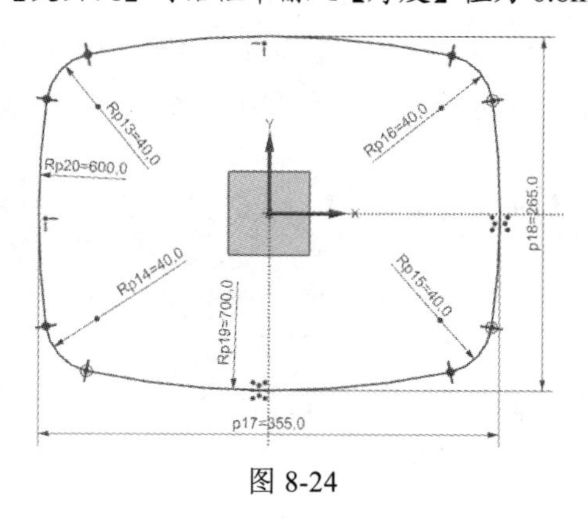

图 8-24

Step 03 选择【菜单】|【插入】|【草图】命令，以步骤 2 生成图形的上表面为草绘平面，绘制如图 8-25 所示的草图。

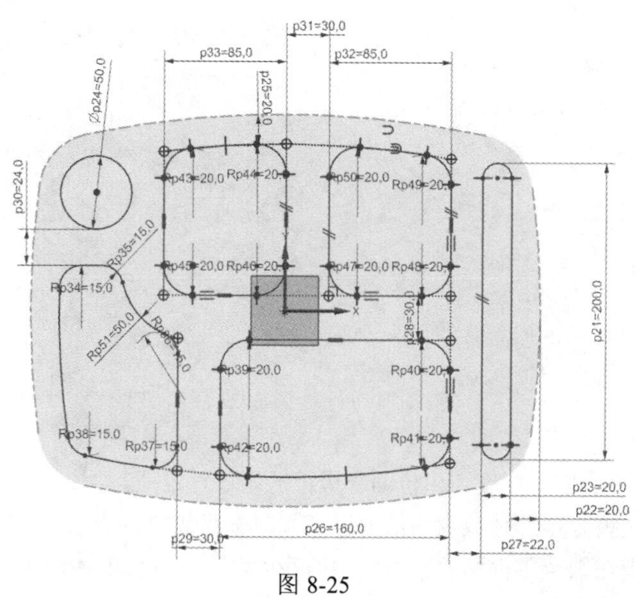

图 8-25

Step 04 选择【菜单】|【插入】|【冲孔】|【凹坑】命令，截面曲线选择如图 8-26 所示的 4 条曲线，凹坑的深度为【5mm】，侧角为【30° 】，参考深度选择【内侧】，侧壁选择【材料外侧】，选择【倒圆凹坑边】复选框，设置冲压半径为【5mm】，冲模半径为【1mm】，单击【确定】按钮，完成一凹坑的绘制。

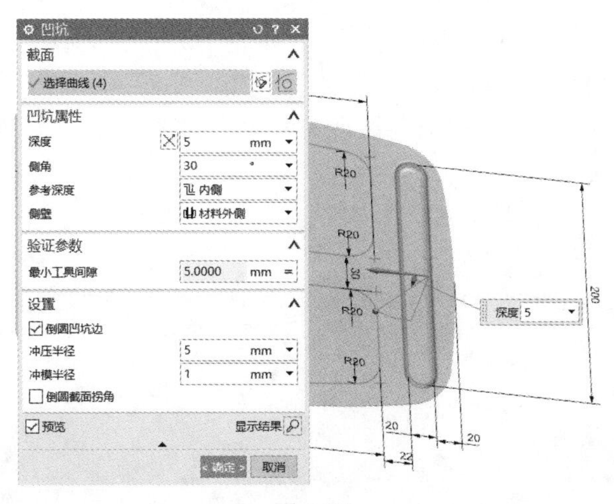

图 8-26

Step 05 选择【菜单】|【插入】|【冲孔】|【凹坑】命令，截面曲线选择如图 8-27 所示的 8 条曲线，凹坑的深度为 20mm，侧角为 30° ，参考深度选择【内侧】，侧壁选择【材料外侧】，选择【倒圆凹坑边】复选框，设置冲压半径为【20mm】，冲模半径为【1mm】，单击【确定】按钮，完成一凹坑的绘制。

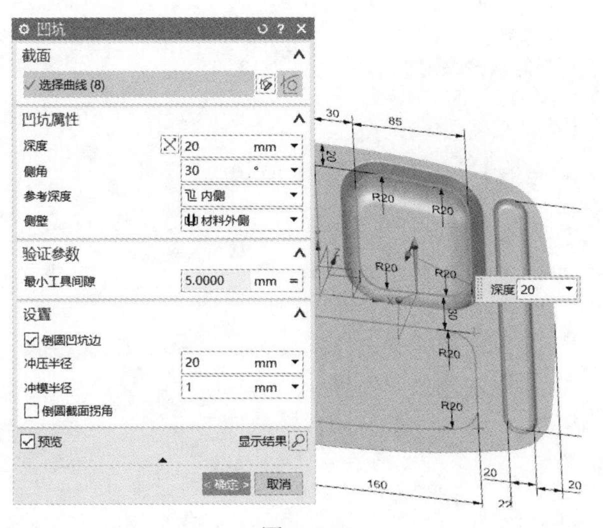

图 8-27

Step 06 选择【菜单】|【插入】|【冲孔】|【凹坑】命令，截面曲线选择如图 8-28 所示的 8 条曲线，凹坑的深度为【20mm】，侧角为【30° 】，参考深度选择【内侧】，侧壁选择【材料外侧】，选择【倒圆凹坑边】复选框，设置冲压半径为【20mm】，冲模半径为【1mm】，单击【确定】按钮，完成一凹坑的绘制。

Step 07 选择【菜单】|【插入】|【冲孔】|【凹坑】命令，截面曲线选择如图 8-29 所示的 1 条曲线，凹坑的深度为【8mm】，侧角为【30° 】，参考深度选择【内侧】，侧壁选择【材料外侧】，选择【倒圆凹坑边】复选框，设置冲压半径为【10mm】，冲模半径为【1mm】，单击【确定】按钮，完成一凹坑的绘制。

Step 08 选择【菜单】|【插入】|【冲孔】|【凹坑】命令，截面曲线选择如图 8-30 所示的 10 条曲线，凹坑的深度为【20mm】，侧角为【30° 】，参考深度选择【内侧】，侧壁选择【材料外侧】，选择【倒圆凹坑边】复选框，设置冲压半径为【20mm】，冲模半径为【1mm】，单击【确定】按钮，完成一凹坑的绘制。

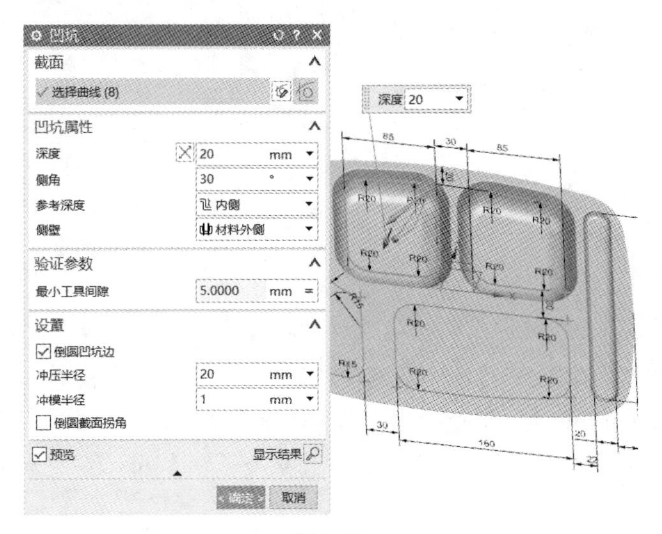

图 8-28

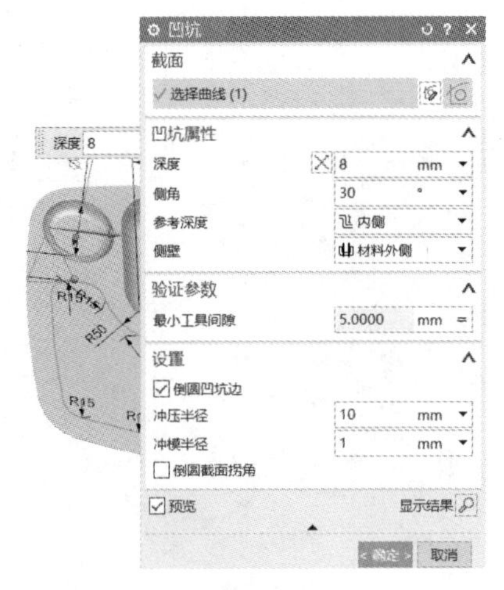

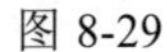

图 8-29

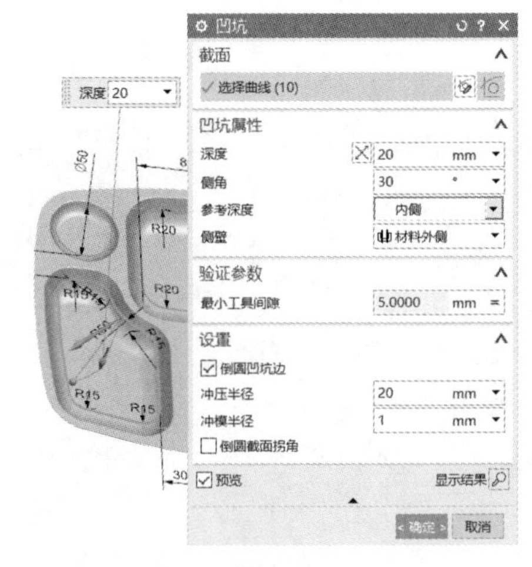

图 8-30

Step 09 选择【菜单】|【插入】|【冲孔】|【凹坑】命令，截面曲线选择如图 8-31 所示的 10 条曲线，凹坑的深度为 20mm，侧角为 30° ，参考深度选择【内侧】，侧壁选择【材料外侧】，选择【倒圆凹坑边】复选框，设置冲压半径为【20mm】，冲模半径为【1mm】，单击【确定】按钮，完成一凹坑的绘制。

Step 10 选择【菜单】|【插入】|【折弯】|【折边弯边】命令，弹出【折边】对话框，折边的方法选择【闭环】，要折边的边选择如图 8-32 所示的 8 条边，内嵌选择【材料内侧】，折弯半径为【1mm】，【弯边长度】为 3mm，中性因子为【0.3300】，折弯止裂口选择【正方形】，止裂口的深度为 3mm，止裂口的宽度为 3mm。

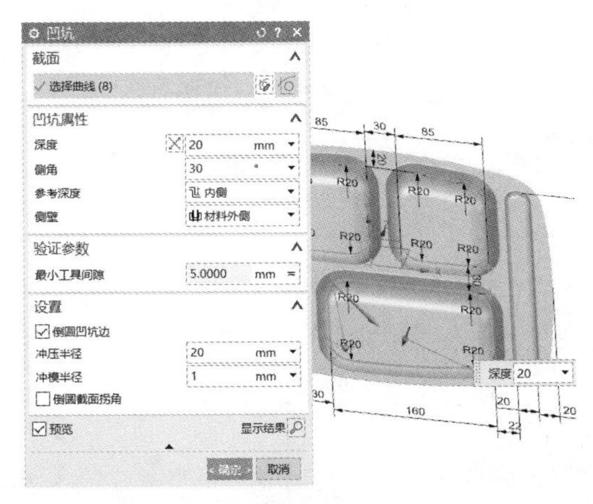

图 8-31

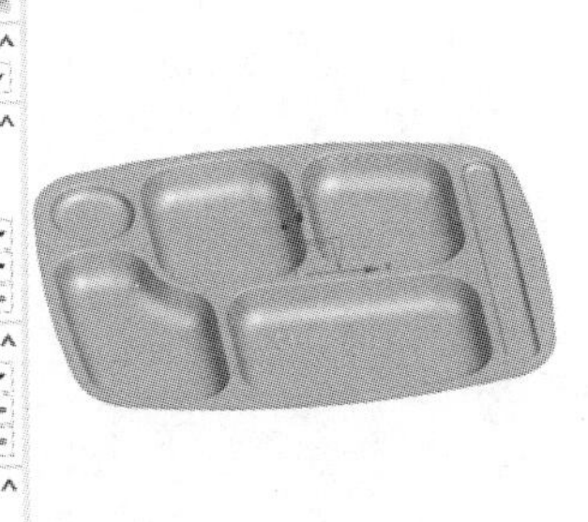

图 8-32

实例：绘制易拉罐提手

Step 01 启动 UG NX 1904 软件，选择【文件】|【新建】命令，打开【新建】对话框，在模型中选择【NX 钣金】，新建文件名为【餐盘】，单击【确定】按钮，进入钣金建模模块。

Step 02 选择【菜单】|【插入】|【突出块】命令，单击【截面】选项中的【绘制截面】按钮，弹出【创建草图】对话框，选择【XC-YC 平面】，单击【确定】按钮。创建如图 8-33 所示的草图曲线。单击【完成】按钮，在弹出的【突出块】对话框中输入【厚度】值为 0.2mm，单击【确定】按钮。

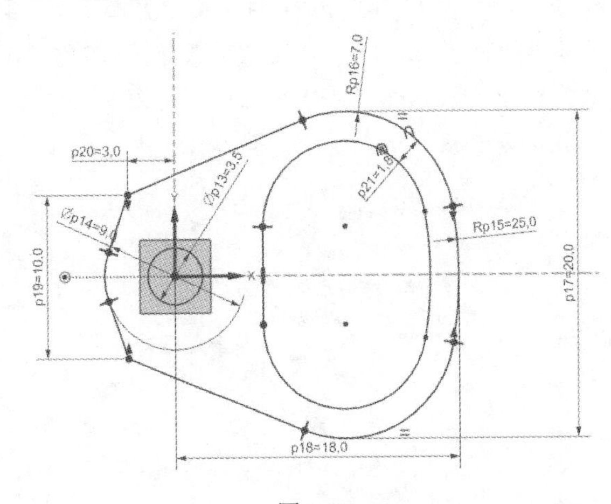

图 8-33

Step 03 选择【菜单】|【插入】|【冲孔】|【凹坑】命令，单击选择曲线中的【绘制截面】命令，以图直径为 3.5 的圆心为圆心绘制直径为 4.5 的圆，单击【完成】按钮，返回【凹坑】对话框，凹坑的深度为【0.8mm】，侧角为【65°】，参考深度选择【内侧】，侧壁选择【材料外侧】，选择【倒圆凹坑边】复选框，设置冲压半径为【1mm】，冲模半径为【1mm】，单击【确定】按钮，完成一凹坑的绘制，如图 8-34 所示。

Step 04 选择【菜单】|【插入】|【折弯】|【折边弯边】命令，在弹出的对话框中折边的方法选择【开放】，要折边的边选择如图 8-35 所示的 5 条边，内嵌选择【材料内侧】，折弯半径为【0.3mm】，弯边长度为【0.4mm】，中性因子为【0.3300】，折弯止裂口选择【正方形】，止裂口的深度为 3mm，

止裂口的宽度为 3mm。单击【确定】按钮。

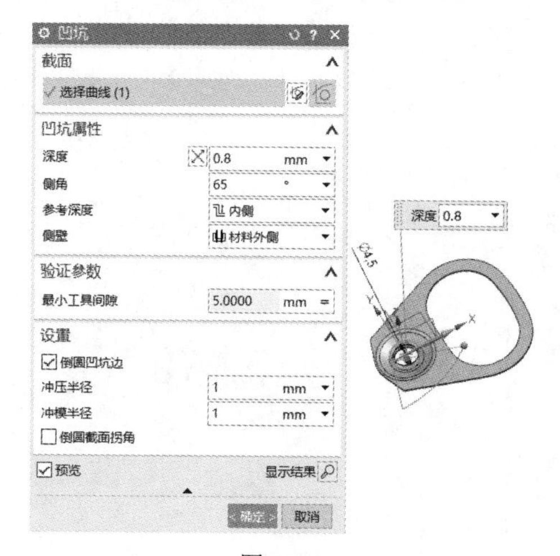

图 8-34

图 8-35

Step 05 选择【菜单】|【插入】|【折弯】|【折边弯边】命令，在弹出的对话框中折边的方法选择【开放】，要折边的边选择如图 8-36 所示的 4 条边，内嵌选择【材料内侧】，【折弯半径】为 0.3mm，【弯边长度】为 0.4mm，中性因子为【0.3300】，折弯止裂口选择【正方形】，止裂口的深度为【3mm】，止裂口的宽度为【3mm】。单击【确定】按钮。

Step 06 选择【菜单】|【插入】|【折弯】|【轮廓弯边】命令，单击选择曲线中的【绘制截面】命令，绘制如图 8-37 所示的草图，单击【完成】按钮，返回【轮廓弯边】对话框，在【厚度】文本框中输入 0.2mm，宽度选项选择【对称】，在【宽度】文本框中输入 22mm，在【折弯半径】文本框中输入 3mm，在【中性因子】文本框中输入 0.3300，在斜接中选择【使用法向开孔法进行斜接】复选框，单击【确定】按钮。

图 8-36

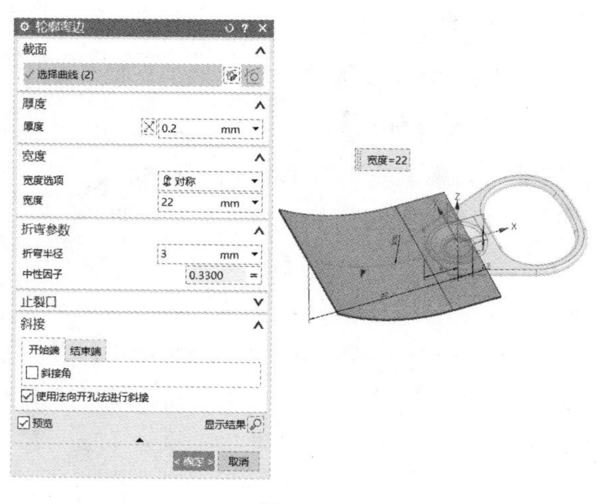

图 8-37

Step 07 选择【菜单】|【插入】|【成形】|【伸直】命令，固定面或边和折弯面的选择如图 8-38 所示。单击【确定】按钮，完成伸直命令。

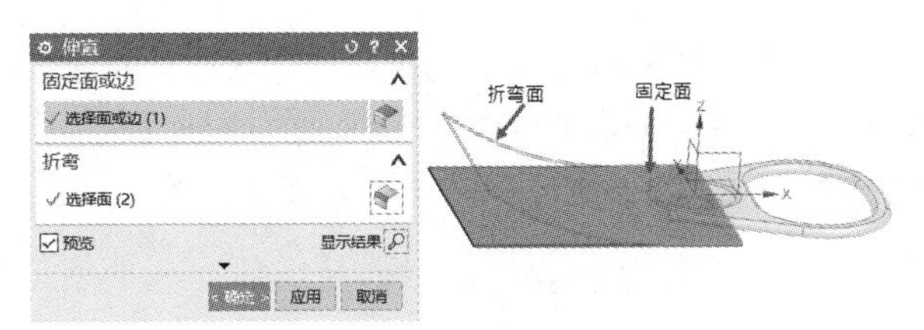

图 8-38

Step 08　选择【菜单】|【插入】|【切割】|【法向开孔】命令，单击选择曲线中的【绘制截面】命令，以【XC-YC 平面】作为草绘平面，绘制如图 8-39 所示的草图，单击【完成】按钮，返回【法向开孔】对话框，目标体为步骤 7 伸直的平面体，在切割方法中选择【厚度】，限制选择【值】，在【深度】文本框中输入 100mm，如图 8-40 所示，单击【确定】按钮。

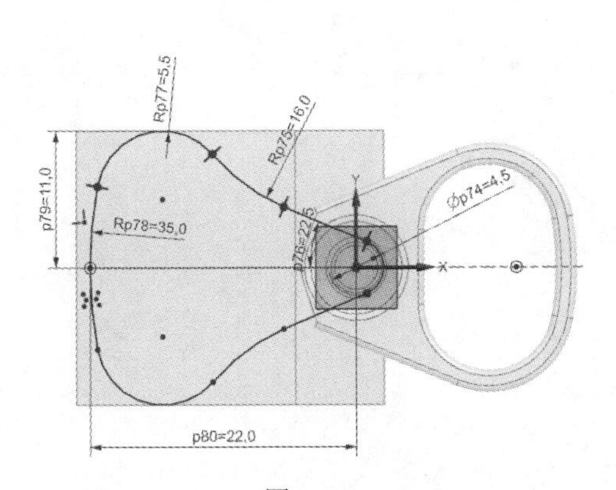

图 8-39

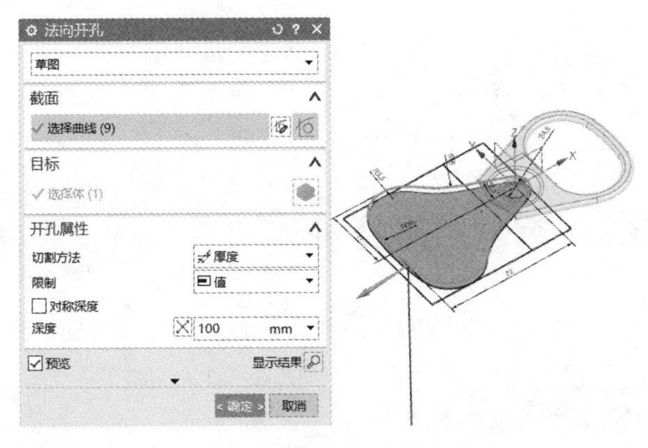

图 8-40

Step 09　选择【菜单】|【插入】|【切割】|【法向开孔】命令，单击选择曲线中的【绘制截面】命令，以【XC-YC 平面】作为草绘平面，绘制如图 8-41 所示的草图，单击【完成】按钮，返回【法向开孔】对话框，目标体为步骤 8 生成的实体，在切割方法中选择【厚度】，限制选择【值】，在【深度】文本框中输入 100mm，单击【确定】按钮，结果如图 8-42 所示。

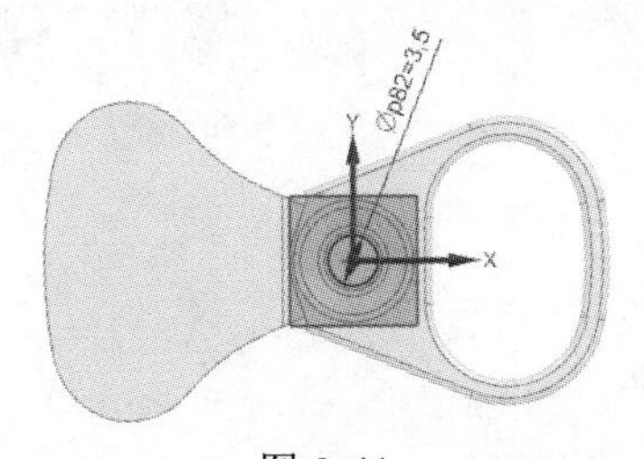

图 8-41

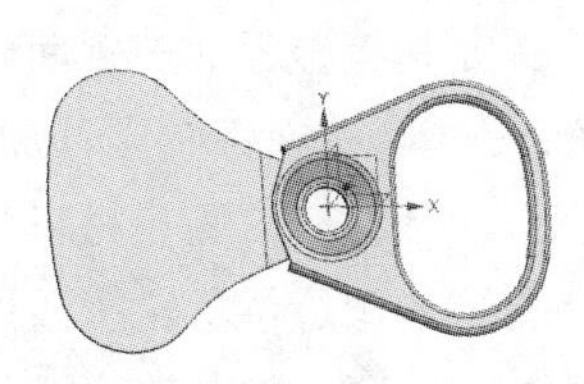

图 8-42

Step 10　选择【菜单】|【插入】|【成形】|【重新折弯】命令，相关参数设置如图 8-43 所示。

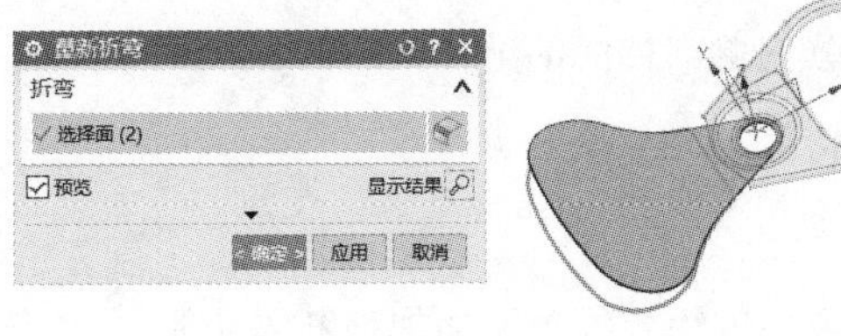

图 8-43

Step 11 选择【应用模块】|【建模】|【旋转】命令，单击选择曲线中的【绘制截面】命令，以【XC-ZC 平面】作为草绘平面，绘制如图 8-44 所示的草图，单击【完成】按钮，轴的指定矢量为【ZC 轴】，旋转角度是从 0° 到 360° ，设置的体类型为【实体】，单击【确定】按钮，完成易拉罐提手的绘制，如图 8-45 所示。

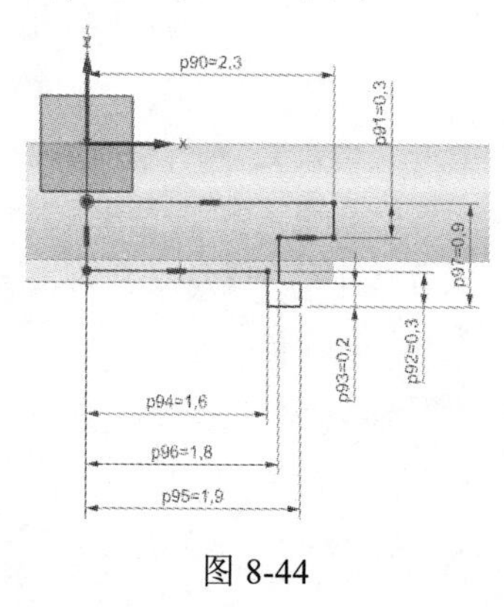

图 8-44

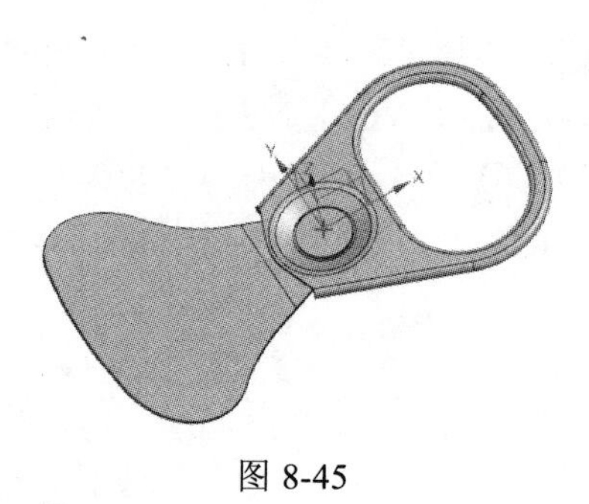

图 8-45

8.3 钣金高级特征

钣金的高级特征包括冲压开孔、筋、百叶窗、倒角、转换为钣金、封闭拐角、展平实体。

8.3.1 冲压开孔

冲压开孔是指用一组连续的曲线作为裁剪的轮廓线，沿着钣金零件体表面的法向进行裁剪，同时在轮廓线上建立弯边的过程。

选择【菜单】|【插入】|【冲孔】|【冲压开孔】命令，弹出如图 8-46 所示的【冲压开孔】对话框。该对话框中各选项功能如下。

图 8-46

（1）深度：是指钣金零件放置面到弯边底部的距离。

（2）侧角：是指弯边在钣金零件放置面法向倾斜的角度。

（3）侧壁：包括材料内侧和材料外侧，材料内侧是指冲压开孔特征所生成的弯边位于轮廓线内部；材料外侧是指冲压开孔特征所生成的弯边位于轮廓线外部。

（4）冲模半径：是指钣金零件放置面转向折弯部分内侧圆柱面的半径大小。

（5）角半径：是指折弯部分内侧圆柱面的半径大小。

8.3.2 筋

筋功能提供了在钣金零件表面的引导线上添加加强筋的功能。

选择【菜单】|【插入】|【冲孔】|【筋】命令，弹出如图 8-47 所示的【筋】对话框。在筋属性中横截面包括圆形、U 形和 V 形 3 种类型。

8.3.3 百叶窗

百叶窗功能提供了在钣金零件平面上创建通风窗的功能。

选择【菜单】|【插入】|【冲孔】|【百叶窗】命令，弹出如图 8-48 所示的【百叶窗】对话框。

1. 切割线

（1）曲线：用来指定使用已有的单一直线作为百叶窗特征的轮廓线来创建百叶窗特征。

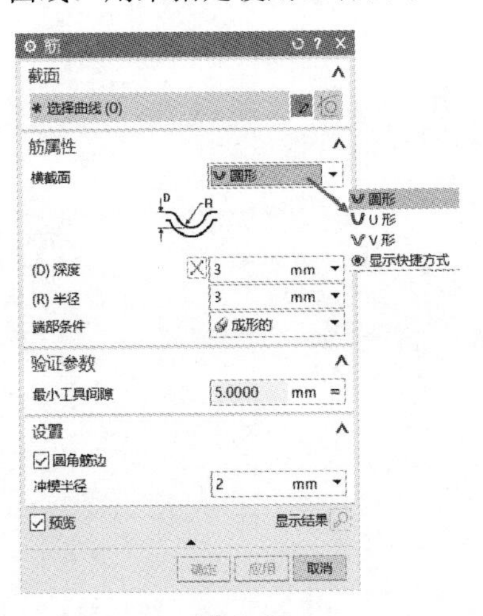

图 8-47

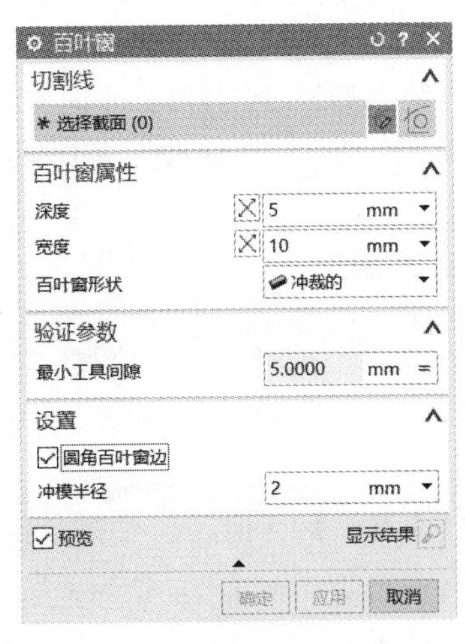

图 8-48

（2）选择截面：选择零件平面作为参考平面绘制直线草图作为百叶窗特征的轮廓线，来创建切开端百叶窗特征。

2. 百叶窗属性

（1）深度：百叶窗特征最外侧点距钣金零件表面的距离。

（2）宽度：百叶窗特征在钣金零件表面投影轮廓的宽度。

（3）百叶窗形状：包括成形的和冲裁的两种类型选项。

3. 圆角百叶窗边

选择此复选框，此时冲模半径输入框有效，可以根据需求设置冲模半径。

8.3.4 倒角

倒角就是对钣金件进行圆角或者倒角处理。

选择【菜单】|【插入】|【拐角】|【倒角】命令，弹出如图 8-49 所示的【倒角】对话框。

图 8-49

（1）方法：有【圆角】和【倒斜角】两种。

（2）半径/距离：是指倒圆的外半径或者倒角的偏置尺寸。

8.3.5 转换为钣金

转换为钣金是指把非钣金件转换为钣金件，但钣金件必须是等厚度的。

选择【菜单】|【插入】|【转换】|【转换为钣金】命令，弹出如图 8-50 所示的【转换为钣金件】对话框。

（1）选择基准面：指定选择钣金零件平面作为固定位置来创建转换为钣金特征。

（2）选择边：用于创建边缘裂口所要选择的边缘。

（3）选择截面：用于指定已有的边缘来创建【转换为钣金】特征。

（4）绘制截面：选择零件平面作为参考平面，绘制直线草图作为转换为钣金特征的边缘来创建转换为钣金特征。

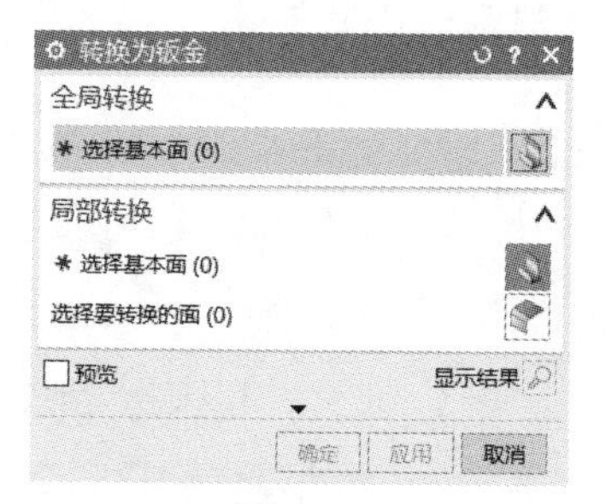

图 8-50

8.3.6 封闭拐角

封闭拐角是指在钣金基础面和以其相邻的两个具有相同参数的弯曲面，在基础面同侧所形成的拐角处，创建一定形状拐角的过程。

选择【菜单】|【插入】|【拐角】|【封闭拐角】命令，打开如图 8-51 所示的【封闭拐角】对话框。

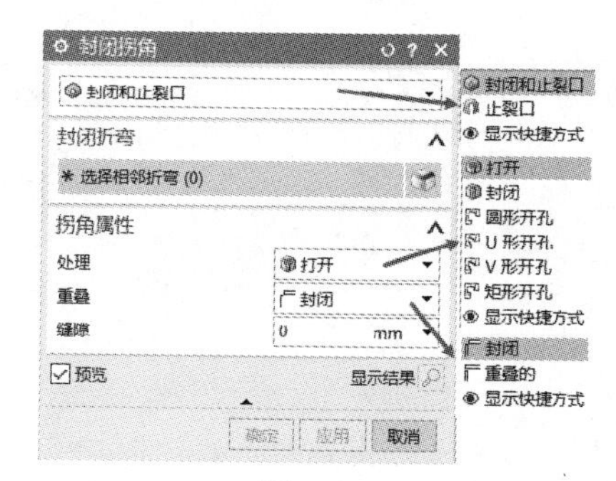

图 8-51

8.3.7 展平实体

采用展平实体命令可以在同一钣金零件中创建平面展平图，展开实体特征版本与成形特征版本相关联。当采用展平实体命令展开钣金零件时，将展平实体特征作为【引用集】在【部件导航器】中显示。如果钣金零件包含变形特征，这些特征将保持原有的状态；如果钣金模型更改，平面展平图处理也自动更新并包含了新的特征。

选择【菜单】|【插入】|【展平图样】|【展平实体】命令，弹出如图 8-52 所示的【展平实体】对话框。

（1）固定面：可以选择钣金零件的平面表面作为展平实体的参考面，在选定参考面后系统将以该平面为基准将钣金零件展开。

（2）方法：可以选择钣金零件边作为展平实体的参考轴方向及原点，并在视图区中显示参考轴方向，在选定参考轴后，系统将以该参考轴和（1）中选择的参考面为基准，将钣金零件展开，创建钣金实体。

图 8-52

实例：绘制支架

Step 01 *启动 UG NX 1904 软件，在模型中选择【NX 钣金】，新建文件名为【支架】，单击【确定】按钮，进入钣金建模模块。*

Step 02　选择【菜单】|【插入】|【突出块】命令，单击【截面】选项中的【绘制截面】按钮，弹出【创建草图】对话框，选择【XC-YC 平面】，单击【确定】按钮。创建如图 8-53 所示的草图曲线。单击【完成】按钮，在弹出的【突出块】对话框中输入【厚度】值为 1.5mm，单击【确定】按钮。

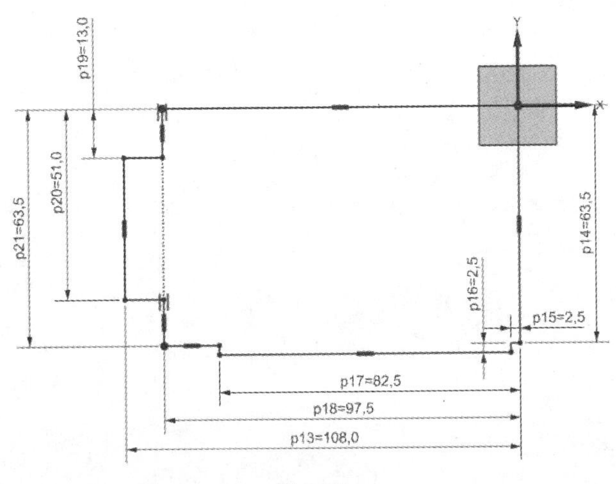

图 8-53

Step 03　选择【菜单】|【插入】|【折弯】|【轮廓弯边】命令，选择【次要】的方法创建轮廓弯边，单击【截面】选项中的【绘制截面】按钮，弹出【创建草图】对话框，选择【XC-ZC 平面】，单击【确定】按钮。创建如图 8-54 所示的草图曲线。单击【完成】按钮，返回【轮廓弯边】对话框，在【宽度选项】下拉列表框中选择【末端】选项，在【斜接】选项组中选择【使用法向开孔法进行斜接】复选框，单击【确定】按钮，完成轮廓弯边的创建。

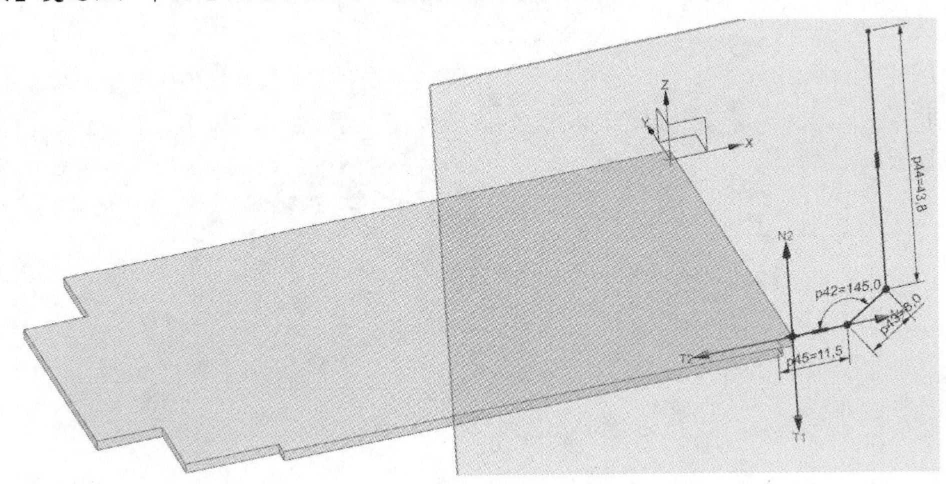

图 8-54

Step 04　选择【菜单】|【插入】|【折弯】|【弯边】命令，选择的边如图 8-55 所示，在【宽度选项】下拉列表框中选择【在端点】选项，指定点如图 8-55 所示，在【宽度】文本框中输入 20mm，在【长度】文本框中输入 20mm，在【角度】文本框中输入 90°，在【参考长度】中选择【外侧】选项，在【内嵌】中选择【折弯外侧】选项，偏置距离为 0mm，在折弯参数中，折弯半径为 3.0mm，

中性因子为 0.33。

Step 05 选择【菜单】|【插入】|【折弯】|【弯边】命令，选择的边如图 8-56 所示，在【宽度选项】中选择【在中心】选项，指定点如图 8-56 所示，在【宽度】文本框中输入 25mm，在【长度】文本框中输入 4mm，在【角度】文本框中输入 90°，在【参考长度】中选择【内侧】，在【内嵌】中选择【折弯外侧】，偏置距离为 6.5mm，在折弯参数中，折弯半径为 3.0mm，中性因子为 0.33。

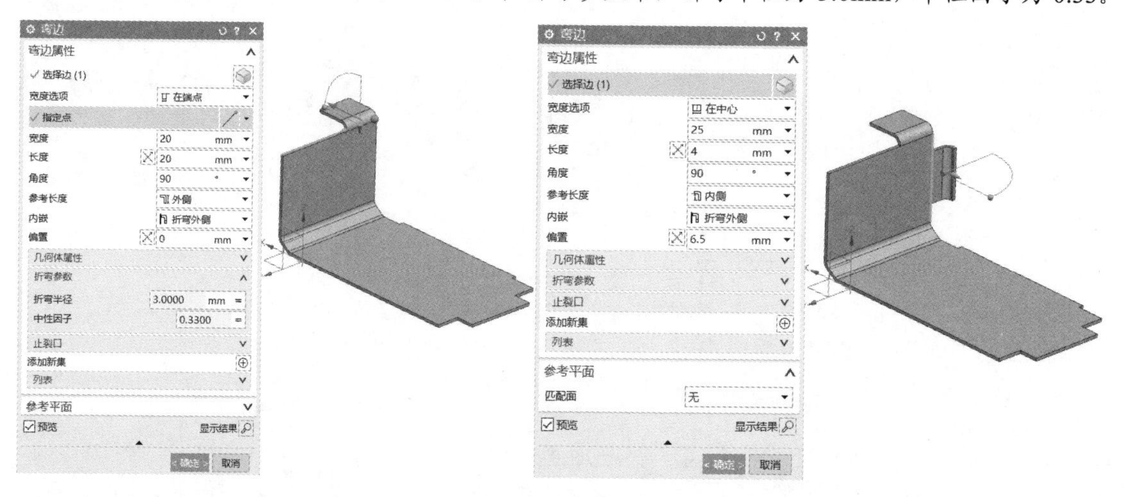

图 8-55　　　　图 8-56

Step 06 选择【菜单】|【插入】|【折弯】|【弯边】命令，选择的边如图 8-57 所示，在【宽度选项】中选择【完整】，指定点如图 8-57 所示，在【长度】文本框中输入 48.3886mm，在【角度】文本框中输入 90°，在【参考长度】中选择【内侧】，在【内嵌】中选择【折弯外侧】，偏置距离为 0mm，在折弯参数中，折弯半径为 3.0mm，中性因子为 0.33。

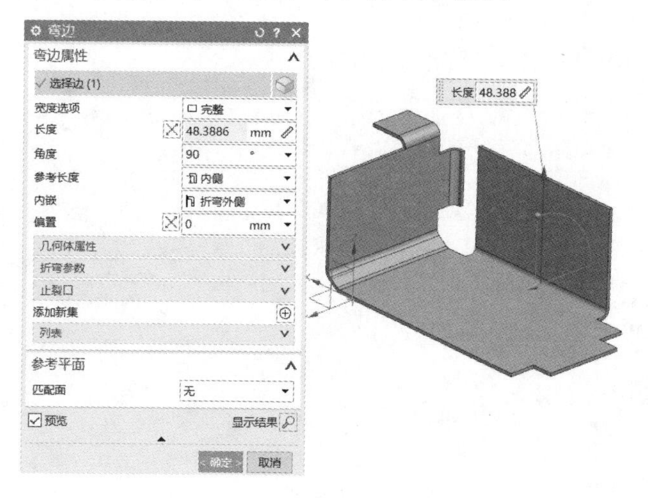

图 8-57

Step 07 选择【菜单】|【插入】|【切割】|【法向开孔】命令，单击选择曲线中的【绘制截面】命令，以【XC-ZC 平面】作为草绘平面，绘制如图 8-58 所示的草图，单击【完成】按钮，返回【法向开孔】对话框，目标体为步骤 6 生成的弯边体，在开孔属性的切割方法中选择【厚度】选

项，限制选择【贯通】，选择【对称深度】复选框，单击【确定】按钮，如图 8-59 所示。

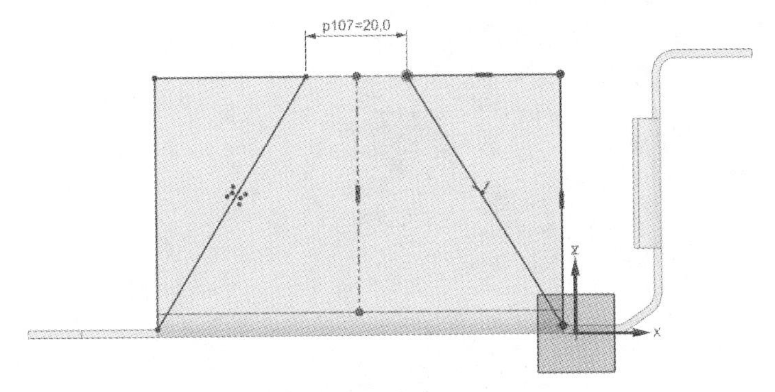

图 8-58

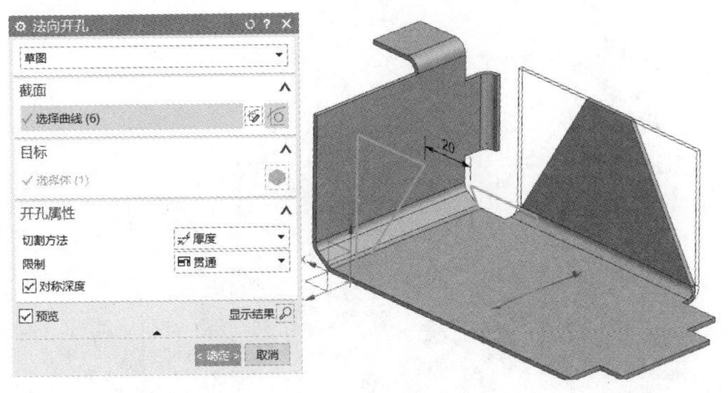

图 8-59

Step 08 选择【菜单】|【插入】|【折弯】|【弯边】命令，选择的边如图 8-60 所示，在【宽度选项】中选择【完整】选项，在【长度】文本框中输入 25mm，在【角度】文本框中输入 90°，在【参考长度】中选择【内侧】，在【内嵌】中选择【折弯外侧】，偏置距离为 0mm，在折弯参数中，折弯半径为 3.0mm，中性因子为 0.33。

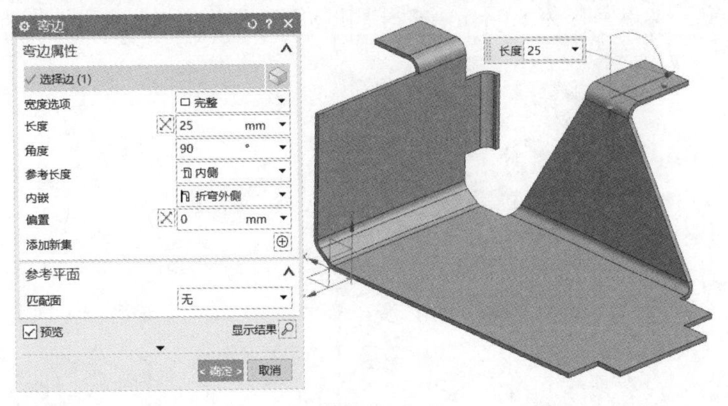

图 8-60

Step 09 选择【菜单】|【插入】|【切割】|【法向开孔】命令，单击选择曲线中的【绘制截面】命令，以步骤 6 生成的弯边为草绘平面，绘制如图 8-61 所示的草图，单击【完成】按钮，返回【法向开孔】对话框，目标体为步骤 6 生成的弯边体，在开孔属性的切割方法中选择【厚度】，限制

选择【值】，在【深度】文本框中输入 9mm，选择【对称深度】复选框，单击【确定】按钮，如图 8-62 所示。

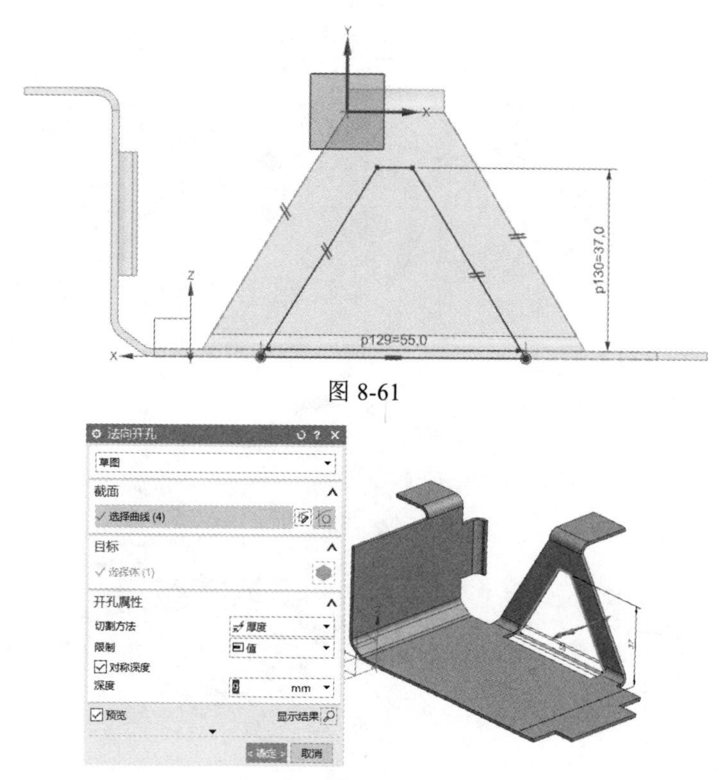

图 8-61

图 8-62

Step 10 选择【菜单】|【插入】|【冲孔】|【筋】命令，单击选择曲线中的【绘制截面】命令，以步骤 6 生成的弯边为草绘平面，绘制如图 8-63 所示的草图，单击【完成】按钮，在筋属性中横截面选择【圆形】，在【深度】文本框中输入 1mm，在【半径】文本框中输入 2mm，端部条件选择【成形的】，最小工具间隙为 5.0mm，选择【圆角筋边】复选框，冲模半径为 2mm，单击【确定】按钮，如图 8-64 所示。

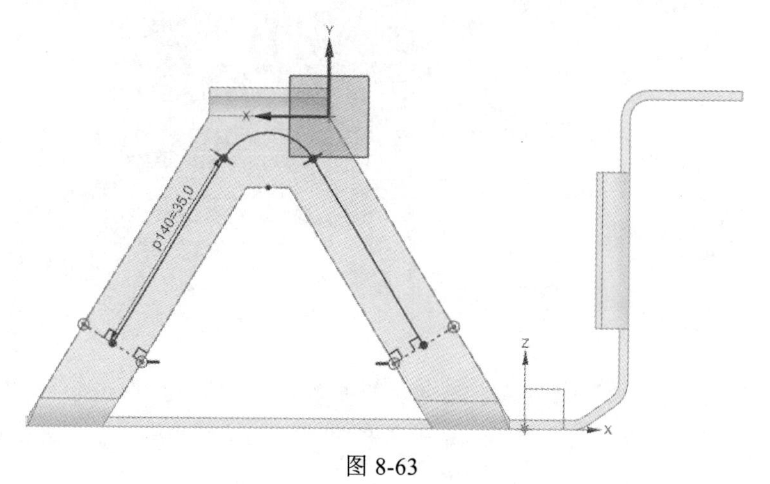

图 8-63

Step 11 选择【菜单】|【插入】|【切割】|【法向开孔】命令，单击选择曲线中的【绘制截面】命令，绘制如图 8-65 所示的草图，单击【完成】按钮，返回【法向开孔】对话框，在开孔属性的切割方法中选择【厚度】选项，限制选择【贯通】，选择【对称深度】复选框，单击【确定】按钮，如图 8-66 所示。

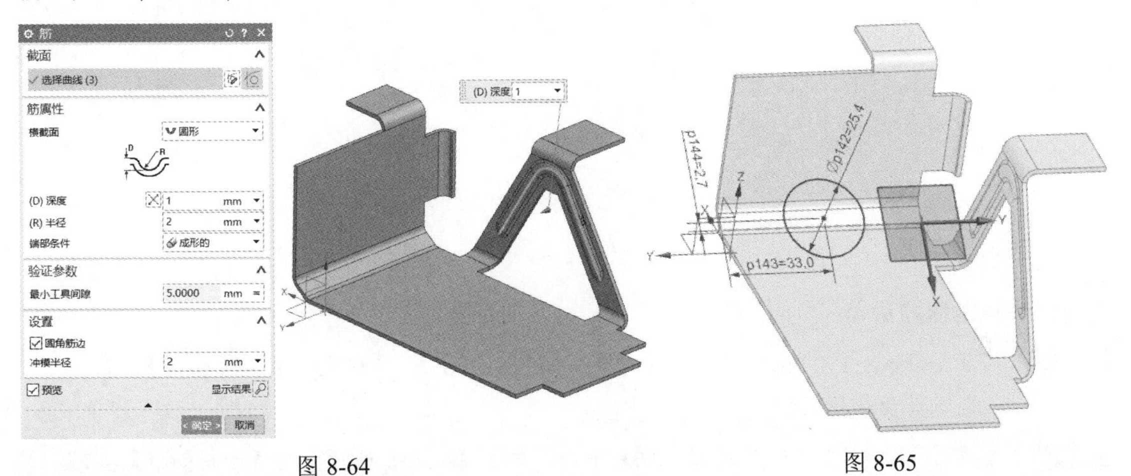

图 8-64　　　　图 8-65

Step 12 选择【菜单】|【插入】|【拐角】|【倒角】命令，选择的面或边如图 8-67 所示，在倒角属性中方法选择【圆角】，在【半径】文本框中输入 3mm，单击【确定】按钮。

图 8-66　　　　图 8-67

Step 13 选择【菜单】|【插入】|【拐角】|【倒角】命令，选择的面或边如图 8-68 所示，在倒角属性中方法选择【圆角】，在【半径】文本框中输入 6.5mm，单击【确定】按钮。

Step 14 选择【菜单】|【插入】|【拐角】|【倒角】命令，选择的面或边如图 8-69 所示，在倒角属性中方法选择【圆角】，在【半径】文本框中输入 2.5mm，单击【确定】按钮。

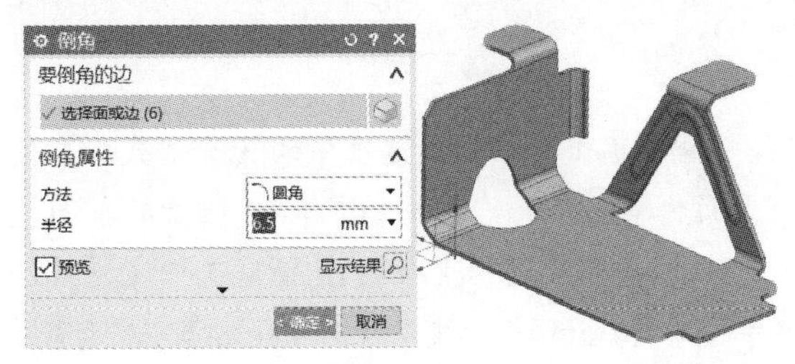

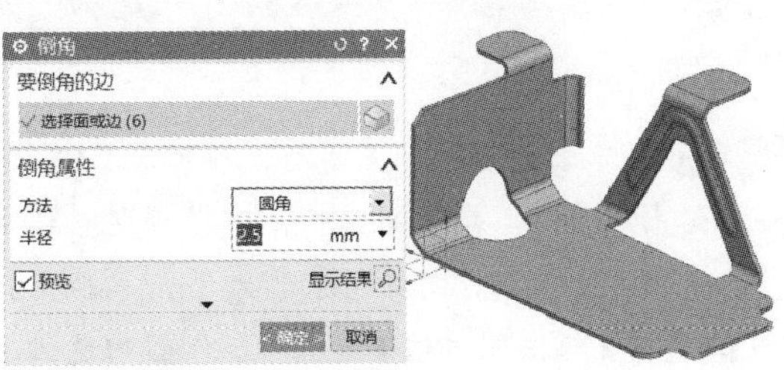

图 8-68　　　　图 8-69

Step 15 选择【菜单】|【插入】|【拐角】|【倒斜角】命令，选择的面或边如图 8-70 所示，在偏置中横截面选择【对称】，在【距离】文本框中输入 4.5mm，单击【确定】按钮。

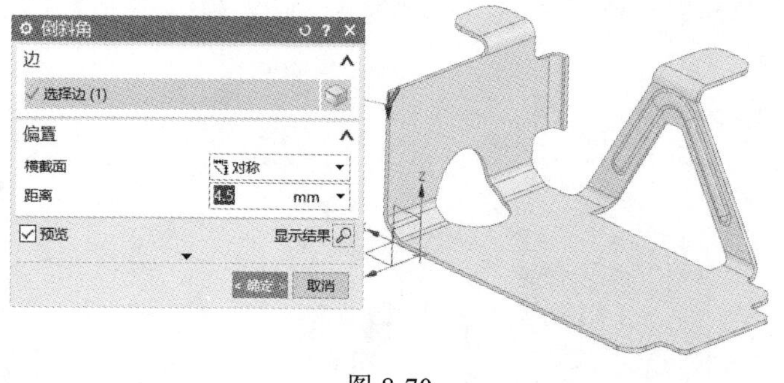

图 8-70

实例：绘制稳压器后盖

Step 01 启动 UG NX 1904 软件，在模型中选择【NX 钣金】，新建文件名为【餐盘】，单击【确定】按钮，进入钣金建模模块。

Step 02 选择【菜单】|【插入】|【突出块】命令，单击【截面】选项中的【绘制截面】按钮，弹出【创建草图】对话框，选择【XC-YC 平面】，单击【确定】按钮。创建如图 8-71 所示的草图曲线。单击【完成】按钮，在弹出的【突出块】对话框中输入【厚度】值为 0.5mm，单击【确定】按钮。

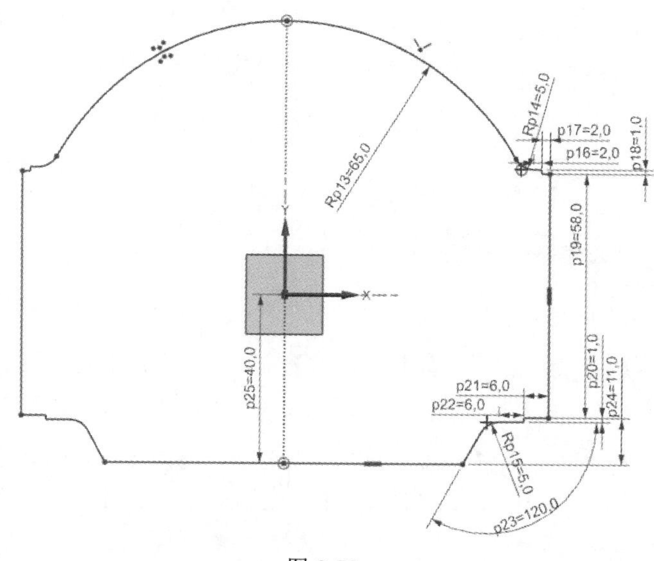

图 8-71

Step 03 选择【菜单】|【插入】|【冲孔】|【凹坑】命令，单击【截面】选项中的【绘制截面】按钮，弹出【创建草图】对话框，选择步骤 2 绘制的平面为草绘平面，绘制如图 8-72 所示的草图，单击【完成】按钮。凹坑的深度为 3mm，侧角为 30°，参考深度选择【内侧】，侧壁选择【材料外侧】，选择【倒圆凹坑边】复选框，倒圆凹坑边冲压半径为【1mm】，冲模半径为【1mm】，选择【倒圆截面拐角】复选框，在【角半径】文本框中输入 3mm，单击【确定】按钮，如图 8-73 所示。

Step 04 选择【菜单】|【插入】|【草图】命令，以步骤 3 生成图形的上表面为草绘平面，绘制如图 8-74 所示的草图。

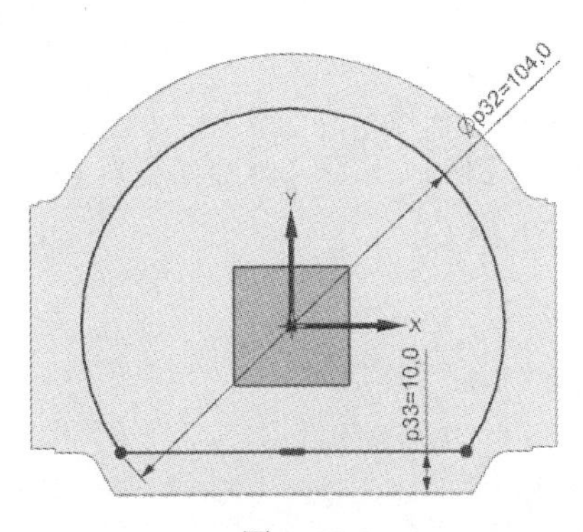

图 8-72

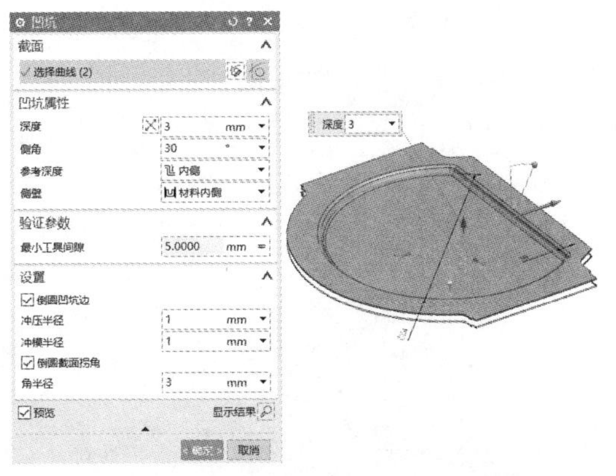

图 8-73

Step 05 选择【菜单】|【插入】|【切割】|【法向开孔】命令，截面曲线选择步骤 4 绘制的最外边的圆，在开孔属性的切割方法中选择【厚度】选项，限制选择【值】，选择【对称深度】复选框，在【深度】文本框中输入 20mm，单击【确定】按钮，得到的效果如图 8-75 所示。

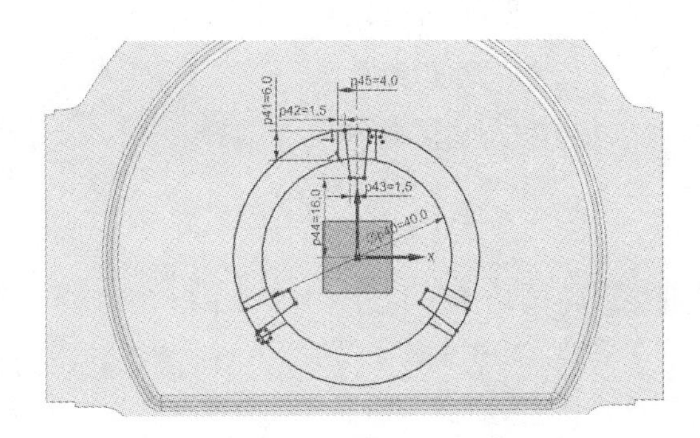

图 8-74

Step 06 选择【菜单】|【插入】|【高级钣金】|【高级弯边】命令，在弹出的对话框中选择【按值】的方式创建高级弯边，【基本边】选择步骤 4 绘制的最外边的圆，在【长度】文本框中输入 2mm，在【角度】文本框中输入 90° ，参考长度选择【内侧】，内嵌选择【折弯外侧】，在折弯参数中【折弯半径】为 0.5mm，【中性因子】为 0.3300，【折弯止裂口】选择正方形，深度和宽度都为 3.0mm，单击【确定】按钮，如图 8-76 所示。

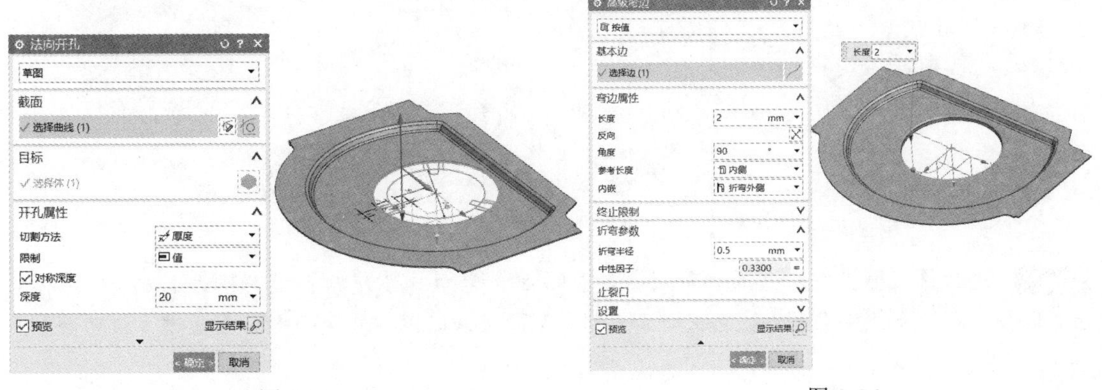

图 8-75　　图 8-76

Step 07 选择【菜单】|【插入】|【高级钣金】|【高级弯边】命令，在弹出的对话框中选择【按

值】的方式创建高级弯边，【基本边】选择步骤 6 绘制的最下边的圆，在【长度】文本框中输入 7mm，在【角度】文本框中输入 90°，参考长度选择【内侧】，内嵌选择【材料内侧】，在折弯参数中【折弯半径】为 0.5mm，【中性因子】为 0.3300，【折弯止裂口】选择正方形，深度和宽度都为 3.0mm，单击【确定】按钮，如图 8-77 所示。

Step 08 选择【菜单】|【插入】|【切割】|【法向开孔】命令，截面曲线选择步骤 4 绘制的最里边的圆，在开孔属性的切割方法中选择【厚度】选项，限制选择【值】，选择【对称深度】复选框，在【深度】文本框中输入 20mm，单击【确定】按钮，如图 8-78 所示。

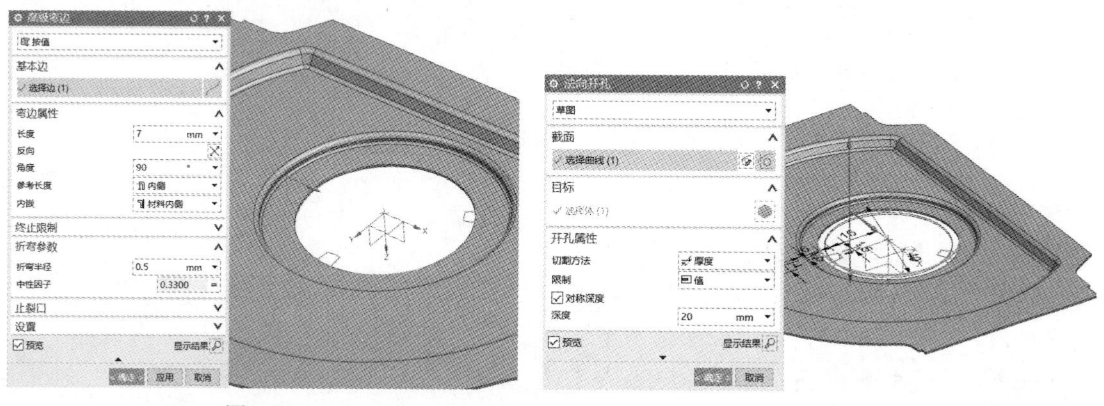

图 8-77　　　　图 8-78

Step 09 选择【菜单】|【插入】|【切割】|【法向开孔】命令，单击【截面】选项中的【绘制截面】按钮，绘制如图 8-79 所示的草图（注意：草图的宽度与步骤 4 的图形宽度相同，高度只要超过步骤 4 最外边的圆即可，本次选用其为 12），单击【确定】按钮，返回【法向开孔】对话框，在开孔属性的切割方法中选择【厚度】选项，限制选择【值】，选择【对称深度】复选框，在【深度】文本框中输入 20mm，单击【确定】按钮，如图 8-80 所示。

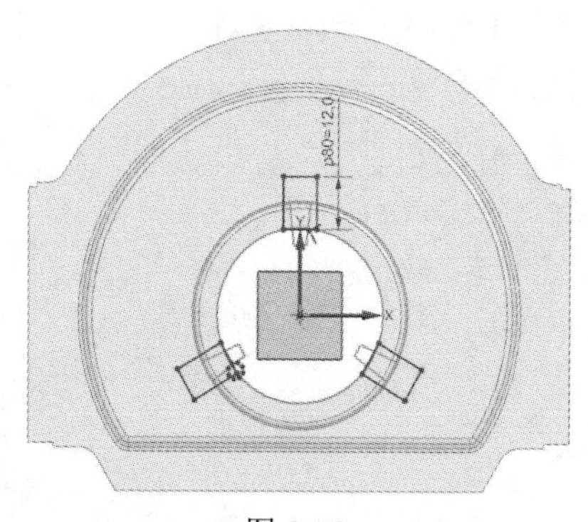

图 8-79

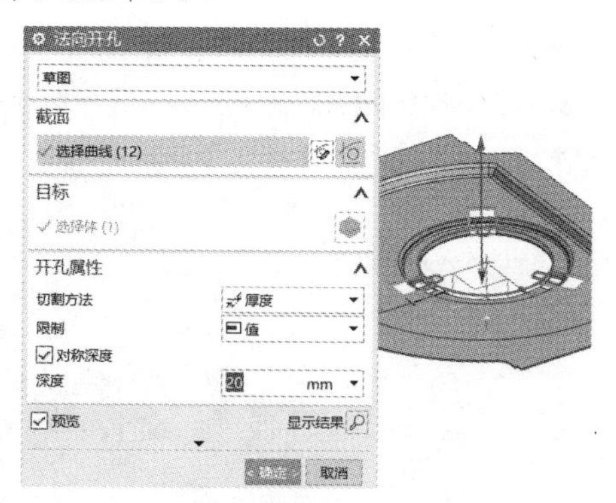

图 8-80

Step 10 选择【应用模块】|【建模】|【菜单】|【插入】|【同步建模】|【移动面】命令，选择的面如图 8-81 所示，在【运动】中选择【点到点】选项，同理，其余两部分也通过【移动面】命令实现。

Step 11 选择【菜单】|【插入】|【突出块】命令，选择【次要】方式创建突出块，单击【截面】选项中的【绘制截面】按钮，弹出【创建草图】对话框，选择【XC-YC 平面】，单击【确定】按

钮。创建如图 8-82 所示的草图曲线。单击【完成】按钮，截面曲线和目标体的选择如图 8-83 所示。重复上述步骤，完成其余两部分突出块。

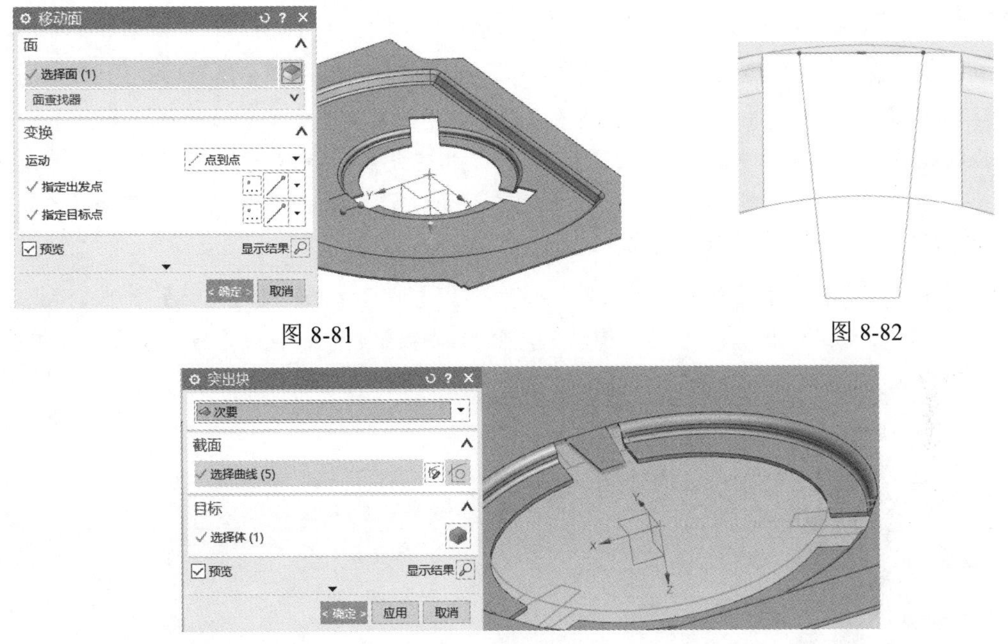

图 8-81

图 8-82

图 8-83

Step 12　选择【菜单】|【插入】|【折弯】|【二次折弯】命令，单击【二次折弯曲线】选项中的【绘制截面】按钮，绘制如图 8-84 所示的曲线，单击【完成】按钮，返回【二次折弯】对话框，在二次折弯属性中【高度】为 2.5mm，角度为【90°】，【参考高度】选择内侧，内嵌选择【折弯外侧】，在折弯参数中【折弯半径】为 0.5mm，【中性因子】为 0.3300，折弯止裂口选择【无】，其余参数默认，如图 8-85 所示。重复上述步骤，完成其余两部分的二次折弯。

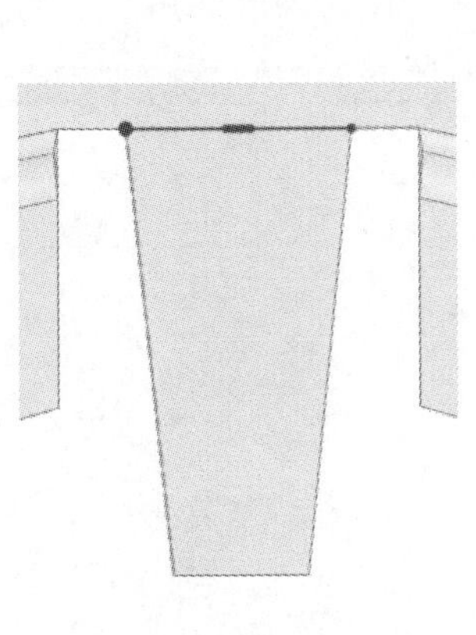

图 8-84

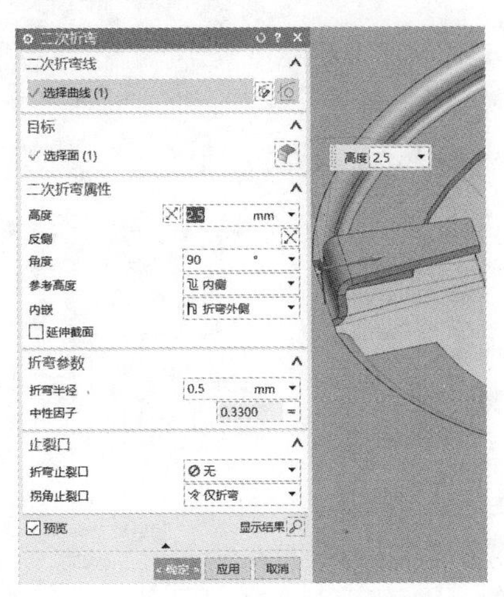

图 8-85

Step 13　选择【菜单】|【插入】|【切割】|【法向开孔】命令，单击【截面】选项中的【绘制截面】按钮，绘制如图 8-86 所示的草图，单击【确定】按钮，返回【法向开孔】对话框，在开孔

属性的切割方法中选择【厚度】选项，限制选择【值】，选择【对称深度】复选框，在【深度】文本框中输入 20mm，单击【确定】按钮。

Step 14 选择【菜单】|【插入】|【关联复制】|【镜像特征】命令，要镜像的特征为步骤 13 绘制的图形，镜像平面设置为【YC-ZC 平面】，单击【确定】按钮，完成特征镜像。

Step 15 选择【菜单】|【插入】|【切割】|【拉伸】命令，单击【截面】选项中的【绘制截面】按钮，绘制如图 8-87 所示的草图，单击【完成】按钮，指定矢量为【-ZC 方向】，开始距离为 0mm，结束距离为 2mm，拔模的方式为【从起始限制】，在【角度】文本框中输入 20°，其余参数默认，如图 8-88 所示，单击【确定】按钮完成拉伸。

Step 16 选择【应用模块】|【建模】|【菜单】|【插入】|【细节特征】|【边倒圆】命令，弹出【边倒圆】对话框，边的连续性选择【G1（相切）】，形状选择【圆形】，在【半径 1】文本框中输入 1mm，如图 8-89 所示。

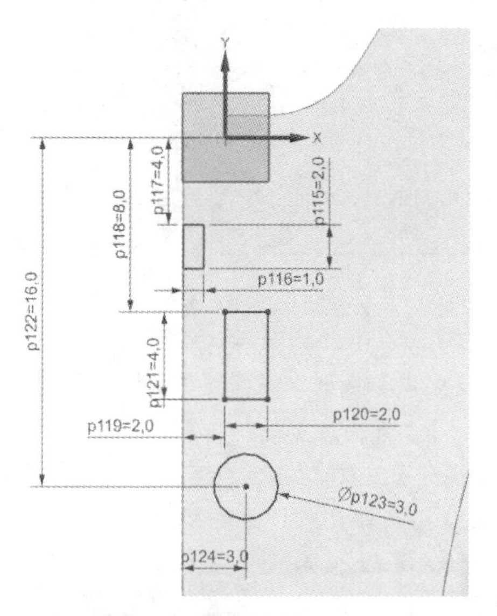

图 8-86

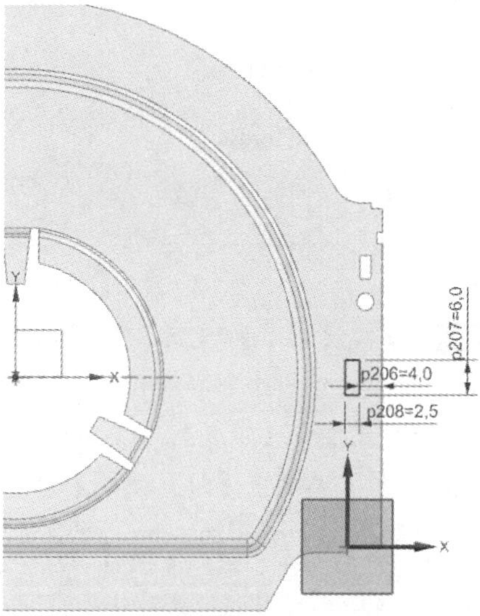

图 8-87

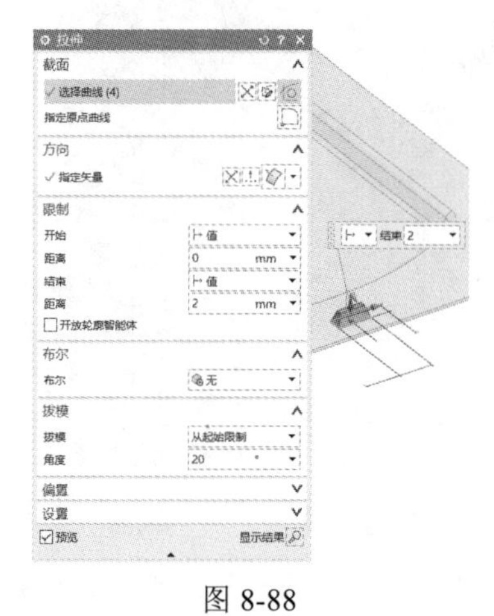

图 8-88

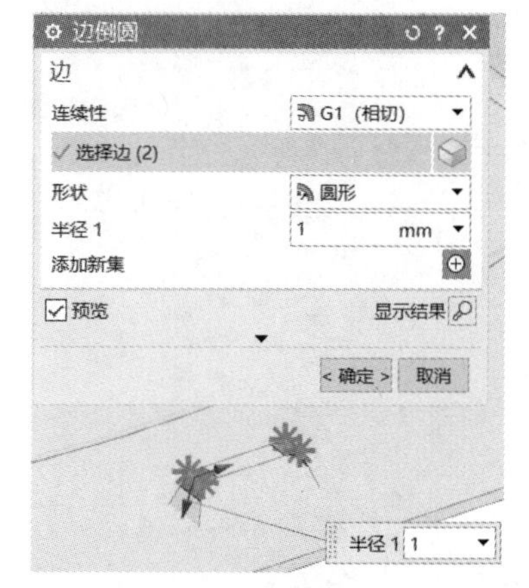

图 8-89

Step 17 选择【菜单】|【插入】|【冲孔】|【实体冲压】命令，目标面、工具选择体和要穿透的面如图 8-90 所示。

Step 18 选择【菜单】|【插入】|【关联复制】|【镜像特征】命令，要镜像的特征为步骤 17 冲压后的特征，镜像平面设置为【YC-ZC 平面】，单击【确定】按钮，完成特征镜像。

Step 19 选择【菜单】|【插入】|【转换】|【转换为钣金】命令，在弹出的对话框中选择局部转换，局部转换的面，如图 8-91 所示。

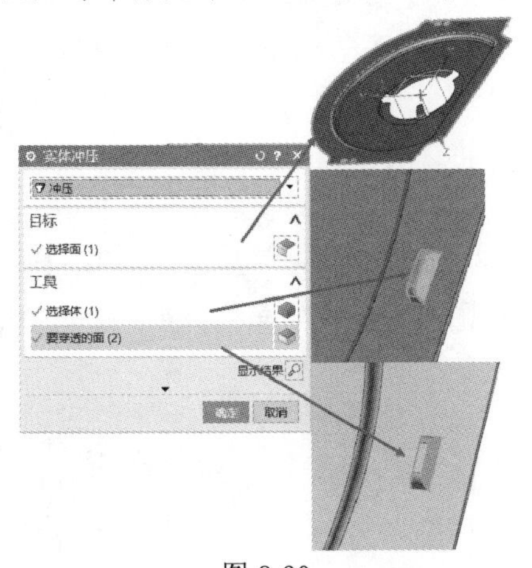

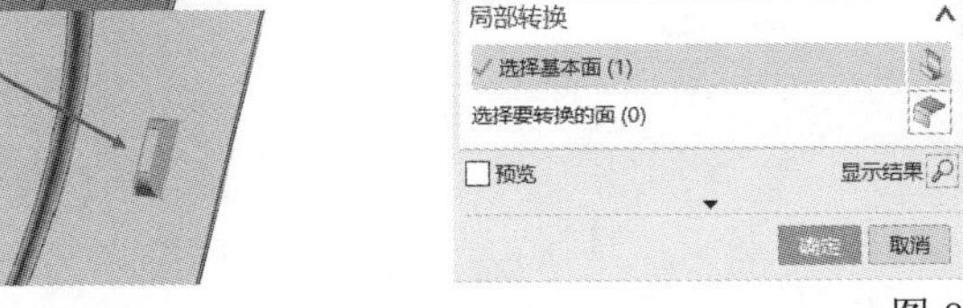

图 8-90

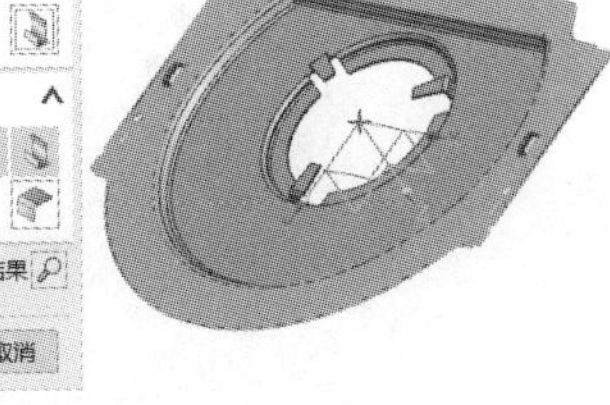

图 8-91

Step 20 选择【菜单】|【插入】|【高级钣金】|【高级弯边】命令，弹出【高级弯边】对话框，选择【按值】的方式创建高级弯边，基本边的选择如图 8-92 所示，在【长度】文本框中输入 3.5mm，在【角度】文本框中输入 90°，参考长度选择【外侧】，内嵌选择【折弯外侧】，在折弯参数中【折弯半径】为 0.5mm，【中性因子】为 0.3300，【折弯止裂口】选择【无】，单击【确定】按钮，效果如图 8-93 上图所示。

图 8-92

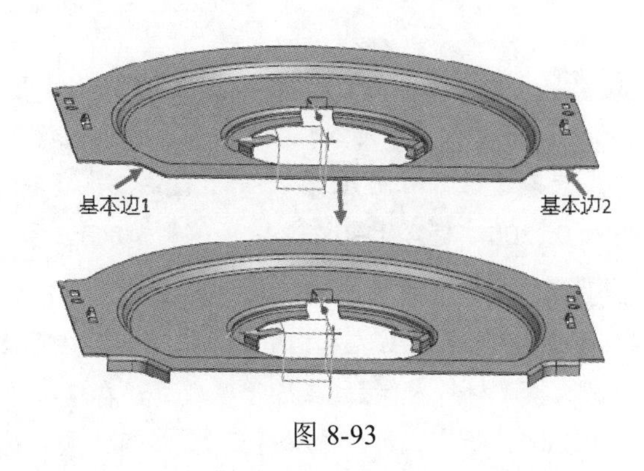

图 8-93

Step 21 重复步骤 20，基本边的选择如图 8-93 上图所示，其余参数与步骤 20 完全相同。完成的效果如图 8-93 下图所示。

8.4 综合实例 1：绘制钣金外罩

Step 01 启动 UG NX 1904 软件，在模型中选择【NX 钣金】，新建文件名为【钣金外罩】，单击【确定】按钮，进入钣金建模模块。

Step 02 选择【菜单】|【插入】|【突出块】命令，单击【截面】选项中的【绘制截面】按钮，弹出【创建草图】对话框，选择【XC-YC 平面】，单击【确定】按钮。创建如图 8-94 所示的草图曲线。单击【完成】按钮，在弹出的【突出块】对话框中输入【厚度】值为 2.5mm，方向为【-ZC】，单击【确定】按钮。

Step 03 选择【菜单】|【插入】|【折弯】|【弯边】命令，弹出【弯边】对话框，宽度选项选择【完整】，在【长度】文本框中输入 95mm，在【角度】文本框中输入 90°，参考长度选择【内侧】，内嵌选择【材料内侧】，在折弯参数中，在【折弯半径】文本框中输入 5mm，在【中性因子】文本框中输入 0.3300，折弯止裂口选择【无】，拐角止裂口选择【仅折弯】，单击【应用】按钮，然后选择对边，单击【确定】按钮如图 8-95 所示

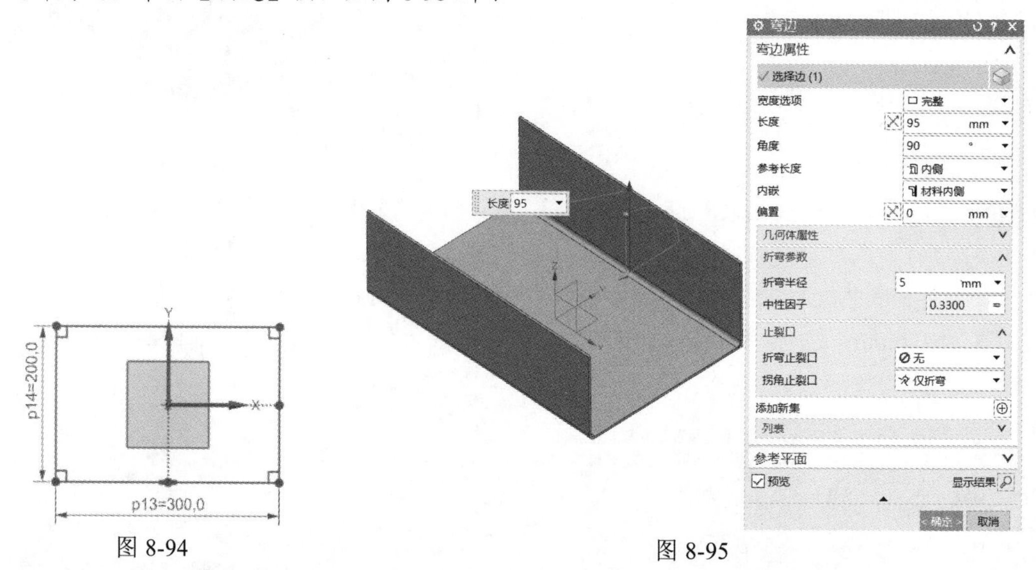

图 8-94　　　　图 8-95

Step 04 选择【菜单】|【插入】|【折弯】|【弯边】命令，弹出【弯边】对话框，宽度选项选择【完整】，在【长度】文本框中输入 95mm，在【角度】文本框中输入 90°，参考长度选择【内侧】，内嵌选择【材料内侧】，在折弯参数中，在【折弯半径】文本框中输入 5mm，在【中性因子】中输入 0.3300，折弯止裂口选择【无】，拐角止裂口选择【折弯/面链】，单击【确定】按钮。

Step 05 选择【菜单】|【插入】|【折弯】|【弯边】命令，弹出【弯边】对话框，宽度选项选择【完整】，在【长度】文本框中输入 50mm，在【角度】文本框中输入 90°，参考长度选择【内侧】，内嵌选择【材料内侧】，在折弯参数中，在【折弯半径】文本框中输入 5mm，在【中性因子】中输入 0.3300，折弯止裂口选择【无】，拐角止裂口选择【折弯/面链】，单击【确定】按钮，如图 8-96 所示。

Step 06　选择【菜单】|【插入】|【草图】命令，以【XC-ZC 平面】为草绘平面，绘制如图 8-97 所示的草图，单击【完成】按钮，退出草绘环境。

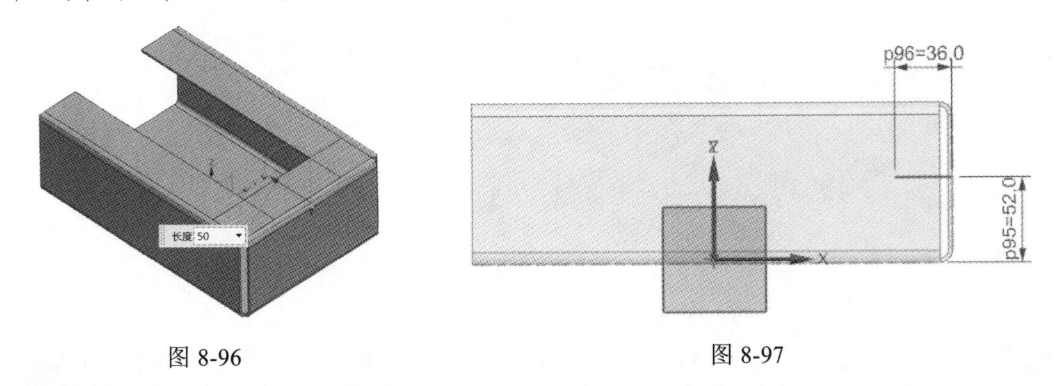

图 8-96　　　　图 8-97

Step 07　选择【应用模块】|【建模】|【菜单】|【插入】|【设计特征】|【拉伸】命令，【截面曲线】选择步骤 6 的草绘曲线，指定矢量方向为【ZC 方向】，开始距离为 0mm，结束距离为 80mm，单击【确定】按钮，如图 8-98 所示。

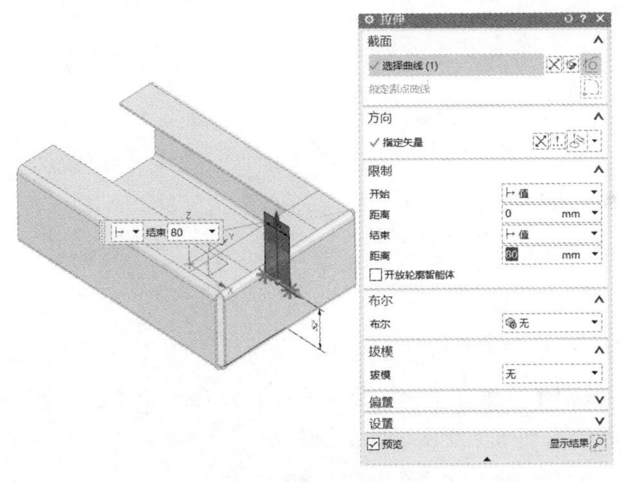

图 8-98

Step 08　选择【应用模块】|【建模】|【菜单】|【插入】|【派生曲线】|【相交曲线】命令，第一组面为步骤 7 的拉伸生成面，第二组选择的面如图 8-99 所示（注意：在选择三面时，要切换到单个面命令），单击【确定】按钮。

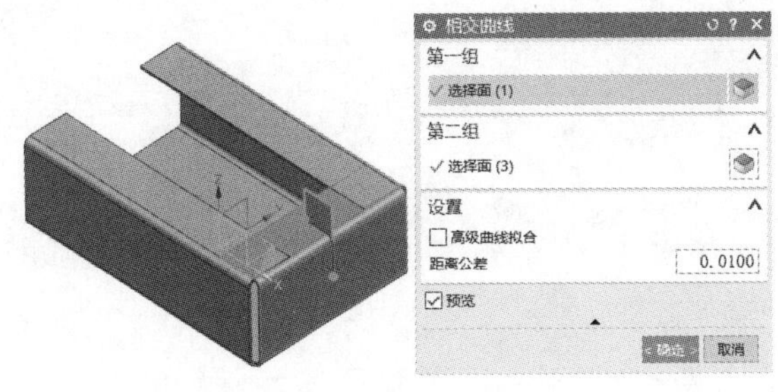

图 8-99

Step 09 切换到钣金模块，选择【菜单】|【插入】|【成形】|【伸直】命令，弹出【伸直】对话框，【固定面或边】选择【底边】，折弯面选择【其余各面】，单击【确定】按钮，如图 8-100 所示。

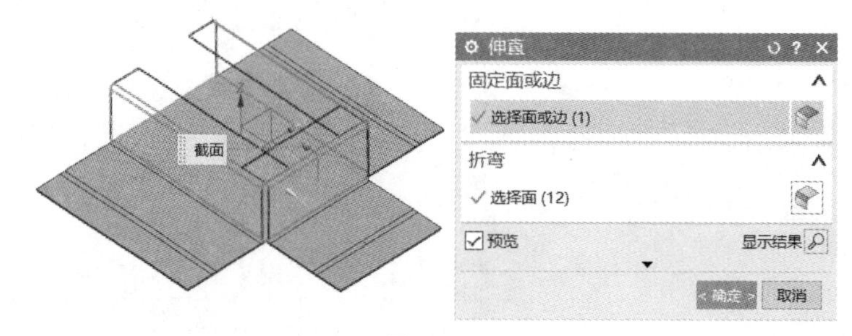

图 8-100

Step 10 选择【菜单】|【插入】|【拐角】|【倒斜角】命令，弹出【倒斜角】对话框，在偏置中横截面选择【对称】，在【距离】文本框中输入 50mm，单击【确定】按钮，如图 8-101 所示。

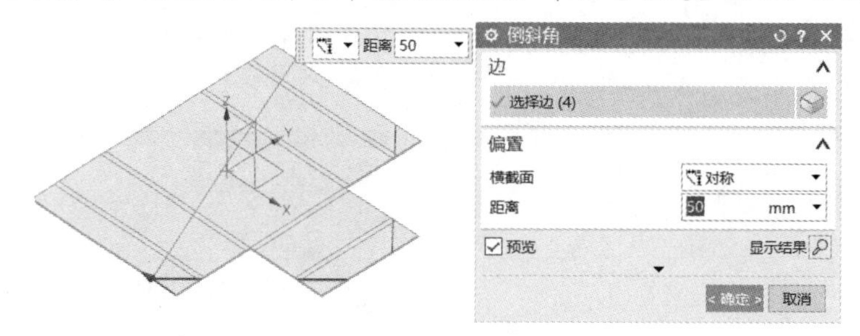

图 8-101

Step 11 选择【菜单】|【插入】|【成形】|【重新折弯】命令，折弯面选择所有平面（共计 18 个面），单击【确定】按钮。

Step 12 选择【菜单】|【插入】|【拐角】|【封闭拐角】命令，弹出【封闭拐角】对话框，选择【封闭和止裂口】方式创建封闭拐角，在拐角属性中，处理选择【打开】，重叠选择【封闭】，缝隙为 0mm，选择相邻折弯如图 8-102 所示（先选择面 1，再选择面 2）。

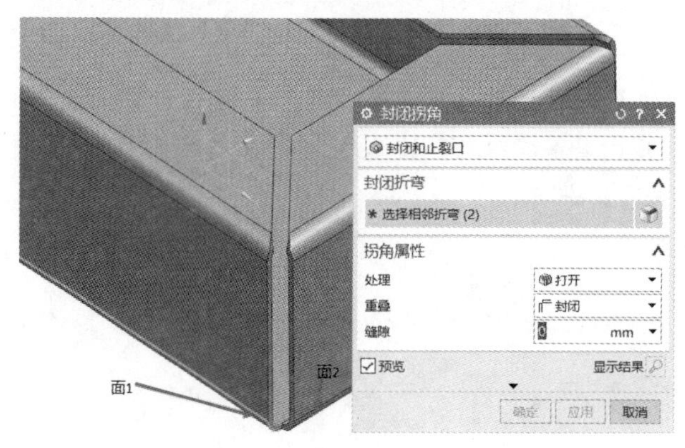

图 8-102

Step 13 重复步骤 12，完成另一个边的封闭拐角。

Step 14 选择【菜单】|【插入】|【成形】|【伸直】命令，弹出【伸直】对话框，【固定面或边】

选择【底边】，折弯面选择【其余各面】，在附加曲线或点中选择步骤 8 生成的相交曲线，单击【确定】按钮。

Step 15 选择【菜单】|【插入】|【冲孔】|【筋】命令，单击截面中的【绘制截面】命令，以【XC-YC 平面】为草绘平面，绘制如图 8-103 所示的直线（注意：直线与步骤 14 展开的相交曲线重合），单击【完成】按钮，返回【筋】对话框，横截面选择【圆形】，深度为 5mm，半径为 5.5mm，端部条件选择【成形的】，最小工具间隙为 5mm，单击【确定】按钮。

Step 16 选择【菜单】|【插入】|【关联复制】|【阵列面】命令，在弹出的对话框中布局选择【线性】，间距选择【数量和间隔】，在【数量】文本框中输入 2，在【节距】文本框中输入 30mm，指定矢量和指定点，单击【确定】按钮，如图 8-104 所示。

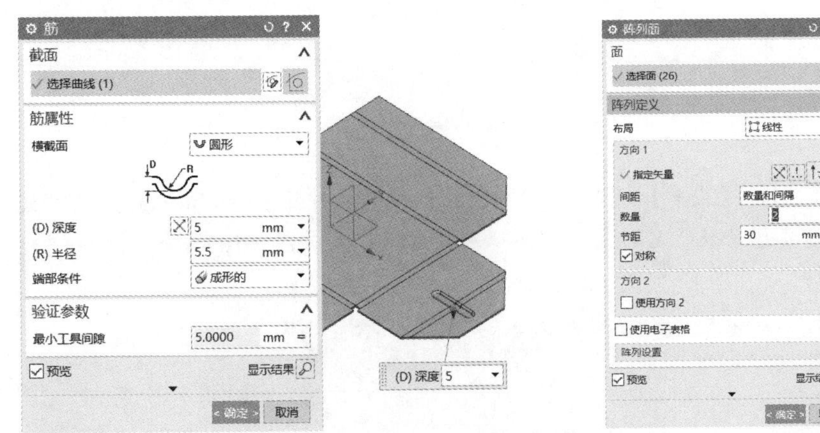

图 8-103

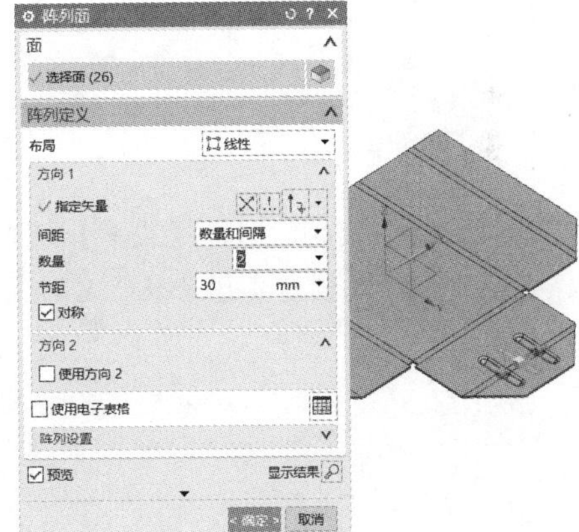

图 8-104

Step 17 选择【菜单】|【插入】|【成形】|【重新折弯】命令，折弯面选择所有平面（共计 18 个面），单击【确定】按钮。

Step 18 选择【应用模块】|【建模】|【菜单】|【插入】|【设计特征】|【拉伸】命令，单击【绘制截面】命令，以【XC-ZC 平面】为草绘平面，绘制如图 8-105 所示的草图，单击【完成】按钮，返回【拉伸】对话框，指定矢量为 XC 方向，开始距离为 0mm，结束距离为 6mm，单击【确定】按钮。

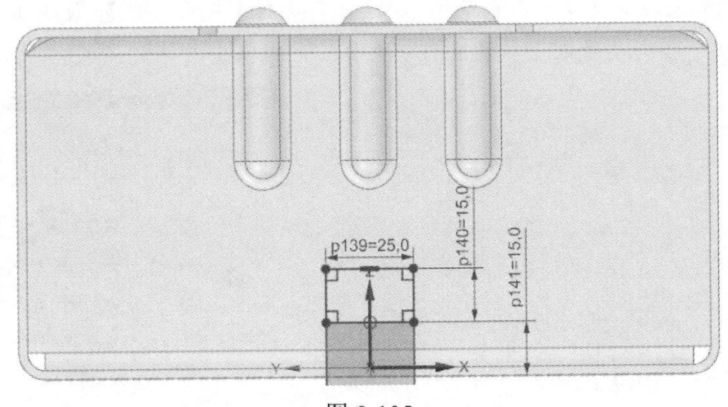

图 8-105

Step 19 【菜单】|【插入】|【细节特征】|【拔模】命令，在弹出的对话框中拔模方式选择【面】，脱模方向的指定矢量为【XC 方向】，拔模方法选择【固定面】，拔模角度 1 为 30°，拔模固定的面和要拔模的面的选择如图 8-106 所示，单击【确定】按钮。

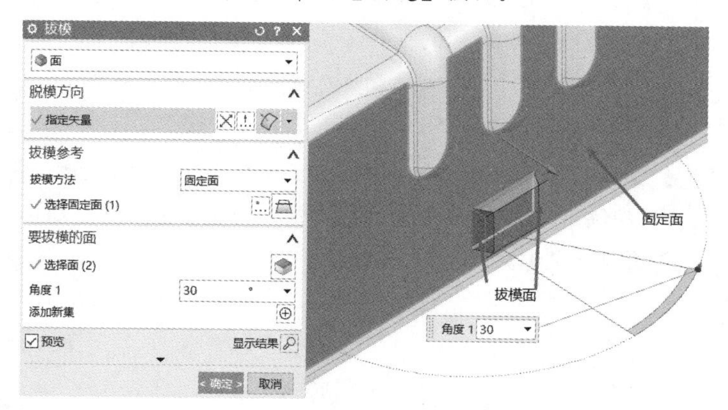

图 8-106

Step 20 切换至钣金模式，选择【菜单】|【插入】|【冲孔】|【实体冲压】命令，在弹出的对话框中选择【冲压】方式创建实体冲压，目标面、工具体和要穿透的面如图 8-107 所示，单击【确定】按钮。

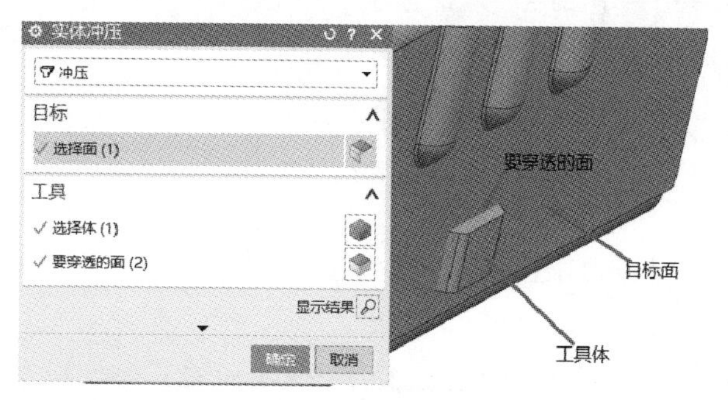

图 8-107

Step 21 选择【菜单】|【插入】|【冲孔】|【冲压开孔】命令，单击【绘制截面】命令，绘制如图 8-108 所示的草图，单击【完成】按钮，返回【冲压开孔】对话框，在开孔属性中，在【深度】文本框中输入 6mm，在【侧角】文本框中输入 0，侧壁选择【材料外侧】，最小工具间隙为 5.0mm，单击【确定】按钮，相关参数设置如图 8-109 所示，完成钣金外罩的绘制。

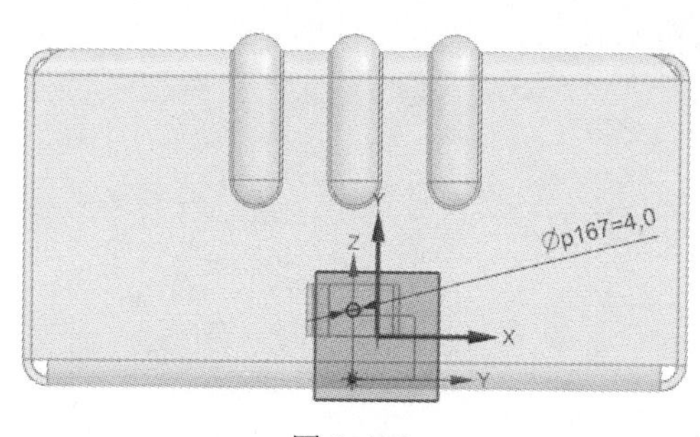

图 8-108

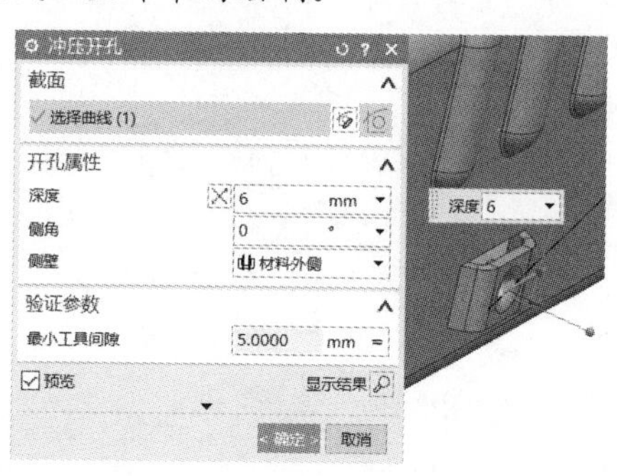

图 8-109

8.5　综合实例 2：绘制电表盒

Step 01　启动 UG NX 1904 软件，在模型中选择【NX 钣金】，新建文件名为【电表盒】，单击【确定】按钮，进入钣金建模模块。

Step 02　选择【菜单】|【插入】|【切割】|【拉伸】命令，单击【截面】选项中的【绘制截面】按钮，弹出【创建草图】对话框，选择【XC-YC 平面】，单击【确定】按钮。创建如图 8-110 所示的草图曲线。单击【完成】按钮，在弹出的【拉伸】对话框中【开始距离】为 0mm，【结束距离】为 150mm，指定矢量为 ZC 方向，单击【确定】按钮。

Step 03　选择【菜单】|【插入】|【折弯】|【实体特征转换为钣金】命令，在弹出的对话框中选择腹板面为拉伸体的 6 个面，选择的折弯边为如图 8-111 所示的 5 条边（其中折弯边 1 和折弯边 5 是对称的，折弯边 2 和折弯边 4 是对称的），【折弯半径】为 3mm，【中性因子】为 0.33，【折弯止裂口】选择正方形，【深度】为 3，【宽度】为 3，【厚度】为 3。

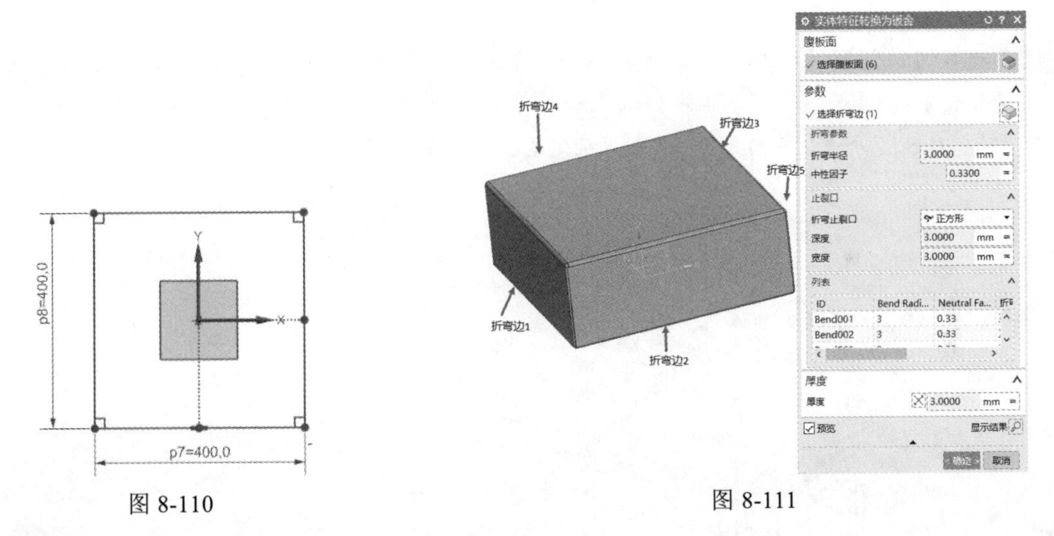

图 8-110　　图 8-111

Step 04　选择【菜单】|【插入】|【成形】|【伸直】命令，在弹出的对话框中【固定面或边】选择【上端面】，折弯面选择【其余各面】，单击【确定】按钮，如图 8-112 所示。

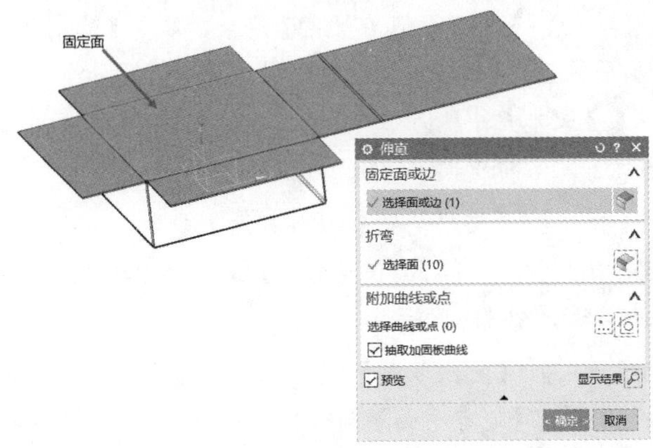

图 8-112

Step 05　选择【菜单】|【插入】|【切割】|【法向开孔】命令，单击【绘制截面】命令，以【XC-YC平面】为草绘平面，绘制如图 8-113 所示的草图。单击【完成】按钮，返回【法向开孔】对话框，开孔的属性中，切割方法选择【厚度】，限制选择【贯通】，单击【确定】按钮，完成法向开孔。

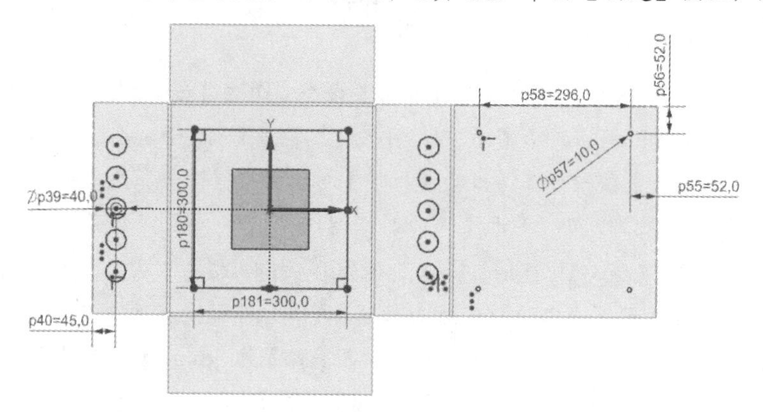

图 8-113

Step 06　选择【菜单】|【插入】|【折弯】|【弯边】命令，选择的弯边如图 8-114 所示，宽度选项选择【完整】，在【长度】文本框中输入 15mm，在【角度】文本框中输入 90mm，参考长度选择【外侧】，内嵌选择【材料内侧】，单击【确定】按钮，完成弯边的创建。

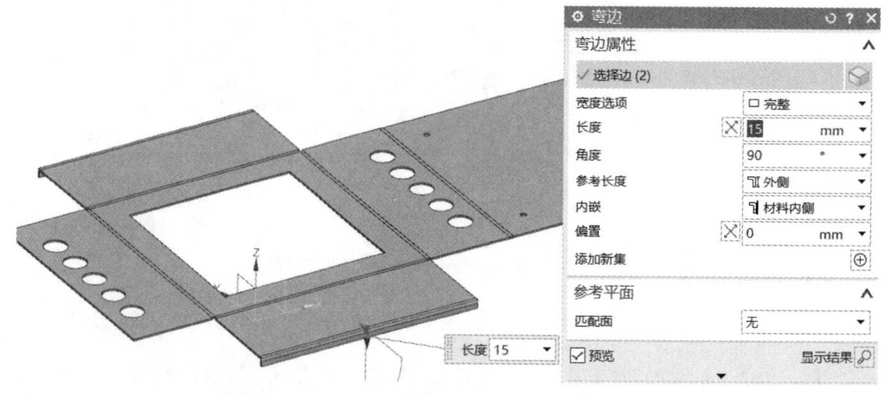

图 8-114

Step 07　选择【菜单】|【插入】|【冲孔】|【百叶窗】命令，单击【绘制截面】命令，以【XC-YC平面】为草绘平明，绘制如图 8-115 所示的草图，单击【确定】按钮，返回【百叶窗】对话框，在百叶窗属性中，在【深度】文本框中输入 5，在【宽度】文本框中输入 10，百叶窗形状选择【成形的】，在【最小工具间隙】文本框中输入 5.0。

Step 08　选择【菜单】|【插入】|【关联复制】|【阵列面】命令，选择的面为步骤 7 创建的，布局选择【线性】，间距选择【数量和间隔】，在【数量】文本框中输入 5，在【节距】文本框中输入 30，单击【确定】按钮，如图 8-116 所示。

Step 09　选择【菜单】|【插入】|【关联复制】|【镜像特征】命令，要镜像特征选择步骤 7 和步骤 8 绘制的特征，镜像平面选择【现有平面】为【XC-ZC 平面】，单击【确定】按钮。

Step 10　选择【菜单】|【插入】|【成形】|【重新折弯】命令，折弯面选择所有平面（共计 10

个面），单击【确定】按钮。

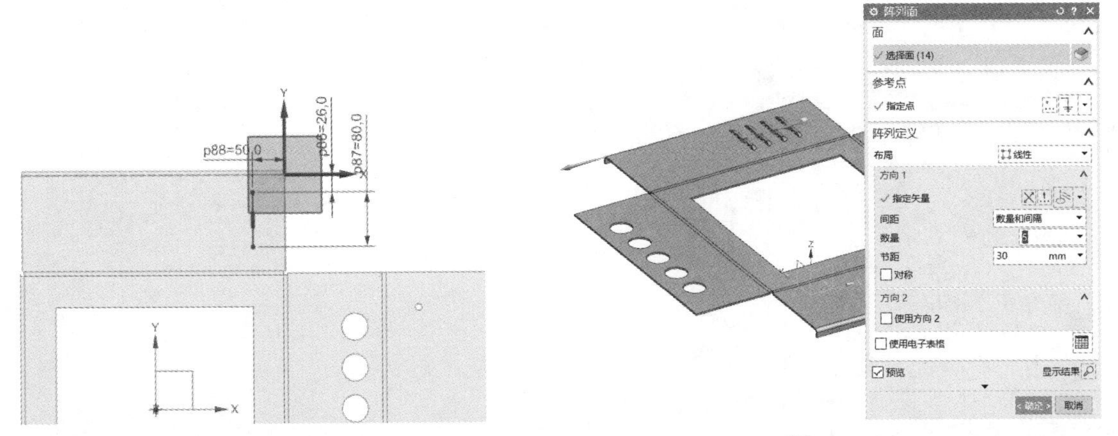

图 8-115　　　　图 8-116

Step 11　选择【菜单】|【插入】|【折弯】|【弯边】命令，在弹出的对话框中宽度选项选择【完整】，在【长度】文本框中输入 30mm，在【角度】文本框中输入 90°，参考长度选择【外侧】，内嵌选择【材料内侧】，在折弯参数中，在【折弯半径】文本框中输入 3mm，在【中性因子】文本框中输入 0.33，折弯止裂口选择【圆形】，深度和宽度都为 3mm，拐角止裂口选择【折弯/面链】，单击【确定】按钮，如图 8-117 所示。

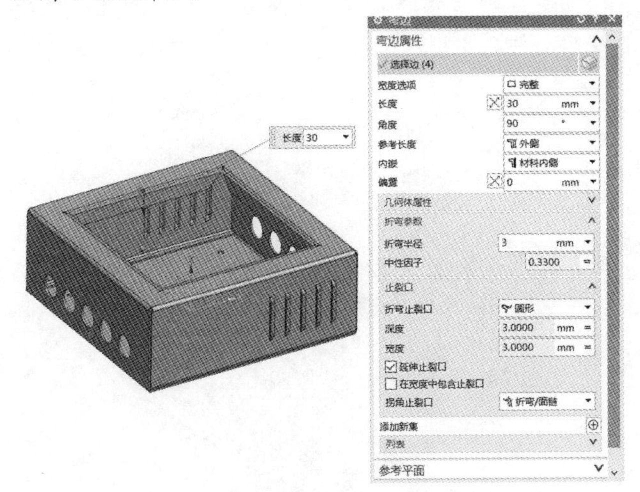

图 8-117

Step 12　选择【菜单】|【插入】|【成形】|【伸直】命令，在弹出的对话框中【固定面或边】选择【上端面】，折弯面选择【其余各面】，单击【确定】按钮。

Step 13　选择【菜单】|【插入】|【冲孔】|【法向冲孔】命令，选择以【草图】的方式创建法向开孔，单击【绘制截面】命令，以【XC-YC 平面】为草绘平面，绘制如图 8-118 所示的草图，单击【完成】按钮，返回【法向开孔】对话框，在开孔的属性中切割方向选择【厚度】，限制选择【贯通】，其余参数默认，单击【确定】按钮，完成法向开孔的创建。

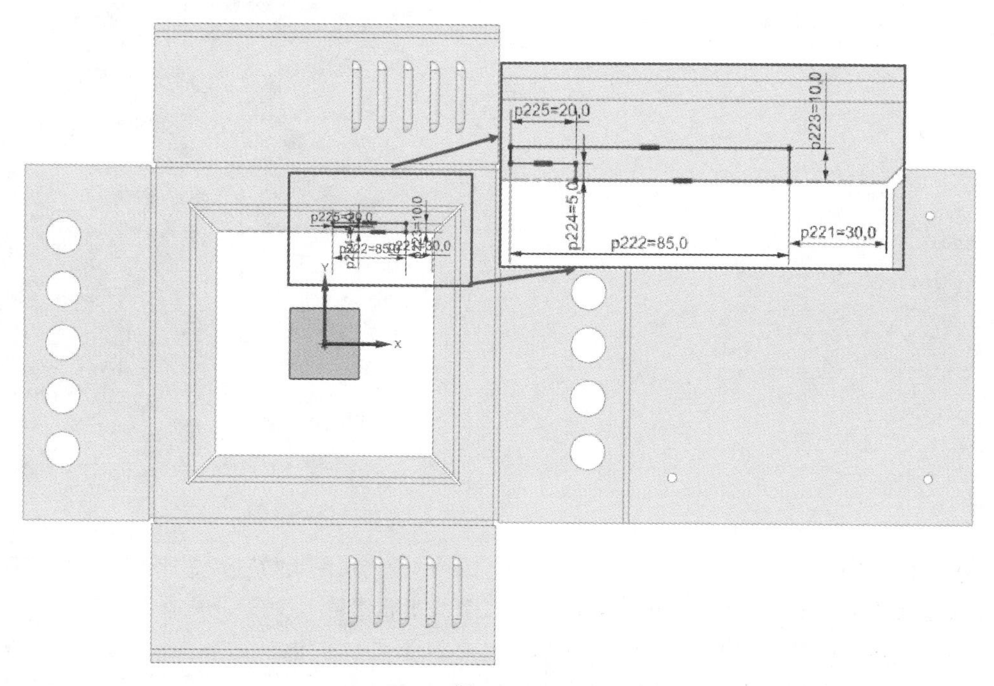

图 8-118

Step 14 选择【菜单】|【插入】|【成形】|【重新折弯】命令，折弯面选择所有平面（共计 22 个面），单击【确定】按钮，如图 8-119 所示。

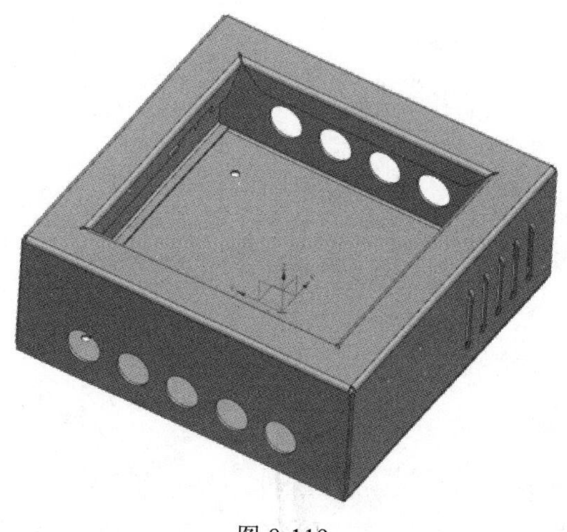

图 8-119

NX 第 9 章 运动仿真

UG NX 1904 运动仿真时在初步设计、建模、装配完成的机构模型基础上，添加一系列的机构连接和驱动，使机构连接进行运转，从而模拟机构的实际运动，分析机构的运动规律，研究机构静止或运动时的受力情况，最后根据分析和研究的数据，对机构模型提出改进和进一步优化设计的过程。

运动仿真模块是 UG NX 1904 的主要组成部分，它可以直接使用主类型的装配文件，并可以对一组机构模型建立不同条件下的运动仿真，每一个运动仿真可以独立编辑而不会影响主模型的装配。

UG NX 1904 机构运动仿真的主要分析和研究类型如下。

（1）分析机构的动态干涉情况。主要是研究机构运行时各个子系统或零件之间有无干涉情况，及时发现设计中的问题。在机构设计中期对已经完成的子系统进行运动仿真，还可以为下一步的设计提供空间数据参考，以便留有足够的空间进行其他子系统的设计。

（2）跟踪并绘制零件的运动轨迹。在机构运动仿真时，可以指定运动构件中的任一点为参考并绘制其运动轨迹，这对于研究机构的运行状况很有帮助。

（3）分析机构中零件的位移、速度、加速度、作用力与反作用力及力矩等。

（4）根据分析研究的结果初步修改机构的设计。一旦提出改进意见，可以直接修改机构主模型进行验证。

（5）生成机构运动的动画视频，与产品的早期市场活动同步。机构的运行视频可以用于产品的宣传展示，方便与客户交流，也可以作为内部评审时的资料。

9.1 UG NX 1904 运动仿真工作截面

UG NX 1904 运动仿真一般是在机构初步设计建模完成后的情况进行的。本节主要对其工作截面进行简介。

首先打开任意结构模型，然后单击应用模块，选择应用模块下的运动命令，如图 9-1 所示，进入运动仿真模块。在进入机构仿真模块后，需要新建一组运动仿真数据。在新建运动仿真时，要根据研究的对象和分析目的，定义正确的分析环境。

单击【新建仿真】命令（有两种创建方式，一是单击主页下【新建仿真】命令；二是在运动导航器中，选中打开的结构模型，然后右击，在弹出的快捷菜单中选择【新建仿真】命令），弹出【新建仿真】对话框，在该对话框中可以对新文件名进行命名，以及存放的位置，单击【确定】按钮，弹出【环境】对话框（见图 9-2）。

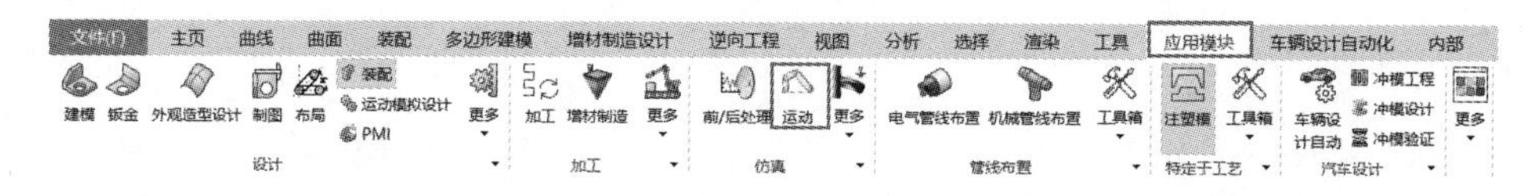

图 9-1

图 9-2

基于组件的仿真：是指在创建运动体时只能选择装配组件，某些运动仿真只有在基于装配的主模型中才能完成。

新建仿真时启动运动副向导：可以快速地创建运动体和运动副，简化操作步骤，节省创建时间，是非常好用的工具。但是系统自动创建的运动体和运动副也不是完美的，有时需要做进一步修改。

在【环境】对话框中，选择【新建仿真时启动运动副向导】复选框后，单击【确定】按钮，弹出【机构运动副向导】对话框，如图 9-3 所示，单击【确定】按钮将保存原装配体约束，单击【取消】按钮将去除原装配体的约束。

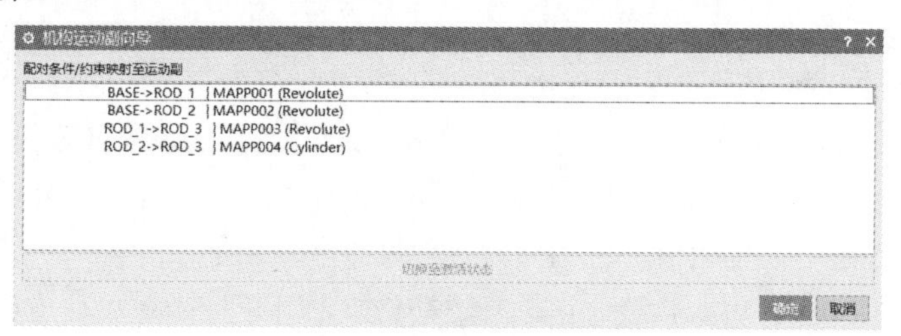

图 9-3

在运动导航器中，我们会发现多出了运动体和运动副，如图 9-4 所示。这些运动体和运动副就是软件系统自动添加的，此时运动仿真界面如图 9-5 所示。

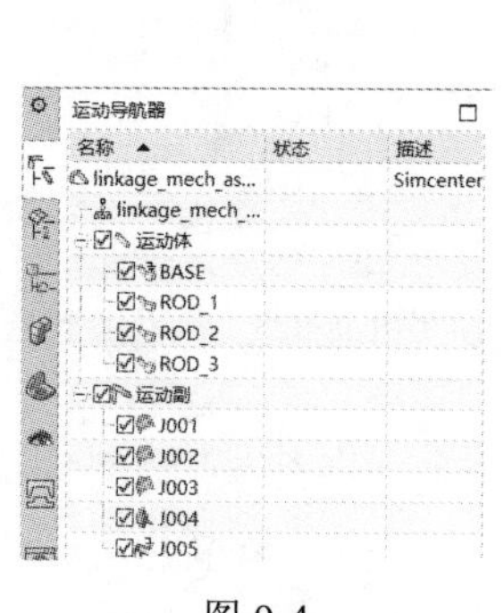

图 9-4

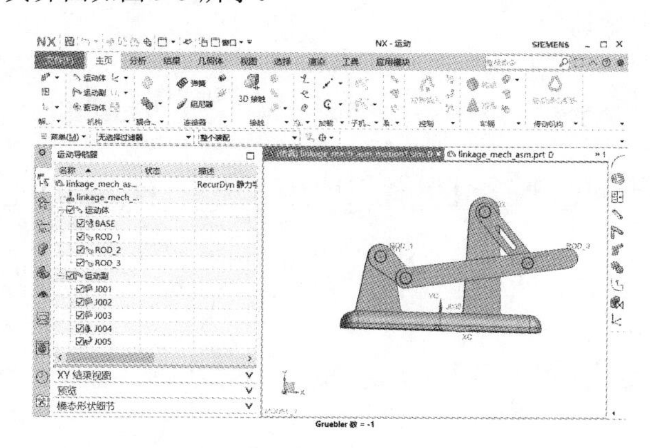

图 9-5

此时，我们根据实际需要可以适当修改各运动体之间的运动副，进而使各运动体之间的运动副和我们的需求相吻合。

9.2　UG NX 1904 运动仿真参数设置

参数设置主要用于设置系统的一些控制参数，通过菜单下【首选项】下拉菜单可以进行参数的设置。进入不同的模块时，在预设置菜单上显示的命令有所不同，且每一模块还有其相应的特殊设置。

在 UG NX 运动仿真模块中，选择【首选项】下拉菜单中的【运动】命令，弹出【运动首选项】对话框，如图 9-6 所示。该对话框主要用于设置运动仿真的环境参数，如运动对象的显示、单位、重力常数、求解器参数和后处理参数等。

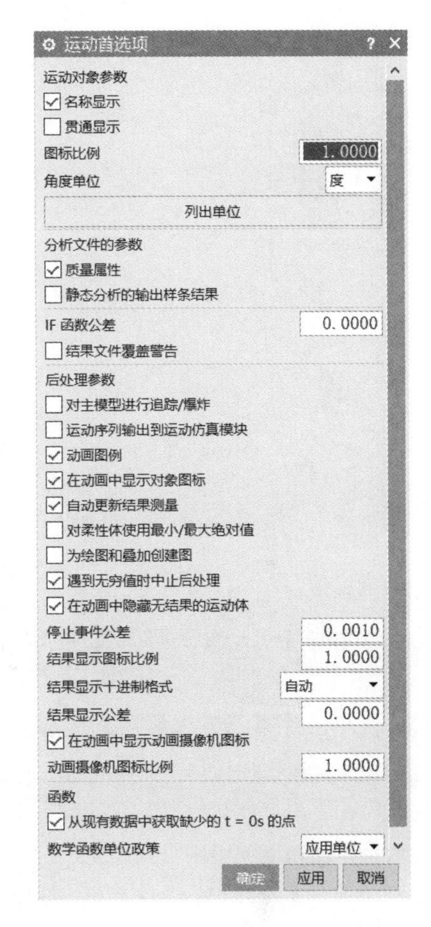

图 9-6

名称显示：该选项用于控制机构中的运动体、运动副以及其他对象的名称是否显示在图形区中，对于打开的机构对象和以后创建的对象均有效。

贯通显示：该选项用于控制机构对象图标的显示效果，选择该复选框后所有对象的图标会完整显示，而不会受到模型的遮挡，也不会受到模型中的显示样式（如着色、线框等）的影响。

图标比例：该选项用于控制机构对象图标的显示比例，数值越大，机构中的运动副和驱动等图标的显示比例越大，修改比例后对于机构中的现有对象和以后创建的对象均有效。

角度单位：该选项用于设置机构中输入或显示的角度单位。单击下方的【列出单位】按钮，会弹出一个信息窗口，在该窗口中会显示当前机构中的所有单位。值得注意的是，机构的单位制由创建的原始主模型决定，单击【列出单位】按钮得到的信息窗口只供用户查看当前单位，而不能修改单位。

质量属性：该选项用于控制运动仿真时是否启动机构的质量属性，也就是机构中零件的质量、重心以及惯性等参数。如果是简单的位移分析，可以不考虑质量。但是在进行动力学分析时，必须启用质量属性。

在 UG NX 运动仿真模块中，除了【首选项】下拉菜单可以进行参数设置之外，选择【文件】下拉菜单【实用工具】下的【用户默认设置】命令，弹出【用户默认设置】对话框，在该对话框中也可以进行参数设置。

在【用户默认设置】对话框中单击【运动】下的【前处理器】节点，单击【求解器和环境】选项卡，如图 9-7 所示，在该选项卡中可以设置求解器的类型以及仿真环境。

求解器：选择默认的求解器类型。在 UG NX 运动仿真模块中，内嵌的求解器有 4 种，分别是 Simcenter 3D Motion 求解器、NX Motion 求解器，RecurDyn 求解器和 Adams 求解器。这 4 种求解器计算的结果基本相同，只是在操作步骤上有所差异。若无特殊说明，本章所有实例均采用 RecurDyn 求解器。

单击【常规】选项卡，在该选项卡中可以设置默认的角度单位和重力常数。

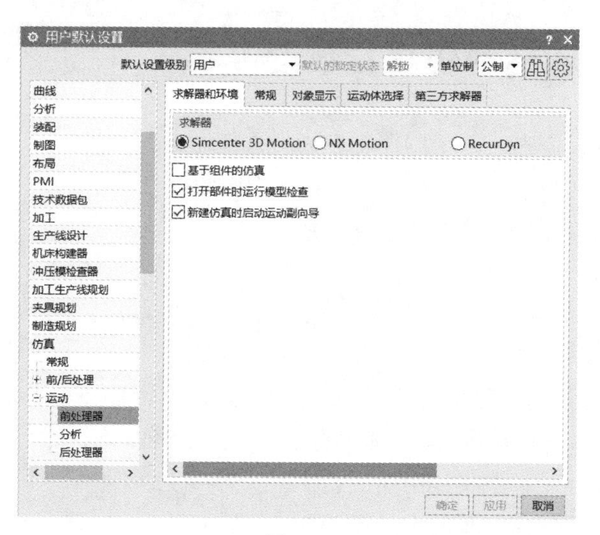

图 9-7

单击【对象显示】选项卡，在该选项卡中可以设置机构对象默认的显示颜色以及显示样式。

单击【运动体选择】选项卡，在该选项卡中可以设置为定义运动体而选择对象时的选取过滤器。

单击【第三方求解器】选项卡，在该选项卡中可以设置为机构运动的环境：动力学还是运动学。

在【用户默认设置】对话框中单击【运动】下的【分析】节点，单击【常规】选项卡，如图 9-8 所示，在该选项卡中可以设置分析时是否默认启用质量属性以及默认的机构运动时间和计算步数。

单击【RecurDyn】选项卡，在该选项卡中可以设置分析时是否默认启用 RecurDyn 求解器参数。

单击【Adams】选项卡，在该选项卡中可以设置分析时是否默认启用 Adams 求解器参数。

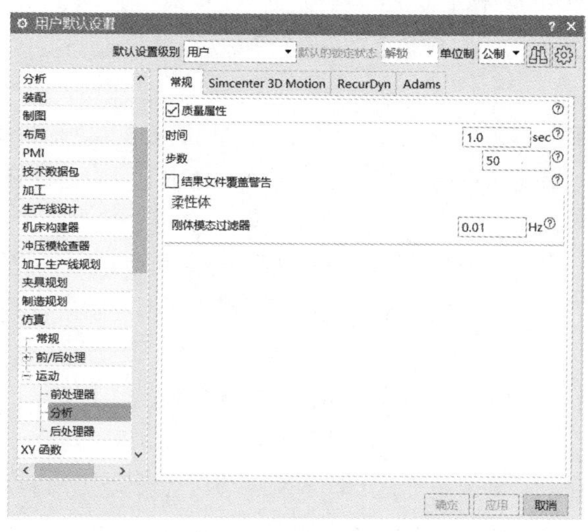

图 9-8

在【用户默认设置】对话框中单击【运动】下的【后处理器】节点，如图 9-9 所示在该选项卡中可以设置默认的机构动画播放模式和显示模式。

图 9-9

9.3　运动体特性和运动副

这一节讲解运动体和运动副的创建。

9.3.1　创建运动体

新建运动仿真文件完成后，需要将机构中的元件定义为“运动体”，这里的运动体是指能满足运动需要的，使用运动副连接在一起的机构元件。运动体相互连接，构成运动机构，运动体在整个机构中主要是进行运动的传递。机构中所有参与当前运动仿真的部件都必须定义为运动体，在机构运行时固定不动的元件则需要定义为“固定运动体”。

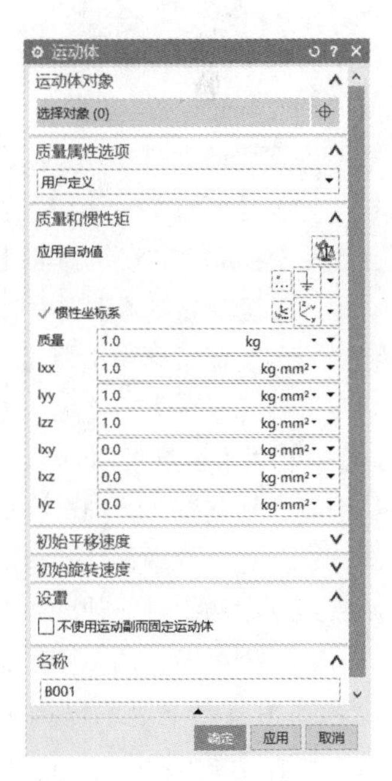

图 9-10

定义运动体需要先指定一个几何体对象，然后自动或者手动定义其质量属性，再根据机构运动条件判断是否需要定义初速度，最后确定该运动体在机构运动时是否固定。如果固定，则需要选择【运动体】对话框中的【固定运动体】复选框。

创建运动体有以下 3 种方法：

选择【菜单】|【插入】|【运动体】命令。

在【主页】功能选项卡的【机构】区域中单击【运动体】按钮。

在【运动导航器】界面 linkage_mech_as... Simcenter 右击，在弹出的快捷菜单中选择【新建运动体】命令。

选择【菜单】|【插入】|【运动体】命令，弹出【运动体】对话框，如图 9-10 所示。在【质量属性选项】中可以选择【用户定义】或【无】命令，若选择【用户定义】命令，需要定义质量和惯性矩中的参数。

当运动体创建完成后，【运动导航器】界面如图 9-11 所示。当想对创建的运动进行重新编辑时，选中该运动体右击，在弹出的快捷菜单中选择【编辑】命令，此时可以进行运动体属性的修改，如图 9-12 所示。

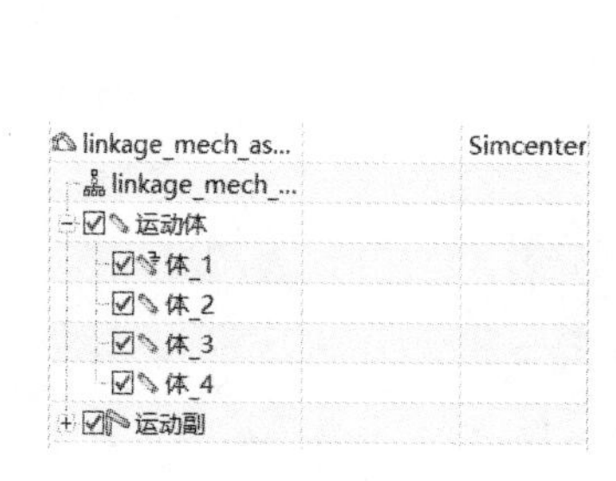

图 9-11

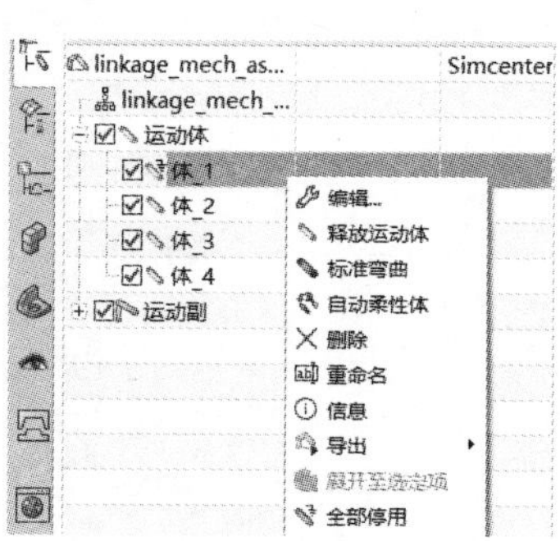

图 9-12

9.3.2 创建运动副

运动体创建完成后，为了组成一个能运动的机构，必须把两个相邻的运动体以一种方式连接起来。这种连接必须是可动连接，不能是固定连接，所以需要为每个部件赋予一定的运动学特性，这种使两个运动体接触而又保持某些相对运动的可动连接称为【运动副】。在运动学中连杆和运动副两者是相辅相成的，缺一不可。

运动副是指机构中两连杆之间组成的可动连接，添加运动副的目的是为了约束运动体之间的位置，限制运动体之间的相对运动并定义连杆之间的运功方式。在 UG NX 运动仿真中，系统提供了多种运动副可供使用，以满足运动体之间的相对运动要求，如“旋转副”可以实现运动体之间的相对旋转，“滑动副”可以实现运动体之间的直线平移。

创建运动副有 3 种方法：

选择【菜单】|【插入】|【运动副】命令。

在【主页】功能选项卡的【机构】区域中单击【运动副】按钮。

在【运动导航器】界面linkage_mech_as... Simcenter右击，在弹出的快捷菜单中选择【新建运动副】命令。

选择【菜单】|【插入】|【运动副】命令，弹出【运动副】对话框，如图 9-13 所示。运动副类型包括旋转副、滑动副、柱面副、螺旋副、万向节、球面副、平面副、固定副、等速运动副、共点运动副、共线运动副、共面运动副、方向运动副、平行运动副和垂直运动副。

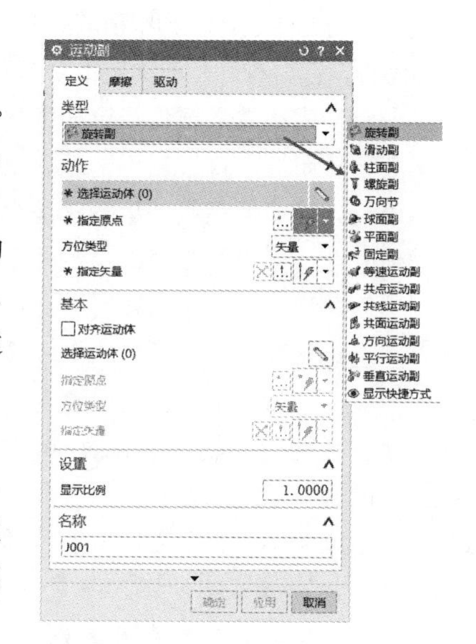

图 9-13

在运动副创建完成后，运动导航器界面如图 9-14 所示，在运动副节点下显示机构中的所有运动副。当想对创建的运动副进行重新编辑时，选中该运动副右击，在弹出的快捷菜单中选择【编辑】命令，此时可以进行运动副属性的修改，如图 9-15 所示。

图 9-14

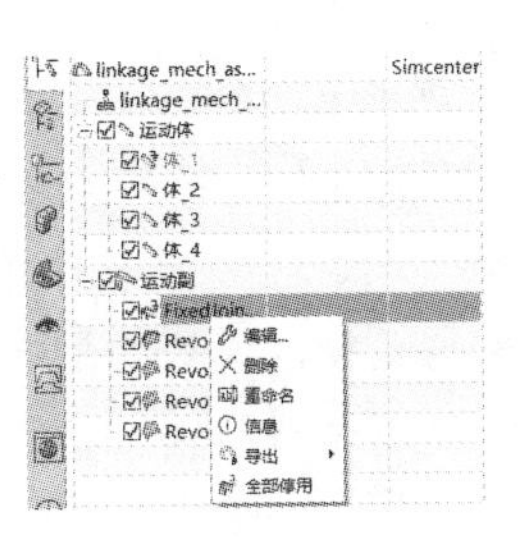

图 9-15

9.3.3 耦合副

在一些常见机械设备中，有很多典型的运动机构，如齿轮机构、凸轮机构和带传动机构等，这些机构的运动仿真与普通连接的定义方法不同，有各自的特殊参数设置。为此本部分主要介绍齿轮耦合副、齿轮齿条副、线缆副和 2-3 联结耦合副。

（1）齿轮耦合副

齿轮耦合副模拟的是两齿轮的啮合运动，通过定义两个旋转副的转速比率，实现齿轮机构的运动仿真。要定义齿轮耦合副首先定义相互啮合齿轮的旋转副，使齿轮能够旋转，在齿轮的旋转副上面添加齿轮耦合副，然后给某一个齿轮的旋转副添加驱动即可，齿轮耦合副的主要作用就是将两个旋转副连接起来。

选择【菜单】|【插入】|【耦合副】|【齿轮耦合副】命令，弹出【齿轮耦合副】对话框，如图 9-16 所示。

第一个运动副和第二个运动副的选择是在【运动导航器】的运动副下选取相应的旋转副。第一个运动副和第二个运动副的齿轮半径就是依据两齿轮实际传动比来设定。其余参数默认。

（2）齿轮齿条副

齿轮齿条副模拟的是齿轮和齿条的啮合运动关系，其本质是建立旋转副和滑动副的关联关系。定义齿轮齿条副首先需要定义齿轮的旋转运动副和齿条的滑动副，然后将旋转副和滑动副组合成齿轮齿条副即可。

选择【菜单】|【插入】|【耦合副】|【齿轮齿条副】命令，弹出【齿轮齿条副】对话框，如图 9-17 所示。

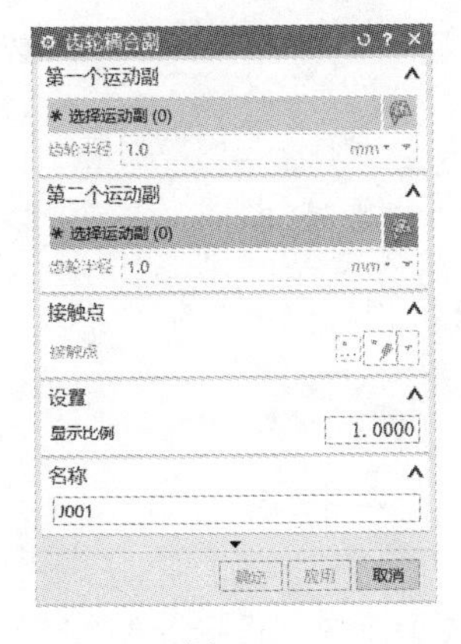

图 9-16

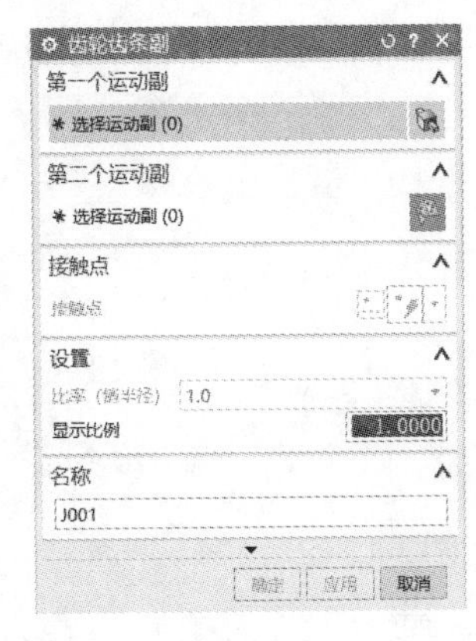

图 9-17

第一个运动副和第二个运动副的选择是在【运动导航器】的运动副下选取相应的旋转副或滑动副来确定的。其余参数默认。

（3）线缆副

线缆副也称滑轮副，模拟的是物体在滑轮上滑移运动。定义线缆副首先要定义两个滑动副，线缆副可以组合两个滑动副，建立速度比率关系。

选择【菜单】|【插入】|【耦合副】|【线缆副】命令，弹出【线缆副】对话框，如图 9-18 所示。

图 9-18

（4）2-3 联结耦合副

2-3 联结耦合副分为 2 连接传动副和 3 连接传动副，可以用于定义两个或三个旋转副、柱面副和滑动副之间的速度比率和方向。

实例：创建万向节运动特性

Step 01 启动 UG NX 1904 软件，打开配套资源中的文件 Universal.prt，单击【应用模块】中的【运动】按钮，进入运动仿真模块。单击【新建仿真】按钮，新建文件名为【Universal_motion1.sim】，文件位置放到原装配文件夹，单击【确定】按钮。在【环境】对话框的分析类型中选中【动力学】单选按钮，在运动副向导中选择【新建仿真时启动运动副向导】复选框，单击【确定】按钮，如图 9-19 所示。在弹出的【机构运动副向导】对话框中单击【取消】按钮。注意：万向节为装配体带有约束，本部分不使用原代约束。

图 9-19

Step 02 选择【菜单】|【插入】|【运动体】命令，在弹出的【运动体】对话框中质量属性选项选择【用户定义】，不选择【固定运动体】复选框，选取如图 9-20 所示的零件为运动体 1，其余参数选择系统默认设置，单击【应用】按钮。用同样的方法定义运动体 2 和运动体 3。

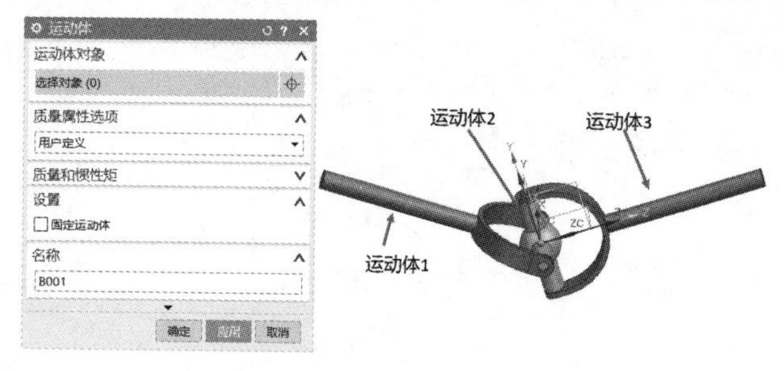

图 9-20

Step 03 选择【菜单】|【插入】|【运动副】|【旋转副】命令，在动作选项中，选择的运动体

具体位置如图 9-21 所示。其余参数选择系统默认设置，单击【应用】按钮。

Step 04 在动作选项中，选择的运动体为如图 9-20 所示的运动体 1，指定原点选择【圆弧中心/椭圆中心/球心】命令，单击万向节的球结构，完成指定原点命令，指定矢量的选择如图 9-22 所示。选择【对齐运动体】复选框，运动体选择如图 9-20 所示的运动体 2，指定原点选择【圆弧中心/椭圆中心/球心】命令，单击万向节的球结构，完成指定原点命令，指定矢量的选择如图 9-22 所示。

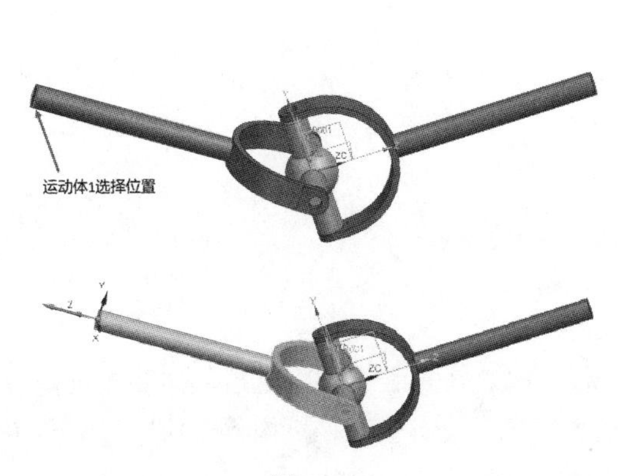

图 9-21

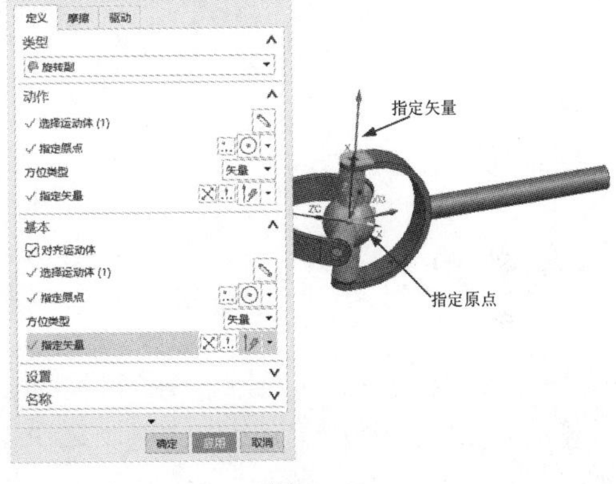

图 9-22

Step 05 在动作选项中，选择的运动体为如图 9-20 所示的运动体 3，指定原点选择【圆弧中心/椭圆中心/球心】命令，单击万向节的球结构，完成指定原点命令，指定矢量的选择与步骤 4 相同。选择对齐运动体复选框，运动体选择如图 9-20 所示的运动体 2，指定原点选择【圆弧中心/椭圆中心/球心】命令，单击万向节的球结构，完成指定原点命令，指定矢量的选择与步骤 4 相同。

Step 06 在动作选项中，选择的运动体为如图 9-20 所示的运动体 3，具体选择位置与步骤 3 相同。其余参数选择系统默认设置，单击【应用】按钮。

Step 07 方向节运动特性创建完成，解算方案、求解及动画详见 9.7 节。

实例：创建齿轮运动特性

Step 01 启动 UG NX 1904 软件，打开配套资源中的文件 gear.prt，单击【应用模块】中的【运动】按钮，进入运动仿真模块。单击【新建仿真】按钮，新建文件名为【gear_motion1.sim】，文件位置放到原装配文件夹，单击【确定】按钮。在【环境】对话框的分析类型中选中【动力学】单选按钮，在运动副向导选项中选择【新建仿真时启动运动副向导】复选框，单击【确定】按钮。

Step 02 选择【菜单】|【插入】|【运动体】命令，在弹出的【运动体】对话框中质量属性选项选择【用户定义】，不选择【固定运动体】复选框，选取如图 9-23 所示的零件为运动体 1，其余参数选择系统默认设置，单击【应用】按钮。用同样的方法定义运动体 2，如图 9-23 所示。

Step 03 选择【菜单】|【插入】|【运动副】|【旋转副】命令，在动作选项中，选择的运动体为如图 9-23 所示的运动体 1，指定原点及指定矢量如图 9-24 所示。其余参数选择系统默认设置，单击【应用】按钮。同理，创建运动体 2 的运动副。

Step 04 选择【菜单】|【插入】|【耦合副】|【齿轮耦合副】命令，在弹出的【齿轮耦合副】

对话框中，第一个运动副选择【J001】，第二个运动副选择【J002】，在【比率】文本框中输入 0.5（运动体 1 和运动体 2 齿数之比为 0.5），单击【确定】按钮，完成齿轮运动特性构建。求解及动画详见 9.7 节。

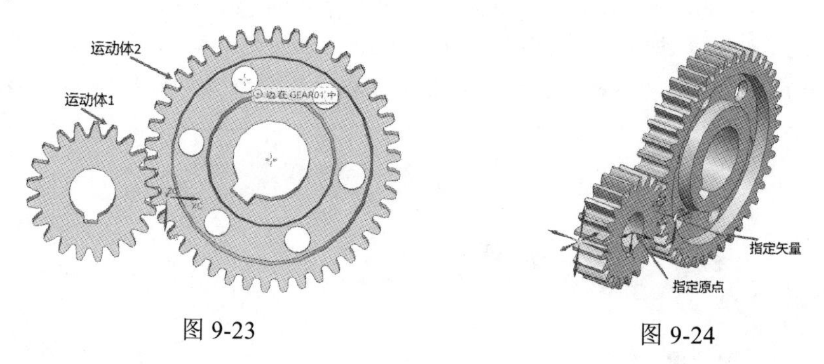

图 9-23　　　　图 9-24

9.4 创建驱动

在 UG NX 运动仿真中，为了模拟机构的实际运行状况，在定义运动副之后，需要在机构中添加【驱动】促使机构运转。【驱动】使机构运动的动力来源，没有驱动，机构将无法进行运动仿真。驱动一般添加在机构中的运动副之上，当两个运动体以单个自由度的运动副进行连接时，实用驱动可以让它们以特定方式运动。

选择【菜单】|【插入】|【驱动体】命令，或在【主页】功能选项卡的【机构】区域中单击【驱动体】按钮，弹出如图 9-25 所示的【驱动】对话框。

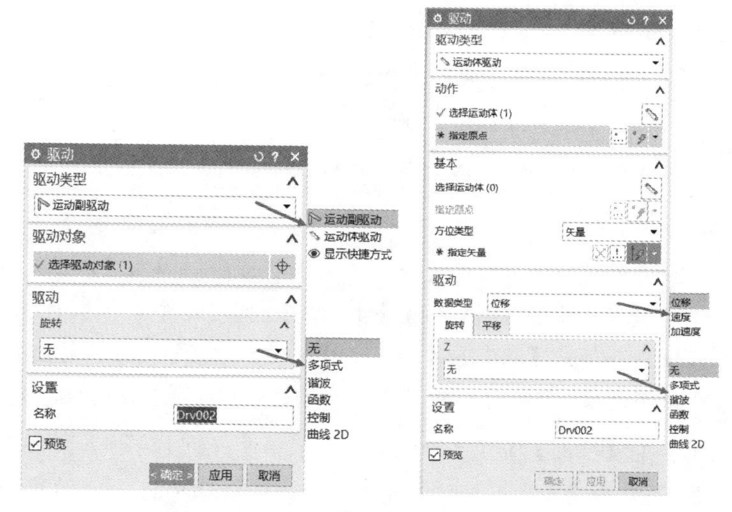

图 9-25

驱动体创建的形式包括两种：【运动副驱动】和【运动体驱动】。

【谐波驱动】就是利用简谐函数驱动运动副中的位移变化。简谐函数的波形为正弦曲线，它可以生成一个光滑的正弦运动。

【函数驱动】将给运动副或运动体添加一个复杂的符合数学规律的函数运动。创建过程如图 9-26 所示。

图 9-26

9.5　连接器

机构中的连接器主要有弹簧、阻尼器、衬套、3D 接触，本部分详细介绍这些连接器相关参数的设计及其应用。

9.5.1　弹簧

对于有弹簧的机构的仿真，可以添加一个【弹簧】连接。弹簧在被拉伸或压缩时产生弹力，弹力的大小与弹簧受力时长度的变化有关。

弹簧可以定义在旋转副和滑动副上，也可以定义在连杆的两点之间。定义的弹簧是一个虚拟的连接，在机构模块中不显示。

选择【菜单】|【插入】|【连接器】|【弹簧】命令，弹出【弹簧】对话框，如图 9-27 所示。

连接件包括运动体、平移和旋转 3 种。运动体：通过定义运动体和原点定义弹簧，原点的连线为弹簧的轴线，连线的长度为弹簧的长度；平移：指定一个滑动副为弹簧的参考，通过输入【安装长度】的值来定义弹簧的长度；旋转：指定一个旋转副为弹簧的参考，可以用于扭转弹簧的仿真。

弹簧参数：用于定义弹簧的参数。表达式：通过值来定义弹簧的系数，默认单位是 N/mm4。

执行器：用于定义预载力的类型、大小和预载长度。

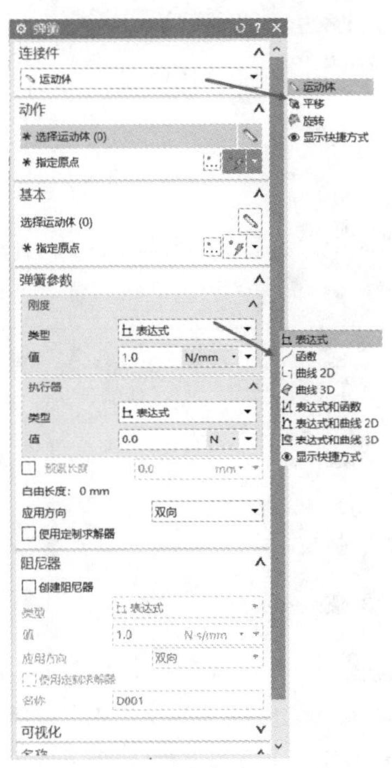

图 9-27

9.5.2　阻尼器

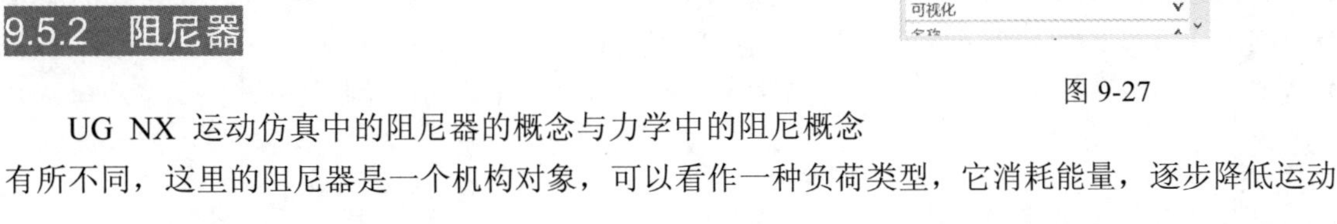

UG NX 运动仿真中的阻尼器的概念与力学中的阻尼概念有所不同，这里的阻尼器是一个机构对象，可以看作一种负荷类型，它消耗能量，逐步降低运动

的影响，对物体的运动起反作用力。阻尼是运动机构的命令，和一般的滑动摩擦力不同的是阻尼力不是恒定的，阻尼器产生的力会消耗运动机构的能量并阻碍运动，阻尼力始终和应用该阻尼器的图元的速度成比例，且与运动方向相反。创建阻尼可以在运动体之间，还可以在滑动副和旋转副上面来创建，这和弹簧的创建类似。

选择【菜单】|【插入】|【连接器】|【阻尼器】命令，弹出【阻尼器】对话框，如图 9-28 所示。

实例：创建弹簧阻尼器运动特性

Step 01 启动 UG NX 1904 软件，打开配套资源中的文件 spring.prt，单击【应用模块】中的【运动】按钮，进入运动仿真模块。单击【新建仿真】按钮，新建文件名为【spring_motion1.sim】，文件位置放到原装配文件夹，单击【确定】按钮。在【环境】对话框的分析类型中选中【动力学】单选按钮，在运动副向导选项中选择【新建仿真时启动运动副向导】复选框，在弹出的【机构运动副向导】对话框中，单击【确定】按钮，完成运动体和运动副的设置。

Step 02 选择【菜单】|【插入】|【连接器】|【弹簧】命令，在【弹簧】对话框中选择【运动体】创建弹簧方式，动作体和基本体的选择如图 9-29 所示。在动作体原点和基本体原点选择时选用【圆弧中心/椭圆中心/球心】命令，弹簧刚度类型选择【表达式】，在【值】文本框中输入 3.0。其余参数默认，单击【确定】按钮，如图 9-29 所示。

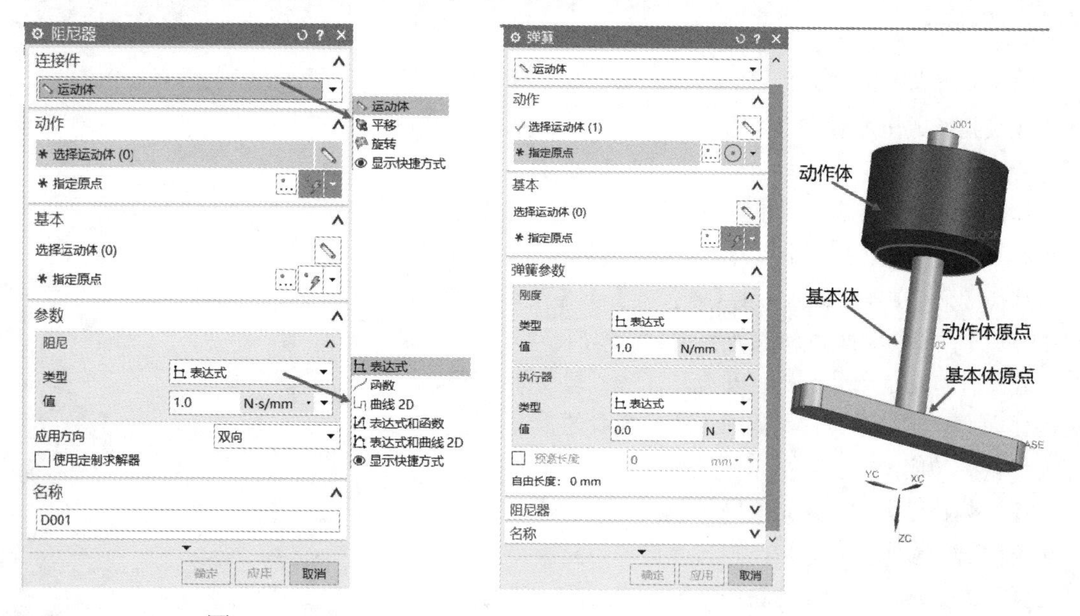

图 9-28　　　　图 9-29

Step 03 选择【菜单】|【插入】|【连接器】|【阻尼器】命令，在【阻尼器】对话框中选择【运动体】创建阻尼器方式，动作体和基本体的选择与步骤 2 相同。在动作体原点和基本体原点选择时选用【圆弧中心/椭圆中心/球心】命令，阻尼器刚度类型选择【表达式】，在【值】文本框中输入 0.01。其余参数默认，单击【确定】按钮，完成弹簧阻尼器动态特性的创建。求解和动画详见 9.7 节。

9.5.3　衬套

图 9-30

衬套用于定义两个运动体之间的弹性关系，在仿真机构中建立一个柔性的运动副。衬套类似于骨骼的骨关节，骨关节之间有一定的弹性和韧性，可以在一定范围内转动、拉伸和缩短。衬套也相当于运动副，只是没有限制任何一个自由度。

选择【菜单】|【插入】|【连接器】|【衬套】命令，弹出【衬套】对话框，如图 9-30 所示。

创建衬套需要指定动作运动体、基本运动体、原点以及矢量，衬套连接的运动体有 6 个自由度，分别是 3 个平移自由度和 3 个旋转自由度。定义衬套时可以通过刚度系数、阻尼系数和预载来约束和控制这些自由度。

UG 运动仿真中衬套有 3 种，分别是柱面副、常规、球面副。柱面副一般用于具有对称结构和均匀材质的弹性衬套仿真，对于此类衬套，系统将连接的自由度减少为 4 个，通过定义刚度系数阻尼系数即可定义衬套参数；对于常规衬套，则需要定义平移系数和扭转系数等 18 个参数才能完全控制自由度。

9.5.4　3D 接触

利用 3D 接触的功能可以实现机构中两运动体之间的接触不穿透以及碰撞的模拟，3D 接触还可以进行表面接触力、接触面积和滑动速度等参数的分析研究。定义 3D 接触需要选择两个实体运动体，这两个运动体可以预先接触，也可以在运动中接触。3D 接触在计算时，需要较长的时间，接触面越复杂，解算时间越长。

选择【菜单】|【插入】|【接触】|【3D 接触】命令，弹出【3D 接触】对话框，如图 9-31 所示。

图 9-31

实例：创建棘轮运动特性

Step 01　启动 UG NX 1904 软件，打开配套资源中的文件 geneva_mech.prt，单击【应用模块】中的【运动】按钮，进入运动仿真模块。单击【新建仿真】

按钮，新建文件名为【geneva_mech_motion1.sim】，文件位置放到原装配文件夹，单击【确定】按钮。在【环境】对话框的分析类型中选中【动力学】单选按钮，在运动副向导选项中选择【新建仿真时启动运动副向导】复选框，单击【确定】按钮。

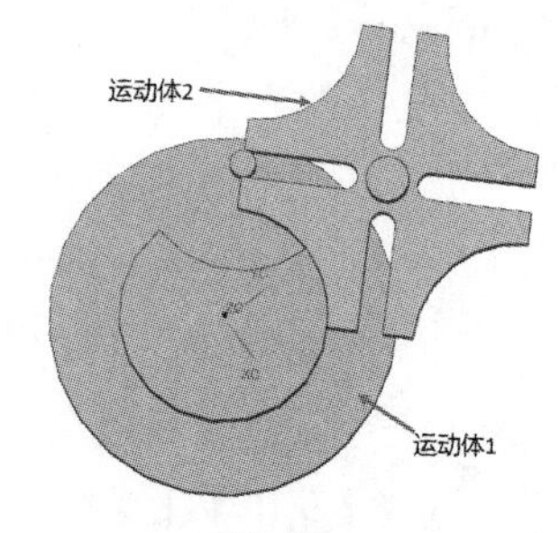

图 9-32

Step 02 选择【菜单】|【插入】|【运动体】命令，在弹出的【运动体】对话框中质量属性选项选择【用户定义】，不选择【固定运动体】复选框，选取如图 9-32 所示的零件为运动体 1，其余参数选择系统默认设置，单击【应用】按钮。用同样的方法定义运动体 2。

Step 03 选择【菜单】|【插入】|【运动副】|【旋转副】命令，在动作选项中，选择的运动体为如图 9-33 所示的运动体 1。其余参数选择系统默认设置，单击【应用】按钮。

Step 04 在动作选项中，选择的运动体为如图 9-34 所示的运动体 2。其余参数选择系统默认设置，单击【应用】按钮。

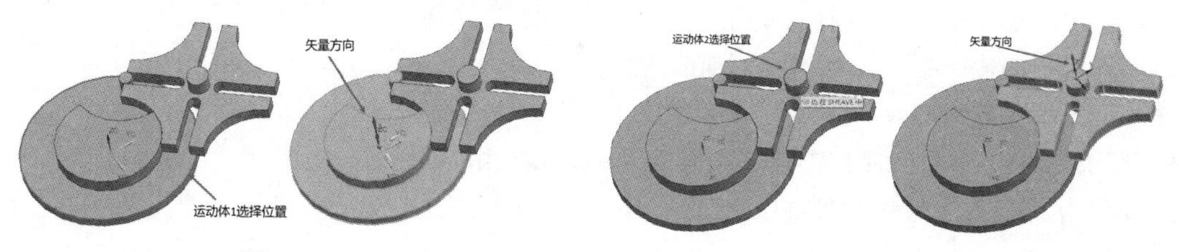

图 9-33　　图 9-34

Step 05 选择【菜单】|【插入】|【接触】|【3D 接触】命令，弹出【3D 接触】对话框，3D 接触类型选择【CAD 接触】，动作选择运动体 1，基本选择运动体 2，如图 9-35 所示，单击【确定】按钮，棘轮运动特性创建完成。求解和动画详见 9.7 节。

图 9-35

9.6 载荷

在机构的运动分析中，为了使分析结果更加接近真实水平，需要在机构中设置零件属性并添加一些载荷，如添加力和力矩等。载荷是影响机构运动的重要因素，UG NX 运动仿真中载荷主要包括标量力、矢量力、标量扭矩和矢量扭矩 4 种。

9.6.1 标量力

标量力是指通过空间直线方向、具有一定大小的力。标量力可以使机构中的某个运动体运动，也可以作为限制和延缓运动体的反作用力，还能够作为静止运动体的载荷。

选择【菜单】|【插入】|【载荷】|【标量力】命令，弹出【标量力】对话框，如图 9-36 所示。

定义标量力需要指定一组运动体，分别为动作运动体和基本运动体，并在运动体上定义力的原点，也就是力的作用点，也可以将力的起点固定，在单个运动体上定义标量力。

在机构运动过程中，标量力的方向始终处在【动作运动体】原点和【基本运动体原点】的连线上，这意味着标量力的方向可能会随着机构的位置变化而改变。标量力的大小可以是固定的，也可以通过函数管理器来定义大小变化的力。

9.6.2　矢量力

矢量力是指方向相对固定，具有一定大小的力。矢量力的创建方法和标量力相似，矢量力和标量力的不同之处在于标量力的方向可能会发生变化，而矢量力的方向可以保持绝对不变或相对于某坐标系保持不变。

选择【菜单】|【插入】|【载荷】|【矢量力】命令，弹出【矢量力】对话框，如图 9-37 所示。

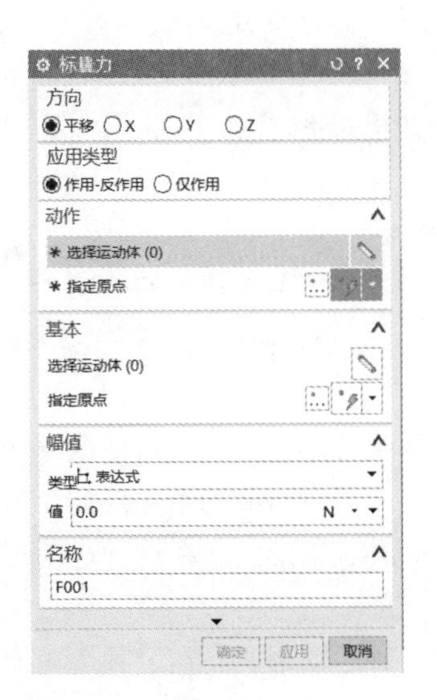

图 9-36

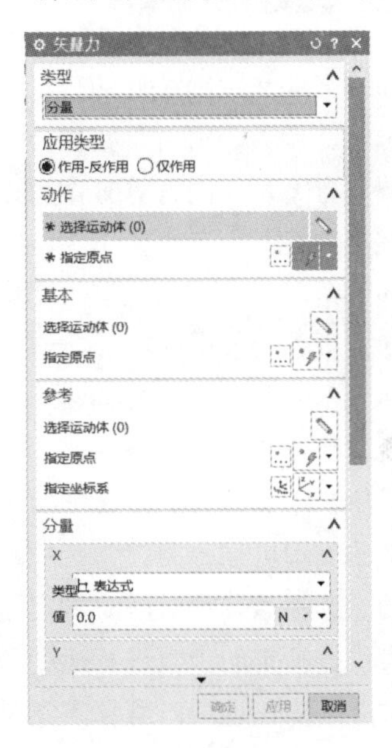

图 9-37

9.6.3　标量扭矩

扭矩可以使运动体做旋转运动，也可以作为限制和延缓运动体的反作用力矩，定义扭矩的主要设置参数是扭矩的大小和旋转轴，扭矩的大小可以是恒定的，也可以是有函数控制的变量。

选择【菜单】|【插入】|【载荷】|【标量扭矩】命令，弹出【标量扭矩】对话框，如图 9-38 所示。

标量扭矩只能定义在旋转副上，扭矩的轴线就是旋转副的轴线。

图 9-38

9.6.4 矢量扭矩

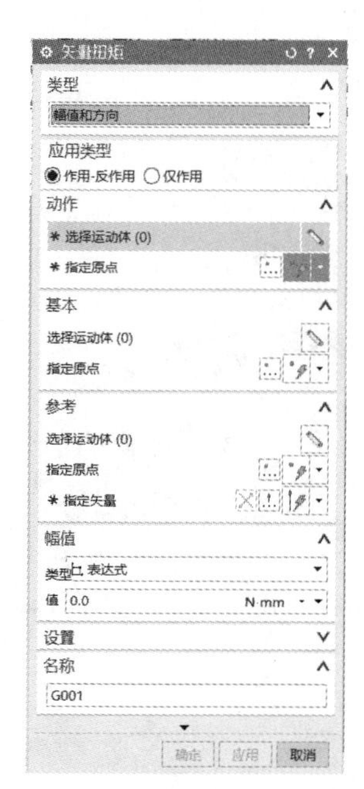

图 9-39

矢量扭矩和标量扭矩的作用一样，只是创建方法不同，矢量扭矩可以添加在运动体的任意轴上。

选择【菜单】|【插入】|【载荷】|【矢量扭矩】命令，弹出【矢量扭矩】对话框，如图 9-39 所示。

9.7 创建解算方案和动画

本节介绍解答方案和动画的创建。

9.7.1 解算方案创建和求解

创建解算方案就是设置结构的分析条件，包括定义解算方案类型、分析类型、时间、步数、重力参数以及求解参数等。在一个机构中，可以定义多种解算方案，不同解算方案可以定义不同的分析条件。

创建【解算方案】命令有以下 3 种方法。

（1）选择【菜单】|【插入】|【解算方案】命令。

（2）在【主页】功能卡的解算方案区域中单击【解算方案】按钮 解算方案。

（3）在运动导航器界面选中

，然后右击，在弹出的快捷菜单中选择【新建解算方案】命令。

选择【菜单】|【插入】|【解算方案】命令，弹出【解算方案】对话框，如图 9-40 所示。

解算方案的类型可以分为：常规驱动、铰接运动、电子表格驱动和柔件体 4 种。

常规驱动：选择该选项，解算方案是基于时间的一种运动形式。在这种运动形式中，机构在指定的时间段内按指定的步数进行运动仿真。

铰接运动：选中该选项，解算方案是基于位移的一种运动形式。在这种运动形式中，机构以指定的步数和步长进行驱动。

电子表格驱动：选择该选项，解算方案是用电子表格功能进行常规和铰链运行分析的仿真。

分析类型包括运动学/动力学、静态平衡和控制/动力学 3 种。

重力指定方向：在运动仿真过程中，重力指定方向一般设置为垂直向下（在一些运动仿真中，可以不用设置重力方向，比如实例中的万向节运动仿真）。重力数值一般情况下选择默认值。

选择【菜单】|【分析】|【运动】|【求解】命令，对解算方案进行求解。

解算方案创建并求解完成后，在【运动导航器】中，【Solution_1】节点下显示当前活动的解算方案，右击【Solution_1】节点，可在弹出的快捷菜单中对解算方案进行删除、重命名和查看信息等操作。

如果当前机构中有多组解算方案，则需要先激活一组解算方案，才能对该方案进行编辑和求解。激活的方法是：双击该解算方案或者选中要激活的方案，然后右击，在弹出的快捷菜单中选择【激活】命令。激活后的计算方案节点右侧会显示【活动】字符提示。

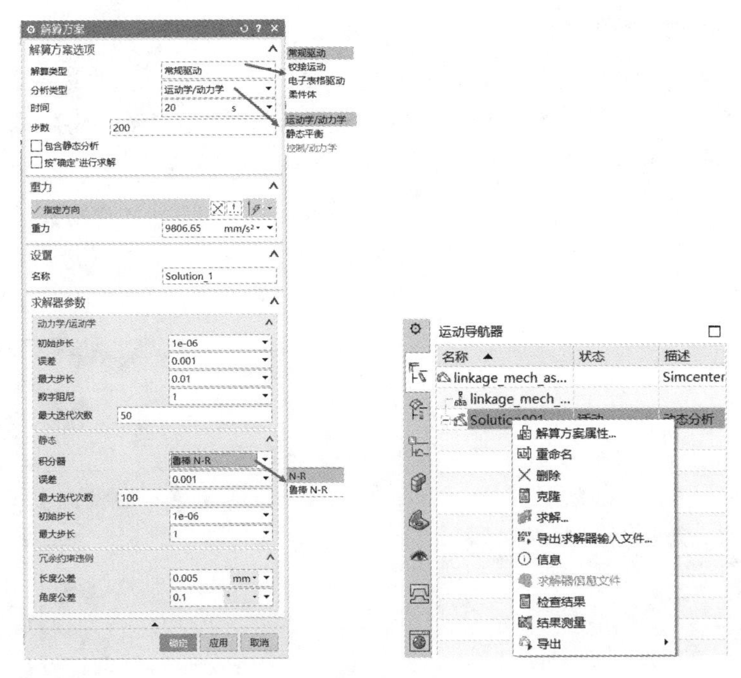

图 9-40

9.7.2　创建动画

完成一组解算方案的求解后，即可查看机构的运行状态并将结果输出为动画视频文件，也可以根据结果对机构的运行情况、关键位置的运动轨迹、运动状态下组件干涉等进行进一步分析，以便检验和改进机构的设计。

选择【动画】命令有以下两种方法。

方法一：选择【菜单】|【分析】|【运动】|【动画】命令；方法二：在【分析】功能选项卡的【运动】区域中单击【动画】按钮，弹出【动画】对话框，如图 9-41 所示。

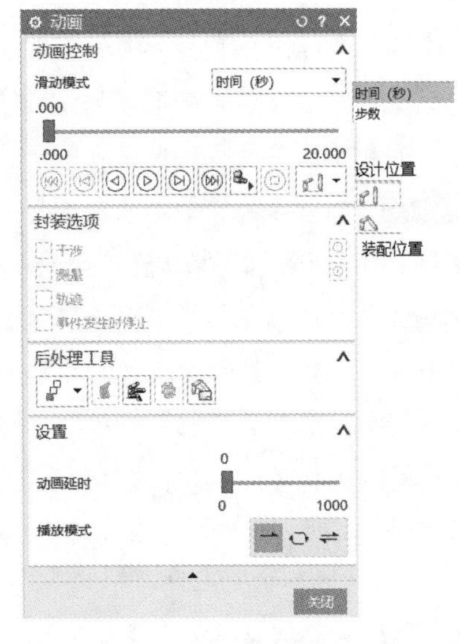

图 9-41

滑动模式：在该下拉列表用于选择滑动模式，其中包括【时间（秒）】和【步数】两种选项。【时间（秒）】是指动画以设定的时间进行运动；【步数】是指动画以设定的步数进行运动。

【设计位置】：单击此按钮，可以使运动模型回到运动仿真前置处理之前的初始三维实体设计状态。

【装配位置】：单击此按钮，可以使运动模型回到运动仿真前置处理后的 ADAMS 运动分析模型状态。

【导出至电影】：机构将自动运行并输出动画。

注意：在生成动画前将模型调整到合适的显示大小及位置，可以得到较好的动画位置效果。

实例：万向节运动特性求解

Step 01 在运动导航器中选中运动副【J001】右击，在弹出的快捷菜单中选择【编辑】命令，在弹出的【运动副】对话框中单击【驱动】选项卡，旋转的类型选择【多项式】，在速度文本框中输入 100，单击【确定】按钮，如图 9-42 所示。

Step 02 选择【菜单】|【插入】|【解算方案】，解算类型选择【常规驱动】，分析类型选择【运动学/动力学】，在时间文本框中输入【20】，在步数文本框中输入 200，重力指令方向为任一方向（在万向节中无须考虑重力影响），名称为【Solution_1】，单击【确定】按钮，如图 9-43 所示。

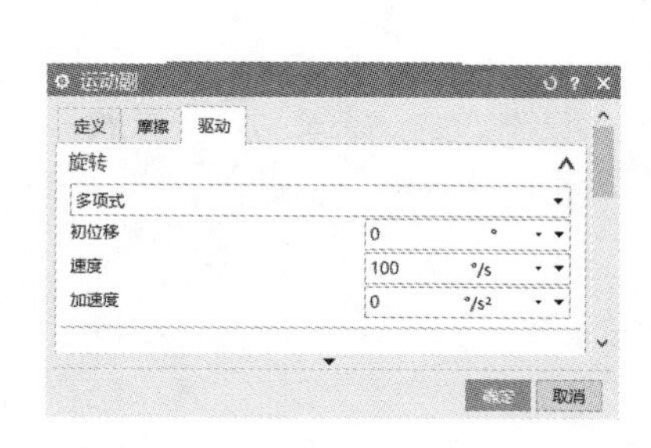

图 9-42

图 9-43

Step 03 选择【菜单】|【分析】|【运动】|【求解】命令，完成设定条件下的运动方案求解。

Step 04 在【结果】功能选项卡的【动画】区域中单击【播放】按钮▷，即可播放动画。

Step 05 在【结果】功能选项卡的【动画】区域中单击【导出至电影】按钮 导出至电影，弹出【录制电影】对话框，输入文件名及保存位置，单击【OK】按钮，完成运动仿真的创建。

Step 06 选择【文件】|【文件】|【保存】命令，完成模型的保存。

实例：齿轮运动特性求解

Step 01 在运动导航器中选中运动副【J001】右击，在弹出的快捷菜单中选择【编辑】命令，在弹出的【运动副】对话框中单击【驱动】选项卡，旋转的类型选择【多项式】，在速度文本框中输入【100】，单击【确定】按钮，如图 9-44 所示。

Step 02 选择【菜单】|【插入】|【解算方案】，解算类型选择【常规驱动】，分析类型选择【运动学/动力学】，在时间文本框中输入【20】，在步数文本框中输入 200，重力指定方向为任一方向（在万向节中无须考虑重力影响），名称为【Solution_1】，单击【确定】按钮，如图 9-45 所示。

Step 03 选择【菜单】|【分析】|【运动】|【求解】命令，完成设定条件下的运动方案求解。

Step 04 在【结果】功能选项卡的【动画】区域中单击【播放】按钮▷，即可播放动画。

Step 05 在【结果】功能选项卡的【动画】区域中单击【导出至电影】按钮 导出至电影，弹出【录制电影】对话框，输入文件名及保存位置，单击【OK】按钮，完成运动仿真的创建。

Step 06 选择【文件】|【文件】|【保存】命令，完成模型的保存。

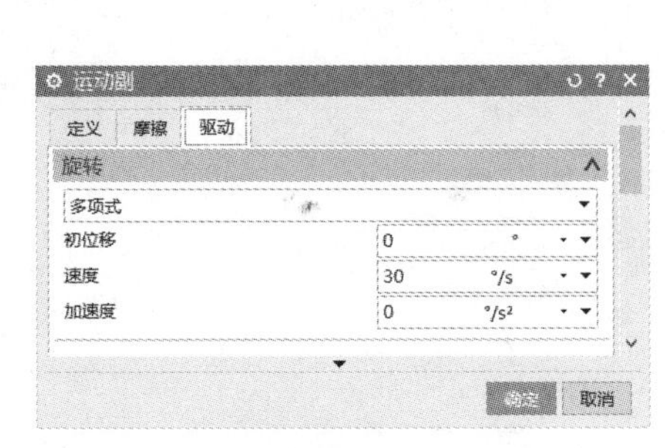

图 9-44

图 9-45

实例：棘轮运动特性求解

Step 01　在运动导航器中选中运动副【J001】右击，在弹出的快捷菜单中选择【编辑】命令，在弹出的【运动副】对话框中单击【驱动】选项卡，旋转的类型选择【多项式】，在【速度】文本框中输入 40，单击【确定】按钮，如图 9-46 所示。

Step 02　选择【菜单】|【插入】|【解算方案】，在弹出的对话框中解算类型选择【常规驱动】，分析类型选择【运动学/动力学】，在【时间】文本框中输入 20，在【步数】文本框中输入 200，重力指定方向为-ZC 方向，名称为【Solution_1】，单击【确定】按钮，如图 9-47 所示。

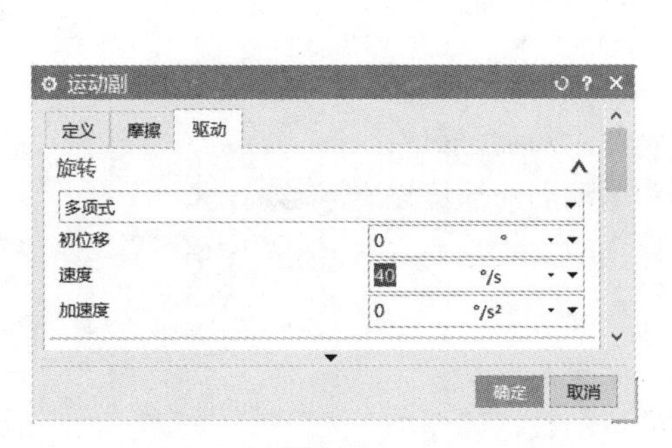

图 9-46

图 9-47

Step 03　选择【菜单】|【分析】|【运动】|【求解】命令，完成设定条件下的运动方案求解。注意：3D 接触下求解时间会增加。

Step 04　在【结果】功能选项卡的【动画】区域中单击【播放】按钮▷，即可播放动画。

Step 05　在【结果】功能选项卡的【动画】区域中单击【导出至电影】按钮 导出至电影，弹出【录制电影】对话框，输入文件名及保存位置，单击【OK】按钮，完成运动仿真的创建。

Step 06　选择【文件】|【文件】|【保存】命令，完成模型的保存。

实例：弹簧阻尼器运动特性求解

Step 01　选择【菜单】|【插入】|【解算方案】，在弹出的对话框中解算类型选择【常规驱动】，

分析类型选择【运动学/动力学】，在【时间】文本框中输入 20，在【步数】文本框中输入 200，重力指令方向为-ZC 方向，名称为【Solution_1】，单击【确定】按钮，如图 9-48 所示。

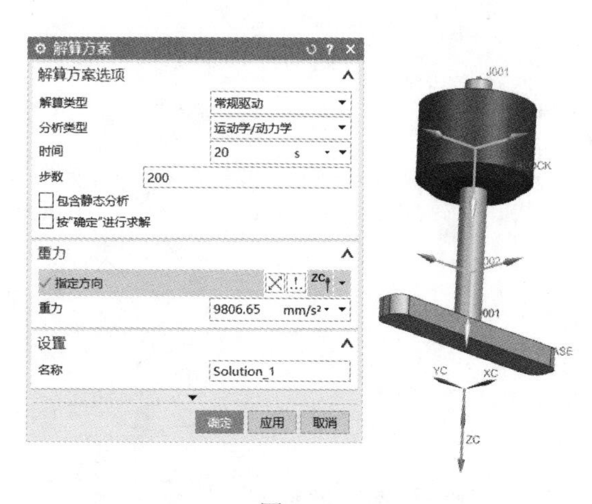

图 9-48

Step 02 【菜单】|【分析】|【运动】|【求解】命令，完成设定条件下的运动方案求解。

Step 03 在【结果】功能选项卡的【动画】区域中单击【播放】按钮，即可播放动画。

Step 04 在【结果】功能选项卡的【动画】区域中单击【导出至电影】按钮导出至电影，弹出【录制电影】对话框，输入文件名及保存位置，单击【OK】按钮，完成运动仿真的创建。

Step 05 【文件】|【文件】|【保存】命令，完成模型的保存。

9.8 分析和测量

使用 UG NX 运动分析的目的之一是需要研究机构零件的位移、速度、加速度、作用力与反作用力以及力矩等参数，要达到研究的目的，必须使用 UG NX 运动分析中的分析和测量工具。本部分分为结果输出、智能点、标记与传感器和干涉、测量与跟踪。

9.8.1 结果输出

当解算方案求解完成后，除了可使用【动画】工具输出机构运动视频外，还可以对机构中的某一个运动体和运动副的速度以及位置数据进行输出，以便进行进一步研究，输出的方式主要有图标输出和表格输出等。

（1）图标输出

图标是将机构中的某一个运动体和运动副的运动数据以图形的方式进行表达仿真，可以用于生成位移、速度、加速度和力的结果曲线。

选择【菜单】|【分析】|【运动】|【XY 结果】XY - 作图命令，在【运动导航器】窗口中选择【运动副】节点中任一个运动副，此时在【XY 结果视图】窗口中会显示如图 9-49 所示的信息。

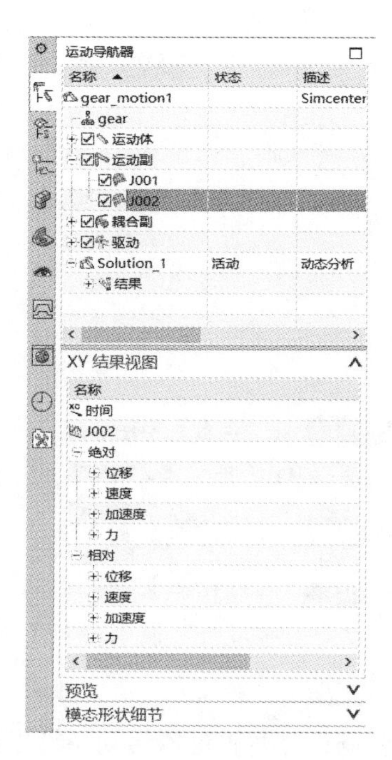

图 9-49

在【XY 结果视图】中依次展开【绝对】|【位移】命令，然后选中【RZ 选项】右击，在弹出的快捷菜单中选择【绘图】命令，在绘图任一地方单击即可，显示旋转副的角位移-时间曲线。

在【结果】功能选项卡【函数图】区域中选择【更多】|【导

出】命令，弹出【导出】对话框，然后单击要导出的目标记录名称，单击图右边的【导出】按钮，弹出【导出数据】对话框，在文件类型中选择【Afu 记录】，选择文件保存的合适路径，单击【确定】按钮，如图 9-50 所示，完成保存。

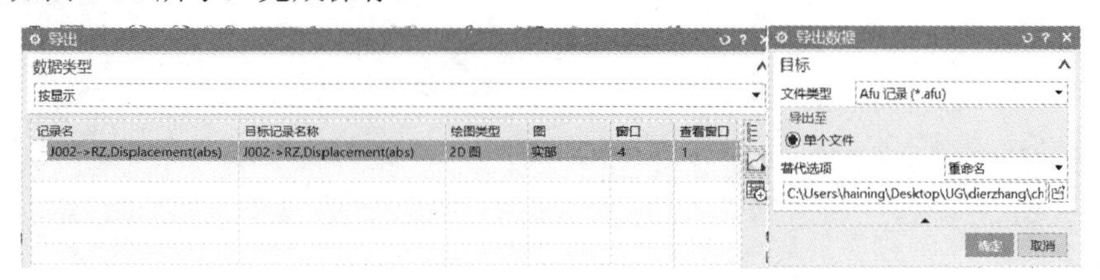

图 9-50

在【布局】区域单击【返回到模型】按钮，返回运动仿真环境。

（2）电子表格输出

机构在运动时，系统内部将自动生成一组数据表，在运动分析过程中，该数据表连续记录数据，每一次更新分析，数据表都将重新记录数据，电子表格的数据与图形输出的数据一致。

选择【菜单】|【分析】|【运动】|【填充电子表格】命令，弹出如图 9-51 所示的【填充电子表格】对话框，该对话框中可以设置 Excel 文件的保存路径。

单击【确定】按钮，系统会自动生成 Excel 窗口，如图 9-52 所示。

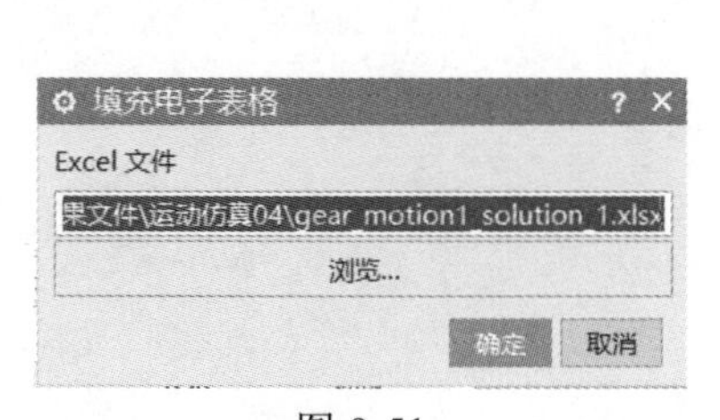

图 9-51

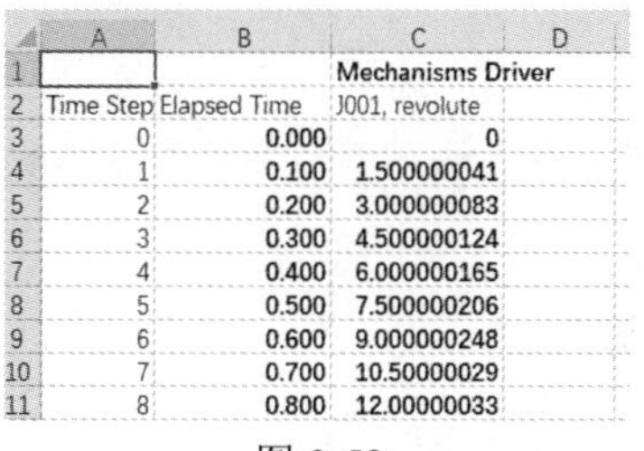

	A	B	C	D
1			Mechanisms Driver	
2	Time Step	Elapsed Time	J001, revolute	
3	0	0.000	0	
4	1	0.100	1.500000041	
5	2	0.200	3.000000083	
6	3	0.300	4.500000124	
7	4	0.400	6.000000165	
8	5	0.500	7.500000206	
9	6	0.600	9.000000248	
10	7	0.700	10.50000029	
11	8	0.800	12.00000033	

图 9-52

关闭系统弹出的电子表格。

9.8.2 智能点、标记与传感器

智能点、标记与传感器用于分析机构运动体中某一处的运动学和动力学数据。当要分析与测量某一点的位移、速度、加速度、力、弹簧位移、弯曲量以及其他运动学和动力学数据时，均会用到此类测量工具。

（1）智能点

智能点用于在机构空间中创建一个位置参考点。智能点不会作为运动体的一部分，与运动体也完全无关，只是单纯作为位置参考，智能点也可以作为运动副和弹簧的创建参考。在进行图形和表格分析输出时，智能点不能作为可选对象，只有标记才能用于图表功能中，但是智能点可以作为标记的放置参考。

选择【菜单】|【插入】|【智能点】命令，弹出如图 9-53 所示的【点】对话框，定义位置参考后，单击【确定】按钮，即可完成智能点的创建，在机构模块中创建的智能点在建模环境中不会显示。

（2）标记

标记是在运动体中指定一个点位置，用于分析、研究运动体该点处的机构数据。标记不仅与运动体有关，而且需要明确的方向定义。标记的方向特性在复杂的动力学分析中非常有用，常用于分析某个点的线性速度或加速度以及绕某个特定轴旋转的角速度和角加速度等。

选择【菜单】|【插入】|【标记】命令，弹出【标记】对话框，如图 9-54 所示。

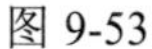
图 9-53

图 9-54

关联的运动体：用于选择定义标记位置的运动体。

方位：用于定义标记显示的位置及方位。

显示比例：在该文本框中输入的数值用于定义标记显示的大小。

名称：在该文本框中输入用于定义标记显示的名称。

（3）传感器

传感器可以设置在标记或运动副上，能够对设置的对象进行精确的测量，也可以测量两个标记之间的相对参考数据。

选择【菜单】|【插入】|【传感器】命令，弹出如图 9-55 所示的【传感器】对话框。

创建传感器的方法包括位移、速度、加速度和力 4 种。

图 9-55

9.8.3 干涉、测量与跟踪

干涉、测量与跟踪用于检查机构中的动态干涉和最小间隙，获得机构的特定运行位置，以便对设计进行进一步的改进。注意：这里的测量工具不是获得位置和角度曲线，只是限定极限距离后设置机构在这些位置停止，要想得到准确的距离和角度数据，必须使用前面介绍的标记和传感器工具。

（1）干涉

干涉检测功能可以用于检查机构的动态干涉，定义干涉时需要预先定义两组检查实体，然后在动画中启动干涉检查，即可定义机构在干涉时停止运动。

选择【菜单】|【工具】|【封装】|【干涉】命令，弹出【干涉】对话框，如图 9-56 所示，

创建干涉的方法有：高度显示、创建实体、显示相交曲线。高度显示是在分析时如果出现干涉，干涉物体会变亮显示。创建实体是在分析时出现干涉，系统会生成一个非参数化的相交实体用来表述干涉体积。显示相交曲线是在分析时出现干涉，系统会生成曲线来显示干涉部分。

模式下拉列表中包括【小平面】和【精确实体】选项。小平面是以小平面为干涉对象进行干涉分析。精确实体是以精确的实体为干涉对象进行干涉分析。

间隙：该文本框中输入的数值是定义分析时的安全参数。

（2）动画测量

测量功能用于定义机构中的一组几何对象的极限距离和极限角度，当机构的运转超过极限范围时会自动停止。

选择【菜单】|【工具】|【封装】|【动画测量】命令，弹出【动画测量】对话框，如图 9-57 所示。

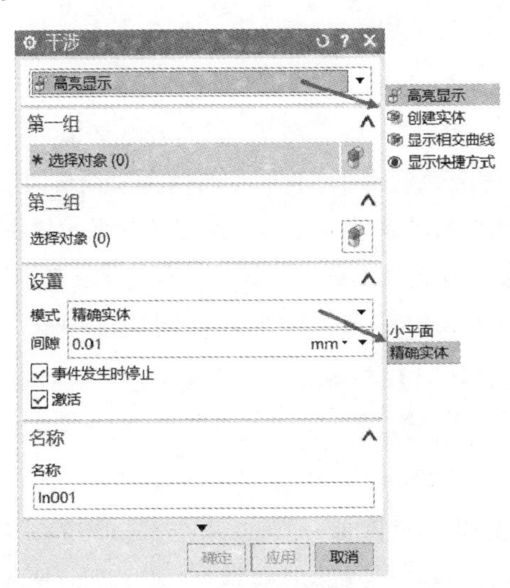

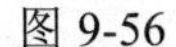
图 9-56

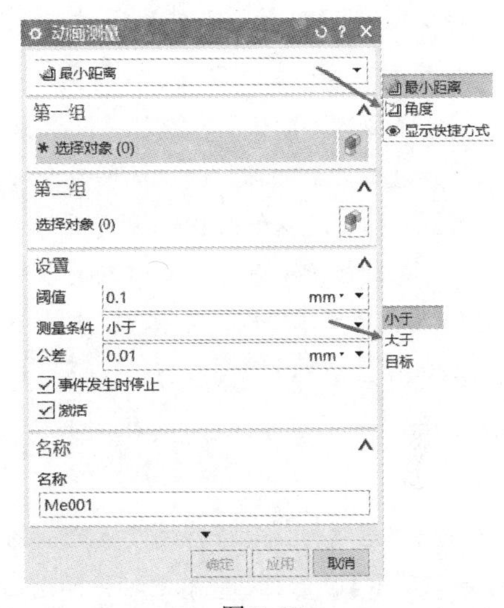

图 9-57

创建动画测量的方法包括【最小距离】和【角度】两种选项。最小距离是测量两运动体的最小距离值。角度是测量两运动体的角度值。

阈值：在该文本框中输入的数值定义阈值（参考值）。

测量条件包含小于、大于和目标 3 个选项。小于：测量值小于参考值；大于：测量值大于参考值；目标：测量值等于参考值。

公差：在该文本框中输入的数值定义比参照值大或小一个定值都能符合测量条件。

（3）追踪

追踪功能可以在机构运动的每一个步骤中创建一个复制的指定几何对象，追踪的几何体可以是实体、片体、曲线以及标记点。当追踪的对象为标记点时，可以用于分析查看机构中某个点的运行轨迹。

选择【菜单】|【工具】|【封装】|【追踪】命令，弹出【轨迹】对话框，如图 9-58 所示。

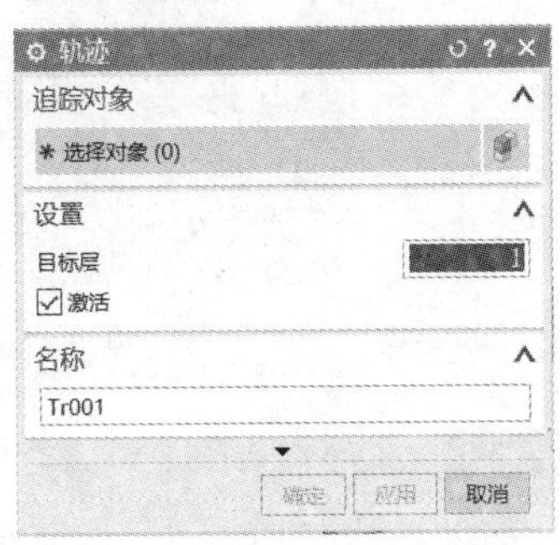

图 9-58

【目标层】：指定被跟踪对象的放置层。

【激活】：选择该复选框，激活目标层。

9.9 综合实例 1：两缸发动机运动仿真

Step 01 启动 UG NX 1904 软件，打开配套资源中的文件 engine_asm.prt，单击【应用模块】中的【运动】按钮，进入运动仿真模块。单击【新建仿真】按钮，新建文件名为【engine_asm.prt.sim】，文件位置放到原装配文件夹，单击【确定】按钮。在【环境】对话框的分析类型中选中【动力学】单选按钮，在弹出的对话框中选择【基于组件的仿真】和【新建仿真时启动运动副向导】复选框，单击【确定】按钮。

Step 02 选择【菜单】|【插入】|【运动体】命令，在弹出的对话框中选择【固定运动体】复选框，选取如图 9-59 所示的零件为运动体 1，其余参数选择系统默认设置，单击【确定】按钮。

Step 03 在装备导航器中，隐藏零件【ENGINE_BLOCK】，选择【菜单】|【插入】|【运动体】命令，不选择【固定运动体】复选框，选取如图 9-60 所示的零件为运动体 2，其余参数选择系统默认设置，单击【应用】按钮。选取如图 9-60 所示的零件为运动体 3，其余参数选择系统默认设置，单击【应用】按钮。选取如图 9-60 所示的零件为运动体 4，其余参数选择系统默认设置，单击【应用】按钮。选取如图 9-60 所示的零件为运动体 5，其余参数选择系统默认设置，单击【应用】按钮。选取如图 9-60 所示的零件为运动体 6，其余参数选择系统默认设置，单击【确定】按钮。

Step 04 选择【菜单】|【插入】|【运动副】|【旋转副】命令，在动作选项中，选择的运动体为如图 9-60 所示的运动体 2，具体选择位置如图 9-61 所示。其余参数选择系统默认设置，单击【应用】按钮。

Step 05 在动作选项中，选择的运动体为如图 9-60 所示的运动体 3，具体选择位置如图 9-60 所示，选择【对齐运动体】复选框，基本运动体的选择如图 9-62 所示，在基本对话框中，指点原点选择【圆弧中心/椭圆中心/球心】命令，单击【运动体 3 选择位置】，指定矢量方向为【XC 方向】，单击【应用】按钮。

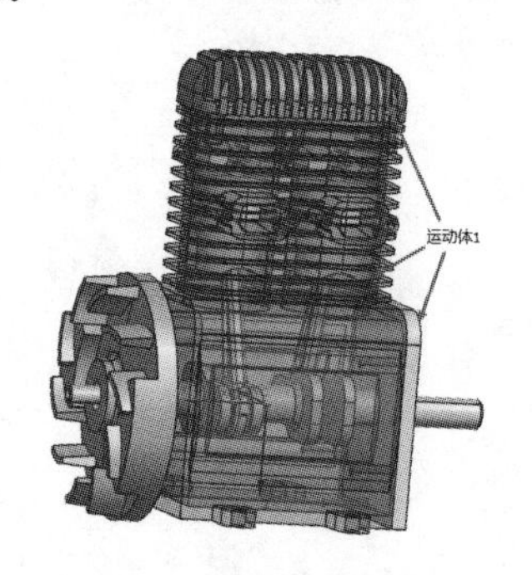

图 9-59

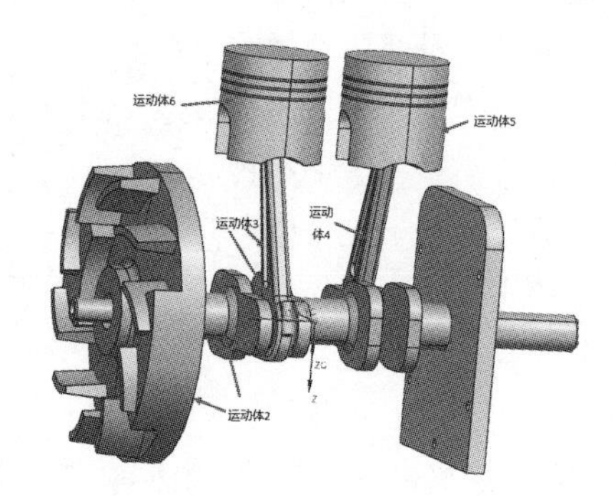

图 9-60

Step 06 在动作选项中，选择的运动体为如图 9-61 所示的运动体 4，其过程与步骤 5 一样。

Step 07 在动作选项中，选择的运动体为如图 9-60 所示的运动体 3，具体选择位置详见图 9-63 所示，选择【对齐运动体】复选框，基本运动体的选择如图 9-63 所示，在基本对话框中，指点原点选择【圆弧中心/椭圆中心/球心】命令，单击【运动体 5 选择位置】，指定矢量方向为【XC 方向】，单击【应用】按钮。

Step 08　在动作选项中，选择的运动体为如图 9-63 所示的运动体 3，其过程与步骤 7 一样。

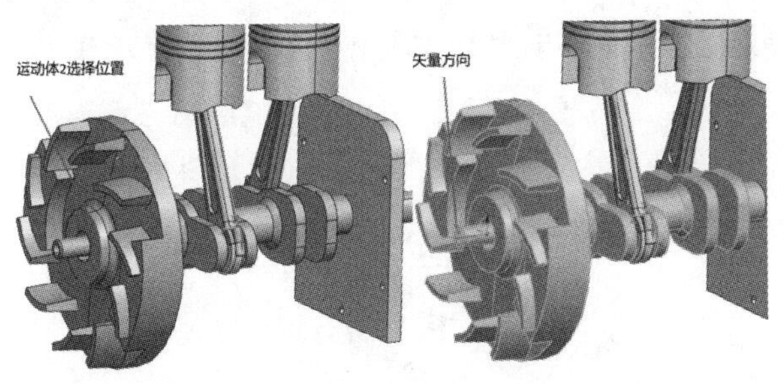

图 9-61

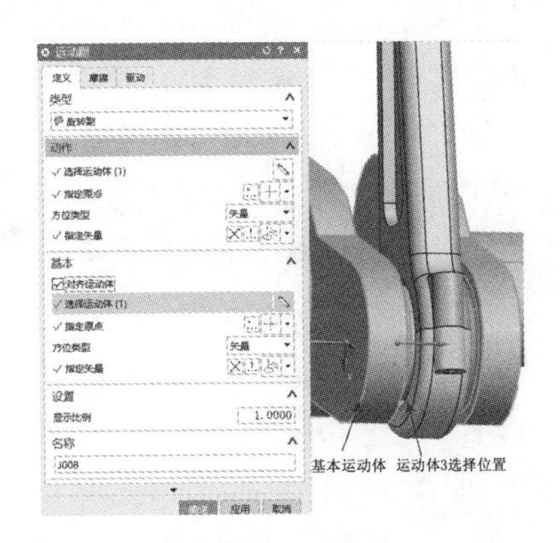

图 9-62

Step 09　选择【菜单】|【插入】|【运动副】|【滑动副】命令，动作运动体选择【运动体 5】，具体选择位置如图 9-64 所示，其余参数选择系统默认，单击【应用】按钮。

Step 10　动作运动体选择【运动体 6】，其创建滑动副过程与步骤 9 一样，单击【确定】按钮。

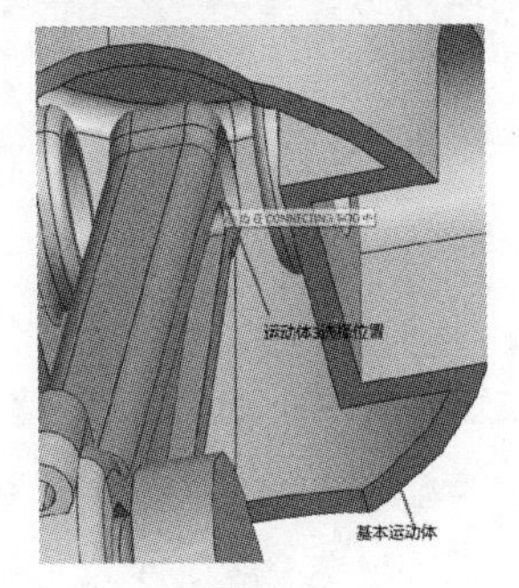

图 9-63

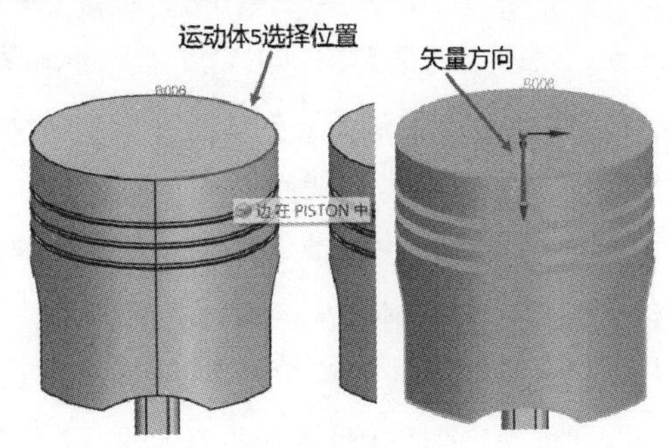

图 9-64

Step 11　在运动导航器中选中运动副【J002】右击，选择【编辑】命令，在弹出的【运动副】对话框中单击【驱动】复选卡，旋转的类型选择【多项式】，在【速度】文本框中输入 180，单击【确定】按钮。

Step 12　选择【菜单】|【插入】|【解算方案】，在弹出的对话框中解算类型选择【常规驱动】，

分析类型选择【运动学/动力学】，在时间文本框中输入 7，在【步数】文本框中输入 200，重力指定方向为【ZC】，名称为【Solution_1】，单击【确定】按钮。

Step 13 选择【菜单】|【分析】|【运动】|【求解】命令，完成设定条件下的运动方案求解。

Step 14 在【结果】功能选项卡的【动画】区域中单击【播放】按钮，即可播放动画。

Step 15 在【结果】功能选项卡的【动画】区域中单击【导出至电影】按钮 导出至电影，弹出【录制电影】对话框，输入文件名及保存位置，单击【OK】按钮，完成运动仿真的创建。

Step 16 选择【文件】|【文件】|【保存】命令，完成模型的保存。

9.10 综合实例 2：三维机械手运动仿真

Step 01 启动 UG NX 1904 软件，打开配套资源中的文件工位 3 三维机械手总装.prt，单击【应用模块】中的【运动】按钮，进入运动仿真模块。单击【新建仿真】按钮，新建文件名为【三维机械手总装_motion1.sim】，文件位置放到原装配文件夹，单击【确定】按钮。在【环境】对话框的分析类型中选中【动力学】单选按钮，选择【新建仿真时启动运动副向导】复选框，在弹出的【机构运动副向导】对话框中单击【取消】按钮，进入运动仿真模块。

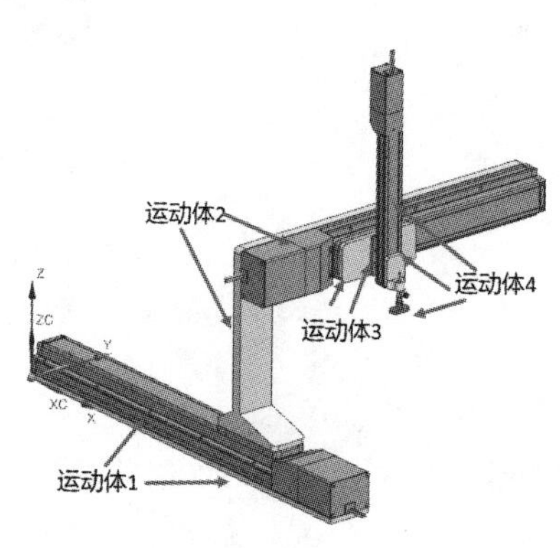

图 9-65

Step 02 选择【菜单】|【插入】|【运动体】命令，选择【固定运动体】复选框，选取如图 9-65 所示的零件为运动体 1，其余参数选择系统默认设置，单击【确定】按钮。

Step 03 取消选择【固定运动体】复选框，选取如图 9-65 所示的零件为运动体 2，其余参数选择系统默认设置，单击【应用】按钮。然后，选取如图 9-65 所示的零件为运动体 3，其余参数选择系统默认设置，单击【应用】按钮。接着，选取如图 9-65 所示的零件为运动体 4，其余参数选择系统默认设置，单击【确定】按钮，完成 4 个运动体的定义。

Step 04 选择【菜单】|【插入】|【运动副】|【滑动副】命令，在动作选项中，选择的运动体为如图 9-65 所示的运动体 2，【指定矢量】为 XC 方向，【基本运动体】为如图 9-65 所示的运动体 1，其余参数选择系统默认设置，单击【应用】按钮。

Step 05 在动作选项中，选择的运动体为如图 9-65 所示的运动体 3，【指定矢量】为 YC 方向，【基本运动体】为如图 9-65 所示的运动体 2，其余参数选择系统默认设置，单击【应用】按钮。

Step 06 在动作选项中，选择的运动体为如图 9-65 所示的运动体 4，【指定矢量】为 ZC 方向，【基本运动体】为如图 9-65 所示的运动体 3，其余参数选择系统默认设置，单击【确定】按钮。

Step 07 选择【菜单】|【首选项】|【运动】|【数学函数单位政策】命令，在弹出的对话框中选中【忽略单位】单选按钮，单击【确定】按钮。选中【运动导航器】下滑动副 J002 右击，在弹出的快捷菜单中选择【编辑】命令，在弹出的【运动副】对话框中选择【驱动】，平移方式选择【函数】，单击【函数】按钮，选择【函数管理器】，弹出【XY 函数管理器】对话框，函数属

性选择【数学】,【用途】、【函数类型】和【子机构】都选择系统默认设置，单击【新建】按钮，在函数【名称】文本框中输入【math_func1】，在【插入】下拉菜单中选择【运动-函数】选项，双击函数【STEP（x,x0,h0,x1,h1）】，在【公式】文本框中输入【STEP(x, 0,0, 2,-200)+STEP(x, 6,0, 8,200)】，单击三次【确定】按钮。

Step 08 选择【菜单】|【首选项】|【运动】|【数学函数单位政策】命令，选中【忽略单位】，单击【确定】按钮。选中【运动导航器】下滑动副J003右击，选择【编辑】命令，在弹出的【运动副】对话框中选择【驱动】，平移方式选择【函数】，单击【函数】按钮，选择【函数管理器】，弹出【XY 函数管理器】对话框，函数属性选择【数学】,【用途】、【函数类型】和【子机构】都选择系统默认设置，单击【新建】按钮，在函数【名称】文本框中输入【math_func2】，在【插入】下拉菜单中选择【运动-函数】选项，双击函数【STEP（x,x0,h0,x1,h1）】，在【公式】文本框中输入【STEP(x, 0, 0, 2, 200)+STEP(x, 5.5, 0, 7.5, -200)】，单击三次【确定】按钮。

Step 09 选择【菜单】|【首选项】|【运动】|【数学函数单位政策】命令，选中【忽略单位】，单击【确定】按钮。选中【运动导航器】下滑动副J003右击，在弹出的快捷菜单中选择【编辑】命令，在弹出的【运动副】对话框中选择【驱动】，平移方式选择【函数】，单击【函数】按钮，选择【函数管理器】，弹出【XY 函数管理器】对话框，函数属性选择【数学】,【用途】、【函数类型】和【子机构】都选择系统默认设置，单击【新建】按钮，在函数【名称】文本框中输入【math_func3】，在【插入】下拉菜单中选择【运动-函数】选项，双击函数【STEP（x,x0,h0,x1,h1）】，在【公式】文本框中输入【STEP(x, 2, 0, 3.5, -200)+STEP(x, 4, 0, 5.5, 200)】，单击三次【确定】按钮。

Step 10 选择【菜单】|【插入】|【解算方案】，弹出【解算方案】对话框，解算类型选择【常规驱动】，分析类型选择【运动学/动力学】，在【时间】文本框中输入7，在【步数】文本框中输入200，重力指定方向为【-ZC】，名称为【Solution_1】，单击【确定】按钮，如图9-66所示。

Step 11 选择【菜单】|【分析】|【运动】|【求解】命令，完成设定条件下的运动方案求解。

Step 12 在【结果】功能选项卡的【动画】区域中单击【播放】按钮，即可播放动画。

Step 13 在【结果】功能选项卡的【动画】区域中单击【导出至电影】按钮导出至电影，弹出【录制电影】对话框，输入文件名及保存位置，单击【OK】按钮，完成运动仿真的创建。

Step 14 选择【菜单】|【首选项】|【函数图】命令，在弹出的【函数图首选项】对话框中选中【单独的图形窗口】单选按钮，其余参数默认系统设置，单击【确定】按钮，如图9-67所示。

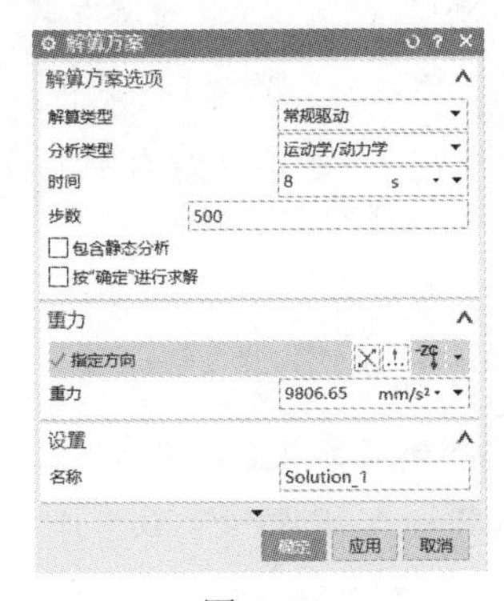

图9-66

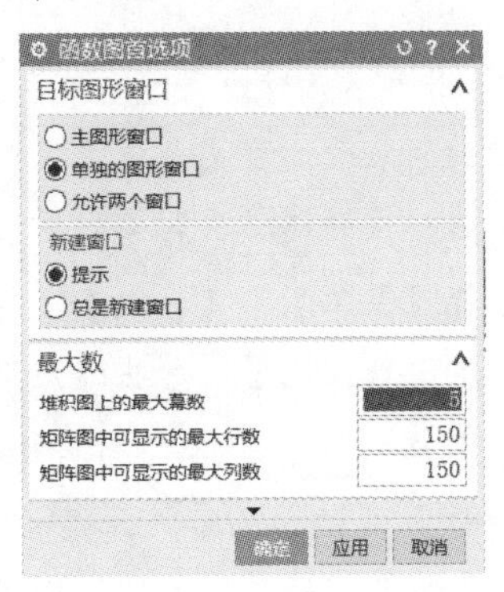

图9-67

Step 15 单击【运动导航器】下结果中的【XY-作图】，选中【运动体 B002】，在【XY 结果视图】中选中位移下 X 方向幅值右击，在弹出的快捷菜单中选择【创建图对象】命令，同样的方向，创建运动体 B003 的 Y 方向位移幅值，创建运动体 B004 的 Z 方向位移幅值。选择【绘图】命令，生成 B002 的位移曲线，选择【叠加】命令，叠加 B003 和 B004 的位移曲线，结果如图 9-69 所示。

Step 16 在打开的【图形窗口】中，选择【工具条】命令，利用【捕捉对象】可以实现图形的保存，单击【捕捉对象】按钮后，弹出【捕捉对象】对话框（见图 9-70），图像的保存类型可以选择【JPG、TIFF、PNG】，选定保存位置后单击【确定】按钮，完成图形的保存。

Step 17 选择【菜单】|【文件】|【保存】命令，完成模型的保存。

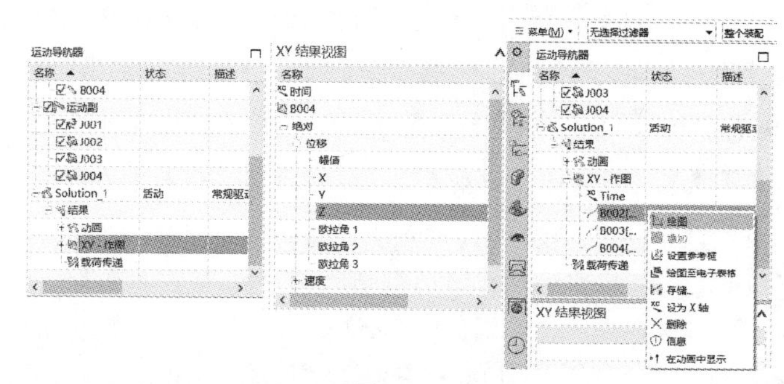

图 9-68

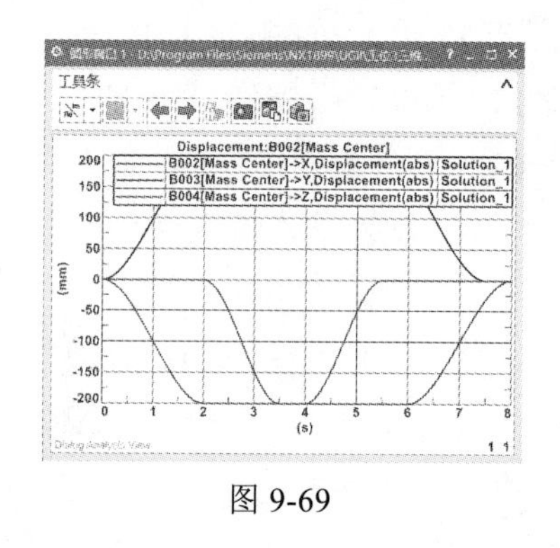

图 9-69

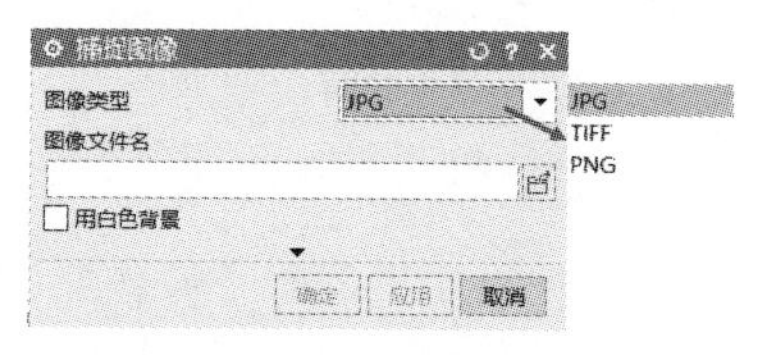

图 9-70

9.11 综合实例 3：挖掘机运动仿真

Step 01 启动 UG NX 1904 软件，打开配套资源中的文件挖掘机.prt，单击【应用模块】中的【运动】按钮，进入运动仿真模块。单击【新建仿真】按钮，新建文件名为【挖掘机_motion1.sim】，文件位置放到原装配文件夹，单击【确定】按钮。在【环境】对话框的分析类型中选中【动力学】单选按钮，选择【新建仿真时启动运动副向导】复选框，单击【确定】按钮。

Step 02 选择【菜单】|【插入】|【运动体】命令，选取如图 9-71 所示的零件为运动体 1，其余参数选择系统默认设置，单击【应用】按钮。

Step 03 如图 9-71 所示的零件为运动体 2，其余参数选择系统默认设置，单击【应用】按钮。然后，选取如图 9-71 所示的零件为运动体 3（运动体 3 为对称零件），其余参数选择系统默认设置，单击【应用】按钮。接着，选取如图 9-71 所示的零件为运动体 3（运动体 3 为对称零件），其余参数选择系统默认设置，单击【应用】按钮。然后依次定义运动体 5 到运动体 9。

Step 04　定义如图 9-72 所示的运动体 10 到运动体 12。

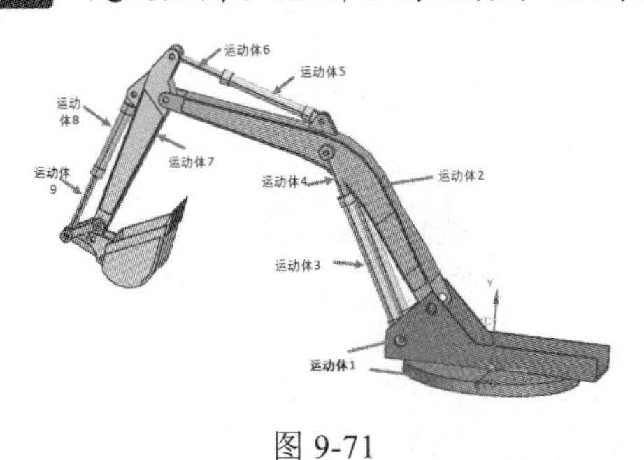

图 9-71

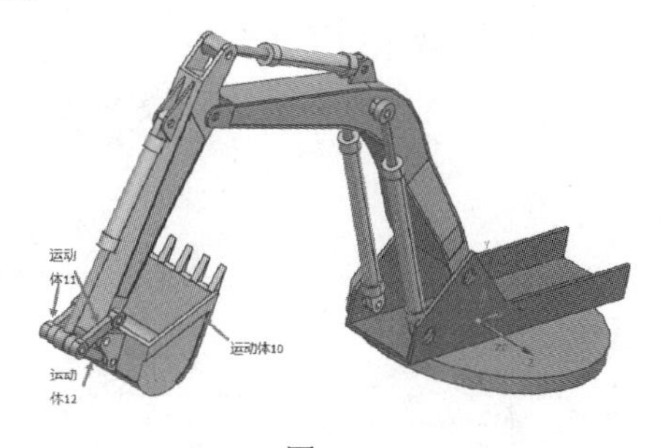

图 9-72

Step 05　【菜单】|【插入】|【运动副】|【旋转副】命令，在动作选项中，选择的运动体为如图 9-73 所示的运动体 1，具体选择位置如图 9-73 所示。其余参数选择系统默认设置，单击【应用】按钮。

Step 06　在动作选项中，选择的运动体为如图 9-74 所示的运动体 2，具体选择位置如图 9-74 所示，其余参数选择系统默认设置，单击【应用】按钮。

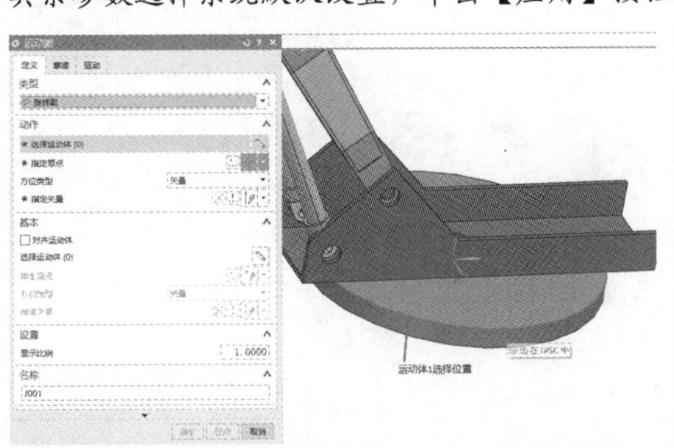

图 9-73

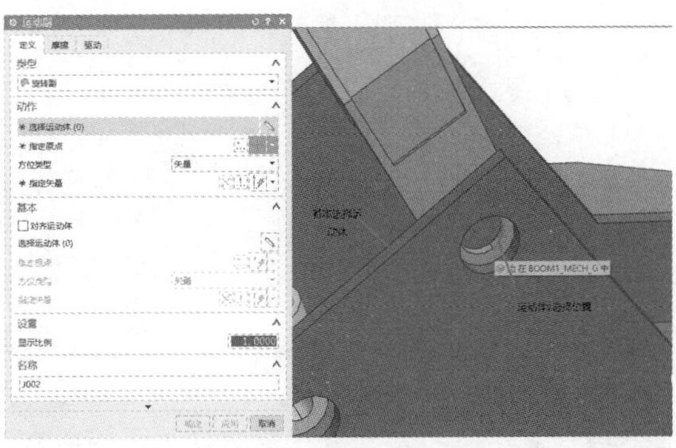

9-74

Step 07　在动作选项中，选择的运动体为如图 9-75 所示的运动体 3，具体选择位置如图 9-75 所示，其余参数选择系统默认设置，单击【应用】按钮。

Step 08　在动作选项中，选择的运动体为如图 9-76 所示的运动体 4，具体选择位置如图 9-76 所示，其余参数选择系统默认设置，单击【应用】按钮。

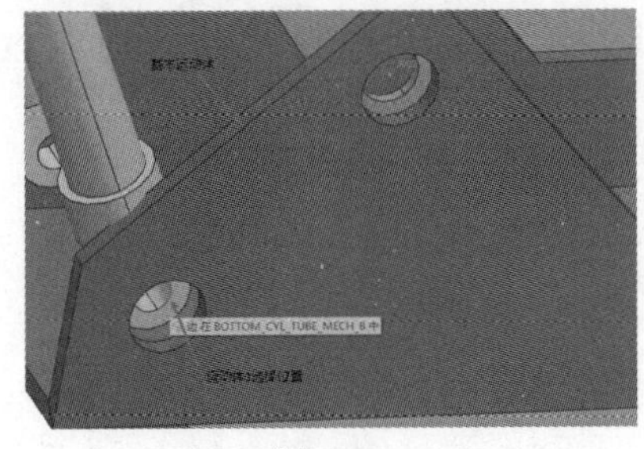

图 9-75

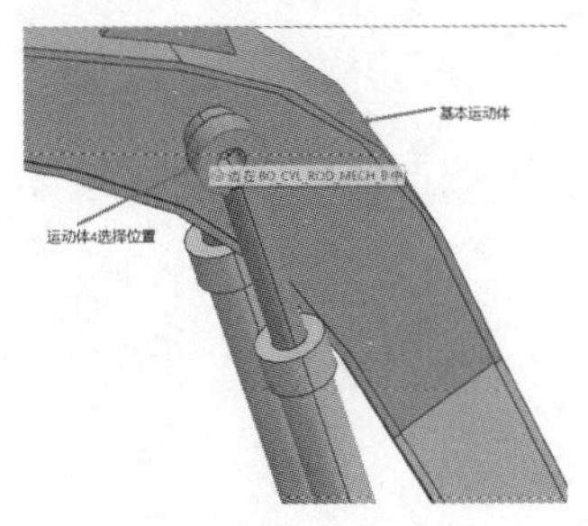

图 9-76

Step 09　在动作选项中，选择的运动体为如图 9-77 所示的运动体 5，具体选择位置如图 9-77 所示，其余参数选择系统默认设置，单击【应用】按钮。

Step 10 在动作选项中，选择的运动体为如图 9-78 所示的运动体 6，具体选择位置如图 9-78 所示，其余参数选择系统默认设置，单击【应用】按钮。

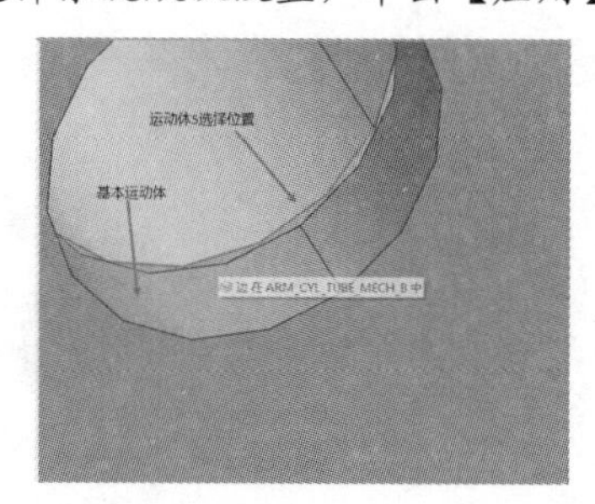

图 9-77

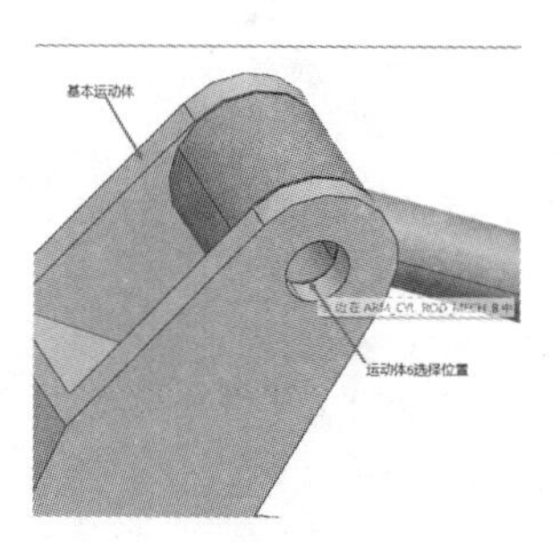

图 9-78

Step 11 在动作选项中，选择的运动体为如图 9-79 所示的运动体 7，具体选择位置如图 9-79 所示，其余参数选择系统默认设置，单击【应用】按钮。

Step 12 在动作选项中，选择的运动体为如图 9-80 所示的运动体 8，具体选择位置如图 9-80 所示，其余参数选择系统默认设置，单击【应用】按钮。

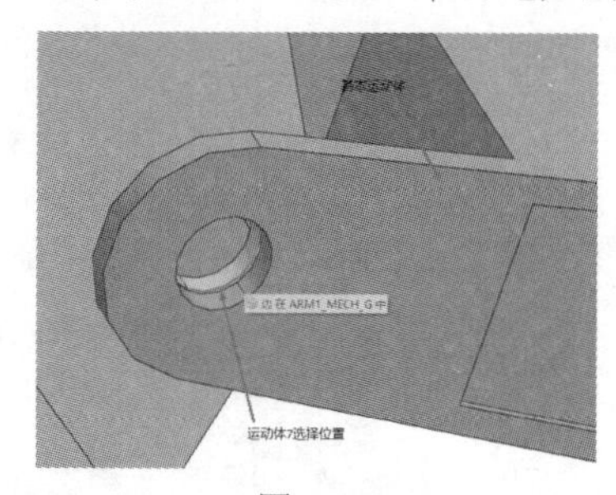

图 9-79

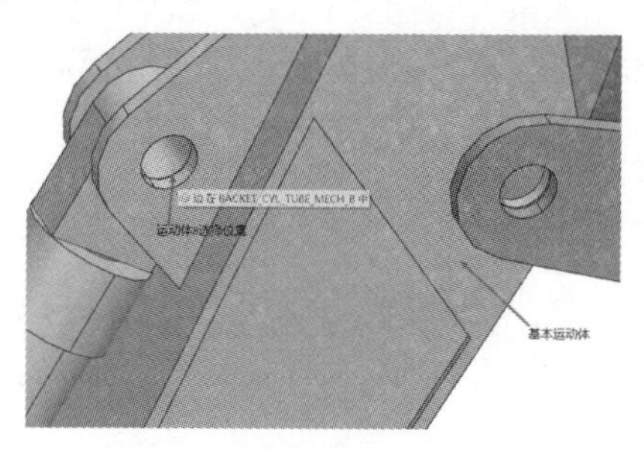

图 9-80

Step 13 在动作选项中，选择的运动体为如图 9-81 所示的运动体 9，具体选择位置如图 9-81 所示，其余参数选择系统默认设置，单击【应用】按钮。

Step 14 在动作选项中，选择的运动体为如图 9-82 所示的运动体 7，具体选择位置如图 9-82 所示，其余参数选择系统默认设置，单击【应用】按钮。然后选择运动体 12，具体选择位置如图 9-82 所示，其余参数选择系统默认设置，单击【应用】按钮。

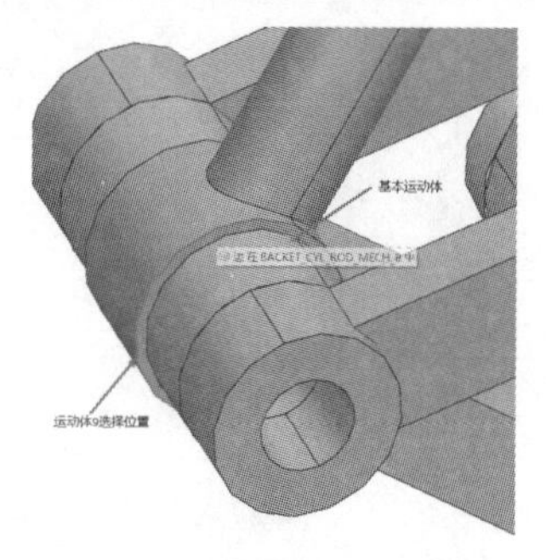

图 9-81

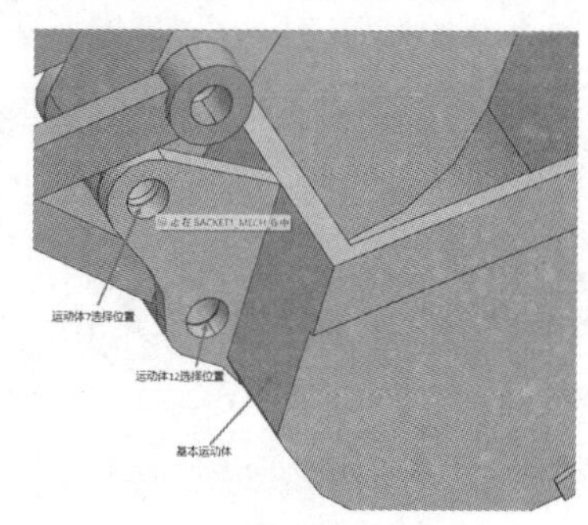

图 9-82

Step 15 在动作选项中，选择的运动体为如图 9-83 所示的运动体 12，具体选择位置如图 9-83 所示，其余参数选择系统默认设置，单击【应用】按钮。

Step 16　在动作选项中，选择的运动体为如图 9-84 所示的运动体 11，具体选择位置如图 9-84 所示，其余参数选择系统默认设置，单击【应用】(共创建旋转副 13 个)。

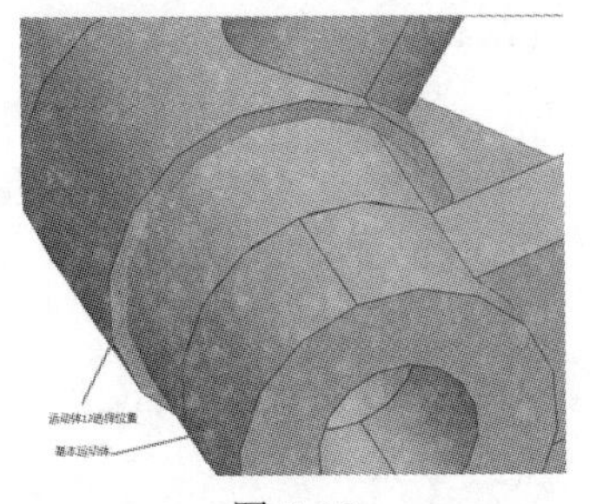

图 9-83

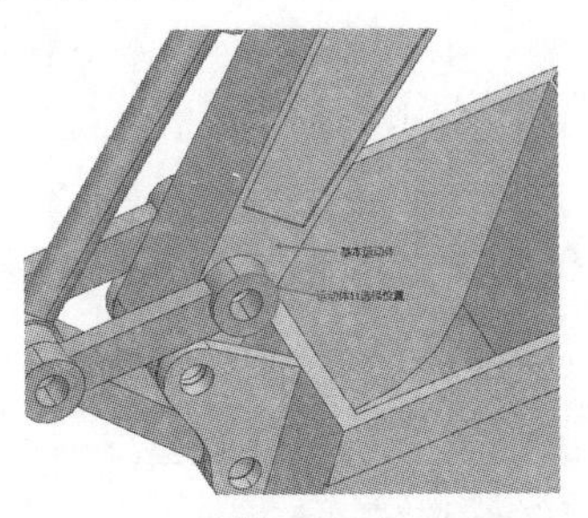

图 9-84

Step 17　在弹出【运动副】对话框中选择【滑动副】选项，创建运动体 3 和运动体 4 之间的滑动命令，如图 9-85 所示。同理，创建运动体 5 和运动体 6 以及运动体 8 和运动体 9 之间的滑动命令（共创建 3 个滑动副）。

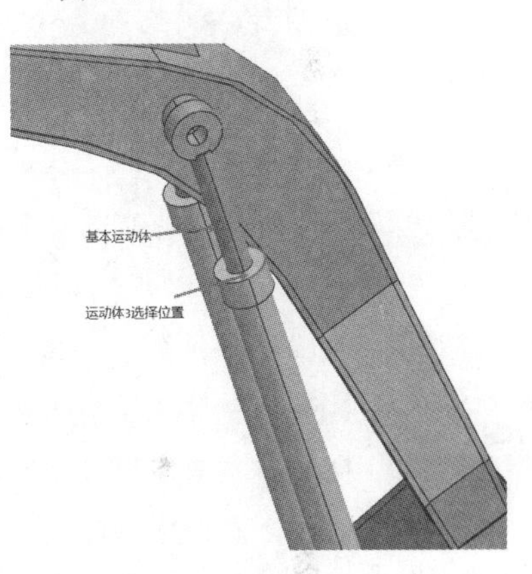

图 9-85

Step 18　选择【菜单】｜【首选项】｜【运动】｜【数学函数单位政策】命令，在弹出的对话框中选中【忽略单位】，单击【确定】按钮。选中【运动导航器】下滑动副 J014 右击，在弹出的快捷菜单中选择【编辑】命令，在弹出的【运动副】对话框中单击【驱动】选项卡，平移方式选择【函数】，单击函数按钮，选择【函数管理器】，弹出【XY 函数管理器】对话框，函数属性选择【数学】，【用途】、【函数类型】和【子机构】都选择系统默认设置，单击【新建】按钮，在函数【名称】文本框中输入【math_func1】，在【插入】下拉菜单中选择【运动-函数】选项，双击函数【STEP（x,x0,h0,x1,h1）】，在【公式】文本框中输入【STEP(x, 0, 0,1, 200)+STEP(x, 2, 0,3, −200)+STEP(x, 4, 0,5, 200)+STEP(x, 6, 0,7, −200)】，单击【确定】按钮。

Step 19　选中【运动导航器】下滑动副 J016 右击，在弹出的快捷菜单中选择【编辑】命令，在弹出的【运动副】对话框中单击【驱动】选项卡，平移方式选择【函数】，单击函数按钮，选择【函数管理器】，弹出【XY 函数管理器】对话框，函数属性选择【数学】，【用途】、【函数类型】和【子机构】都选择系统默认设置，单击【新建】按钮，在函数【名称】文本框中输入【math_func3】，在【插入】下拉菜单中选择【运动-函数】，双击函数【STEP（x,x0,h0,x1,h1）】，在【公式】文本框中输入【STEP(x, 0, 0, 1, −100)+STEP(x, 1, 0, 1.5, −400)+STEP(x, 1.5, 0, 2, 400)+STEP(x, 2, 0, 3, 100)+STEP(x, 4, 0, 5, −100)+STEP(x,5, 0, 6.5, −400)】，单击【确定】按钮。

Step 20　选中【运动导航器】下滑动副 J015 右击，在弹出的快捷菜单中选择【编辑】命令，在弹出的【运动副】对话框中选择【驱动】，平移方式选择【函数】，单击函数按钮，选择【函数管理器】，弹出【XY 函数管理器】对话框，函数属性选择【数学】，【用途】、【函数类型】和【子机构】都选择系统默认设置，单击【新建】按钮，在函数【名称】文本框中输入【math_func2】，在【插入】下拉菜单中选择【运动-函数】，双击函数【STEP（x,x0,h0,x1,h1）】，在【公式】文本框中输入STEP(x, 1, 0, 1.5, −300)+STEP(x, 1.5, 0, 2, 300)+STEP(x, 5, 0, 5.5, −300)，单击【确定】按钮。

Step 21 选中【运动导航器】下滑动副 J001 右击，在弹出的快捷菜单中选择【编辑】命令，在弹出的【运动副】对话框中选择【驱动】，平移方式选择【函数】，单击函数按钮，选择【函数管理器】，弹出【XY 函数管理器】对话框，函数属性选择【数学】，【用途】、【函数类型】和【子机构】都选择系统默认设置，单击【新建】按钮，在函数【名称】文本框中输入【math_func】，在【插入】下拉菜单中选择【运动-函数】，双击函数【STEP（x,x0,h0,x1,h1）】，在【公式】文本框中输入 STEP(x, 3, 0, 4, 90)，单击【确定】按钮。

Step 22 选择【菜单】|【插入】|【解算方案】，在弹出的对话框中解算类型选择【常规驱动】，分析类型选择【运动学/动力学】，在【时间】文本框中输入【7】，在【步数】文本框中输入 200，重力方向为【−YC】，名称为【Solution_1】，单击【确定】按钮。

Step 23 选择【菜单】|【分析】|【运动】|【求解】命令，完成设定条件下的运动方案求解。

Step 24 在【结果】功能选项卡的【动画】区域中单击【播放】按钮，即可播放动画。

Step 25 在【结果】功能选项卡的【动画】区域中单击【导出至电影】按钮，弹出【录制电影】对话框，输入文件名及保存位置，单击【OK】按钮，完成运动仿真的创建。

Step 26 选择【菜单】|【插入】【标记】命令，弹出【标记】对话框，关联的运动体选择如图 9-86 所示，其余参数选择系统默认，此生成的标记名称为 A001。

Step 27 选择【菜单】|【插入】【标记】命令，弹出【标记】对话框，关联的运动体选择如图 9-87 所示，其余参数选择系统默认，此生成的标记名称为 A002。

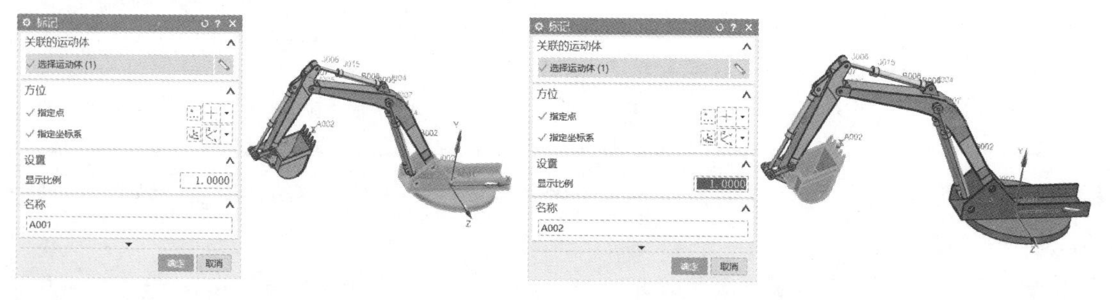

图 9-86　　　　图 9-87

Step 28 选择【菜单】|【插入】【传感器】命令，弹出【传感器】对话框，传感器的类型选择【位移】，组件选择【线性幅值】，参考框选择【相对】，测量选择【标记 A002】，相对选择【标记 A001】，单击【确定】按钮，完成传感器的创建。

Step 29 选择【菜单】|【分析】|【运动】|【求解】命令，对解算方案再次进行求解。

Step 30 选择【菜单】|【分析】|【运动】|【XY 结果】，在【运动导航器】窗口中选择传感器下【Se001】，右击【幅值】，在弹出的快捷菜单中选择【绘图】命令，在绘图区任一位置单击即可显示曲线，如图 9-88 所示。

Step 31 单击【结果】功能选项卡中【函数图】区域的【更多】按钮，选择【导出】命令，弹出【导出】对话框，选中导出的曲线，单击对话框中的【导出】按钮，单击【保存】按钮。

Step 32　在【布局管理器】工具条中单击【返回模型】按钮，返回运动仿真环境。

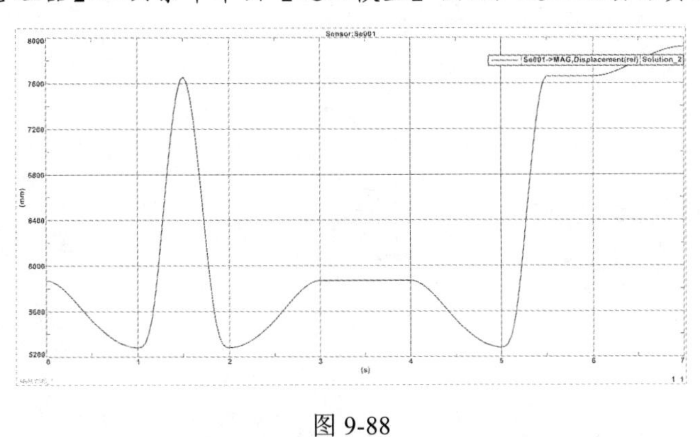

图 9-88

Step 33　选择【菜单】|【文件】|【保存】命令，完成模型的保存。

第 10 章 数控加工

计算机辅助设计及制造（CAD/CAM）技术已经越来越多地应用在数控加工领域，CAD/CAM 软件技术也在飞速发展，出现了很多软件产品，这些产品根据自身的开发层次及其使用度，被广泛应用在不同的加工场合，大大节省了设计制造的时间，并在一定程度上提高了精度和速度。UG NX 1904 是一种面向先进制造行业、紧密集成的 CAID/CAD/CAE/CAM 软件系统，提供了产品设计、分析、仿真、数控程序生成等一整套解决方案。该软件采用主模型结构，即 UG NX 1904 的各个模块（如工程图、产品装配和加工等）引用共同的部件模型，开发过程中对主模型的任何修改，相关模块将自动更新数据。采用主模型结构确保了 UG NX CAM 模块直接根据最新的 CAD 数据进行加工规划，从而获得准确、有效的 NC 程序。

10.1 数控编程入门

数控编程一般分为手工编程和自动编程两种。手工编程是指从零件图样分析、工艺处理、数值计算、编写程序单到程序校核等各步骤的数控编程工作均由人工完成。该方法适用于零件形状不太复杂、加工程序较短的情况，而形状复杂的零件，如具有非圆曲线、列表曲面和组合曲面的零件，或形状虽不复杂但程序很长的零件，则比较适合自动编程。

自动数控编程是从零件的设计模型直接获得数控加工程序，其主要任务是计算加工进给过程中的刀位点，从而生成 CL 数据文件。采用自动编程技术可以帮助人们解决复杂零件的数控加工编程问题，其大部分工作由计算机来完成，使编程效率大大提高，还能解决手工编程无法解决的许多复杂零件的加工编程问题。

10.1.1 UG NX CAM 模块简介

UG NX CAM 是 UGS 的一套集成化的数字化制造和数控加工应用解决方案。UG NX CAM 是把虚拟模型变成真实产品很重要的一步，即把三维模型表面所包含的几何信息自动进行计算、编写为数控机床加工所需要的代码，从而精确地完成产品设计的构想。

1．初始化加工环境

UG 加工环境是指系统弹出 UG 加工模块后进行编程操作的软件环境，在该环境中可以实现平面铣、型腔铣、固定轴曲面轮廓铣、多轴铣等不同的加工类型，并且提供了创建数控加工工艺、创建数控加工程序和车间工艺文件的完整过程和工具，可以自动创建数控程序、检查、仿真等。

在实际设计加工过程中，每个编程员面对的加工对象可能比较固定，不一定用到 UG NX CAM 的所有功能，比如一个三轴铣加工编程员，在日常编程中可能不会涉及数控车和电火花线切割编程，那么这些编程功能就可以屏蔽。UG 提供了这样的功能，即可以定制和选择 UG 的编程环境，只将自己工作中用到的功能调用出来。这就需要首先掌握进入该模块的方法，尽快熟悉编程界面和加工环境。

2. 进入加工环境

启动 UG NX 1904 软件，进入 UG 基本环境，选择【文件】下拉菜单中的【打开】命令，弹出【查找范围】对话框，在选择目录中选择 2-72.prt，单击【OK】按钮，系统打开模型并进入建模环境。在【应用模块】功能选项卡的【加工】区域中单击加工按钮，弹出如图 10-1 所示的【加工环境】对话框。

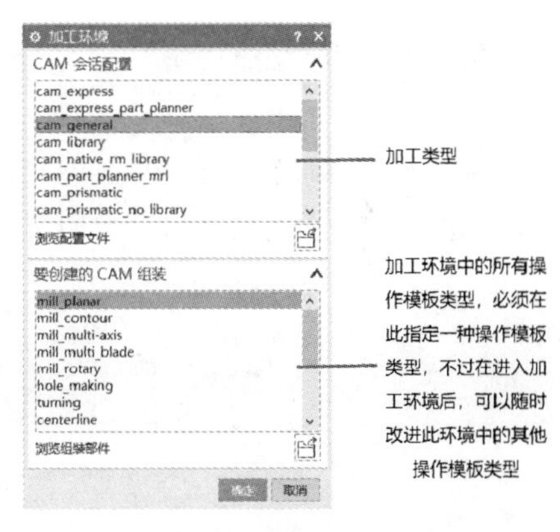

图 10-1

在【加工环境】对话框的【CAM 会话配置】选项区中为用户提供了多种加工类型，这些加工类型确定了车间资料、后处理、CLS 文件的输出格式，确定所用库的文件，包括刀具、机床、切削方法、加工材料、刀具材料、进给率和转速等文件库。

在【要创建的 CAM 组装】选项区中，确定当用户选择“加工类型”后，何种操作类型可用，也确定生成的程序、刀具、几何、加工方法的类型。

表 10-1 列出了各加工类型所包含的设置和可创建的内容。

表 10-1　CAM 加工环境配置内容

设　　置	初始设置的内容	可以创建的内容
mill_planar	包括 MCS、工件、程序，以及用于钻、粗铣、半精铣加工和精铣的方法	进行钻和平面铣的操作、刀具和组
mill_contour	包括 MCS、工件、程序，以及用于钻、粗铣、半精铣加工和精铣的方法	进行钻、平面铣和固定轴轮廓铣的操作、刀具和组
mill_multi-axis	包括 MCS、工件、程序，以及用于钻、粗铣、半精铣加工和精铣的方法	进行钻、平面铣、固定轴轮廓铣和可变轴轮廓铣的操作、刀具和组
drill	包括 MCS、工件、程序，以及用于钻、粗铣、半精铣加工和精铣的方法	进行钻的操作、刀具和组
machining_knowledge	包括一个可使用基于特征的加工创建的操作子类型、操作子类型的默认程序父项，以及默认加工方法的列表	进行钻孔、锪孔、铰、埋头孔加工、沉头孔加工、镗孔、型腔铣、面铣削和攻丝的操作、刀具和组
hole_making	包括 MCS、工件、若干进行钻孔操作的程序，以及用于钻孔的方法	钻的操作、刀具和组，包括优化的程序组，以及特征切削方法几何体组
turning	包括 MCS、工件、程序	进行车的操作、刀具和组
wire_edm	包括 MCS、工件、程序和线切割方法	用于进行线切割的操作、刀具和组，包括用于内部和外部修剪序列的几何体组

续表

设　　置	初始设置的内容	可以创建的内容
die_sequences	包括 mill_contour 中的所有内容，以及常用于进行冲模加工的若干刀具和方法。工艺助理将引导用户完成创建设置的若干步骤。这可确保系统将所需的选择存储在正确的组中	几何体按照冲模加工的特定加工序列进行分组。工艺助理每次都将引导用户完成创建序列的若干步骤。这可确保系统将所需的选择存储在正确的组中
probing	包括 MCS、工件、程序和铣削方法	使用此设置来创建探测和一般运动操作、实体工具和探测工具

10.1.2　UG NX 1904 加工环境

在【加工环境】对话框中，在【CAM 会话配置】下拉菜单中选择【cam_general】命令，在【要创建的 CAM 组装】下拉菜单中选择【mill_contour】命令，单击【确定】按钮，进入 UG NX 1904 加工环境，如图 10-2 所示。

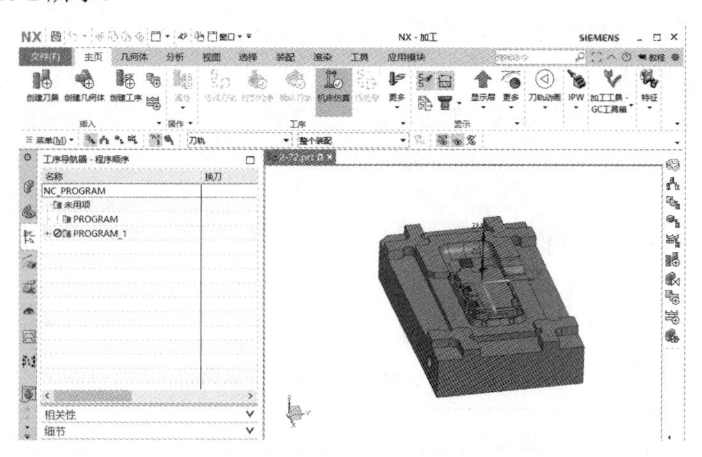

图 10-2

10.2　UG NX 数控加工的通用过程

这一节讲解数控加工的一般过程。

10.2.1　创建程序

程序组主要用来管理各加工操作和排列各操作的次序，在操作很多的情况下，用程序组来管理程序会比较方便。如果要对某个零件的所有操作进行后处理，直接选择这些操作所在的父节点组，系统就会按操作在程序组中的排列顺序进行后处理。

紧接上节的操作来继续说明创建程序的一般步骤。

选择【菜单】|【插入】|【程序】命令，或在【主页】功能区中单击【创建程序】按钮，弹出如图 10-3 所示的【创建程序】对话框。

在创建工序类型中包含平面铣加工模板、轮廓铣加工模板、多轴铣加工模板、多轴铣叶片模板、旋转铣削模板、钻孔模板、车削模板、电火花线切割加工模板、探测模板、整体刀具模板、工作说明模板等 14 种创建类型。

在【类型】下拉中选择【mill_contour】命令，其余参数默认系统设置，单击【确定】按钮，完成程序的创建。

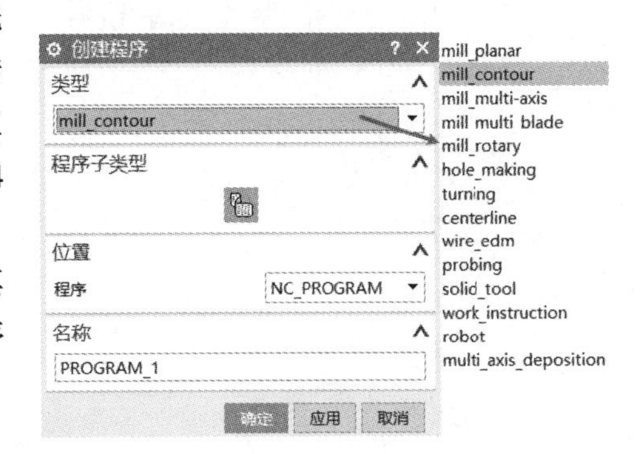

图 10-3

10.2.2　创建几何体

创建几何体主要是定义要加工的几何对象（包括部件几何体、毛坯几何体、切削区域、检查几何体和修剪几何体）和指定零件几何体在数控机床上的机床坐标系（MCS），几何体可以在创建工序之前定义，也可以在创建工序过程中指定。其区别是：提前定义的加工几何体可以为多个工序使用，而在创建工序过程中指定加工几何体只能为该工序使用。

1．创建机床坐标系

在创建加工操作前，应首先创建机床坐标系，并检查机床坐标系与参考坐标系的位置和方向是否正确，要尽可能地将参考坐标系、机床坐标系、绝对坐标系统一。

选择【菜单】|【插入】|【几何体】命令，弹出如图 10-4 所示的【创建几何体】对话框。

创建几何体的类型也是包含平面铣加工模板、轮廓铣加工模板等 14 种创建类型。

在【创建几何体】对话框的【几何体子类型】区域中单击 MCS 按钮，在【位置】区域的【几何体】下拉菜单中选择【GEOMETRY】命令，在【名称】文本框中输入【YV_MCS】，单击【确定】按钮，弹出如图 10-5 所示的【MCS】对话框。

图 10-4

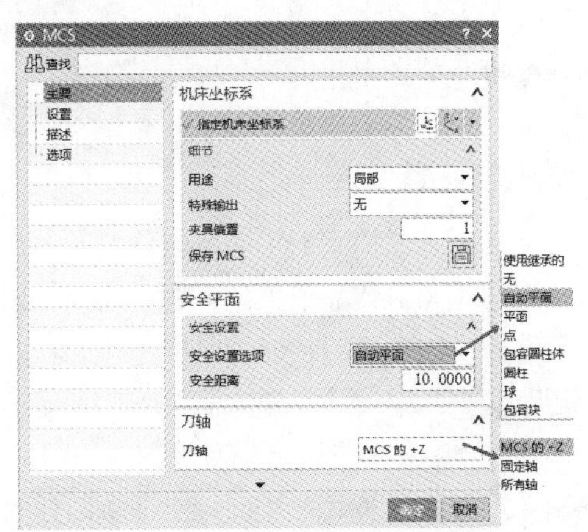

图 10-5

机床坐标系即加工坐标系，它是所有刀路轨迹输出点坐标值的基准，刀路轨迹中所有点的数据都是根据机床坐标系生成的。

【安全平面】区域的【安全设置选项】下拉列表中提供了使用继承的、无、自动平面、平面、点、包容圆柱体、圆柱、球、包容块命令。

在【MCS】对话框的【指定机床坐标系】区域中单击【坐标系对话框】按钮，弹出如图 10-6 所示的【坐标系】对话框，在【类型】下拉列表中选择动态，在【操控器】区域中单击【点对话框】按钮，弹出如图 10-7 所示的【点】对话框，在【点位置】中可以选择移动坐标系来调整原点坐标。或者在【输入坐标】文本框中输入相应的坐标值。单击两次【确定】按钮返回【MCS】对话框。

图 10-6

图 10-7

在【MCS】对话框，【安全设置选项】选择【平面】，在指定平面中单击【平面对话框】按钮，弹出【平面】对话框，创建类型选择【自动判断】，要定义平面对象如图 10-8 所示，在【距离】文本框中输入偏置距离。单击【确定】按钮返回【MCS】对话框。再次单击【确定】按钮，完成安全平面和机床坐标系的创建。

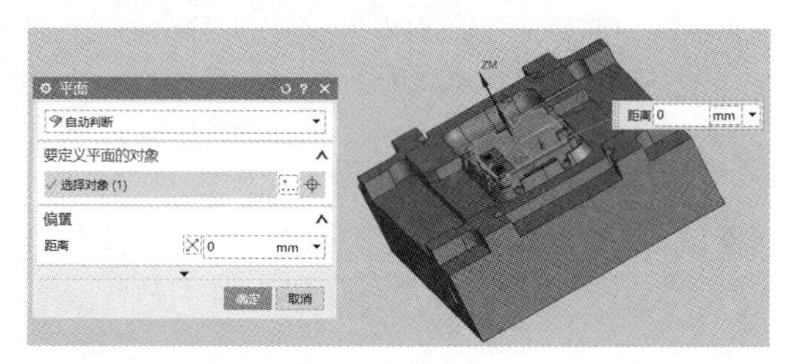

图 10-8

2．创建几何体

选择【文件】|【插入】|【几何体】命令，在弹出的【创建几何体】对话框的【几何体】子类型区域中选择 MILL_GEOM，【位置几何体】选择【GEOMETRY】，单击【确定】按钮，弹出如图 10-9 所示的【铣削几何体】对话框，单击【选择或编辑部件几何体】按钮，弹出【部件几何体】对话框，选择对象如图 10-10 所示，单击【确定】按钮，返回【铣削几何体】对话框，单击【选择或编辑毛坯几何体】按钮，在【创建毛坯几何体类型】中选择【包容块】命令，单击【确定】按钮，返回【铣削几何体】对话框，单击【确定】按钮。

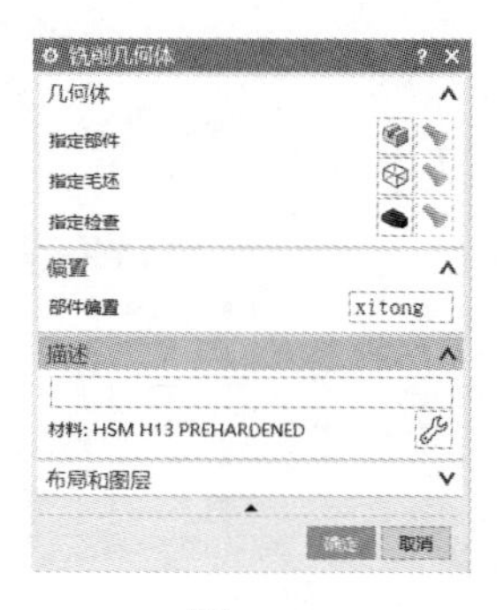

图 10-9

选择【文件】|【插入】|【几何体】命令，在弹出的【创建几何体】对话框的【几何体】子类型区域中选择 MILL_AREA，【位置几何体】选择【WORKPIECE】，在【名称】文本框中

输入【MILL_AREA】，单击【确定】按钮，弹出【铣削区域】对话框，单击【选择或编辑切削区域几何体】按钮，弹出【切削区域】对话框，选取如图 10-11 所示的面为切削区域，单击两次【确定】按钮完成切削区域几何体的创建。

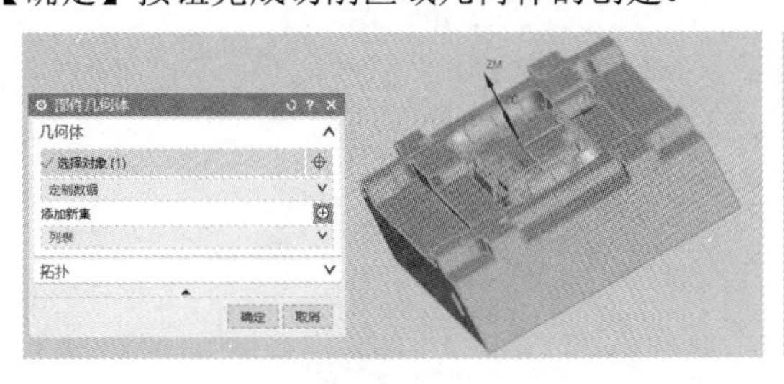

图 10-10

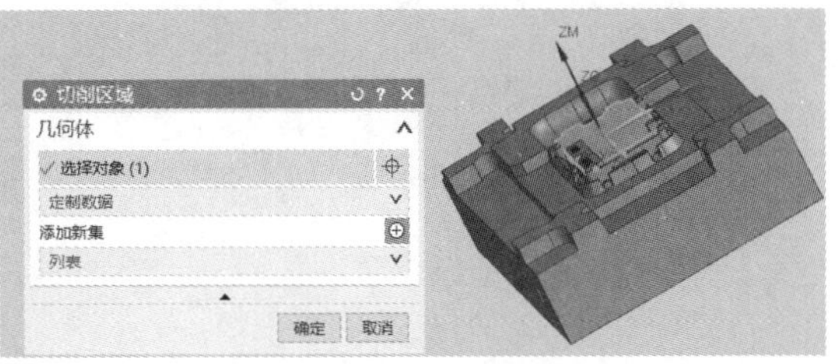

图 10-11

10.2.3　创建刀具

在创建工序前，必须设置合理的刀具参数或从刀具库中选取合适的刀具。刀具的定义直接关系到加工表面质量的优劣、加工精度以及加工成本的高低。

选择【菜单】|【插入】|【刀具】命令，弹出如图 10-12 所示的【创建刀具】对话框，依据加工工况选择合适的刀具子类型，以 MILL 刀具为例，其余参数默认系统设置，单击【确定】按钮，弹出【铣刀参数】对话框，如图 10-13 所示。具体参数须依据实际加工工况而定，刀具参数设定后单击【确定】按钮，完成刀具的设定。

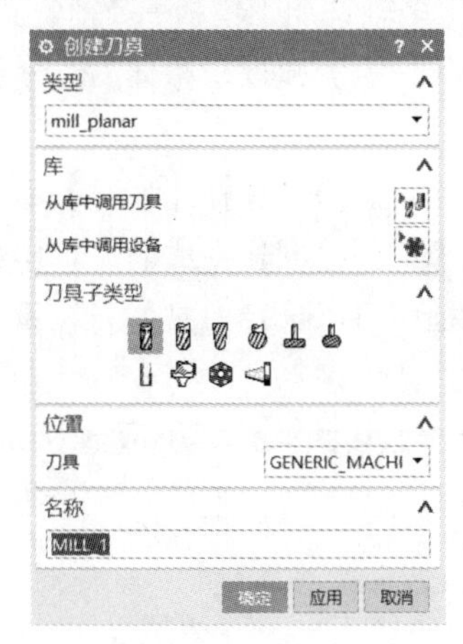

图 10-12

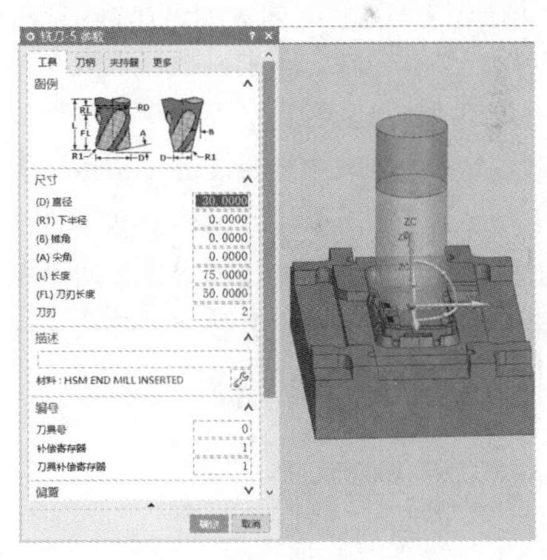

图 10-13

10.2.4　创建加工方法

零件加工过程其表面质量依据不同使用场合而不同。UG 提供了粗加工、半精加工和精加工 3 种加工方法。3 种方法的区别在于加工后残留在工件上的余料的多少以及表面粗糙度。在加工方法中可以通过对加工余量、几何体的内外公差和进给速度等选项进行设置，从而控制加工残留余量。

选择【菜单】|【插入】|【方法】命令，弹出如图 10-14 所示的【创建方法】对话框。【方法子类型】中包含钻削加工、粗加工方法、半精加工方法和精加工方法。以粗加工方法为例，

选定好，其余参数默认，单击【确定】按钮，弹出【铣削粗加工】对话框，如图 10-15 所示，在该对话框中可以设定余量和公差，单击【确定】按钮完成加工方案的创建。

图 10-14

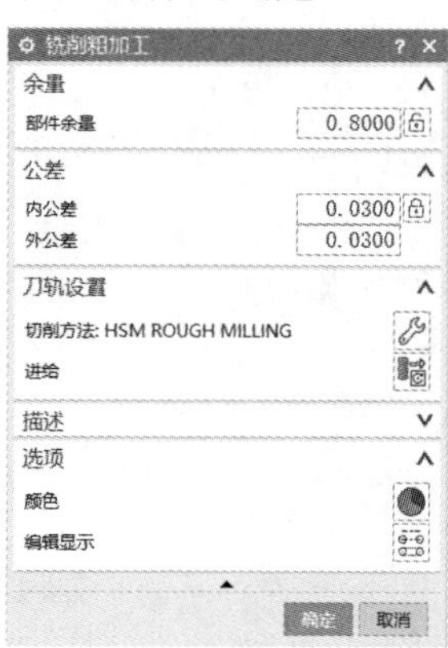

图 10-15

10.2.5 创建工序

每个加工工序所产生的加工刀具路径、参数形态及适用状态有所不同，所以用户需要根据零件图样及工艺技术状况，选择合适的工序。

选择【菜单】|【插入】|【工序】命令，弹出如图 10-16 所示的【创建工序】对话框。【工序子类型】中包含平面铣加工模板、轮廓铣加工模板、多轴铣加工模板、多轴铣叶片模板、旋转铣削模板、钻孔模板、车削模板、电火花线切割加工模板、探测模板、整体刀具模板、工作说明模板等共 14 种创建类型。

在【类型】下拉列表中选择【mill contour】命令，在工序子类型中选择【型腔】命令，位置选项中【程序】、【刀具】、【几何体】和【方法】都分别选择前面已创建完成的。单击【确定】按钮，弹出如图 10-17 所示的【型腔铣】对话框，在该对话框中可以选择刀具、刀轨设置及进给率和切削速度等。单击【确定】按钮，完成工序的创建。

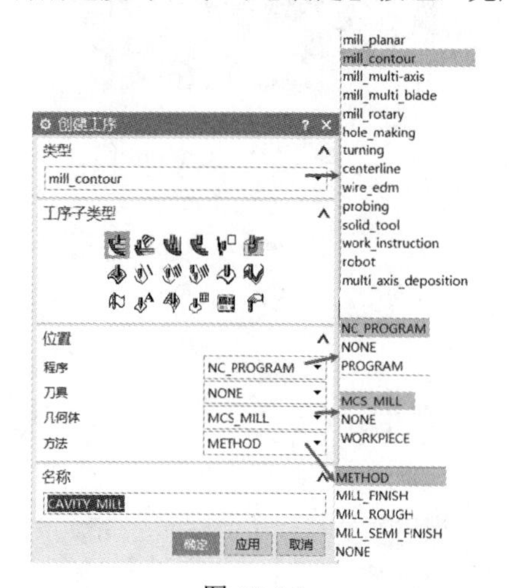

图 10-16

图 10-17

10.2.6　生成刀路轨迹

刀路轨迹是指在图形窗口中显示已生成的刀具运动路径。刀路确认是指在计算机屏幕上对毛坯进行去除材料的动态模拟。

生成刀路轨迹的方法常用的有两种：一种是在常见工序相关参数设定好后，最下端有【操作】区域，在【操作】区域中选择【生成】命令，即可创建刀路轨迹；另一种是工序完成后，在【工序】导航器中选中已生成的程序右击（见图 10-18），在弹出的快捷菜单中选择【生成】命令，完成刀路轨迹（见图 10-19）。

为确保程序的安全性，必须对生成的刀轨进行检查校验，检查刀具路径有无明显过切或加工不到位的情况，同时检查是否会发生与工件及夹具的干涉。单击【主页面】中【工序】下【确认刀轨】命令，弹出【刀轨可视化】对话框，如图 10-20 所示，即可观察刀具路径模拟。【刀轨可视化】对话框中有 3 个选项卡：重播、3D 动态和 2D 动态。

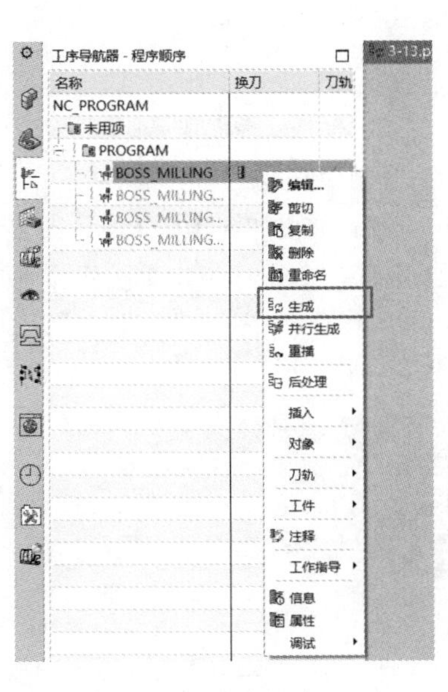

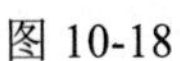
图 10-18

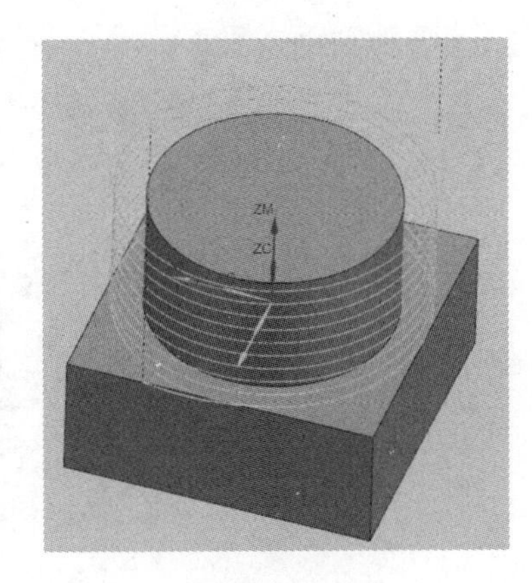

图 10-19

图 10-20

10.2.7　后处理

在工序导航器中选中一个操作或者一个程序组后，用户可以利用系统提供的后处理器来处理程序，可用 NX/Post 进行后置处理，将刀具路径生成为合适的机床数控代码。

选中【工序导航器】中生成的工序右击，在弹出的快捷菜单中单击【后处理】命令，弹出如图 10-21 所示的【后处理】对话框，在【后处理器】区域选择【MILL_3_AXIS】选项，在【单位】下拉列表框中选择【公制/部件】选项，单击【确定】按钮，弹出【警告】对话框，单击【确定】按钮，弹出【信息】窗口，如图 10-22 所示。此时，完成加工代码。单击工具栏上的【保存】按钮，完成程序的保存。

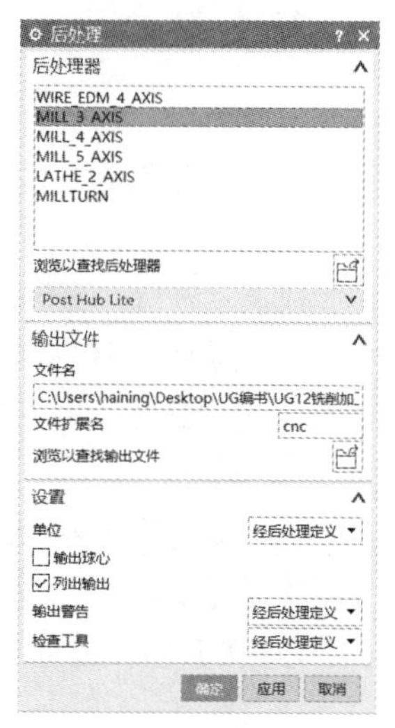

图 10-21

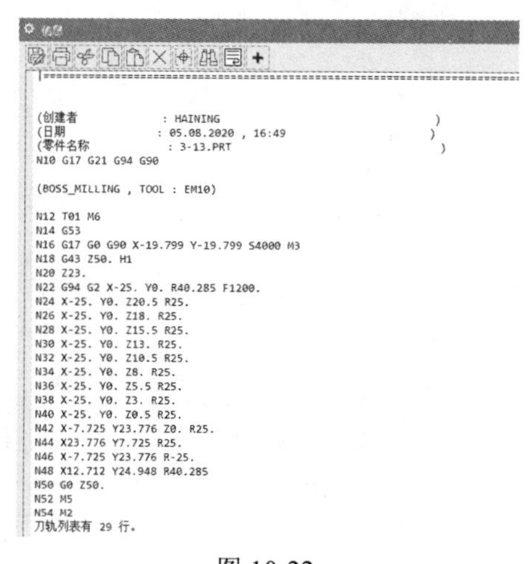

图 10-22

10.2.8 生成车间文件

NX CAM 车间工艺文档包含零件的几何和材料、控制结合、加工参数、控制参数、加工次序、机床刀具设置、机床刀具控制事件、后处理命令、刀具参数和刀具轨迹信息等。

选择【主页】功能区下【工序】区域中的【更多】命令下 车间文档，弹出如图 10-23 所示的【车间文档】对话框，在【报告格式】区域选择Operation List Select (TEXT)选项，单击【确定】按钮，弹出如图 10-24 所示的【信息】对话框，并在当前模型所在的文件夹中生成一个记事本文件，该文件即是车间文件。

图 10-23

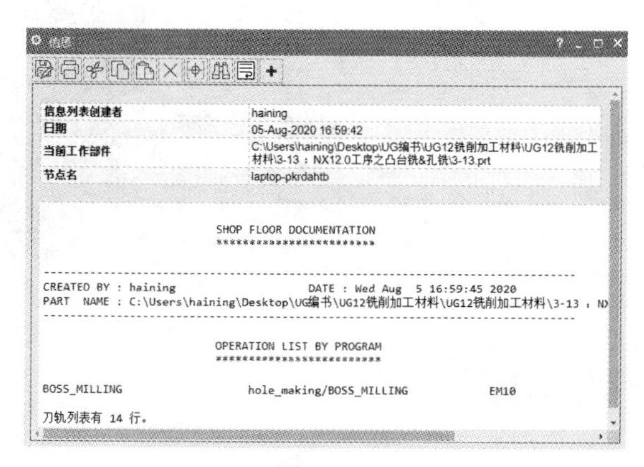

图 10-24

10.2.9 工序导航器

工序导航器是一种图形化的用户界面，它用于管理当前部件的加工工序和工序参数。在 NX 工序导航器的空白区域右击，弹出如图 10-25 所示的视图切换菜单，用户可以在此菜单中选择显示的视图类型，它们分别为程序顺序视图、机床视图、几何视图和加工方法视图，用户可以在不同的视图下方便快捷地设置操作参数，从而提高工作效率。

1．程序顺序视图

程序顺序视图按刀具路径的执行顺序列出当前零件的所有工序，显示每个工序所属的程序组和每个工序在机床上的执行顺序。在工序导航器中任意选择某一对象并右击，弹出如图 10-26 所示的快捷菜单，可以通过编辑、剪切、复制、删除和重命名等操作来管理复杂的编程刀路，还可以创建刀具、操作、几何体、程序组和方法。

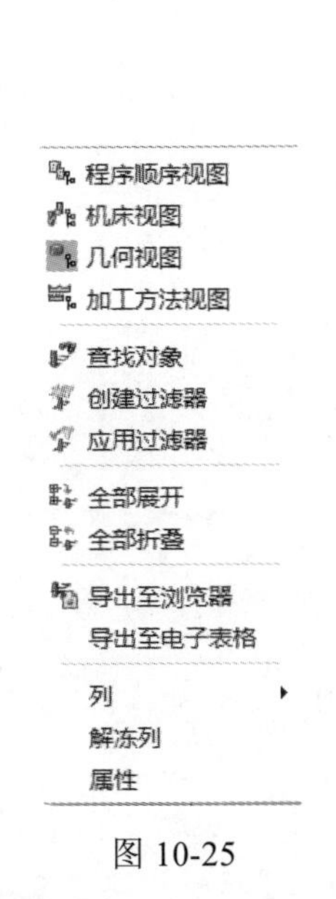

图 10-25

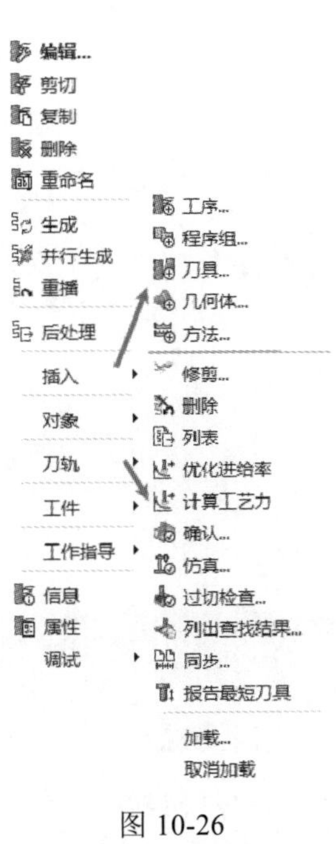

图 10-26

2．机床视图

机床视图用切削刀具来组织各个操作，列出了当前零件中存在的各种刀具以及使用刀具的操作名称，如图 10-27 所示。右击，在弹出的快捷菜单中选择【插入】|【刀具】命令，可以实现使用加工工况的刀具信息，如图 10-28 所示。

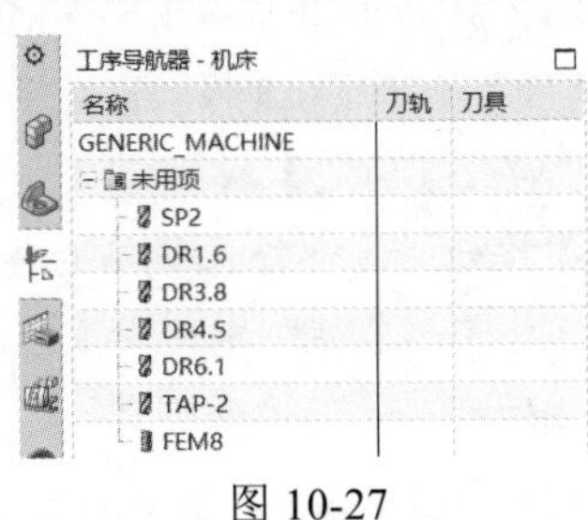

图 10-27

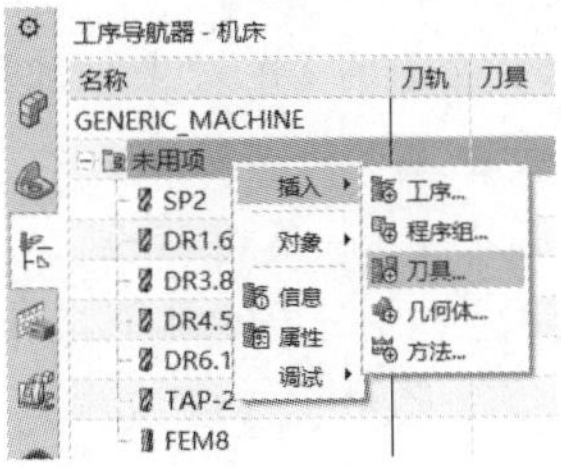

图 10-28

3．几何视图

几何视图是以几何体为主线来显示加工操作的，该视图列出了当前零件中存在的几何体和坐标系，以及使用这些几何体和坐标系的操作名称，如图 10-29 所示。右击，在弹出的快捷菜单中选择【插入】|【几何体】命令，可以实现几何体的创建，如图 10-30 所示。

图 10-29

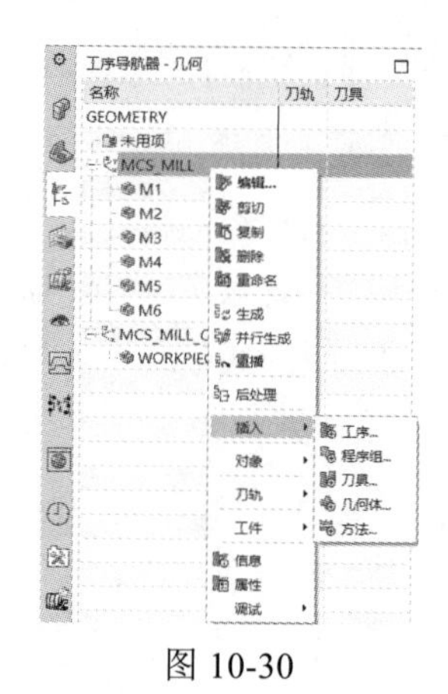

图 10-30

4．加工方法视图

加工方法视图列出了当前零件中的加工方法，以及使用这些方法的操作名称。通过这种组织形式，可以方便选择操作中的方法。

10.3 面铣

本节将通过 2 个实例讲解面铣的具体应用。

10.3.1 实例：封闭式 6061 铝件加工

1．工序一：开粗封闭式 6061 铝件

Step 01 启动 UG NX 1904 软件，打开配套资源中的文件封闭式铝件未加工.prt，单击【OK】按钮，打开模型并进入建模环境。在【应用模块】功能选项卡的【加工】区域中单击【加工】按钮，弹出【加工环境】对话框，参数默认系统设置。

Step 02 选择【菜单】|【插入】|【程序】命令，创建程序的类型为【mill_planar】，名称默认为【PROGRAM_1】，单击两次【确定】按钮，完成程序创建。

Step 03 将工序导航器调整到几何视图模式，双击 MCS_MAIN 命令，在弹出的【MCS】对话框中单击【指定机床坐标系】的【绝对坐标系】，【安全设置选项】选择【平面】，偏置距离为 35，【刀轴】选择【MCS 的+Z】选项，参数设置如图 10-31 所示，单击【确定】按钮。双击 MCS_MAIN 命令下的 WORKPIECE，弹出【工件】对话框，单击【指定部件】按钮，部件几何体选择【封闭式铝件】，单击【确定】按钮。单击【指定毛坯】按钮，在【毛坯几何体】类型中选择【包容块】，单击【确定】按钮，其余参数默认。单击【确定】按钮，完成坐标系和几何体的创建。

Step 04 选择【菜单】|【插入】|【刀具】命令，刀具名称为 CJ8，刀具子类型选择【MILL】，其余参数默认，单击【确定】按钮，在弹出的【铣刀参数】对话框中，在【直径】文本框中输入 8，在编号区域中，【刀具号】、【补偿寄存器】和【刀具补偿寄存器】编号都为 1，其余参数默认，单击【确定】按钮。选择【菜单】|【插入】|【刀具】命令，刀具名称为 JJ8，刀具子类型选择【MILL】，其余参数默认，单击【确定】按钮，在弹出的【铣刀参数】对话框中，在【直径】文本框中输

入 8，在编号区域中，【刀具号】、【补偿寄存器】和【刀具补偿寄存器】编号都为 2，其余参数默认，单击【确定】按钮。

Step 05　选择【菜单】|【插入】|【方法】命令，创建方法的类型选择【mill_planar】，方法子类型为【MILL_ROUGH】，其余参数默认，单击【确定】按钮。在弹出的【铣削粗加工】对话框中，部件余量为【0.5】，其余参数默认，单击【确定】按钮。

Step 06　选择【菜单】|【插入】|【工序】命令，创建工序的类型为【mil_planar】，工序子类型选择【FLOOR_WALL】，相关参数设置如图 10-32 所示。单击【确定】按钮。在弹出的【底壁铣】对话框的主要区域中，【刀具】选择【CJ8】，【指定切削区底面】选择【工件底面】，【最终底面余量】为【0.2】，【切削模式】选择【跟随部件】，【部件余量】为 0.5，【步距】选择【刀具平直】，【平面直径百分比】为【75】，【每刀切削深度】为【1.0】，如图 10-33 所示。

图 10-31

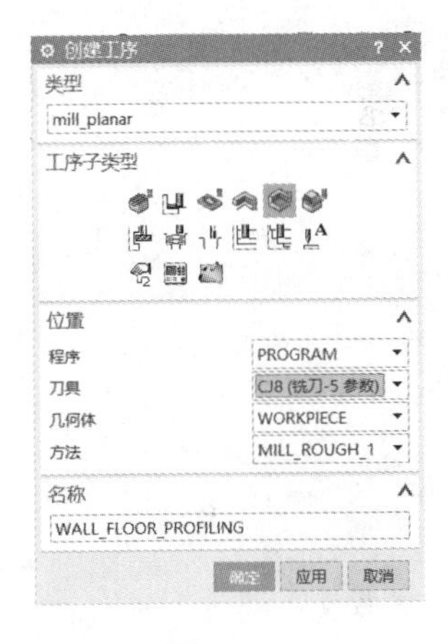

图 10-32

Step 07　单击【底壁铣】对话框中的【几何体】，相关参数默认系统设置。

Step 08　单击【底壁铣】对话框中的【刀具设置、轴和刀具补偿】，【轴】选择【垂直于第一个面】，【刀具补偿位置】选择【无】，如图 10-34 所示。

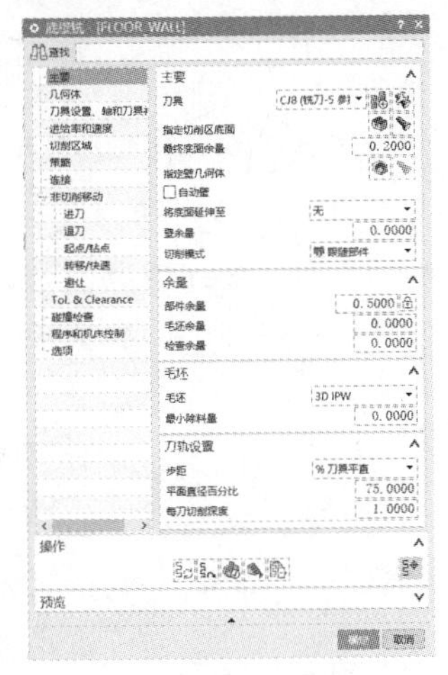

图 10-33

图 10-34

Step 09 单击【底壁铣】对话框中的【进给率和速度】，【主轴速度】为 4500，进给率为 1800，在更多选项中，【移动】选择【切削】，其数值为 100，如图 10-35 所示。

Step 10 单击【底壁铣】对话框中的【切削区域】，合并距离为【50】和【刀具】，简化形状选择【轮廓】，【切削区域空间范围】选择【底面】，【刀具延展量】为【100】和【刀具】，如图 10-36 所示。

Step 11 单击【底壁铣】对话框中的【策略】，【切削方向】为【顺铣】，【切削区域】排序为【优化】，【拐角处刀轨形状\区域拐角】选择【延伸并修剪】，其余参数默认系统设置。

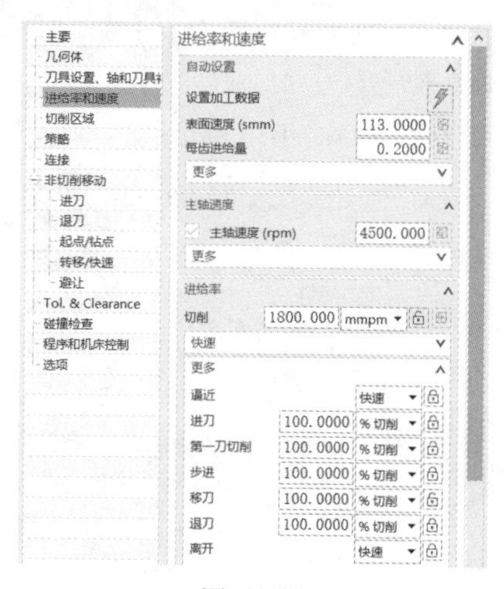

图 10-35

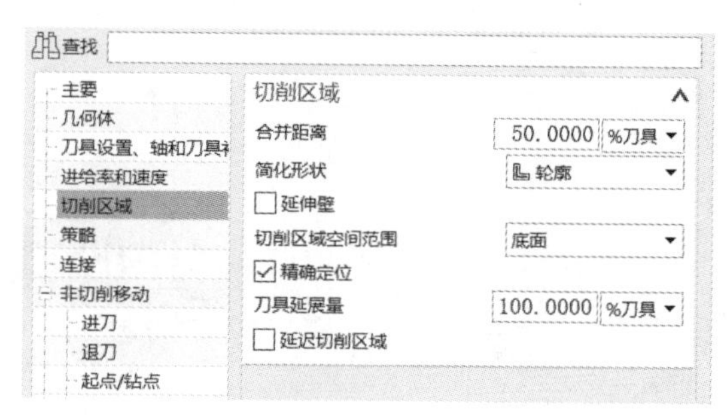

图 10-36

Step 12 单击【底壁铣】对话框中的【连接】，【开放刀路】选择【变换切削方向】，最大移刀距离为【150】和【刀具】，【运动类型】选择【跟随】，如图 10-37 所示。

Step 13 单击【底壁铣】对话框中的【非切削移动】下【进刀】，在【开放区域】的【进刀类型】选择【与封闭区域相同】，【封闭区域】中的【进刀类型】选择【螺旋】，【直径】为【200】和【刀具】，【斜坡角】为【3】，【高度】为【0.2】，【高度起点】选择【前一层】，【最小安全距离】为【0】，【最小斜坡长度】为【70】和【刀具】，其余参数为系统默认，如图 10-38 所示。退刀和进刀一致。【起点/钻点】相关参数默认系统设置。

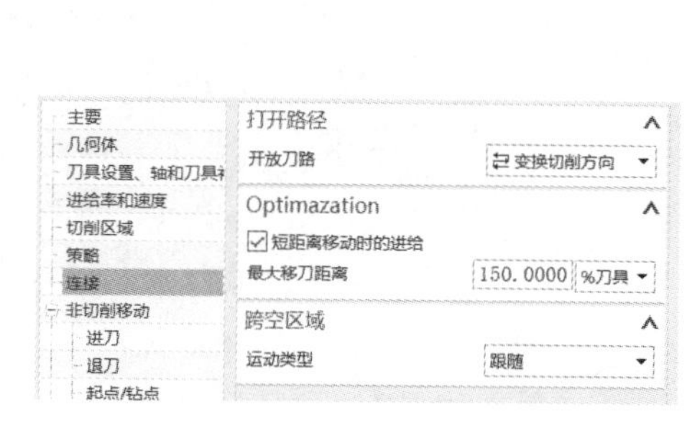

图 10-37

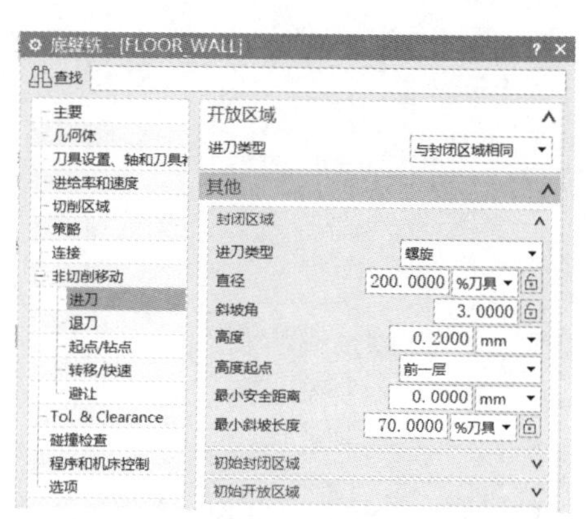

图 10-38

Step 14　单击【底壁铣】对话框中【非切削移动】下【转移/快速】,【安全设置选项】选择【使用继承的】,【区域之间的转移类型】选择【安全距离-刀轴】,【区域内的转移方式】选择【进刀/退刀】,转移类型选择【直接】。【避让】的参数选择系统默认。

Step 15　单击【底壁铣】对话框下【Tol.Clearance】、【碰撞检查】、【程序和机床控制】和【选项】,相关参数选择系统默认设置。单击【确定】按钮。

Step 16　在导航器空白区域右击,切换到【程序顺序视图】,选中【FLOOR_WALL】右击,在弹出的快捷菜单中选择【生成】命令,生成刀具轨迹如图 10-39 所示。

图 10-39

2. 工序二:封闭式 6061 铝件光底程序

Step 01　选中工序导航器下【FLOOR_WALL】右击,在弹出的快捷菜单中选择【复制】命令,然后选择【粘贴】命令,双击【FLOOR_WALL_COPY】,把【主要】参数下的刀具改成【JJ8】,【最终底面余量】由 0.2 改成 0,【每刀切削深度】改为 0,刀轨设置区域下【平面直径百分比】改为【55】。

Step 02　单击【底壁铣】对话框中【Tol.Clearance】,把内公差和外公差都改成【0.008】,其余参数默认系统设置。

Step 03　单击【底壁铣】对话框中【非切削移动】下的【进刀】命令,高度起点选择【当前层】,其余参数不变。

Step 04　单击【底壁铣】对话框中【进给率和速度】,进给率下切削改为【800】,其余参数不变。单击【确定】按钮。

Step 05　在导航器空白区域右击,切换到【程序顺序视图】,选中【FLOOR_WALL_COPY】右击,在弹出的快捷菜单中选择【生成】命令,生成刀具轨迹如图 10-40 所示。

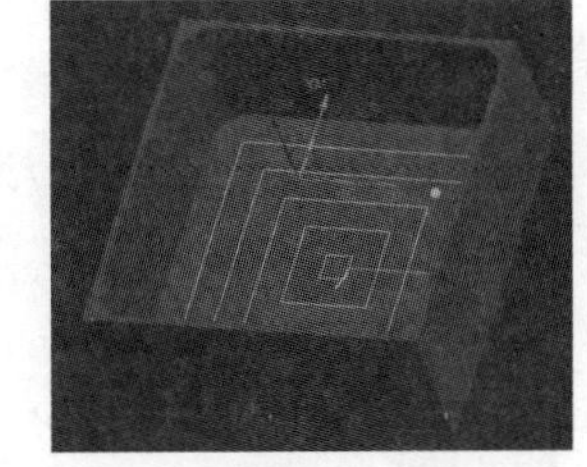

图 10-40

3. 工序三:封闭式 6061 铝件光侧程序

Step 01　选中工序导航器下【FLOOR_WALL_COPY】右击,在弹出的快捷菜单中选择【复制】命令,然后选择【粘贴】命令,双击【FLOOR_WALL_COPY_COPY】,把【主要】参数下的切削模式改成【轮廓】,余量下的部件余量改为 0。

Step 02　单击【底壁铣】对话框中【非切削移动】下的【进刀】命令,开放区域下的【进刀类型】选择【圆弧】,半径选择【3】和【mm】,【最小安全距离】选择【修剪和延伸】。其余参数默认系统设置。单击【确定】按钮。

Step 03　单击【底壁铣】对话框中【切削区域】,切削区域空间范围选择【壁】,其余参数保持不变。单击【确定】按钮。

Step 04　在导航器空白区域右击,切换到【程序顺序视图】,选中【FLOOR_ WALL_COPY_COPY】,右击,在弹出的快捷菜单中选择【生成】命令,生成刀具轨迹如图 10-41 所示。

Step 05　单击【底壁铣】对话框中【主要】参数,把刀轨设置中每刀切削深度的值改为【10】,附加刀路为【1】,单击【确定】按钮。

Step 06 在导航器空白区域右击，切换到【程序顺序视图】，选中【FLOOR_WALL_ COPY_COPY】右击，在弹出的快捷菜单中选择【生成】命令，生成刀具轨迹如图 10-42 所示。(注意：要想生成分层光侧刀路轨迹，一定要把单层刀具轨迹的工序删掉，否则系统会报错，详见模型铝件 1)。

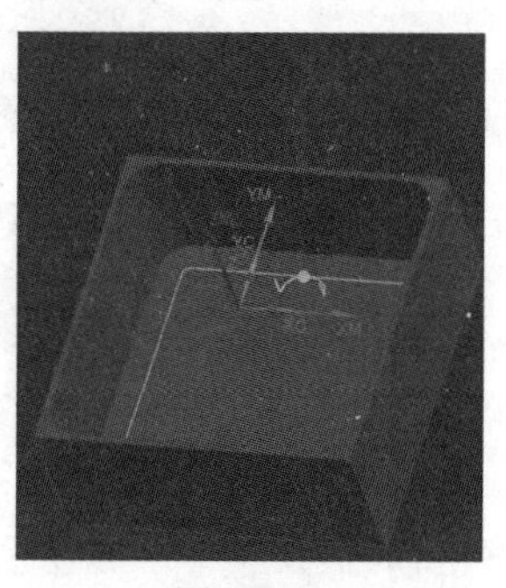

图 10-41

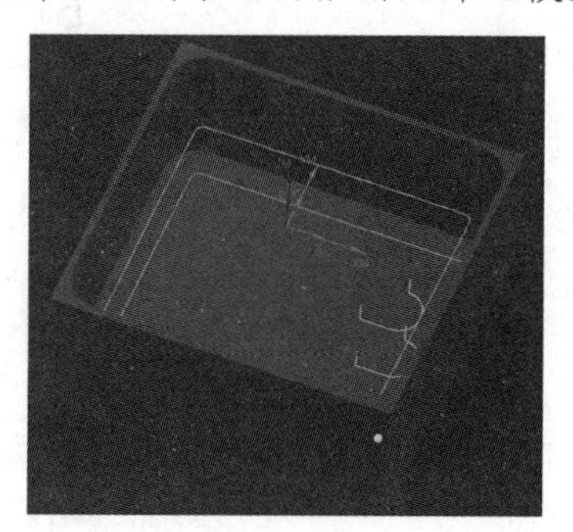

图 10-42

10.3.2 实例：开放式 6061 铝件加工

1．工序一：开粗封闭式 6061 铝件

Step 01 启动 UG NX 1904 软件，打开配套资源中的文件开放式铝件未加工.prt，单击【OK】按钮，打开模型并进入建模环境。在【应用模块】功能选项卡的【加工】区域中单击加工按钮，弹出【加工环境】对话框，参数默认系统设置。

Step 02 选择【菜单】|【插入】|【程序】命令，创建程序的类型为【mill_planar】，名称默认为【PROGRAM】，单击两次【确定】按钮，完成程序创建。

Step 03 将工序导航器调整到几何视图模式，双击 MCS_MAIN 命令，在弹出的【MCS】对话框中单击【指定机床坐标系】的【绝对坐标系】，安全平面区域中【安全设置选项】选择【平面】，偏置距离为 35，刀轴选择【MCS 的+Z】选项。单击【确定】按钮。双击 MCS_MAIN 命令下的 WORKPIECE，弹出【工件】对话框，单击【指定部件】按钮，部件几何体选择【封闭式铝件】，单击【确定】按钮。单击【指定毛坯】按钮，在【毛坯几何体】类型中选择【包容块】，单击【确定】按钮，其余参数默认。单击【确定】按钮，完成坐标系和几何体的创建。

Step 04 选择【菜单】|【插入】|【刀具】命令，刀具名称为 CJ10，刀具子类型选择【MILL】，其余参数默认，单击【确定】按钮，在弹出的【铣刀参数】对话框中，在【直径】文本框中输入 10，在编号区域中，【刀具号】、【补偿寄存器】和【刀具补偿寄存器】编号都为 1，其余参数默认，单击【确定】按钮。选择【菜单】|【插入】|【刀具】命令，刀具名称为 JJ8，刀具子类型选择【MILL】，其余参数默认，单击【确定】按钮，在弹出的【铣刀参数】对话框中，在【直径】文本框中输入 10，在编号区域中，【刀具号】、【补偿寄存器】和【刀具补偿寄存器】编号都为 2，其余参数默认，单击【确定】按钮。

Step 05 选择【菜单】|【插入】|【方法】命令，创建方法的类型选择【mill_planar】，方法子类型为【MILL_ROUGH】，其余参数默认，单击【确定】按钮。在弹出的【铣削粗加工】对话框中，部件余量为【0.5】，其余参数默认，单击【确定】按钮。

Step 06 选择【菜单】|【插入】|【工序】命令，创建工序的类型为【mil_planar】，工序子类型选择【FLOOR_WALL】，相关参数设置如图 10-43 所示。单击【确定】按钮。在弹出的【底壁铣】对话框的【主要】区域中，【刀具】选择【CJ10】，【指定切削区底面】选择【槽的底面】，【最终底面余量】为【0.2】，切削模式选择【跟随周边】，【部件余量】为【0.25】，【步距】选择【刀具平直】，【平面直径百分比】为 75，每刀切削深度为【1.0】，如图 10-44 所示。

图 10-43

图 10-44

Step 07 单击【底壁铣】对话框中的【几何体】，相关参数默认系统设置。

Step 08 单击【底壁铣】对话框中的【刀具设置、轴和刀具补偿】，刀轴选择【垂直于第一个面】，在刀具补偿位置选择【无】。

Step 09 单击【底壁铣】对话框中的【进给率和速度】，【主轴速度】为 4500，【进给率】为 1800，在更多选项中，移动选择切削，其数值为 100，如图 10-45 所示。

Step 10 单击【底壁铣】对话框中的【切削区域】，合并距离为【50】和【刀具】，【简化形状】选择【轮廓】，【切削区域空间范围】选择【底面】，【刀具延展量】为【55】和【刀具】，如图 10-46 所示。

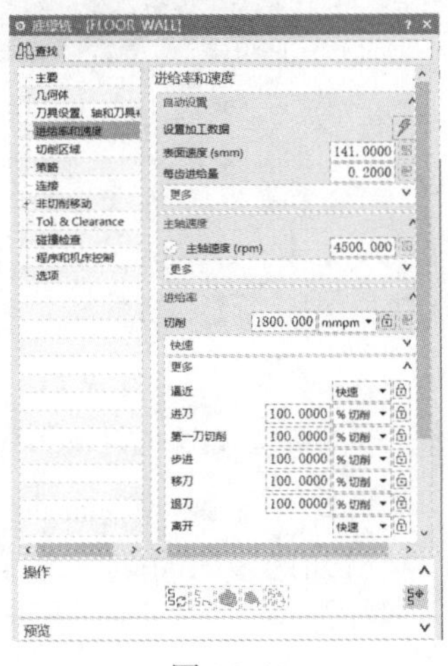

图 10-45

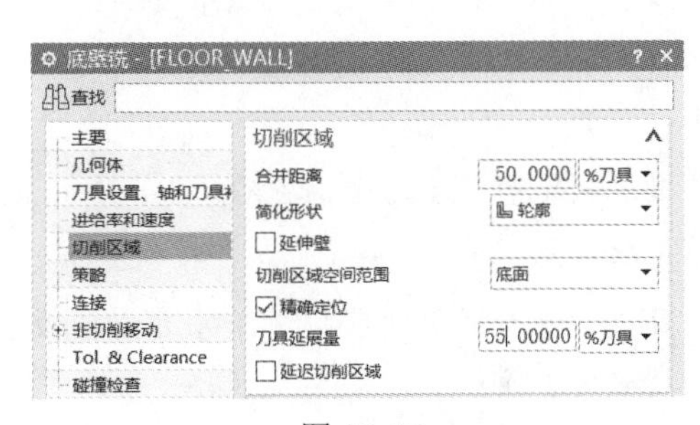

图 10-46

Step 11 单击【底壁铣】对话框中的【策略】，切削方向为【顺铣】，刀路方向为【向外】，切削区域排序为【优化】，拐角处刀轨形状区域拐角选择【延伸并修剪】，其余参数默认系统设置。

Step 12 单击【底壁铣】对话框中的【连接】，跨空区域的【运动类型】选择【跟随】，选择【岛清根】复选框，如图 10-47 所示。

Step 13 单击【底壁铣】对话框中的【非切削移动】下的【进刀】，在开放区域的【进刀类型】选择【圆弧】，半径为【4mm】，【高度】为【0】，【最小安全距离】选择【修剪和延伸】，最小安全距离为【3mm】，其余参数为系统默认，在封闭区域中【进刀类型】选择【与开放区域相同】，如图 10-48 所示。退刀和进刀一致。【起点/钻点】相关参数默认系统设置。

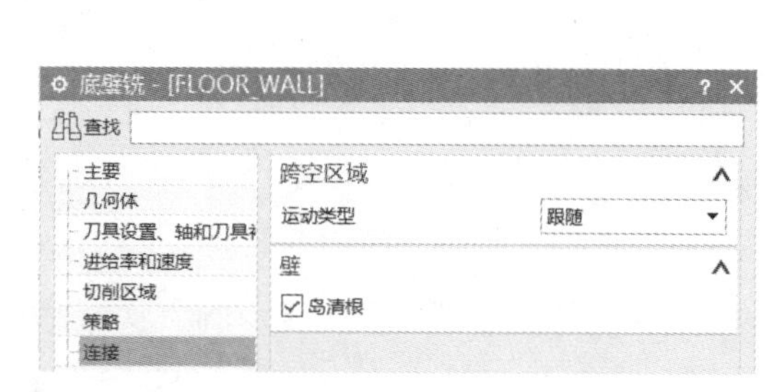

图 10-47

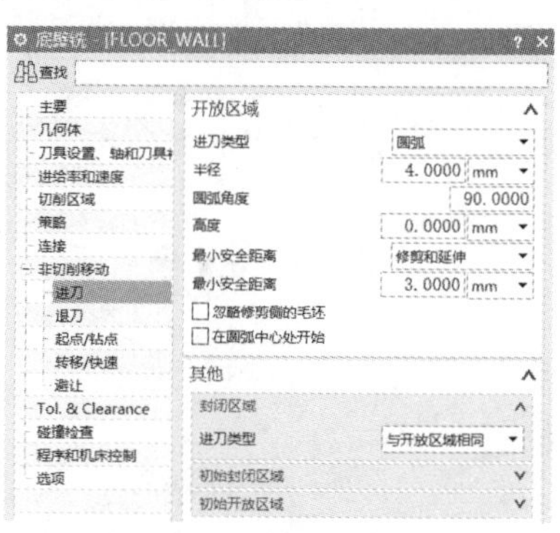

图 10-48

Step 14 单击【底壁铣】对话框中的【非切削移动】下【转移/快速】，安全设置选项中选择【使用继承的】，区域之间的转移类型选择【安全距离-刀轴】，区域内的转移方式选择【进刀/退刀】，转移类型选择【直接】。【避让】的参数选择系统默认。

Step 15 单击【底壁铣】对话框中的【Tol.Clearance】、【碰撞检查】、【程序和机床控制】和【选项】，相关参数选择系统默认设置。单击【确定】按钮。

Step 16 在导航器空白区域右击，切换到【程序顺序视图】，选中【FLOOR_WALL】右击，在弹出的快捷菜单中选择【生成】命令，生成刀具轨迹，如图 10-49 所示。

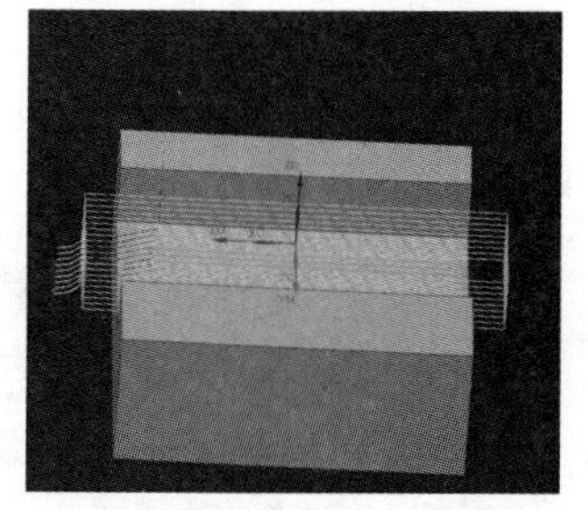

图 10-49

2. 工序二：开放式 6061 铝件光底程序

Step 01 选中工序导航器下【FLOOR_WALL】右击，在弹出的快捷菜单中选择【复制】命令，然后选择【粘贴】命令，双击【FLOOR_WALL_COPY】，把【主要】参数下的刀具改成【JJ8】，【最终底面余量】由 0.2 改成 0，【每刀切削深度】改为 0，刀轨设置区域下【平面直径百分比】改为【55】.

Step 02 单击【底壁铣】对话框中的【Tol.Clearance】，把内公差和外公差都改成【0.003】，其余参数默认系统设置。

Step 03 单击【底壁铣】对话框中的【进给率和速度】，进给率下切削改为【800】，其余参数不变。单击【确定】按钮。

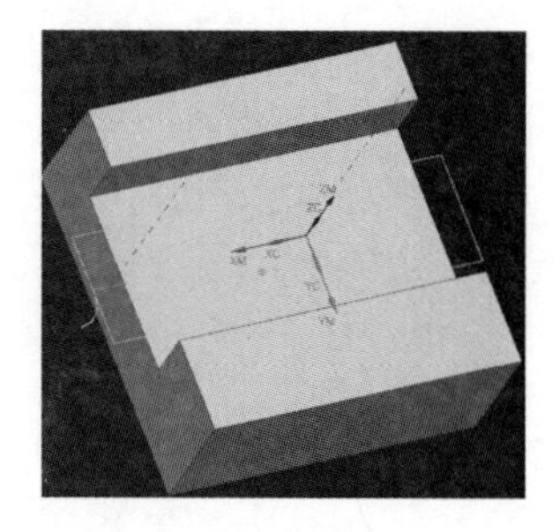
图 10-50

Step 04　在导航器空白区域右击，切换到【程序顺序视图】，选中【FLOOR_WALL_COPY】右击，在弹出的快捷菜单中选择【生成】命令，生成刀具轨迹，如图 10-50 所示。

10.4　平面铣

本节将通过 2 个实例讲解平面铣的具体应用。

10.4.1　实例：封闭式 6061 铝件加工

1．工序一：开粗封闭式 6061 铝件

Step 01　启动 UG NX 1904 软件，打开配套资源中的文件铝件.prt，单击【OK】按钮，打开模型并进入建模环境。在【应用模块】功能选项卡中【加工】区域单击加工按钮，弹出【加工环境】对话框，参数默认系统设置。

Step 02　选择【菜单】|【插入】|【程序】命令，创建程序的类型为【mill_planar】，名称默认为【PROGRAM】，单击两次【确定】按钮，完成程序创建。

Step 03　将工序导航器调整到几何视图模式，双击 MCS_MAIN 命令，在弹出的【MCS】对话框中单击【指定机床坐标系】的【绝对坐标系】，安全平面区域中安全设置选项选择【平面】，偏置距离为 35，刀轴选择【MCS 的+Z】选项。单击【确定】按钮。双击 MCS_MAIN 命令下的 WORKPIECE，弹出【工件】对话框，单击【指定部件】按钮，部件几何体选择【封闭式铝件】，单击【确定】按钮。单击【指定毛坯】按钮，在【毛坯几何体】类型中选择【包容块】，单击【确定】按钮，其余参数默认。单击【确定】按钮，完成坐标系和几何体的创建。

Step 04　选择【菜单】|【插入】|【刀具】命令，刀具名称为 CJ8，刀具子类型选择【MILL】，其余参数默认，单击【应用】按钮，在弹出的【铣刀参数】对话框中，在【直径】文本框输入 8，在编号区域中，【刀具号】、【补偿寄存器】和【刀具补偿寄存器】编号都为 1，其余参数默认，单击【确定】按钮。选择【菜单】|【插入】|【刀具】命令，刀具名称为 JJ8，刀具子类型选择【MILL】，其余参数默认，单击【确定】按钮，在弹出的【铣刀参数】对话框中，在【直径】文本框中输入 8，在编号区域中，【刀具号】、【补偿寄存器】和【刀具补偿寄存器】编号都为 2，其余参数默认，单击【确定】按钮。选择【菜单】|【插入】|【刀具】命令，刀具名称为 DC6，刀具子类型选择【MILL】，其余参数默认，单击【确定】按钮，在弹出的【铣刀参数】对话框中，在【直径】文本框中输入【6】，在【尖角】文本中输入【45】，在编号区域中，【刀具号】、【补偿寄存器】和【刀具补偿寄存器】编号都为 3，其余参数默认，单击【确定】按钮。

Step 05　选择【菜单】|【插入】|【方法】命令，创建方法的类型选择【mill_planar】，方法子类型为【MILL_ROUGH】，其余参数默认，单击【确定】按钮。在弹出的【铣削粗加工】对话框中，部件余量为【0.25】，其余参数默认，单击【确定】按钮。

Step 06　选择【菜单】|【插入】|【工序】命令，创建工序的类型为【mil_planar】，工序子类型选择【PLANAR_MILL】，相关参数设置如图 10-51 所示。单击【确定】按钮。在弹出的【平面铣】对

话框的【主要】区域中，刀具选择【CJ8】，单击【指定部件边界】按钮，弹出【部件边界】对话框，选择方法为【面】，选择面为铝件的上表面，刀具侧为【内侧】，平面为【自动】，单击【确定】按钮。部件余量为 0.25，切削模式选择【跟随部件】。单击【指定底面】按钮，弹出【平面铣】对话框，选择【自动判断】，要定义平面的对象为铝件底面，单击【确定】按钮。【切削深度】选择【用户定义】，【最终底面余量】为【0.2】，在【公共】文本框中输入【1】，其余参数选择系统默认，如图 10-52 所示。

Step 07 单击【平面铣】对话框中的【几何体】，相关参数默认系统设置。

图 10-51

图 10-52

Step 08 单击【平面铣】对话框中的【刀具设置、轴和刀具补偿】，刀轴选择【+ZM 轴】，在刀具补偿位置选择【无】。

Step 09 单击【平面铣】对话框中的【进给率和速度】，【主轴速度】为 4500，【进给率】为 1800，在更多选项中，移动选择切削，其数值为 100，如图 10-53 所示。

Step 10 单击【平面铣】对话框中的【切削区域】，其参数默认系统设置。

Step 11 单击【平面铣】对话框中的【策略】，【切削方向】选择【顺铣】，【开放刀路】选择【变换切削方向】，【切削顺序】选择【深度优先】，【凸角】选择【延伸并修剪】，其余参数默认系统设置，如图 10-54 所示。

图 10-53

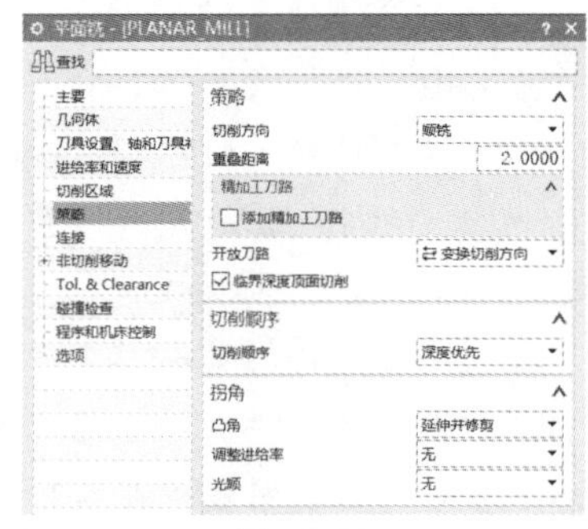

图 10-54

Step 12 单击【平面铣】对话框中的【连接】，【区域排序】选择【优化】。

Step 13 单击【平面铣】对话框中的【非切削移动】下【进刀】，在开放区域的进刀类型选择【与封闭区域相同】，在封闭区域中进刀类型选择【螺旋】，直径为【300】和【刀具】，斜坡角为【3】，高度为【0.5】，高度起点为【前一层】，最小安全距离为【0】，最小斜坡长度为【70，刀具】，其余参数为系统默认，如图 10-55 所示。退刀和进刀一致。

Step 14　单击【平面铣】对话框中的【非切削移动下转移/快速】，安全设置选项中选择【使用继承的】，区域之间的转移类型选择【安全距离-刀轴】，区域内的转移方式选择【进刀/退刀】，转移类型选择【直接】。【避让】的参数选择系统默认。

Step 15　单击【平面铣】对话框中的【Tol.Clearance】、【碰撞检查】、【程序和机床控制】和【选项】，相关参数选择系统默认设置。单击【确定】按钮。

Step 16　在导航器空白区域右击，切换到【程序顺序视图】，选中【PLANAR_MILL】右击，在弹出的快捷菜单中选择【生成】命令，生成刀具轨迹如图 10-56 所示。

图 10-55

图 10-56

2. 工序二：封闭式 6061 铝件光底程序

Step 01　选中工序导航器下【PLANAR_MILL】右击，在弹出的快捷菜单中选择【复制】命令，然后选择【粘贴】命令，双击【PLANAR_MILL_COPY】，把【主要】参数下的刀具改成【JJ8】，【最终底面余量】由 0.2 改成 0，切削深度为【仅底面】，单击【指定部件边界】按钮，在弹出的【部件边界】对话框中，选择底面作为部件边界，如图 10-57 所示，单击【确定】按钮。

Step 02　单击【平面铣】对话框中的【Tol.Clearance】，把内公差和外公差都改成【0.003】，其余参数默认系统设置。

Step 03　单击【平面铣】对话框中的【进给率和速度】，进给率下切削改为【800】，其余参数不变。单击【确定】按钮。

Step 04　在导航器空白区域右击，切换到【程序顺序视图】，选中【PLANAR_MILL_ COPY】右击，在弹出的快捷菜单中选择【生成】命令，生成刀具轨迹，如图 10-58 所示。

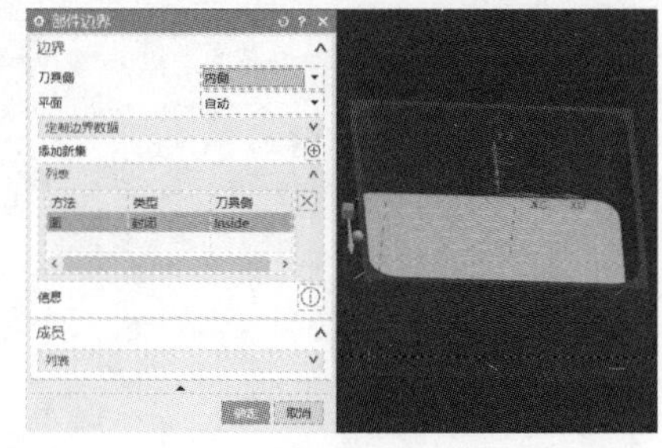

图 10-57

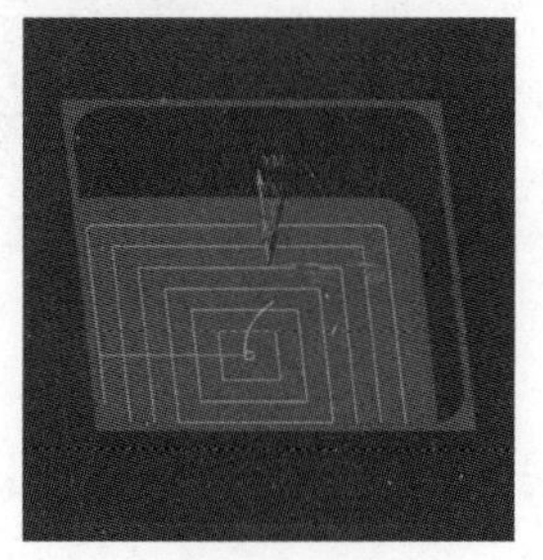

图 10-58

3．工序三：封闭式 6061 铝件光侧程序

Step 01 选中工序导航器下【PLANAR_MILL_COPY】右击，在弹出的快捷菜单中选择【复制】命令，然后选择【粘贴】命令，双击【PLANAR_MILL_ COPY_COPY】，把【主要】参数下的切削模式改成【轮廓】，部件余量改为 0，切削深度为【用户定义】，在刀轨设置区域【公共】文本框中输入【10】，单击【指定部件边界】按钮，在弹出的【部件边界】对话框中，选择铝件上表面作为部件边界，单击【确定】按钮。

Step 02 单击【平面铣】对话框中的【非切削移动】下的【进刀】命令，把开放区域下的【进刀类型】选择【圆弧】，半径为【3mm】，高度为【0.5mm】，最小安全距离选择【修剪和延伸】，最小安全距离为【3.0mm】，其余参数默认系统设置。

Step 03 单击【平面铣】对话框中的【刀具设置、轴和刀具补偿】，在刀具补偿参数区域中的【刀具补偿位置】选择【所有精加工刀路】，最小移动为【1.0mm】，最小角度为【10】，其余参数保持不变。单击【确定】按钮。

Step 04 在导航器空白区域右击，切换到【程序顺序视图】，选中【PLANAR_MILL_ COPY_COPY】右击，在弹出的快捷菜单中选择【生成】命令，生成刀具轨迹如图 10-59 所示。

图 10-59

4．工序四：封闭式 6061 铝件清角程序

Step 01 选中工序导航器下【PLANAR_MILL_COPY_COPY】右击，在弹出的快捷菜单中选择【复制】命令，然后选择【粘贴】命令，双击【PLANAR_MILL_COPY_COPY_COPY】，把【主要】参数下的刀具改为【DC6】，单击【指定底面】按钮，在弹出的【平面】对话框中，选择【自动判断】选项，要定义平面的对象为铝件上表面，偏置距离为【-1.5mm】，如图 10-60 所示。单击【确定】按钮。切削深度改为【仅底面】，部件余量改为【-0.5mm】，单击【确定】按钮。

Step 02 在导航器空白区域右击，切换到【程序顺序视图】，选中【PLANAR_MILL_COPY_COPY_COPY】右击，在弹出的快捷菜单中选择【生成】命令，生成刀具轨迹如图 10-61 所示。

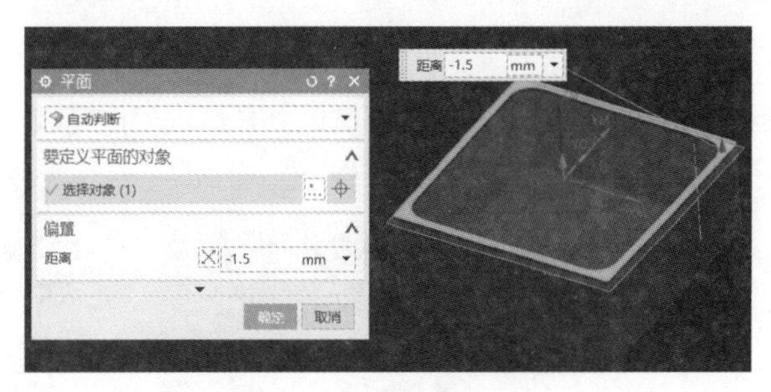

图 10-60

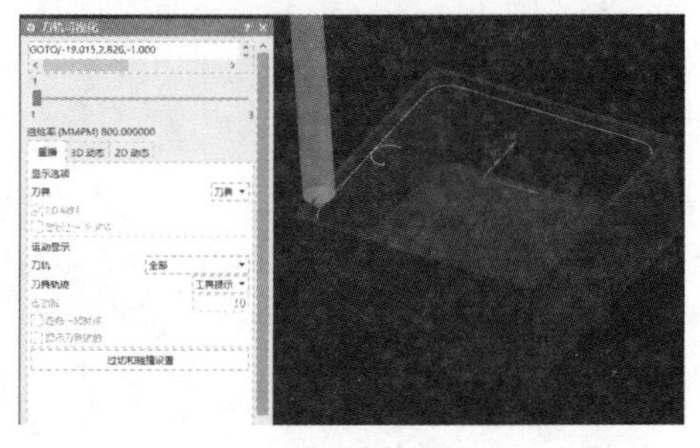

图 10-61

10.4.2 实例：凸台件粗加工

Step 01 启动 UG NX 1904 软件，打开配套资源中的文件凸台粗加工.prt，单击【OK】按钮，打

开模型并进入建模环境。在【应用模块】功能选项卡中【加工】区域单击【加工按钮】，弹出【加工环境】对话框，参数默认系统设置。

Step 02　选择【菜单】|【插入】|【程序】命令，创建程序的类型为【mill_planar】，名称默认为【PROGRAM】，单击两次【确定】按钮，完成程序创建。

Step 03　将工序导航器调整到几何视图模式，双击 MCS_MAIN 命令，在弹出的【MCS】对话框中单击【指定机床坐标系】的【绝对坐标系】，安全平面区域中安全设置选项选择【平面】，偏置距离为 40，刀轴选择【MCS+Z】选项，单击【确定】按钮。双击 MCS_MAIN 命令下的 WORKPIECE，弹出【工件】对话框，单击【指定部件】按钮，部件几何体选择【封闭式铝件】，单击【确定】按钮。单击【指定毛坯】按钮，在【毛坯几何体】类型中选择【包容块】，单击【确定】按钮，其余参数默认。单击【确定】按钮，完成坐标系和几何体的创建。

Step 04　选择【菜单】|【插入】|【刀具】命令，刀具名称为 CJ8，刀具子类型选择【MILL】，其余参数默认，单击【应用】按钮，在弹出的【铣刀参数】对话框中，在【直径】文本框中输入 8，在编号区域中，【刀具号】、【补偿寄存器】和【刀具补偿寄存器】编号都为 1，其余参数默认，单击【确定】按钮。

Step 05　选择【菜单】|【插入】|【方法】命令，创建方法的类型选择【mill_planar】，方法子类型为【MILL_ROUGH】，其余参数默认，单击【确定】按钮。在弹出的【铣削粗加工】对话框中，部件余量为【0.30】，其余参数默认，单击【确定】按钮。

Step 06　选择【菜单】|【插入】|【工序】命令，创建工序的类型为【mil_planar】，工序子类型选择【PLANAR_MILL】，相关参数设置如图 10-62 所示，单击【确定】按钮。在弹出的【平面铣】对话框的【主要】区域中，刀具选择【CJ8】，单击【指定部件边界】按钮，弹出【部件边界】对话框，选择方法为【面】，选择面为凸台的上表面，刀具侧为【外侧】，平面为【自动】，单击【确定】按钮。部件余量为 0.30，切削模式选择【跟随周边】。单击【指定底面】按钮，弹出【平面】对话框，选择【自动判断】，要定义平面的对象为垫块上表面，单击【确定】按钮。切削深度选择【用户定义】，最终底面余量为【0.2】，在刀轨设置下的【公共】文本框中输入 1.0，其余参数选择系统默认，如图 10-63 所示。

图 10-62

图 10-63

Step 07 单击【平面铣】对话框中的【几何体】，单击【指定毛坯边界】按钮，在弹出的【毛坯边界】对话框中，选择方法选择【曲线】，边界类型选择【封闭】，刀具侧选择【内侧】，平面为【指定】，选择凸台的上表面，然后，单击选择曲线，依次选择垫块上表面的 4 条边，在成员列表中，选中 4 条边，把刀具位置改为【开】，如图 10-64 所示，单击【确定】按钮。

Step 08 单击【平面铣】对话框中的【刀具设置、轴和刀具补偿】，刀轴选择【+ZM 轴】，在刀具补偿位置选择【所有精加工刀路】，最小移动为【1.0mm】，最小角度为【10】。

Step 09 单击【平面铣】对话框中的【进给率和速度】，主轴速度为 4500，进给率为 1800，在更多选项中，移动选择切削，其数值为 100，如图 10-65 所示。

Step 10 单击【平面铣】对话框中的【切削区域】，合并距离为【300mm】，其余参数选择系统默认。

Step 11 单击【平面铣】对话框中的【策略】，切削方向为【顺铣】，切削顺序选择【深度优先】，拐角处刀轨形状区域凸角选择【延伸并修剪】，其余参数默认系统设置，如图 10-66 所示。

Step 12 单击【平面铣】对话框中的【连接】，区域排序选择【优化】。

Step 13 单击【平面铣】对话框中的【非切削移动】下【进刀】，封闭区域选择与开放区域相同，在开放区域，进刀类型选择【圆弧】，半径为【5.0mm】，高度为【0.5mm】，最小安全距离选择【修剪和延伸】，最小安全距离为【5.0mm】，如图 10-67 所示。退刀和进刀一致。

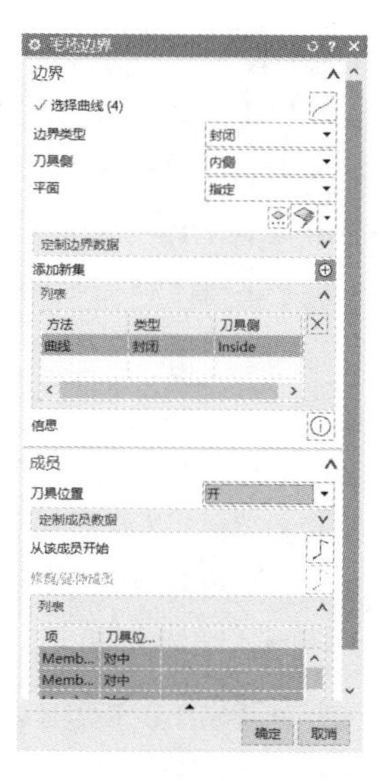

图 10-64

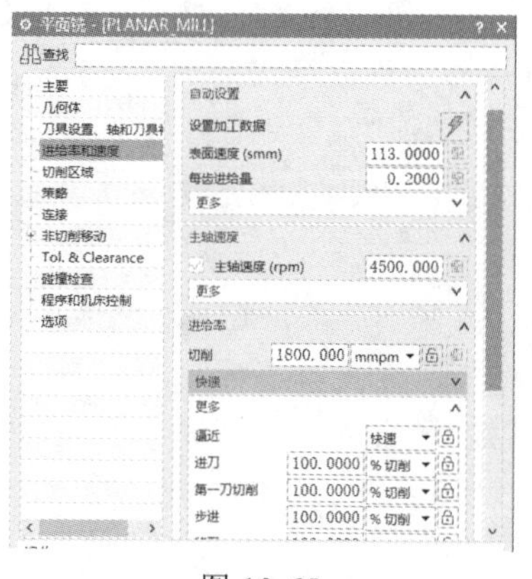

图 10-65

图 10-66

Step 14 单击【平面铣】对话框中的【非切削移动】下【转移/快速】，安全设置选项中选择【使用继承的】，区域之间的转移类型选择【安全距离-刀轴】，区域内的转移方式选择【进刀/退刀】，转移类型选择【直接】。【避让】的参数选择系统默认。

Step 15 单击【平面铣】对话框中的【Tol.Clearance】、【碰撞检查】、【程序和机床控制】和【选项】，相关参数选择系统默认设置，单击【确定】按钮。

Step 16 在导航器空白区域右击，切换到【程序顺序视图】，选中【PLANAR_MILL】右击，在弹出的快捷菜单中选择【生成】命令，生成刀具轨迹如图 10-68 所示。

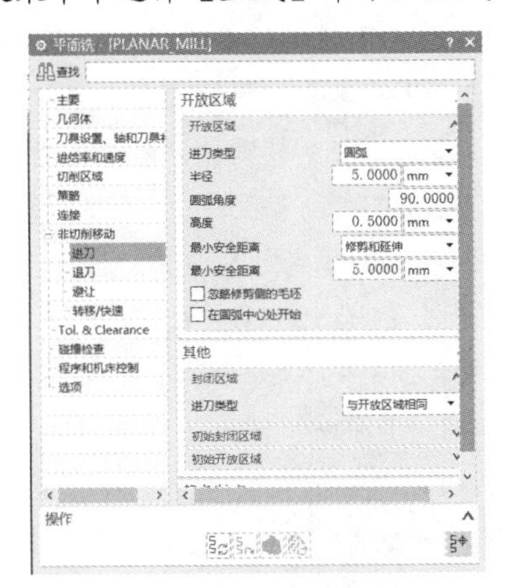

图 10-67

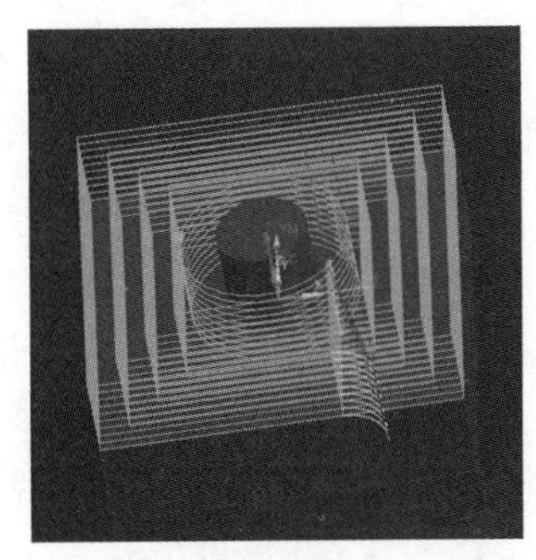

图 10-68

10.5　钻孔：复杂多面类零件加工

在 UG NX 1904 中隐藏了 DRILL 功能，需要自行添加，具体步骤如下：把“${UGII_CAM_TEMPLATE_PART_METRIC_DIR}drill.prt”命令，粘贴到 UG 安装目录，路径盘符:\UG1904.0\MACH\resource\template_set 下的“cam_general.opt”，粘贴完成后，重新启动 UG，即可完成常规钻削命令的添加。

1. 工序一：复杂多面体孔定位

Step 01 启动 UG NX 1904 软件，打开配套资源中的文件多面件.prt，单击【OK】按钮，系统打开模型并进入建模环境。在【应用模块】功能选项卡的【加工】区域中单击加工按钮，弹出【加工环境】对话框，参数默认系统设置。

Step 02 选择【菜单】|【插入】|【程序】命令，创建程序的类型为【drill】，名称默认为【PROGRAM】，单击两次【确定】按钮，完成程序创建。

Step 03 将工序导航器调整到几何视图模式，双击 MCS_MAIN 命令，在弹出的【MCS】对话框中单击【指定机床坐标系】的【绝对坐标系】，安全设置选项选择【平面】，指定平面为多面体上表面，偏置距离为 35，刀轴选择【MCS+Z】，参数设置如图 10-69 所示，单击【确定】按钮。双击 MCS_MAIN 命令下的 WORKPIECE，弹出【工件】对话框，单击【指定部件】按钮，部件几何体选择【多面体】，单击【确定】按钮。单击【指定毛坯】按钮，在【毛坯几何体】类型中选择【包容块】，单击【确定】按钮，其余参数默认。单击【确定】按钮，完成坐标系和几何体的创建。

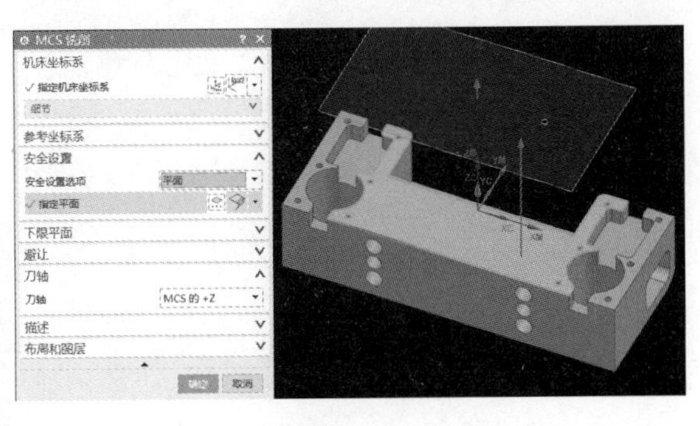

图 10-69

Step 04 选择【菜单】|【插入】|【刀具】命令，创建类型为【drill】，刀具名称为 SP2，刀具子类型选择【SPOTDRILLING_TOOL】，其余参数默认，单击【应用】按钮，在弹出的【铣刀参数】对话框中，在【直径】文本框中输入 2，在编号区域中，【刀具号】、【补偿寄存器】和【刀具补偿寄存器】编号都为 1，其余参数默认，单击【确定】按钮。选择【菜单】|【插入】|【刀具】命令，刀具名称为 DR1.6，刀具子类型选择【DRILLING_TOOL】，其余参数默认，单击【确定】按钮，在弹出的【铣刀参数】对话框中，在【直径】文本框中输入 1.6，在编号区域中，【刀具号】、【补偿寄存器】和【刀具补偿寄存器】编号都为 2，其余参数默认，单击【确定】按钮。选择【菜单】|【插入】|【刀具】命令，刀具名称为 STP2，刀具子类型选择【STD_DRILL】，其余参数默认，单击【确定】按钮，在弹出的【铣刀参数】对话框中，在【直径】文本框中输入 2，在编号区域中，【刀具号】、【补偿寄存器】和【刀具补偿寄存器】编号都为 3，其余参数默认，单击【确定】按钮。选择【菜单】|【插入】|【刀具】命令，刀具名称为 DR6.1，刀具子类型选择【STD_DRILL】，其余参数默认，单击【确定】按钮，在弹出的【铣刀参数】对话框中，在【直径】文本框中输入 6.1，在编号区域中，【刀具号】、【补偿寄存器】和【刀具补偿寄存器】编号都为 4，其余参数默认，单击【确定】按钮。选择【菜单】|【插入】|【刀具】命令，刀具名称为 DJ4，创建类型为【mill_planar】，刀具子类型选择【MILL】，其余参数默认，单击【确定】按钮，在弹出的【铣刀参数】对话框中，在【直径】文本框中输入 4，在【尖角】文本框中输入 45，在编号区域中，【刀具号】、【补偿寄存器】和【刀具补偿寄存器】编号都为 5，其余参数默认，单击【确定】按钮。

Step 05 选择【菜单】|【插入】|【方法】命令，创建方法的类型选择【drill】，方法子类型为【DRILL_METHOD_2】，其余参数默认，单击两次【确定】按钮。

Step 06 选择【菜单】|【插入】|【工序】命令，创建工序的类型为【drill】，工序子类型选择【钻孔】，相关参数设置如图 10-70 所示。单击【确定】按钮，弹出【钻孔】对话框，几何体为【WORKPIECE】，单击【指定孔】按钮，在弹出的【点到点几何体】对话框中，单击【选择】命令，在新弹出的对话框中选择【面上所用孔】命令，选中要加工的面，获得面上的孔，单击【确定】按钮，返回【点到点几何体】对话框中，单击【附加】，然后单击【一般点】命令，单击加工体两端大孔的圆弧，单击【确定】按钮，结果如图 10-71 所示。单击【确定】按钮，返回【钻孔】对话框。

图 10-70

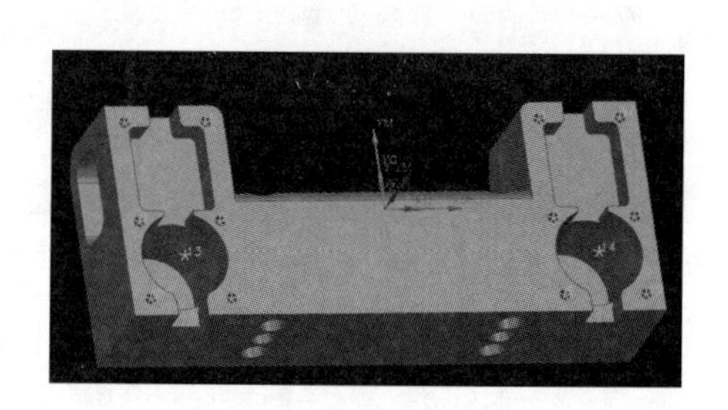
图 10-71

Step 07　在【钻孔】对话框的工具区域中，刀具选择【SP2】，其余参数默认，刀轴选择【+ZM 轴】，在循环类型中循环选择【标准钻 G81】，最小安全距离为【3】，单击循环后的【编辑参数】按钮，在弹出的【指定参数组】对话框中单击【确定】按钮，在弹出的【Cycle 深度】对话框中，单击【刀尖深度】，在弹出【Cycle 参数】对话框中单击【Depth(tip)】，再在弹出的【深度】对话框的文本框中输入 0.8，单击【确定】按钮，返回【Cycle 参数】对话框，单击【Rtrcto-自动】按钮，选择【自动】，如图 10-72 所示。单击【确定】按钮，返回【钻孔】对话框。

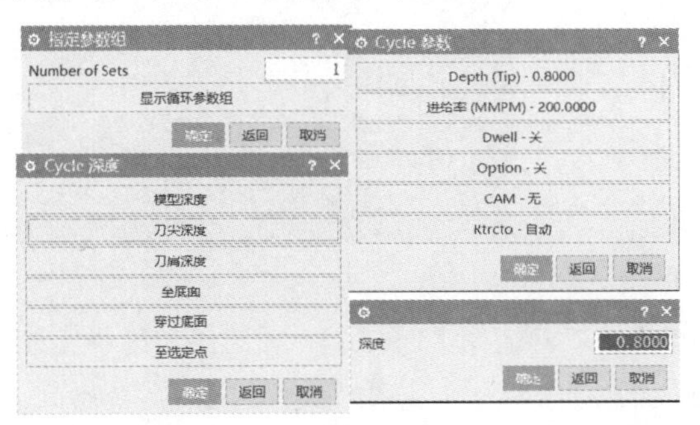

图 10-72

Step 08　在【钻孔】对话框，【深度设置】中的参数都使用系统默认设置，在刀轨设置区域，方法选择【DRILL_METHOD_2】，单击【进给率和速度】按钮，在弹出的对话框中【主轴速度】为 2500，进给率切削为【200】，其余参数默认，如图 10-73 所示，单击【确定】按钮。

Step 09　在【钻孔】对话框中，单击【指定孔】按钮，选择优化，单击三次【确定】按钮，返回【钻孔】对话框，单击【确定】按钮。

Step 10　在导航器空白区域右击，切换到【程序顺序视图】，选中【DRILLING】右击，在弹出的快捷菜单中选择【生成】命令，生成刀具轨迹如图 10-74 所示。

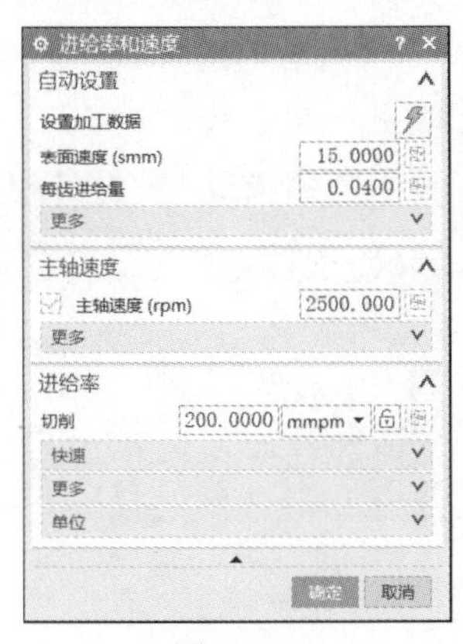

图 10-73

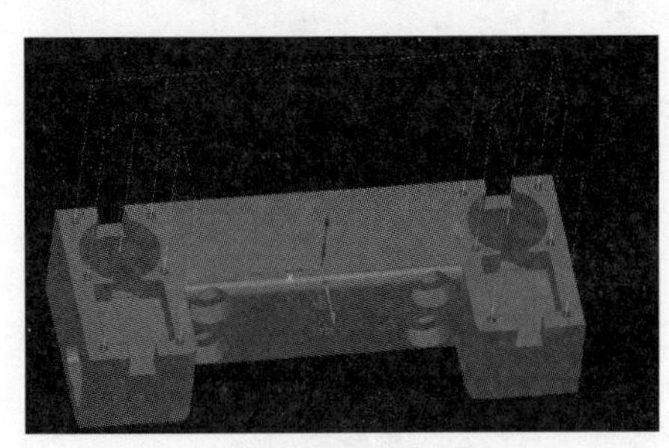

图 10-74

2. 工序二：复杂多面体钻孔

Step 01　选择【菜单】|【插入】|【工序】命令，创建工序的类型为【drill】，工序子类型选择【钻孔】，相关参数设置如图 10-75 所示。单击【确定】按钮，弹出【钻孔】对话框，几何体为【WORKPIECE】，单击【指定孔】按钮，在弹出的【点到点几何体】对话框中，单击【选择】命令，在新弹出的对话框中选择【面上所用孔】命令，选中要加工的面，获得面上的孔，如图 10-76

所示，单击【确定】按钮。

图 10-75

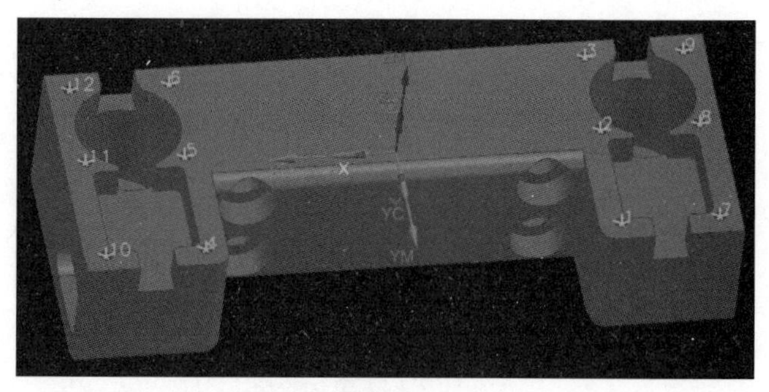

图 10-76

Step 02 在【钻孔】对话框中，刀具选择【DR1.6】，循环类型选择【标准钻-深孔】，单击【确定】按钮，在弹出的【Cycle 深度】对话框中单击【刀尖深度】，再在弹出【Cycle 参数】对话框中单击【Depth（tip）】，在弹出的【深度】对话框中的文本框中输入【8】，单击【确定】按钮，返回【Cycle 参数】对话框，单击【Step 值】按钮，在【Step#1】文本框中输入 1，如图 10-77 所示，单击【确定】按钮，返回【钻孔】对话框。

Step 03 在【钻孔】对话框中，在深度偏置区域，在通孔安全距离文本框中输入【3】，盲孔余量为【0】。

Step 04 在【钻孔】对话框中，单击【进给率和速度】，主轴速度为【1800】，进给率切削为【200】，单击【确定】按钮。返回【钻孔】对话框，单击【确定】按钮。

Step 05 在【钻孔】对话框，单击【指定孔】按钮，选择优化，单击三次【确定】按钮，返回【钻孔】对话框，单击【确定】按钮。

Step 06 在导航器空白区域右击，切换到【程序顺序视图】，选中【DRILLING_1】右击，在弹出的快捷菜单中选择【生成】命令，生成刀具轨迹如图 10-78 所示。

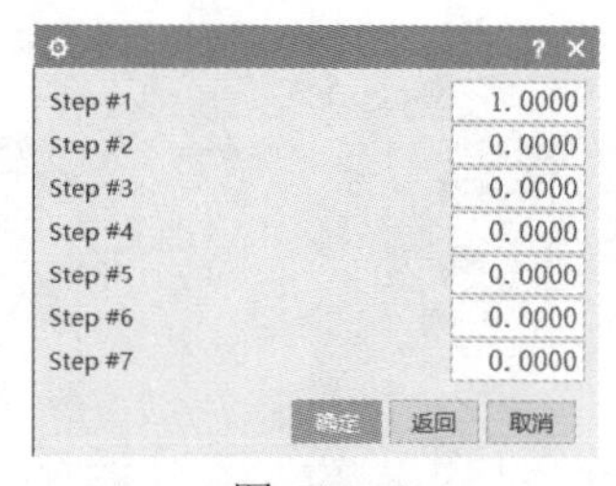

图 10-77

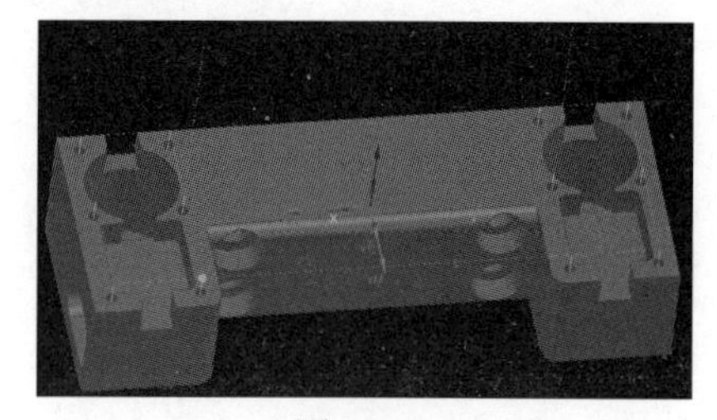

图 10-78

3. 工序三：复杂多面体孔攻牙

Step 01 选择【菜单】|【插入】|【工序】命令，创建工序的类型为【drill】，工序子类型选择【钻孔】，相关参数设置如图 10-79 所示。单击【确定】按钮，弹出【钻孔】对话框，几何体为【WORKPIECE】，单击【指定孔】按钮，在弹出的【点到点几何体】对话框中，单击【选择】命令，在新弹出的对话框中选择【面上所用孔】命令，选中要加工的面，获得面上的孔，如图 10-80 所示，单击【确定】按钮。

Step 02　在【钻孔】对话框中，刀具选择【STP2】，循环类型选择【标准攻丝】，单击【确定】按钮，在弹出的【Cycle 深度】对话框中单击【刀尖深度】，在弹出的【Cycle 参数】对话框中单击【Depth（tip）】按钮，在弹出的【深度】对话框的文本框中输入【7】，单击【确定】按钮，返回【Cycle 参数】对话框，单击【Rtrcto-自动】按钮，选择【自动】，单击【确定】按钮，返回【钻孔】对话框。

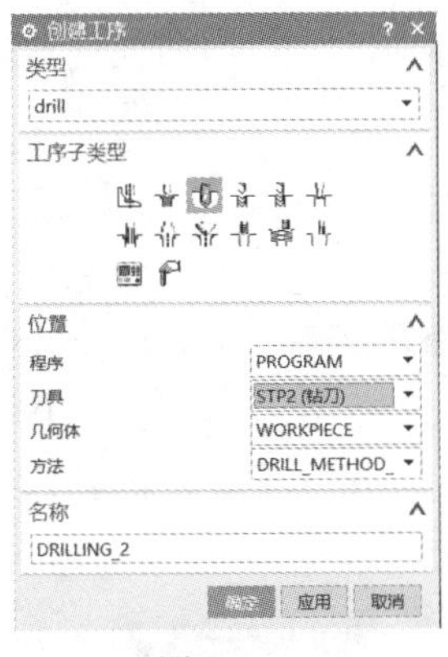

图 10-79

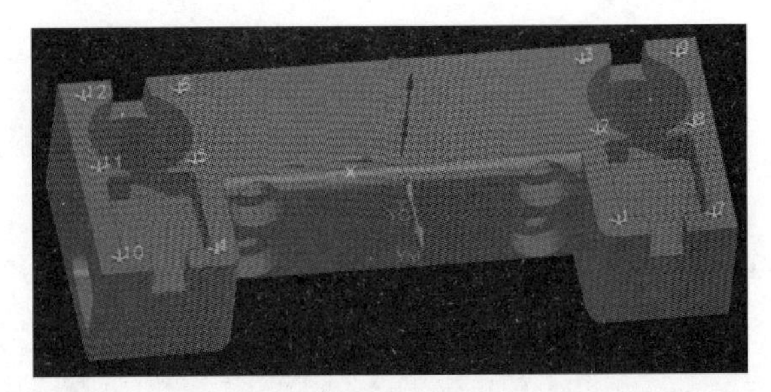

图 10-80

Step 03　在【钻孔】对话框中，在深度偏置区域，在通孔安全距离文本框中输入【1.5】，盲孔余量为【0】。

Step 04　在【钻孔】对话框中，单击【进给率和速度】，主轴速度为【1800】，进给率切削为【200】，单击【确定】按钮。返回【钻孔】对话框，单击【确定】按钮，如图 10-81 所示。

Step 05　在【钻孔】对话框，单击【指定孔】命令，选择优化，单击三次【确定】按钮，返回【钻孔】对话框，单击【确定】按钮。

Step 06　在导航器空白区域右击，切换到【程序顺序视图】，选中【DRILLING_1】右击，在弹出的快捷菜单中选择【生成】命令，生成刀具轨迹如图 10-82 所示。

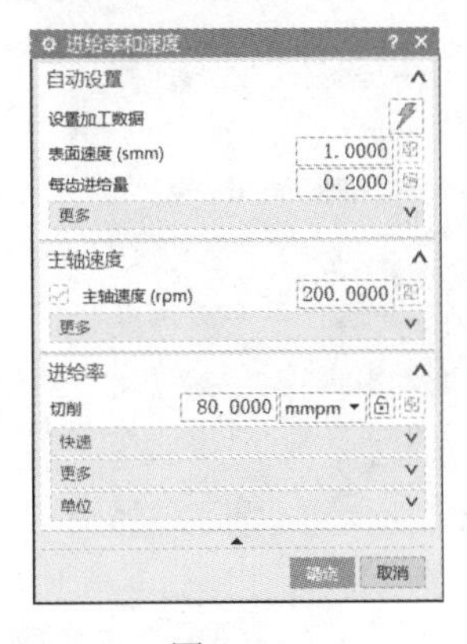

图 10-81

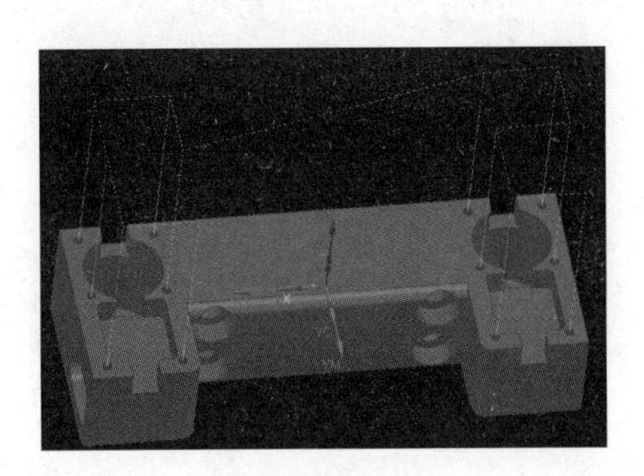

图 10-82

4. 工序四：复杂多面体 6.1 孔钻削

Step 01　选择【菜单】|【插入】|【工序】命令，创建工序的类型为【drill】，工序子类型选择【钻孔】，相关参数设置如图 10-83 所示。单击【确定】按钮，弹出【钻孔】对话框，几何体为【WORKPIECE】，

单击【指定孔】按钮，在弹出的【点到点几何体】对话框中，单击【选择】命令，在新弹出的对话框中选择【一般点】命令，选中要加工的面，两个打孔，如图 10-84 所示，单击【确定】按钮。

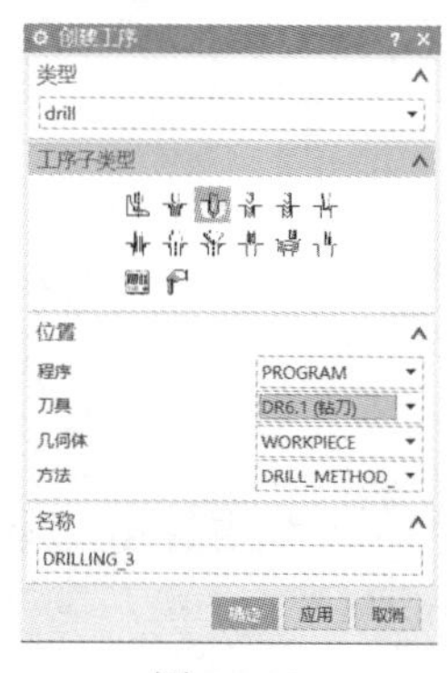

图 10-83

图 10-84

Step 02 在【钻孔】对话框中，单击【指定底面】命令，在弹出【底部曲面】对话框中选择【面】，接着单击实体模型底面，单击【确定】按钮，返回【钻孔】对话框。

Step 03 在【钻孔】对话框中，刀具选择【DR6.1】，循环类型选择【标准钻-深孔】，单击【确定】按钮，在弹出【Cycle 参数】对话框中选择【Depth-模型深度】，选择【穿过底面】命令，单击【Rtrcto】命令，选择【自动】，单击【Step 值】命令，在 Step#1 对话框中输入【3】，如图 10-85 所示，单击【确定】按钮，返回【钻孔】对话框。

Step 04 在【钻孔】对话框中，在深度偏置区域，在通孔安全距离文本框中输入【1.5】，盲孔余量为【0】。

Step 05 在【钻孔】对话框中，单击【进给率和速度】，主轴速度为【2500】，进给率切削为【200】，单击【确定】按钮。返回【钻孔】对话框，单击【确定】按钮。

Step 06 在【钻孔】对话框，单击【指定孔】命令，选择优化，单击三次确定，返回【钻孔】对话框，单击【确定】按钮。

Step 07 在导航器空白区域右击，切换到【程序顺序视图】，选中【DRILLING_1】右击，在弹出的快捷菜单中选择【生成】命令，生成刀具轨迹如图 10-86 所示。

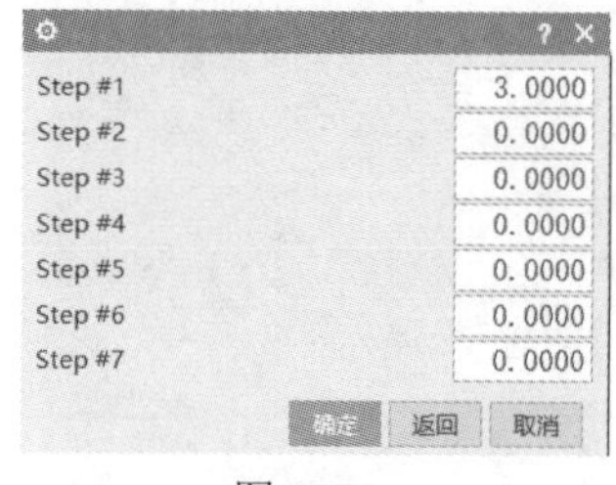

图 10-85

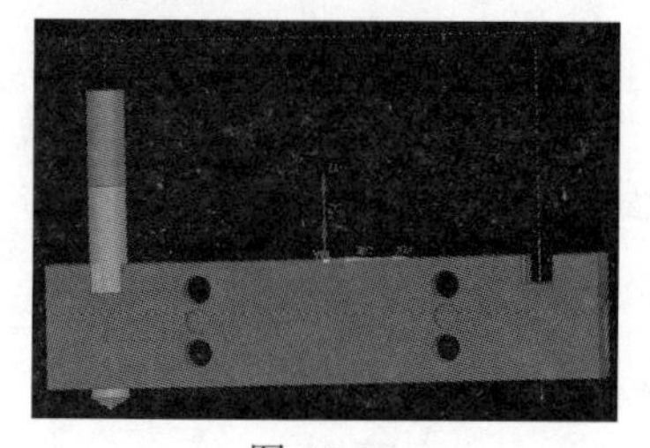

图 10-86

5. 工序五：复杂多面体孔倒角

Step 01 选择【菜单】|【插入】|【工序】命令，创建工序的类型为【drill】，工序子类型选择【钻孔】，相关参数设置如图 10-87 所示。单击【确定】按钮，弹出【钻孔】对话框，几何体为【WORKPIECE】，单击【指定孔】按钮，在弹出的【点到点几何体】对话框中，单击【选择】

命令，在新弹出的对话框中选择【面上所用孔】命令，选中要加工的面，获得面上的孔，如图 10-88 所示，单击【确定】按钮。

图 10-87

图 10-88

Step 02 在【钻孔】对话框中，刀具选择【DJ4】，循环类型选择【标准钻】，单击【循环类型】下【编辑参数】命令，单击【确定】按钮，在弹出的【Cycle 参数】对话框中单击【Depth-模型深度】按钮，在选择【刀尖深度】命令，在【深度】文本框中输入【1.3】，单击【确定】按钮，返回【Cycle 参数】对话框，单击【Rtrcto-自动】按钮，选择【自动】，单击【确定】按钮，返回【钻孔】对话框。

Step 03 在【钻孔】对话框中，在深度偏置区域，在【通孔安全距离】文本框中输入 1.5，盲孔余量为【0】。

Step 04 在【钻孔】对话框中，单击【进给率和速度】按钮，弹出【进给率和速度】对话框，主轴速度为【1800】，进给率切削为【200】，单击【确定】按钮。返回【钻孔】对话框，单击【确定】按钮，如图 10-89 所示。

Step 05 在【钻孔】对话框，单击【指定孔】按钮，选择优化，单击三次【确定】按钮，返回【钻孔】对话框，单击【确定】按钮。

Step 06 在导航器空白区域右击，切换到【程序顺序视图】，选中【DRILLING_1】右击，在弹出的快捷菜单中选择【生成】命令，生成刀具轨迹如图 10-90 所示。

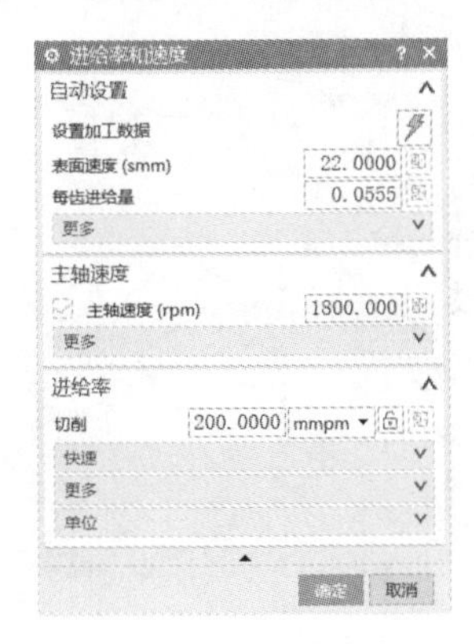

图 10-89

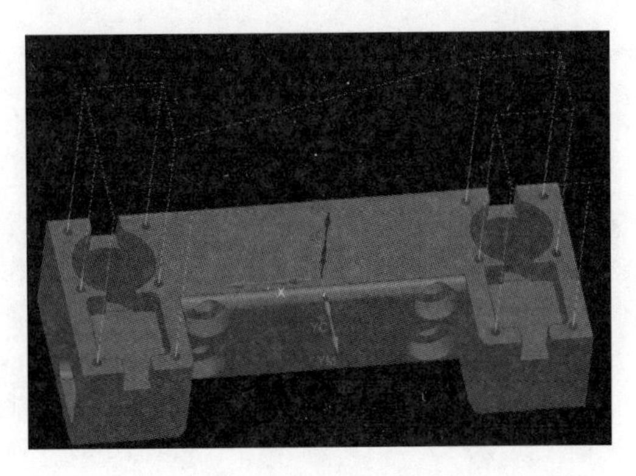

图 10-90

10.6 综合案例 1：叶轮加工

1. 工序一：叶片粗加工

Step 01 启动 UG NX 1904 软件，打开配套资源中的文件叶轮.prt，单击【OK】按钮，打开模型并进入建模环境。在【应用模块】功能选项卡的【加工】区域中单击【加工】按钮，弹出【加工环境】对话框，参数默认系统设置。

Step 02 选择【菜单】|【插入】|【程序】命令，创建程序的类型为【mill_multi_blade】，名称默认为【PROGRAM】，单击两次【确定】按钮，完成程序创建。

Step 03 将工序导航器调整到几何视图模式，双击 MCS_MAIN 命令，在弹出的【MCS】对话框中单击【指定机床坐标系】的【绝对坐标系】，安全平面区域中安全设置选项选择【球】，指定点为绝对坐标原点，在半径文本框中输入【130】，刀轴选择【MCS+Z】选项，参数默认系统设置，单击【确定】按钮。双击 MCS_MAIN 命令下的 WORKPIECE，弹出【工件】对话框，单击【指定部件】按钮，部件几何体选择【叶轮】，如图 10-91 所示，单击【确定】按钮。单击【指定毛坯】按钮，在【毛坯几何体】类型中选择【几何体】，单击【确定】按钮，其余参数默认，如图 10-92 所示。双击 WORKPIECE 命令下 MULTI_BLADE_..，在弹出的【多叶片几何体】对话框中，旋转轴为【+ZM】，单击【指定轮毂】按钮，具体选择如图 10-93 所示，单击【确定】按钮，单击【指定包覆】按钮，具体选择如图 10-94 所示。单击【指定叶片】按钮，具体选择如图 10-95 所示。单击【指定叶根圆角】按钮，具体选择如图 10-96 所示。单击【指定分流叶片】按钮，具体选择如图 10-97 所示。在【叶片总数】文本框中输入 6，单击【确定】按钮。

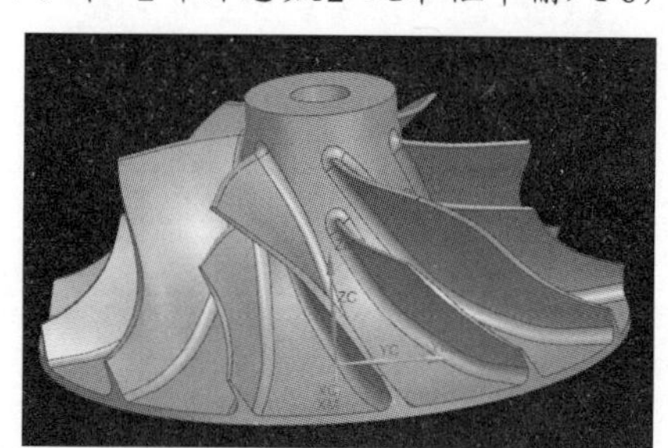

图 10-91

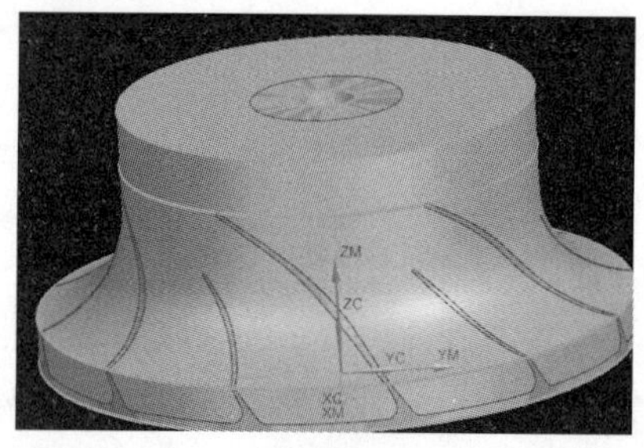

图 10-92

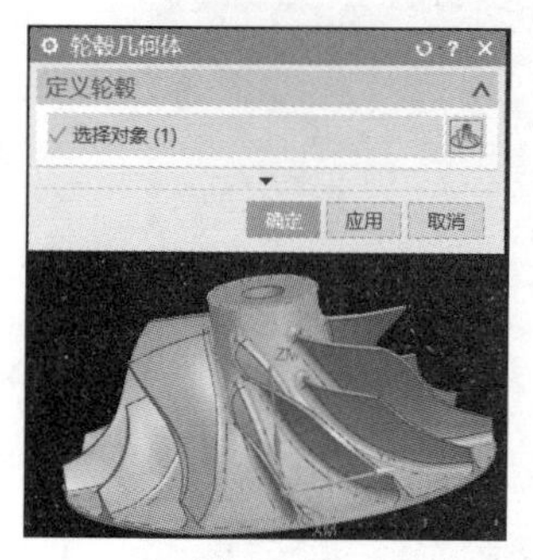

图 10-93

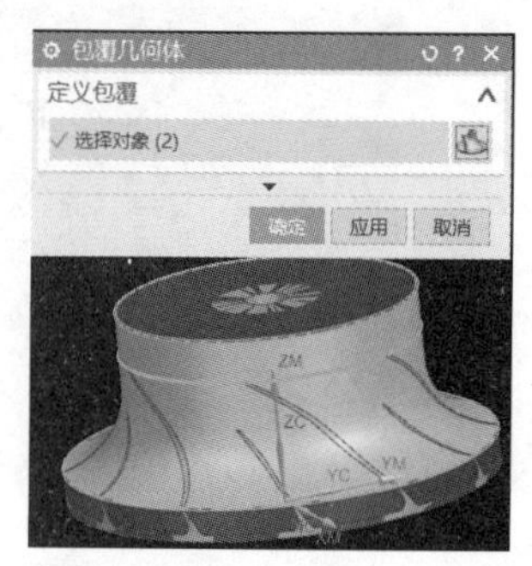

图 10-94

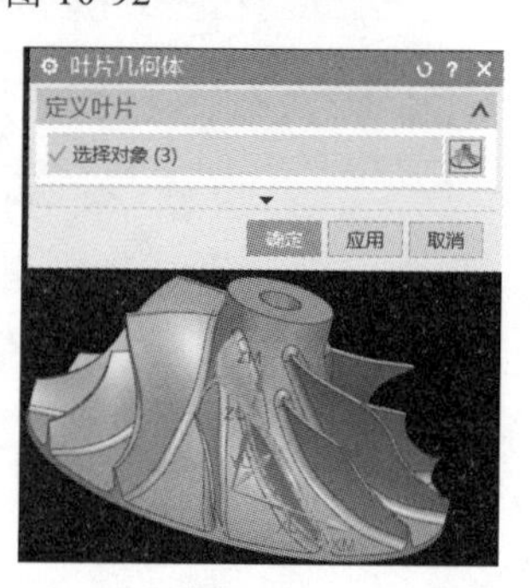

图 10-95

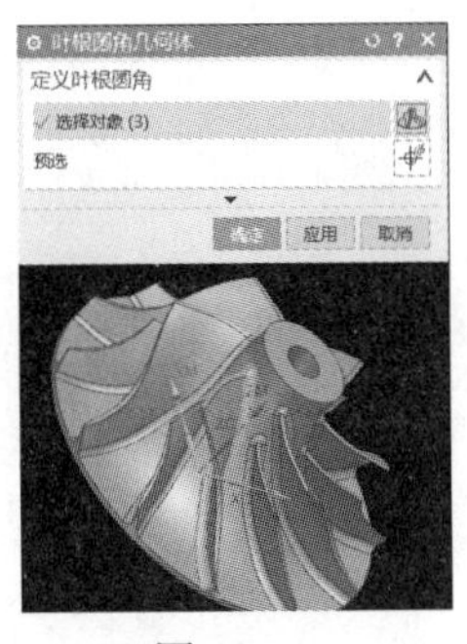

图 10-96

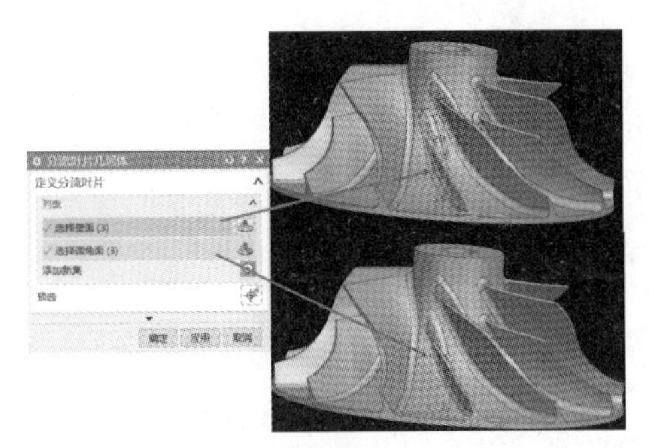

图 10-97

Step 04　选择【菜单】|【插入】|【刀具】命令，创建类型为【mill_multi_blade】，刀具名称为CP6，刀具子类型选择【BALL_MILL】，其余参数默认，单击【应用】按钮，在弹出的【球头铣参数】对话框中，在【直径】文本框中输入6，在编号区域中，【刀具号】、【补偿寄存器】和【刀具补偿寄存器】编号都为1，其余参数默认，单击【确定】按钮。选择【菜单】|【插入】|【刀具】命令，创建类型为【mill_multi_blade】，刀具名称为JJ6，刀具子类型选择【BALL_MILL】，其余参数默认，单击【应用】按钮，在弹出的【球头铣参数】对话框中，在【直径】文本框中输入6，在编号区域中，【刀具号】、【补偿寄存器】和【刀具补偿寄存器】编号都为2，其余参数默认，单击【确定】按钮。选择【菜单】|【插入】|【刀具】命令，创建类型为【mill_coutour】，刀具名称为CP12，刀具子类型选择【MILL】，其余参数默认，单击【应用】按钮，在弹出的【球头铣参数】对话框中，在【直径】文本框中输入6，在编号区域中，【刀具号】、【补偿寄存器】和【刀具补偿寄存器】编号都为3，其余参数默认，单击【确定】按钮。

Step 05　选择【菜单】|【插入】|【方法】命令，创建方法的类型选择【mill_multi_blade】，方法子类型为【MILL_METHOD】，其余参数默认，单击两次【确定】按钮。

Step 06　选择【菜单】|【插入】|【工序】命令，创建工序的类型为【mill_multi_blade】，工序子类型选择【Impeller Rough】，相关参数设置如图10-98所示，单击【确定】按钮，弹出【Impeller Rough】对话框，单击【主要】命令，刀具选择【CP6】，在【深度选项】区域中，深度模式选择【从轮毂偏置】，每刀切削深度为【恒定】，距离为【1mm】，范围类型选择【自动】，未完成的层为【输出和警告】，在【阵列设置】区域中，切削模式为【往复上升】，切削方向为【顺铣】，步距为【恒定】，最大距离为【40】和【刀具】，其余参数默认系统设置，如图10-99所示。

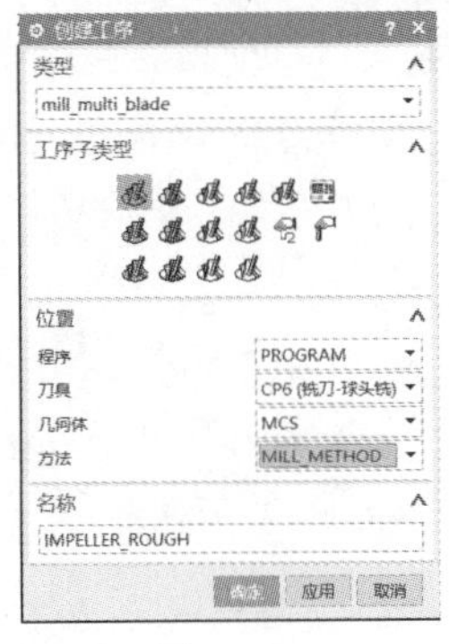

图 10-98

图 10-99

Step 07 在【Impeller Rough】对话框中，单击【几何体】命令，几何体为【MULTI_BLADE_GEOM】，旋转轴为【+ZM】，叶片数为【6】，叶片余量为【1】，轮毂余量为【1】，检查余量为【1】，其余参数默认系统设置。

Step 08 在【Impeller Rough】对话框中，单击【Axis&Avoidance】命令，其参数都选择系统默认设置。

Step 09 在【Impeller Rough】对话框中，单击【进给率和速度】命令，主轴速度为【12000】，进给率切削为【4000】，在【更多】区域中，把【移刀】改为【切削，100】，其余参数默认系统设置。

Step 10 在【Impeller Rough】对话框中，单击【策略】命令，前缘的叶片边为【无卷曲】，延伸为【0和刀具】，刀具光顺百分比为【25】，其余参数默认系统设置。

Step 11 在【Impeller Rough】对话框中，【非切削移动】、【Method&Tolerance】和【Tool,Prg&Machine】，相关参数默认系统设置，单击【确定】按钮，退出【Impeller Rough】对话框。

Step 12 在导航器空白区域右击，切换到【程序顺序视图】，选中【Impeller Rough】右击，在弹出的快捷菜单中选择【生成】命令，生成刀具轨迹如图 10-100 所示。

Step 13 选中【Impeller Rough】右击，在弹出的快捷菜单中选择【对象】|【变换】命令，在弹出的【变换】对话框中，类型选择【绕直线旋转】命令，直线方法为【点和矢量】，指定点为【绝对坐标原点】，指定矢量为【+ZC 轴】，在【角度】文本框中输入【60】，在【结果】区域选择【实例】命令，在【实例数】文本框中输入【5】，其余参数默认系统设置，单击【确定】按钮。结果如图 10-101 所示。

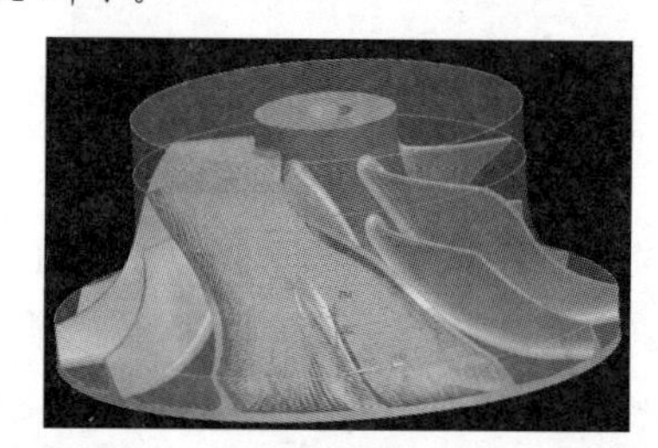
图 10-100

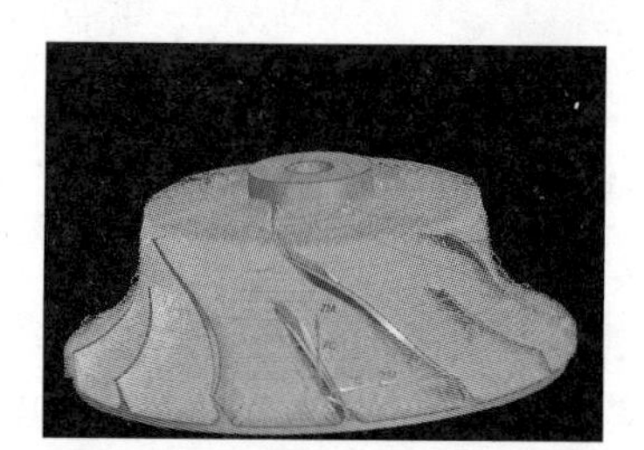
图 10-101

Step 14 选中【Impeller Rough】右击，在弹出的快捷菜单中选择【插入】|【工序】命令，工序创建类型为【mill_contour】，工序子类型为【型腔铣】，相关参数设置如图 10-102 所示。

Step 15 在【型腔铣】对话框中，单击【主要】命令，刀具为【CP12】，切削模式选择【跟随周边】，步距为【刀具平直】，公共每刀切削深度为【恒定】，最大安全距离为 1mm，切削方向选择【顺铣】，切削顺序选择【深度优先】，刀路方向为【自动】，其余参数默认系统设置，如图 10-103 所示。

Step 16 在【型腔铣】对话框中，单击【几何体】命令，几何体为【WORKPIECE】，部件侧面余量为【0.3】，单击【指定修剪边界】命令，在弹出的【修剪边界】对话框中，边界选择方法为【曲线】，选择曲线为【轮毂上端面小圆】，修剪侧为【内侧】，平面为【自动】，单击【确定】按钮。

Step 17 在【型腔铣】对话框中，单击【进给率和速度】命令，主轴速度为【6000】，进给率切削为【3500】，在【更多】区域中把【移刀】改为【切削 100】，其余参数默认系统设置。

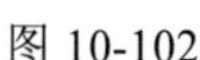

图 10-102

图 10-103

Step 18 在【型腔铣】对话框中，单击【切削层】命令，在范围定义区域中，在【范围深度】文本框中输入【15】，其余参数默认系统设置。

Step 19 在【型腔铣】对话框中，单击【策略】命令，在边上延伸为【0.0】，其余参数默认。

Step 20 在【型腔铣】对话框中，单击【非切削移动下进刀】命令，封闭区进刀类型选择【与开放区相同】，在【开放区域】中，进刀类型为【圆弧】，半径为【4mm】，高度为【3.0mm】，最小安全距离为【4mm】，其余参数默认系统设置。【避让】相关设置默认系统设置。

Step 21 在【型腔铣】对话框中，单击【非切削移动下退刀】命令，退刀类型为【线性】，长度为【30mm】，旋转角度、斜坡角、高度都为 0，最小安全距离为【仅延伸】，距离为【4mm】。

Step 22 在【型腔铣】对话框中，单击【转移/快速】命令，【安全设置选项】选择【使用继承的】，【转移类型】选择【安全距离-刀轴】，【转移方式】选择【进刀/退刀】，转移类型为【直接】，如图 10-104 所示。

Step 23 在【型腔铣】对话框中，单击【起点/钻点】命令，单击【指定点】命令，选择【光标位置】+，在轮毂上端面任意位置选择一点，其余参数默认系统设置，如图 10-105 所示。

图 10-104

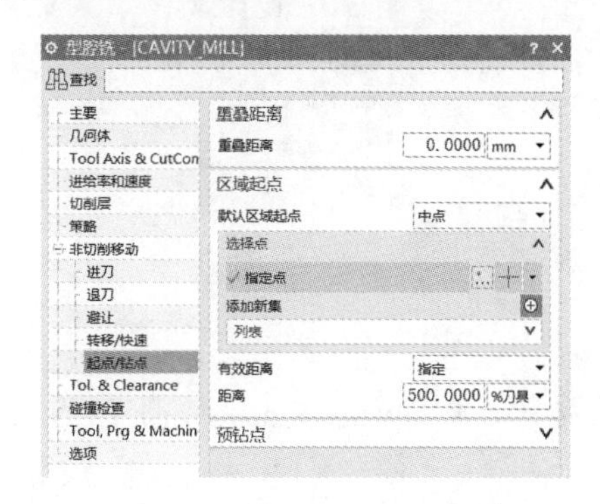

图 10-105

Step 24 在【型腔铣】对话框中，【Tol.&Clearance】、【检查碰撞】和【Tool,Prg&Machine】，相关参数默认系统设置，单击【确定】按钮，退出【型腔铣】对话框。

Step 25 在导航器空白区域右击，切换到【程序顺序视图】，选中【CAVITY_MILL】右击，在弹出的快捷菜单中选择【生成】命令，生成刀具轨迹如图 10-106 所示。

Step 26 选中【CAVITY_MILL】，将其拖动到叶片粗加工程序之前，如图 10-107 所示。

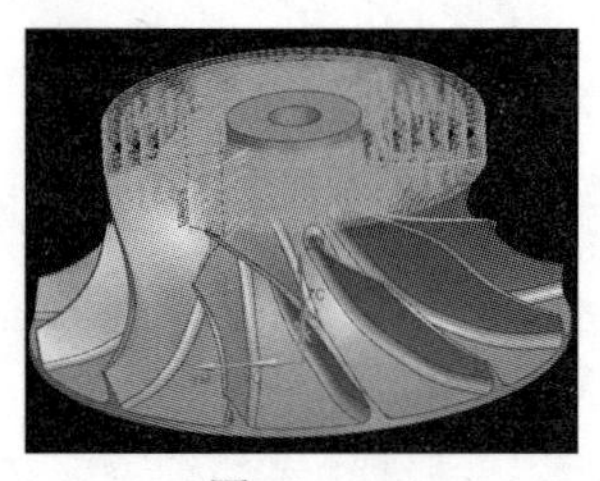

图 10-106

工序导航器 - 程序顺序

名称	换刀	刀轨	刀具
NC_PROGRAM			
未用项			
PROGRAM			
IMPELLER_ROU...	▮	✓	CP6
IMPELLER_ROU...		↳	CP6
IMPELLER_ROU...		↳	CP6
IMPELLER_ROU...		↳	CP6
IMPELLER_ROU...		↳	CP6
IMPELLER_ROU...		↳	CP6
CAVITY_MILL	▮	✓	CP12

工序导航器 - 程序顺序

名称	换刀	刀轨	刀具
NC_PROGRAM			
未用项			
PROGRAM			
CAVITY_MILL	▮	✓	CP12
IMPELLER_ROU...	▮	✓	CP6
IMPELLER_ROU...		↳	CP6
IMPELLER_ROU...		↳	CP6
IMPELLER_ROU...		↳	CP6
IMPELLER_ROU...		↳	CP6
IMPELLER_ROU...		↳	CP6

图 10-107

2. 工序二：叶片精加工

Step 01 选择【菜单】|【插入】|【程序】命令，创建程序的类型为【mill_multi_blade】，名称默认为【PROGRAM_1】，单击两次【确定】按钮，完成程序创建。

Step 02 选择【菜单】|【插入】|【工序】命令，创建工序的类型为【mill_multi_blade】，工序子类型选择【Impeller Blade Finish】，相关参数设置如图 10-108 所示，单击【确定】按钮，在弹出的【Impeller Blade Finish】对话框中，单击【主要】命令，刀具选择【JJ6】，要精加工的几何体选择【叶片】，要切削的面为【左面、右面、前缘】，深度模式为【从轮毂偏置】，每刀切削深度为【恒定】，距离为【0.3mm】，范围类型为【指定】，切削数为【200】，未完成的层为【输出和警告】，切削模式为【单向】，切削方向为【顺铣】，起点为【后缘】，其余参数默认系统设置，如图 10-109 所示。

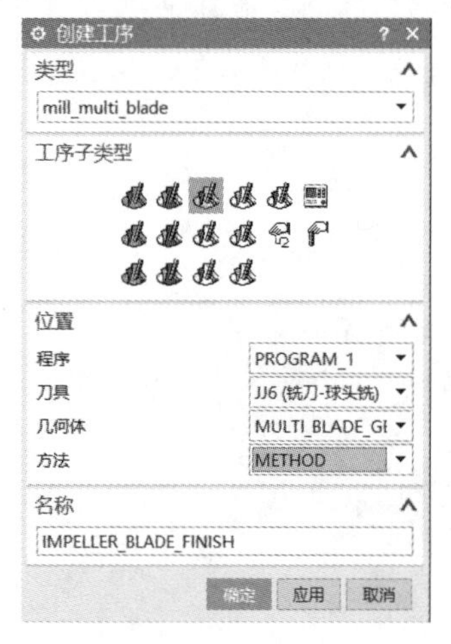

图 10-108

图 10-109

Step 03 在弹出的【Impeller Blade Finish】对话框中，单击【几何体】命令，几何体为【MULTI_BLADE】，旋转轴为【+ZM】，叶片总数为【6】，其余参数默认系统设置。

Step 04 在弹出的【Impeller Blade Finish】对话框中，单击【Axis&Avoidance】命令，其余参数默认系统设置。

Step 05 在弹出的【Impeller Blade Finish】对话框中，单击【进给率和速度】命令，主轴速度为 12000，进给率切削为【4000】，在【更多】区域中，把【移刀】改为【切削，100】，其余参数默认系统设置。

Step 06 在弹出的【Impeller Blade Finish】对话框中，单击【策略】命令，在【后缘】区域中，叶片边为【无卷曲】，延伸为【0.2mm】，其余参数默认系统设置。

Step 07 在弹出的【Impeller Blade Finish】对话框中，单击【非切削移动】命令，选择【替代为光顺连接】复选框，光顺长度为【0.2mm】，光顺高度为【0.2 mm】，最大步距为【2500】和【刀具】，公差为【从切削】，其余参数默认系统设置，如图 10-110 所示。

Step 08 在【Impeller Blade Finish】对话框中，【Method&Tolerance】和【Tool,Prg&Machine】，相关参数默认系统设置，单击【确定】按钮，退出【Impeller Blade Finish】对话框。

Step 09 在导航器空白区域右击，切换到【程序顺序视图】，选中【Impeller Blade Finish】，右击，在弹出的快捷菜单中选择【生成】命令，生成刀具轨迹如图 10-111 所示。

Step 10 【程序顺序视图】，选中【Impeller Blade Finish】右击，在弹出的快捷菜单中选择【复制】命令，然后选择【粘贴】命令，得到程序【Impeller_Blade_Finish_COPY】。双击新得到的程序，在【主要】区域，把要精加工的几何体改为【分流叶片 1】，把深度选项区域中的【切削数】改为【90】，单击【确定】按钮，退出【Impeller Blade Finish】对话框。

图 10-110

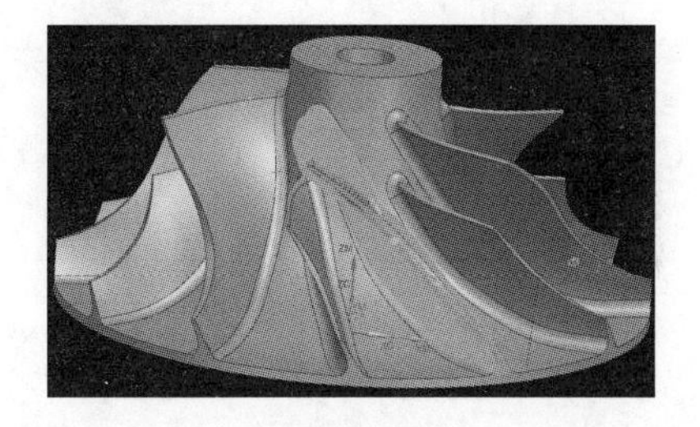

图 10-111

Step 11 在导航器空白区域右击，切换到【程序顺序视图】，选中【Impeller Blade Finish_COPY】右击，在弹出的快捷菜单中选择【生成】命令，生成刀具轨迹如图 10-112 所示。

Step 12 选中【Impeller Blade Finish 和 Impeller Blade Finish_COPY】右击，在弹出的快捷菜单中选择【对象】|【变换】命令，在弹出的【变换】对话框中，类型选择【绕直线旋转】，直线方法为【点和矢量】，指定点为【绝对坐标原点】，指定矢量为【+ZC 轴】，在【角度】文本框中输入【60】，在【结果】区域选择【实例】命令，在【实例数】文本框中输入【5】，其余参数默认，单击【确定】按钮。结果如图 10-113 所示。

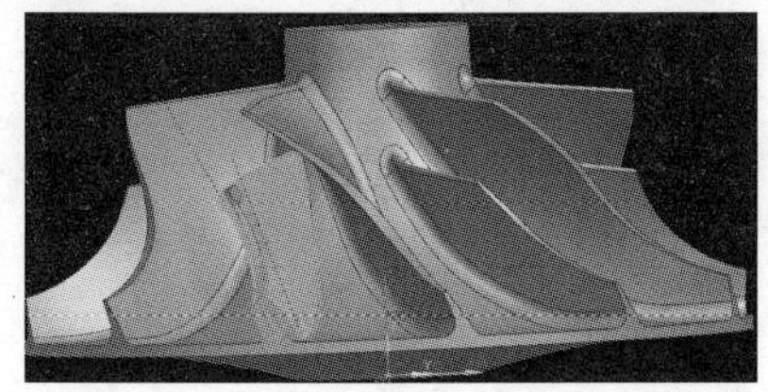

图 10-112

图 10-113

3．工序三：轮毂精加工

Step 01 选择【菜单】|【插入】|【程序】命令，创建程序的类型为【mill_multi_blade】，名称默认为【PROGRAM_2】，单击两次【确定】按钮，完成程序创建。

Step 02 选择【菜单】|【插入】|【工序】命令，创建工序的类型为【mill_multi_blade】，工序子类型选择【Impeller Hub Finish】，相关参数设置如图 10-114 所示，单击【确定】按钮，在弹出的【IMPELLER_HUB_FINISH】对话框中，单击【主要】命令，刀具选择【JJ6】，切削模式为【往复上升】，切削方向为【混合】，步距为【恒定】，最大距离为【0.3mm】，单击【指定位置】按钮，选中系统自动弹出任意指定方向，其余参数选择系统默认设置。

Step 03 在弹出的【IMPELLER_HUB_FINISH】对话框中，单击【几何体】命令，其相关参数默认系统设置。

Step 04 在弹出的【IMPELLER_HUB_FINISH】对话框中，单击【进给率和速度】命令，主轴速度为【12000】，进给率切削为【4000】，在【更多】区域中，把【移刀】改为【切削，100】，其余参数默认系统设置，如图 10-115 所示。

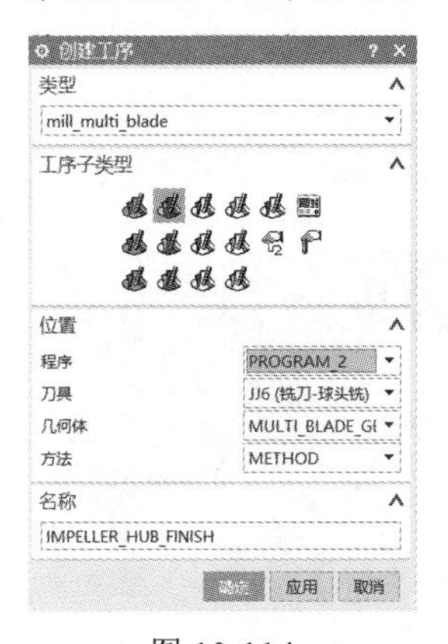

图 10-114

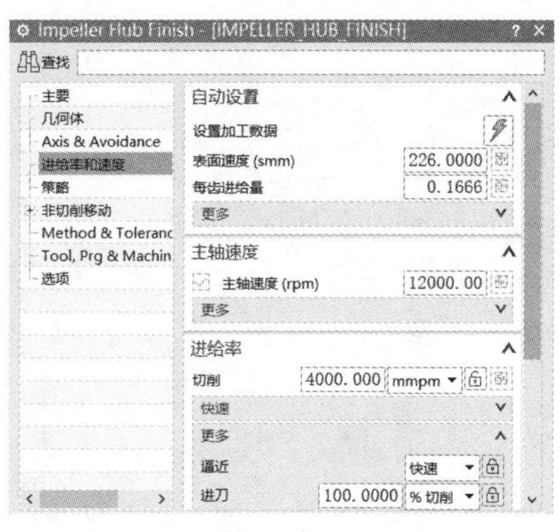

图 10-115

Step 05 在弹出的【IMPELLER_HUB_FINISH】对话框中，单击【策略】命令，前缘区域，叶片边为【沿叶片方向】，切向延伸为【3mm】，径向延伸为【1mm】，后缘边定义为【指定】，切向延伸为【2mm】，径向延伸为【0mm】，刀轨光顺百分比为【25】，其余参数默认系统设置。

Step 06 在弹出的【IMPELLER_HUB_FINISH】对话框中，【非切削参数】、【Method&Tolerance】和【Tool,Prg&Machine】，相关参数默认系统设置，单击【确定】按钮，退出【IMPELLER_HUB_FINISH】对话框。

Step 07 在导航器空白区域右击，切换到【程序顺序视图】，选中【IMPELLER_HUB_ FINISH】右击，在弹出的快捷菜单中选择【生成】命令，生成刀具轨迹如图 10-116 所示。

Step 08 选中【IMPELLER_HUB_FINISH】右击，在弹出的快捷菜单中选择【对象】|【变换】命令，在弹出的【变换】对话框中，类型选择【绕直线旋转】命令，直线方法为【点和矢量】，指定点为【绝对坐标原点】，指定矢量为【+ZC 轴】，在【角度】文本框中输入【60】，在【结果】区域选择【实例】命令，在【实例数】文本框中输入【5】，其余参数默认，单击【确定】按钮。结果如图 10-117 所示。

图 10-116

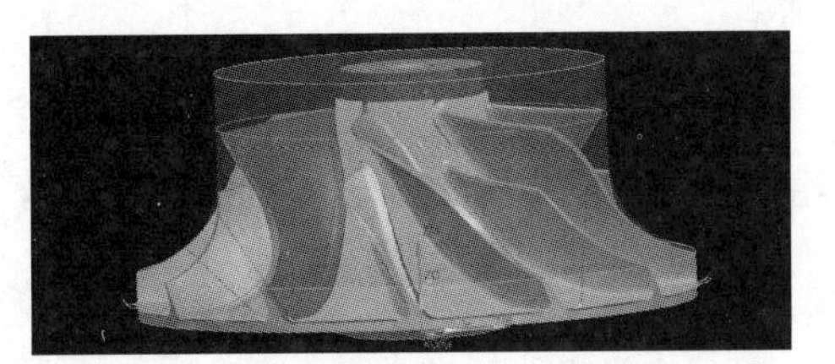

图 10-117

Step 09 选中【Impeller Rough】右击，在弹出的快捷菜单中选择【插入】|【工序】命令，工序创建类型为【mill_contour】，工序子类型为【深度轮廓铣】，相关参数设置如图 10-118 所示。单击【确定】按钮，在弹出的【深度轮廓铣-陡峭】对话框中，单击【主要】命令，刀具选择【JJ6】，陡峭空间范围选择【无】，合并距离为【3.0mm】，最小切削长度为【1.0mm】，公共每刀切削深度为【恒定】，最大距离为【0.2mm】。

Step 10 在弹出的【深度轮廓铣-陡峭】对话框中，单击【几何体】，几何体选择【WORKPIECE】，单击【指定修剪边界】命令，在弹出的【修剪边界】对话框中，边界的方法为【曲线】，修剪侧为【内侧】，平面为自动，曲线选择【轮毂上端面效圆】，单击【确定】按钮，返回【深度轮廓铣-陡峭】对话框。

Step 11 在弹出的【深度轮廓铣-陡峭】对话框中，单击【进给率和速度】，切削速度为【12000】，进给速度为【4000】，在【更多】区域中，把移刀改为【切削，100】，其余参数默认系统设置。

Step 12 在弹出的【深度轮廓铣-陡峭】对话框中，单击【切削层】，在【ZC】文本框中输入 80，在【范围定义】区域中，在【范围深度】文本框中输入 10，其余参数默认系统设置，如图 10-119 所示。

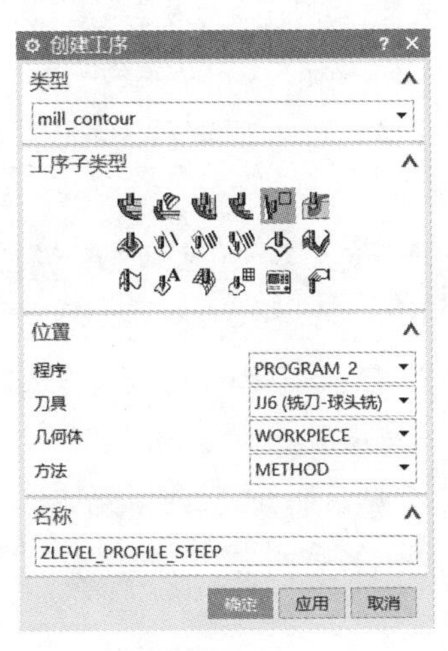

图 10-118

图 10-119

Step 13 在弹出的【深度轮廓铣-陡峭】对话框中，单击【策略】，切削方向为【顺铣】，切削顺序为【始终深度优先】，在层之间区域，层刀层的模式为【沿部件斜进刀】，斜波角为【3】，其余参数默认系统设置。

Step 14 在弹出的【深度轮廓铣-陡峭】对话框中，单击【非切削移动下进刀】，封闭区域进刀类型为【与开放区相同】，开放区进刀类型为【圆弧】，半径为【1mm】，高度为【1mm】，最小安全距离为【修剪和延伸】，最小安全距离为【1mm】，其余参数默认系统设置。退刀、避让和起点/钻点默认系统设置。单击【转移/快速】命令，在区域内，把转移类型改为【直接】，单击【确定】按钮，退出【深度轮廓铣】对话框。

Step 15 在导航器空白区域右击，切换到【程序顺序视图】，选中【ZLEVEL_PROFILE】右击，在弹出的快捷菜单中选择【生成】命令，生成刀具轨迹如图 10-120 所示。

Step 16 选中【ZLEVEL_PROFILE】，将其拖动到轮毂精加工程序之前，结果如图 10-121 所示。

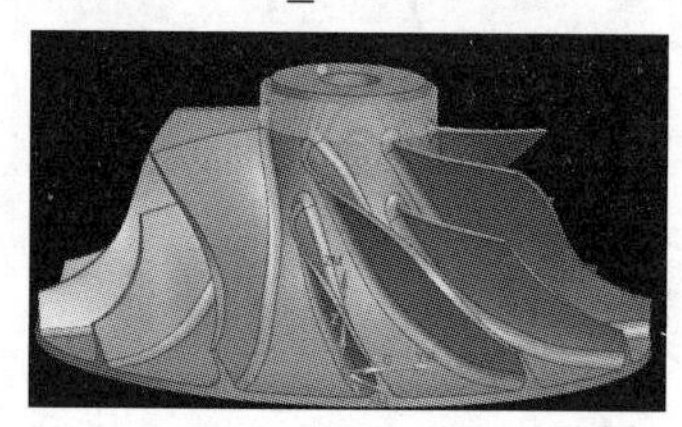

图 10-120

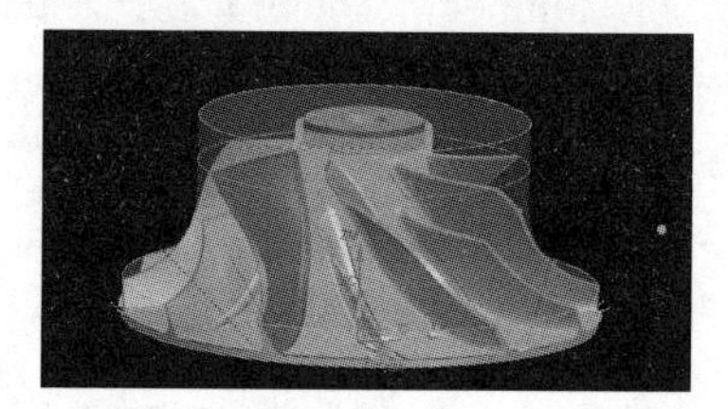

图 10-121

4. 工序四：圆角精加工

Step 01 选择【菜单】|【插入】|【程序】命令，创建程序的类型为【mill_multi_blade】，名称默认为【PROGRAM_3】，单击两次【确定】按钮，完成程序创建。

Step 02 选择【菜单】|【插入】|【工序】命令，创建工序的类型为【mill_multi_blade】，工序子类型选择【Impeller Blend Finish】，相关参数设置如图 10-122 所示，单击【确定】按钮，在弹出的【IMPELLER_Blend_Finish】对话框中，单击【主要】命令，刀具选择【JJ6】，要精加工的几何体为【叶根圆角】，要切削的面为【左面、右面、前缘】，驱动模式为【较低的圆角边】，切削带为【偏置】，在刀毂上的距离为【1mm】，在叶片上的距离为【1mm】，顺序为【先陡】，切削模式为【单向】，切削方向为【顺铣】，步距为【恒定】，最大距离为【0.3mm】，起点为【后缘】，其余参数默认系统设置。

Step 03 在弹出的【IMPELLER_Blend_Finish】对话框中，单击【几何体】和【Axi&Avoidance】命令，相关参数默认系统设置。

Step 04 在弹出的【IMPELLER_Blend_Finish】对话框中，单击【进给率和速度】命令，主轴速度为【12000】，进给率切削为【4000】，在【更多】区域中，把移刀改为【切削，100】，其余参数默认系统设置。

Step 05 在弹出的【IMPELLER_Blend_Finish】对话框中，单击【策略】命令，在【后缘】区域中，叶片边选择【无卷曲】，延伸为【0.5mm】，其余参数默认系统设置，如图 10-123 所示。

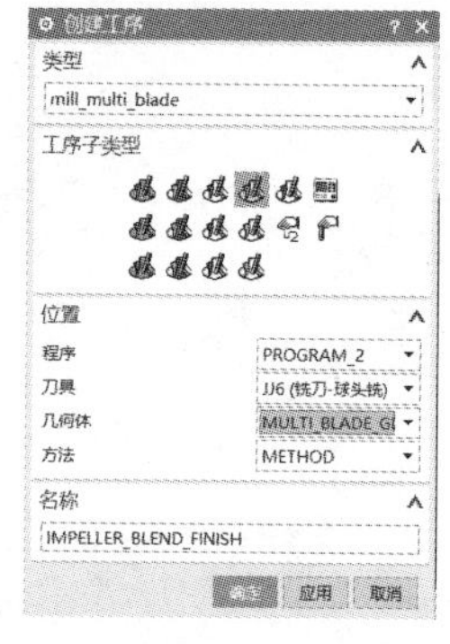

图 10-122

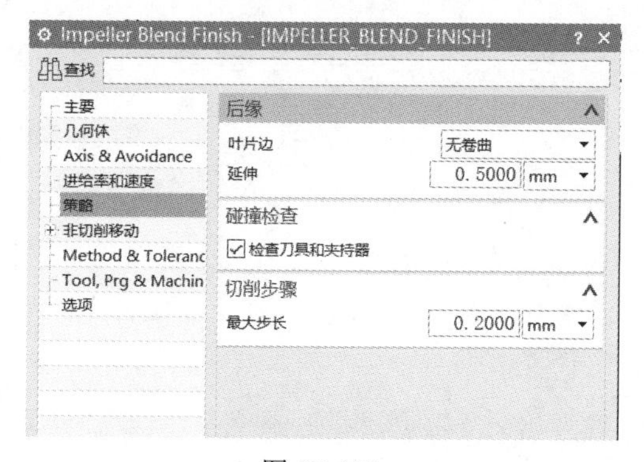

图 10-123

Step 06　在弹出的【IMPELLER_Blend_Finish】对话框中，单击【非切削移动】命令，选择【替代为光顺连接】复选框，光顺长度为【0.5mm】，光顺高度为【0mm】，最大步距为【50，刀具】，公差为【从切削】，切削参数默认系统设置。单击【确定】按钮，退出【IMPELLER_Blend_Finish】对话框。

Step 07　在导航器空白区域右击，切换到【程序顺序视图】，选中【IMPELLER_ Blend_Finish】右击，在弹出的快捷菜单中选择【生成】命令，生成刀具轨迹如图 10-124 所示。

Step 08　在【程序顺序视图】下，选中【IMPELLER_Blend_Finish】右击，在弹出的快捷菜单中选择【复制】命令，然后选择【粘贴】命令，得到程序【IMPELLER_Blend_Finish_COPY】，双击新生成的程序，在弹出的对话框中，单击【主要】命令，把【要精加工的几何体】改为【分流叶片 1 倒圆】，其余参默认，单击【确定】按钮，退出【IMPELLER_Blend_Finish_COPY】对话框，

Step 09　在导航器空白区域右击，切换到【程序顺序视图】，选中【IMPELLER_Blend_Finish_COPY】右击，在弹出的快捷菜单中选择【生成】命令，生成刀具轨迹如图 10-125 所示。

图 10-124

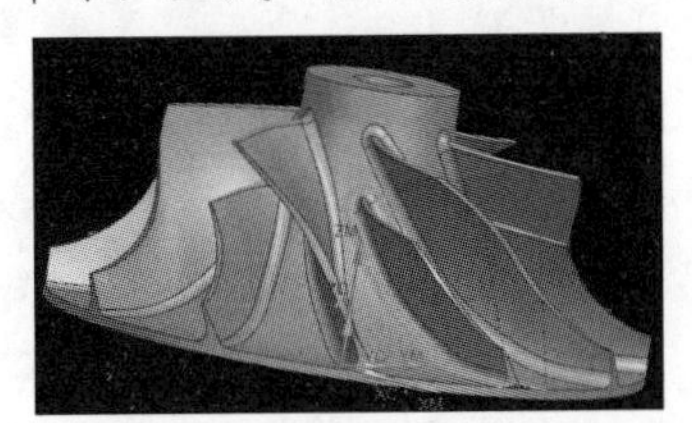

图 10-125

Step 10　选中【IMPELLER_Blend_Finish 和 IMPELLER_Blend_Finish_COPY】右击，在弹出的快捷菜单中选择【对象】|【变换】命令，在弹出的【变换】对话框中，类型选择【绕直线旋转】，直线方法选择【点和矢量】，指定点为【绝对坐标原点】，指定矢量为【+ZC 轴】，在【角度】文本框中输入【60】，在【结果】区域选择【实例】命令，在【实例数】文本框中输入【5】，其余参数默认，单击【确定】按钮，结果如图 10-126 所示。

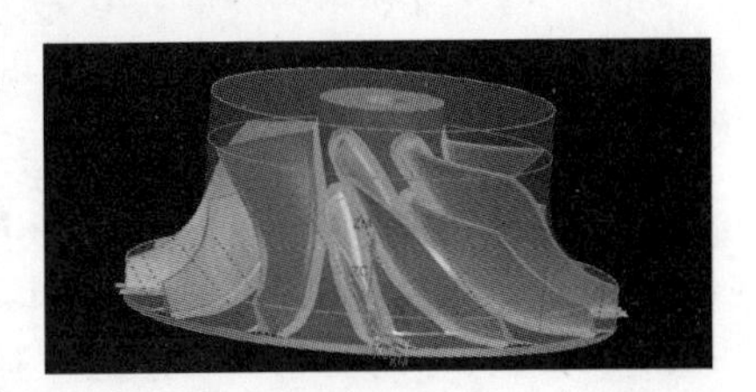

图 10-126

10.7　综合实例 2：典型三轴零件加工

1. 工序一：型腔铣

Step 01　启动 UG NX 1904 软件，打开配套资源中的文件 pad_mold.prt，单击【OK】按钮，系统打开模型并进入建模环境。在【应用模块】功能选项卡的【加工】区域中单击【加工按钮】，弹出【加工环境】对话框，CAM 会话配置选择【cam_general】，要创建的 CAM 组装选择【mill_contour】，单击【确定】按钮，进入加工环境。

Step 02　在工序导航器空白部分右击，选择几何视图，双击 MCS_MAIN 命令，在弹出的【MCS】对话框中单击【指定机床坐标系】的【绝对坐标系】，【安全设置选项】选择【自动平面】，安全距离为【20】，刀具为【MCS+Z】，单击【确定】按钮。双击 MCS_MAIN 命令下的 WORKPIECE，弹出【工件】对话框，单击【指定部件】按钮，部件几何体选择【图中实体模型】，单击【确定】按钮。单击【指定毛坯】

按钮，在【毛坯几何体】类型中选择【包容块】，在限制区域，在【XM-】文本框中输入5.0，在【XM+文本框】中输入5.0，在【YM-】文本框中输入5.0，在【YM+】文本框中输入【5.0】，在【ZM+】文本框中输入【5.0】，其余参数默认系统设置，单击【确定】按钮，完成坐标系和几何体的设置。

Step 03 选择【菜单】|【插入】|【刀具】命令，创建类型为【mill_contour】，刀具名称为CP10，刀具子类型选择【MILL】，单击【应用】按钮，弹出【铣刀】对话框，在【直径】文本框中输入【10】，在编号区域中，【刀具号】、【补偿寄存器】和【刀具补偿寄存器】编号都为1，其余参数默认系统设置，单击【确定】按钮。类型改为【drill】，刀具名称为DR6，刀具子类型选择【DRILLING_TOOL】，单击【应用】按钮，弹出【钻刀】对话框，在【直径】文本框中输入【6】，在编号区域中，【刀具号】、【补偿寄存器】和【刀具补偿寄存器】编号都为2，其余参数默认系统设置，单击【确定】按钮。类型为【mill_contour】，刀具名称为CP6，刀具子类型选择【MILL】，单击【应用】按钮，弹出【铣刀】对话框，在【直径】文本框中输入【6】，在编号区域中，【刀具号】、【补偿寄存器】和【刀具补偿寄存器】编号都为3，其余参数默认系统设置，单击【确定】按钮。类型为【mill_contour】，刀具名称为JJ4，刀具子类型选择【BALL_MILL】，单击【应用】按钮，弹出【球头刀】对话框，在【直径】文本框中输入【4】，在编号区域中，【刀具号】、【补偿寄存器】和【刀具补偿寄存器】编号都为4，其余参数默认系统设置，单击【确定】按钮。类型为【mill_contour】，刀具名称为JJ6，刀具子类型选择【BALL_MILL】，单击【应用】按钮，弹出【球头刀】对话框，在直径文本框中输入【6】，在编号区域中，【刀具号】、【补偿寄存器】和【刀具补偿寄存器】编号都为5，其余参数默认系统设置，单击【确定】按钮。类型为【mill_contour】，刀具名称为CP4，刀具子类型选择【MILL】，单击【应用】按钮，弹出【铣刀】对话框，在【直径】文本框中输入【6】，在编号区域中，【刀具号】、【补偿寄存器】和【刀具补偿寄存器】编号都为6，其余参数默认系统设置，单击【确定】按钮。类型为【mill_contour】，刀具名称为JJ2，刀具子类型选择【BALL_MILL】，单击【应用】按钮，弹出【球头刀】对话框，在【直径】文本框中输入【2】，在编号区域中，【刀具号】、【补偿寄存器】和【刀具补偿寄存器】编号都为7，其余参数默认，单击【确定】按钮。类型为【mill_contour】，刀具名称为JJ1，刀具子类型选择【MILL】，单击【应用】按钮，弹出【铣刀】对话框，在【直径】文本框中输入1，在编号区域中，刀具号、补偿寄存器和刀具补偿寄存器编号都为8，其余参数默认系统设置，单击【确定】按钮。

Step 04 选择【菜单】|【插入】|【工序】命令，创建工序的类型为【mill_contour】，工序子类型选择【型腔铣】，相关参数设置如图10-127所示。单击【确定】按钮，弹出【型腔铣】对话框，单击【主要】命令，刀具为【CP10】，切削模式选择【跟随部件】，步距为【刀具平直】，平面直径百分比为【70】，公共每刀切削深度为【恒定】，最大距离为【1.0mm】，在切削区域，切削方向为【顺铣】，切削顺序为【深度优先】，其余参数默认系统设置，如图10-128所示。

Step 05 在【型腔铣】对话框中，单击【几何体】命令，几何体为【WORKPIECE】，部件余量为【1】，其余参数默认系统设置。

Step 06 在【型腔铣】对话框中，单击【进给率和速度】命令，主轴速度为【1000】，进给率切削为【200】，在【更多】区域中，把移动模式改为【切削，100】，切削参数默认系统设置。

Step 07 在【型腔铣】对话框中，单击【策略】命令，在开放刀路区域，开放刀路改为【变换切削方向】，其余参数默认。

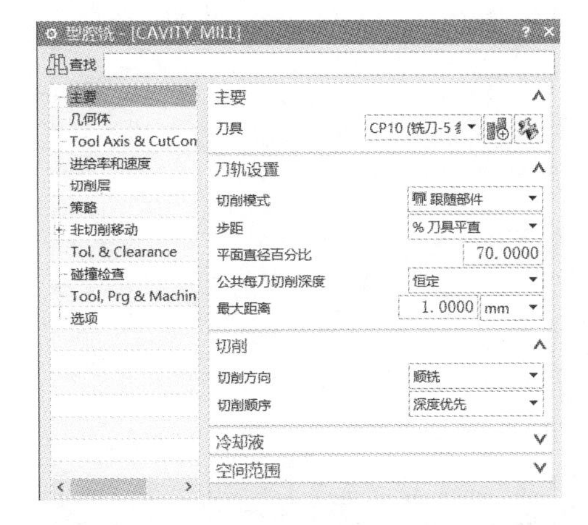

图 10-127　　　　　　　　　　图 10-128

Step 08 在【型腔铣】对话框中，单击【非切削移动】下的【进刀】命令，在【封闭区域】中【进刀类型】选择【沿形状斜进刀】，斜坡角为【3】，高度为【3.0mm】，高度起点为【前一层】，最大宽度为【无】，最小斜坡长度为【70，刀具】，如果进刀不适合选择【插铣】。在开放区域中，进刀类型选择【线性】，其余参数默认系统设置，如图 10-129 所示。退刀类型为与进刀相同。避让参数默认系统设置。在【转移/快速】下把区域内的转移类型改为【直接】，【起点/钻点】默认系统设置。单击【确定】按钮，退出【型腔铣】对话框。

Step 09 在导航器空白区域右击，切换到【程序顺序视图】，选中【CAVITY_MILL】右击，在弹出的快捷菜单中选择【生成】命令，生成刀具轨迹如图 10-130 所示。

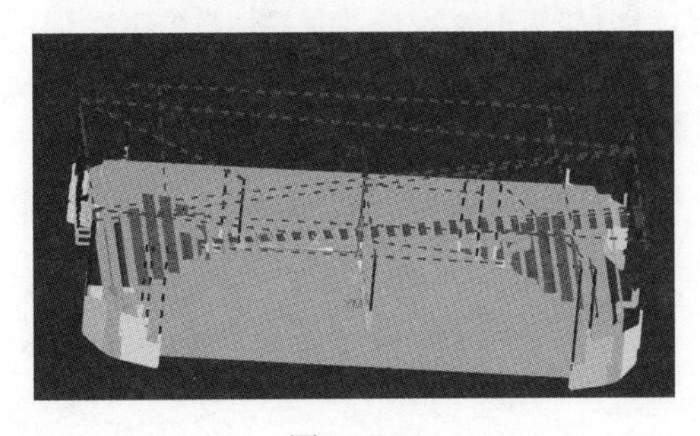

图 10-129　　　　　　　　　　图 10-130

2. 工序二：模型钻孔

Step 01 在程序顺序-工序导航器中，选中【CAVITY_MILL】右击，在弹出的快捷菜单中选择【插入】|【工序】命令，弹出【创建工序】对话框，类型选择【drill】，工序子类型为【钻孔】，相关参数设置如图 10-131 所示。

Step 02 在【钻孔】对话框中，单击【指点孔】按钮，在弹出的【点到点几何体】对话框中，

单击【选择】|【一般点】命令，选取【模型中间孔的圆弧边】，单击【确定】按钮，返回【钻孔】对话框。

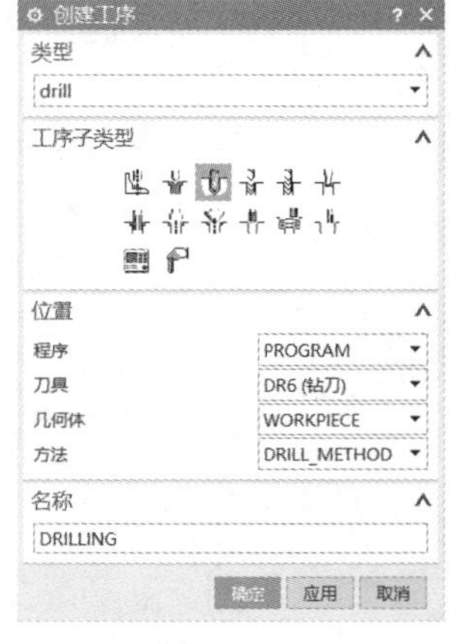

图 10-131

Step 03 在【钻孔】对话框中，刀具选择【DR6】，刀轴为【+ZM】，在【循环类型】区域中，循环选择【标准钻，深孔】，在弹出的【指定参数组】对话框中，单击【确定】按钮，在弹出的【Cycle 深度】对话框中单击【刀尖深度】，再在【Cycle 参数】对话框中选择【Depth (tip)】，在弹出的【深度】对话框的文本框中输入 15，单击【确定】按钮，返回【Cycle 参数】对话框中选择【Step 值】，在【Step#1】文本框中输入 2，单击【确定】按钮，返回【钻孔】对话框。在【最小安全距离】文本框中输入 3。

Step 04 在【钻孔】对话框的【深度偏置】区域中，通孔安全距离为【2】，盲孔去量为【0】，单击【进给率和速度】，主轴速度为【1000】，进给率切削为【200】，单击【确定】按钮，退出【进给率和速度】对话框，单击【确定】按钮，退出【钻孔】对话框。

Step 05 在导航器空白区域右击鼠标右键，切换到【程序顺序视图】，选中【DRILLING】右击，在弹出的快捷菜单中选择【生成】命令，生成刀具轨迹如图 10-132 所示。

3. 工序三：孔壁侧铣

Step 01 在程序顺序-工序导航器中，选中【DRILLING】右击，在弹出的快捷菜单中选择【插入】|【工序】命令，弹出【创建工序】对话框，类型选择【mill_contour】，工序子类型为【剩余铣】，相关参数设置如图 10-133 所示。

图 10-132

Step 02 在【剩余铣】对话框中，刀具选择【CP6】，切削模式为【跟随部件】，公共每刀切削深度为【恒定】，最大距离为【1.0mm】，切削方向为【顺铣】，切削顺序为【层优先】，其余参数默认系统设置，如图 10-134 所示。

图 10-133

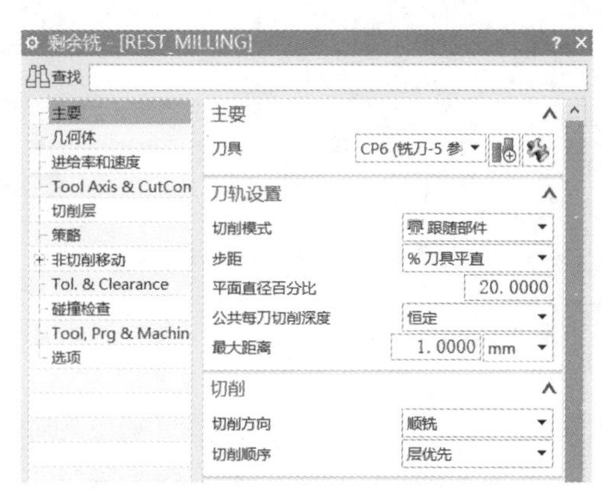

图 10-134

Step 03　在【剩余铣】对话框中，单击【几何体】命令，部件余量为【0.25】，在【Optional Geometry】区域中，单击【指定切削区域】命令，在弹出的【切削区域】对话框中，选择方法为【面】，选择对象为【实体模型中间孔壁】，单击【确定】按钮。

Step 04　在【剩余铣】对话框中，单击【进给率和速度】命令，主轴速度为【1000】，进给率切削为【200】，在【更多】区域中，把移刀改为【切削，100】，其余参数默认系统设置。

Step 05　在【剩余铣】对话框中，单击【切削层】，在【ZC】文本框中输入【5】，其余参数默认系统设置。

Step 06　在【剩余铣】对话框中，单击【非切削移动】下的【进刀】命令，在【封闭区域】中，进刀类型为【插铣】，高度为【3】，开放区进刀类型为【线性】，高度为【3】，最小安全距离为【50，刀具】，其余参数默认系统设置。单击【确定】按钮，退出【剩余铣】对话框。

Step 07　在导航器空白区域右击，切换到【程序顺序视图】，选中【DRILLING】右击，在弹出的快捷菜单中选择【生成】命令，生成刀具轨迹如图 10-135 所示。

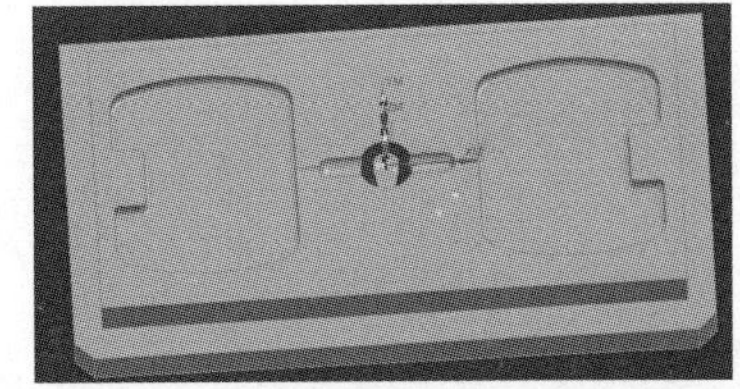

图 10-135

4. 工序四：沟槽侧铣

Step 01　在程序顺序-工序导航器中，选中【REST_MILLING】右击，在弹出的快捷菜单中选择【插入】|【工序】命令，弹出【创建工序】对话框，类型选择【mill_contour】，工序子类型为【剩余铣】，相关参数设置如图 10-136 所示。

Step 02　在【剩余铣】对话框中，单击【主要】命令，刀具选择【JJ4】，切削模式为【跟随部件】，步距为【刀具平直】，平面直径百分比为【20】，公共每刀切削深度为【恒定】，最大距离为【1.0mm】，切削方向为【顺铣】，切削顺序为【层优先】，其余参数默认系统设置。

Step 03　在【剩余铣】对话框中，单击【几何体】命令，部件余量为【0.25】，在【Optional Geometry】区域中，单击【指定切削区域】按钮，在弹出的【切削区域】对话框中，选择方法为【面】，选择对象如图 10-137 所示，单击【确定】按钮。

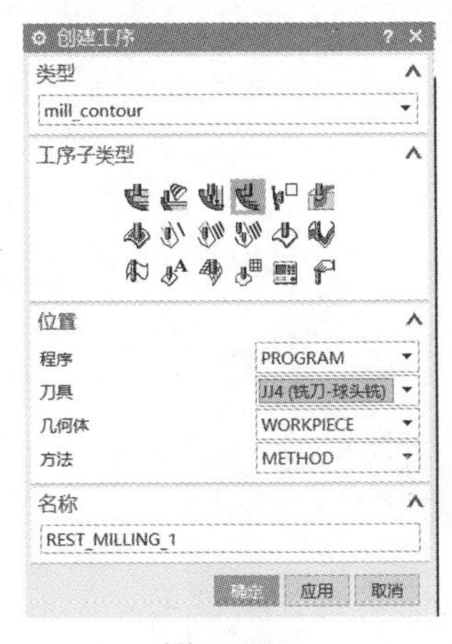

图 10-136

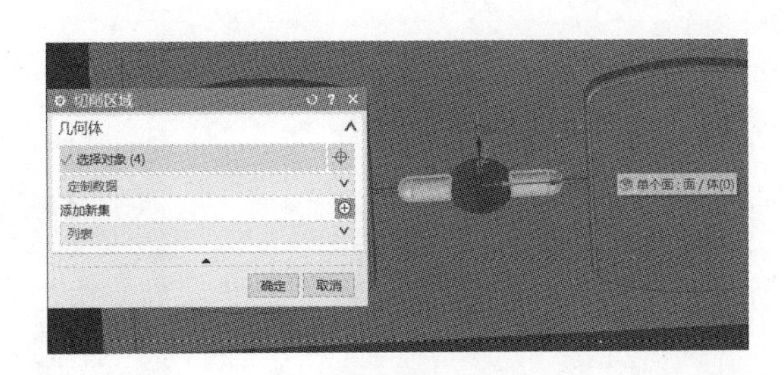

图 10-137

Step 04　在【剩余铣】对话框中，单击【进给率和速度】，主轴速度为【2000】，进给率切削为【300】，在【更多】区域中，把移刀改为【切削，100】，其余参数默认系统设置。

Step 05 在【剩余铣】对话框中，单击【切削层】，在【ZC】文本框中输入【5】，在范围定义中，范围深度为【7.5】，其余参数默认系统设置。

Step 06 在【剩余铣】对话框中，单击【非切削移动】下的【进刀】命令，在【封闭区域】中，进刀类型为【沿形状斜进刀】，斜坡角为【3】，高度为【2】，高度起点为【当前层】，开放区进刀类型与封闭区域相同。单击【非切削移动】下的【转移/快速】命令，在【区域之间】区域中，转移类型为【前一平面】，安全距离为【3mm】，在【区域内】区域中，转移方式为【进刀/退刀】，转移类型为【前一刀面】，安全距离为【3.0mm】，单击【确定】按钮，退出【剩余铣】对话框。

Step 07 在导航器空白区域右击，切换到【程序顺序视图】，选中【REST_MILLING_1】右击，在弹出的快捷菜单中选择【生成】命令，生成刀具轨迹如图 10-138 所示。

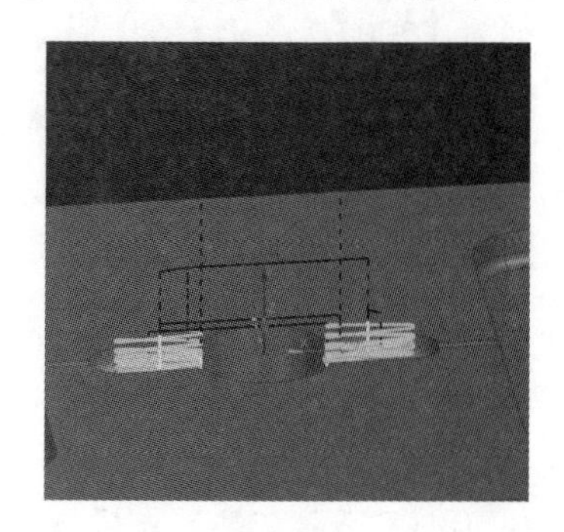

图 10-138

5．工序五：凹槽铣削

Step 01 在程序顺序-工序导航器中，选中【REST_MILLING_1】右击，在弹出的快捷菜单中选择【插入】|【工序】命令，弹出【创建工序】对话框，类型选择【mill_contour】，工序子类型为【剩余铣】，相关参数设置如图 10-139 所示。

Step 02 在【剩余铣】对话框中，单击【主要】命令，刀具选择【JJ6】，切削模式为【跟随周边】，步距为【刀具平直】，平面直径百分比为【20】，公共每刀切削深度为【恒定】，最大距离为【0.5mm】，切削方向为顺铣，切削顺序为【深度优先】，刀路方向为【向外】，选择【岛清根】命令，壁清理方式为【自动】，在空间范围区域，过程工件为【使用基于层的】，最小除料量为【2.0】，其余参数默认系统设置。

Step 03 在【剩余铣】对话框中，单击【几何体】命令，部件余量为【0.25】，在【Optional Geometry】区域，单击【指定切削区域】命令，在弹出的【切削区域】对话框中，选择方法为【面】，选择对象如图 10-140 所示，单击【确定】按钮。

图 10-139

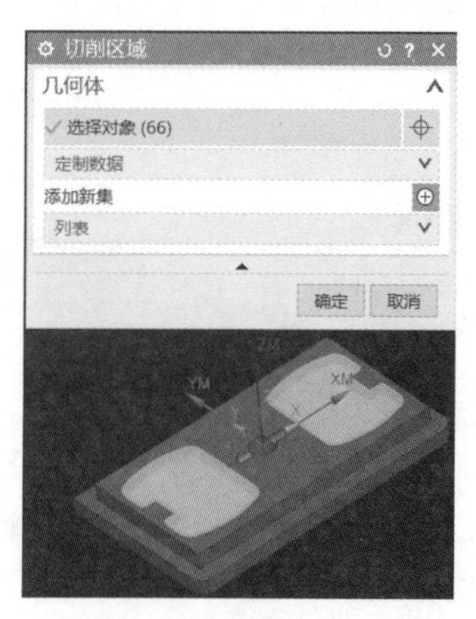

图 10-140

Step 04　在【剩余铣】对话框中，单击【进给率和速度】命令，主轴转速为【2000】，进给率切削为【300】，在【更多】区域中，把移刀改为【切削，100】，其余参数默认系统设置。

Step 05　在【剩余铣】对话框中，单击【切削层】命令，在【ZC】文本框中输入【5】，在范围定义中，范围深度为【8.018】，其余参数默认系统设置。

Step 06　在【剩余铣】对话框中，单击【非切削移动】下的【进刀】，在封闭区域进刀类型为【沿形状斜进刀】，斜坡角为【3】，高度为【1】，高度起点为【前一层】，开放区进刀类型为【线性】。其余参数默认系统设置。单击【非切削移动下转移/快速】，在区域之间区域，转移类型为【前一平面】，安全距离为【3mm】，在区域内区域，转移方式为【进刀/退刀】，转移类型为【前一刀面】，安全距离为【3.0mm】，单击【确定】按钮，退出【剩余铣】对话框。

Step 07　在导航器空白区域右击，切换到【程序顺序视图】，选中【REST_MILLING_2】右击，在弹出的快捷菜单中选择【生成】命令，生成刀具轨迹如图 10-141 所示。

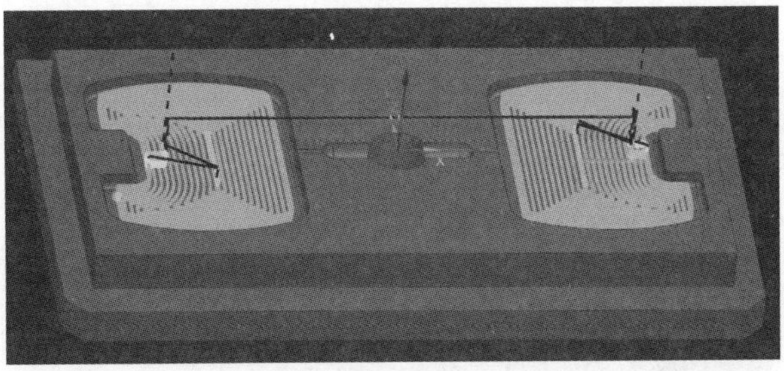

图 10-141

6．工序六：平面铣

Step 01　在程序顺序-工序导航器中，选中【REST_MILLING_2】右击，在弹出的快捷菜单中选择【插入】|【工序】命令，弹出【创建工序】对话框，类型选择【mill_planar】，工序子类型为【底壁铣】，相关参数设置如图 10-142 所示。

Step 02　在【底壁铣】对话框中，单击【主要】命令，刀具选择【CP10】，单击【指定切削区底面】，在弹出的【切削区域】对话框中选择如图 10-143 所示的面，单击【确定】按钮，返回【底壁铣】对话框，选择【自动壁】复选框，将底面延伸至选择【无】，切削模式为【跟随部件】，余量区域文本框都为【0】，在毛坯区域，毛坯为【厚度】，底面毛坯厚度为【1.0】，壁毛坯厚度为【0】，在【刀轨设置】区域中，步距为【刀具平直】，平面直径百分比为【75】，每刀切削深度为【0】。

图 10-142

图 10-143

Step 03　在【底壁铣】对话框中，单击【进给率和速度】命令，主轴速度为【2000】，进给率切削为【300】，在【更多】区域中，把移动模式改为【切削，100】，其余参数默认系统设置。

Step 04 在【底壁铣】对话框中，单击【切削区域】命令，合并距离为【200，刀具】，简化形状为【轮廓】，切削区域空间范围为【壁】，刀具延伸量为【50，刀具】，其余参数默认系统设置。

Step 05 在【底壁铣】对话框中，单击【策略】命令，切削方向为【顺铣】，凸角为【绕对象滚动】，其余参数默认系统设置。

Step 06 在【底壁铣】对话框中，单击【连接】命令，开放刀路为【保持切削方向】，运动类型为【跟随】。

Step 07 在【剩余铣】对话框中，单击【非切削移动】下的【进刀】命令，在【开放】区域中进刀类型为【线性】，长度、高度和最小安全距离都为【3】，在【封闭】区域中，进刀类型为【沿形状斜进刀】，斜坡角为【15】，高度为【3.0mm】，高度起点为【前一层】，最小斜坡长度为【70，刀具】，其余参数默认系统设置。单击【确定】按钮，退出【剩余铣】对话框。

Step 08 在导航器空白区域右击，切换到【程序顺序视图】，选中【FLOOR_WALL】右击，在弹出的快捷菜单中选择【生成】命令，生成刀具轨迹如图 10-144 所示。

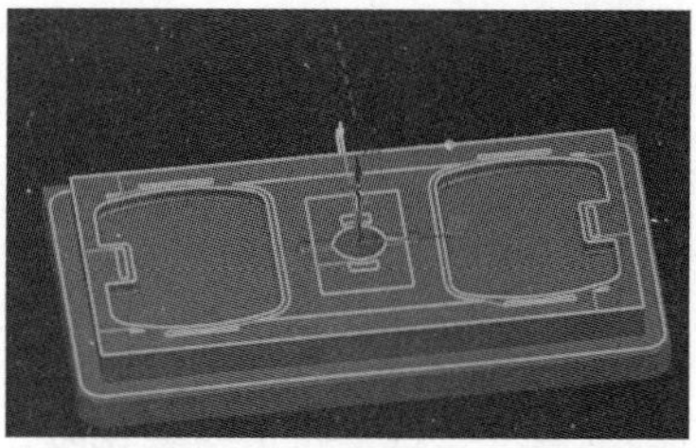

图 10-144

7. 工序七：轮廓铣

Step 01 在程序顺序-工序导航器中，选中【FLOOR_WALL】右击，在弹出的快捷菜单中选择【插入】|【工序】命令，弹出【创建工序】对话框，类型选择【mill_planar】，工序子类型为【平面铣】，相关参数设置如图 10-145 所示。

Step 02 在【平面铣】对话框中，单击【主要】命令，单击【指定部件边界】按钮，边界如图 10-146 所示。切削方式为【轮廓】，单击【指定底面】按钮，在弹出的【平面】对话框中，选择底面，距离为【1】(方向向下)，切削深度为【恒定】。

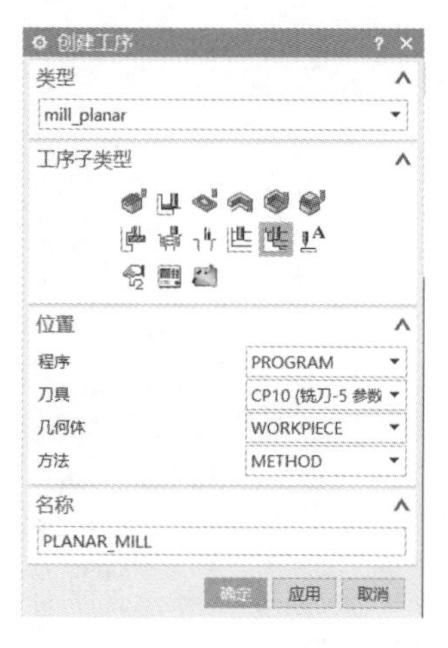

图 10-145

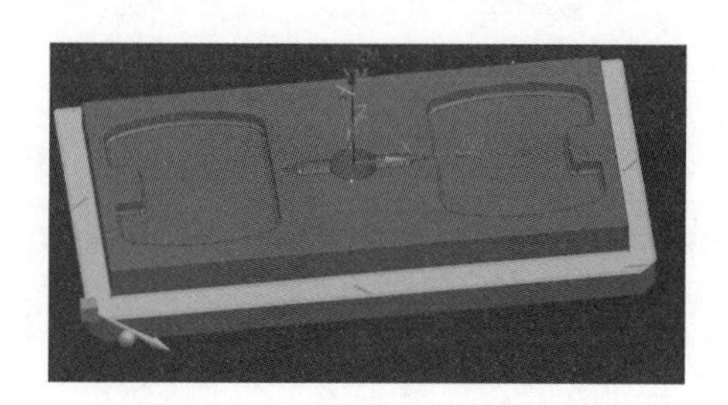

图 10-146

Step 03 在【平面铣】对话框中，单击【进给率和速度】命令，主轴速度为【2000】，进给率切削为【300】，在【更多】区域中，把移刀改为【切削，100】，其余参数默认系统设置。

Step 04　在【平面铣】对话框中，单击【策略】命令，切削方向为【顺铣】，重叠距离为【0.4】，附加刀路为【2】，切削顺序为【层优先】，凸角为【绕对象滚动】，其余参数默认系统设置。

Step 05　在【平面铣】对话框中，单击【非切削移动】下的【进刀】命令，在【开放】区域中进刀类型为【线性】，长度为【50，刀具】、高度为【3】，最小安全距离都为【50，刀具】，在【封闭】区域中，进刀类型为【螺旋】，直径为【90，刀具】，斜坡角为【15】，高度为【3.0】，高度起点为【前一层】，最小斜坡长度为【10，刀具】，其余参数默认系统设置。单击【确定】按钮，退出【平面铣】对话框。

Step 06　在导航器空白区域右击，切换到【程序顺序视图】，选中【PLANAR_MILL】右击，在弹出的快捷菜单中选择【生成】命令，生成刀具轨迹如图 10-147 所示。

8．工序八：区域轮廓铣

Step 01　在程序顺序-工序导航器中，选中【PLANAR_ MILL】右击，在弹出的快捷菜单中选择【插入】|【工序】命令，弹出【创建工序】对话框，类型选择【mill_contour】，工序子类型为【区域轮廓铣】，相关参数设置如图 10-148 所示。

Step 02　在【Area Mill】对话框中，单击【主要】命令，刀具为【CP4】，在【空间范围】区域中，方法选择【非陡峭】，陡峭壁角度为【90】，重叠区域为【无】；在【非陡峭切削】区域中，非陡峭切削模式为【跟随周边】，刀路方向【向外】，切削方向为【顺铣】，步距为【刀具平直】，平面直径百分比为【40】。

Step 03　在【Area Mill】对话框中，单击【几何体】命令，单击【指定切削区域】按钮，具体选择如图 10-149 所示，其余参数默认系统设置。

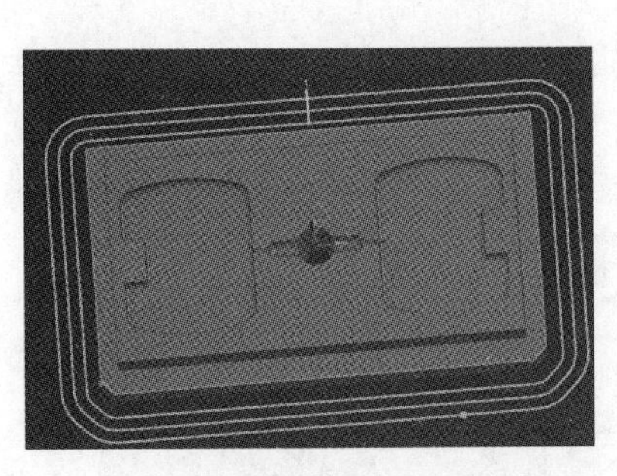

图 10-147

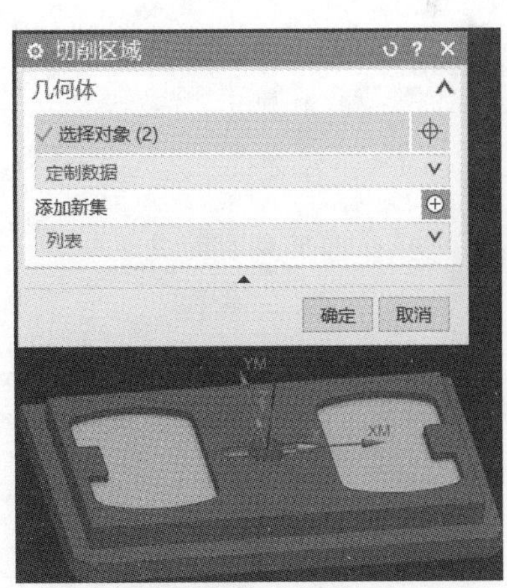

图 10-148

Step 04　在【Area Mill】对话框中，单击【进给率和速度】命令，主轴速度为【3000】，进给率切削为【250】，在【更多】区域中，把移动模式改为【切削，100】，其余参数默认系统设置。单击【确定】按钮，退出【Area Mill】对话框。

Step 05　在导航器空白区域右击，切换到【程序顺序视图】，选中【Area Mill】，右击，在弹出的快捷菜单中选择【生成】命令，生成刀具轨迹如图 10-150 所示。

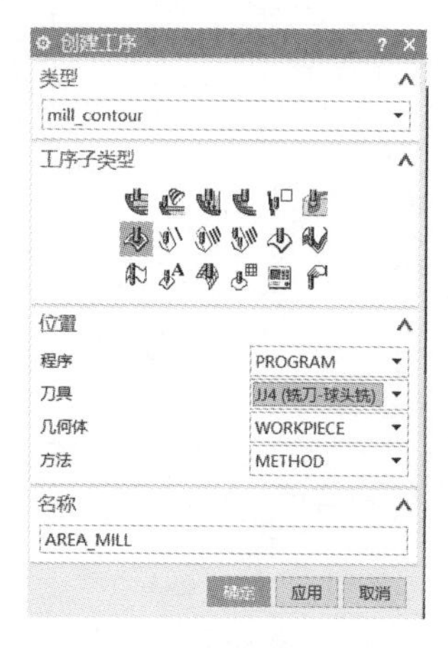

图 10-149

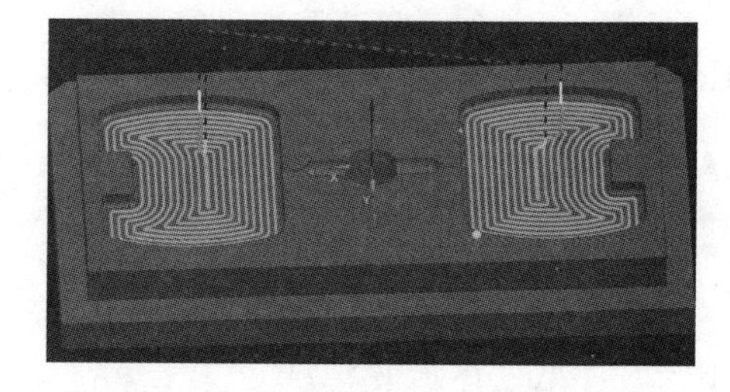

图 10-150

9．工序九：深度轮廓铣

Step 01 在程序顺序-工序导航器中，选中【Area Mill】右击，在弹出的快捷菜单中选择【插入】|【工序】命令，弹出【创建工序】对话框，类型选择【mill_contour】，工序子类型为【深度轮廓铣】，相关参数设置如图 10-151 所示。

Step 02 在【深度轮廓铣】对话框中，单击【主要】命令，刀具为【CP4】，在【刀轨设置】区域中，陡峭空间范围为【无】，合并距离为【3.0】，最小切削长度为【1.0mm】，公共每刀切削深度为【恒定】，最大距离为【0.2mm】。

Step 03 在【深度轮廓铣】对话框中，单击【几何体】命令，单击【指定切削区域】按钮，具体选择如图 10-152 所示，其余参数默认系统设置。

图 10-151

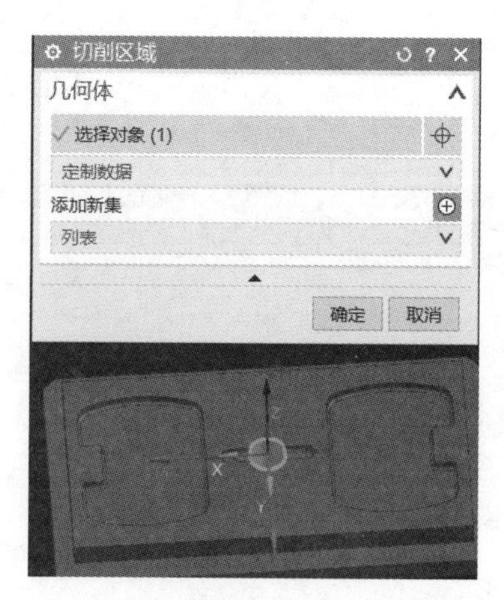

图 10-152

Step 04 在【深度轮廓铣】对话框中，单击【进给率和速度】命令，主轴速度为【3000】，进给率切削为【250】，在【更多】区域中，把移动模式改为【切削，100】。

Step 05 在【深度轮廓铣】对话框中，单击【切削层】，在【ZC】文本框中输入【2.2】，在【范围定义】区域中，范围深度为【19.4】。其他参数默认系统设置。

Step 06 在【深度轮廓铣】对话框中，单击【策略】命令，切削方向为【混合】，切削顺序为【深度优先】，选择【在边上延伸】和【在刀具接触点下继续切削】复选框，层到层为【直接对部件进刀】，其余参数默认系统设置。单击【确定】按钮，退出【深度轮廓铣】对话框。

Step 07 在导航器空白区域右击，切换到【程序顺序视图】，选中【ZLEVE_PROFILE_STEEP】右击，在弹出的快捷菜单中选择【生成】命令，生成刀具轨迹如图 10-153 所示。

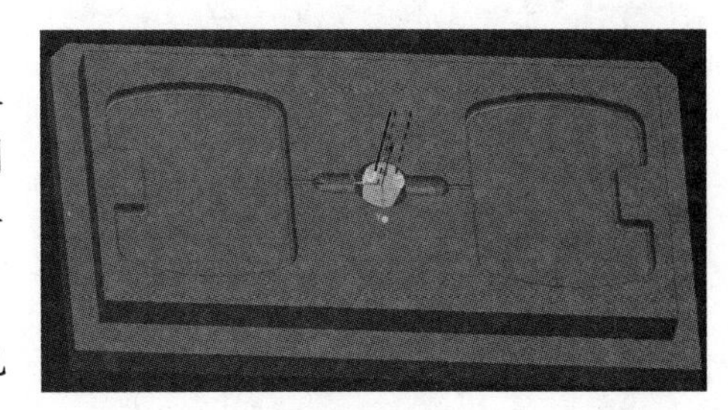

图 10-153

10．工序十：深度轮廓笔

Step 01 在程序顺序-工序导航器中，选中【ZLEVE_PROFILE_STEEP】右击，在弹出的快捷菜单中选择【插入】|【工序】命令，弹出【创建工序】对话框，类型选择【mill_contour】，工序子类型为【深度轮廓铣】，相关参数设置如图 10-154 所示。

Step 02 在【深度轮廓铣】对话框中，单击【主要】命令，刀具为【JJ2】，在【刀轨设置】区域中，陡峭空间范围为【无】，合并距离为【3.0】，最小切削长度为【1.0mm】，公共每刀切削深度为【恒定】，最大距离为【0.1mm】。

Step 03 在【深度轮廓铣】对话框中，单击【几何体】命令，单击【指定切削区域】按钮，具体选择如图 10-155 所示，其余参数默认系统设置。

Step 04 在【深度轮廓铣】对话框中，单击【进给率和速度】命令，主轴速度为【3000】，进给率切削为【250】，在【更多】区域中，把移动模式改为【切削，100】。

Step 05 在【深度轮廓铣】对话框中，单击【切削层】命令，在【ZC】文本框中输入【1.1】，在【范围定义】区域中，范围深度为【4.118】。其他参数默认系统设置。

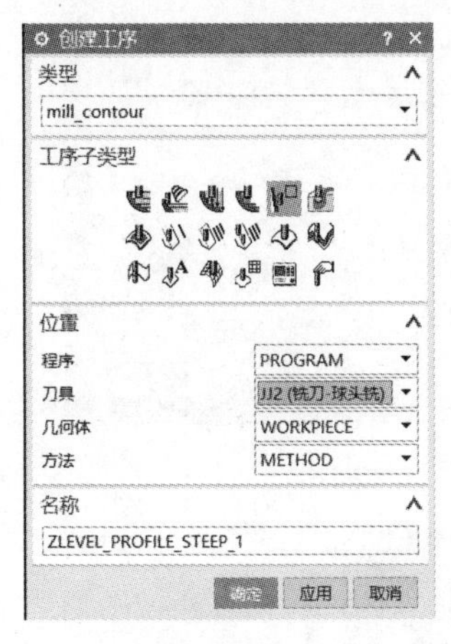

图 10-154

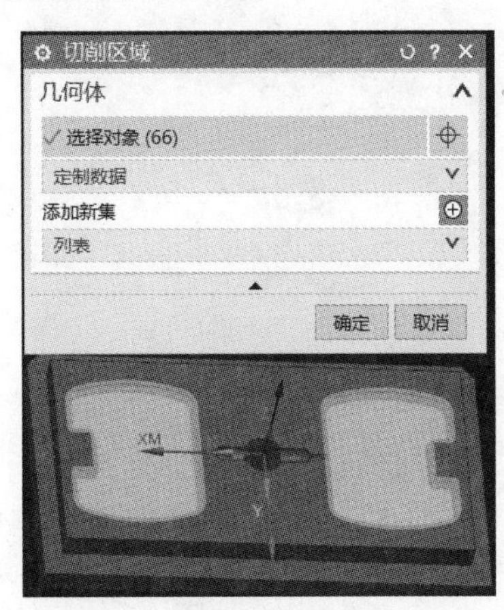

图 10-155

Step 06 在【深度轮廓铣】对话框中，单击【策略】命令，切削方向为【顺铣】，切削顺序为【深度优先】，选择【在边上延伸】和【在刀具接触点下继续切削】复选框，层到层为【直接对部件进刀】，其余参数默认系统设置。单击【确定】按钮，退出【深度轮廓铣】对话框。

Step 07 在导航器空白区域右击，切换到【程序顺序视图】，选中【ZLEVE_ PROFILE_STEEP_1】右击，在弹出的快捷菜单中选择【生成】命令，生成刀具轨迹如图 10-156 所示。

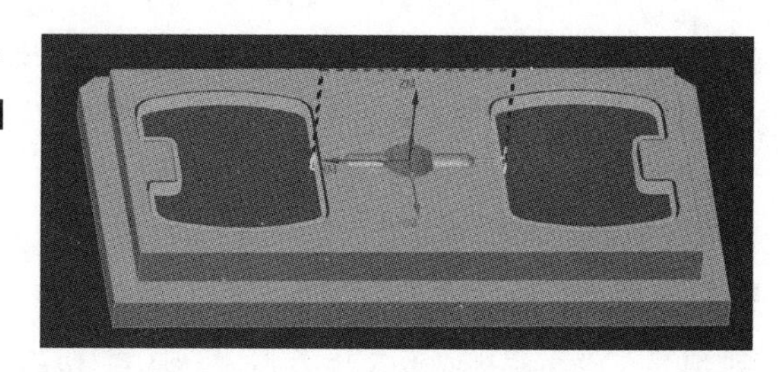

图 10-156

11．工序十一：区域轮廓铣

Step 01 在程序顺序-工序导航器中，选中【ZLEVE_PROFILE_STEEP_1】右击，在弹出的快捷菜单中选择【插入】|【工序】命令，弹出【创建工序】对话框，类型选择【mill_contour】，工序子类型为【区域轮廓铣】，相关参数设置如图 10-157 所示。

Step 02 在【Area Mill】对话框中，单击【主要】命令，刀具为【JJ2】，在【空间范围】区域中，方法为【非陡峭】，陡峭壁角度为【90】，重叠区域为【无】，在【非陡峭切削】区域中，非陡峭切削模式为【往复】，刀路方向【向外】，切削方向为【顺铣】，步距为【恒定】，最大距离为【0.2mm】，剖切角为【指定】，与 XC 的夹角为【135】。

Step 03 在【Area Mill】对话框中，单击【几何体】命令，单击【指定切削区域】按钮，具体选择如图 10-158 所示，其余参数默认系统设置。

Step 04 在【Area Mill】对话框中，单击【进给率和速度】命令，主轴速度为【3000】，进给率切削为【250】，在【更多】区域中，把移动模式改为【切削，100】，其余参数默认系统设置。单击【确定】按钮，退出【Area Mill】对话框。

Step 05 在导航器空白区域右击，切换到【程序顺序视图】，选中【Area Mill_1】右击，在弹出的快捷菜单中选择【生成】命令，生成刀具轨迹如图 10-159 所示。

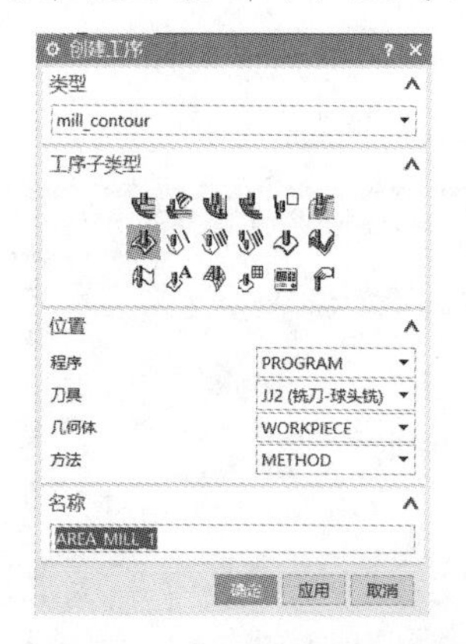

图 10-157

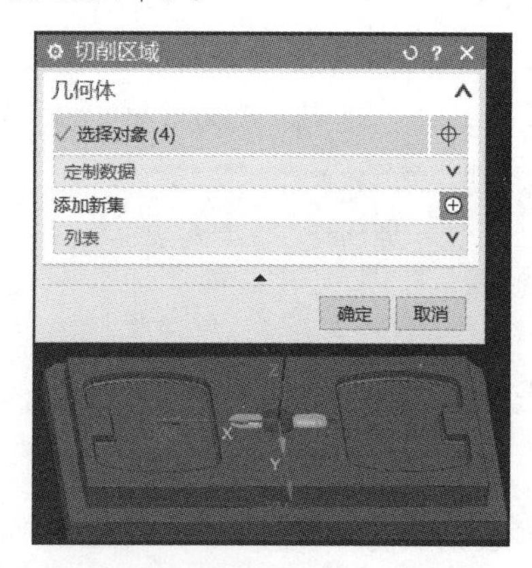

图 10-158

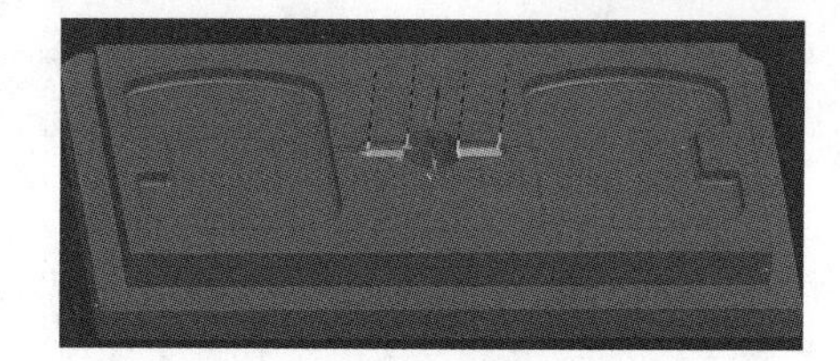

图 10-159

NX 第 11 章 有限元仿真

本章主要介绍建立有限元分析时模块的选择，分析模型的建立，分析环境的设置，如何为模型指定材料属性，添加载荷，约束和划分网格等操作。用户建立完成有限元模型后，若对模型的某一部分感到不满意，可以重新对有限元模型不满意的部分进行编辑，重新建立有限元模型则要花费大量时间。本章是在前两章的基础上介绍一系列的有限元模型编辑功能，主要包括分析模型的编辑、主模型尺寸的编辑、二维网格的编辑和属性编辑器。然后介绍有限元模型的分析和对求解结果的后处理。

11.1 分析模块概述

在 UG NX 系统的高级分析模块中，首先将几何模型转换为有限元模型，然后进行前置处理，包括赋予质量属性、施加约束和载荷等，再提交解算器进行分析求解，最后进入后置处理，采用直接显示资料或采用图形显示等方法来表达求解结果。

该模块是专门针对设计工程师和对几何模型进行专业分析的人员开发的，功能强大，采用图形应用接口，使用方便。具有以下几种特点。

（1）结构（线性静态分析）：在进行结构线性静态分析时，可以计算结构的应力、应变、位移等参数；施加的载荷包括力、力矩、温度等，其中温度主要计算热应力；可以进行线性静态轴对称分析（在环境中选中轴对称选项）。结构线性静态分析是使用最为广泛的分析之一，UG NX 根据模型的不同和用户的需求提供极为丰富的单元类型。

（2）稳态（线性稳态分析）：线性稳态分析主要分析结构失稳时的极限载荷和结构变形，施加的载荷主要是力，不能进行轴对称分析。

（3）模态（标准模态分析）：模态分析主要是对结构进行标准模态分析，分析结构的固有频率、特征参数和各阶模态变形等，对模态施加的激励可以是脉冲、阶跃等。不能进行轴对称分析。

（4）热（稳态热传递分析）：稳态热传递分析主要是分析稳定热载荷对系统的影响，可以计算温度、温度梯度和热流量等参数，可以进行轴对称分析。

（5）热-结构（线性热结构分析）：线性热结构分析可以看成结构和热分析的综合，先对模型进行稳态热传递分析，然后对模型进行结构线性静态分析，应用该分析可以计算模型在一定温度条件下施加载荷后的应力和应变等参数。可以进行轴对称分析。

（6）轴对称分析：表示如果分析模型是一个旋转体，且施加的载荷和边界约束条件仅作用在旋转半径或轴线方向，则在分析时，可采用一半或四分之一的模型进行有限元分析，这样可以大大减少单元数量，提高求解速度，而且对计算精度没有影响。

11.2 建模模块概述

在 UG NX 建模模块中建立的模型称为主模型，它可以被系统中的装配、加工、工程图和高级分析等模块引用。有限元模型是在引用零件主模型的基础上建立的，用户可以根据需要由同一个主模型建立多个包含不同的属性有限元模型。有限元模型主要包括几何模型的信息（如对主模型进行简化后），在前后置处理后还包括材料属性信息、网格信息和分析结果等信息。

有限元模型虽然是从主模型引用而来的，但在资料存储上是完全独立的，对该模型进行修改不会对主模型产生影响。

在建模模块中完成需要分析的模型建模，单击【应用模块】功能区【仿真】组中的【前/后处理】按钮，进入高级仿真模块。单击屏幕左侧的【仿真导航器】按钮，打开【仿真导航器】界面，如图 11-1 所示。

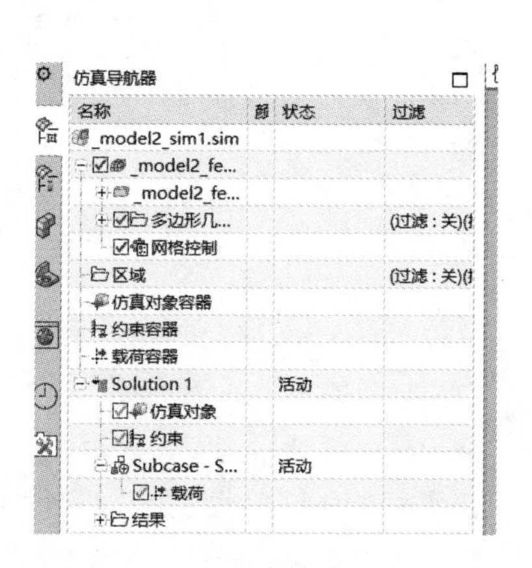

图 11-1

在仿真导航器中，右击模型名称，在弹出的快捷菜单中选择【新建 FEM 和仿真】命令，或者单击【主页】功能区【关联】组中的【新建 FEM 和仿真】按钮，打开如图 11-2 所示【新建 FEM 和仿真】对话框。系统根据模型名称，默认给出有限元和仿真模型名称（模型名称：model_2.prt；FEM 名称：modell_fem2.fem；仿真名称：modell_sim2.sim），用户根据需要在【求解器】下拉菜单和【分析类型】下拉列表中选择合适的求解器和分析类型，单击【确定】按钮，进入【解算方案】对话框，如图 11-3 所示；接受系统设置的各选项值（包括最长作业时间、默认温度等），单击【确定】按钮，完成创建解法的设置。这时，单击【仿真导航器】按钮，进入该界面，用户可以清楚地看到各模型间的层级关系，如图 11-4 所示。

图 11-2

图 11-3

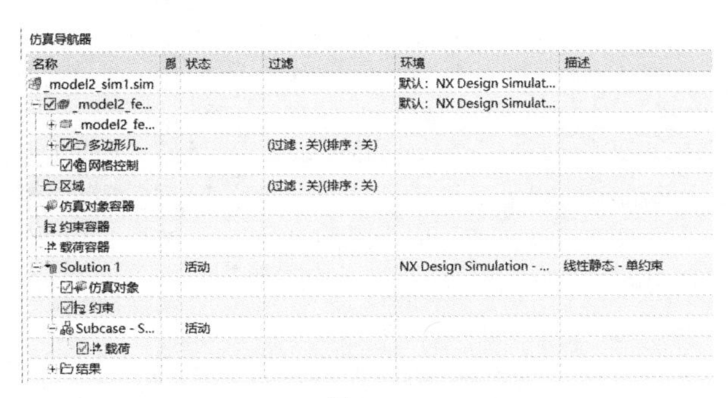

图 11-4

11.3　模型准备

在 UG NX 高级仿真模块中进行有限元分析，可以直接引用建立的有限元模型，也可以通过高级仿真操作简化模型，经过高级仿真处理过的仿真模型有助于网格划分，提高分析精度，缩短求解时间。常用命令在【主页】选项卡中，如图 11-5 所示。

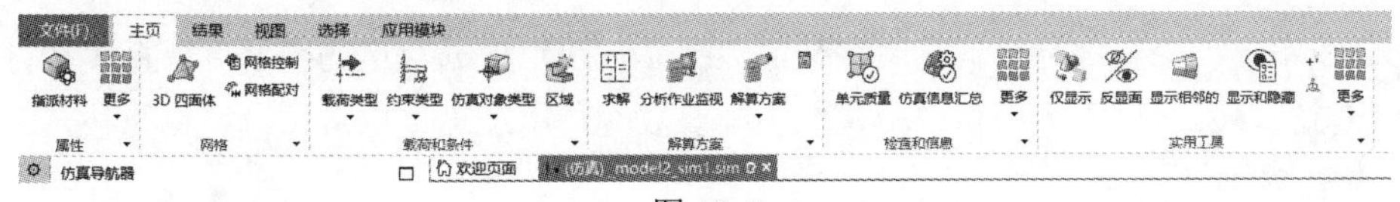

图 11-5

11.4　材料属性

在有限元分析中，实体模型必须赋予一定的材料，指定材料属性即是将材料的各项性能包括物理性能或化学性能赋予模型，然后系统才能对模型进行有限元分析求解。

（1）选择【菜单】|【工具】|【材料】|【指派材料】命令或单击【主页】功能区【属性】组【更多】库中的【指派材料】按钮，打开如图 11-6 所示的【指派材料】对话框。

图 11-6

（2）在【材料列表】和【类型】区域中，分别选择用户材料所需选项，若出现用户所需材料，用户即可选中材料。

（3）若用户对材料进行删除、更名、取消材料赋予的对象或更新材料库等操作可以单击图 11-6 对话框中【材料】区域相关命令按钮。

材料的物理性能分为 4 种：各向同性、各向异性、正交各向异性和流体。

各向同性：在材料的各个方向具有相同的物理特性，大多数金属材料都是各向同性的，在 UG NX 中列出了各向同性材料常用物理参数表格，如图 11-7 所示。

各向异性：材料的物理特性随着方向的改变而有所变化。

流体：在做热或流体分析中，会用到材料的流体特性，系统给出了液态水和气态空气的常用物理特性参数。

正交各向异性：该材料是用于壳单元的特殊各向异性材料，在模型中包含 3 个正交的材料对称平面，在 UG NX 中列出正交各向异性材料常用物理参数表格，如图 11-8 所示。

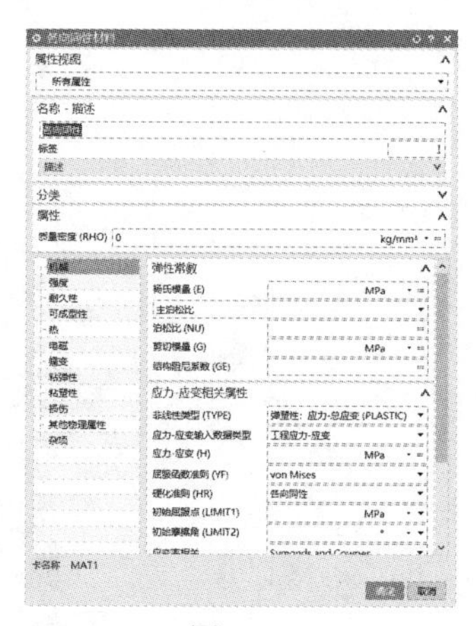

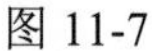

图 11-7

图 11-8

在 UG NX 中，带有常用材料物理参数的数据库，用户根据自己的需要可以直接从材料库中调出相应的材料，当材料库中材料缺少某些物理参数时，用户也可以直接给出作为补充。

11.5 设置载荷

在 UG NX 高级分析模块中载荷包括力、力矩、重力、压力、边界剪切、轴承载荷、离心力等，用户可以将载荷直接添加到几何模型上，载荷与作用的实体模型关联。当修改模型参数时，载荷可自动更新，而不必重新添加，在生成有限元模型时，系统通过映射关系作用到有限元模型的节点上。

11.5.1 载荷类型

载荷类型一般根据分析类型的不同包含不同的形式，在结构分析中常包括以下形式。

（1）【力】：力载荷可以施加到点、曲线、边和面上，符号采用单箭头表示。

（2）【节点压力】：节点压力载荷是垂直施加在作用对象上的，施加对象包括边界和面两种，符号采用单箭头表示。

（3）【重力】：重力载荷作用在整个模型上，不需用户指定，符号采用单箭头在坐标原点处表示。

（4）【压力】：压力载荷可以作用在面、边界和曲线上，和正压力相区别，压力可以在作用对象上指定作用方向，而不一定是垂直于作用对象的，符号采用单箭头表示。

（5）【力矩】：力矩载荷可以施加在边界、曲线和点上，符号采用双箭头表示。

（6）【加速度】：作用在整个模型上，符号采用单箭头表示。

（7）【轴承】：应用一个径向轴承载荷，以仿真加载条件，如滚子轴承、齿轮、凸轮和滚轮。

（8）【扭矩】：对圆柱的法向轴加载扭矩载荷。

（9）【流体静压力】：应用流体静压力载荷以仿真每个深度静态液体处的压力。

（10）【离心压力】：离心压力作用在绕回转中心转动的模型上，系统默认坐标系的 Z 轴为回转中心，在添加离心力载荷时用户需指定回转中心与坐标系的 Z 轴重合。符号采用双箭头表示。

（11）【温度】：温度载荷可以施加在面、边界、点、曲线和体上，符号采用单箭头表示。

（12）【旋转】：作用在整个模型上，通过指定角加速度和角速度，提供旋转载荷。

（13）【螺栓预紧力】：在螺栓或紧固件中定义拧紧力或长度调整。

（14）【轴向 1D 单元变形】：定义静力学问题中使用的 1D 单元的强制轴向变形。

（15）【强制运动载荷】：在任何单独的 6 个自由度上施加集位移值载荷。

（16）【Darea 节点力和力矩】：作用在整个模型上，为模型提供节点力和力矩。

11.5.2　载荷施加方案

在用户建立一个加载方案过程中，所有添加的载荷都包含在这个加载方案中。当用户需在不同加载状况下对模型进行求解分析时，系统允许提供建立多个加载方案，并为每个加载方案提供一个名称，用户也可以自定义加载方案名称。也可以对加载方案进行复制、删除操作。下面以轴承载荷的加载为例，介绍具体操作步骤。

（1）单击【主页】功能区【载荷和条件】组【载荷类型】中的【轴承】按钮，打开【轴承】对话框。

（2）选择模型的外圆柱面为载荷施加面。

（3）指定载荷矢量方向。

（4）设置力的大小、力的分布区域角及分布方法。

（5）单击【确定】按钮，完成轴承载荷的加载。

11.6　加载边界条件

一个独立的分析模型，在不受约束的状况下，存在 3 个移动自由度和 3 个转动自由度，边界条件即是为了限制模型的某些自由度、约束模型的运动。边界条件是 UG NX 系统的参数化对象，与作用的几何对象关联。当模型进行参数化修改时，边界条件自动更新，而不必重新添加。边界条件施加在模型上，由系统映射到有限元单元的节点上，不能直接指定到单独的有限元单元上。

在用户为约束对象选择边界条件类型后，系统为用户提供了标准的约束类型，如图 11-9 所示。

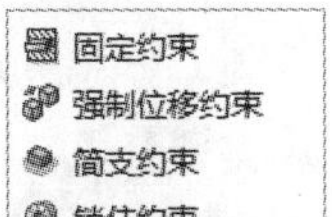

固定约束
强制位移约束
简支约束
销住约束
圆柱形约束
滑块约束
对称约束
反对称约束
用户定义约束

图 11-9

（1）用户定义约束：根据用户的要求设置所选对象的移动和转动自由度，各自由度可以设置成为固定、自由或限定幅值的运动。

（2）强制位移约束：用户可以为 6 个自由度分别设置一个运动幅值。

（3）固定约束：用户选择对象的 6 个自由度都被约束。

（4）简支约束：在选择面的法向自由度被约束，其他自由度处于自由状态。

（5）销住约束：在一个圆柱坐标系中，旋转自由度是自由的，其他自由度被约束。

（6）圆柱形约束：在一个圆柱坐标系中，用户根据需要设置径向长度、旋转角度和轴向高度 3 个值，各值可以分别设置为固定、自由和限定幅值的运动。

（7）滑块约束：在选择平面的一个方向上的自由度是自由的，其他自由度被约束。

（8）对称约束和反对称约束：在关于轴或平面对称的实体中，用户可以提取实体模型的一半，或四分之一部分进行分析，在实体模型的分割处施加对称约束或反对称约束。

11.7 网格划分

划分网格是有限元分析的关键一步，网格划分的优劣直接影响最后的结果，甚至会影响求解是否能完成。高级分析模块为用户提供一种直接在模型上划分网格的工具——网格生成器。使用网格生成器为模型（包括曲线、面和实体）建立网格单元，可以快速建立网格模型，大大减少划分网格的时间。

UG NX 高级分析模块包括零维网格、一维网格、二维网格、三维网格和接触网格 5 种类型，每种类型都适用于一定的对象。

11.8 创建解法

创建解法包括解法、耐久解决方案和步骤-子工况三部分。一维网格：一维网格单元由两个节点组成，用于对曲线，边的网格划分（如杆、梁等）。

二维网格：二维网格包括三角形单元（3 节点或 6 节点组成）、四边形单元（4 节点或 8 节点组成），适用于对片体、壳体实体进行划分网格。注意：在使用二维网格划分网格时尽量采用正方形单元，这样分析结果就比较精确；如果无法使用正方形网格，则要保证四边形的长宽比小于 10；如果是不规则四边形，则应保证四边形的各角度在 45° 和 135 之间；在关键区域应避免使用有尖角的单元，且避免产生扭曲单元，因为对于严重的扭曲单元，UG NX 的各解算器可能无法完成求解。在使用三角形单元划分网格时，应尽量使用等边三角形单元。还应尽量避免混合使用三角形单元和四边形单元对模型划分网格。

11.8.1 解算方案

进入仿真模型界面后，选择【菜单】|【插入】|【解算方案】命令，或单击【主页】功能区【解算方案】组中的【解算方案】按钮，打开如图 11-10 所示的【解算方案】对话框。

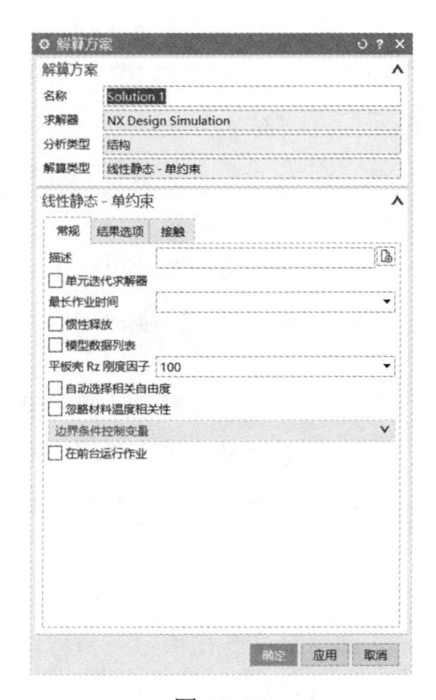

图 11-10

根据用户需要，选择解法的名称、求解器、分析类型和解算类型等。一般根据不同的解算器和分析类型，选择不同的【解算类型】。【解算类型】下拉列表框：有四类，一般采用自动由系统选择最优算法。在【SESTATIC-单约束】（解算类型中包含）下拉框中可以设置最大作业时间、默认温度等参数。

用户可以选定解算完成后的结果输出选项。

11.8.2 解算步骤

用户可以通过该步骤为模型加载多种约束和载荷情况，系统最后解算时按各子工况分别进行求解，最后对结果进行叠加。

选择【菜单】|【插入】|【步骤-子工况】命令，或单击【主页】功能区【解算方案】组中的【步骤-子工况】按钮，打开如图 11-11 所示的【解算步骤】对话框。

不同的解算类型包括不同的选项，若在仿真导航器中出现子工况名称，则激活该选项，即可在其中装入新的约束和载荷。

图 11-11

11.9　分析与求解

选择菜单【分析】|【求解】命令，或单击【主页】功能区【解算方案】组中的【求解】按钮，打开如图 11-12 所示的【求解】对话框。

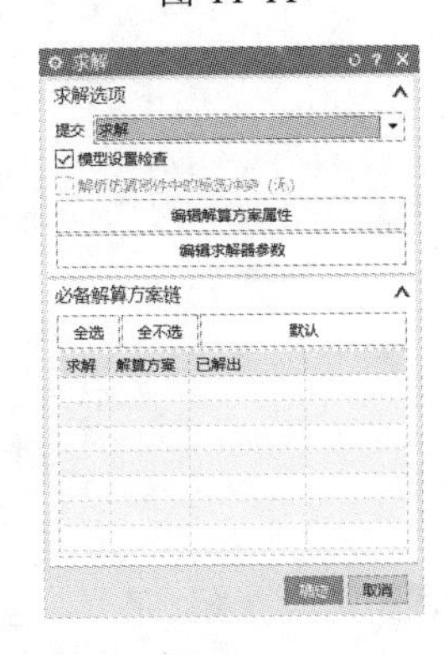

图 11-12

【提交】：包括【求解】、【写入求解器输入文件】、【求解输入文件】、【写、编辑并求解输入文件】4 个选项。在有限元模型前置处理完成后，一般直接选择【求解】选项。

【编辑解算方案属性】：单击该按钮，打开如图 11-13 所示的【解算方案】对话框，该对话框中包含常规、结果选项、接触 3 个选项。

【编辑求解器参数】：单击该按钮，打开如图 11-14 所示的【求解器参数】对话框。该对话框为当前求解器建立了一个临时目录。完成各选项后，单击【确定】按钮，程序开始求解。

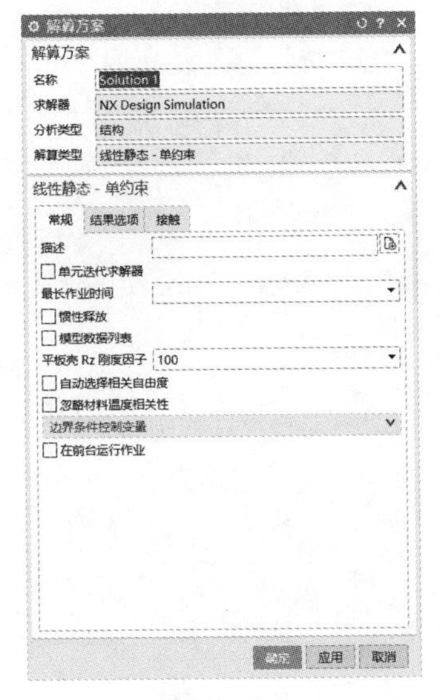

图 11-13

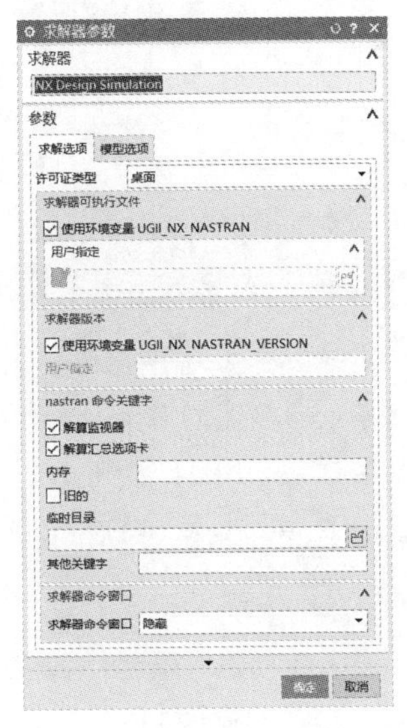

图 11-14

11.10　综合案例 1：悬臂梁有限元仿真

Step 01　启动 UG NX 1904 软件，单击【主页】功能区下的【新建】命令，在弹出的【新建】对话框中模板选择【模型】，新建文件名称为【xuanbiliang.prt】，单击【确定】按钮，进入建模环境，如图 11-15 所示。

Step 02　建立悬臂梁三维模型，悬臂梁长宽高分别为 50mm × 30mm × 200mm，模型如图 11-16 所示。

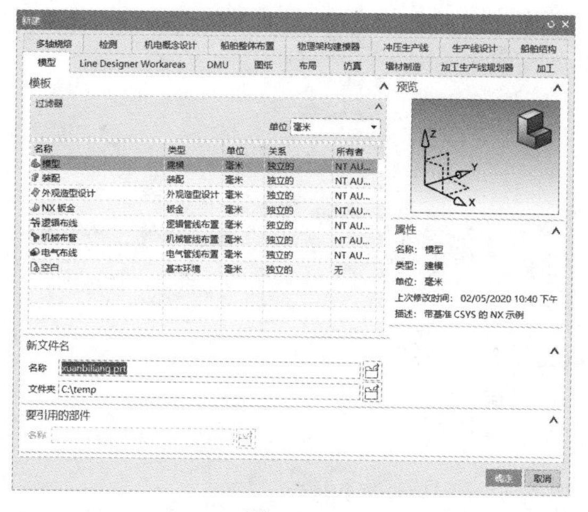

图 11-15

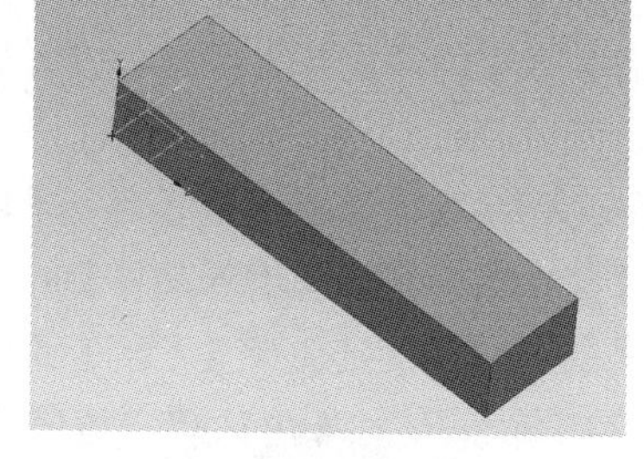
图 11-16

Step 03　单击【应用模块】选项卡，选择【仿真】|【设计】选项，进入有限元仿真模块，如图 11-17 所示。

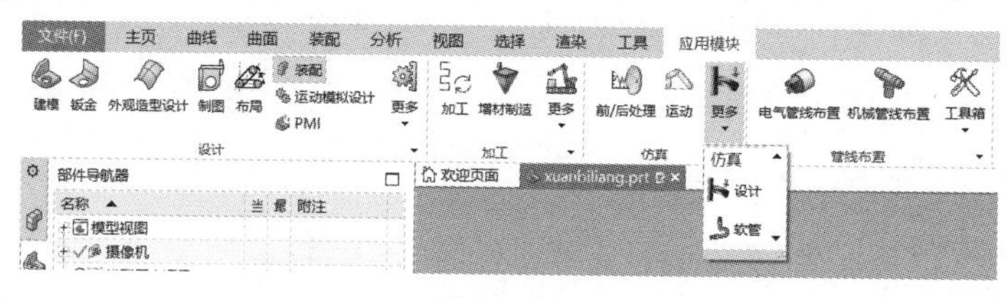

图 11-17

Step 04　在【新建 FEM 和仿真】对话框中【求解器】选择 NX Design Simulation，【分析类型】选择结构，单击【确定】按钮，如图 11-18 所示。

Step 05　在【解决方案】对话框中，【分析类型】选择结构，解算类型选择【线性静态-单约束】，单击【确定】按钮，如图 11-19 所示。

Step 06　单击属性中的指派材料，材料体选择悬臂梁，材料选择 steel，单击【确定】按钮，如图 11-20 所示。

Step 07　单击 3D 四面体，选择体选择悬臂梁，在【网格参数】区域中，单元大小设置为 2mm，模型网格完成，如图 11-21 所示。

Step 08　选择载荷类型为压力，选择悬臂梁上表面为作用力表面，设置压力为 100MPa，如图 11-22 所示。

Step 09　选择【约束类型】下的【固定约束】命令，选择悬臂梁侧面为固定约束的选择对象，单击【确定】按钮，如图 11-23 所示。

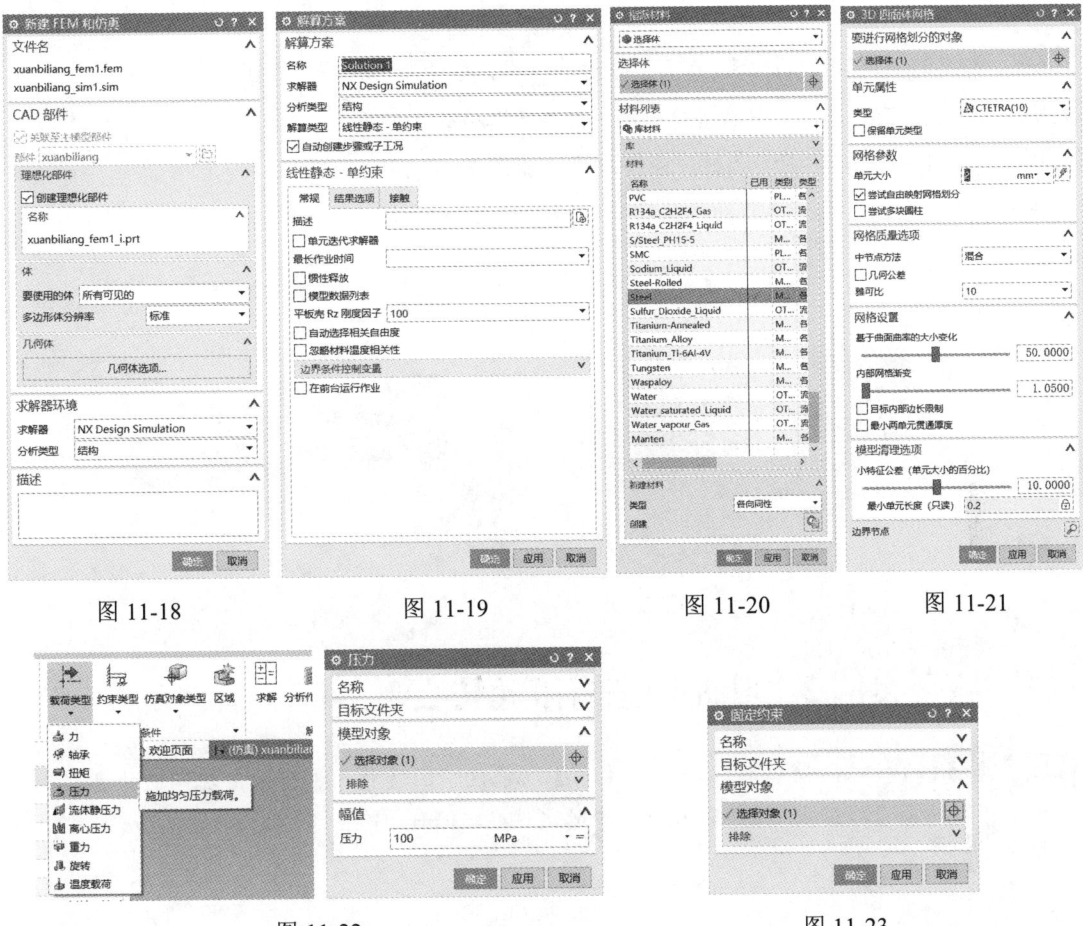

图 11-18　　图 11-19　　图 11-20　　图 11-21

图 11-22　　图 11-23

Step 10　NX 有限元仿真悬臂梁模型，如图 11-24 所示。

Step 11　单击【解算方案】中的【求解】，并单击【求解】对话框中的【确定】按钮，如图 11-25 所示。

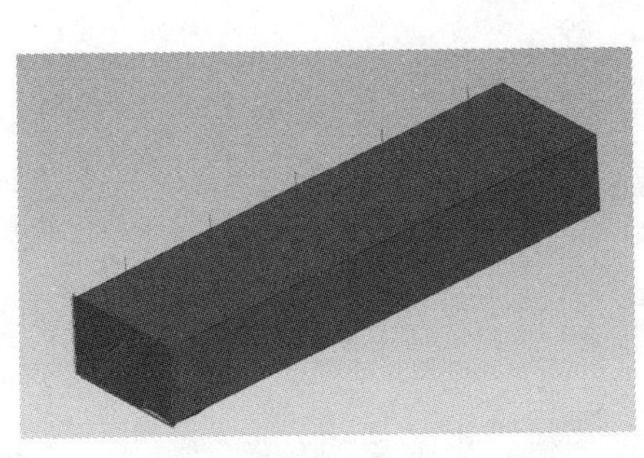

图 11-24

图 11-25

Step 12　当分析作业监视中出现已完成时，在左侧模型树中双击 Structural，进入后处理模块查看仿真结果。

Step 13 双击 Structural 中的位移-节点，查看悬臂梁模型的变形云图，如图 11-26 所示。

Step 14 同理，在 Structural 中双击其他输出课查看其他仿真结果。

Step 15 在后处理视图中单击编辑后处理视图，选择显示-边，在下拉框中选择无颜色，可以将云图中的网格隐藏，隐藏网格后的仿真结果，如图 11-27 所示。

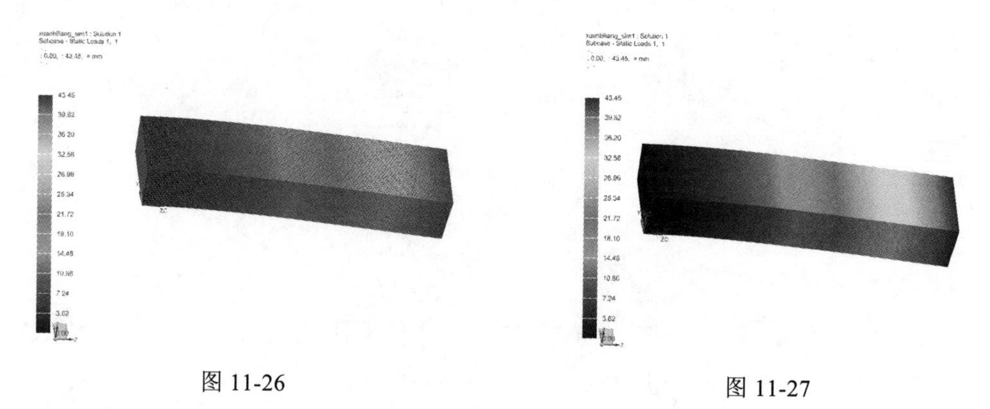

图 11-26　　　　图 11-27

11.11 综合案例 2：叶轮模态有限元仿真

Step 01 启动 UG NX 1904 软件，单击【主页】功能区下的【打开】命令，在弹出的【打开】对话框中模板选择【模型】，打开配套资源中的文件 3-51.prt，单击【确定】按钮，进入建模环境，如图 11-28 所示。

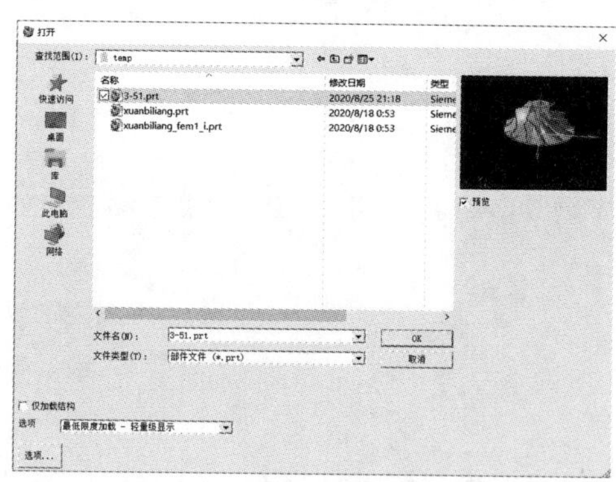

图 11-28

Step 02 单击【应用模块】选项卡，选择【仿真】|【设计】选项，进入有限元仿真模块，如图 11-29 所示。

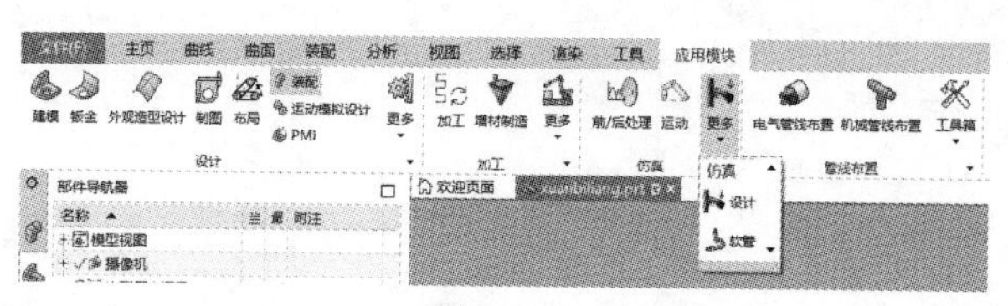

图 11-29

Step 03 在【新建 FEM 和仿真】对话框中，【求解器】选择 NX Design Simulation，【分析类型】选择结构，单击【确定】按钮，如图 11-30 所示。

Step 04 在【解决方案】对话框中，【分析类型】选择结构，【解算类型】选择振动模态，【模态生成】选择模态/频率，【所需模态数】为 6，单击【确定】按钮，如图 11-31 所示。

图 11-30

图 11-31

Step 05 单击【属性】中的【指派材料】，材料体选择叶轮，材料选择 Aluminum_6061，单击【确定】按钮，如图 11-32 所示。

Step 06 单击 3D 四面体，选择体选择叶轮，在【网格参数】区域中，【单元大小】设置为 5mm，模型网格完成，如图 11-33 所示。

图 11-32

图 11-33

Step 07　在载荷和条件模块中选择【约束类型】|【销住约束】，选择叶轮内壁，单击【确定】按钮，如图 11-34 所示。叶轮模态仿真有限元模型如图 11-35 所示。

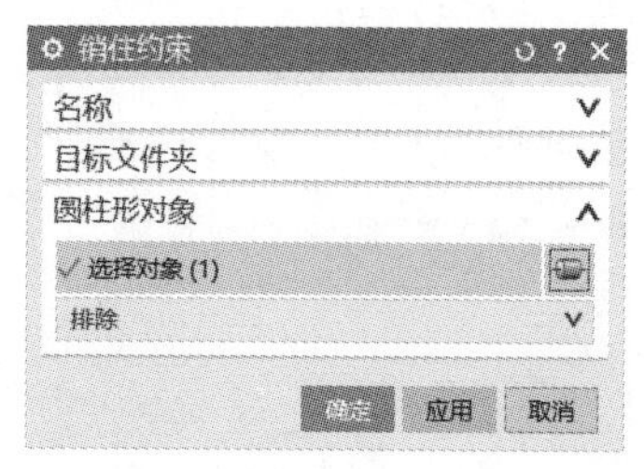

图 11-34

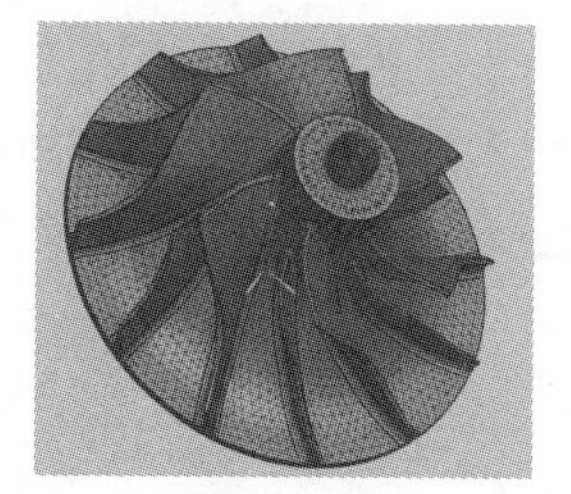
图 11-35

Step 08　单击【解算方案】中的【求解】，并单击【求解】对话框中的【确定】按钮，如图 11-36 所示。

Step 09　当分析作业监视中出现已完成时，在左侧模型树中双击 Structural，进入后处理模块查看仿真结果，在后处理导航器中可查看叶轮的固有频率，如图 11-37 所示。

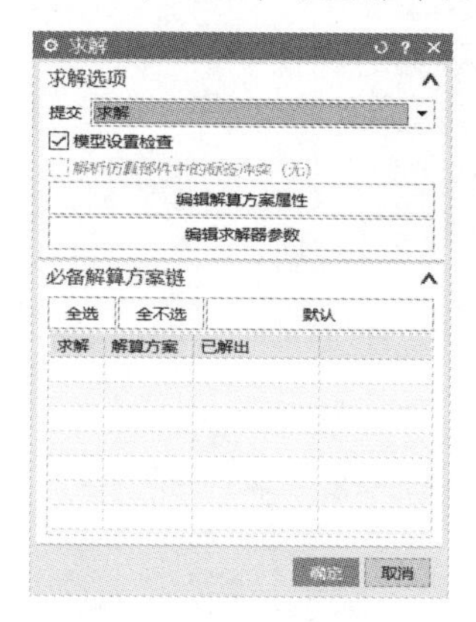

图 11-36

图 11-37

Step 10　双击不同模态阶数下的位移，查看在改频率下的振形云图及最大位移，模态仿真结果如图 11-38 所示。

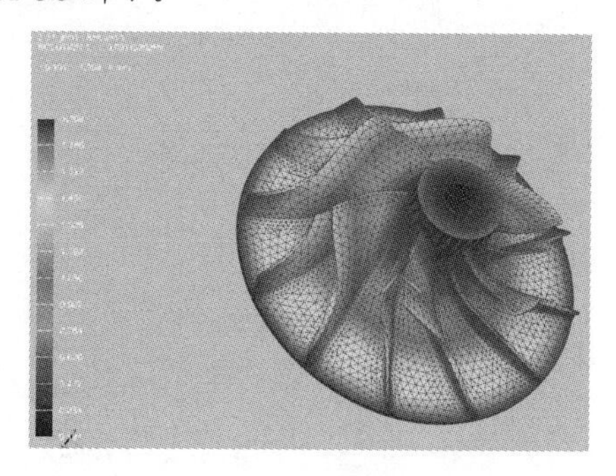
（a）一阶模态

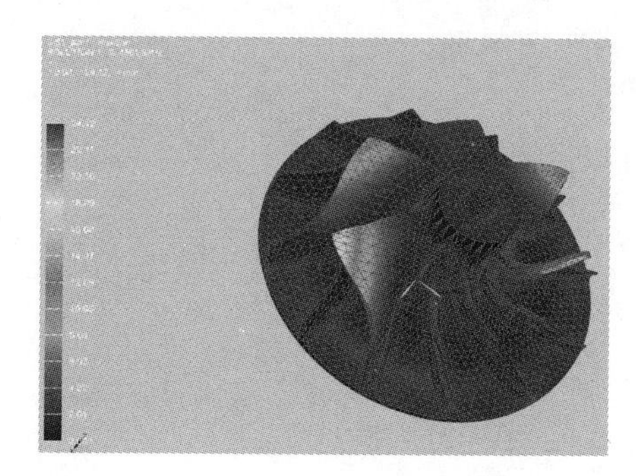
（b）二阶模态

图 11-38

（c）三阶模态

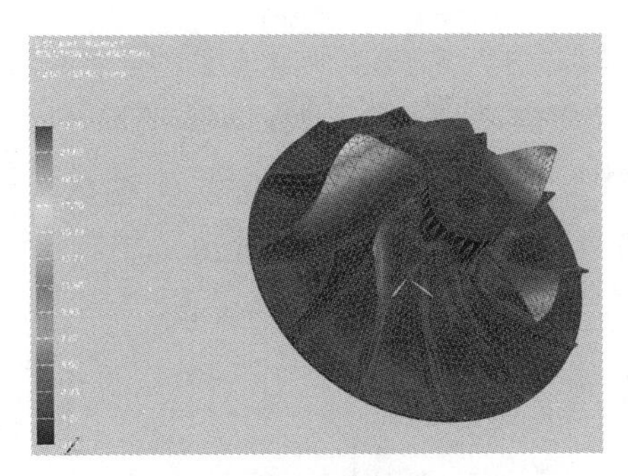

（d）四阶模态

（e）五阶模态

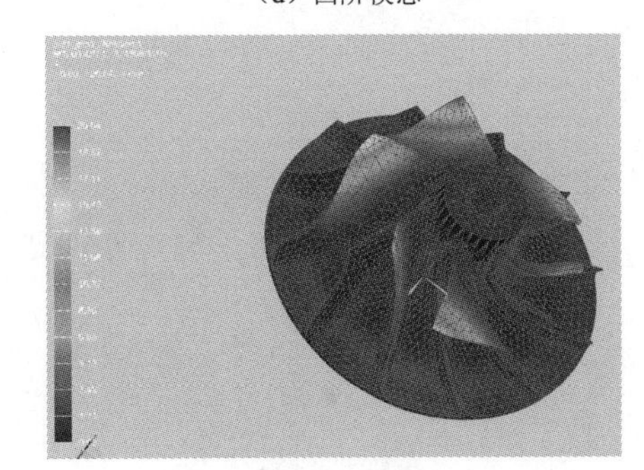

（f）六阶模态

图 11-38（续）

11.12　综合案例 3：轴承座静力学有限元仿真

Step 01　启动 UG NX 1904 软件，单击【主页】功能区下的【打开】命令，在弹出的【打开】对话框中模板选择【模型】，打开配套资源中的文件建模练习 62.prt，单击【确定】按钮，进入建模环境，如图 11-39 所示。

Step 02　单击【应用模块】选项卡，选择【仿真】|【设计】选项，进入有限元仿真模块，如图 11-40 所示。

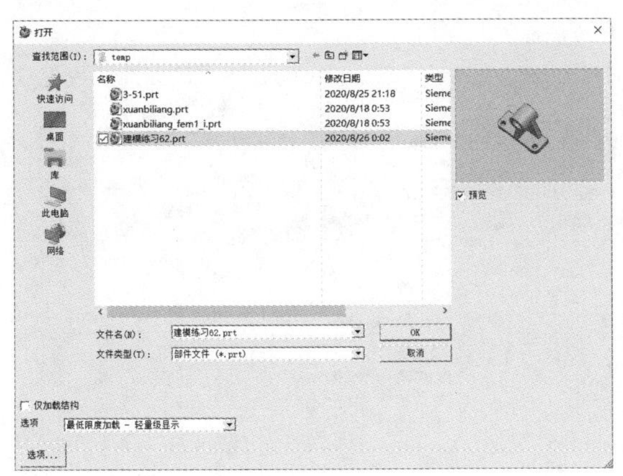

图 11-39

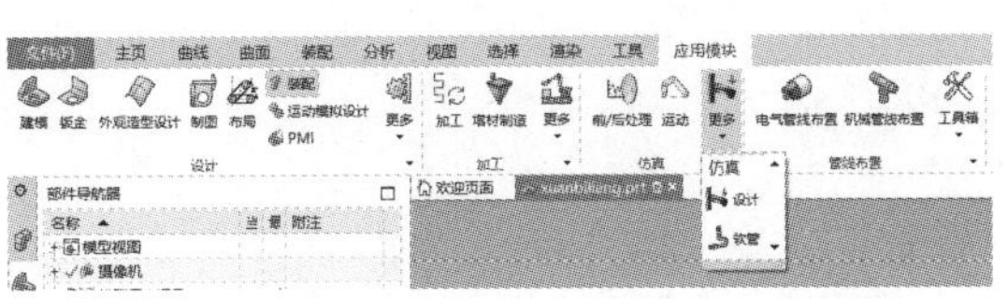

图 11-40

Step 03 在【新建 FEM 和仿真】对话框中，【求解器】选择 NX Design Simulation，【分析类型】选择结构，单击【确定】按钮，如图 11-41 所示。

Step 04 在【解算方案】对话框中，【分析类型】选择结构，解算类型选择【线性静态-单约束】，单击【确定】按钮，如图 11-42 所示。

图 11-41

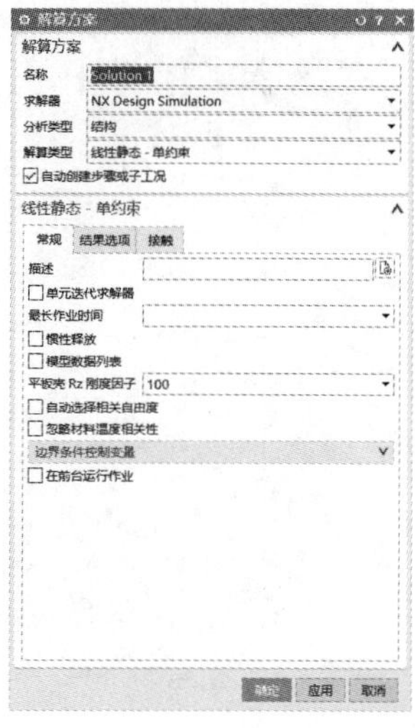

图 11-42

Step 05 单击属性中的指派材料，材料体选择叶轮，材料选择 steel，单击【确定】按钮，如图 11-43 所示。

Step 06 单击 3D 四面体，选择体选择轴承支架，在【网格参数】区域中，【单元大小】设置为 5mm，模型网格完成，如图 11-44 所示。

图 11-43

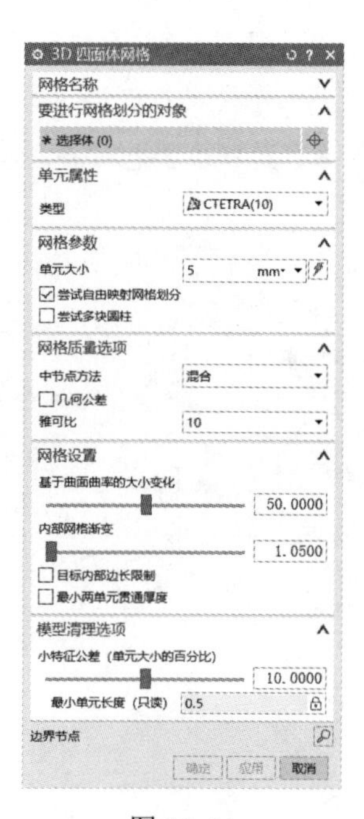

图 11-44

Step 07 在载荷类型中选择轴承，选择对象为轴承座上部内壁，方向为沿 Z 方向向下，在【力】文本框中输入 300N，模型设置如图 11-45 所示。

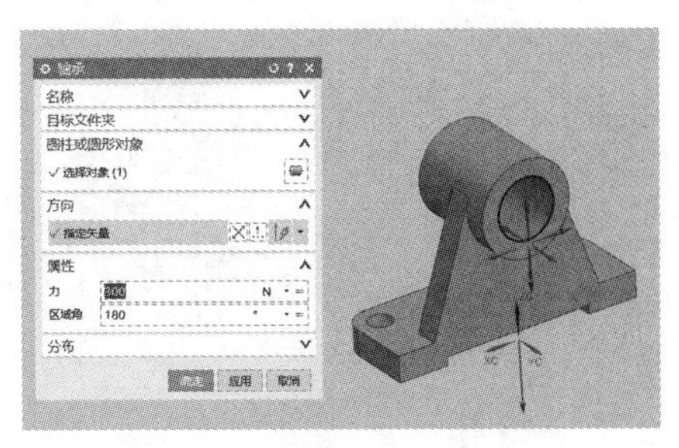

图 11-45

Step 08 在【约束类型】中选择【固定约束】，在【固定约束】对话框中选择轴承支座下部分两孔内壁为固定约束的选择对象，如图 11-46 所示。

Step 09 单击 3D 四面体，选择体选择悬臂梁，在【网格参数】区域中，【单元大小】设置为 2mm，模型网格完成，如图 11-47 所示。NX 有限元仿真轴承支座模型，如图 11-48 所示。

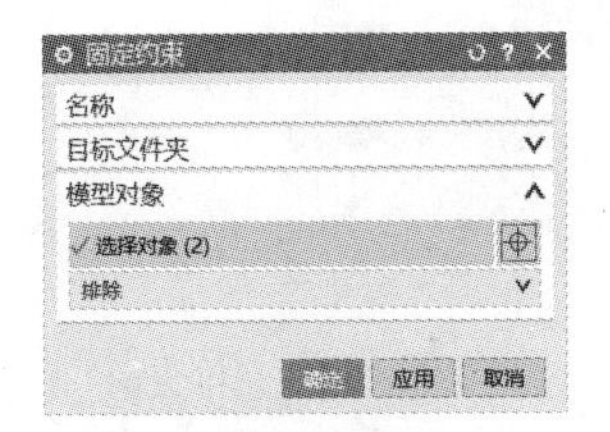

图 11-46

图 11-47

Step 10 单击【解结算方案】中的【求解】，并在【求解】对话框中单击【确定】按钮，如图 11-49 所示。

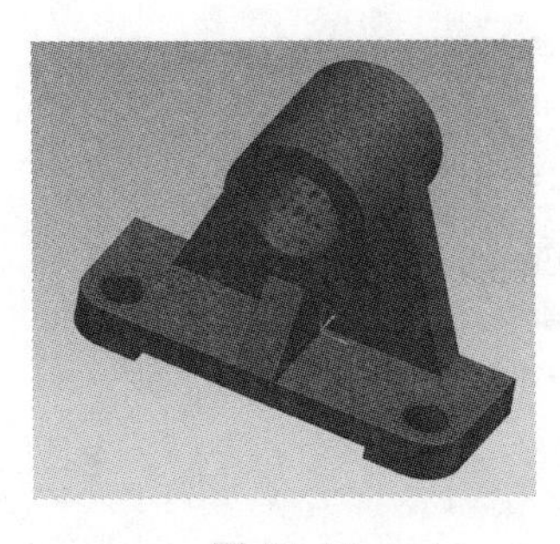

图 11-48

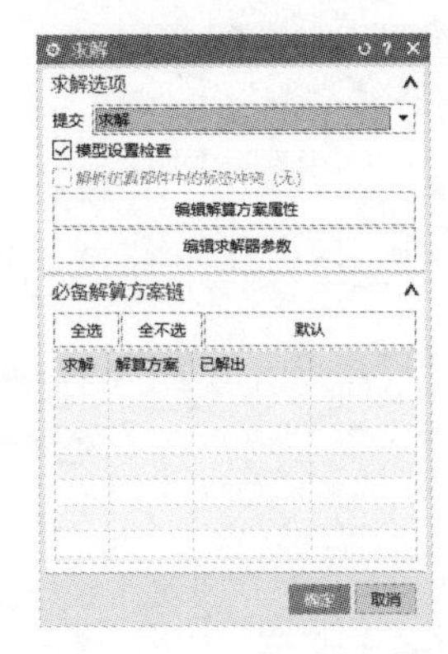

图 11-49

Step 11 当分析作业监视中出现已完成时，在左侧模型树中双击 Structural，进入后处理模块查看仿真结果，如图 11-50 所示。

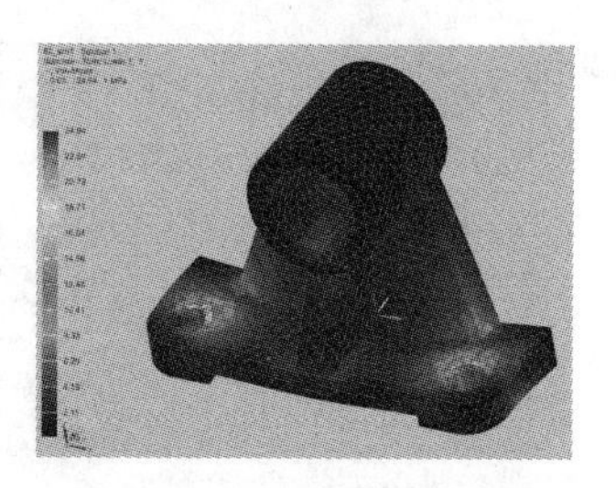

（a）轴承支座应力分布云图

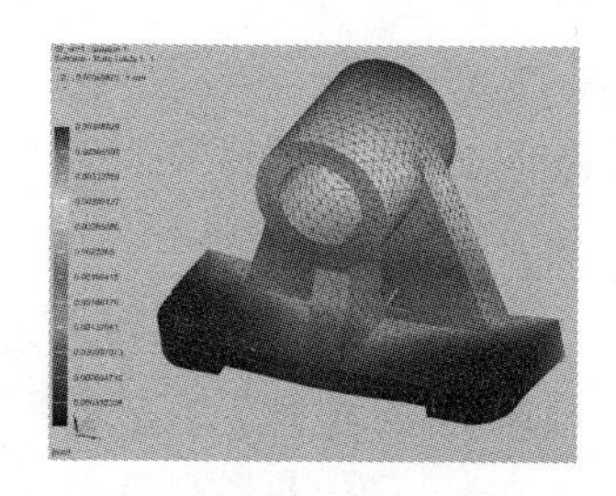

（b）轴承支座位移幅值分布云图

图 11-50

11.13　综合案例 4：热固耦合-管道温度场分布有限元仿真

Step 01　启动 UG NX 1904 软件，单击【主页】功能区下的【新建】命令，在弹出的【新建】对话框中模板选择【模型】，打开配套资源中的文件 guandao.prt，单击【确定】按钮，进入建模环境，建立内径为 8mm，外径为 10mm，长度为 30mm 的管道三维模型。

Step 02　单击【应用模块】选项卡，选择【仿真】|【设计】选项，进入有限元仿真模块，如图 11-51 所示。

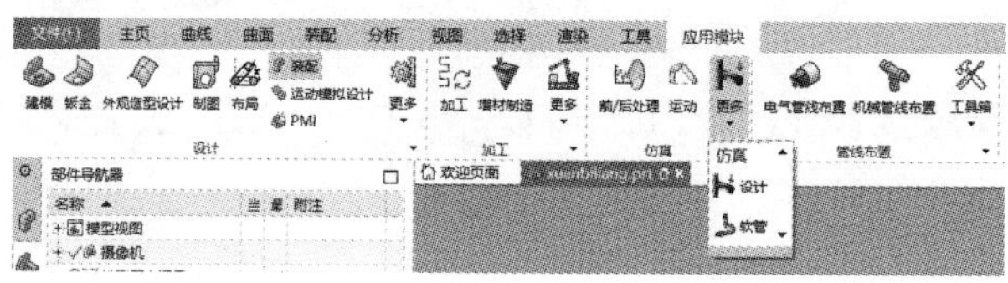

图 11-51

Step 03　在【新建 FEM 和仿真】对话框中，【求解器】选择 NX Design Simulation，【分析类型】选择热，单击【确定】按钮，如图 11-52 所示。

Step 04　在弹出的【解算方案】对话框中的【分析类型】中选择热，【解算类型】选择热，单击【确定】按钮，如图 11-53 所示。

图 11-52

图 11-53

Step 05 单击属性中的指派材料，材料体选择管道，材料选择 steel，单击【确定】按钮，如图 11-54 所示。

Step 06 单击 3D 四面体，选择体选择管道，在【网格参数】区域中，【单元大小】设置为 2mm，模型网格完成，如图 11-55 所示。

图 11-54

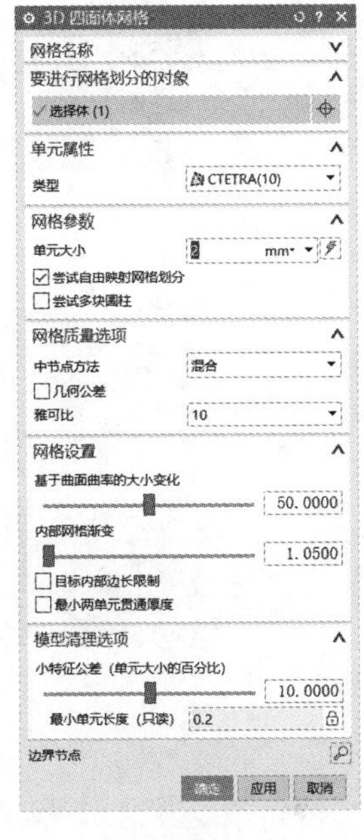

图 11-55

Step 07 在约束类型中选择热约束，定义管道内壁与外壁温度分别为 80℃和 20℃，【热约束】对话框如图 11-56 所示。

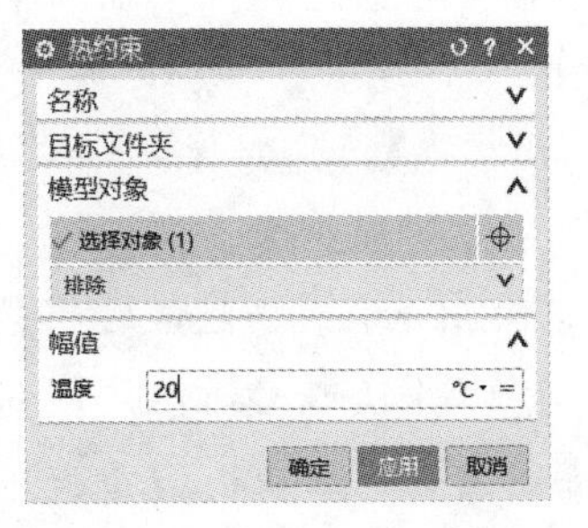

图 11-56

Step 08 在约束类型中选择对流，定义对流系数为 10，环境温度设置为 20℃，选择管道外壁，【对流】对话框如图 11-57 所示。NX 有限元仿真管道模型，如图 11-58 所示。

Step 09 单击【解算方案】中的【求解】，并在【求解】对话框中单击【确定】按钮，如图 11-59 所示。

Step 10 当分析作业监视中出现已完成时，在左侧模型树中双击 Structural，进入后处理模块查看仿真结果，仿真结果如图 11-60 所示。

图 11-57

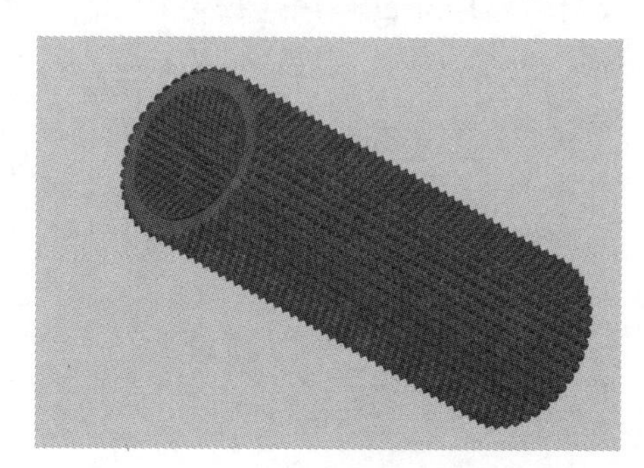

图 11-58

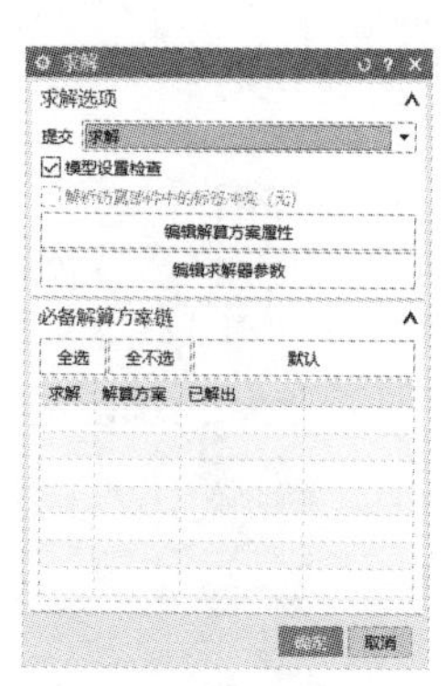

图 11-59

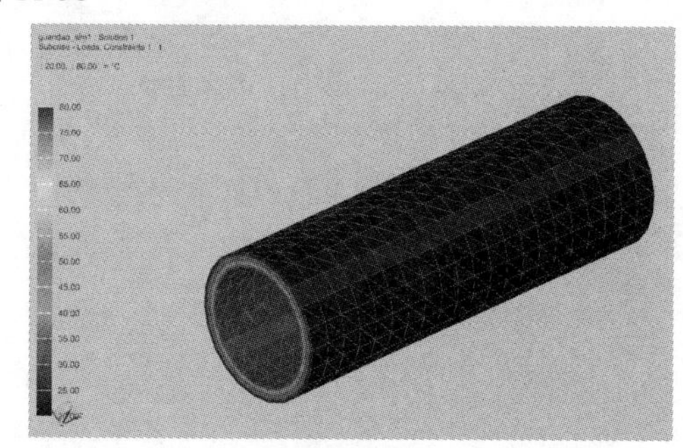

图 11-60

11.14 综合案例 5：圆柱体屈曲分析有限元仿真

Step 01 启动 UG NX 1904 软件，单击【主页】功能区下的【新建】命令，在弹出的【新建】对话框中模板选择【模型】，创建文件名称为【ququfenxi.prt】，单击【确定】按钮，进入建模环境，建立直径为 50mm，长度为 300mm 的管道三维模型。

Step 02 单击【应用模块】选项卡，选择【仿真】|【设计】选项，进入有限元仿真模块，如图 11-61 所示。

Step 03 在【新建 FEM 和仿真】对话框中【求解器】选择 NX Design Simulation，【分析类型】选择【结构】，单击【确定】按钮，如图 11-62 所示。

Step 04 在【解算方案】对话框中，【分析类型】选择【结构】，解算类型选择【线性屈曲】，单击【确定】按钮，如图 11-63 所示。

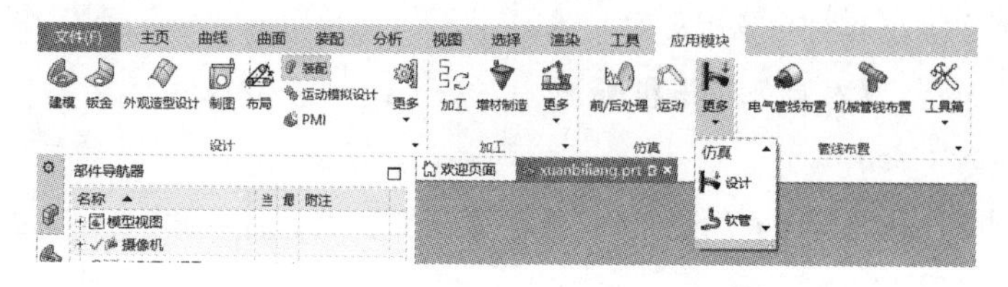

图 11-61

图 11-62

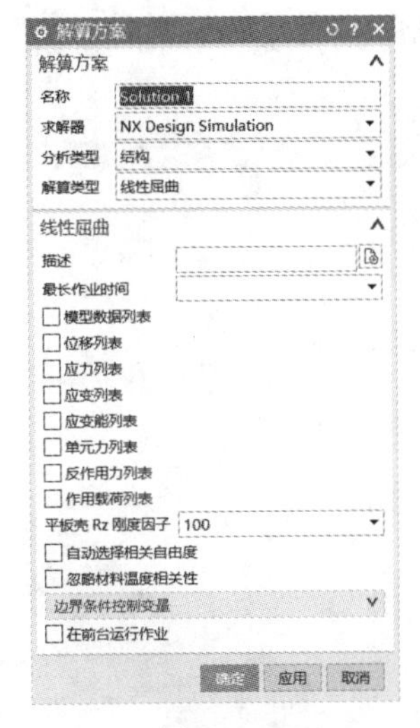

图 11-63

Step 05 单击属性中的指派材料，材料体选择圆柱体，材料选择 steel，单击【确定】按钮，如图 11-64 所示。

Step 06 单击 3D 四面体，选择体选择圆柱体，在【网络参数】区域中，【单元大小】设置为 5mm，模型网格完成，如图 11-65 所示。

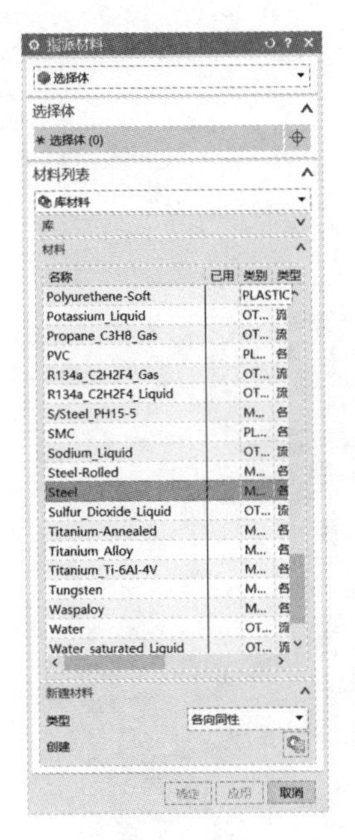

图 11-64

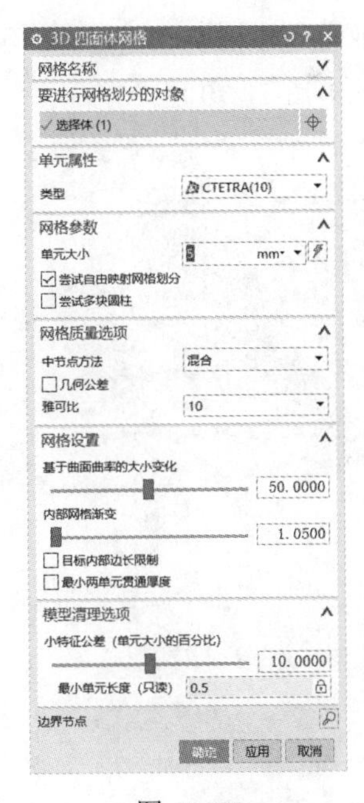

图 11-65

Step 07 单击约束类型中的固定约束，选择圆柱体一端固定，【固定约束】对话框如图 11-66 所示。

Step 08 载荷类型选择压力，选择圆柱另一端为作用面，压力为 200MPa，【压力】对话框如图 11-67 所示。

Step 09 NX 有限元仿真屈曲分析模型，如图 11-69 所示。

Step 10 单击【解算方案】中的【求解】，并在【求解】对话框中单击【确定】按钮，如图 11-69 所示。

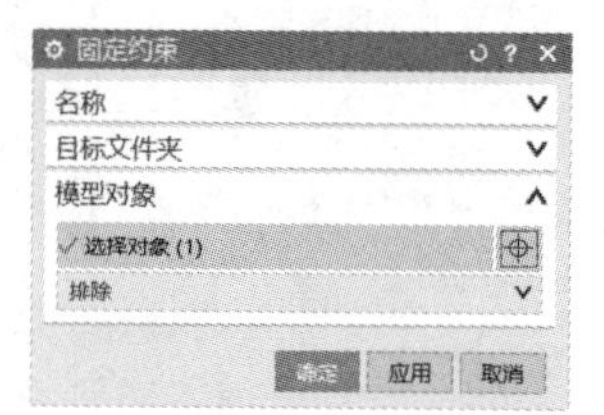

图 11-66

图 11-67

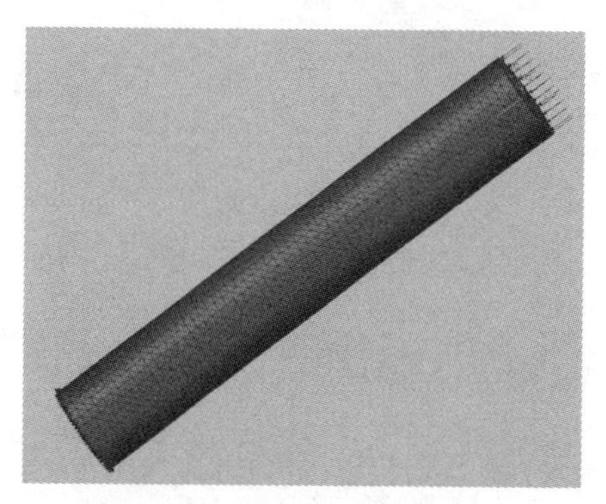

图 11-68

图 11-69

Step 11 当分析作业监视中出现已完成时，在左侧模型树中双击 Structural，进入后处理模块查看仿真结果，仿真结果如图 11-70 所示。

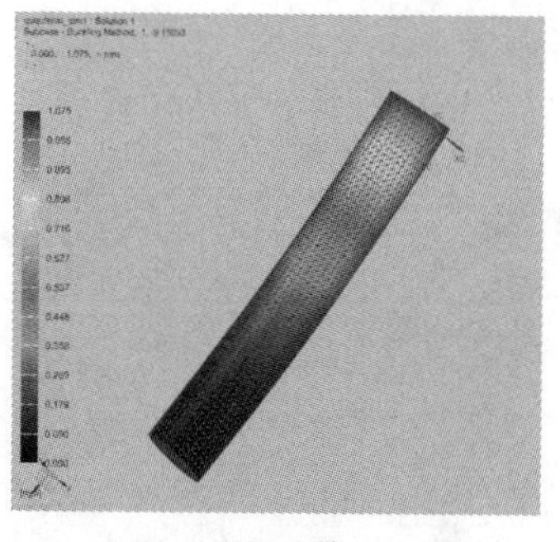

（a）一阶

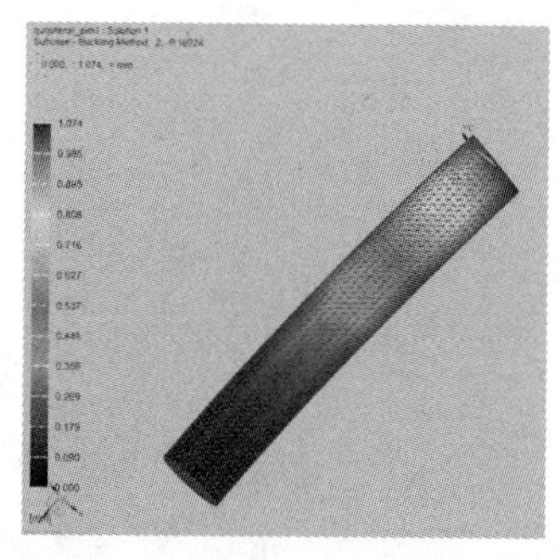

（b）二阶

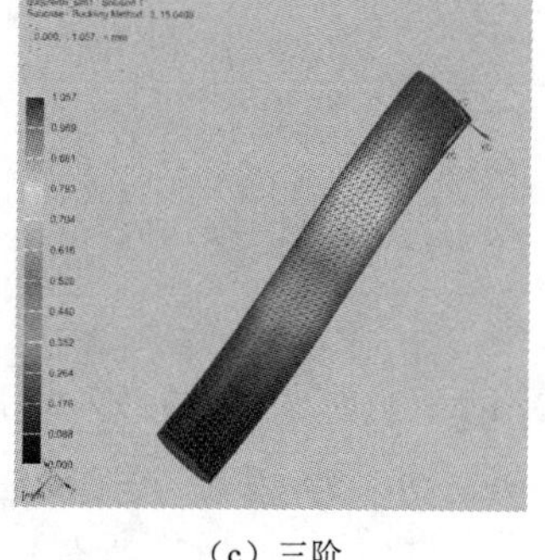

（c）三阶

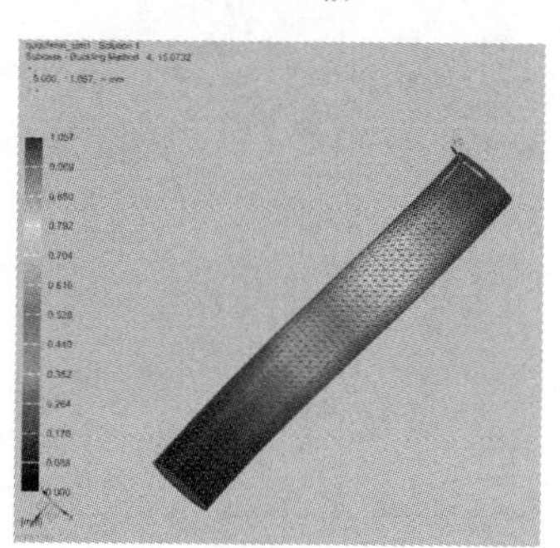

（d）四阶

图 11-70

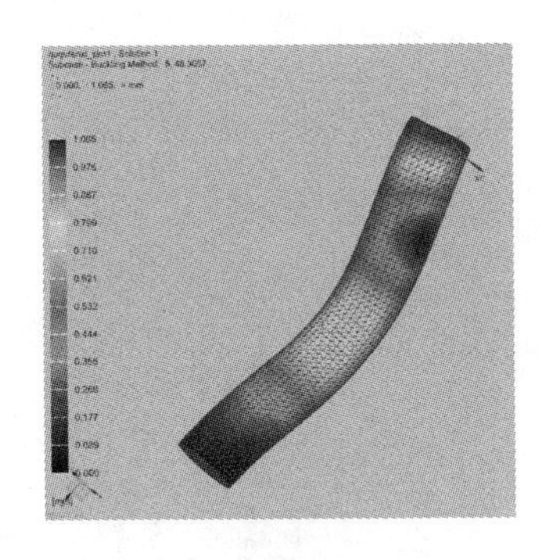

（e）五阶

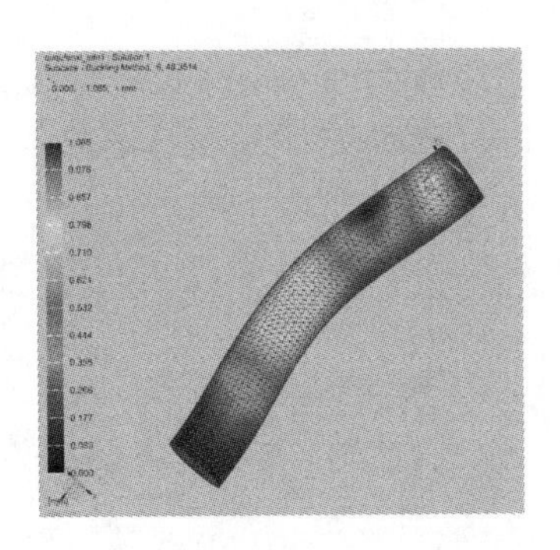

（f）六阶

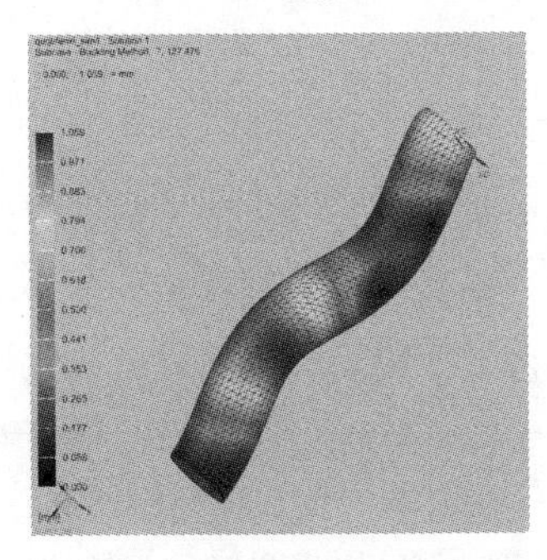

（g）七阶

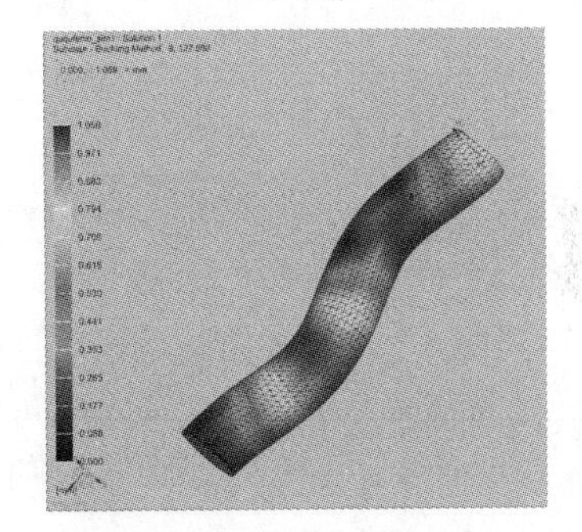

（h）八阶

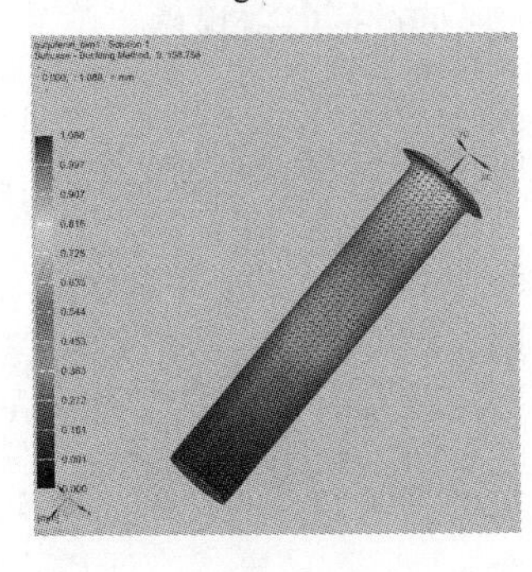

（i）九阶

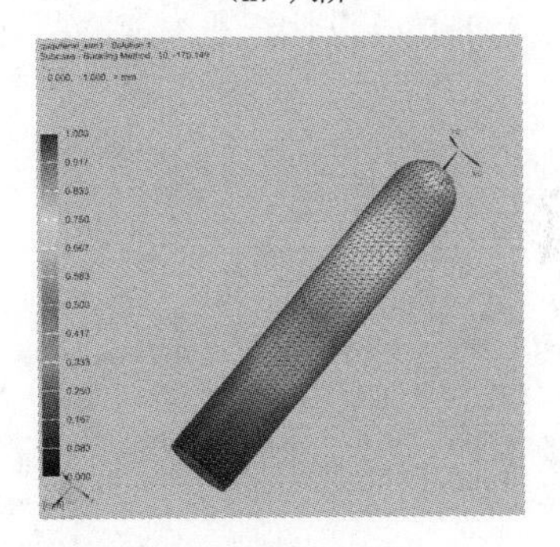

（j）十阶

图 11-70（续）

NX 第12章 模具设计

在工业生产活动中，用各种压力机和装在压力机上的专用工具，通过压力把金属或非金属材料制出所需形状的零件或制品，这种专用工具就称为模具。模具可分为塑料模具及金属模具。注塑模向导是UG的一个非常实用的应用软件模块，注塑模向导应用于塑胶注射模具设计及其他类型模具设计。注塑模向导的高级建模工具可以创建型腔、型芯、滑块、斜顶以及镶件，而且非常容易使用。注塑模向导可以提供快速的、全相关的、3D实体的解决方案。注塑模向导借助UG NX 1904的全部功能，并用到了UG/WAVE及主模型技术。注塑模向导提供设计工具和程序自动进行高难度的、复杂的模具设计任务。能够帮助用户节省设计的时间，同时能提供完整的3D模型用来加工。

UG NX 1904的【注塑模向导】中包含初始化项目、部件验证、主要、分型工具、冷却工具、注塑模工具、模具验证和模具图纸8部分，如图12-1所示。

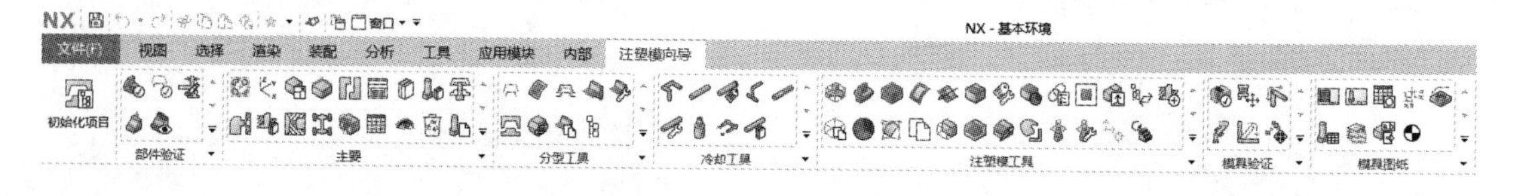

图12-1

12.1 模具设计初始化工具

本节将介绍模具设计初始化的相关内容。

12.1.1 项目初始化

【项目初始化】其实是一个模具总装配体TOP的初始化克隆过程。它分为两个阶段：加载产品模型阶段和初始化阶段，如图12-2所示。

1. 加载产品模型

加载产品模型是UG自动分模的第1步，如图12-2所示，初始化项目加载之前需要做一些基本工作，如建立文件夹、新建文件、调出设计、相关设计工具栏及打开模型文件等。

2. 初始化项目

初始化项目是指创建或克隆一个产品的模具装配结构。设计者随后在这个模具装配结构的引导和控制下逐一创建模具的相关部件。

在初始化项目过程中，可对模型文件的路径、模型名称进行重设置，并根据 MW 模块提供的产品材料、收缩率参数、单位等做出适当的选择，同时还提供了材料数据库等编辑功能。单击【注塑模向导】命令。然后在弹出的对话框中单击第一个【初始化项目】按钮，弹出【初始化项目】对话框，如图 12-3 所示。

图 12-2

图 12-3

下面对对话框中各选项的含义进行介绍。

（1）【选择体】：用于在当前图形窗口中选择模具设计时的参考零件。

用于设置与注塑模设计项目相关的一些属性，各选项含义如下。

①【路径】：用于设置项目中各种文件的存放路径，模具设计项目的默认路径与参考零件路径相同，可以单击【浏览】按钮，设置其他路径。

②【名称】：项目默认名称与参考零件相同。选择项目名称时需要注意：在模具设计项中，项目名称包含在项目的每一个文件名中，推荐项目名称的长度最少为 10 个字符。

③【材料】：设置参考零件的材料，如 ABS。在该下拉列表框中选择材料后，系统将自动添加该材料对应的收缩率。

④【收缩】：设置材料的收缩率。各种材料的收缩率可以查阅塑料手册。

⑤【配置】：设置模板目录。在安装目录的 MoldWizard\pre-parElsnetri 中。下面存在一些零件模板，如 Mnld.V1，这些零件模板用于初始化模具项目。

（2）【设置】该选项用于设置项目单位等选项，各选项的含义如下。

①【项目单位】：默认的单位与参考零件的单位相同，一般用的都是 mm。

②【重命名组件】：管理模具设计项目中的文件名。

③【编辑材料数据库】：单击该按钮，会弹出一个 Excel 表格。表格的第一列为材料名称，第二列为对应的收缩率。使用者可以在表格的尾部添加自定义的材料。当然，也可以直接设定收缩率，而不必选择材料。

④【编辑项目配置】：修改项目配置中的【配置】选项。

⑤【编辑定制属性】：设置自定义的一些属性值。

3．MW 的装配结构

初始化设置后，单击【确定】按钮或按【MB2】键，系统将会自动创建大量的文件，并自动命名，如图 12-4 所示。

图 12-4

各节点的名称和含义如表 12-1 所示。

表 12-1　节点的名称和含义

节点名称	描　述
Layout Node	Layout 节点用于安排 prod 节点的位置，该节点包括型芯和型腔。如果是多型腔，则在 Layout Node 节点中有多个分支，用于安排每一个 prod 节点
Misc Node	Misc 节点用于安排标准件，如螺钉、定位环等。Misc 节点分为 Side_a 和 Size_b，Side_a 用于 a 侧的所有部件，Side_b 用于 b 侧的所有部件，这样允许两个设计人员同时工作
Fill Node	Fill 节点用于创建流道和浇口，流道和浇口用于在模板上创建切口
Cool Node	Cool 节点用于创建冷却部件。冷却零件用于在模板上创建切口，冷却标准件也使用该目录作为默认父部件
Prod Node	Prod（产品）节点用于将指定的零件装配在一起。指定的零件包括收缩、型芯、型腔、顶出等。Prod 节点也包括顶针、滑块、斜导柱等零件
Product Model	产品模型与参考零件联系在一起
Molding Part	模具零件是产品模型的一个副本，模具特征（拔模斜度、分割面等）被添加到该零件中。改变收缩率不会影响这些模具特征
Shrink Part	收缩部件也是产品模型的一个副本。收缩部件是产品模型应用收缩率后产生的
Parting Part	分型部件包含毛坯和收缩部件的副本，用于创建型芯和型腔。分型面创建于分型部件中
Cavity Part	型腔部件
Core Part	型芯部件
Trim Part	修纳节点包含用于模具修剪的各种几何体。这些几何体用于创建电极、镶块和滑块等
Var Part	该部件包含模架和标准件的各种公式，如螺栓的螺距等参数都存放在该部件中

12.1.2　模具坐标系

模具坐标系是在 MW 模块中进行模具设计的工作坐标系。模具坐标系在整个模具设计过程中起着非常重要的作用。它直接影响模具模架的装配及定位，同时它也是所有标准件加载的参照基准。在 UG 的 MW 中，规定模具坐标系的 ZC 轴矢量指向模具的开模方向，前模（定模）部分与后模（动模）部分是以 XY 平面为分界平面的。

单击工具栏中的【模具 CSYS】按钮，弹出如图 12-5 所示的【模具坐标系】对话框。该对话框用于设置模具装配模型的坐标系。

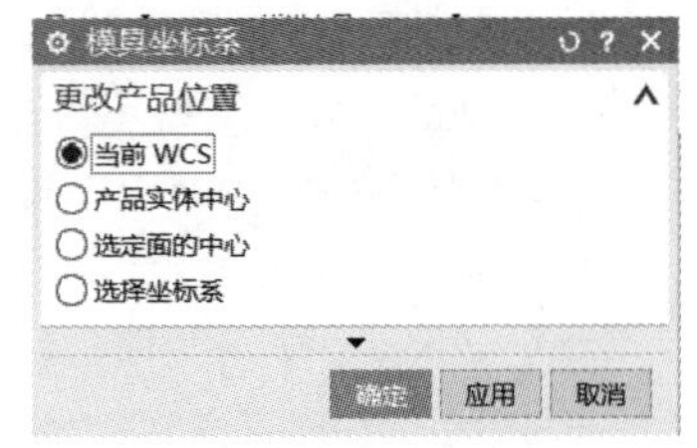

图 12-5

（2）产品实体中心：模具装配模型的坐标系位于零件中心。

（3）选定面的中心：将模具装配模型的坐标系原点设置在指定曲面上，并且位于曲面的中心。

（4）选择坐标系：根据要求选择模具装配模型的坐标系。

12.1.3　设置模具收缩率

收缩率是指注塑模塑件在冷却过程中的收缩比率。设置收缩率后，将会按收缩率扩大参考模型的尺寸。

一般来说，在项目初始化时系统会在我们设置材料后，自动显示出塑件的收缩率，也可以自己调出收缩率库，自行添加新的材料及收缩率。

如果在项目初始化时没有设置塑件材料，则需要设置塑件收缩率。单击工具栏中的【收缩】按钮，弹出如图 12-6 所示的【缩放体】对话框，收缩率的设置有均匀、轴对称和常规 3 个类型选项。

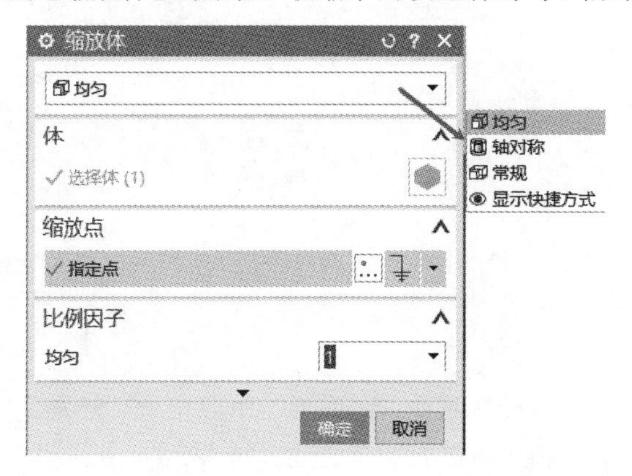

图 12-6

（1）均匀：整个产品实体沿各个轴向均匀收缩。

（2）轴对称：整个产品实体沿着轴向均匀收缩，需要设定沿轴向和其他方向两个比例因子，一般用于柱形产品。

（3）常规：需要指定 X、Y、Z 三个轴向比例因子。

12.1.4　工件及型腔布局

1. 工件设置

单击【注塑模向导】选项卡【主要】面板上的【工件】命令，弹出【工件】对话框，如图 12-7 所示。该对话框分为：类型、工件方法和尺寸 3 部分。

工件方法包括：用户定义的块、型腔-型芯、仅型腔和仅型芯 4 种。

在设计工件时，有时根据产品实体形状，需要自定义工具块。当选择【型腔-型芯】、【仅型腔】和【仅型芯】任意一种时，对话框如图 12-8 所示。

型腔-型芯定义工件型腔与型芯形状相同，而仅型腔和仅型芯时单独创建型腔和型芯，所以其工件形状可以不同。

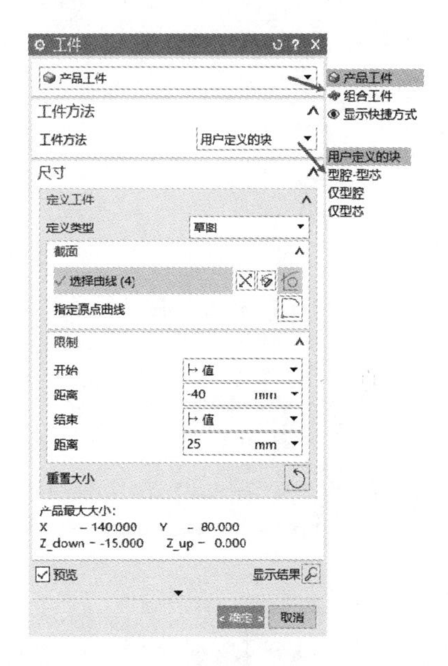

图 12-7

图 12-8

2. 型腔布局设置

单击【注塑模向导】选项卡【主要】面板上的【型腔布局】命令，弹出【型腔布局】对话框，如图 12-9 所示。

（1）布局类型

系统提供了【矩形】和【圆形】两种布局类型。矩形布局又分为【平衡】和【线性】两个选项，圆形布局可分为【径向】和【恒定】两个选项。

矩形布局中的【平衡】选项，需要设置型腔数量为 2 和 4。如果是 2 型腔布局，只需设定缝隙距离，如果是 4 型腔布局，则需设定第一距离和第二距离，如图 12-10 所示。

图 12-9

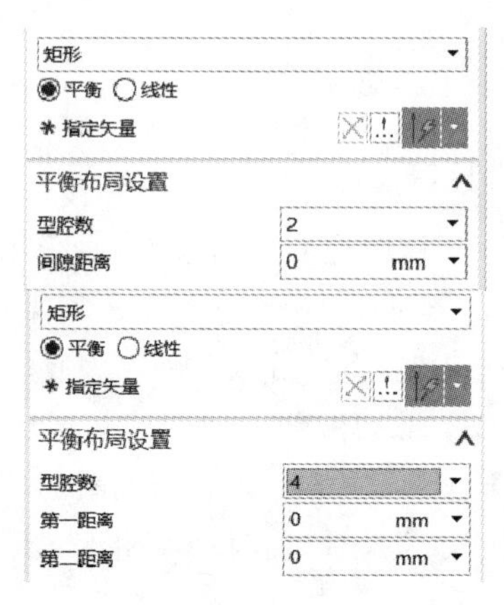

图 12-10

圆形布局中的【径向布局】选项是以参考点为中心，产品上每一点都沿着中心旋转相同的角度。【恒定布局】是产品实体上的中心等于旋转半径的参考点旋转设定角度，而产品整体式平移到该旋转点上。

（2）编辑布局

编辑布局包含【编辑镶块窝座】、【变换】、【移除】和【自动对准中心】，用于对布局产品进行旋转、平移等操作。

① 单击【变换】按钮，弹出如图 12-11 所示的【变换】对话框。

旋转：指定旋转中心后，输入相应角度，即可完成零件的旋转变换。

平移：输入零件沿 X 轴和 Y 轴的平移距离，也可用其中的滑块来设置平移距离的大小。

点到点：通过指定出发点和目标点来移动或复制产品。

② 移除：用于移除布局产生的复制品，原件不能被移除。

③ 自动对准中心：该选项用于将布局后的产品整体中心移动到绝对原点上。

图 12-11

实例：充电器座模具初始化设计

Step 01　启动 UG NX 1904 软件，打开配套资源中的文件 ex2.prt，单击【OK】按钮，选择菜单栏区域中【注塑模向导】命令，单击【初始化项目】，在弹出的【初始化项目】对话框（见图 12-12）中【路径】选择【盘符:\配套资源\moxing\第 12 章\充电器座】，名称为【ex2】，材料选择【NYLON】，在【收缩】文本框中输入【1.016】，配置选择【Mold.V1】，项目单位为【毫米】，其余参数默认系统设置，单击【确定】按钮。项目初始后，在【装配导航器】中，生成如图 12-13 所示的节点信息。

图 12-12

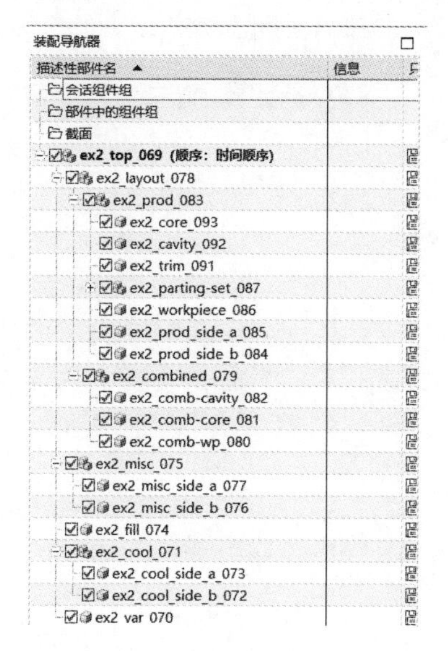

图 12-13

Step 02 单击【注塑模向导】|【主要】|【模具坐标系】命令，弹出【模具坐标系】对话框，如图 12-14 所示。在【更改产品位置】区域中选中【产品实体中心】单选按钮，在【锁定 XYZ 位置】区域选择中【锁定 Z 位置】复选框，单击【确定】按钮。

Step 03 单击【注塑模向导】|【主要】|【收缩】命令，在弹出的【缩放体】对话框中类型选择【均匀】，在【比例因子】下的【均匀】文本框中输入【1.005】，如图 12-15 所示，单击【确定】按钮。

图 12-14

图 12-15

Step 04 单击【注塑模向导】|【主要】|【工件】命令，在弹出的【工件】对话框中类型选择【产品工件】，工件方法为【用户定义的块】，在【尺寸】区域中，定义工件的类型选择【参考点】，把 Z 轴【负的】文本改成【27】以及【正的】文本改成【76】，其余参数默认系统设置，如图 12-16 所示，单击【确定】按钮。

Step 05 单击【注塑模向导】|【主要】|【型腔布局】命令，布局类型选择【矩形】和【线性】，在【线性布局设置】区域，在【X 向型腔数】文本框中输入 2，X 移动参考选择【块】，在【X 距离】文本框中输入 0mm；在【Y 向型腔数】文本框中输入 4，Y 移动参考选择【块】，在【Y 距离】文本框中输入 0mm，单击【生成布局】命令，再单击【自动对准中心】命令，结果如图 12-17 所示，单击【关闭】按钮。

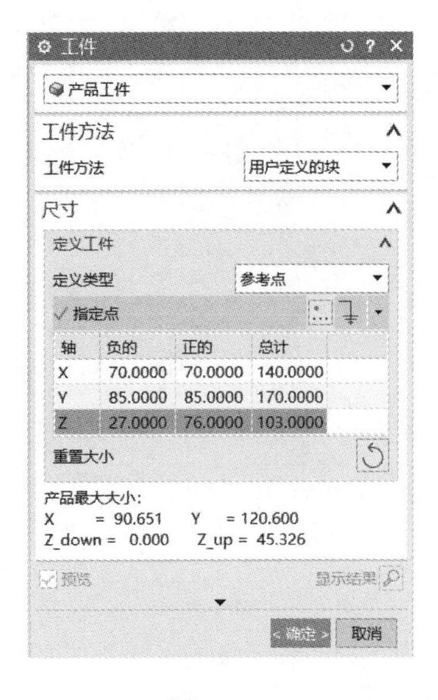

图 12-16

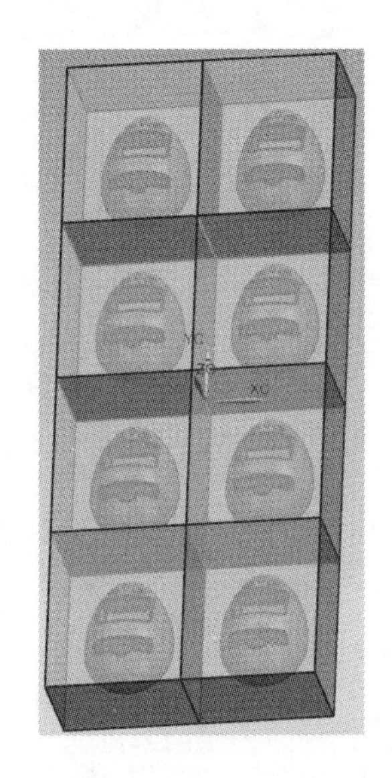

图 12-17

实例：手机模具初始化设计

Step 01　启动 UG NX 1904 软件，打开配套资源中的文件 sjzt.prt，单击【OK】按钮，选择菜单栏区域中【注塑模向导】命令，单击【初始化项目】，在弹出的【初始化项目】对话框（见图 12-18）中【路径】选择【盘符:\配套资源\moxing\第 12 章\手机模具】，名称为【sjzt】，材料选择【PC+10%GF】，在【收缩】文本框中输入【1.0035】，配置选择【Mold.V1】，项目单位为【毫米】，其余参数默认系统设置，单击【确定】按钮。项目初始后，在【装配导航器】中，生成如图 12-19 所示的节点信息。

图 12-18

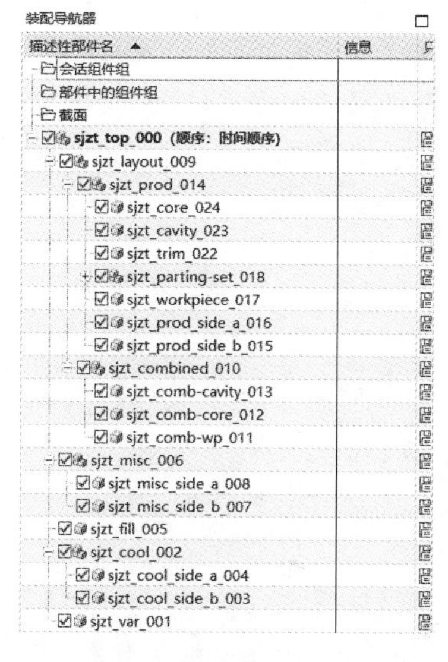

图 12-19

Step 02　选择【菜单】|【插入】|【WCS】|【原点】命令，弹出【点】对话框，点位置的选择对象如图 12-20 所示。单击【确定】按钮，创建坐标原点。

图 12-20

Step 03　选择【菜单】|【插入】|【WCS】|【旋转】命令，弹出【旋转】对话框，点位置的选择对象见图 12-20 所示。单击【确定】按钮，创建坐标原点。选择【+ZC 轴：XC 转向 YC】，在【角度】文本框中输入【180】，单击【确定】按钮，结果如图 12-21 所示。

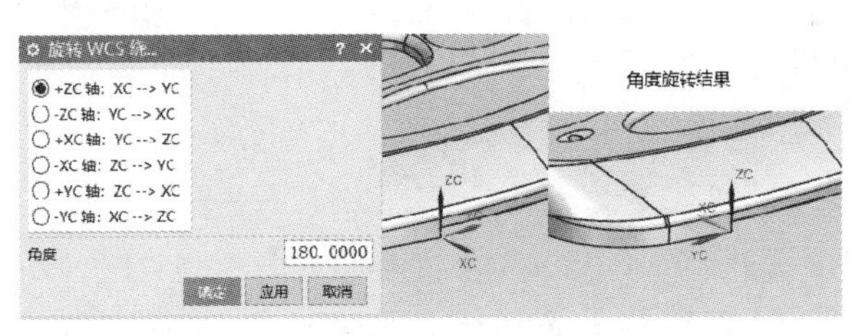

图 12-21

Step 04　单击【注塑模向导】|【主要】|【模具坐标系】命令，弹出【模具坐标系】对话框，如图 12-22 所示。在【更改产品位置】区域中选中【当前 WCS】单选按钮，单击【确定】按钮。

Step 05　单击【注塑模向导】|【主要】|【收缩】命令，在弹出的【缩放体】对话框中类型选择【均匀】，在【比例因子】下的【均匀】文本框中输入 1.0035，如图 12-23 所示，单击【确定】按钮。

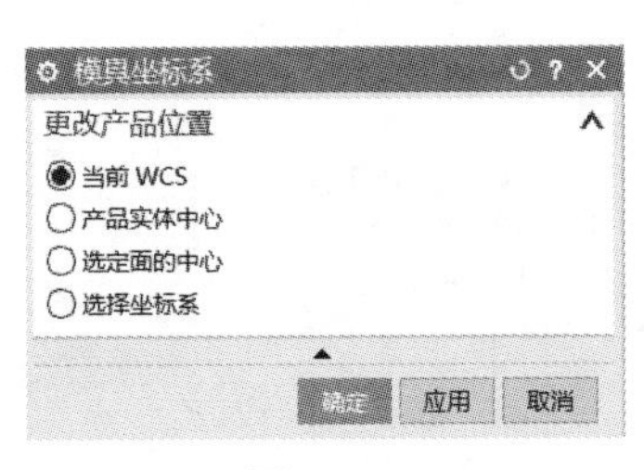

图 12-22

图 12-23

Step 06　单击【注塑模向导】|【主要】|【工件】命令，在弹出的【工件】对话框中类型选择【产品工件】，工件方法选择【用户定义的块】，在【尺寸】区域中，定义工件的类型选择【参考点】，把 Z 轴【负的】文本改成【27】以及【正的】文本改成【46】，其余参数默认系统设置，如图 12-24 所示，单击【确定】按钮。

Step 07　单击【注塑模向导】|【主要】|【型腔布局】命令，单击【自动对准中心】命令，结果如图 12-25 所示，单击【关闭】按钮。

图 12-24

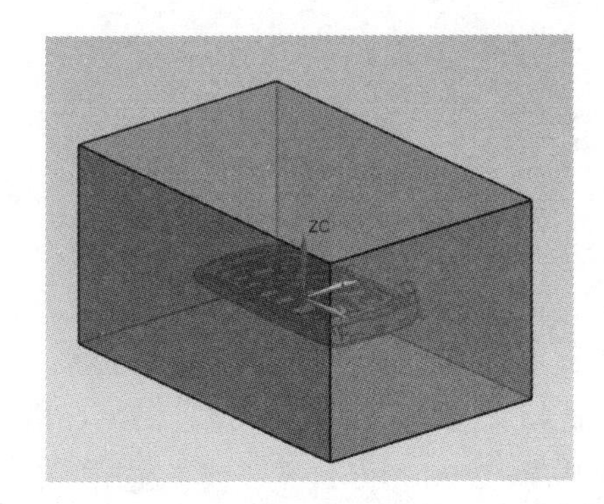

图 12-25

12.2　模具设计中的修补工具

本节将介绍模具设计中经常用到的修补工具。

12.2.1　创建包容体

创建包容体是创建一个长方体，填充所选定的局部开放区域，经常用于不适合使用曲线修边和边线修补的地方，也是创建滑块的常用方法。

单击【注塑模向导】|【注塑模工具】|【包容体】命令，弹出如图 12-26 所示的【包容体】对话框。

图 12-26

包容体创建类型有 3 种：中心和长度、块和圆柱。

12.2.2　拆分体

分割实体工具用于在工具体和目标体之间创建求交体，并从型腔或型芯中分割出一个镶件或滑块。

单击【注塑模向导】|【注塑模工具】|【拆分体】命令，弹出如图 12-27 所示的【拆分体】对话框。

目标：目标体可以是实体也可以是片体，直接用鼠标在绘图区选择即可。

工具：工具体用于分割或修剪目标体。选择实体、片体或基准平面作为分割/修剪面来分割或修剪目标体。

图 12-27

12.2.3　实体补片

实体补片是一种建造模型来封闭开口区域的方法。实体补片比建造片体模型更好用，它可以更容易地形成一个实体来填充开口区域。使用实体补片代替曲面补片的例子就是大多数的闭锁钩。

单击【注塑模向导】|【注塑模工具】|【实体补片】命令，弹出【实体补片】对话框，如图 12-28 所示。

在【补片】的【类型】下拉列表框中有两个选项，分别为【实体补片】和【连接体】。【连接体】是将具有实体补片特征的实体模型连接到其他模具组件中；【实体补片】则是以位于 parting 部件下的实体模型作为补片合并到产品模型中。

图 12-28

12.2.4　修剪区域补片

修剪区域补片是指使用选择地封闭曲线区域来封闭开口模型的开口区域，从而创建合适的补片体。

单击【注塑模向导】|【注塑模工具】|【修剪区域补片】命令，弹出如图 12-29 所示的【修剪区域补片】对话框。

图 12-29

12.2.5 拆分面

拆分面是利用基准面或存在面进行选定面的分割，使分割的面能满足需求，如果全部的分型线都位于产品实体的边缘，就没有必要使用该功能。

单击【注塑模向导】|【注塑模工具】|【拆分面】命令，弹出如图 12-30 所示的【拆分面】对话框。

图 12-30

拆分面的方法具体如下：

（1）用等斜度曲线来拆分面，该方法只能在交叉面才能使用。等斜度线的默认方向是+Z 方向。用鼠标在绘图区选择等斜度分割的面，然后单击【拆分面】对话框中的【确定】按钮。

（2）用基准平面来拆分面，基准平面的方式有面方式和基准面方式。

（3）用曲线来拆分面：用曲线来拆分面的方式有已有曲线/边界和通过两点。

12.3 分型设计

分型是一个基于塑料产品模型的串间型芯和型腔的过程。利用分型功能可以快速执行分型操作并保持相关性。

12.3.1 分型工具

模具分型工具包括检查区域、曲面补片、定义区域、设计分型面、编辑分型面和曲面补片、定义型腔和型芯、交换模型、备份分型/补片和曲面补片8 项功能。

12.3.2 区域分析

单击【注塑模向导】|【注塑模工具】|【检查区域】命令，弹出如图 12-31 所示的【检查区域】对话框。

1. 计算选项卡

（1）指定脱模方向：该选项用于重新选择产品实体在模具中的开模方向。

（2）保持现有的：该选项用于计算面属性但不更新。

（3）仅编辑区域：表示将不执行面的计算。

（4）全部重置：用于将所用面重设为默认值。

2. 面选项卡

面选项卡（见图 12-32）用于分析产品模型的成型性型芯。

（1）高亮显示所选的面：该选项用于高亮显示所设定特定拔模角的面。如果设置了【拔模角限制】选项和【面拔模角】类型，系统会高亮显示所选的面。

（2）拔模角限制：用于设置拔模角度值，只能是正值。

（3）设置所有面的颜色：将产品实体所有面的颜色设定为面拔模角中的颜色。可以选择调色板上的颜色来更改这些面的颜色。

（4）透明度：利用选定的面和未选定的面透明度的滑块，控制观察产品实体选择面和非选择面的透明度。

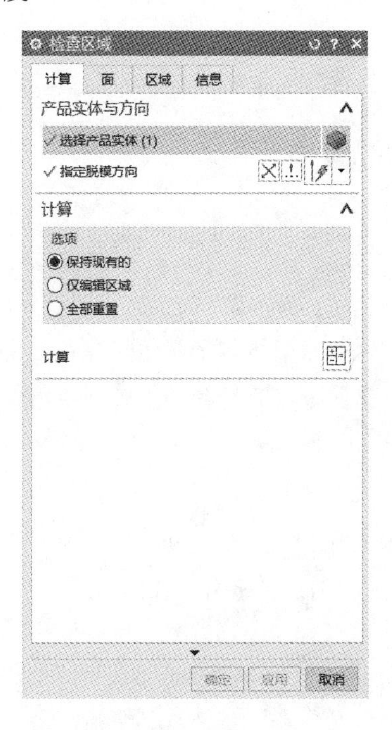

图 12-31

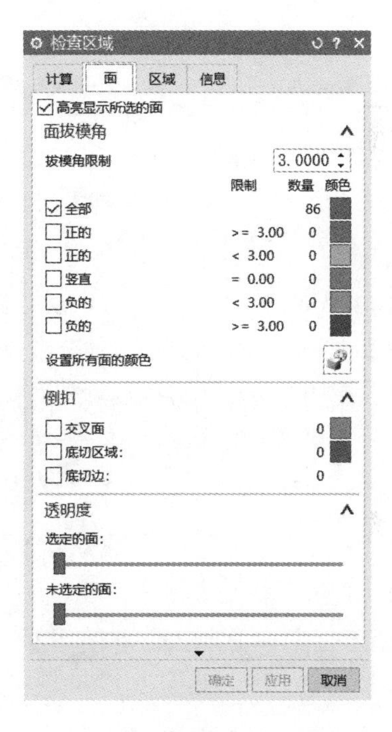

图 12-32

3. 区域选项卡

区域选项卡用于从模型面上提取型芯和型腔区域，并指定颜色，以定义分型线，实现自动分型功能。

（1）型腔区域或型芯区域：选定型腔或型芯区域后，拖动各自下方的滑块，完成该区域的透明度设置，能更清楚地识别剩余的未定义面。

（2）未定义区域：用于定义无法自动识别型腔或型芯面。

（3）设置区域颜色：将产品实体所有面的颜色设定为型腔区域或型芯区域中的颜色。

（4）指派到区域：用于指定选择的区域是型腔区域还是型芯区域。

4. 信息选项卡

信息选项卡用于检查产品实体的面属性、模型属性和尖角。

12.3.3 定义区域

单击【注塑模向导】|【注塑模工具】|【定义区域】命令，弹出如图 12-33 所示的【定义区域】对话框。

在使用该功能时，系统会在相邻的分型线中自动搜索边界面和修补面。如果体的面的总数不等于分别复制到型芯和型腔的面的总和，则很可能没有正确定义边界面。如果发生这种情况，系统会提出警告并高亮显示有问题的面，但是仍然可以忽略这些警告并继续提出区域。

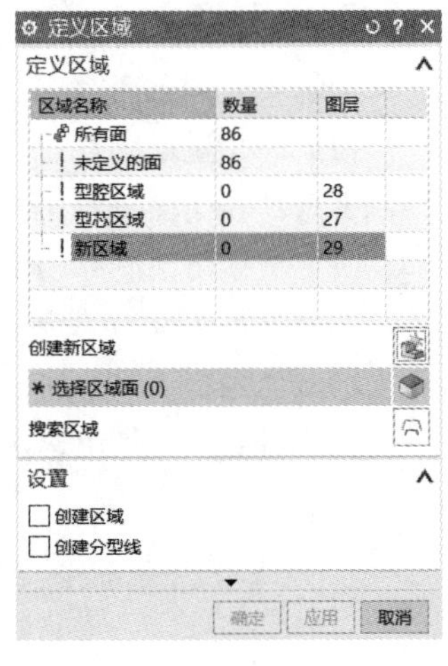

图 12-33

12.3.4 分型面设计

单击【注塑模向导】|【注塑模工具】|【设计分型面】命令，弹出如图 12-34 所示的【设计分型面】对话框。

1. 分型段

【分型段】选项区用来收集在【区域分析】过程中抽取的分型线。如果之前没有抽取分型线，则【分型段】列表不会显示分型线的分型段、删除分型面和分型线数量等信息。在这里要注意，如果要删除已有的分型线，可以通过分型管理器将分型线显示，然后在图形区中单击要删除的分型线，并执行【删除】命令即可。

2. 创建分型面

只有在选择分型线之后，【创建分型面】选项卡才会显示出来。该选项卡提供如图 12-35 所示的 4 种主分型面的创建方法：拉伸、有界平面、条带曲面和引导式延伸。

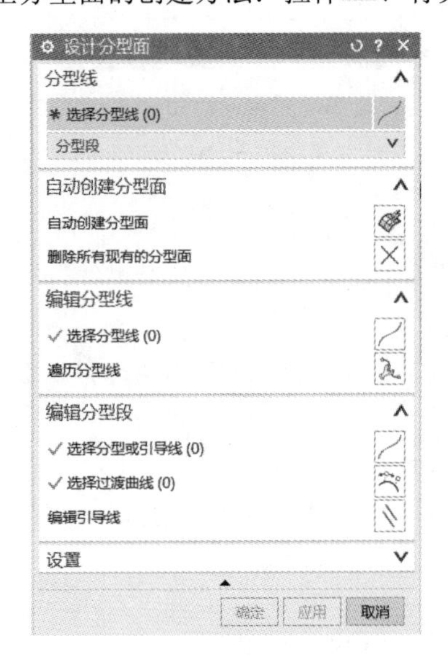

图 12-34

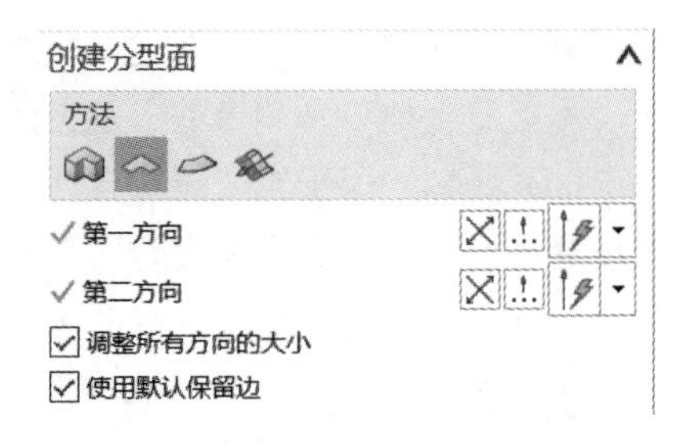

图 12-35

3．编辑分型线

【编辑分型线】选项区主要用于手工选择产品分型线或分型段。在选项区中选择【编辑分型线】|【选择分型线】命令，即可在产品中选择分型线，然后单击对话框中的【应用】按钮，所选择的分型线将列于【分型线】选项区中的【分型段】列表中。

若单击【遍历分型线】按钮，可通过弹出的【遍历分型线】对话框遍历分型线，如图 12-36 所示。这有助于产品边缘较长的分型线的选择。

图 12-36

4．编辑分型段

【编辑分型段】选项区的功能是选择要创建主分型面的分型段，以及编辑引导线的长度、方向和删除等。【编辑分型段】各选项的含义如下。

（1）【选择分型或引导线】：激活此命令，在产品中选择要创建分型面的分型段和引导线，则引导线就是主分型面的截面曲线。

（2）【选择过渡曲线】：过渡曲线是指主分型面某一部分的分型线。过渡曲线可以是单段分型线，也可以是多段分型线。在选择过渡曲线后，主分型面将按照指定的过渡曲线进行创建。

（3）【编辑引导线】：引导线是主分型面的截面曲线，其长度及方向决定主分型面的大小和方向。单击【编辑引导线】按钮，可以通过弹出的【引导线】对话框来编辑引导线。

12.3.5　定义型腔和型芯

单击【注塑模向导】|【注塑模工具】|【定义型腔和型芯】命令，弹出如图 12-37 所示的【定义型腔和型芯】对话框。

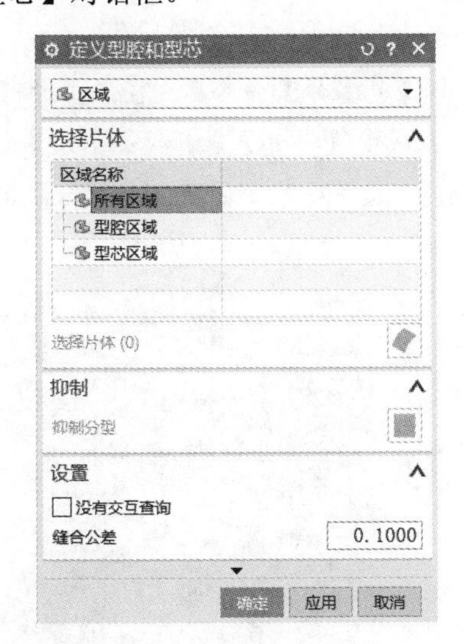

图 12-37

该对话框中各选项的含义如下：

（1）【所有区域】：选择此选项，可同时创建型腔和型芯。

(2)【型腔区域】：选择此选项，可自动创建型腔。

(3)【型芯区域】：选择此选项，可自动创建型芯。

(4)【选择片体】：当程序不能完全拾取分型面时，用户可手动选择片体或曲面来添加或取消多余的分型面。

(5)【抑制分型】：撤销创建的型腔与型芯部件（包括型腔与型芯的所有部件信息）。

(6)【缝合公差】：为主分型面与补片缝合时所取的公差范围值，若间隙大，此值可取大一些；若间隙小，此值可取小一些，一般情况下保留默认值。有时，型腔、型芯分不开，这与缝合公差的取值有很大关系。

实例：充电器座模具分型设计

Step 01 单击【注塑模向导】|【分型工具】|【曲面补片】命令，在弹出的【曲面补片】对话框中环选择类型为【遍历】，取消【按面的颜色遍历】的选项，单击【遍历环】下的【选择边/曲线】，第一次选择的曲线如图 12-38 所示，单击【应用】按钮，在选择【第二次选择的曲线】，单击【应用】按钮。然后在把【环选择】类型为由【遍历】改为【面】，面的选择如图 12-39 所示，单击【确定】按钮，完成曲面的修补。

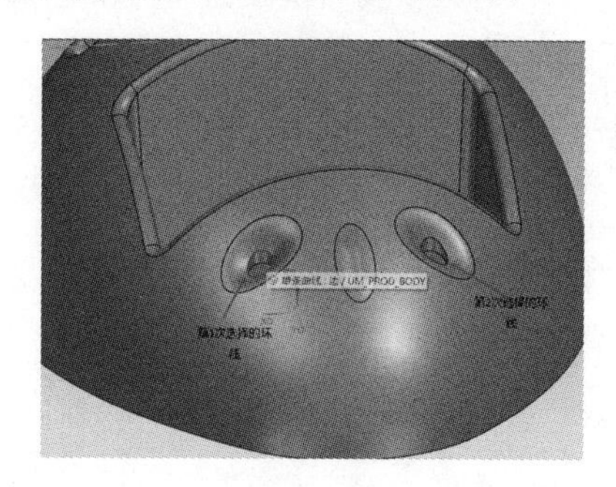

图 12-38

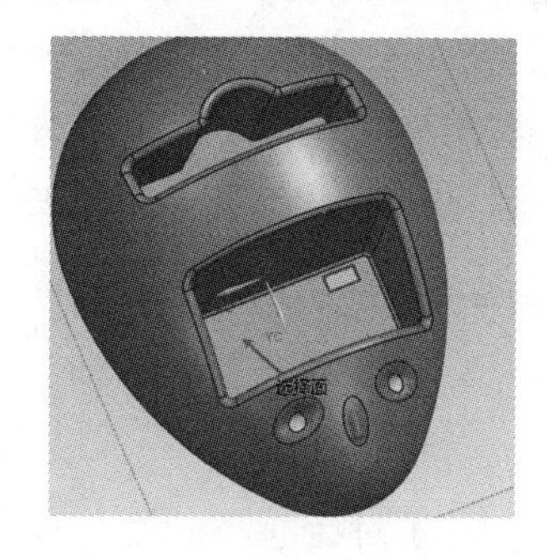

图 12-39

Step 02 单击【注塑模向导】|【注塑模工具】|【包容体】命令，在弹出的【包容体】对话框中（见图 12-40），类型选择【块】，在【方位】区域中【参考】选择【工作坐标系】，选择【单个偏置】复选框，在【偏置】文本框中输入【1mm】，选择对象如图 12-41 所示，单击【确定】按钮，完成包容块的创建。

图 12-40

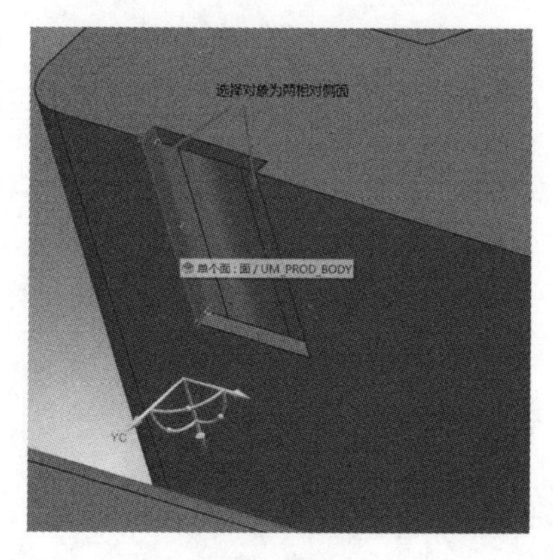

图 12-41

Step 03 单击【注塑模向导】|【注塑模工具】|【修剪实体】命令，在弹出的【修剪实体】对话框中，类型选择【面】，目标选择体为步骤 2 创建的包容块，修剪面的选择如图 12-42 所示。注意：在确定修剪面的方向时，可以选用方向命令调节，结果如图 12-43 所示。

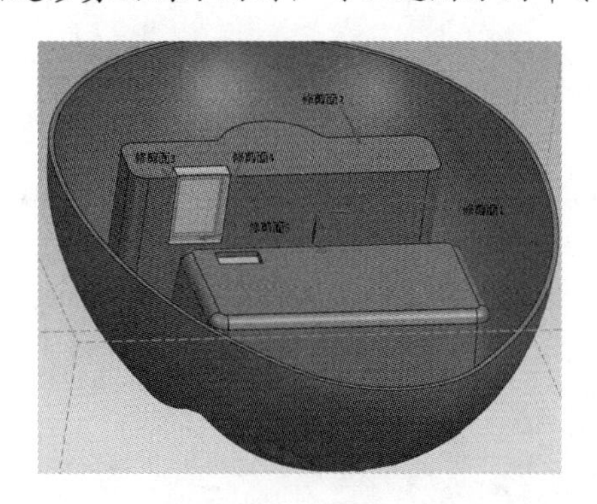
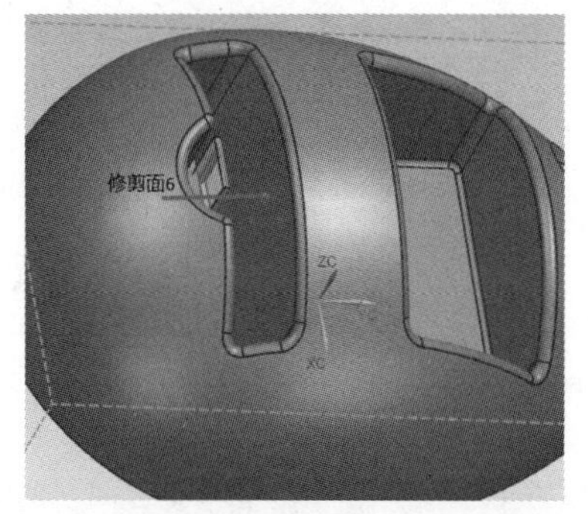

图 12-42

修剪实体
面
修剪面
* 选择面 (0)
反向
箱体中的面
与包容块关联
目标
* 选择体 (0)
选择目标组件 (0)
编辑包容块
显示结果
确定 应用 取消

图 12-43

Step 04 单击【注塑模向导】|【注塑模工具】|【实体补片】命令，弹出【实体补片】对话框，在补片类型中选择【实体补片】，选择的补片体为步骤 3 修剪完成的包容块，单击【确定】按钮，如图 12-44 所示。

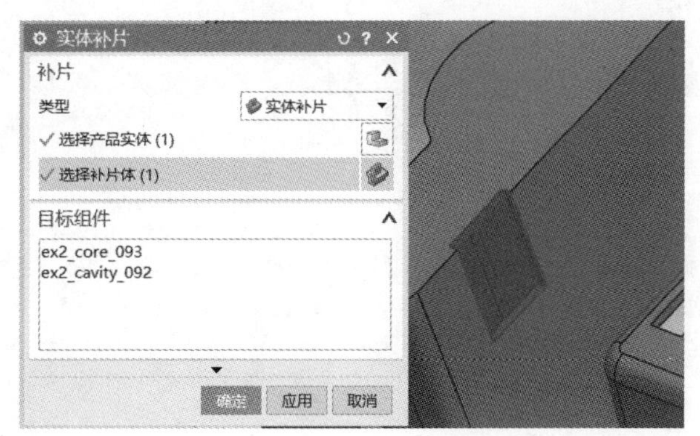

图 12-44

Step 05 单击【注塑模向导】|【分型工具】|【设计分型面】命令，在弹出的【设计分型面】对话框中，选择【编辑分型线】区域中的【选择分型线】命令，选择工件最低面的曲线，如图 12-45 所示，单击【确定】按钮。

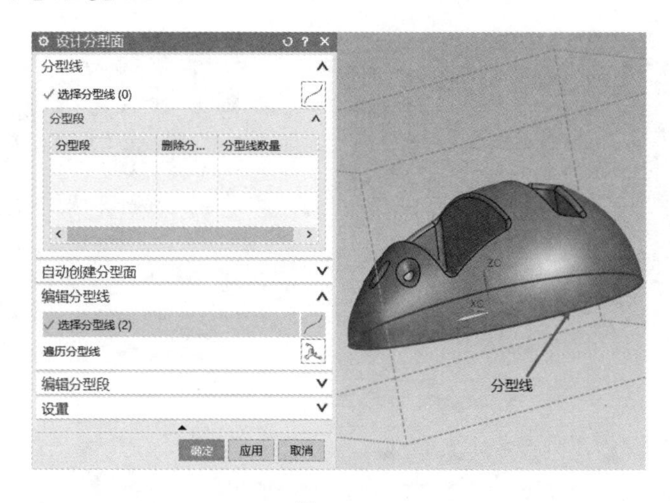

图 12-45

Step 06 单击【注塑模向导】|【分型工具】|【设计分型面】命令，在弹出的【分型面】对话框中，取消【调整所有方向的大小】选项，手动调整分型面的大小（注意：分型面一定要大于工件的尺寸），单击【确定】按钮。

Step 07 单击【注塑模向导】|【分型工具】|【检查区域】命令，在弹出的【检查区域】对话框中，【指定脱模方向】为【ZC】，在【计算】选项卡中选择【保持现有的】，单击【计算】命令，单击【应用】按钮，然后单击【检查区域】对话框中的【区域】选项卡，型腔区域为【54】，型芯区域为【55】，未定义区域为【6】，分别将【型腔区域】和【型芯区域】的透明度都调到最大。在【指派到区域】选项中，选中【型芯区域】单选按钮，利用鼠标框选工件（此时显示区域面为 6），单击【确定】按钮，完成区域的定义，此时型腔区域为【54】，型芯区域为【61】，如图 12-46 所示。

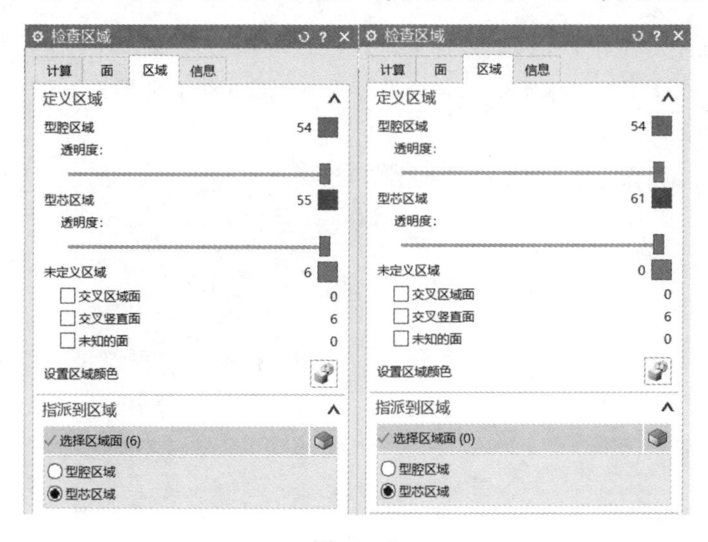

图 12-46

Step 08　单击【注塑模向导】|【分型工具】|【定义区域】命令，在弹出的【定义区域】对话框中选择【所有面】选项，选择【创建区域】复选框，单击【确定】按钮。

Step 09　单击【注塑模向导】|【分型工具】|【定义区域】命令，在弹出的【定义型腔和型芯】对话框中，类型选择【区域】，在【选择片体】的【区域名称】区域中选择【所有区域】选项，单击【确定】按钮。创建完成的型芯和型腔如图 12-47 所示。

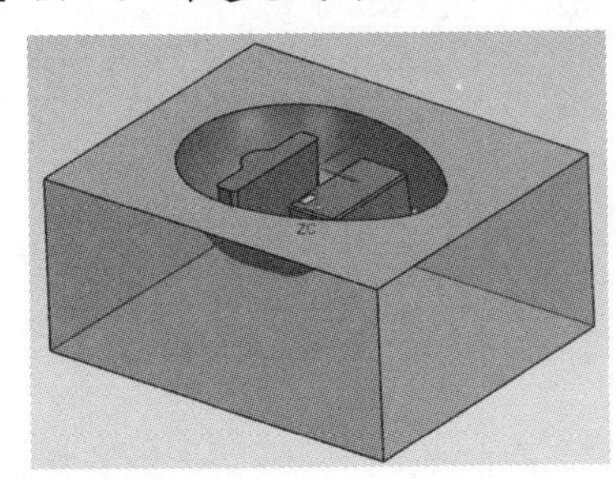
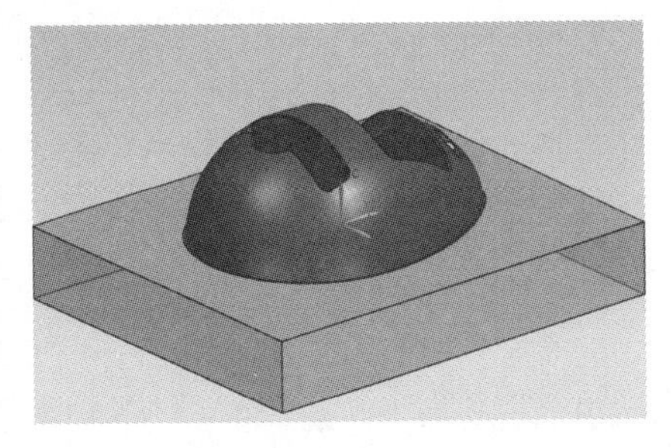

图 12-47

12.4　辅助系统设计

本节将介绍辅助系统的相关知识。

12.4.1　模架设计

模架是用于型腔和型芯装夹、顶出和分离的机构。模架尺寸和配置的要求对于不同类型的工程有很大不同。模架主要包括标准模架、可互换模架、通用模架和自定义模架。

单击【注塑模向导】|【主要】|【模架库】命令，弹出如图 12-48 所示的【模架库】对话框和【重用库】面板。

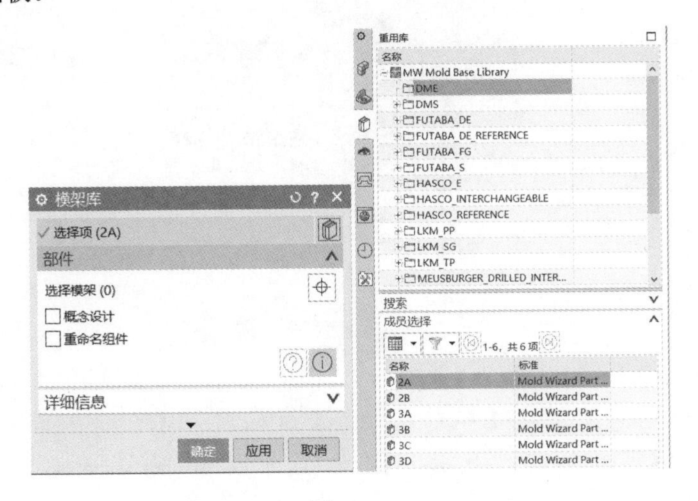

图 12-48

重用库面板包括文件夹视图、成员视图、部件、设置等选项。利用该面板，可以选择一些供应商提供的标准模架或自己组合生成的模架。在【重用库】的【名称】中可以选择不同模架供应商的规格体系以用作当前的模架。

在【名称】中选定模件库后，在【成员选择】列表中会显示不同配置的模架，如 A 系列、B 系列、C 系列、D 系列，如图 12-49 所示。在【成员选择】选定后，会在【模架库】对话框中增加【详细信息】选项组，如图 12-50 所示。拖动滚动条，可以浏览整个模架可编辑的尺寸。

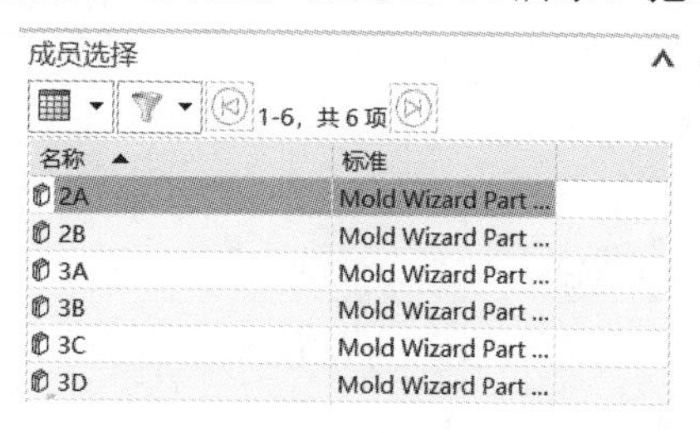

图 12-49

详细信息

名称	值
index	4545
TCP_type	2
AP_h	126
BP_h	76
CP_h	106

index 4545 mm

图 12-50

在设置区域中单击【编辑注册器】命令，弹出模架记录文件。模架记录文件包含配置对话框、定位库中模型的位置、控制数据库的电子表格及位图图像，如图 12-51 所示。

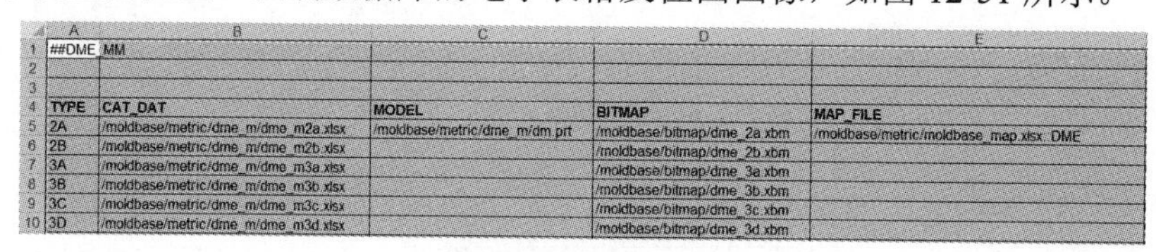

	A	B	C	D	E
1	##DME_MM				
2					
3					
4	TYPE	CAT_DAT	MODEL	BITMAP	MAP_FILE
5	2A	/moldbase/metric/dme_m/dme_m2a.xlsx	/moldbase/metric/dme_m/dm.prt	/moldbase/bitmap/dme_2a.xbm	/moldbase/metric/moldbase_map.xlsx::DME
6	2B	/moldbase/metric/dme_m/dme_m2b.xlsx		/moldbase/bitmap/dme_2b.xbm	
7	3A	/moldbase/metric/dme_m/dme_m3a.xlsx		/moldbase/bitmap/dme_3a.xbm	
8	3B	/moldbase/metric/dme_m/dme_m3b.xlsx		/moldbase/bitmap/dme_3b.xbm	
9	3C	/moldbase/metric/dme_m/dme_m3c.xlsx		/moldbase/bitmap/dme_3c.xbm	
10	3D	/moldbase/metric/dme_m/dme_m3d.xlsx		/moldbase/bitmap/dme_3d.xbm	

图 12-51

在设置区域中单击【编辑数据库】命令，弹出如图 12-52 所示的模架数据库文件。模架数据库文件包括定义特定模架尺寸和选项的相关数据。

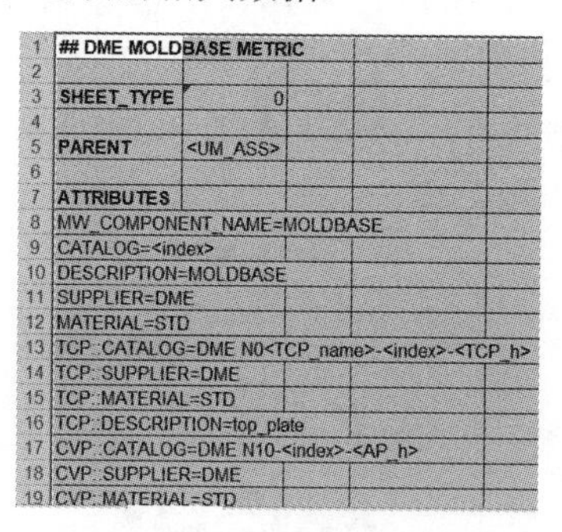

1	## DME MOLDBASE METRIC	
2		
3	SHEET_TYPE	0
4		
5	PARENT	<UM_ASS>
6		
7	ATTRIBUTES	
8	MW_COMPONENT_NAME=MOLDBASE	
9	CATALOG=<index>	
10	DESCRIPTION=MOLDBASE	
11	SUPPLIER=DME	
12	MATERIAL=STD	
13	TCP::CATALOG=DME N0<TCP_name>-<index>-<TCP_h>	
14	TCP::SUPPLIER=DME	
15	TCP::MATERIAL=STD	
16	TCP::DESCRIPTION=top_plate	
17	CVP::CATALOG=DME N10-<index>-<AP_h>	
18	CVP::SUPPLIER=DME	
19	CVP::MATERIAL=STD	

图 12-52

12.4.2 滑块设计

单击【注塑模向导】|【主要】|【滑块和浮升销设计】命令，弹出如图 12-53 所示的【滑块和浮升销设计】对话框。单击【重用库】和【成员选择】面板，会在【滑块和浮升销设计】对话框下部产生滑块设计的详细信息，如图 12-54 所示。通过对相关参数的设置，完成满足工况下的滑块设计。

滑块创建的步骤如下：

（1）使用模具工具中交互建模的方法在型芯或型腔部件中创建滑块的头部。

（2）将工作坐标系设定在头部底线的中心，Z+指向定出方向，+Y 指向低切区域。其方向与滑块库中的设计方向相关。

图 12-53

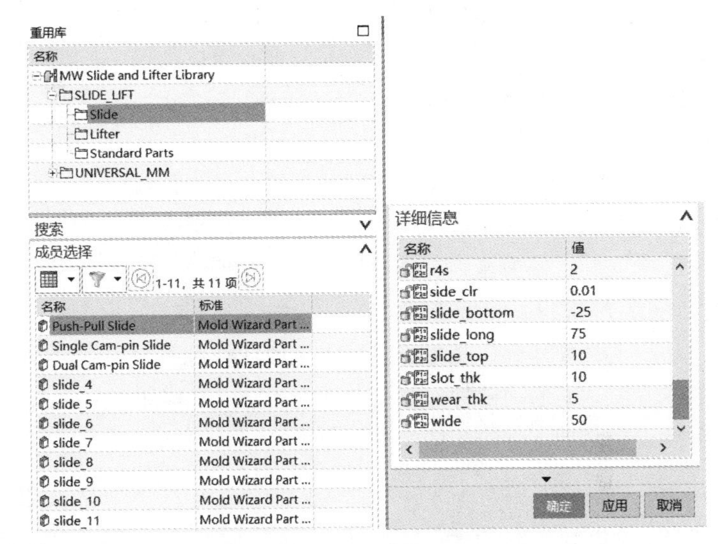

图 12-54

（3）使用【滑块和浮升销设计】命令，调整滑块参数，完成标准尺寸的滑块体。

（4）在装配模式下，通过【菜单】|【插入】【关联复制】|【Wave 几何链接器】，将滑块头连接到滑块的本体部件中，修改滑块体的尺寸，同时通过【合并】命令，将两部分合为一体。

12.4.3 顶杆设计

顶杆是顶出制品或浇注系统凝料的杆件，顶杆顶出是注塑成形中最常用的功能。

单击【注塑模向导】|【主要】|【标准件库】命令，弹出如图 12-55 所示的【标准件管理】和【重用库】面板中选择【名称】|【DME_MM】|【Ejection】|【Ejector Pin】，然后改变【标准件管理】对话框中的【详细信息】中的相关参数，完成顶杆的设计。

图 12-55

单击【注塑模向导】|【主要】|【顶杆后处理】命令，弹出【顶杆后处理】对话框，如图 12-56 所示。顶杆后处理是用分型面修剪顶杆并设置配合长度，该长度是紧密型匹配顶杆孔的长度。

对话框中相关含义如下：

【类型】：包含调整长度、修剪和取消修剪 3 种选项。调整长度是指用参数来调整顶针，而不是用建模面来修剪顶针。修剪是用一个建模面来修剪顶针，使顶针头部与型芯表面相适应。

【工具】：修边部件是用于定义包含顶杆修剪面的文件，默认值是修边部件。修边曲面是用定义在修边部件中选择修剪部件的那些面来修剪顶杆。

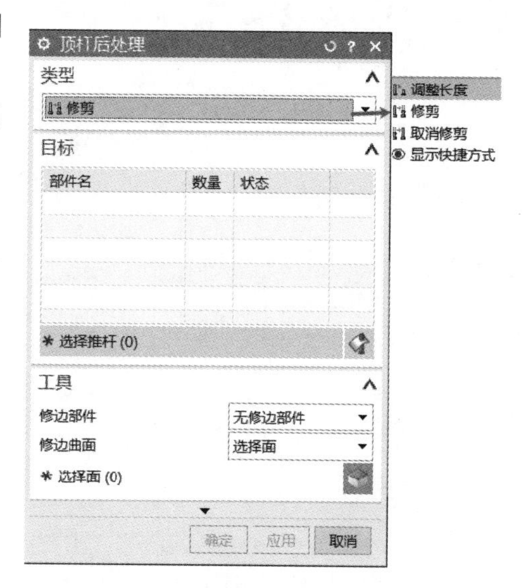

图 12-56

12.4.4 浇注系统设计

浇注系统是指模具中从接触注塑机喷嘴开始到进入型腔位置的塑料流动通道。一个完整的浇注系统包括主流道、分流道和浇口。

1. 主流道

主流道是熔体进入模腔最先经过的一段流道。

单击【注塑模向导】|【主要】|【标准部件库】命令，弹出【标准件管理】和【重用库】对话框，如图 12-57 所示。选择【重用库】|【名称】|【Injection】命令，然后在【成员选择】中选择需要的标准浇口套。

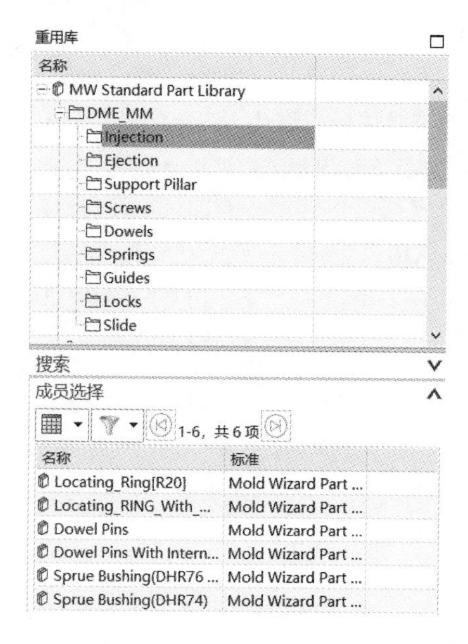

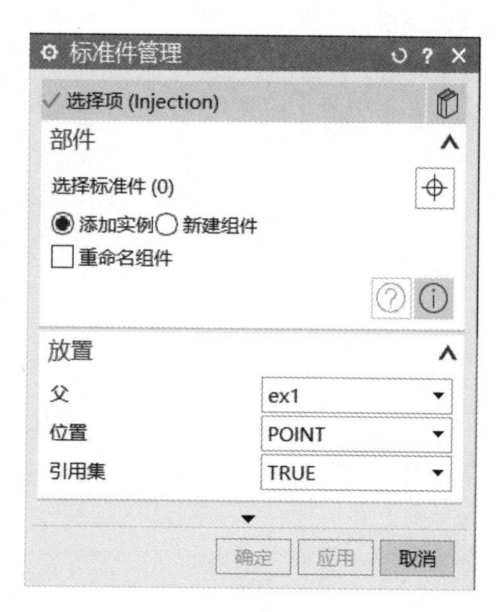

图 12-57

2. 分流道

分流道是熔料经过主流道进入浇口之前的路径，设计要素分为流动路径和流道截面尺寸。

单击【注塑模向导】|【主要】|【流道】命令，弹出【流道】对话框，如图 12-58 所示。

引导曲线的选择需根据流道管道、分型面和参数调整要求的情况来考虑，主要有输入草图式样、曲线通过点和从引导线上增加/去除曲线。

截面主要有以下 5 种类型：Circular（圆形）、Parabolic（抛物线形）、Trapezoidal（梯形）、Hexagonal（六边形）、Semi_Circular（半圆形）。

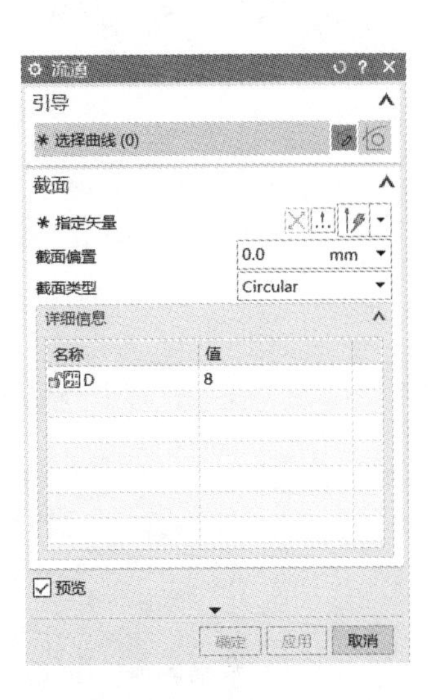

图 12-58

3. 浇口

浇口是连接流道和型腔的熔料进入口。

单击【注塑模向导】|【主要】|【设计填充】命令，弹出【设计填充】和【重用库】对话框，如图 12-59 所示。选择【重用库】|【名称】|【MW Fill Library】命令，然后在【成员选择】中选择需要的标准浇口。

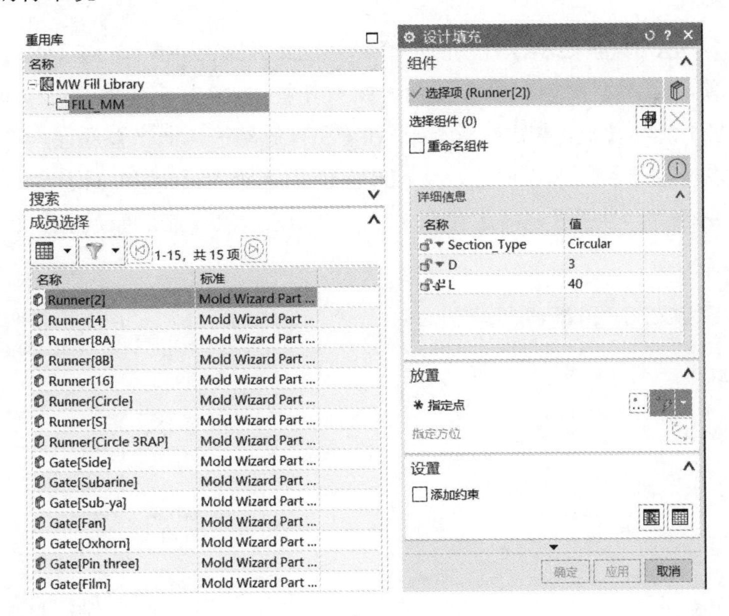

图 12-59

12.4.5　创建腔体

单击【注塑模向导】|【主要】|【腔】命令，弹出【开腔】对话框，如图 12-60 所示。

腔是指切开腔以容纳模板或镶块中的标准件或任何实体。开腔的模式包含去除材料和添加材料。工具类型包含组件和实体。

图 12-60

12.5 综合实例 1：手机电池模具设计

1. 项目初始化

Step 01 启动 UG NX 1904 软件，打开配套资源中的文件 sjdc.prt，单击【OK】按钮，选择菜单栏区域中的【注塑模向导】命令，单击【初始化项目】，在弹出的【初始化项目】对话框（见图 12-61）中，【路径】选择【盘符:\配套资源\moxing\第 12 章\手机电池】，名称为【ex1】，材料选择【PC+10%GF】，在【收缩】文本框中输入【1.0035】，配置选择【Mold.V1】，项目单位为【毫米】，其余参数默认系统设置，单击【确定】按钮。项目初始后，在【装配导航器】中，生成如图 12-62 所示的节点信息。

图 12-61

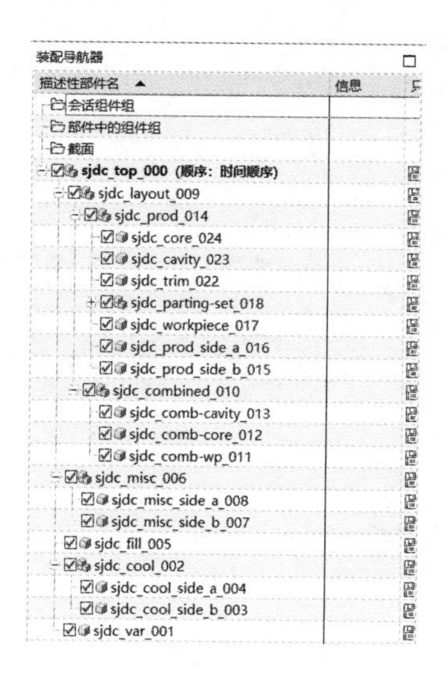

图 12-62

Step 02 单击【注塑模向导】|【主要】|【模具坐标系】命令，弹出【模具坐标系】对话框，如图 12-63 所示。在【更改产品位置】区域中选中【当前 WCS】单选按钮，单击【确定】按钮。

Step 03 单击【注塑模向导】|【主要】|【收缩】命令，在弹出的【缩放体】对话框中类型选择【均匀】，在【比例因子】的【均匀】文本框中输入 1.0035，如图 12-64 所示，单击【确定】按钮。

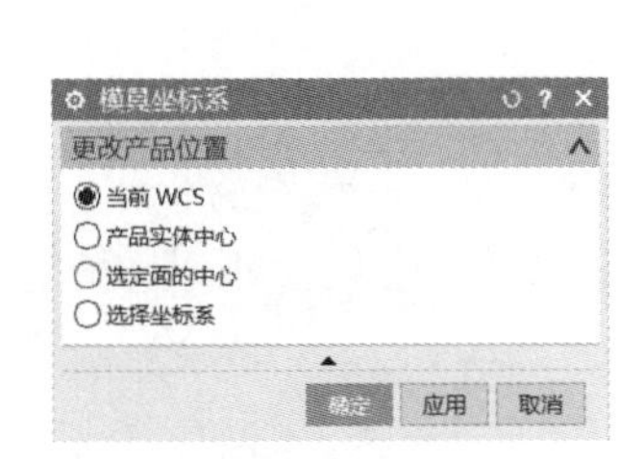

图 12-63

图 12-64

Step 04 单击【注塑模向导】|【主要】|【工件】命令，在弹出的【工件】对话框中类型选择【产品工件】，工件方法为【用户定义的块】，在【尺寸】区域中，定义工件的类型选择【参考点】，把 Y 轴【负的和正的】文本都改成【45】，把 Z 轴【负的】文本改成【27】以及【正的】文本改成【46】，其余参数默认系统设置，如图 12-65 所示，单击【确定】按钮。

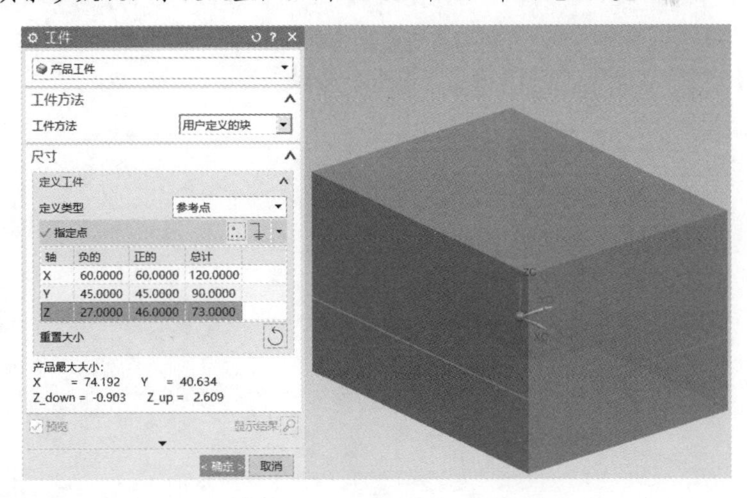

图 12-65

Step 05 单击【注塑模向导】|【主要】|【型腔布局】命令，其余参数保持不变，单击【自动对准中心】命令，单击【关闭】按钮。

2. 分型设计

Step 01 单击【注塑模向导】|【分型工具】|【设计型面】命令，单击编辑分型线下的【选择分型线】命令，分型线的选择如图 12-66 所示，单击【确定】按钮。

Step 02 单击【注塑模向导】|【分型工具】|【分型导航器】命令，在弹出的【分型导航器】对话框中，取消选择【产品实体】和【工件线框】复选框，关闭【分型导航器】对话框。

Step 03 单击【注塑模向导】|【分型工具】|【设计型面】命令，在编辑分型段区域中选择【选择分型或引导线】命令，创建的引导线如图 12-67 所示，单击【确定】按钮。

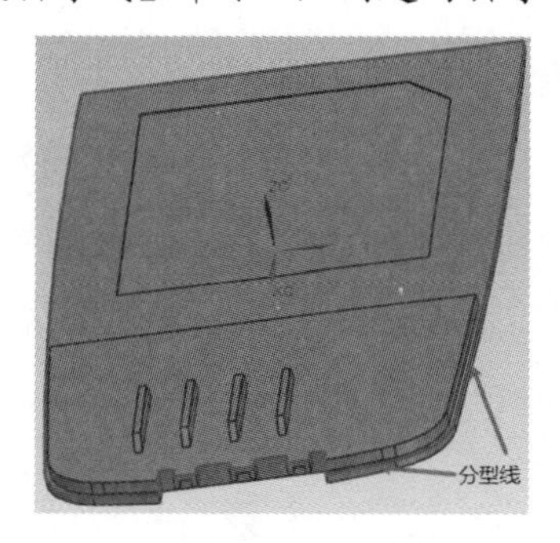

图 12-66

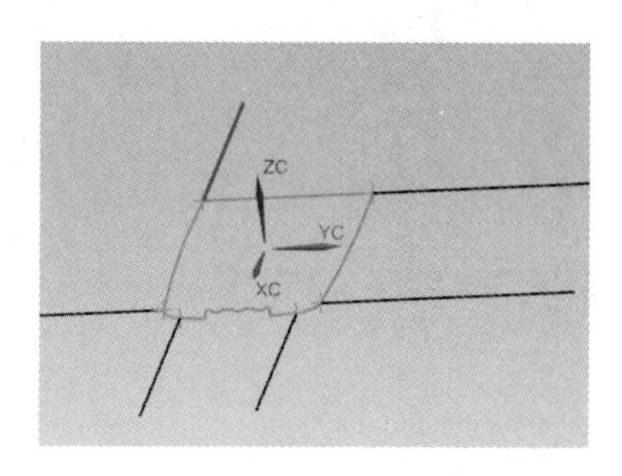

图 12-67

Step 04 单击【注塑模向导】|【分型工具】|【设计型面】命令，在分型段区域选择【段 1】，在创建分型面区域选择【拉伸】，延伸距离为【60】，单击【应用】按钮，如图 12-68 所示。接着，选择【段 2】，创建分型面的方法为【拉伸】，拉伸方向默认系统设置，延伸距离为【60】，单击【应用】按钮。然后，选择【段 3】，创建分型面的方法为【拉伸】，拉伸方向默认系统设置，延伸距离为【60】，单击【应用】按钮。选择【段 4】，创建分型面的方法为【拉伸】，拉伸方向默认系统设置，延伸距离为【60】，单击【应用】按钮。选择【段 5】，创建分型面的方法为【拉伸】，拉伸方向默认系统设置，延伸距离为【60】，单击【应用】按钮。选择【段 6】，创建分型面的方法为【拉伸】，拉伸方向为【-YC】，延伸距离为【60】，单击【确定】按钮。创建的分型面如图 12-69 所示。

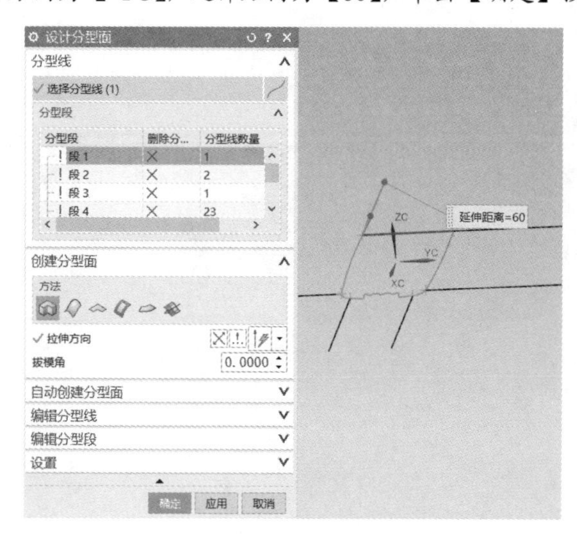

图 12-68

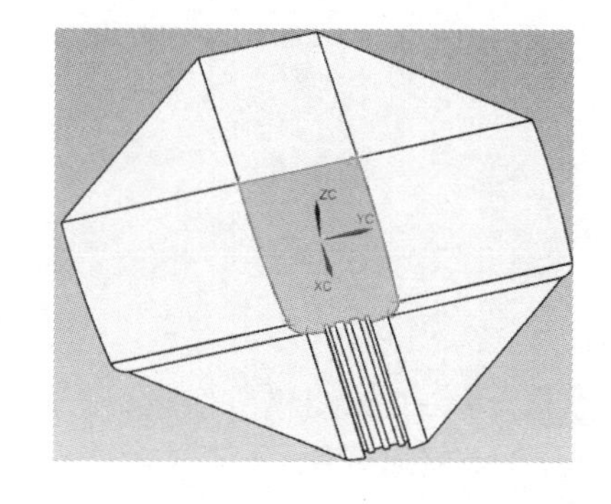

图 12-69

Step 05 单击【注塑模向导】|【分型工具】|【检查区域】命令，在弹出的【检查区域】对话框中单击【计算】选项卡，【指定脱模方向】为【ZC】，选择【保持现有的】，单击【计算】命令，单击【应用】按钮，然后在弹出的【检查区域】对话框中单击【区域】选项卡，此时型腔

区域个数为【39】，型芯区域的个数为【17】，未定义曲面为【20】，如图 12-70 所示。拖动型腔区域的透明度进度条到最大，然后拖动型芯区域的透明度进度条到最大，在【指派到区域】中，选中【型芯区域】单选按钮，框选【工件，共计 20 个面】，单击【应用】按钮，此时的检查区域各面的分布如图 12-71 所示，单击【确定】按钮。

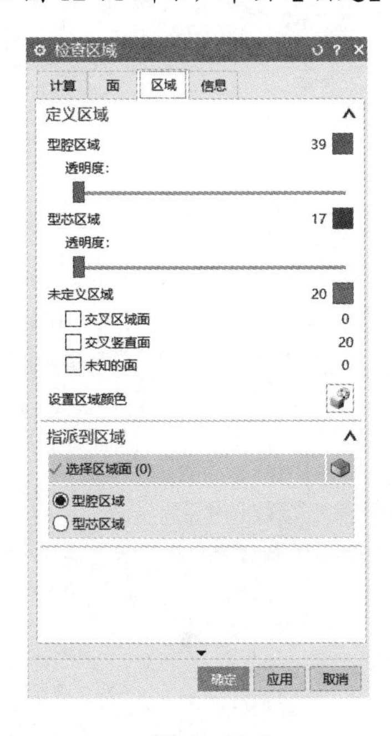

图 12-70

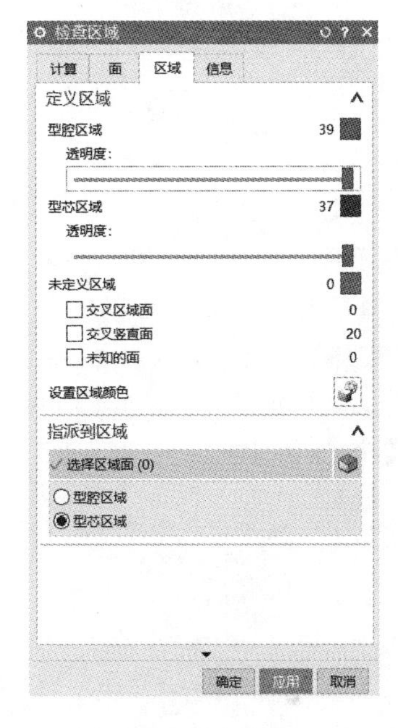

图 12-71

Step 06 单击【注塑模向导】|【分型工具】|【定义区域】命令，在弹出的【定义区域】对话框中选择【所用面】，选择设置区域下【创建区域】复选框，单击【确定】按钮，如图 12-72 所示。

Step 07 单击【注塑模向导】|【分型工具】|【定义型腔和型芯】命令，在弹出的【定义型腔和型芯】对话框（见图 12-73）中类型选择【区域】，在选择片体区域名称中选择【所有区域】，单击【确定】按钮。创建的【型芯】和【型腔】如图 12-74 所示。

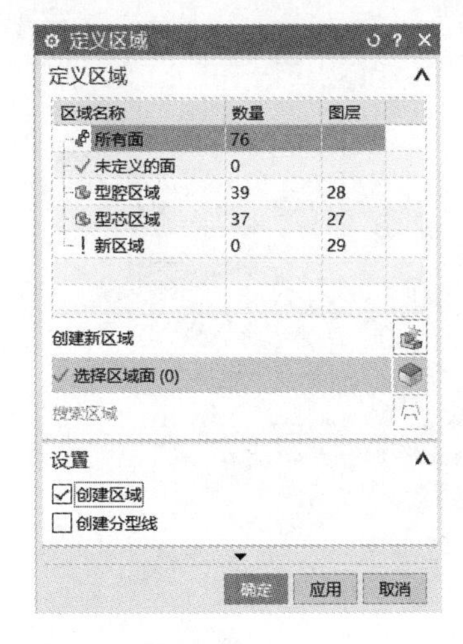

图 12-72

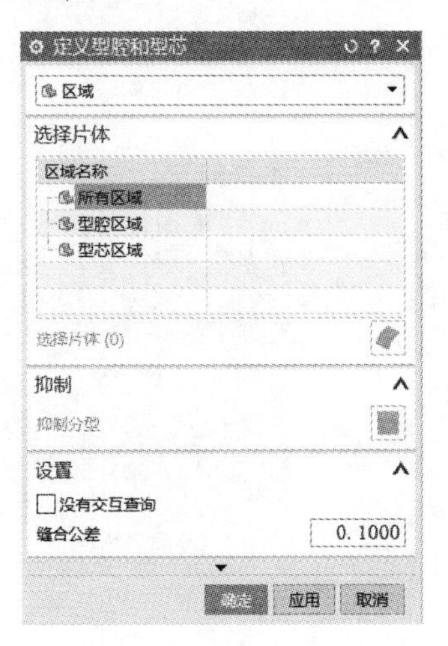

图 12-73

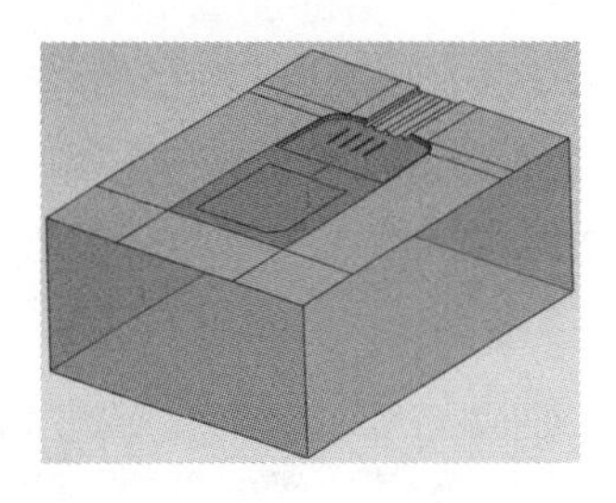 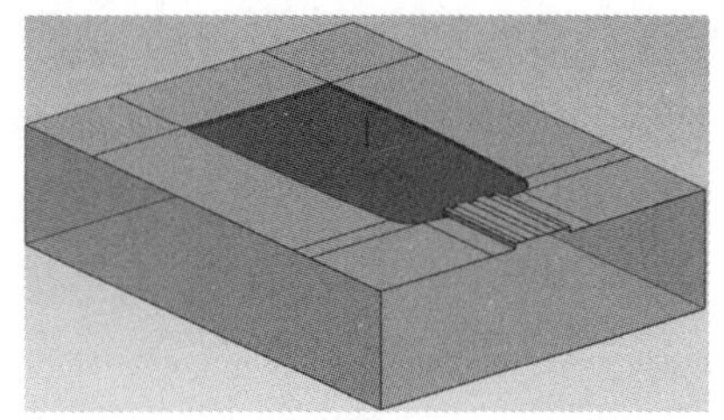

图 12-74

3. 模架设计

单击【注塑模向导】|【主要】|【模架库】命令，弹出【模架库】、【重用库】和【成员选择】对话框，选择【重用库】|【HASCO_E】，选择【成员选择】|【Type(F2M2)】，在【模架库】下方【详细信息】区域，把【index】由【196×196】改为【196×296】，把【AP_h】由【96】改为【46】，把【BP_h】由【76】改为【27】，其余参数默认系统设置，如图 12-75 所示，单击【应用】按钮，自动生成的模架，发现其方向偏转了 90°，单击【模架库】对话框中的【旋转模架】命令，单击【确定】按钮，旋转后的结果如图 12-76 所示。

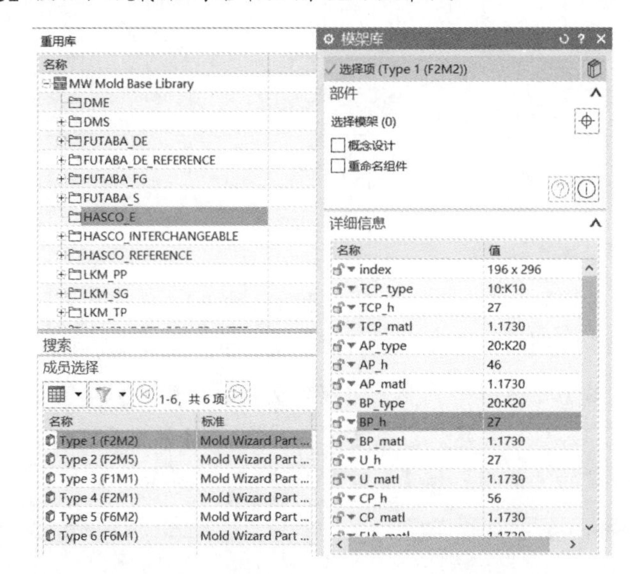

图 12-75

图 12-76

4．定位环设计

Step 01 将导航器切换到【装配导航器】，选中【sjdc_top_000】右击，在弹出的快捷菜单中选择【设为工作组件】命令。

Step 02 单击【注塑模向导】|【主要】|【标准件库】命令，在弹出的【标准件管理】、【重用库】和【成员选择】对话框中（见图 12-77），选择【重用库】|【HASCO_MM】|【Locating Ring】|【成员选择】|【K100C】，在【标准件管理】下的【详细信息】，【DIAMETER】改为【100】，【THICKNESS】改为【8】，其余参数默认，单击【确定】按钮，完成定位环创建，如图 12-78 所示。

图 12-77

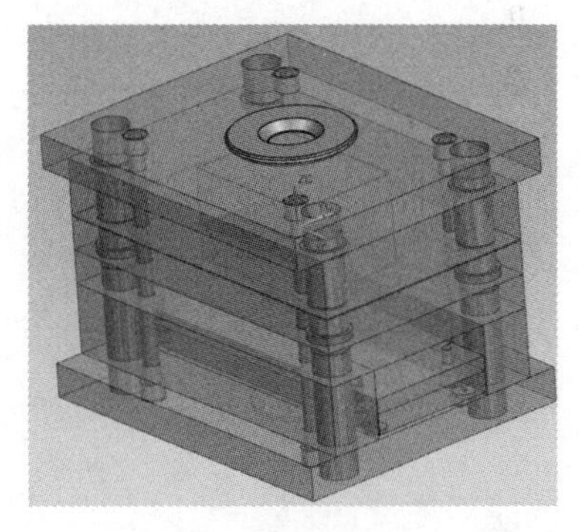

图 12-78

Step 03 单击【注塑模向导】|【主要】|【标准件库】命令，在弹出的【标准件管理】、【重用库】和【成员选择】对话框中，选择【重用库】|【HASCO_MM】|【Injection】|【成员选择】|【Spruce Bushing[Z50,Z51,Z511,Z512]】，在【标准件管理】下的【详细信息】，【CATALOG】改为【Z50】，【CATALOG_DIA】改为【18】，【CATALOG_LENGTH】改为【40】，其余参数默认，单击【确定】按钮，完成浇口套的创建，如图 12-79 所示。

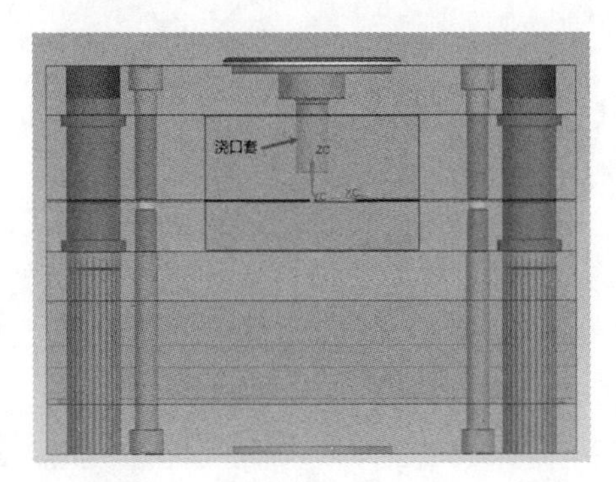

图 12-79

Step 04 单击【注塑模向导】|【主要】|【标准件库】命令，在弹出的【标准件管理】、【重用库】和【成员选择】对话框中，选择【重用库】|【DME_MM】|【Injection】|【成员选择】

|【Ejector Pin (Straight)】，在【标准件管理】下的【详细信息】，【CATALOG_DIA】改为【2】，【CATALOG_LENGTH】改为【125】,其余参数默认，单击【确定】按钮，弹出【点】对话框，在输入坐标区域，首先输入【X=-30，Y=16，Z=0】,单击【确定】按钮，再依次输入以下 5 点:【X=-30，Y=-16，Z=0；X=0，Y=16，Z=0；X=0，Y=-16，Z=0；X=26，Y=16，Z=0；X=26，Y=16，Z=0】；单击【取消】按钮，完成顶杆的创建，如图 12-80 所示。

Step 05 单击【注塑模向导】|【主要】|【顶杆后处理】命令，在弹出的【顶杆后处理】对话框中选择类型为【调整长度】，在【目标】列表中选择步骤 17 创建的顶杆，在工具修边曲面的类型中选择【CORE_TRIM_SHEET】，单击【确定】按钮，顶杆后处理后如图 12-81 所示。

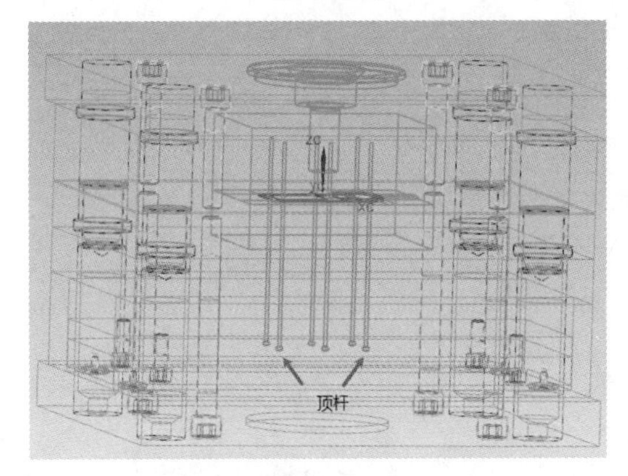

图 12-80　　图 12-81

5．浇注系统设计

Step 01 在装配导航器中，选中【sjdc_moldbase_025】和【sjdc_cavity_023】右击，在弹出的快捷菜单中选择【隐藏】命令。

Step 02 选择【注塑模向导】|【主要】|【设计填充】命令，弹出【设计填充】对话框，如图 12-82 所示，选择【重用库】|【名称】|【FILL |【成员选择】|【Gate(Pin three)】，在【标准件管理】对话框【详细信息】中把【d】改为【1.0】，把【L1】改为【0】，在【放置】区域选择对象如图 12-83 所示，单击【确定】按钮，完成浇口的创建。创建后的结果如图 12-84 所示。

图 12-82

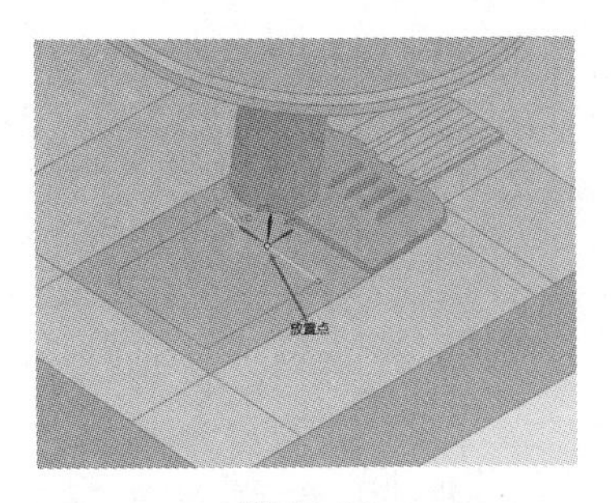

图 12-83

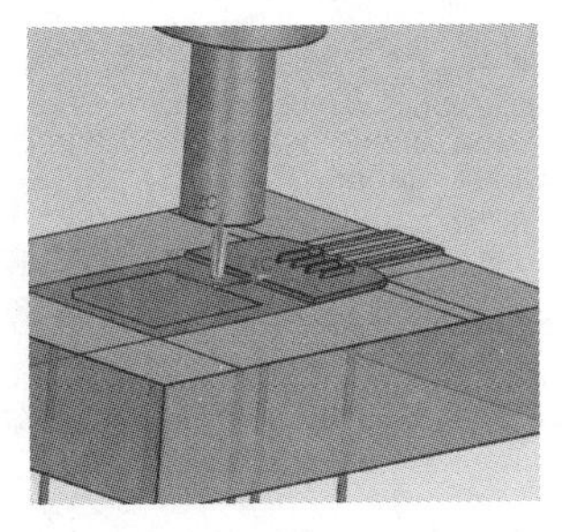

图 12-84

6．创建腔体

Step 03　选择【注塑模向导】|【主要】|【腔】命令，在弹出的【开腔】对话框中，模式选择【去除材料】，【目标体】为【模架、型腔和型芯】，工具类型选择【组件】，工具体的选择对象为【定位环】、【浇口】、【主流道】和【顶杆】。其余参数默认系统设置，单击【确定】按钮，完成腔体的创建，开腔后的结果如图 12-85 所示。

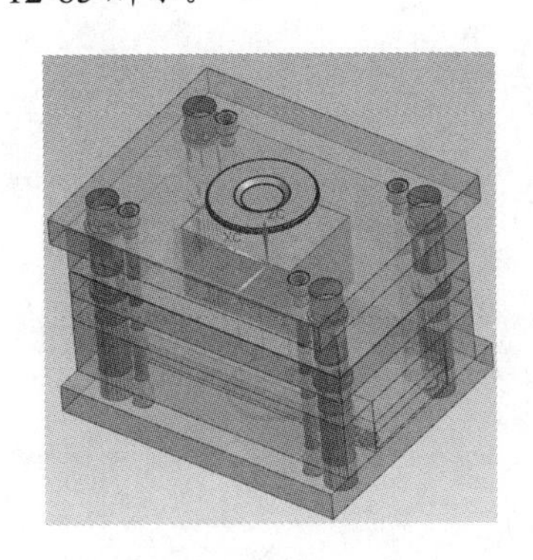

图 12-85

12.6　综合实例 2：散热盖模具设计

1．初始化设计

Step 01　启动 UG NX 1904 软件，打开配套资源中的文件 ex1.prt，单击【OK】按钮，选择菜单栏区域中【注塑模向导】命令，单击【初始化项目】，在弹出的【初始化项目】对话框中【路径】选择【盘符:\配套资源\moxing\第 12 章\散热盖】，名称为【ex1】，材料选择【NYLON】，在【收缩】文本框中输入【1.005】，配置选择【Mold.V1】，项目单位为【毫米】，其余参数默认系统设置，单击【确定】按钮。项目初始后，在【装配导航器】中，生成如图 12-86 所示的节点信息。

Step 02　单击【注塑模向导】|【主要】|【模具坐标系】命令，弹出【模具坐标系】对话框，如图 12-87 所示。在【更改产品位置】区域中选中【产品实体中心】单选按钮，在【锁定 XYZ 位置】区域中选择【锁定 Z 位置】复选框，单击【确定】按钮。

Step 03　单击【注塑模向导】|【主要】|【收缩】命令，在弹出的【缩放体】对话框中类型选择【均匀】，在【比例因子】下的【均匀】的文本框中输入【1.005】，如图 12-88 所示，单击【确定】按钮。

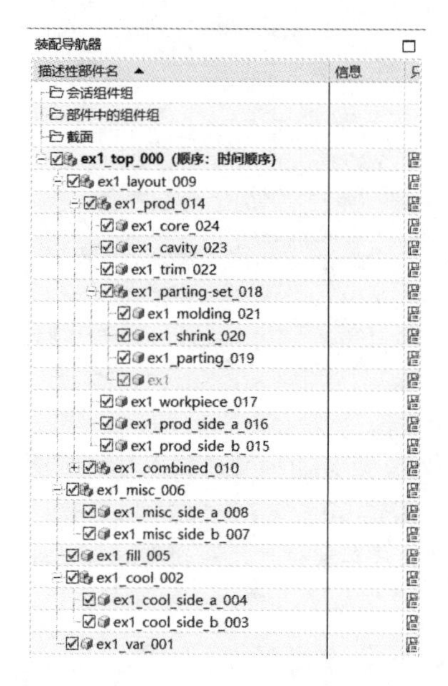

图 12-86

图 12-87

Step 04 单击【注塑模向导】|【主要】|【工件】命令，在弹出的【工件】对话框中类型选择【产品工件】，工件方法为【用户定义的块】，在【尺寸】区域中，定义工件的类型选择【参考点】，把 Y 轴【负的和正的】文本都改成【50】，把 Z 轴【负的和正的】文本都改成【36】，其余参数默认系统设置，如图 12-89 所示，单击【确定】按钮。

图 12-88

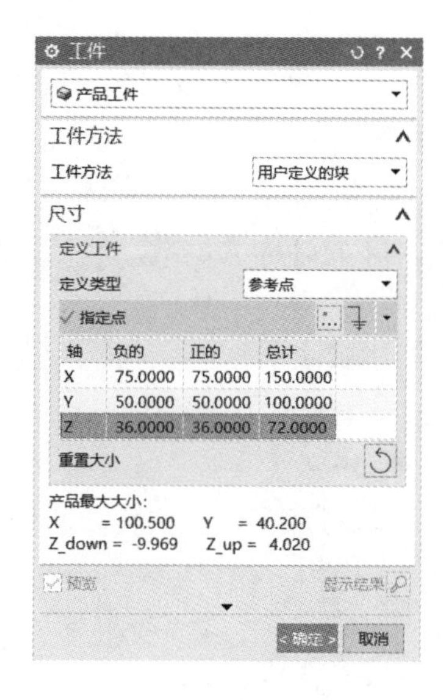

图 12-89

Step 05 单击【注塑模向导】|【主要】|【型腔布局】命令，布局类型选择【矩形】和【平衡】，指定矢量为【-YC】，在【平衡布局设置】区域中，在【型腔数】文本框中输入【2】，在【间隙距离】文本框中输入【0】，单击【生成布局】命令，再单击【自动对准中心】命令，结果如图 12-90 所示，单击【关闭】按钮。

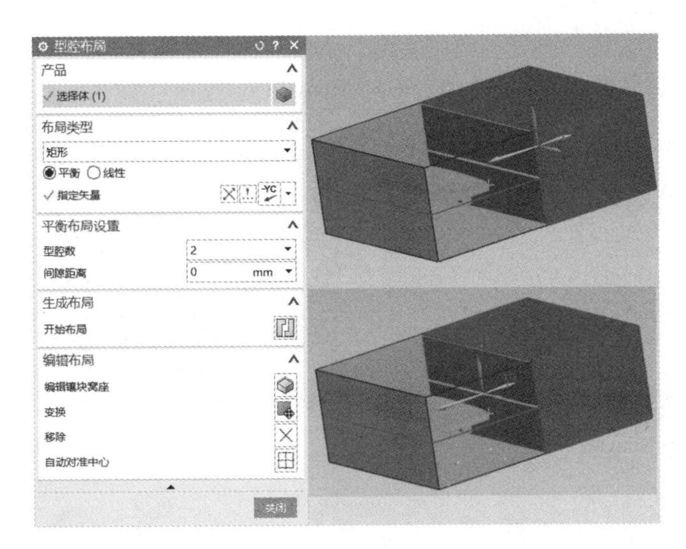

图 12-90

2. 分型设计

Step 01　单击【注塑模向导】|【分型工具】|【曲面补片】命令，在弹出的【曲面补片】对话框中环选择类型为【面】，面的选择如图 12-91 所示。其余参数默认系统设置，单击【确定】按钮。

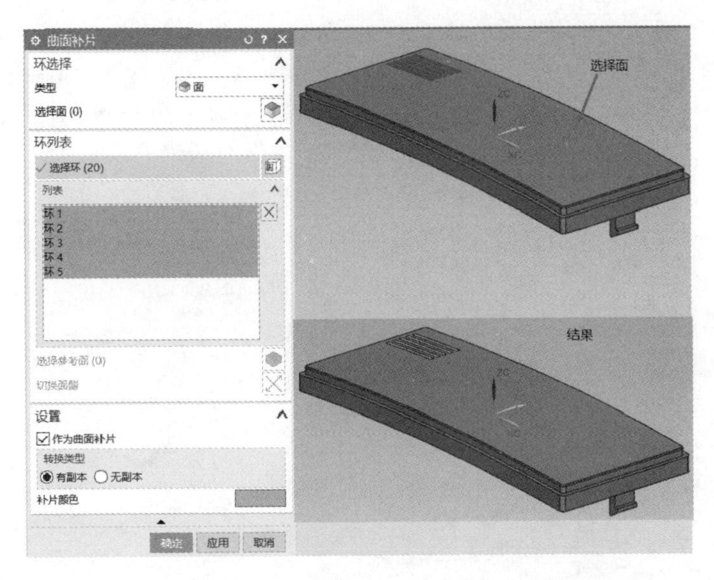

图 12-91

Step 02 单击【注塑模向导】|【分型工具】|【设计型面】命令，单击编辑分型线下的【选择分型线】命令，分型线的选择如图 12-92 所示，单击【确定】按钮。

Step 03　单击【注塑模向导】|【分型工具】|【设计型面】命令，在创建分型面区域中选择【扩大的曲面】命令，取消【调整所有方向的大小】选项卡，手动调整 U 向和 V 向的起点百分比。手动调整 U 向和 V 向的起点百分比的原则就是片体的尺寸大于成形工件的，如图 12-93 所示。

单击【确定】按钮。

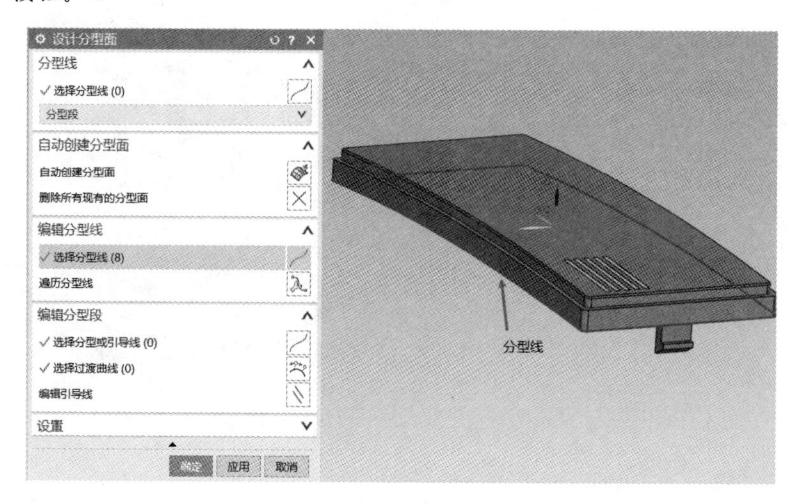

图 12-92

Step 04 单击【注塑模向导】|【分型工具】|【检查区域】命令，在弹出的【检查区域】对话框中单击【计算】选项卡，【指定脱模方向】为【ZC】，选择【保持现有的】，单击【计算】命令，单击【应用】按钮，然后在弹出的【检查区域】对话框中单击【区域】选项卡，此时型腔区域个数为【18】，型芯区域的个数为【30】，未定义曲面为【28】，如图 12-94 所示。拖动型腔区域的透明度进度条到最大，接着拖动型芯区域的透明度进度条到最大，在指派到区域中，选中【型腔区域】，选择【工件外围，共计 8 个面】，如图 12-95 所示，单击【应用】按钮，然后在【指派到区域】中，选中【型芯区域】单选按钮，框选【工件，共计 20 个面】，单击【应用】按钮，此时检查区域各面的分布如图 12-96 所示。

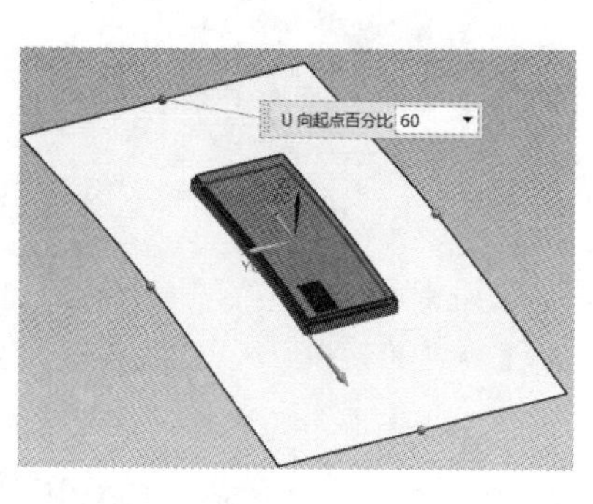

图 12-93

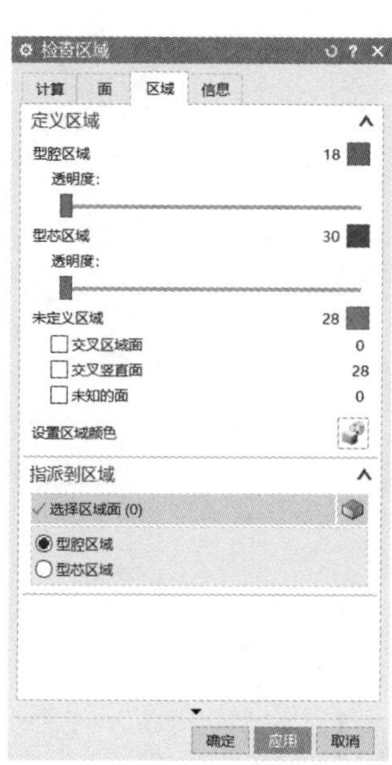

图 12-94

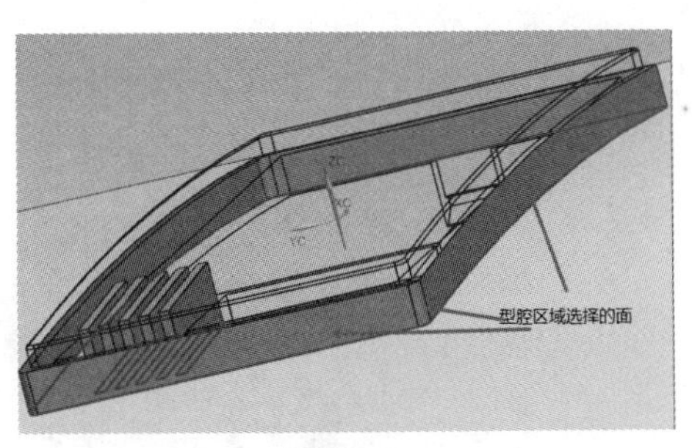

图 12-95

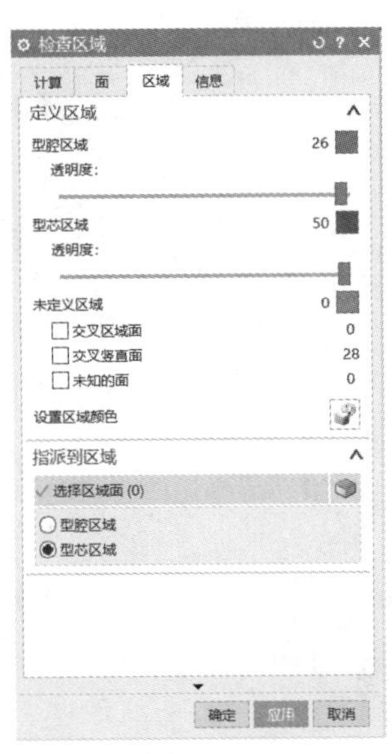

图 12-96

Step 05　单击【注塑模向导】|【分型工具】|【定义区域】命令，在弹出的【定义区域】对话框中选择【所用面】选项，选择【设置】区域下【创建区域】复选框，单击【确定】按钮，如图 12-97 所示。

Step 06　单击【注塑模向导】|【分型工具】|【定义型腔和型芯】命令，在弹出的【定义型腔和型芯】对话框（见图 12-98）中类型选择【区域】，在【选择片体】的【区域名称】中选择【所有区域】选项，单击【确定】按钮。创建的【型芯】和【型腔】如图 12-99 所示。

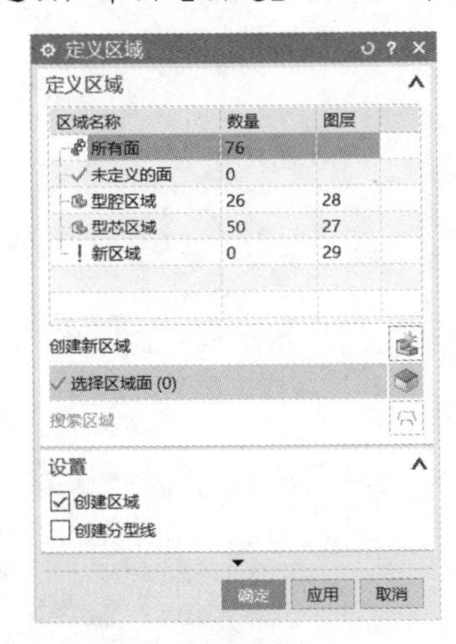

图 12-97

图 12-98

3. 模架设计

Step 01　单击【注塑模向导】|【主要】|【模架库】命令，弹出【模架库】、【重用库】和【成员选择】对话框，选择【重用库】|【DME】，选择【成员选择】|【2A】，在【模架库】下方【详细信息】区域，把【AP_h】由【76】改为【36】，把【BP_h】由【96】改为【36】，其余参数默认系统设置，如图 12-100 所示，单击【确定】按钮，结果如图 12-101 所示。

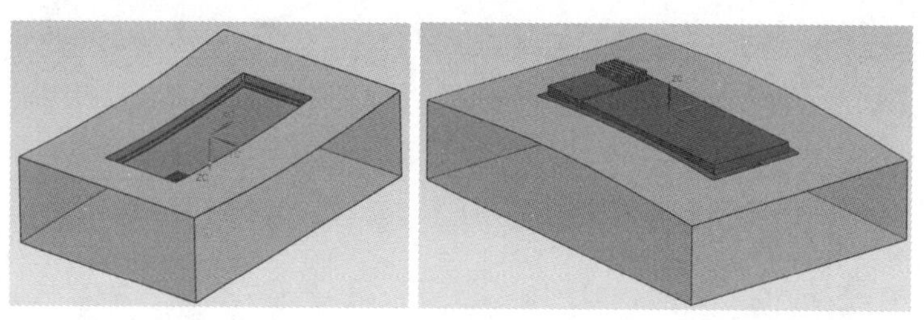

图 12-99

Step 02 将导航器切换到【装配导航器】，选中【ex1_top_000】右击，在弹出的快捷菜单中选择【设为工作组件】命令。

Step 03 在【装配导航器】中，选中【ex1_top_000】|【ex1_parting_set_018】|【ex1_parting_019】，右击，在弹出的快捷菜单中选择【在窗口中打开】命令，在打开的文件模式下，把导航器切换到【部件导航器】，选中【特征组（21）】，选择【菜单】|【编辑】|【显示和隐藏】|【隐藏】命令，完成【特征组（21）】的隐藏。

Step 04 选择【菜单】|【格式】|【图层设计】命令，弹出【图层设计】对话框，在【工作层】文本框中输入 10，单击【关闭】按钮。

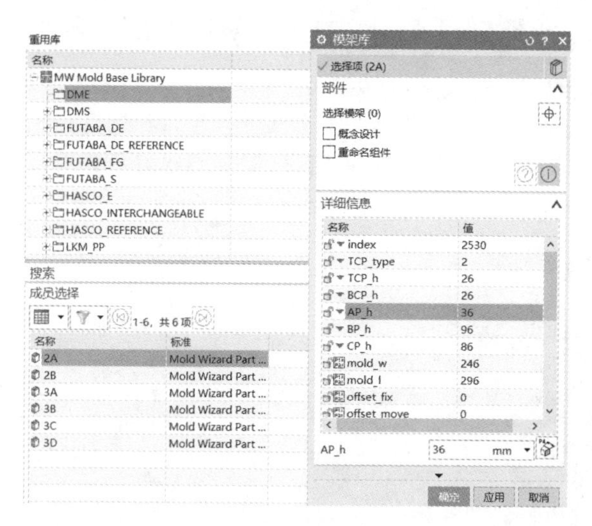

图 12-100

图 12-101

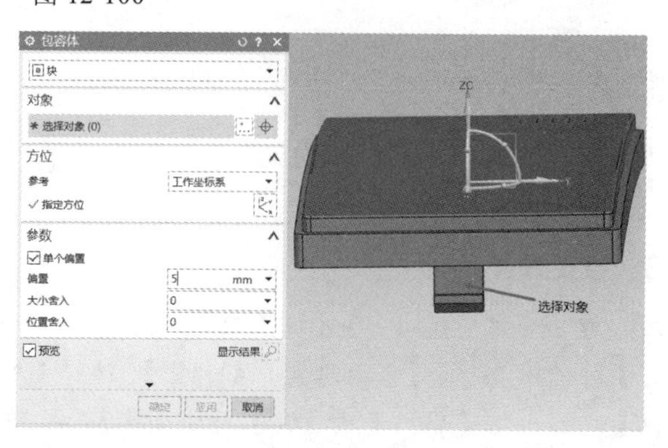

图 12-102

Step 05 单击【注塑模向导】|【注塑模工具】|【包容体】命令，在【包容体】对话框中类型选择【块】，方位参考为【绝对坐标系】，在【偏置】文本框中输入【5】，选择对象的选取如图 12-102 所示，单击【确定】按钮。

Step 06 选择【应用模块】|【建模】|【菜单】|【同步建模】|【替换面】命令，原始面为步骤 16 创建包容体的下表面，替换面为倒钩的上侧面，具体如图 12-103 所示。单击【应用】按钮。然后，选择包容体的侧面为原始面，倒钩的侧面为替换面，如图 12-104 所示。倒钩的另一侧面同样这样设置。选择包容体的上表面为原始面，选择工件的下表面为替换面，具体如图 12-105 所示，选择包容体的里面为原始面，倒钩的外侧面为替换面，具体如图 12-106 所示，最终结果如图 12-107 所示。

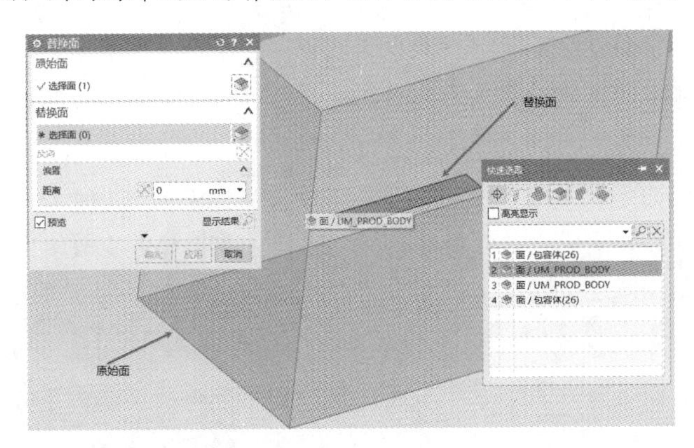

图 12-103

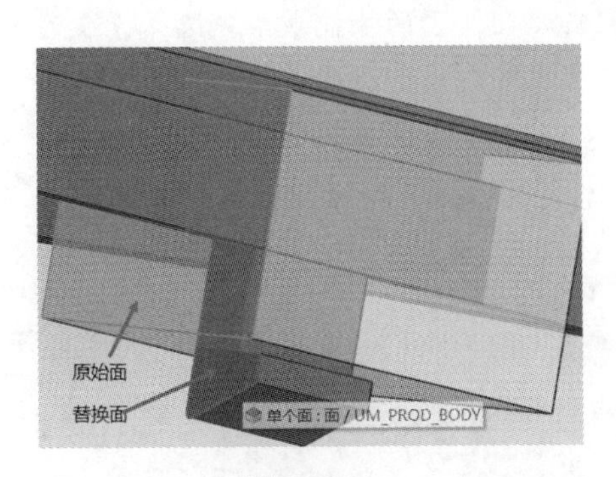

图 12-104

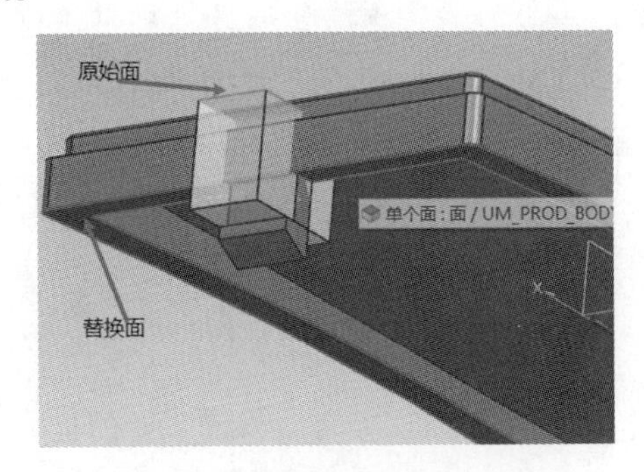

图 12-105

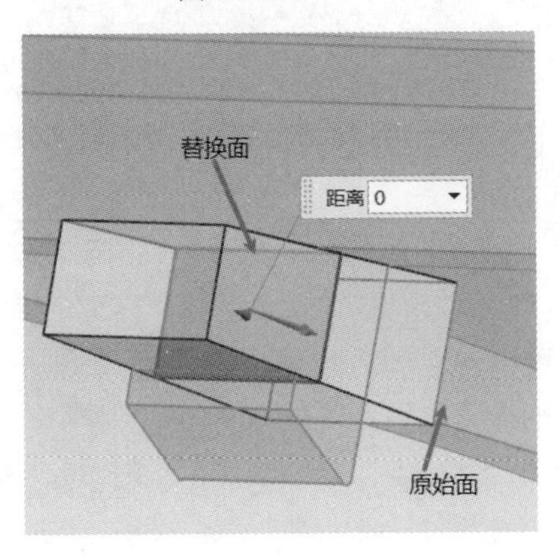

图 12-106

图 12-107

Step 07 单击窗口文件【ex1_top_000.prt】，在【装配导航器】中选中【ex1_prod_014】右击，在弹出的快捷菜单中选择【在窗口中打开】命令，打开【ex1_prod_014】。

4. 滑块设计

Step 01 选择【菜单】|【格式】|【图层设计】命令，设图层【10】为工作图层，关闭【图层设置】对话框。

Step 02 将【ex1_prod_014】实体转化为【静态线框】，选择【菜单】|【格式】|【WCS】|【原点】命令，在弹出的【点】对话框中点的选择如图 12-108 所示。单击【确定】按钮，完成原点的创建，再次选择【菜单】|【格式】|【WCS】|【原点】命令，在弹出的【点】对话框中，在【XC】文本框中输入【25.755】，单击【确定】按钮。然后，选择【菜单】|【格式】|【WCS】|【旋转】命令，在弹出的【旋转角度】对话框中，选择【+ZC】，角度为【90】，单击【确定】按钮，最终坐标的设置如图 12-109 所示。

Step 03 单击【注塑模向导】|【注塑模工具】|【滑块和浮升销库】命令，弹出的【滑块和浮升销设计】、【重用库】和【成员选择】对话框，选择【重用库】|【名称】|【Slide】|【成员名称】|【Push_Pull Slide】命令，在【滑块和浮升销设计】对话框下详细信息中把【wide】改为【25】，把【slide_top】改为【6】，如图 12-110 所示，单击【确定】按钮。

Step 04 选择【菜单】|【格式】|【图层管理】命令，将图层 1 改为工作图层，单击【关闭】按钮。

Step 05 选择【装配导航器】中的【ex1_core_024】右击，在弹出的快捷菜单中选择【设为工作部件】命令。

Step 06 选择【菜单】|【插入】|【关联复制】|【WAVE 几何链接器】命令，在弹出的【WAVE 几何链接器】对话框中类型选择【体】，选择的体如图 12-111 所示，单击【确定】按钮。

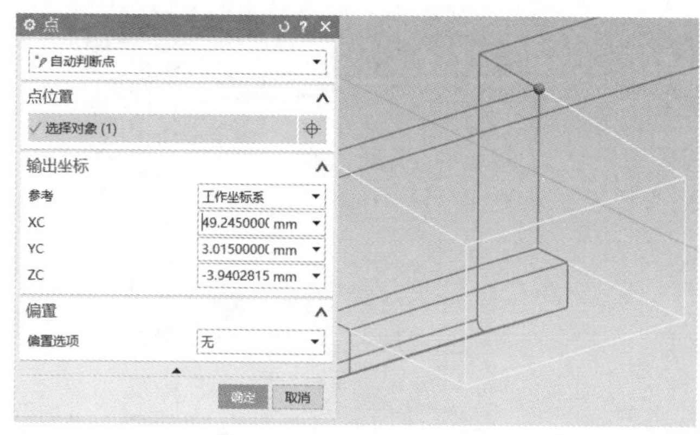

图 12-108

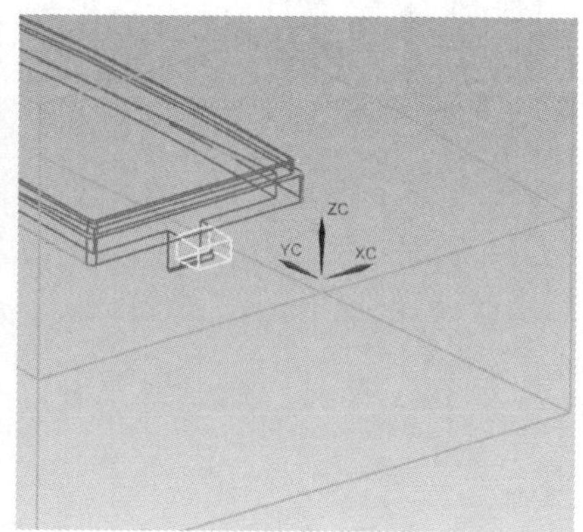

图 12-109

Step 07 选择【主页】|【拉伸】命令，截面曲线的选择如图 12-112 所示。选择【投影曲线】，选择【截面曲线，共 8 条曲线】，单击【确定】按钮，单击【完成】按钮，在工具栏中把【仅工作部件内】改成【整个装配体】，在【拉伸】对话框中，在限制区域，结束选择【直至延伸部分】，选择对象为【包容块】最外侧面（见图 12-113），单击【确定】按钮。

Step 08　选择【菜单】|【插入】|【偏置/缩放】|【偏置面】命令，在偏置文本框中输入【15】（偏置方向沿+ZC 轴），选择面选择步骤 24 拉伸体的下表面，单击【确定】按钮。

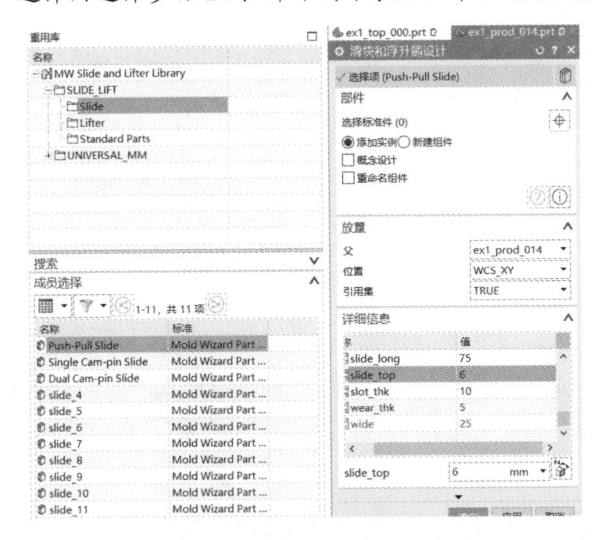

图 12-110

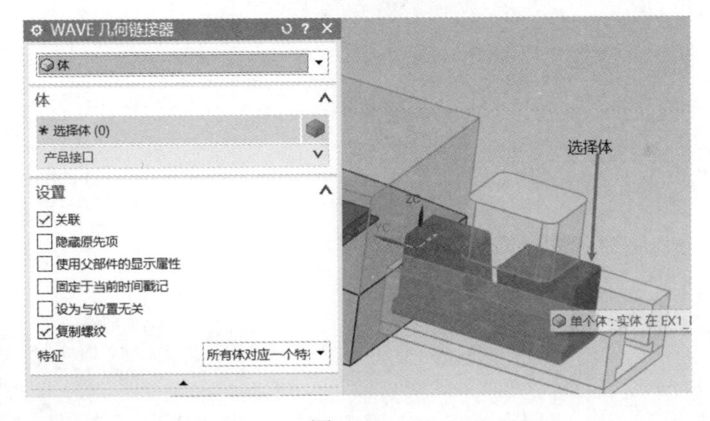

图 12-111

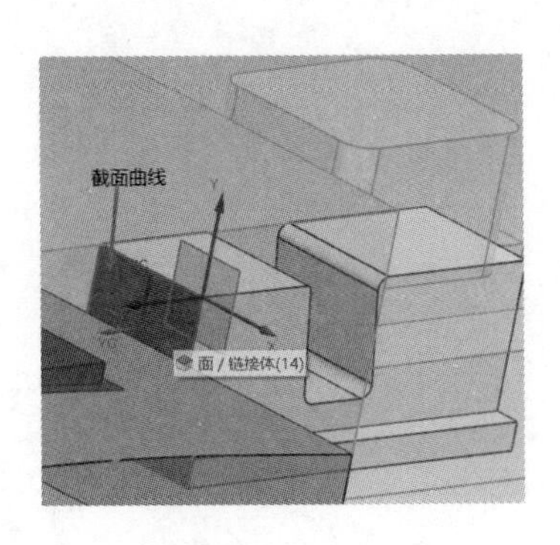

图 12-112

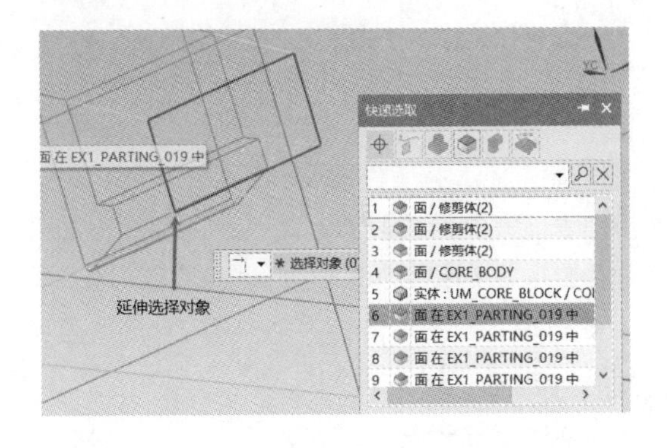

图 12-113

Step 09　选择【主页】|【基本】|【合并】命令，目标体为步骤 25 偏置面后的体，工具为滑块体，单击【确定】按钮，如图 12-114 所示。

Step 10 关闭文件【ex1-core_024】，打开文件【ex1_parting_019.prt】。

Step 11 重复步骤 16 到步骤 26，完成另一个滑块的创建，结果如图 12-115 所示。返回总装配文件。

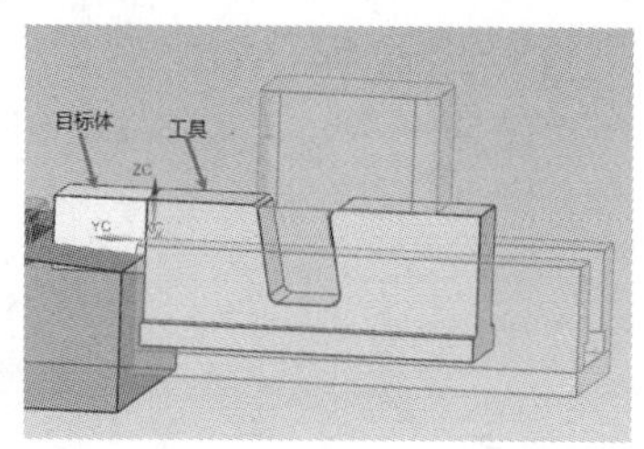

图 12-114

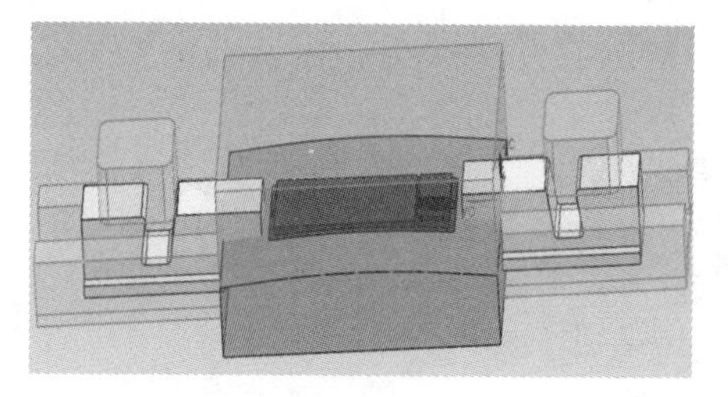

图 12-115

5. 顶杆设计

Step 01 单击【注塑模向导】|【主要】|【标准件库】命令，在弹出的【标准件管理】、【重用库】和【成员选择】对话框中，选择【重用库】|【FUTABA_MM】|【Ejector Pin】|【Ejector Pin Straight】，在【标准件管理】下的【详细信息】，【CATALOG DIA】改为【2】，其余参数默认，如图 12-116 所示，单击【应用】按钮。弹出【点】对话框，类型选择【端点】，端点的布置如图 12-117 所示。

图 12-116

图 12-117

Step 02 单击【注塑模向导】|【主要】|【顶杆后处理】命令，在【顶杆后处理】对话框中选择类型为【修剪】，在【目标】列表中选择步骤 29 创建的顶杆，在工具修边曲面的类型选择【CORE_TRIM_SHEET】，单击【确定】按钮，顶杆后处理后如图 12-118 所示。

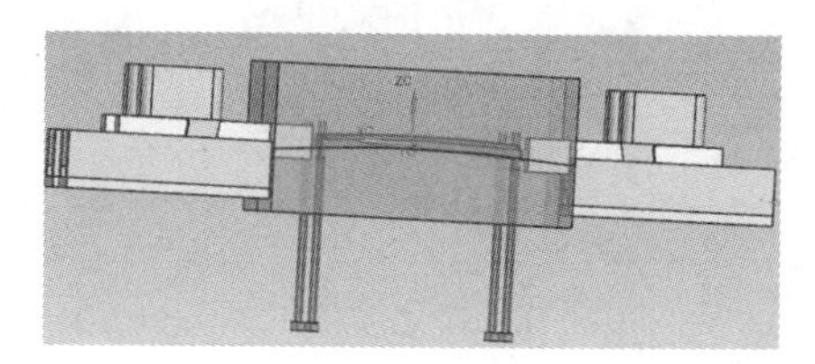

图 12-118

6. 浇注系统设计

Step 01 选择【注塑模向导】|【主要】|【标准件库】命令，选择【重用库】|【名称】|【HASCO_MM_NX11】|【Locating Ring】|【成员选择】

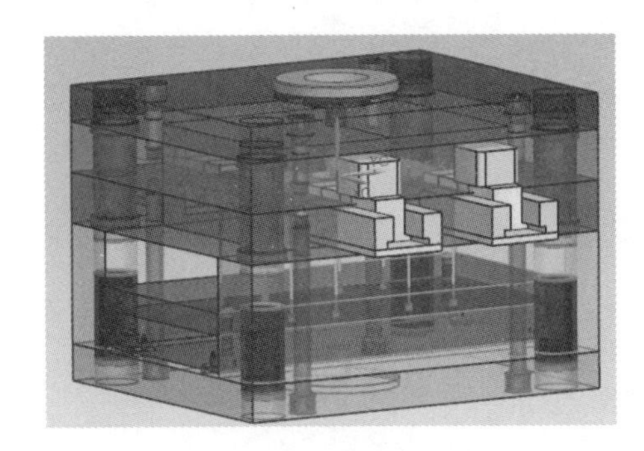

图 12-119

|【K100】，在【标准件管理】对话框【详细信息】中把【TYPE】改为【2】，把【h1】改为【8】，把【d1】改为【90】，把【d2】改为【36】，单击【确定】按钮，完成定位环的创建，如图 12-119 所示。

Step 02 选择【注塑模向导】|【主要】|【标准件库】命令，选择【重用库】|【名称】|【FUTABA_MM】|【Sprue Bushing】|【成员选择】|【Sprue Bushing】，在【标准件管理】对话框【详细信息】中把【CATALOG_LENGTH】改为【60】，其余参数默认系统设置，单击确定按钮。

Step 03 选择【注塑模向导】|【主要】|【设计填充】命令，选择【重用库】|【名称】|【FILL|【成员选择】|【Gate(Subarine)】，在【标准件管理】对话框【详细信息】中把【D】改为【6】，把【D1】改为【1】,把【L】改为【23】,把【A1】改为【60】,其余参数默认系统设置，在放置区域选择对象为【胶套后下端中心】，单击【指定方位】命令，设置坐标如图 12-120 所示。在单击【XC-YC】坐标旋转点，在【旋转角度】文本框中输入 90 度，单击【确定】按钮，同样的方法完成另一侧流道和浇口的创建。创建后的结果如图 12-121 所示。

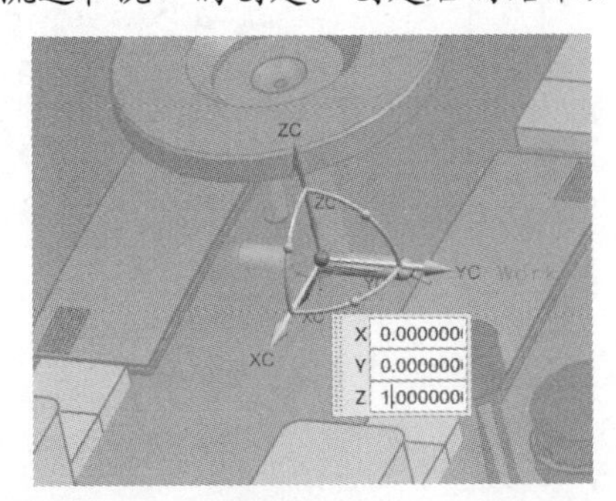

图 12-120

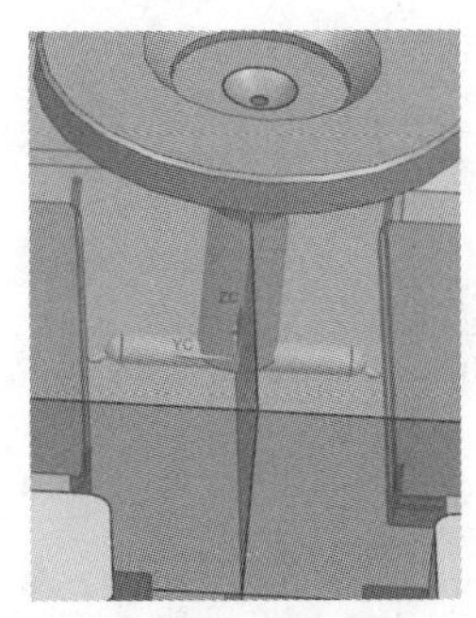

图 12-121

7. 创建腔体

选择【注塑模向导】|【主要】|【腔】命令，在弹出的【开腔】对话框中，模式选择【去除材料】，【目标体】为【一侧的型芯和型腔】，工具类型选择【实体】，工具体的选择对象为【顶杆】、【浇注系统】和【滑块】。其余参数默认系统设置，单击【确定】按钮，完成腔体的创建，开腔后的结果如图 12-122 所示。

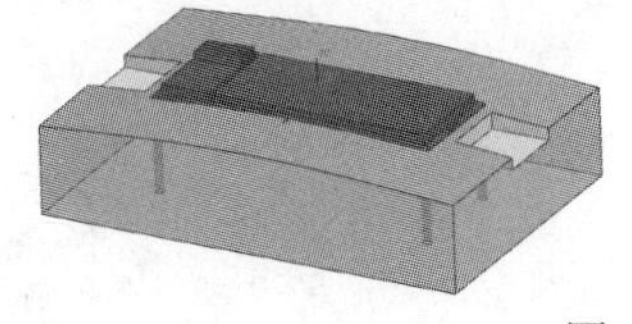 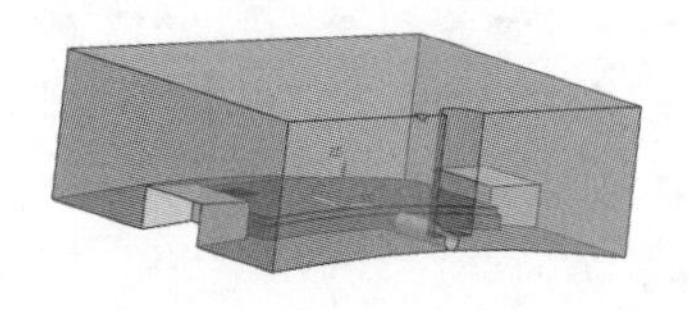

图 12-122